Delius Klasing
EDITION MOBY DICK

WARTUNG UND REPARATUR

Matthew Coombs

SUZUKI

GSF 600 und 1200 BANDIT Vierzylinder

Baureihen von 1995 bis 1997

Delius Klasing
EDITION MOBY DICK

Originaltitel:
»Haynes Service & Repair Manual« SUZUKI GSF 600 & 1200 Bandit Fours

Die Deutsche Bibliothek – CIP-Einheitsaufnahme

Suzuki GSF 600 & 1200 Bandit: [4-Zylinder 1995 bis 1997;
mit farbigen Schaltplänen] / Matthew Coombs.
[Übertr. und bearb. von Udo Stünkel]. – Kiel: Moby Dick Verlag, 1998
(Delius Klasing – Edition Moby Dick) (Wartung und Reparatur)
Einheitssacht.: Haynes service & repair manual Suzuki GSF 600 & 1200 Bandit <dt.>
ISBN 3-89595-134-X

1. Auflage
ISBN 3-89595-134-X

Vertrieb über: Edition Moby Dick/Delius Klasing, Siekerwall 21, 33602 Bielefeld
Übertragen und bearbeitet von Udo Stünkel
Einbandgestaltung: Ekkehard Schonart
Satz: Kunst- und Werbedruck, Bad Oeynhausen
Printed in Great Britain 1998

Inhalt

Suzuki – Jede auf ihre Art

Von Textilmaschinen zu Motorrädern

Suzuki ist der zweitälteste der vier großen japanischen Motorradhersteller, was den Einstieg ins Zweiradgeschäft anbelangt. Genau wie Honda begann man nach dem Zweiten Weltkrieg mit der Herstellung und Montage von kleinen Zweitaktmotoren für Fahrräder. Doch bereits vor dem Ersten Weltkrieg hatte sich Michio Suzuki mit dem Bau von Textilmaschinen einen Namen gemacht.
Der große Bedarf an Transportmitteln brachte Suzuki dazu, 1952 sein erstes motorisiertes Zweirad auf den Markt zu bringen, und daß bereits zwei Jahre später die Firma in Suzuki Motor Company umbenannt wurde, zeigt, wie wichtig das Geschäft mit Mopeds in kurzer Zeit geworden war. Im ersten Jahr der Motor Company stellte Suzuki 4.500 Fahrzeuge her und begann seine Palette von Zweitaktmaschinen auszubauen.
Erst 1977 begann Suzuki mit dem Bau von Viertakt-Motorrädern. Die GS 750 mit dem quer eingebauten DOHC-Vierzylinder erschien erst einige Jahre, nachdem die Konkurrenten von Honda und Kawasaki den Standard festgelegt hatten. Doch an keinem anderen japanischen Motorrad kann man so gut den Stammbaum verfolgen wie an der durchdachten Konstruktion der GS, die sich sogar noch in den Zweizylinder-Maschinen der späten neunziger Jahre wiederfindet. Bei einer solch konstanten Modellpolitik kann man Suzuki durchaus als konservativ bezeichnen, doch setzt die Firma auch immer wieder neue Meilensteine, die für die gesamte Branche für viele Jahre als Standard gelten.

Zweitakt-Erfolge

Die ersten Rennerfolge erzielte Suzuki mit Hilfe von Ernst Degner, dem während des Schwedischen Grand-Prix 1961 geflohenen Fahrer und Techniker des ostdeutschen MZ-Teams. Er zeigte den japanischen Ingenieuren das Geheimnis der von MZ-Chefkonstrukteur Walter Kaaden eingesetzten Drehschieber-Steuerung. Ein Jahr später gewann die neue 50 cm³-Suzuki erstmals ein Rennen auf der Isle of Man und auch die Weltmeisterschaft. Nur Honda unterbrach einmal die von 1962 bis 1968 währende Siegesserie.
Der Einsatz der 125 cm³ Zweizylinder-Rennmaschine im Jahre 1963 ermöglichte Hugh Anderson einen Doppelsieg in den kleinen Klassen. Die 50 cm³-Klasse war alles andere als Moped-Rennerei: Vierzehn Gänge und über 160 km/h Höchstgeschwindigkeit waren nicht gerade einfach zu beherrschen.
Während der sechs gewonnenen Weltmeisterschaften bis 1968 gelang es auch mit Mitsuo Itoh zum bislang einzigen Male einem japanischen Fahrer, die TT auf der Isle of Man zu gewinnen.

Die T 500 Zweitakt-Zweizylindermaschine

Auch Europa kam in den Genuß der Suzuki-Erfolge, als man die »aus dem Rennsport entstandenen« luftgekühlten Zweitakt-Zweizylinder käuflich erwerben konnte. Die 250 cm³-T 20 »Super-Six« mit Sechsgang-Getriebe ist vielen noch in Erinnerung. Den großen Erfolg erntete man mit der Einführung der 500er Zweizylinder im Jahre 1968.
Suzuki war von seinen Zweitaktern so überzeugt, daß man es 1972 auch in der Motorrad-Oberklasse versuchen wollte: die wassergekühlte Dreizylinder-Maschine GT 750 wurde vorgestellt. Sie war groß, schnell und komfortabel, wenn auch ihr Fahrwerk und die Bremsen bei sportlicher Fahrweise zu wünschen übrig ließen. Ihr Motor machte jedenfalls bei Superbike- und Formel 750-Rennen eine gute Figur, und so hatte auch die Straßenmaschine ihre Bewunderer und ist heute – allgemein bekannt als »Wasserbüffel« – bereits ein gesuchtes Sammlerstück. Der Einbau eines solch großen Zweitaktmotors in ein Tourenmotorrad blieb einmalig, auch weil die Ölkrisen der siebziger Jahre die durstigen Zweitakter nicht gerade begünstigten.
Die RE 5, Japans einziges in Serie produzierte Wankelmotorrad, fiel neben Gewichts- und Imageproblemen wegen des großen Benzinverbrauchs von etwa 15 Litern auf 100 km Mitte der siebziger Jahre bei der Kundschaft durch.

Suzukis Wankel-Maschine RE 5 von 1975

Einführung der Viertakt-Serie

Als Suzuki sich als letzter japanischer Hersteller entschloß, Viertaktmotorräder ins Programm aufzunehmen, ging man bei der Entwicklung sehr sorgfältig vor. Heraus kam dabei die GS-Reihe in den Größen 550, 650, 750, 850, 1000 und 1100 cm³ als Sport-, Chopper-, Straßen- und kardangetriebene Tourenmotorräder. Die GS 1000 wurde zu Beginn der siebziger Jahre bei Superbike-Rennen eingesetzt, die Tourenmaschine GS 850 stand fünfzehn Jahre später immer noch in der Liste. Aus den Vierzylindern wurde durch Amputation der äußeren Zylinder die GS-Reihe mit 400, 425, 450 und 500 cm³-Zweizylindermotoren abgeleitet.

Wenn es jemals an der GS-Reihe etwas zu kritisieren gab, war es das Design der GS 1000 S von 1980, die viele an einen Eiswagen erinnerte.
Natürlich machte Suzuki die gleichen Fehler wie andere Hersteller: Als 1979 die Vierventil-GSX 750 erschien, hatte man nicht nur die zwei hinteren Stoßdämpfer durch eine »Full-Floater«-Federung ersetzt, sondern auch alles andere aus der japanischen Trickkiste angebaut, wovon heute kaum noch jemand etwas weiß, das 16-Zoll-Vorderrad und die Anti-Dive-Gabel zum Beispiel. Die ebenfalls luftgekühlte GSX wurde mit 550, 750 und 1100 cm³ Hubraum sowie Halb-, Voll- und Tourenverkleidung angeboten. Die historisch wichtigsten GSX-Modelle waren sicher die vom deutschen Designer Hans Muth gestalteten und 1981 vorgestellten Katanas mit 550 bis 1100 cm³-Motoren. Eine solch extravagante Optik hatte es bis dahin und auch seitdem kaum gegeben. Zu ihrer Zeit gingen die Meinungen auseinander, doch heute wird die Maschine von allen als Meilenstein und Klassiker angesehen. Für den einheimischen Markt baut Suzuki inzwischen Retro-Katanas mit 250, 400 und 1100 cm³ Hubraum.
Nur zur Erinnerung, daß man immer noch gute Zweitakter bauen konnte, schuf Suzuki 1984 eine Straßenversion der RG 500 Vierzylinder-Rennmaschine, mit der unter anderem Barry Sheene seit 1974 fünf Weltmeisterschaftstitel eingefahren hatte. Zehn Jahre nach dem endgültigen Triumph über den Viertakter konnte jeder erfahren, wie es sich mit einem Grand-Prix-Motorrad umgehen läßt.

Die GS 400 ist der Urahn der Viertakt-Zweizylinder-Serie

Die GS 750 von 1976 war Suzukis erstes Viertakt-Motorrad

Die Maschine rannte fast 230 km/h und wog ganze 181 kg – alle anderen angebotenen Replikas waren Miezekatzen gegen diesen menschenfressenden Tiger.

Die RG wurde aufgrund schärferer Abgasgesetze nur kurze Zeit angeboten und ist inzwischen schon fast ein Klassiker; ihr Viertakt-Gegenstück, die GSX-R, gibt es immer noch. Als diese Maschine 1985 vorgestellt wurde, war sie ein revolutionärer Schritt im Sportmaschinenbau: Es war einfach eine Renn-Replika. Nicht ein Motorrad, das aussah wie eine Rennmaschine, sondern ein Renner mit Beleuchtung und Straßenzulassung, mit dem man ohne weiteres wieder auf den Kurs gehen und gewinnen konnte.

Die erste GSX-R hatte einen komplett neuen 750 cm³-Motor mit Ölkühlung in einem Alu-Doppelschleifenrahmen. Sie war schlank, etwas ruppig und sehr schnell. Die in den Suzuki-Rennfarben blau und weiß lackierte Verkleidung und die markanten Doppelscheinwerfer unterstrichen den Charakter der Maschine. Als dann auch die große GSX-R 1100 mit noch mehr Kraft in allen Lebenslagen erschien, war für die Konkurrenz endgültig der Ofen aus.

Neben all diesen bahnbrechenden Entwicklungen baute Suzuki den schönsten japanischen Chopper, die VS 1400 Intruder, die erste Enduro-Replika DR 350, die schärfste Viertelliter-Supersportlerin RGV 250 und die günstige Basis-Vierzylinder mit 600 cm³, die Bandit. Diese Maschine wurde so populär, daß man sie später auch als 1200er anbot.

Suzuki ist der japanische Motorradhersteller, der Baureihen am längsten durchhält. Da sie oftmals Trendsetter sind, kann man sich in Hamamatsu diese Ruhe leisten.

Die GSX-R 750 wurde 1985 vorgestellt

Leistung für das Volk

Suzuki Bandit S 600

Sowohl die kleine als auch die große Bandit sollten eigentlich keine besonderen Motorräder werden. Aufgewärmte Versionen alter Motoren, eingebaut in simple Stahlrohrrahmen – bei der Vorstellung der 600er auf der Kölner IFMA 1994 konnte Suzuki froh sein, wenn die Maschine überhaupt in der Presse erwähnt wurde. Dieses Mauerblümchendasein änderte sich schlagartig nach den ersten Tests: »Die Spaßmaschine überhaupt« war der einhellige Tenor, zum direkten Vergleich konnte nur die alte Yamaha RD 350 LC herhalten. Nur sie verband einige Jahre zuvor Leistung, Handling, Spaß und vor allem einen günstigen Preis so gut miteinander.

Der ölgekühlte Motor stammte aus dem seit 1987 angebotenen Sport-Tourer GSX 600 F, wurde jedoch mit kleineren Vergasern, geänderten Steuer- und Zündzeiten auf mehr Durchzug aus niedrigen Drehzahlen getrimmt. Der Rahmen mit der Alu-Kastenschwinge war neu, die komplette Telegabel samt Schutzblech stammte aus dem RF-600-Regal, und das Hinterrad steuerte die hauptsächlich in Japan bekannte 400er Bandit bei.

So weit, so gut, doch bei der Gestaltung der Bandit mußte sich Suzuki einiges einfallen lassen. Der ergonomisch-sportliche Tank, die 4-in-1-Auspuffanlage und die leicht sportliche Sitzposition gaben der Maschine eine schlanke Optik, die dankenswerterweise nicht mit bunten Aufklebern »verziert« wurde. Viele Motorräder ohne Verkleidung werden gerne mit dem Wort »Retro« versehen, doch an der Bandit finden sich kaum an vergangene Zeiten erinnernde Klassik-Komponenten. Vielmehr kann sie mit wesentlich teureren High-Tech-Bikes verglichen werden.

Die ein Jahr später vorgestellte 1200er Bandit folgte dem gleichen Rezept, diesmal mit dem ebenfalls ölgekühlten GSX-R-1100-Motor, der bei dieser gerade durch ein wassergekühltes Aggregat ersetzt worden war. Suzuki wollte die große Bandit dadurch von anderen Naked Bikes unterscheiden, daß man sie verhältnismäßig zierlich gestaltete – am schnellsten lassen sich die GSF 600 und 1200 an der Zahl am Heck unterscheiden. Das Gewicht der großen Bandit beträgt vollgetankt gerade 228 kg – verglichen mit einer 261 kg schweren Honda CB 1000 oder einer 245-kg-Yamaha XJR 1200 ist das recht leicht. Obwohl beide Maschinen den gleichen Motor haben, ist der Radstand der 1200er Bandit 50 mm kürzer als der der alten GSX-R.

Das Ergebnis bei beiden Banditen ist eine Menge Spaß für wenig Geld. Die Zusammenstellung der Bauteile und auch die technischen Daten lassen nur erahnen, wie gut die Maschinen funktionieren. Die 600er hat wesentlich mehr Kraft als die nackte Konkurrenz, mit ihren 78 PS kann dieser Flitzer auch mit der modernen verschalten Mittelklasse locker mithalten. Auf der 1200er bekommt man sofort das alte GSX-R-Gefühl, doch wird es hier in überraschend kompakter und gebrauchsfähiger Form verabreicht. Für ein paar Mark mehr kann man auch die S-Versionen der Banditen bekommen, die mit dem Luxus einer beeindruckend effektiven Halbverkleidung ausgerüstet sind.

Danksagung

Wir danken der Firma Bridge Motorcycle World aus Exeter, England, die uns die GSF 600 und 1200 für dieses Handbuch zur Verfügung gestellt haben, sowie Pete Trott, der die mechanischen Arbeiten ausgeführt hat. Außerdem möchten wir uns bei der Cooper-Avon Reifen Company für die Unterstützung und technische Beratung zum Thema Reifen sowie der NGK Spark Plugs (UK) Ltd. bedanken, die uns beim Thema Zündkerzen weitergeholfen hat.

Weiterhin sei Phil Flowers für das Titelfoto gedankt. Die Einleitung »Suzuki – Jede auf ihre Art« wurde von Julian Ryder geschrieben.

Über dieses Handbuch

Der Sinn dieses Buches ist es, Ihnen zu helfen, mit Ihrem Motorrad viel Freude zu haben. Diese Hilfe kann auf verschiedenen Wegen geschehen: Sie können entscheiden, welche Arbeiten erledigt werden müssen und was Sie davon selbst ausführen können; Ihnen werden Informationen zur Instandhaltung und Pflege Ihrer Maschine gegeben; es werden Ihnen Diagnosen und Reparatur-Rehenfolgen angeboten, um Störungen zu beseitigen.

Wir wünschen uns, daß Sie mit diesem Handbuch viele Arbeiten selbst erledigen können. Bei vielen simplen Arbeiten kann es einfacher sein, sie selbst auszuführen, als einen Werkstattermin auszumachen und das Motorrad zum Händler zu bringen und wieder abzuholen. Noch wichtiger ist, daß man schon viel Geld sparen kann, wenn man auch nur einige Vorarbeiten ausführt, noch mehr, wenn man alle Reparaturen selbst erledigt. Ebenfalls ein wichtiger Punkt ist das gute Gefühl, das entsteht, wenn Sie eine Arbeit erfolgreich zu Ende gebracht haben.

Da auf dem deutschen Markt viele »graue«, also aus anderen Ländern importierte Motorräder verkauft und gefahren werden, sind auch technische Besonderheiten der amerikanischen Modelle in diesem Buch aufgeführt, die Besitzer einer »deutschen« Suzuki überlesen können.

Wir sind stets sehr um die Richtigkeit der Informationen in allen unseren Büchern bemüht, doch es kommt immer wieder vor, daß Motorradhersteller während der Produktion technische Veränderungen vornehmen, von denen wir nichts wissen. Autor und Verlag können keine Verantwortung für falsche oder fehlende Informationen übernehmen, die dem Kunden Schaden oder Verletzungen zugefügt haben.

Sicherheitstips

Wie enthusiastisch Sie auch immer an Ihrem Motorrad schrauben mögen – nehmen Sie sich die Zeit, Sicherheitshinweise zu beachten. Ein Moment Nachlässigkeit beim Schrauben kann genauso zu einem Unfall führen wie fehlende Aufmerksamkeit beim Fahren.

Die folgende Liste von Gefahren soll Ihr Bewußtsein für Risiken schärfen und Sie auf einen sicheren Umgang mit Ihrem Motorrad vorbereiten.

Asbest

- Zwar ist die Verwendung von Asbest beim Herstellen von Fahrzeugen seit einiger Zeit verboten. Dennoch kann es sein, daß Sie – gerade bei älteren Maschinen – damit in Berührung kommen. Bremsbeläge, Dichtungen und Isolationen können Asbest enthalten. Das Mineral ist zwar nicht giftig; sein Staub aber setzt sich in den Lungenbläschen fest und steht im Verdacht, Krebs zu erregen. Vermeiden Sie daher das Einatmen von asbesthaltigem Staub, zum Beispiel beim Ausblasen von Bremstrommeln.

Feuer

- Benzin ist, besonders in Gas- und Dampf-Form, hoch entzündlich. Rauchen Sie beim Umgang damit nicht und vermeiden Sie alle Formen offener Flammen und Funken. Das können Schweiß- oder Schleifarbeiten sein, aber auch die »Funkenprobe« bei herausgeschraubter Zündkerze oder ein Funken an einem Kabel. Bedenken Sie, daß nicht große Mengen an Benzin gefährlich sind, sondern eher kleine, z. B. in vermeintlich leeren Tanks, die noch Spuren von Benzindampf enthalten. Das gleiche trifft im übrigen auf viele Wasch- und Lösemittel zu.
- Trennen Sie immer den Minuspol der Batterie von Masse, bevor Sie am Benzinsystem arbeiten. Vermeiden Sie Benzinspritzer auf heiße Motor- und Auspuffteile.
- Halten Sie einen geeigneten Feuerlöscher und eine Brandschutzdecke bereit, um eventuell Flammen ersticken zu können. Versuchen Sie nie, brennendes Benzin oder Öl mit Wasser zu löschen.

Gase

- Bestimmte Gase sind hochgiftig und können schnell zu Bewußtlosigkeit oder gar Tod führen, wenn sie in größerer Menge eingeatmet werden. Dazu gehören Benzindampf, Lösemitteldämpfe und Auspuffgase. Lüften Sie gut beim Arbeiten mit diesen Substanzen.
- Befolgen Sie die Hinweise auf den Behältern von Lösemitteln. Lassen Sie den Motor nie in geschlossenen Räumen laufen. Tun Sie das unter freiem Himmel oder zumindest mit dem Auspuffende im Freien.

Batterie

- Halten Sie Funken und offene Flammen von der Batterie fern. Das bei der Elektrolyse entstehende Gas ist »Knallgas«, eine Mischung aus Wasserstoff und Sauerstoff, die hochexplosiv ist.
- Trennen Sie immer den Minuspol der Batterie von Masse, bevor Sie am Benzinsystem oder der Elektrik arbeiten, außer wenn es als notwendig beschrieben ist. Lösen Sie wenn möglich die Verschlußstopfen der Zellen, wenn Sie die Batterie an einem Ladegerät laden. Laden Sie nicht mit zu hohem Strom, weil sonst die Batterie platzen könnte.
- Seien Sie sorgfältig beim Befüllen und Reinigen der Batterie. Die Batterieflüssigkeit, Schwefelsäure, ist selbst in verdünntem Zustand stark ätzend und sollte nicht mit Haut oder gar Augen in Kontakt kommen. Tragen Sie bei Arbeiten damit Gummihandschuhe und eine Schutzbrille. Sollten Sie jemals selbst Säure mischen müssen, geben Sie immer die Säure langsam dem Wasser hinzu, niemals umgekehrt. (»Erst das Wasser, dann die Säure, sonst passiert das Ungeheure.«)

Elektrik

- Verwenden Sie elektrische Werkzeuge, so stellen Sie sicher, daß Kabel und Stecker in Ordnung sind und der Schutzkontakt korrekt angeschlossen ist. Netzspannung (230 V) ist lebensgefährlich! Wollen Sie sicher gehen, so lassen Sie sich von einem Elektrofachmann einen Fehlerstromschutzschalter (FI-Schalter) für Ihre Werkstatt einbauen.
- Verwenden Sie keine elektrischen Werkzeuge, wenn entzündliche Gase ausgetreten sind. Auch am Motorrad selbst kann es zu gefährlichen Stromstärken und Spannungen kommen, beispielsweise im Primärstromkreis einer CDI-Zündanlage. Zünd-Hochspannung dagegen ist unangenehm, aber nicht lebensgefährlich.

Bitte beachten

✘ Starten Sie **nicht** den Motor, bevor nicht der Leerlauf eingelegt ist.

✘ Drehen Sie **nicht** plötzlich den Kühlerverschluß von einem heißen Motor auf. Legen Sie einen Lappen auf und lassen Sie zunächst langsam Druck entweichen, damit Sie sich nicht verbrennen.

✘ Lassen Sie **kein** Öl ab, bevor Sie nicht sicher sind, daß es abgekühlt ist, damit Sie sich nicht verbrennen.

✘ Fassen Sie **nicht** an heiße Motor- oder Auspuffteile.

✘ Lassen Sie **keine** Brems- oder Kupplungsflüssigkeit und Kühlmittel auf lackierte oder Kunststoffteile gelangen.

✘ Saugen Sie **keine** giftigen Flüssigkeiten wie Benzin, Bremsflüssigkeit oder Kühlmittel mit dem Mund an und lassen Sie sie nicht an Ihre Haut.

✘ Atmen Sie **keinen** Staub ein – er könnte gesundheitsschädlich sein.

✘ Belassen Sie **kein** verschüttetes Öl oder Fett auf dem Boden. Wischen Sie es weg, bevor jemand darauf ausrutscht.

✘ Verwenden Sie **keine** beschädigten Schraubenschlüssel oder anderes Werkzeug, das abrutschen und jemanden verletzen kann.

✘ Heben Sie **keine** schweren Sachen, die über Ihre Kräfte gehen – holen Sie sich Hilfe.

✘ Hetzen Sie **nicht** bei der Arbeit und führen Sie sie in Ruhe zu Ende.

✘ Lassen Sie **keine** Kinder oder Tiere unbeaufsichtigt in die Nähe Ihres Motorrads.

✘ Pumpen Sie einen Reifen **nicht** weit über den nötigen Druck auf, er könnte platzen.

✔ Stellen Sie **sicher,** daß die Maschine sicheren Stand hat, vor allem, wenn Gabel oder Schwinge ausgebaut werden sollen.

✔ Beim Lösen von Schrauben oder Muttern **ziehen** Sie eher an einem Schraubenschlüssel als ihn zu drücken; es ist besser, von der Maschine wegzufallen als auf sie. Beachten Sie, in welche Richtung beim plötzlichen Lösen der Schraube Ihre Hand schnellt und ob Sie sich dabei verletzen können.

✔ **Tragen** Sie eine Schutzbrille beim Umgang mit Werkzeugen wie Bohrer, Trennschleifer, Schleifbock u.ä.

✔ **Tragen** Sie vor der Arbeit eine Schutzcreme auf Ihre Hände auf, um später den Dreck leichter herunterzubekommen, aber überzeugen Sie sich, daß die Hände nicht rutschig sind.

✔ **Bringen** Sie lose Kleidung und langes Haar aus der Reichweite von sich bewegenden mechanischen Teilen.

✔ **Legen** Sie Ringe, Ketten und Armbanduhren vor der Arbeit ab, vor allem vor Arbeiten am elektrischen System.

✔ **Halten** Sie Ihren Arbeitsbereich sauber und aufgeräumt – man fällt zu leicht über herumliegende Dinge.

✔ **Geben** Sie acht, wenn Sie Federn zusammenspannen, und tun Sie das nur mit sicheren und geeigneten Werkzeugen.

✔ **Stellen** Sie bei Flaschenzügen usw. sicher, daß sie für das zu hebende Gewicht ausgelegt sind.

✔ **Bitten** Sie eine Person, regelmäßig nach dem Rechten zu sehen, wenn Sie alleine arbeiten.

✔ **Arbeiten** Sie systematisch und in logischer Reihenfolge und achten Sie darauf, daß zum Schluß alles festgezogen ist.

✔ **Beachten** Sie, daß die Sicherheit Ihres Fahrzeugs Sie und andere betrifft. Suchen Sie im Zweifel fachmännischen Rat.

● **Sollten** Sie trotz allem verletzt werden, suchen Sie sofort einen Arzt auf.

Fahrzeug-Identifikation

Rahmen- und Motornummern

Die Rahmennummer ist auf der rechten Seite des Lenkkopfes eingeschlagen und findet sich wieder auf dem darüberliegenden Typenschild. Die Motornummer ist hinter dem Zylinderblock oben rechts auf dem Kurbelgehäuse eingeschlagen. Auch die Vergaser haben jeweils auf ihrem Gehäuse eine Identifikationsnummer. Die Rahmennummer steht im Fahrzeugschein und -brief. Um der Polizei das Wiederfinden einer gestohlenen Maschine zu erleichtern, sollte man sich auch die Motor- und Vergaser-Nummern notieren.

Die Arbeitsanleitungen in diesem Handbuch werden nach Modell-Namen (z. B. GSF 1200 S) unterschieden. Falls nötig, werden zusätzlich die Baujahrs-Codierungen (GSF 1200 S**V**) angegeben. Um diesen Code zu ermitteln, müssen Sie Ihre Fahrgestellnummer in der nebenstehenden Tabelle mit den Modellen vergleichen. Beachten Sie, daß das Herstellungsjahr nicht mit der ersten Zulassung in Ihren Papieren übereinstimmen muß.

US-Modelle

Bei den US-Modellen ist der Baujahr-Code in die Rahmennummer integriert. Der erste Teil der Nummer ist die Modell-Bezeichnung (JS1GN77A für 600er Modelle, JS1GV75A für 1200er Modelle), dann folgt die Baujahr-Codierung (siehe oben) und anschließend die individuelle Rahmennummer.

Modell	Jahr	Zusatz	Rahmennummer
600	1995	S	ab GN77A-100001
600	1996	T	ab GN77A-103184
600	1997	V	ab GN77A-111124
1200	1996	T	ab JS1GV75A-000500001
1200	1997	V	ab JS1GV75A-000510752

Typenschild

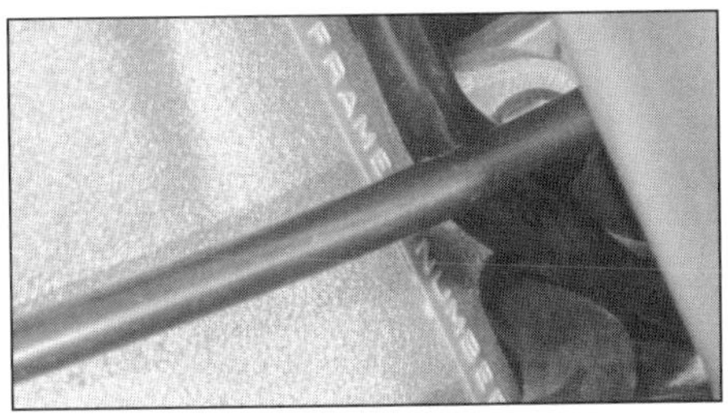

Rahmennummer

Motornummer

Ersatzteile

Sobald Sie Rahmen- und Motornummer gefunden haben, schreiben Sie sie auf, um den Kauf von Ersatzteilen zu erleichtern. Da Hersteller und Zulieferer Daten und Modelle verändern, ist das Bereithalten der Nummern der sicherste Weg, die richtigen Teile geliefert zu bekommen.

Wenn möglich, nehmen Sie das kaputte Teil zum Händler mit, damit Sie es mit den Abmessungen des neuen vergleichen können. Auf dem Weg vom Hersteller zum Lager gibt es viele Möglichkeiten, daß die Ersatzteilnummer verwechselt werden kann.

Neue Teile können Sie von zwei Stellen beziehen: vom Vertragshändler und von unabhängigen Geschäften oder Versandhäusern. Die Art der Ersatzteile unterscheiden sich dabei: Während der Vertragshändler praktisch jedes Teil besorgen kann, das der Importeur oder Hersteller am Lager hat, ist der unabhängige Laden üblicherweise – nicht immer! – begrenzt auf solche Dinge wie Stoßdämpfer, Dichtungen, Bowdenzüge, Bremsbacken usw. Darüber hinaus bekommen Sie in solchen Geschäften oft Zubehör wie Tuningteile, Federn, Übermaß-Kolben und anderes.

Gebrauchte Ersatzteile sind gelegentlich für etwa den halben Preis von neuen erhältlich, doch weiß man nicht immer, was man da bekommt. Nochmals: Nehmen Sie das kaputte Teil zu Vergleichszwecken mit zum Gebrauchtteile-Händler.

Sinnvollerweise wendet man sich in jedem Fall an jemanden, der sich auf Suzuki-Motorräder spezialisiert hat.

Tägliche Kontrolle

1 Ölstand Motor/Getriebe

Vor Beginn

✔ Fahren Sie mit dem Motorrad eine kurze Strecke, um es auf Betriebstemperatur zu bringen. ***Achtung: Starten Sie den Motor nicht in einem geschlossenen Raum, in der Garage oder Werkstatt.***

✔ Schalten Sie den Motor ab und stellen Sie das Motorrad auf den Hauptständer oder eine entsprechende Stütze gerade auf eine ebene Fläche. Lassen Sie den Motor einige Minuten ungestört ruhen, so das sich der Ölstand stabilisieren kann.

✔ Der Ölstand kann durch das Sichtfenster, das sich im Kupplungsdeckel an der rechten Seite des Motors befindet, kontrolliert werden.

Vorsichtsmaßnahmen:

● Wenn Sie regelmäßig Öl nachgießen müssen, sollten Sie nach den Gründen des Ölverlustes suchen. Wenn keine Anzeichen von Lecks an Verbindungen und Dichtungen festzustellen sind, wird das Öl vom Motor verbrannt (siehe *Fehlersuche*).

Das richtige Öl:

● Moderne, hochdrehende Motoren stellen große Anforderungen an ihr Motoröl. Es ist deshalb sehr wichtig, daß Sie für Ihr Motorrad das korrekte Öl benutzen.

● Benutzen Sie von den angegebenen Öltypen und Viskositäten immer gutes Qualitätsöl und füllen Sie den Motor nicht zu voll.

Öltyp	API-Klasse SF o. SG
Ölviskosität	SAE 10W/40

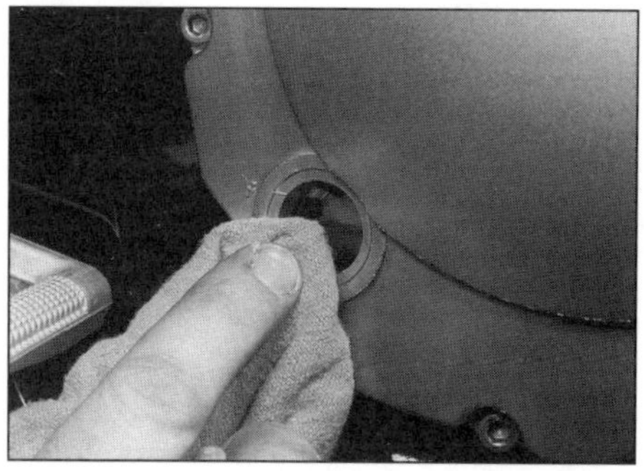

1 Wischen Sie das Öl-Kontroll-Fenster im Kupplungsdeckel sauber.

2 Der Ölstand muß sich bei gerade stehender Maschine zwischen den beiden am Kupplungsdeckel befindlichen ›F‹ und ›L‹ Linien (Pfeile) einpegeln.

3 Wenn der Ölstand sich unter der ›L‹ Markierung befindet, muß der Einfülldeckel oben am Kupplungsdeckel ausgeschraubt werden.

4 Füllen Sie den Motor mit dem vorgeschriebenen Öl auf, bis der Pegel im Fenster die obere ›F‹ Linie erreicht hat.

2 Kupplungsflüssigkeitsstand (GSF 1200 und GSF 1200 S)

Vor Beginn:

✔ Stellen Sie das Motorrad auf den Hauptständer und drehen Sie den Lenker so, daß der Deckel des Kupplungszylinders so waagerecht wie möglich steht.

✔ Stellen Sie sicher, daß Sie die richtige Hydraulik-(Brems)-Flüssigkeit haben – DOT 4 ist vorgeschrieben. Legen Sie Lappen um die Behälter, um Lackschäden durch Spritzer zu vermeiden.

Vorsichtsmaßnahmen:

● Wenn ein Flüssigkeitsbehälter wiederholt nachgefüllt werden muß, ist dies ein Indiz für ein Leck im Hydrauliksystem, welches sofort repariert werden muß.

● Achten Sie auf Beschädigungen oder Risse an den Hydraulikschläuchen und Komponenten – falls vorhanden, müssen sie sofort ersetzt werden.

● Checken Sie die Funktion der Kupplung; wenn Luftblasen im System sind (schwammiges Gefühl im Hebel oder Pedal), muß sie entlüftet werden (siehe Kapitel 2).

⚠ ***Warnung: Brems- und Kupplungsflüssigkeit kann zu Augenverletzungen führen und Lackoberflächen angreifen, bewahren Sie deshalb beim Umgang hiermit größte Sorgfalt. Beim Eingießen sollten gefährdete Teile mit Lappen verdeckt sein. Benutzen Sie keine Hydraulikflüssigkeit, die längere Zeit offen gestanden hat, da sie Feuchtigkeit aus der Luft absorbiert, was zu einem Verlust an Kupplungswirkung führen kann.***

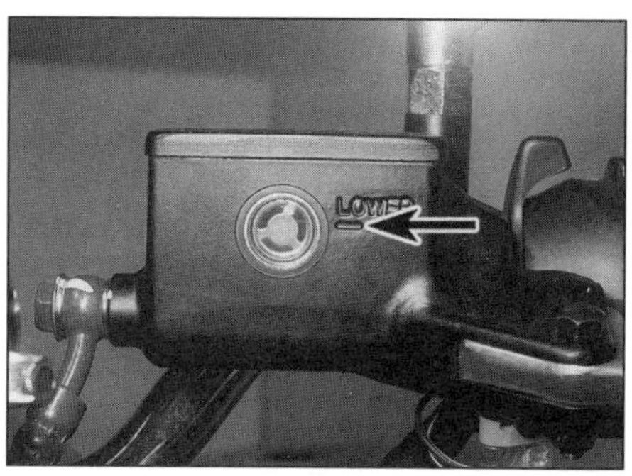

1 Der Kupplungsflüssigkeitsstand wird mit Hilfe des Schauglases am Behälter kontrolliert – der Pegel muß über der LOWER-Markierung stehen (Pfeil).

2 Zum Nachfüllen lösen Sie die beiden Schrauben (Pfeile), um den Deckel, die Platte und die Manschette abnehmen zu können. Füllen Sie den Behälter wie in Sektion 3 beschrieben auf.

3 Bremsflüssigkeitsstand

Warnung: Bremsflüssigkeit kann zu Augenverletzungen führen und Lackoberflächen angreifen, bewahren Sie deshalb beim Umgang hiermit größte Sorgfalt. Beim Eingießen sollten gefährdete Teile mit Lappen verdeckt sein. Benutzen Sie keine Bremsflüssigkeit, die längere Zeit offen gestanden hat, da sie Feuchtigkeit aus der Luft absorbiert, was zu einem gefährlichen Verlust an Bremswirkung führen kann.

Vor Beginn:

✔ Stellen Sie das Motorrad auf den Hauptständer und drehen Sie den Lenker so, daß der Deckel des Hauptbremszylinders so waagerecht wie möglich steht. Entfernen Sie die Sitzbank und die Seitendeckel (siehe Kapitel 7), um den Ausgleichsbehälter der Hinterradbremse aufzufüllen – die Kontrolle kann durch das Loch im Seitendeckel erfolgen.

✔ Stellen Sie sicher, daß Sie die richtige Bremsflüssigkeit haben – DOT 4 ist vorgeschrieben. Legen Sie Lappen um die Behälter, um Lackschäden durch Spritzer zu vermeiden.

Vorsichtsmaßnahmen:

- Der Flüssigkeitsstand im vorderen und hinteren Hauptzylinder nimmt mit zunehmenden Verschleiß der Bremsbeläge ab.
- Wenn ein Flüssigkeitsbehälter wiederholt nachgefüllt werden muß, ist dies ein Indiz für ein Leck im Bremssystem, welches sofort repariert werden muß.
- Achten Sie auf Beschädigungen oder Risse an den Hydraulikschläuchen und Komponenten – falls welche gefunden werden, müssen sie sofort ersetzt werden.
- Checken Sie die Funktion beider Bremsen, bevor Sie mit der Maschine fahren. Wenn Luftblasen im System sind (schwammiges Gefühl im Hebel oder Pedal), muß es entlüftet werden (siehe Kapitel 6).

1 Der Bremsflüssigkeitsstand im vorderen Hauptbremszylinder wird mit Hilfe des Schauglases am Behälter kontrolliert – der Pegel muß über der LOWER-Markierung stehen (Pfeil).

2 Wenn der Flüssigkeitsstand unter der LOWER-Markierung steht, lösen Sie die beiden Schrauben (Pfeil), um den Deckel, die Platte und die Manschette abnehmen zu können.

3 Füllen Sie neue saubere DOT 4 Hydraulikflüssigkeit auf, bis der Pegel über der LOWER-Markierung steht. Seien Sie vorsichtig mit Spritzern (siehe ***Warnung***).

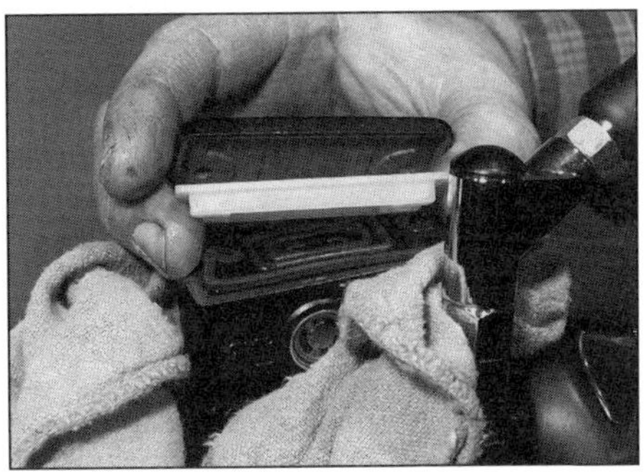

4 Achten Sie beim Einbau der Gummimanschette auf ihren korrekten Sitz, bevor Sie die Platte und den Deckel aufsetzen.

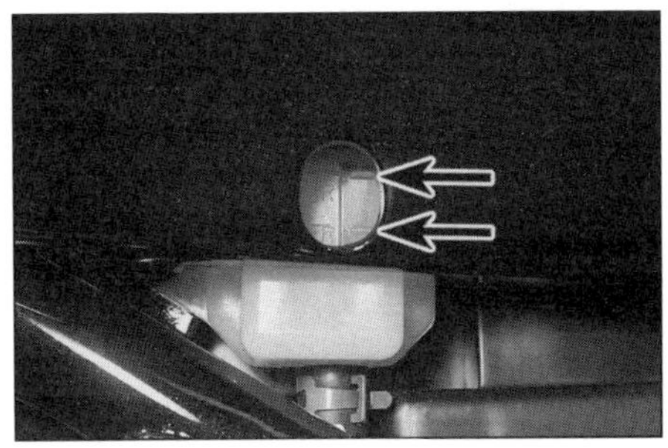

5 Der hintere Flüssigkeitsstand kann durch das im linken Seitendeckel befindliche Loch im transparenten Behälter erkannt werden. Wenn nötig, müssen die Seitendeckel entfernt (siehe Kapitel 7) und der Behälter auf die gleiche Weise wie der Handbremszylinder aufgefüllt werden (siehe Schritte 2, 3 und 4). Es gibt hier keine Platte zwischen Deckel und Membrane.

4 Federung, Lenkung und Antriebskette

Federung und Lenkung:

- Überprüfen Sie, ob Vorderrad- und Hinterradfederung weich und ohne zu haken arbeiten.
- Checken Sie, ob die Federung richtig auf die Erfordernisse eingestellt ist.
- Überprüfen Sie, ob die Lenkung sich weich von Anschlag zu Anschlag bewegt.

Antriebskette:

- Überprüfen Sie, ob die Kettenspannung korrekt ist. Wie sie einzustellen ist, wird in Kapitel 1 beschrieben.
- Wenn die Kette trocken ist, muß sie geschmiert werden (siehe Kapitel 1).

5 Reifen

Der richtige Reifendruck:

● Der Luftdruck muß bei **kaltem** Reifen überprüft werden, nicht direkt nach längerer Fahrt. Hierbei wird der Reifen warm und der Luftdruck steigt. Extrem niedriger Reifenluftdruck kann den Reifen auf der Felge rutschen oder sogar abspringen lassen.

● Benutzen Sie ein genaues Meßgerät.

● Ein richtiger Luftdruck erhöht die Lebensdauer der Reifen und sorgt für beste Fahrstabilität und Fahrkomfort.

Vorsichtsmaßnahmen:

● Kontrollieren Sie die Reifen sorgfältig auf Risse, Schnitte, eingedrungene Nägel oder andere scharfe Dinge und erhöhte Abnutzung. Die Benutzung von Motorrädern mit stark abgefahrenen Reifen ist extrem gefährlich, auch die Straßenlage und Traktion verschlechtern sich stark.
● Checken Sie den Zustand der Reifenventile und achten Sie auf festsitzende Schutzkappen. Entfernen Sie alle Nägel und Steine, die sich in das Reifenprofil gesetzt haben.
● Wenn eine Beschädigung offensichtlich ist oder ungewöhnlich hoher Druckverlust auftritt, suchen Sie sofort Rat bei einem Reifenhändler.

Reifenprofiltiefe:

● Zur Zeit muß ein Reifen laut Gesetz eine Mindestprofiltiefe von 1,6 mm aufweisen. Suzuki empfiehlt vorne ein Minimum von 1,6 mm und hinten 2 mm.

● Viele heutige Reifen besitzen Profiltiefen-Indikatoren, auf die an den Flanken mit Dreiecken oder der Bezeichnung TWI hingewiesen wird. Ist das Profil bis auf diese Erhebungen abgefahren, sollte der Reifen gewechselt werden.

1 Kontrollieren Sie den Luftdruck nur bei **kaltem** Reifen und füllen Sie nur bis zum empfohlenen Druck auf.

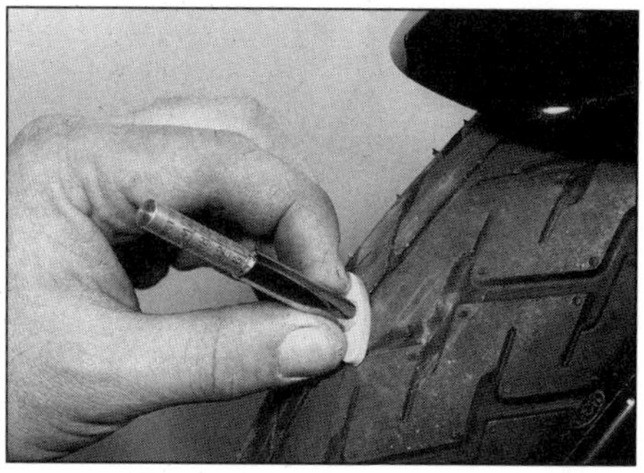

2 Die Profiltiefe wird mit Hilfe eines Profiltiefenmessers in der Mitte des Reifens gemessen.

3 Der Profiltiefen-Indikator und der Hinweis (TWI = Treat Wear Indikator) auf der Reifenflanke (Pfeile).

Modell	Vorne	Hinten
GSF 600 und GSF 600 S	2,25 bar	2,50 bar
GSF 1200 und GSF 1200 S	2,50 bar	2,50 bar

6 Ordnungsgemäßer Zustand und Sicherheit

Licht und Signale:

● Kontrollieren Sie, ob Scheinwerfer, Rücklicht, Bremslicht, Instrumentenbeleuchtung und Blinker korrekt funktionieren.
● Checken Sie die Funktion der Hupe.
● Ein funktionierender Tacho ist gesetzlich vorgeschrieben.

Sicherheit:

● Überprüfen Sie, ob der Gasgriff leichtgängig ist und jederzeit und in allen Lenkerpositionen von alleine wieder schließt. Kontrollieren Sie das korrekte Gasgriff-Spiel (siehe Kapitel 1).
● Kontrollieren Sie bei den GSF-600-Modellen, ob der Kupplungshebel sich leicht bewegen läßt und das Kupplungsspiel korrekt eingestellt ist (siehe Kapitel 1).
● Testen Sie, ob der Motor ausgeht, wenn man den Not-Schalter betätigt.
● Checken Sie, ob die Federn des Seitenständers und des eventuell vorhandenen Hauptständers diese im eingeklappten Zustand sicher an der Maschine halten.
● Überprüfen Sie, ob der Motor nicht gestartet werden kann, wenn der Seltenständer ausgeklappt und ein Gang eingelegt ist.
● Kontrollieren Sie, ob der Motor ausgeht, wenn bei eingelegtem Gang der Seitenständer ausgeklappt wird.
● Kontrollieren Sie, ob der Motor ausgeht, wenn bei ausgeklapptem Seitenständer ein Gang eingelegt wird.

Kraftstoff:

● Es mag überflüssig klingen, aber überprüfen Sie, ob Sie genug Benzin für die bevorstehende Fahrt im Tank haben. Wenn irgendwo Kraftstoff ausläuft, müssen Sie Ursachen hierfür sofort beseitigt werden.
● Vergewissern Sie sich, welche Sorte bleifreien Benzins Sie benutzen müssen. Siehe auch Kapitel 3, technische Daten.

Kapitel 1
Routine-Instandhaltung und Kontrolle

Inhalt

(in alphabetischer Reihenfolge, die Zahlen beziehen sich auf die Numerierung in den grauen Feldern)

Schwierigkeitsgrade

Leicht. Für Anfänger mit wenig Erfahrung geeignet.	**Relativ leicht.** Für Anfänger mit etwas Erfahrung geeignet.	**Relativ schwierig.** Geeignet für geübte Selbstschrauber.	**Schwer.** Geeignet für Mechaniker mit Erfahrung.	**Sehr schwer.** Geeignet für Experten und Profis.

Technische Daten

Motor

Ventilspiel (kalter Motor)	
Einlaß	0,10 bis 0,15 mm
Auslaß	0,18 bis 0,23 mm
Zündkerzen	
GSF 600 Modelle	
Typ	
Standard	NGK CR 9 EK oder Nippondenso U 27 ETR
Winterbetrieb (unter 5°C)	NGK CR 8 EK oder Nippondenso U 24 ETR
Rennbetrieb	NKG CR 10 EK oder Nippondenso U 31 ETR
Elektrodenabstand	0,6 bis 0,7 mm
GSF 1200 Modelle	
Typ	
Standard	NGK JR 9 B
Winterbetrieb (unter 5°C)	NGK JR 8 B
Rennbetrieb	NKG JR 10 B
Elektrodenabstand	0,6 bis 0,7 mm
Motor-Leerlaufdrehzahl	
US GSF 1200-Modelle	1200 ± 50 U/min
Alle anderen Modelle	1200 ± 100 U/min
Kupplungs-Ausrückmechanismus-Schraube (GSF 600 Modelle)	¼ bis ½ Umdrehung heraus

Zylinder-Kompression	
GSF 600 Modelle	
Standard	10 – 15 bar*
Minimum	8 bar*
Maximale Differenz zwischen Zylindern	2 bar*
GSF 1200 Modelle	
Standard	12,5 bar*
Minimum	8,75 bar*
Maximale Differenz zwischen Zylindern	2 bar*
Öldruck (bei warmen Motor)	3,0 bis 6,0 bar bei 3000 U/min, Öl bei 60°C

**Bemerkung: Wenn alle Zylinder unter 10 bar Kompression haben, ist eine Überholung notwendig (siehe Text). Wenn nur ein Zylinder unter 10 bar verdichtet, ist der Motor noch so lange brauchbar, wie der Druck nicht unter 8 bar fällt und der Kompressionsunterschied zwischen den Zylindern nicht mehr als 2 bar beträgt.*

Verschiedenes

Spiel am Kupplungshebel (GSF 600 Modelle)	10 bis 15 mm	
Gaszug-Spiel		
Öffnungs-Zug	0,5 bis 1,0 mm	
Schließer-Zug		
GSF 600 Modelle	kein Spiel	
GSF 1200 Modelle	0,5 bis 1,0 mm	
Antriebskette		
Durchhang		
GSF 600 Modelle	25 bis 35 mm	
GSF 1200 Modelle	20 bis 30 mm	
Streckgrenze (zwischen 21 Gliedern – siehe Text)	319,4 mm	
Bremspedalhöhe		
GSF 600 Modelle	40 bis 50 mm	
GSF 1200 Modelle	50 bis 60 mm	
Reifen-Luftdruck (kalt)	vorne	hinten
GSF 600 Modelle	2,25 bar	2,5 bar
GSF 1200 Modelle	2,5 bar	2,5 bar

Anzugsdrehmomente

Zylinderkopf-Muttern 10 mm	38 Nm
Zylinderkopf-Schrauben 6 mm	10 Nm
Zylinderblock-Muttern	9 Nm
Krümmerflansch-Schrauben	23 Nm
Vordere Schalldämpfer-Befestigungsschrauben	23 Nm
Hintere Schalldämpfer-Befestigungsschrauben	
GSF 600 Modelle	23 Nm
GSF 1200 Modelle	29 Nm
Ventileinstell-Kontermuttern	10 Nm
Öl-Ablaßschraube	23 Nm
Hinterrad-Achsmutter	100 Nm
Lenkkopfschraube	65 Nm
Gabel-Klemmschraube (obere Gabelbrücke)	23 Nm
Federbeinhebel-Schrauben	
GSF 600 Modelle	76 Nm
GSF 1200 Modelle	78 Nm
Stoßdämpfer-Befestigungsschrauben	50 Nm
Schwingachsenbolzen-Mutter	100 Nm

Empfohlene Schmiermittel und Flüssigkeiten

Antriebskettenschmierung	Dickes Motoröl oder Kettenspray
Motor/Getriebeöl Typ	API SF oder SG (Minimum)
Motor/Getriebeöl Viskosität	SAE 10W/40
Motor/Getriebeöl Füllmengen	
nur Ölwechsel	3,3 Liter
Öl- und Filterwechsel	3,5 Liter
bei trockenem Motor (nach Überholung)	4,6 Liter
Bremsflüssigkeit	DOT 4
Gabelöl Typ	SAE 10W Gabelöl
Gabelöl Füllmengen	
GSF 600 Modelle	521 cm^3
GSF 1200 Modelle	516 cm^3
Gabelöl Pegel*	
GSF 600 Modelle	97 mm
GSF 1200 Modelle	99 mm

**Der Pegel wird vom oberen Standrohr-Rand aus bei ausgebauter Feder und komprimierter Gabel gemessen.*

Verschiedenes	
Radlager	Mehrzweckfett
Stoßdämpferhebel-Lager	Mehrzweckfett
Steuerkopflager	Mehrzweckfett
Züge, Hebel und Ständerbolzen	Motoröl
Gasgriff	Mehrzweckfett oder Teflon-Folie

1

Wo befindet sich was? (rechte Seite) – alle Modelle

1 Hinterrad-Bremsflüssigkeitsbehälter
2 Luftfilter
3 obere Gaszugeinstellung
4 Vorderrad-Bremsflüssigkeitsbehälter
5 Bremsbeläge
6 Ventile und Zündkerzen
7 Öldruckmesser-Anschlußschraube
8 Öl-Einfüll-Schraube
9 Ölstand-Sichtfenster
10 Bremspedal-Einsteller

Wo befindet sich was? (linke Seite) – 600er Modelle

1 obere Kupplungszug-Einstellung
2 Lenkkopflager
3 Benzinfilter, Chokezug-Einstellung
4 Vergaser-Synchronisationsschrauben
5 Leerlauf-Einstellschraube
6 Batterie
7 Antriebskette
8 Öl-Ablaßschraube
9 unterer Kupplungszug-Einsteller
10 Kupplungs-Einsteller
11 Ölfilter

Wo befindet sich was? (linke Seite) – 1200er Modelle

1 Kupplungsflüssigkeits-Beh.
2 Lenkkopflager
3 Benzinfilter, Chokezug-Einstellung
4 Vergaser-Synchronisationsschrauben
5 Leerlauf-Einstellschraube
6 Batterie
7 Antriebskette
8 Öl-Ablaßschraube
9 Ölfilter

1

Anmerkung: *Die täglichen Kontrollen, wie sie auch in der Betriebsanleitung aufgeführt sind, sollten vor jeder Fahrt durchgeführt werden. Außerdem sind sie Bestandteil aller größeren Inspektionen. Die unten aufgeführten Intervalle sind vom Hersteller für die verschiedenen Modelljahre vorgeschrieben worden. Trotzdem kann es passieren, daß in Ihrem Handbuch für bestimmte Kontrollen andere Zeitabstände vorgeschrieben sind.*

Täglich (vor jeder Fahrt)

- ☐ Siehe unter »Tägliche Kontrolle« am Anfang dieses Handbuches.

Nach den ersten 1.000 km

Anmerkung: *Normalerweise wird die Erstinspektion nach 1000 km durch eine Suzuki-Fachwerkstatt durchgeführt. Danach werden große Inspektionen in den im Plan vorgesehenen Intervallen vorgenommen.*

Alle 1.000 km

- ☐ Reinigung und Schmierung der Antriebskette (Sektion 1)
- ☐ Kontrolle und Einstellung der Kettenspannung (Sektion 2)

Alle 6.000 km oder 12 Monate

Zusätzlich zu den oben beschriebenen Kontrollen

- ☐ Reinigung des Luftfilterelementes (Sektion 3)
- ☐ Nachziehen der Zylinderkopfmuttern und Krümmerbefestigungsschrauben – GSF 600 Modelle (Sektion 4)
- ☐ Kontrolle des Ventilspiels – GSF 600 Modelle (Sektion 5)
- ☐ Kontrolle des Zündkerzen-Elektrodenabstands (Sektion 6)
- ☐ Kontrolle der Leitungen und Bauteile des Kraftstoffsystems (Sektion 7)
- ☐ Ölwechsel (Sektion 8)
- ☐ Kontrolle der Motor-Leerlaufdrehzahl (Sektion 9)
- ☐ Kontrolle und Einstellung des Leerspiels an Gas- und Choke-Bowdenzügen (Sektion 10)
- ☐ Kontrolle der Kupplungsfunktion (Sektion 11)
- ☐ Kontrolle der Dehnung und des Verschleißes der Antriebskette (Sektion 12)
- ☐ Kontrolle des Bremsbelagverschleißes (Sektion 13)
- ☐ Funktionskontrolle und Dichtigkeitsüberprüfung der Bremsanlage (Sektion 14)
- ☐ Überprüfung des Zustandes der Räder und Reifen, Profiltiefenmessung (Sektion 15)
- ☐ Nachziehen aller Schrauben und Muttern (Sektion 16)

Alle 12.000 km oder 2 Jahre

Zusätzlich zu den vorherigen Kontrollen ist zu erledigen

- ☐ Kontrolle des Ventilspiels (Sektion 17)
- ☐ Nachziehen der Krümmerflansch-Schrauben – GSF 1200 Modelle (Sektion 18)
- ☐ Ersetzen der Zündkerzen (Sektion 19)

Alle 12.000 km oder 2 Jahre (Forts.)

- ☐ Wechsel des Ölfilters – GSF 600 Modelle (Sektion 20)
- ☐ Kontrolle der Vorder- und Hinterradfederung (Sektion 21)
- ☐ Kontrolle des Lenkkopflagerspiels (Sektion 22)
- ☐ Synchronisation der Vergaser – GSF 1200 Modelle (Sektion 23)

Alle 2 Jahre

- ☐ Ersetzen der Bremsflüssigkeit (Sektion 26)
- ☐ Ersetzen der Kupplungsflüssigkeit – GSF 1200 Modelle (Sektion 27)

Alle 18.000 km oder drei Jahre

Zusätzlich zu den 6000 km-Kontrollen:

- ☐ Wechsel des Luftfilters (Sektion 24)
- ☐ Wechsel des Ölfilters – GSF 1200 Modelle (Sektion 25)

Alle 4 Jahre

- ☐ Ersetzen der Bremsleitungen (Sektion 28)
- ☐ Ersetzen der Kraftstoffleitungen und Entlüfterleitungen (nur Kalifornien-Modelle) (Sektion 29)
- ☐ Ersetzen der Kupplungsleitung – GSF 1200 Modelle (Sektion 30)

Kontrollen ohne Intervallvorgaben

- ☐ Synchronisation der Vergaser – GSF 600 Modelle (Sektion 31)
- ☐ Einstellung des Scheinwerfers (Sektion 32)
- ☐ Kontrolle der Radlager (Sektion 33)
- ☐ Kontrolle und Schmierung der Ständer, Hebel und Bowdenzüge (Sektion 34)
- ☐ Ersetzen des Gabelöls (Sektion 35)
- ☐ Messen der Zylinderkompression (Sektion 36)
- ☐ Kontrolle des Motor-Öldrucks (Sektion 37)
- ☐ Nachfetten der Lenkkopflager (Sektion 38)
- ☐ Nachfetten der Schwingen- und Stoßdämpferhebel-Lager (Sektion 39)
- ☐ Ersetzen der Hauptbremszylinder- und Bremssatteldichtungen (Sektion 40)

Einleitung

1 Dieses Kapitel soll dem Hobbyschrauber helfen, sein Motorrad immer in einem sicheren und technisch guten Zustand zu halten, so daß es immer voll leistungsfähig ist und ein langes Leben hat.
2 Die Entscheidung, wo und wann man mit den Routinekontrollen anfangen soll, hängt von verschieden Faktoren ab. Wenn die Garantieperiode Ihrer Maschine gerade abgelaufen ist, und wenn bisherige Inspektionen von einer Werkstatt vorgenommen wurden, kann man mit der nächsten Routinekontrolle bis zum nächsten vorgeschriebenen Kilometerstand oder Zeitablauf warten. Wenn Sie die Maschine schon einige Zeit haben, aber schon lange keine Inspektion haben machen lassen, sollten Sie mit dem nächsten Intervall beginnen und einige zusätzliche Kontrollen vornehmen, um sicherzugehen, daß nichts Wichtiges übersehen wurde. Wenn Sie gerade eine große Motor-Überholung hatten, sollten Sie die Service-Intervalle von Anfang an beginnen. Wenn Sie eine gebrauchte Maschine erworben haben und kein Wissen über ihre Geschichte und Wartung haben, sollten Sie sich für eine Komplettkontrolle aller Punkte entscheiden und dann mit den normalen Intervallen weitermachen.
3 Vor Beginn jeglicher Wartungsarbeiten sollte das Motorrad sorgfältig gereinigt werden, besonders um den Ölfilter herum, die Zündkerzen, Ventildeckel, Seitendeckel, Vergaser usw. Saubere Teile schützen davor, daß während der Arbeit Schmutz in den Motor eindringt, außerdem lassen sich Verschleiß und Beschädigungen so besser erkennen.
4 Wichtige Wartungshinweise sind oft auf Aufklebern vermerkt, die am Motorrad angebracht sind. Wenn diese Informationen sich von den in diesem Buch angegebenen unterscheiden, richten Sie sich nach denen am Motorrad.

Alle 1.000 km

1 Antriebskette
Reinigung und Schmierung

Reinigung und Schmierung

1 Stellen Sie das Motorrad auf den Hauptständer oder eine entsprechende Stütze, so daß das Hinterrad frei vom Boden ist. Drehen Sie das Hinterrad, um beim Reinigen und Schmieren an alle Kettenglieder zu gelangen.
2 Waschen Sie die Kette mit Paraffin (Kerosin), Diesel oder Heizöl, wischen Sie die Kette ab und lassen Sie ihr Zeit zum Trocknen. Wenn möglich, sollten Sie sie mit Druckluft trocknen. Wenn die Kette extrem verschmutzt ist, sollte sie ausgebaut und in Paraffin eingelegt werden (siehe Kapitel 5).
Achtung: Benutzen Sie kein Benzin, Lösungsmittel oder andere Reinigungsmittel, die die O-Ringe in der Kette angreifen können. Benutzen Sie keinen Dampfstrahler. Der Reinigungsprozeß soll nicht länger als zehn Minuten dauern, weil sonst die Dichtringe beschädigt werden können.
3 Die beste Zeit zum Schmieren der Kette ist direkt nach der Fahrt, wenn sie warm ist. Der Schmierstoff dringt dann besser zwischen die Glieder als im kalten Zustand.

1.4 Geben Sie das Kettenschmiermittel innen auf die Überlappungen der Laschen.

4 Geben Sie den Ketten-Schmierstoff auf die Stellen, wo sich die Laschen überlappen, nicht auf die Rollen (siehe Abb.). Lassen Sie das Öl einige Minuten in Ruhe einziehen, bevor Sie überflüssiges Fett abwischen.
Achtung: Wenn Sie ein Kettenspray benutzen, achten Sie darauf, daß es für O-Ringketten geeignet ist. Ansonsten können Lösemittel oder Additive die Dichtringe beschädigen.

Praxis TiP ***Tragen Sie den Schmierstoff innen auf den unteren Kettentrum auf, durch die Zentrifugalkraft wird er während der Fahrt in die Kette gedrückt.***

2 Antriebskette
Kontrolle und Einstellung des Kettenspiels

Kontrolle des Kettenspiels

1 Eine vernachlässigte Antriebskette hat ein kurzes Leben und kann schnell Ritzel und Kettenrad zerstören. Eine regelmäßige Einstellung garantiert Ihnen maximale Lebensdauer aller Komponenten.

2.4 Messen Sie das Spiel der Kette in der Mitte des unteren Trums.

2 Zur Kontrolle der Antriebskette legen Sie den Leerlauf ein und schalten die Zündung aus. Stellen Sie das Motorrad auf den Seitenständer.
3 Messen Sie in der Mitte des unteren Kettentrums den Durchhang und vergleichen Sie den ermittelten Wert mit den technischen Daten in diesem Kapitel (siehe Abb.). Da die Kette selten gleichmäßig abnutzt, sollte man das Spiel an verschiedenen Stellen der Kette messen. Drehen Sie dafür am Hinterrad die Kette ein Stück weiter. In einigen Fällen kann mangelnde Schmierung bewirken, daß die Wirkung der O-Ringe nachläßt und Korrosion und Reibung dafür sorgen, daß die Glieder sich nicht mehr frei bewegen können – was bei den Messungen eine stramme Kette vortäuschen kann. Wenn die Kette zwischen Ritzel und Kettenrad straff und fest sitzt, verrostet oder geknickt ist, Bolzen lose oder Rollen beschädigt sind, ist es Zeit, eine neue Kette einzusetzen. Wenn Sie eine straffe Stelle finden, markieren Sie diese mit Filzstift oder Farbe und wiederholen Sie die Prüfung nach einer kurzen Fahrt. Wenn die Kette immer noch an der gleichen Stelle stramm ist, wird sie verschlissen oder beschädigt sein.

Einstellung

4 Drehen Sie das Hinterrad, bis die strammste Stelle der Kette in der Mitte des unteren Trums ist.

2.5 Entfernen Sie den Splint (falls vorhanden) und lockern Sie die Achsmutter.

2.6a Stellen Sie die Kettenspannung durch Drehen der Schrauben an den Enden der Schwinge ein.

5 Entfernen Sie bei den **US-Modellen** den Splint aus der Hinterrad-Achsmutter. Lösen Sie die Achsmutter um einige Umdrehungen.

6 Drehen Sie bei den **GSF 600-Modellen** die Kettenspanner-Schrauben an den beiden Enden der Schwinge, bis der am Anfang des Kapitels in den technischen Daten beschriebene Kettendurchhang in der Mitte des unteren Kettentrums erreicht ist (siehe Abb.). Kontrollieren Sie nach dem Einstellen, daß sich die Kerben beider Kettenspanner in der gleichen Position zu den Markierungen an der Schwinge befinden, da andernfalls das Hinterrad nicht in einer Spur mit dem Vorderrad läuft.

7 Bei den **GSF 1200-Modellen** werden zunächst die Kontermuttern der Einsteller gelockert und dann die Kettenspanner-

2.6b Die Kerben der Einsteller (Pfeil) müssen auf beiden Seiten in der gleichen Position zu den Markierungen an der Schwinge stehen.

Schrauben an den beiden Enden der Schwinge gedreht, bis der am Anfang des Kapitels in den technischen Daten beschriebene Kettendurchhang in der Mitte des unteren Kettentrums erreicht ist (siehe Abb.). Kontrollieren Sie wie bei Punkt 6.

8 Wenn ein Unterschied in den Positionen besteht, müssen beide Spanner angeglichen werden. Auch wenn nur der auf der Bremsenseite nachgestellt wird, muß das Kettenspiel erneut überprüft werden. Eine Einstellung der Spur ist in Kapitel 6 beschrieben.

9 Ziehen Sie die Achsmutter mit dem vorgeschriebenen Drehmoment wieder an und drehen Sie die Einstellschraube (**600er Modelle**), bzw. die Kontermutter (**1200er Modelle**) wieder fest. Sichern Sie die Achsmutter der **US-Modelle** mit einem neuen Splint.

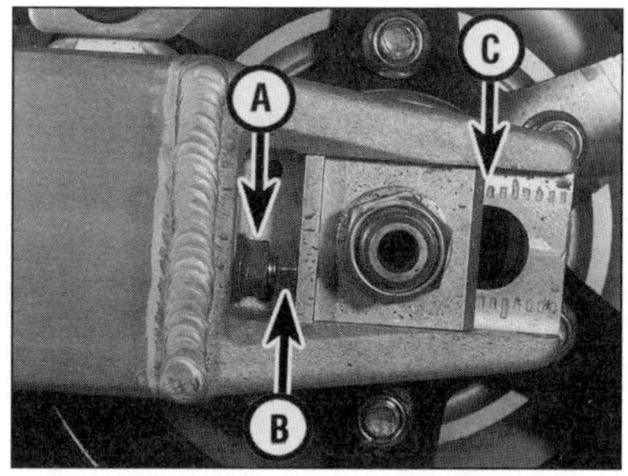

2.7 Lockern Sie auf beiden Seiten die Kontermutter (A) und stellen Sie durch Drehen der Einstellschraube (B) das Kettenspiel ein. Der Einstellblock muß auf beiden Seiten der Schwinge in gleicher Position zu den Markierungen (C) stehen.

2.9 Ziehen Sie die Achsmutter mit dem vorgeschriebenen Drehmoment an.

Alle 6.000 km oder 12 Monate

3 Luftfilter
Reinigung

Achtung: Wenn die Maschine ständig in staubiger Umgebung gefahren wird, sollten die Reinigungsintervalle verkürzt werden.

1 Entfernen Sie den Benzintank (siehe Kapitel 3).

2 Lösen Sie die zwei Schrauben, die den Filterdeckel am Filtergehäuse halten (siehe Abb.). Merken Sie sich die Position der Schläuche und entfernen Sie den Deckel. Nehmen Sie den Filter aus dem Gehäuse (siehe Abb.).

3 Klopfen Sie den Filter auf eine harte Oberfläche, um den Schmutz zu lösen. Wenn Druckluft vorhanden ist, reinigen Sie den Filter damit, indem Sie von innen auf das Element blasen (siehe Abb.). Wenn das Filterelement beschädigt oder extrem schmutzig ist, ersetzen Sie es durch ein neues.

4 Bauen Sie den Filter in umgekehrter Reihenfolge wieder ein. Stellen Sie sicher, daß der Filter richtig sitzt und die Laschen am unteren Ende des Deckels in die Nut des Gehäuses greifen.

5 Verfolgen Sie den Luftfilter-Ablaßschlauch vom Gehäuse aus und ziehen Sie die Stopfen

3.2a Der Luftfilterdeckel ist mit zwei Schrauben gesichert (Pfeile).

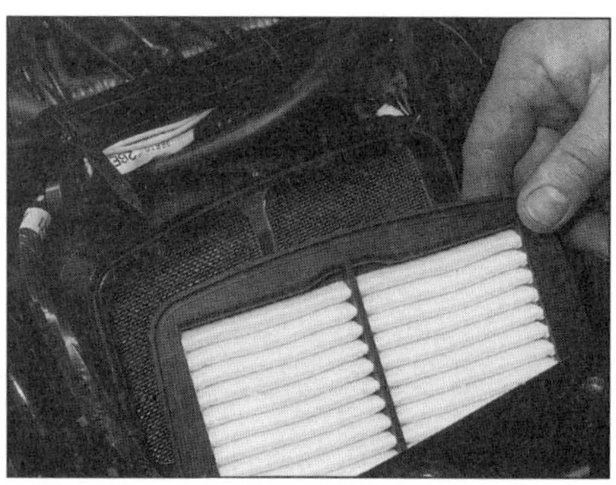

3.2b Entfernen Sie den Deckel und nehmen Sie den Filter heraus.

3.3 Reinigen Sie den Filter von der Innenseite her mit Druckluft.

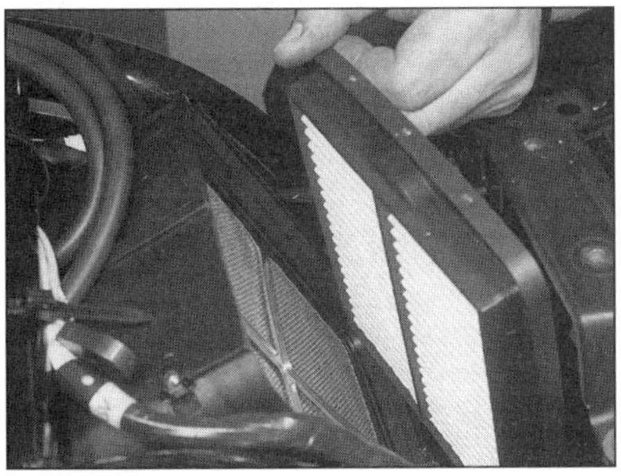

3.4a Stellen Sie sicher, daß der Filter richtig herum sitzt.

3.4b Setzen Sie den Deckel auf,...

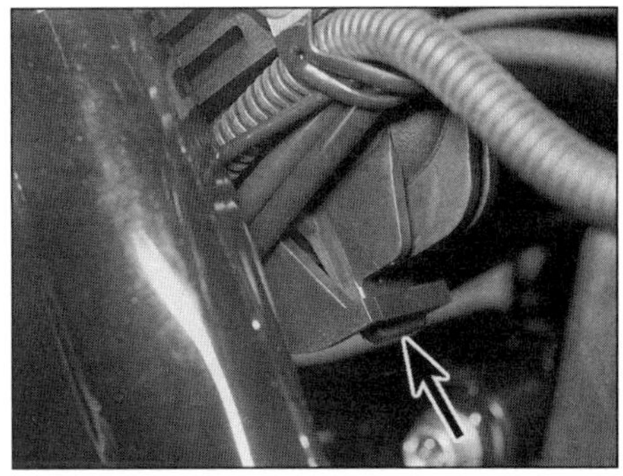

3.4c ...seine Laschen müssen in die Nuten des Gehäuses greifen (Pfeil).

3.5 Entfernen Sie die Stopfen und lassen Sie die Flüssigkeit ablaufen.

4.3a Lösen Sie die Schraube vorne unten am Zylinderkopf.

unten heraus (siehe Abb.). Lassen Sie jegliche Flüssigkeit ab und installieren Sie die Stopfen wieder.

4 Zylinderkopfmuttern und Krümmerschrauben
Kontrolle (GSF 600 Modelle)

1 Um die Dichtigkeit der Krümmerflansche und der Zylinderkopfdichtung sicherzustellen, empfiehlt Suzuki eine regelmäßige Festigkeitskontrolle der Schrauben und Muttern. Hierzu muß der Motor völlig kalt sein, am besten läßt man ihn vor der Überprüfung über Nacht abkühlen.

Zylinderkopf-Muttern

2 Entfernen Sie den Ventildeckel (siehe Kapitel 2).

3 Der Zylinderkopf ist mit acht M10 Hutmuttern, vier M10 Muttern und einer M6 Schraube gesichert. Lösen Sie die Schraube vorne am Zylinderkopf (siehe Abb.). Die Muttern sind numeriert (siehe Abb.). Lösen Sie die Muttern immer in der Reihenfolge von 12 bis 1 gleichmäßig ein wenig, bis alle lose sind.

4 Mit Hilfe eines Drehmomentschlüssels ziehen Sie die Muttern in der Reihenfolge von 1 bis 8 immer ein klein wenig an, bis Sie bei allen den richtigen Drehmoment-Wert erreicht haben (siehe Abb. 4.3b und c).

5 Ziehen Sie dann die Schraube an der Vorderseite mit einem vorgeschriebenen Drehmoment von 10 Nm fest (siehe Abb.). 1
Kontrollieren Sie ebenfalls, ob die Mutter, die den Zylinderblock vorne am Motorgehäuse hält, vorschriftsmäßig festgezogen ist.

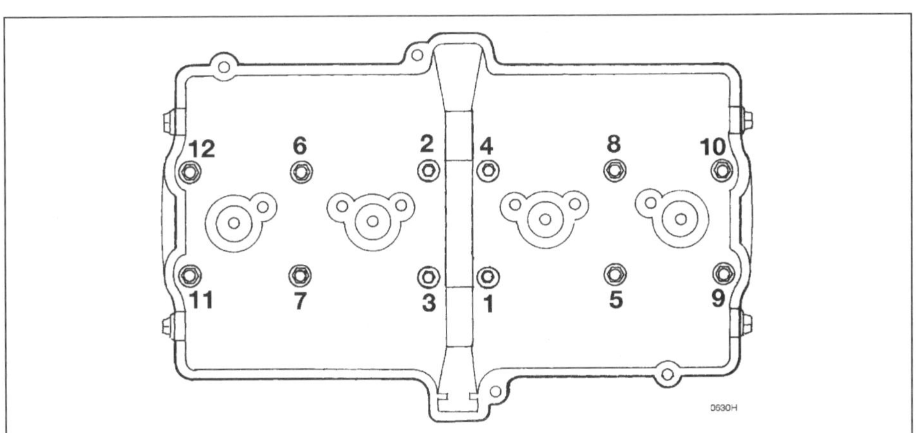

4.3b Zylinderkopf-ANZUGS-Reihenfolge

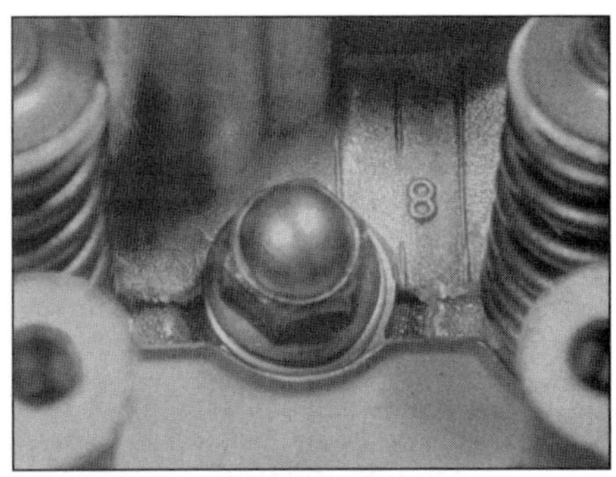

4.3c Die Anzugs-Reihenfolge der Zylinderkopf-Muttern ist in das Gehäuse eingegossen. Gelöst wird von 12 an, festgezogen von 1 an.

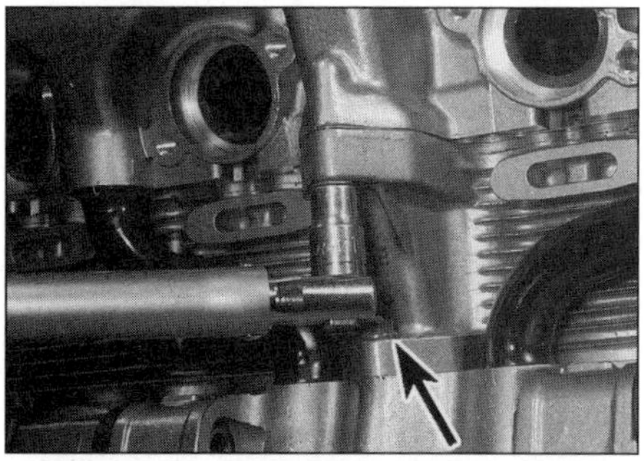

4.5 Ziehen Sie die Zylinderkopfschraube und die Zylinderfußmutter mit dem vorgeschriebenen Drehmoment an.

4.7a Ziehen Sie die Krümmerflansch-Schrauben,...

4.7b ...die vordere Schalldämpferbefestigung...

4.7c ...und die hinteren Schalldämpferbefestigungen vorschriftsmäßig an.

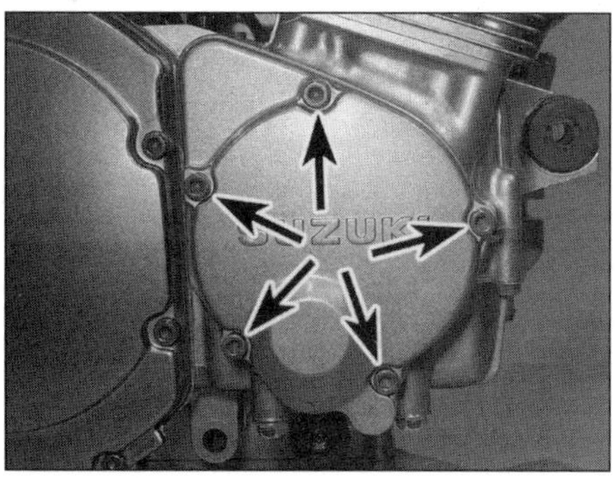

5.4 Der Zündungsdeckel wird mit fünf Schrauben (Pfeile) gehalten.

5.5 Drehen Sie den Rotor im Uhrzeigersinn, bis die Markierungen auf dem Rotor und der Geber-Spule fluchten.

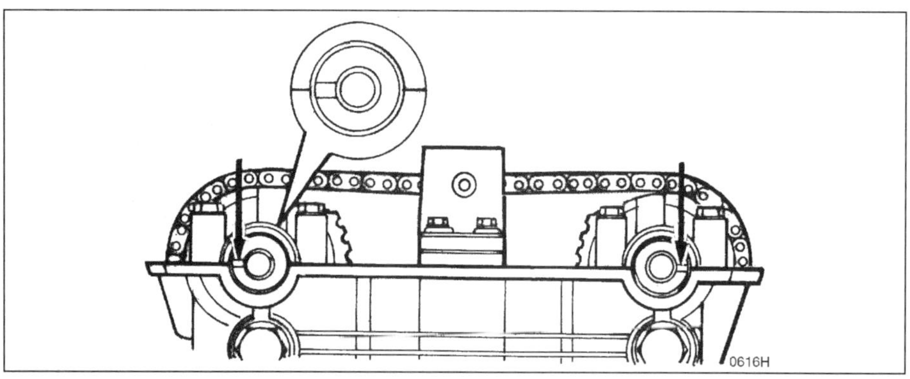

5.6a Die Nuten an den Seiten der Nockenwellen müssen beim ersten Schritt der Ventileinstellung nach außen zeigen (Pfeile) – wenn nicht, muß die Kurbelwelle um eine ganze Umdrehung gedreht werden.

6 Befestigen Sie den Ventildeckel (siehe Kapitel 2).

Auspuff-Schrauben

7 Überprüfen Sie mit Hilfe eines Drehmomentschlüssels, ob die Krümmerbefestigungsschrauben am Zylinderkopf und die Auspuffbefestigungen mit dem in den technischen Daten angegebenen Drehmomenten angezogen sind (siehe Abb.).

5 Ventilspiel
Kontrolle und Einstellung (GSF 600 Modelle)

1 Der Motor muß für die Ventilspielkontrolle völlig kalt sein, am besten läßt man ihn über Nacht abkühlen.

2 Schrauben Sie die Zündkerzen heraus (siehe Sektion 6).

3 Entfernen Sie den Ventildeckel (siehe Kapitel 2).

4 Lösen Sie die fünf Schrauben des Zündgeber-Deckels, der auf dem rechten Motordeckel sitzt (siehe Abb.).

5 Die Kurbelwelle darf jetzt mit Hilfe eines 19-mm-Schlüssels auf dem Zündrotor nur im Uhrzeigersinn gedreht werden, bis die »T«-Markierung mit ihrem Gegenstück an der Geber-Spule fluchtet. Alternativ kann der Motor auch bei eingelegtem hohen Gang durch Drehen des Hinterrades in Fahrtrichtung bewegt werden.

Achtung: Drehen Sie die Kurbelwelle NICHT mit der Inbus-Schraube, die den Rotor hält. Sie wird überdrehen oder abreißen. Drehen Sie die Kurbelwelle nur in Arbeitsrichtung, d.h. im Uhrzeigersinn!

6 Die Nuten an den rechten Enden der Nockenwellen sollten jetzt voneinander wegzeigen und mit der Dichtfläche des Zylinderkopfes fluchten (siehe Abb.). Kontrollieren Sie

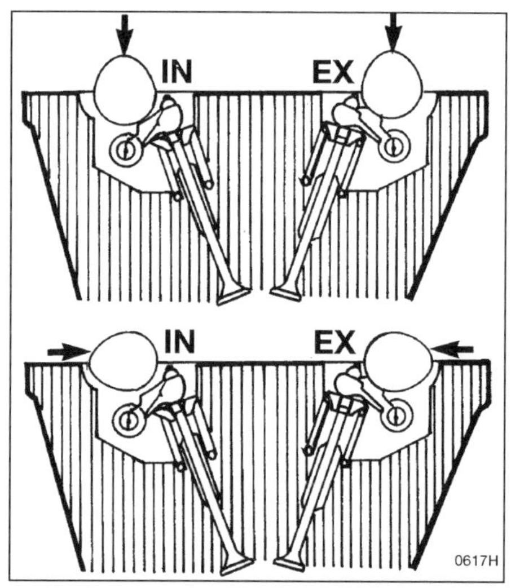

5.6b Diese Nockenpositionen können beim Ventilspieleinstellen akzeptiert werden.

5.8 Kontrollieren Sie das Ventilspiel mit einer Fühlerlehre.

5.9 Lockern Sie die Kontermutter und stellen Sie das korrekte Spiel durch Drehen der Schraube mit einer Zange ein.

die Positionen der Nocken von Zylinder 1 – sie sollten in einer der zum Ventile-Einstellen geeigneten Positionen stehen. Wenn die Nockenwellen nicht richtig liegen, muß die Kurbelwelle eine ganze Umdrehung (360°) weitergedreht werden, bis die Markierungen wieder fluchten. Jetzt sollten die Nocken richtig stehen.

7 Wenn der Motor in dieser Position steht, können folgende Ventile kontrolliert werden:
- a) Zylinder Nr. 1, Einlaß- und Auslaßventile
- b) Zylinder Nr. 2, Auslaßventile
- c) Zylinder Nr. 3, Einlaßventile

8 Starten Sie mit den Einlaßventilen von Zylinder Nr.1 und führen Sie eine Fühlerlehre mit der Dicke des angegebenen Ventilspiels (siehe technische Daten) zwischen die Einstellschraube und den Ventilschaft der Ventile, überprüfen Sie, ob sie mit leichtem Druck durchrutschen kann (siehe Abb.). Wenn die Lehre zu viel Luft hat, ist das Spiel zu groß, wenn sie schwergängig ist oder sich gar nicht einführen läßt, ist das Spiel zu eng.

9 Wenn das Ventilspiel nicht korrekt ist, muß die Kontermutter gelockert und die Einstellschraube entsprechend verstellt werden, bis der Abstand dem vorgeschriebenen Ventilspiel entspricht (siehe Abb.).

10 Halten Sie die Einstellschraube fest, um sie am Mitdrehen zu hindern, und ziehen Sie die Kontermutter wieder an. Überprüfen Sie erneut das Ventilspiel, um sicherzugehen, daß es sich nicht verstellt hat.

11 Stellen Sie jetzt die in Schritt 7 aufgeführten Ventile in gleicher Weise ein. Achten Sie darauf, daß sich das Spiel bei den Einlaß- und Auslaßventilen unterscheidet.

12 Drehen Sie die Kurbelwelle eine volle Umdrehung, bis die T-Markierung auf dem Rotor mit der Kerbe an der Geberspule fluchtet. Die Nuten an den Nockenwellen müssen jetzt zueinander zeigen (siehe Abb.).

13 In dieser Position können folgende Ventile, wie in den Schritten 8, 9 und 10 beschrieben, kontrolliert werden:
- a) Zylinder Nr. 2: Einlaß-Ventile
- b) Zylinder Nr. 3: Auslaß-Ventile
- c) Zylinder Nr. 4: Einlaß- und Auslaßventile

14 Montieren Sie alle Bauteile entgegen der Ausbaureihenfolge. Setzen Sie den Zündungsdeckel mit einer neuen Dichtung auf, und installieren Sie die obere Schraube mit einer Dichtscheibe (siehe Abb.).

6 Zündkerzen
Elektrodenabstand und Einstellung

Achtung: Elektronische Zündanlagen sind sehr empfindlich! Lassen Sie nie den Anlasser oder den Motor laufen und schalten Sie nie die Zündung ein oder aus, wenn Zündkerzen und/oder Kerzenstecker nicht

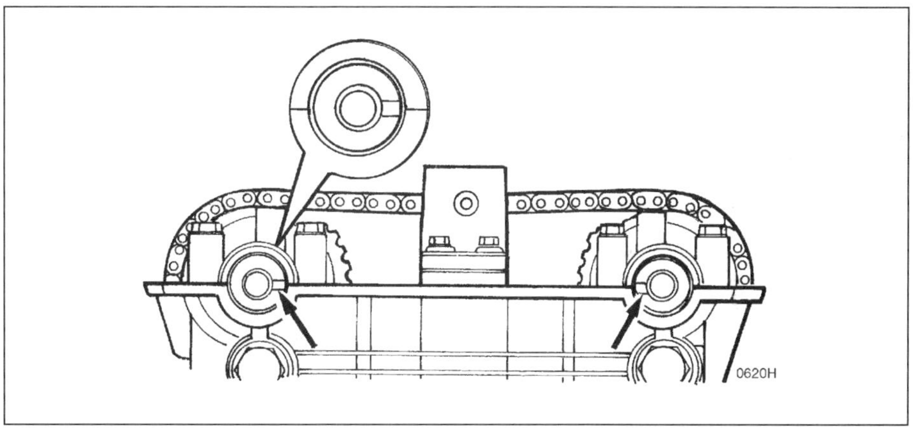

5.12 Die Nuten an den Seiten der Nockenwellen müssen beim zweiten Schritt der Ventileinstellung nach innen zeigen (Pfeile) – wenn nicht, muß die Kurbelwelle um eine ganze Umdrehung gedreht werden.

5.14a Setzen Sie den Deckel mit einer neuen Dichtung auf...

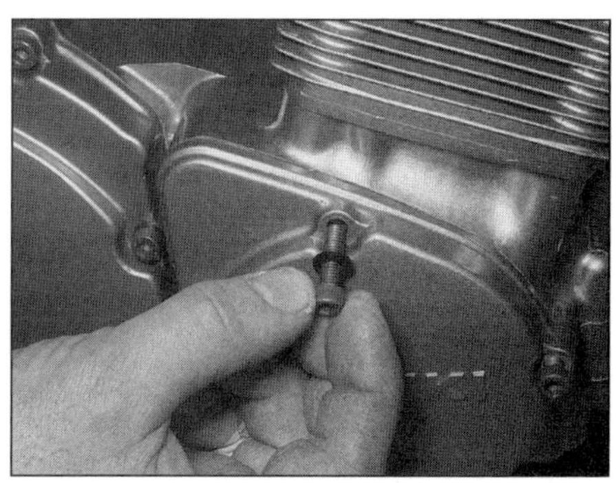

5.14b ...und die obere Schraube mit einem Dichtring ein.

6.4a Entfernen Sie die Kerzenstecker...

6.4b ...und schrauben Sie die Zündkerzen heraus.

installiert sind. Neben schmerzhaften Stromschlägen können teure Defekte an der Zündung die Folge sein.

1 Stellen Sie sicher, daß Ihr Zündkerzenschlüssel die richtige Größe hat – ein brauchbarer sollte dem Bordwerkzeug beigefügt sein, es befindet sich unter der Sitzbank.

2 Entfernen Sie die Sitzbank (siehe Kapitel 7) und lösen Sie an der Batterie den Masseanschluß (–).

3 Reinigen Sie den Bereich um die Zündkerzenstecker, damit kein Dreck in den Brennraum fallen kann.

4 Vergewissern Sie sich, daß die Zündkabel für die einzelnen Zylinder markiert sind. Ziehen Sie dann die Kerzenstecker ab (siehe Abb.). Schrauben Sie anschließend die Zündkerzen heraus (siehe Abb.). Legen Sie jede Kerze zu ihrem Zylinder – wenn das Kerzenbild auf ein Problem hinweist, kann man so den fehlerhaften Zylinder sofort identifizieren.

5 Inspizieren Sie die Elektroden auf Verschleiß. Sowohl die Mittel- als auch die Masseelektrode sollten nicht abgerundet sein, letztere sollte auch eine gleichmäßige Dicke aufweisen. Achten Sie auf starke Ablagerungen und Anzeichen eines gebrochenen oder abgesplitterten Isolators rund um die Mittelelektrode. Kontrollieren Sie das Gewinde, den Dichtring und den Keramik-Isolator auf Brüche und andere Beschädigungen.

6 Wenn die Elektroden nicht extrem verschlissen sind, die Ablagerungen leicht mit einer Drahtbürste zu entfernen sind und keine Isolatorschäden festzustellen sind, können die Kerzen nach Einstellung des Elektrodenabstands wiederverwendet werden. Bei Zweifeln über den Zustand sollten sie gewechselt werden – Zündkerzen sind nicht teuer.

7 Das Reinigen der Zündkerzen durch Sandstrahlen ist nur erlaubt, wenn man sie danach mit einem Lösungsmittel reinigt.

8 Vor Einbau der Zündkerzen vergewissern Sie sich, daß sie vom richtigen Typ sind und den korrekten Wärmewert haben. Kontrollieren Sie den Abstand der Elektroden (siehe Abb.). Vergleichen Sie das Ergebnis mit den vorgeschriebenen Werten und stellen Sie gegebenenfalls nach. Hierbei darf nur die Masseelektrode gebogen werden – und auch nur sehr vorsichtig (siehe Abb.). Stellen Sie sicher, daß jede Zündkerze einen Dichtring hat.

9 Seit Zylinderköpfe aus Aluminium hergestellt werden, muß bei diesem weichen Material sehr auf Beschädigung der Kerzengewinde geachtet werden. Drehen Sie deshalb die Kerzen per Hand in den Motor. Nachdem sie handfest gezogen sind, werden sie mit dem Schlüssel noch eine weitere viertel Umdrehung angezogen. Zu fest gezogene Kerzen können schnell das Gewinde zerstören.

10 Vergewissern Sie sich, daß die Kerzenstecker nicht vertauscht sind und stecken Sie sie auf die Zündkerzen.

Praxis TiP
Wenn die Zündkerzen sich schwer einsetzen lassen, kann man ein Schlauchende über den Isolator schieben, um die Kerzen damit eindrehen zu können. Der Schlauch wird überrutschen, wenn die Zündkerze im Gewinde verkantet, und man ist vor beschädigten Gewinden sicher.

Praxis TiP
Ausgerissene Kerzengewinde können mit Gewindeeinsätzen repariert werden. Beachten Sie hierzu die Werkzeug- und Werkstatt-Tips im Anhang.

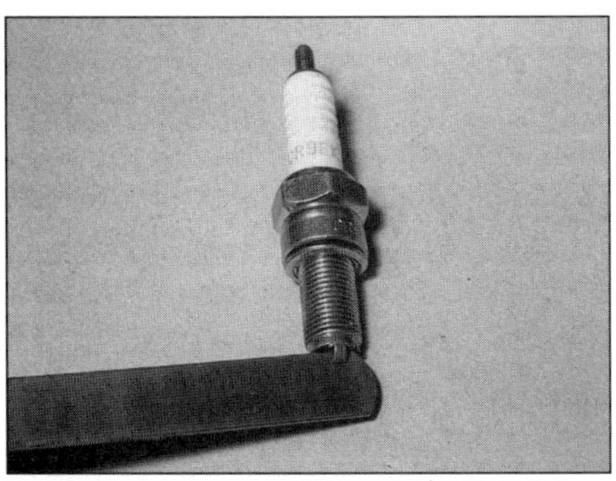

6.8a Messen Sie den Elektrodenabstand mit einer Fühlerlehre.

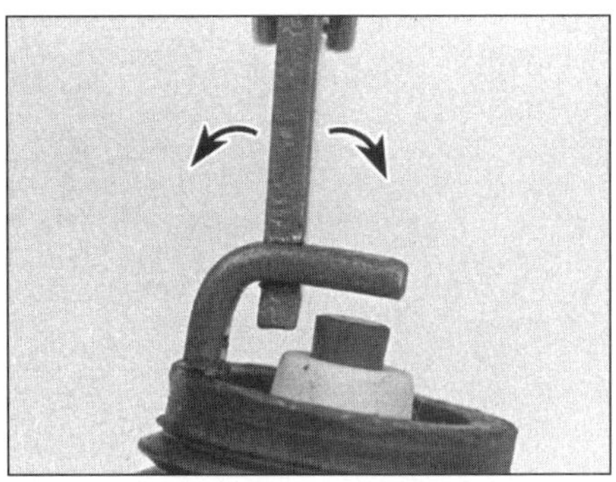

6.8b Stellen Sie den Elektrodenabstand durch vorsichtiges Biegen der Seitenelektrode in die gezeigten Richtungen ein.

7 Kraftstoffsystem
Kontrolle

Warnung: Benzin ist sehr leicht entflammbar, treffen Sie deshalb besondere Vorsichtsmaßnahmen, wenn Sie am Kraftstoffsystem arbeiten. Rauchen Sie nicht und lassen Sie keine offenen Flammen oder Glühbirnen in die Nähe. Arbeiten Sie nicht in Garagen, in denen eine Heizung mit offenen Flammen läuft. Sollte Benzin auf die Haut geraten, muß die Stelle sofort mit Wasser und Seife abgewaschen werden. Tragen Sie bei Arbeiten an der Kraft-

stoffanlage immer eine Schutzbrille und stellen Sie einen Feuerlöscher, der für brennende Flüssigkeiten ausgelegt ist, bereit.

Kontrolle

1 Entfernen Sie den Benzintank (siehe Kapitel 3) und überprüfen Sie den Tank, den Benzinhahn und die Leitungen auf Anzeichen von Undichtigkeiten, Porosität und Beschädigungen. Benzinschläuche werden mit der Zeit brüchig und härten aus, sie müssen deshalb gelegentlich ausgewechselt werden.

2 Wenn der Benzinhahn leckt, schrauben Sie ihn ab und ziehen die Schrauben auf der Rückseite nach (siehe Kapitel 3). Wenn die Undichtigkeit anhält, lösen Sie die Schrauben und nehmen Sie den Benzinhahn auseinander, beachten Sie, wie die Teile zusammengefügt werden. Kontrollieren Sie den Zustand der einzelnen Bauteile auf Verschleiß und Beschädigung. Falls eine Komponente defekt ist, muß der ganze Benzinhahn ausgewechselt werden.

3 Wenn die Dichtungen an den Vergasern lecken, können nach der Demontage neue Dichtungen eingesetzt werden (siehe Kapitel 3).

Reinigung des Benzinfilters

4 Die Reinigung oder Auswechslung des Benzinfilters ist normalerweise erst nach einer sehr hohen Kilometerleistung nötig. Wenn Verdacht auf mangelnde Kraftstoffversorgung besteht, sollte man hier jedoch immer zuerst nachsehen.

5 Der Benzinfilter sitzt im Tank und ist zusammen mit dem Benzinhahn ein Bauteil. Entfernen Sie den Tank und bauen Sie den Benzinhahn aus (Kapitel 3). Reinigen Sie den Gaze-Filter und entfernen Sie Schmutz und Benzinrückstände. Kontrollieren Sie die Gaze auf Löcher. Wenn welche vorhanden sind, sollte ein neuer Filter installiert werden (erkundigen Sie sich, ob er als Einzelteil erhältlich ist – es kann möglich sein, daß der ganze Benzinhahn ersetzt werden muß). Checken Sie den Zustand des O-Rings und ersetzen Sie ihn, wenn er in irgendeiner Weise beschädigt und verhärtet sein sollte.

8 Motor/Getriebe
Ölwechsel

Warnung: Seien Sie beim Ölablassen vorsichtig. Heißes Motoröl, heiße Motoren und Auspuffrohre können zu schweren Verbrennungen führen.

1 Ein regelmäßiger Öl- und Filterwechsel ist die wichtigste Wartungsarbeit für den Erhalt eines Motorrades. Das Öl ist nicht nur zur Schmierung der Motorinnereien, Kupplung und Getriebe da, sondern auch zur Kühlung, Reinigung, Abdichtung und zum Materialschutz. Aufgrund dieser Anforderungen trägt das Motoröl einen hohen Grad an Verantwortung für die Funktion des Motors und sollte deshalb regelmäßig ersetzt werden. Der kleine Preisunterschied zwischen einem guten und einem billigen Öl macht sich bei einem Motorschaden auf keinen Fall bezahlt. Der Ölfilter sollte bei den **600er Modellen** bei jedem zweiten, bei den **1200er Modellen** bei jedem dritten Ölwechsel ebenfalls ausgetauscht werden (siehe Sektion 25).

2 Wärmen Sie den Motor zunächst auf, damit das Öl besser abfließt.

3 Stellen Sie das Motorrad auf den Hauptständer oder eine entsprechende Stütze und darunter einen Behälter, der das Altöl aufnehmen kann. Öffnen Sie den Öl-Einfülldeckel im Kupplungsdeckel, um das Gehäuse zu belüften – und zur Erinnerung daran, daß kein Öl im Motor ist (siehe Abb.).

4 Schrauben Sie die Öl-Ablaßschraube am Boden des Motors heraus und lassen Sie das Öl in den Behälter fließen (siehe Abb.). Die Dichtscheibe sollte nach jedem Ölwechsel ersetzt werden.

5 Wenn das Öl vollständig aus dem Motor gelaufen ist, bestücken Sie die Öl-Ablaßschraube mit einem neuen Dichtring und schrauben Sie sie mit dem vorgesehenen Drehmoment wieder ein – Überdrehen kann schnell den Ölwannendeckel beschädigen!

6 Füllen Sie den Motor mit dem dafür vorgesehenen Öl bis zur oberen Markierung auf (siehe Tägliche Kontrolle) und schrauben Sie die Einfüllschraube fest. Starten Sie den Motor und lassen Sie ihn zwei bis drei Minuten laufen (gehen Sie sicher, daß die Öldrucklampe nach einigen Sekunden erlischt), stellen Sie ihn ab und kontrollieren Sie nach einer Pause von einigen Minuten den Ölstand. Kontrollieren Sie die Ölwanne um die Ablaßschraube auf Undichtigkeiten.

7 Das alte Motoröl kann nicht mehr verwendet werden und sollte in einen auslaufsicheren Behälter gefüllt werden. Jeder Händler, der technische Öle verkauft, ist auch dazu verpflichtet, entsprechende Mengen an Altöl zurückzunehmen und zur fachgerechten Entsorgung oder zum Recycling zu bringen. Lassen Sie nie Altöl in die Kanalisation gelangen oder im Boden versickern!

Praxis TiP ***Kontrollieren Sie sorgfältig Ihr Altöl – wenn es stark metallisch schimmert, können es Spuren vom Einfahren eines neuen Motors sein, oder aber Anzeichen ungenügender Schmierung. Wenn kleine Metallbrocken oder Splitter im Öl sind, läuft in Ihrem Motor etwas entschieden falsch und die Maschine muß zur Inspektion und Reparatur zerlegt werden. Wenn Sie faserartiges Material vorfinden, weist das auf extremen Kupplungsverschleiß hin.***

9 Leerlaufdrehzahl
Kontrolle und Einstellung

Leerlaufdrehzahlkontrolle

1 Die Leerlaufdrehzahl sollte vor und nach jeder Vergasersynchronisation kontrolliert und eingestellt werden, außerdem, wenn sie offensichtlich zu hoch oder zu niedrig ist. Vor der Kontrolle der Leerlaufdrehzahl müssen das Ventilspiel und der Elektrodenabstand der Zündkerzen überprüft sein. Überprüfen Sie außerdem, ob sich die Leerlaufdrehzahl nach der Betätigung des Gasgriffes und beim Bewegen des Lenkers von Anschlag zu Anschlag verändert. Wenn dieses der Fall ist, kann das an einer falschen Einstellung oder am Verschleiß des Gas-Bowdenzuges liegen. Dieses kann zu gefährlichen Situationen beim

1

8.3 Schrauben Sie den Öleinfülldeckel heraus.

8.4a Lösen Sie die Ölablaßschraube (Pfeil)...

8.4b ...und lassen Sie das Öl in ein geeignetes Gefäß laufen.

Fahrbetrieb führen und muß sofort repariert werden.

2 Die Maschine sollte auf Betriebstemperatur sein, wie sie normalerweise nach 10 bis 15 Minuten Stadtfahrt auftritt. Stellen Sie das Motorrad auf den Hauptständer oder eine entsprechende Stütze und vergewissern Sie sich, daß das Getriebe im Leerlauf ist.

3 Die Einstellung der Leerlaufdrehzahl erfolgt durch Ein- oder Ausdrehen der Drosselklappen-Anschlagschraube, bis die in den technischen Daten angegebene Drehzahl erreicht ist. Die Anschlagschraube befindet sich in der Mitte unterhalb der Vergaser (siehe Abb.).

4 Betätigen Sie den Gasgriff einige Male und kontrollieren Sie erneut.

5 Wenn es nicht möglich ist, einen weichen und gleichmäßigen Leerlauf einzustellen, kann das Benzin/Luft-Gemisch unkorrekt eingestellt sein. In Kapitel 3 erhalten Sie Informationen zur Einstellung der Vergaser, in Sektion 23 wird ihre Synchronisation beschrieben.

10 Gas- und Chokebowdenzüge
Kontrolle

Gasbowdenzug

1 Stellen Sie sicher, daß sich der Gasgriff über den gesamten Öffnungsbereich und bei in verschiedene Richtungen stehendem Vorderrad leichtgängig bewegt. Der Griff soll immer automatisch zurückschnappen, wenn man ihn losläßt.

2 Ist das nicht der Fall, bauen Sie die Züge aus (siehe Kapitel 3) und schmieren Sie sie (siehe Sektion 34). Installieren Sie die Züge wieder. Wenn dieser Versuch keine Verbesserungen gebracht hat, müssen die Züge ersetzt werden. Beachten Sie, daß in ganz seltenen Fällen die Problematik an den Vergasern liegen kann. Inspektion der Drosselklappensteuerung siehe Kapitel 3.

3 An einem leichtgängigen Gasgriff kann das Bowdenzug-Spiel überprüft werden (siehe Abb.). Die Höhe des Spiels kann an der freien Drehung des Gasgriffes gemessen werden und sollte mit dem Wert in den technischen Daten am Anfang dieses Kapitels übereinstimmen, sonst müssen die Bowdenzüge korrigiert werden.

4 Das Gasgriffspiel kann am Gasgriff-Ende der Bowdenzüge eingestellt werden. Lösen Sie die Kontermutter des vorderen (Öffnungs-) Zuges am Gasgriffgehäuse (siehe Abb.). Drehen Sie den Einsteller, bis das vorgeschriebene Spiel erreicht ist (siehe technische Daten), ziehen Sie dann die Kontermutter wieder an.

5 Wenn am Gasgriff keine Korrekturen mehr vorgenommen werden können, muß am Vergaserende das Spiel eingestellt werden (siehe Kapitel 3). Wenn alle diese Einstellungen kein Ergebnis bringen, müssen die Gasbowdenzüge ausgetauscht werden.

6 Stellen Sie das Spiel des Schließ-Bowdenzuges in gleicher Weise ein (siehe Abb. 10.4).

Warnung: Bei im Leerlauf arbeitendem Motor wird nun der Lenker von Anschlag zu Anschlag bewegt. Der Motor darf dabei an keiner Stelle höher drehen, falls doch, ist der Bowdenzug falsch verlegt. Korrigieren Sie diesen Zustand unbedingt, bevor Sie mit dem Motorrad fahren (siehe Kapitel 3).

7 Kontrollieren Sie, ob der Gasgriff weich arbeitet und schnell wieder zurückschnappt, wenn er losgelassen wird.

Chokebowdenzug

8 Wenn der Choke-Hebel nicht weich arbeitet, liegt das normalerweise an einem Bowdenzug-Defekt. Demontieren Sie den Zug (siehe Kapitel 3) und schmieren Sie ihn (siehe Sektion 34). Installieren Sie den Choke-Zug so, daß er nicht in engen Kurven verläuft.

9 Überprüfen Sie, ob der Zug etwas Spiel hat und korrigieren Sie es gegebenenfalls mit dem Einsteller am Hebel-Ende genau wie in Schritt 4 für den Gasbowdenzug beschrieben (siehe Abb.). Wenn hier keine Einstellung mehr möglich ist, muß der Zug gewechselt werden. Beachten Sie, daß in ganz seltenen Fällen der Fehler an den Vergasern liegen kann, zur Inspektion der Choke-Ventile ist deren Ausbau nötig (siehe Kapitel 3).

11 Kupplung
Kontrolle

GSF 600 Modelle

Bowdenzug-Einstellung

1 Regelmäßige Einstellung des Kupplungsbowdenzuges ist notwendig, um eine Längung des Zuges und den Verschleiß der Kupplungsbeläge auszugleichen. Kontrollieren Sie, ob das Spiel des Kupplungshebels mit dem Wert, wie er in den technischen Daten am Anfang des Kapitels beschrieben ist, übereinstimmt (siehe Abb.). Wenn eine Einstellung nötig ist, kann sie sowohl am Lenker als auch an der Kupplung vorgenommen werden.

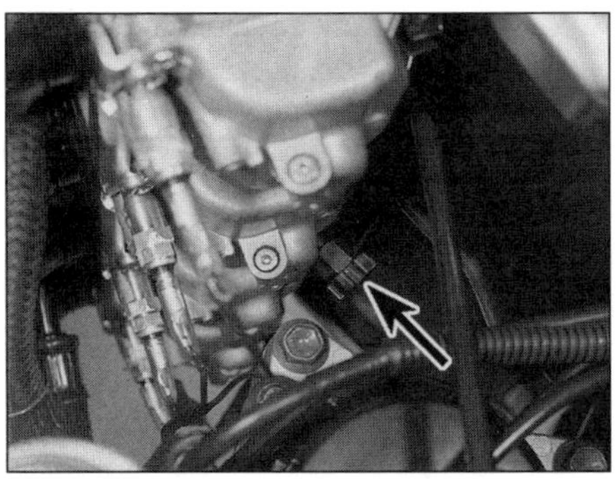

9.3 Drosselklappen-Anschlagschraube (Pfeil)

10.3 Das Spiel des Gasbowdenzuges wird durch Bewegen der vorderen Hülle (Öffnungs-Zug) ermittelt.

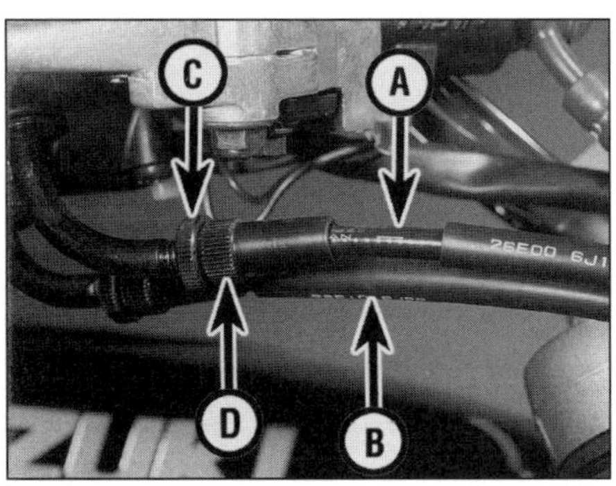

10.4 Öffnungs-Zug (A), Schließ-Zug (B), Kontermutter (C) und Einsteller (D)

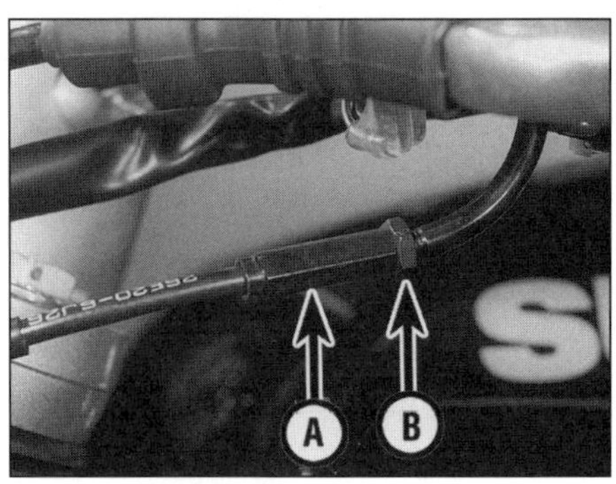

10.9 Chokebowdenzug-Einsteller (A) und Kontermutter (B)

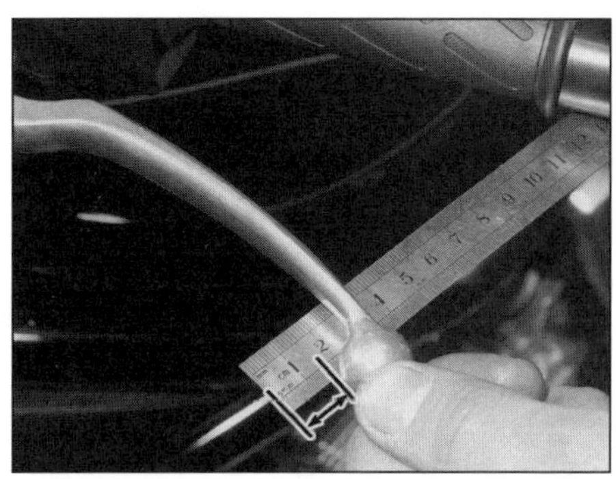

11.1 Messung des Kupplungshebelspiels

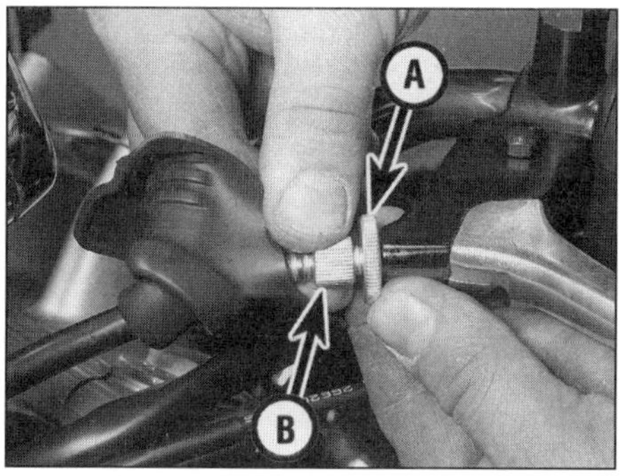

11.2 Konterring (A) und Einsteller (B) am Kupplungshebel

2 Um das Spiel am Hebel einzustellen, muß die Gummiabdeckung zurückgeschoben und der Konterring gelöst werden. Zur Vergrößerung des Spiels muß die Schraube hinein, zur Verringerung herausgedreht werden. Anschließend muß die Einstellung mit dem Konterring wieder gesichert und die Gummihülle aufgeschoben werden.

3 Wenn am Hebel kein Spiel mehr eingestellt werden kann, muß der Einsteller voll eingedreht werden, um maximales Spiel zu erhalten. Dann wird das Spiel an der Kupplung eingestellt, so daß die folgenden Korrekturen wieder am Hebel erfolgen können.

4 Zum Einstellen des Spiels an der Kupplung muß zunächst die Gummitülle oben auf dem Motor-Ritzeldeckel hochgeschoben werden, dann wird die Kontermutter gelöst und die Einstellschraube gedreht. Zur Vergrößerung des Spiels muß die Schraube hinein, zur Verringerung herausgedreht werden. Anschließend muß die Einstellung mit der Kontermutter wieder gesichert werden.

Einstellung des Ausrückmechanismus

5 Entfernen Sie den Gummistopfen vom Ausrückmechanismus – dieser befindet sich im Ritzeldeckel (siehe Abb.).

6 Ziehen Sie die Gummitüllen von den Bowdenzug-Einstellern am Hebel und an der Kupplung zurück, lösen Sie die Kontermutter bzw. den Ring und drehen Sie beide Einsteller voll ein (siehe Abb. 11.2). Hierdurch wird sehr viel Spiel im Bowdenzug erzielt.

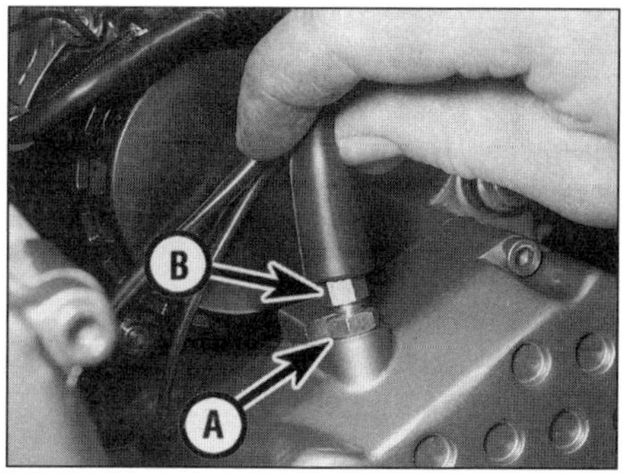

11.4 Schieben Sie die Gummitülle hoch, um an die Kontermutter (A) und den Einsteller (B) am Kupplungsende zu gelangen.

7 Lockern Sie die Kontermutter am Ausrückmechanismus, lösen Sie die Einstellschraube einige Umdrehungen, und schrauben Sie sie hinein, bis Widerstand gefühlt wird. Drehen Sie sie jetzt wieder ¼ bis ½ Umdrehung heraus (siehe Abb.).

8 Halten Sie die Einstellschraube und ziehen Sie dabei die Kontermutter wieder fest (siehe Abb.). Ersetzen Sie den Gummistopfen.

9 Stellen Sie wie in Schritt 4 beschrieben das Spiel des Bowdenzuges am unteren Ende ein und kontrollieren Sie, ob der Konterring am Hebel festsitzt.

GSF 1200 Modelle

10 Diese Modelle haben eine hydraulische Kupplung, die nicht eingestellt werden kann.

11 Kontrollieren Sie den Flüssigkeitsstand im Behälter am Kupplungshebel (siehe tägliche Kontrollen).

12 Kontrollieren Sie den Schlauch und die Anschlüsse auf Undichtigkeiten, Brüche, Alterung und Verschleiß. Die Hydraulikflüssigkeit sollte alle zwei Jahre gewechselt werden (siehe Sektion 27), die Leitungen alle vier Jahre ausgetauscht werden (siehe Sektion 30) – unabhängig von ihrem Zustand.

13 Kontrollieren Sie die Funktion der Kupplung; wenn Luft im System ist (schwammiges Gefühl im Hebel), muß die Kupplung, wie in Kapitel 2 beschrieben, entlüftet werden.

12 Antriebskette
Verschleiß- und Dehnungsmessung

1 Kontrollieren Sie die gesamte Kette auf beschädigte Rollen, lockere Laschen und Bolzen. Wenn eine Beschädigung gefunden wurde, muß die Kette ersetzt werden, das gleiche gilt, wenn die Kettenspannung nicht mehr weiter nachgestellt werden kann.

2 Der Grad der Kettendehnung kann gemessen werden. Entfernen Sie bei den US-Modellen den Splint aus der Hinterrad-Achsmutter und lösen Sie bei allen Modellen diese um einige Umdrehungen. Lockern Sie bei den **1200er Modellen** die Kettenspanner-Kontermuttern und ziehen Sie bei allen Modellen die Einstellschrauben der Kettenspanner etwas an, bis die Kette stramm ist. Messen Sie am unteren Ende der Kette den Abstand zwischen 21 Bolzen (Mitte des ersten Bolzens bis Mitte des 21.) und vergleichen Sie den Wert mit den Angaben in den technischen Daten am Anfang des Kapitels (siehe Abb.). Drehen Sie das Hinterrad und messen Sie diesen Wert an verschiedenen Stellen der Kette, errechnen Sie dann den Durchschnitt. Wenn die Kette die Streckgrenze erreicht hat, muß sie ersetzt werden (siehe Kapitel 5). **Anmerkung**: *Es ist sinnvoll, die Kette mit Ritzel und Kettenrad zusammen zu wechseln.*

3 Kontrollieren Sie die Zähne des Ritzels am Motor und des Kettenrades am Hinterrad (Kapitel 5).

4 Kontrollieren Sie die Kettenlaufschiene auf der Schwinge auf überhöhten Verschleiß, gegebenenfalls austauschen (siehe Kapitel 5).

13 Bremsbeläge
Verschleißkontrolle

1 Alle Bremsbeläge haben eine Verschleißgrenze – Stufen oder Ausschnitte –, die normalerweise ohne Demontage sichtbar sind (siehe Abb.). Bei den vorderen Bremssätteln

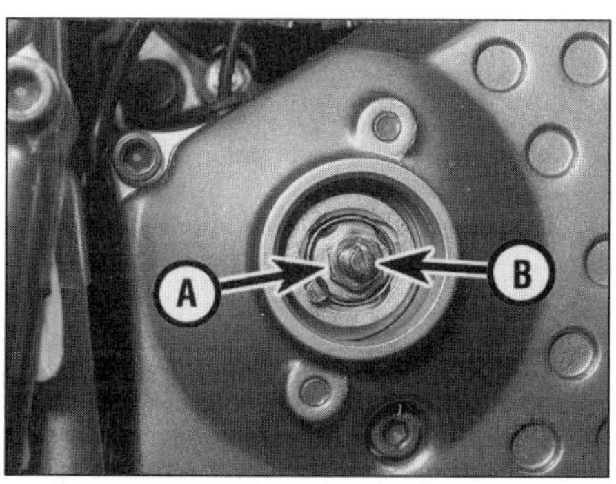

11.7 Lösen Sie die Kontermutter (A) und drehen Sie die Einstellschraube des Ausrückmechanismus.

11.8 Halten Sie die Einstellschraube, während Sie sie mit der Kontermutter sichern.

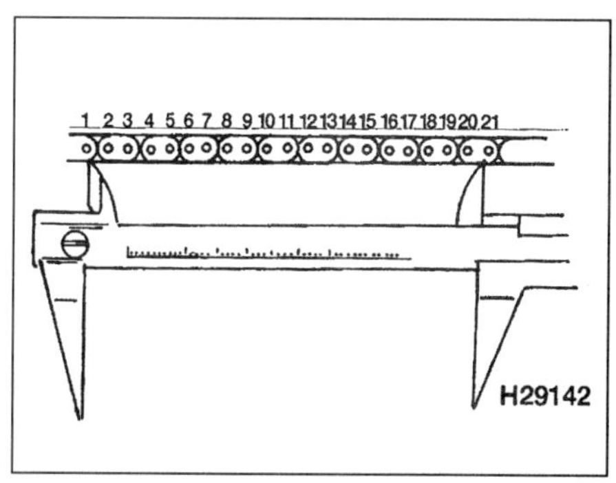

12.2 Messen Sie den Abstand zwischen dem 1. und dem 21. Bolzen, um die Längung der Antriebskette zu ermitteln.

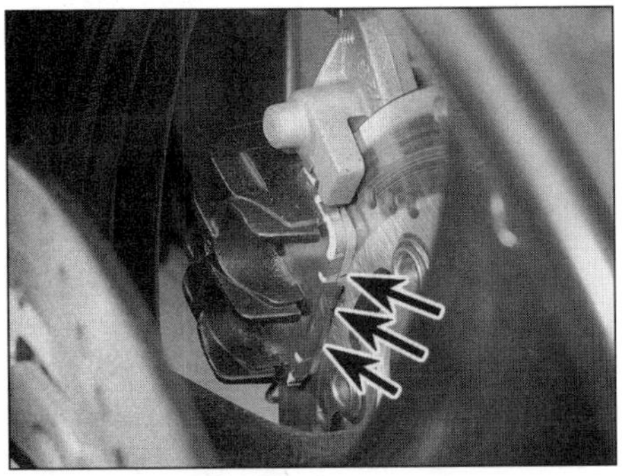

13.1a Die Verschleißmarken der Vorderradbremsen sind im eingebauten Zustand von unten sichtbar.

13.1d Die Verschleißmarken der Hinterradbremse sind im eingebauten Zustand von oben sichtbar.

können die Verschleißmarken von unten erkannt werden. An der Hinterradbremse kann die Verschleißgrenze von oben erkannt werden (siehe Abb.).

2 Wenn die Beläge verschlissen oder nahe an der Grenze sind, müssen sie gewechselt werden. Wenn die Beläge schmutzig sind oder irgend ein Zweifel über ihren Zustand besteht, müssen sie zur Kontrolle ausgebaut (siehe Kapitel 6) und die Belagstärke gemessen werden.

3 Wechseln Sie zu Kapitel 6, um Details über das Auswechseln der Bremsbeläge zu erfahren.

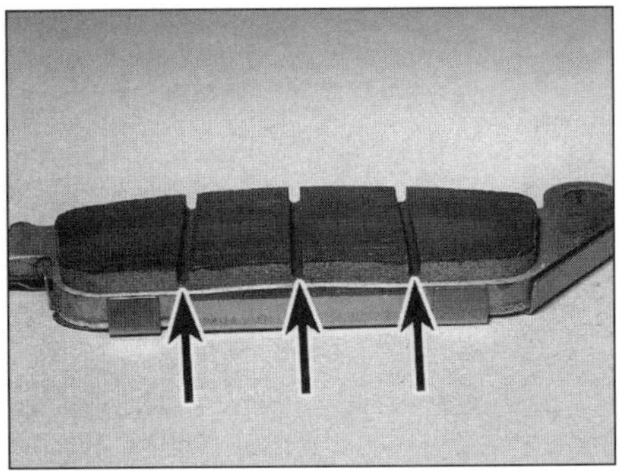

13.1b Verschleißmarken – vordere Bremsbeläge

13.1e Verschleißmarke Hinterrad-Bremsbelag

14 Bremssystem
Kontrolle

1 Eine routinemäßige Generalkontrolle des Bremssystems sorgt für Sicherheit.

2 Kontrollieren Sie den Bremshebel und das Pedal auf lose Verbindungen, unsaubere oder rauhe Bewegungen, übermäßiges Spiel, Verbiegungen und andere Beschädigungen. Ersetzen Sie alle beschädigten Teile (s. Kap. 6).

3 Gehen Sie sicher, daß keine Bremsenbefestigungen locker sind. Checken Sie die Bremsbeläge auf Verschleiß (s. Sektion 13) und vergewissern Sie sich, daß die Bremsflüssigkeit in beiden Behältern den richtigen Pegel hat (siehe unter *Tägliche Kontrolle*). Achten Sie auf Lecks an den Schlauchbefestigungen und Brüche an den Schläuchen. Wenn der Hebel oder das Pedal sich schwammig anfühlen, muß die entsprechende Bremse entlüftet werden (s. Kapitel 6).

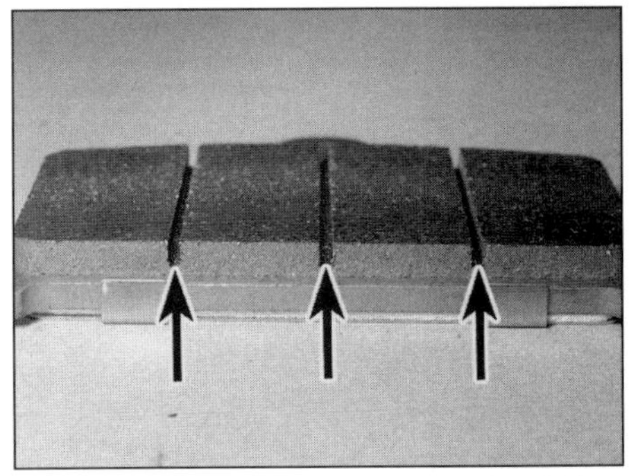

13.1c Verschleißmarken – 1200er Modelle

4 Stellen Sie sicher, daß das Bremslicht leuchtet, wenn der vordere Bremshebel gezogen wird. Der vordere Bremslichtschalter ist nicht einstellbar; wenn er nicht richtig funktioniert, muß er kontrolliert werden (s. Kapitel 8)

5 Kontrollieren Sie, ob das Bremslicht angeht, kurz bevor die Wirkung der Hinterradbremse einsetzt. Wenn eine Einstellung nötig ist, halten Sie den Schalter und drehen Sie die Einstellmutter, bis die Einstellung stimmt (siehe Abb.). Wenn der Schalter nicht richtig funktioniert, muß er kontrolliert werden (s. Kapitel 8)

6 Checken Sie die Position des Bremspedals. Der Abstand zwischen Pedal und oberem Ende der Fußraste soll den in den technischen Daten vorgegebenen Wert haben (s. Abb.). Wenn die Höhe nicht stimmt, lösen Sie die Kontermutter an der Druckstange zum Hauptbremszylinder und drehen Sie am Einsteller, bis die Pedalhöhe korrekt ist (s. Abb.). Ziehen Sie die Kontermutter wieder fest. Bremslichtschalter neu einstellen (s. Schritt 5).

7 Der Handbremshebel hat einen vorgespannten Einsteller, der den Abstand des Hebels zum Gasgriff verändert (siehe Abb.). Drücken Sie den Hebel vom Lenker weg und stellen Sie mit dem Einstellknopf die gewünschte Position des Bremshebels ein. Der Knopf muß genau auf einer der 4 Positionen stehen und dort einrasten.

14.5 Hinterrad-Bremslicht-Einstellmutter (Pfeil)

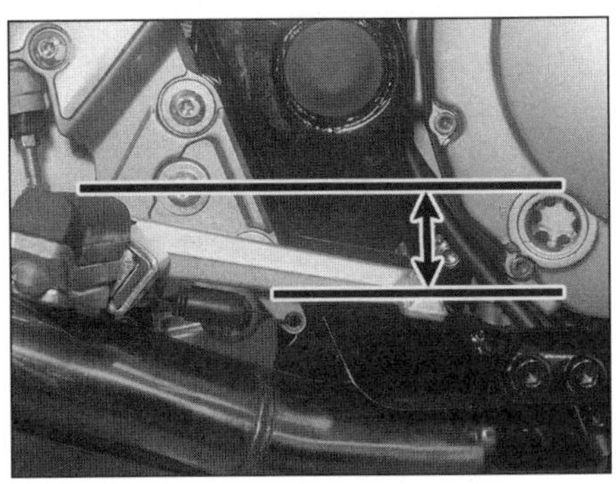

14.6a Messen Sie die Bremspedalhöhe.

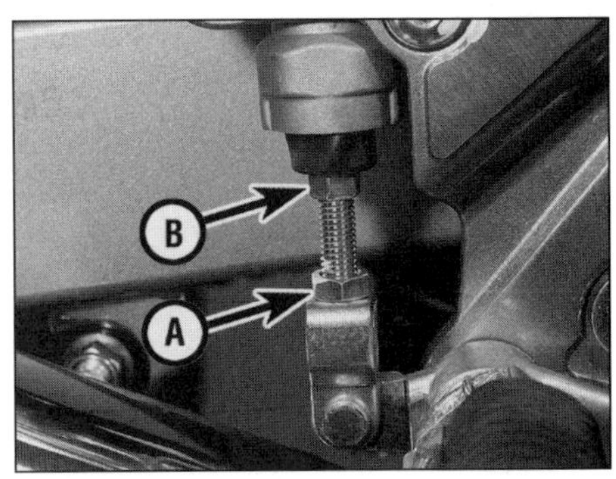

14.6b Bremszylinder-Druckstange (A) und Einsteller (B)

15 Räder und Reifen
Allgemeine Kontrolle

Reifen

1 Kontrollieren Sie sorgfältig den Zustand und die Profiltiefe – siehe unter *Tägliche Kontrolle*.

Räder

2 Gußräder sind praktisch wartungsfrei, sollten aber regelmäßig gereinigt und auf Brüche und andere Beschädigungen untersucht werden. Außerdem sollten der Rundlauf und die Ausrichtung überprüft werden (siehe Kapitel 6). Es darf niemals der Versuch unternommen werden, ein beschädigtes Gußrad zu reparieren, es muß immer durch ein neues ersetzt werden. Kontrollieren Sie das Ventilgummi auf Beschädigung und Alterung und ersetzen Sie es, wenn nötig. Gehen Sie sicher, daß die Ventile mit Kappen ausgerüstet sind und diese fest sitzen.

14.7 Stellen Sie den Abstand des Vorderrad-Bremshebels ein.

16 Schrauben und Muttern
Festigkeitskontrolle

1 Da Vibrationen am Motorrad zu lockeren Befestigungen führen können, müssen regelmäßig alle Muttern, Bolzen, Schrauben usw. auf festen Sitz überprüft werden.

2 Geben Sie besonders acht auf folgende:
Zündkerzen
Öl-Ablaßschraube
Schalthebelschraube
Fußrasten- und Ständerbefestigungen
Motorhaltebolzen
Stoßdämpferbefestigungen und Federbeinhebel-Schrauben
Lenkerschrauben
Vorderradachsenmutter und Klemmschrauben
Gabelbrückenklemmschrauben (obere und untere Brücke)
Hinterradachsmutter
Schwingbolzenmutter
Bremszangenbefestigungen
Bremsschlauchanschlußschrauben und Entlüftungsschrauben
Bremsscheibenbolzen und Kettenradmuttern
Auspuffschrauben/Muttern

3 Wenn ein Drehmomentschlüssel zur Hand ist, sollten die am Beginn dieses oder in anderen Kapiteln beschriebenen Anzugsmomente eingehalten werden.

Alle 12.000 km oder zwei Jahre

Führen Sie alle Kontrollen der 6000-km-Inspektion durch, dazu die folgenden:

17 Ventilspiel
Kontrolle und Einstellung (GSF 1200 Modelle)

1 Die Durchführung dieser Arbeit entspricht der an den 600er Modellen (siehe Sektion 5).

18 Auspuffschrauben
Festigkeitskontrolle (GSF 1200 Modelle)

1 Kontrollieren Sie mit Hilfe eines Drehmomentschlüssels, ob die Krümmer- und Auspuffschrauben mit den am Anfang des Kapitels vorgeschriebenen Drehmomenten festgezogen sind (siehe Abbildungen 4.7a, b und c).

19 Zündkerzen
Ersetzen

1 Entfernen Sie die alten Zündkerzen, wie in Sektion 6 beschrieben, und installieren Sie neue.

20 Motor/Getriebe
Ölfilterwechsel (GSF 600 Modelle)

***Anmerkung**: Diese Prozedur muß gleichzeitig mit einem routinemäßigen Ölwechsel durchgeführt werden (siehe Sektion 8).*

1 Lassen Sie das Motoröl ab (siehe Sektion 8, Schritte 1 bis 4).
2 Positionieren Sie den Altölbehälter unter dem Ölfilter, der sich vorne am Motor hinter den Krümmern befindet. Lösen Sie mit einem Ketten-, Band- oder Ölfilterschlüssel die Filterpatrone (siehe Abb.). Alternativ kann auch mit einem Schraubendreher hindurchgestochen und gedreht werden. Reinigen Sie das Gewinde und den Anschluß mit einem sauberen Lappen. Wischen Sie jegliches Öl vom Motor.
3 Wenn alles Öl abgelaufen ist, wird der Dichtring des neuen Filters mit sauberen Motoröl benetzt (siehe Abb.) und etwas Öl in den Filter gegossen. Es reicht, den Filter nur mit der Hand festzuziehen (siehe Abb.). 1
4 Folgen Sie den Schritten 5 bis 7 in Sektion 8.

20.2a Entfernen Sie den Ölfilter mit einem Ketten- oder Bandschlüssel...

20.2b ...oder einem speziellen Ölfilterschlüssel.

20.3a Benetzen Sie den Dichtring mit Motoröl.

20.3b Setzen Sie den neuen Filter auf seinen Anschluß.

20.3c Wenn Sie ein Werkzeug benutzen, sollte der Filter nicht zu fest angezogen werden.

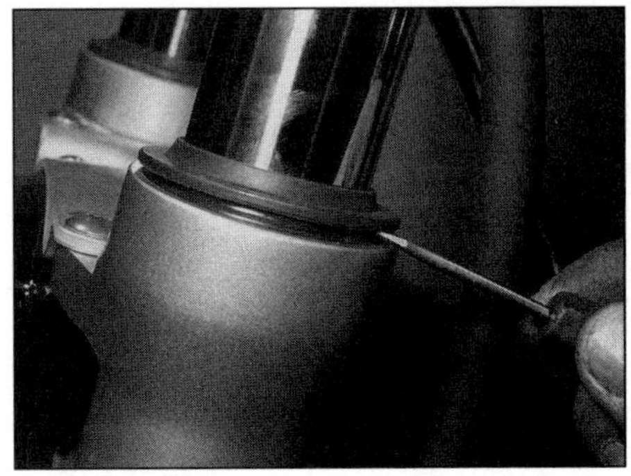

21.3a Hebeln Sie die Staubkappe vom Gabel-Tauchrohr.

21 Federelemente
Kontrolle

1 Alle Elemente der Federung müssen sich in gutem Zustand befinden, um die Sicherheit des Fahrers zu gewährleisten.

Vorderradfederung

2 Stellen Sie sich neben die Maschine und drücken Sie mit betätigter Bremse den Lenker mehrmals nach unten. Klemmt die Gabel und federt nicht weich ein und aus, sollte sie demontiert und begutachtet werden (siehe Kapitel 5).

3 Inspizieren Sie den Bereich über den Staubkappen auf Ölspuren. Heben Sie die Kappen vorsichtig mit einem Schraubenzieher hoch und begutachten Sie den Bereich um die Gabeldichtringe (siehe Abb.). Wenn Undichtigkeiten festzustellen sind, müssen die Dichtringe gewechselt werden (s. Kapitel 5).

4 Kontrollieren Sie alle Schrauben und Muttern an der Federung auf Festigkeit.

Hinterradfederung

5 Kontrollieren Sie den hinteren Stoßdämpfer auf Undichtigkeit und Festigkeit. Wenn ein Leck festgestellt wurde, sollte der Dämpfer ersetzt werden (siehe Kapitel 5).

6 Mit Hilfe eines Assistenten wird das Motorrad einige Male hinten angehoben und heruntergedrückt. Es sollte sich ohne Klemmen frei auf und ab bewegen können. Wenn hier Ungleichmäßigkeiten erfühlt werden, muß das fehlerhafte Teil identifiziert und ersetzt werden. Das Problem kann am Dämpfer, dessen Anlenkung oder der Schwingenlagerung liegen.

7 Stellen Sie das Motorrad auf den Hauptständer (falls vorhanden) oder eine geeignete Abstützung, so daß das Hinterrad in der Luft ist. Greifen Sie die Schwinge und drücken Sie sie seitlich hin und her. Hinten sollten keine erkennbaren Bewegungen festzustellen sein (siehe Abb.). Bei leichtem Spiel oder leichtem Klicken sollten alle Befestigungen der Hinterradfederung auf Festigkeit und richtige Anzugsmomente (siehe technische Daten) überprüft werden. Als nächstes wird das Hinterrad nach oben gezogen. Es sollte kein erkennbarer Weg festzustellen sein, bis der Stoßdämpfer zu arbeiten beginnt (siehe Abb.). Jedes Spiel ist auf verschlissene Lager in der Schwingenaufnahme, der Stoßdämpferanlenkung oder einen defekten Dämpfer zurückzuführen. Verschlissene Komponenten müssen ersetzt werden (siehe Kapitel 5).

8 Um eine brauchbare Einschätzung der Schwingenlager zu erhalten, müssen das Hinterrad demontiert (siehe Kapitel 6) und die Schrauben, die die Druckstange am Anlenkhebel halten, ausgebaut werden (siehe Kapitel 5). Drücken Sie mit einer Hand die Schwinge seitlich und fühlen Sie mit der anderen Hand an der Verbindungsstelle zwischen Schwinge und Rahmen, ob Spiel festzustellen ist. Dann muß durch Vor- und Zurückdrücken geprüft werden, ob das Schwingenlagerspiel seitlich oder axial vorliegt. Als nächstes wird die freie Schwinge auf und ab bewegt. Sie sollte weich und ohne Klemmen und Haken »schwingen« können. Wenn irgendein Spiel oder rauher und klemmender Lauf festzustellen ist, müssen die Lager zur Inspektion ausgebaut werden (siehe Kapitel 5).

22 Lenkkopflagerspiel
Kontrolle und Einstellung

1 Die GSF Motorräder sind mit Kegelrollen-Lenkkopflagern ausgerüstet, die sich auch im normalen Betrieb eindrücken und lockern oder rauh laufen können. In Extremfällen können verschlissene oder lockere Steuerkopflager gefährliches Lenkerflattern verursachen.

Kontrolle

2 Stellen Sie das Motorrad auf den Hauptständer oder eine Stütze. Heben Sie das Vorderrad vom Boden, indem ein Assistent das Heck der Maschine herunterdrückt oder eine Stütze unter dem Motor plaziert.

3 Stellen Sie das Vorderrad geradeaus und

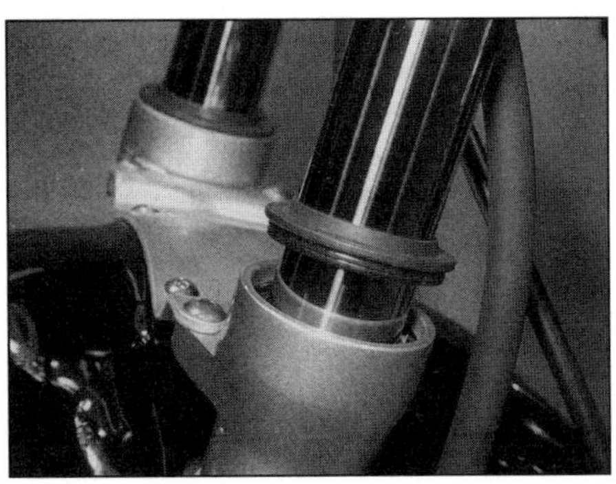

21.3b Kontrollieren Sie die Gabeldichtung auf Ölaustritt.

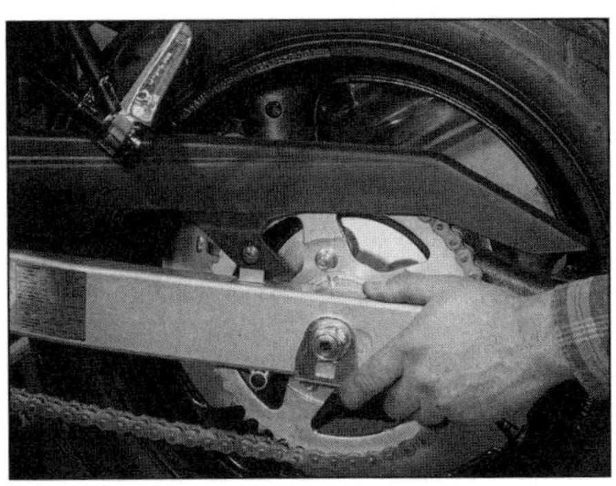

21.7a Kontrollieren Sie das Seitenspiel...

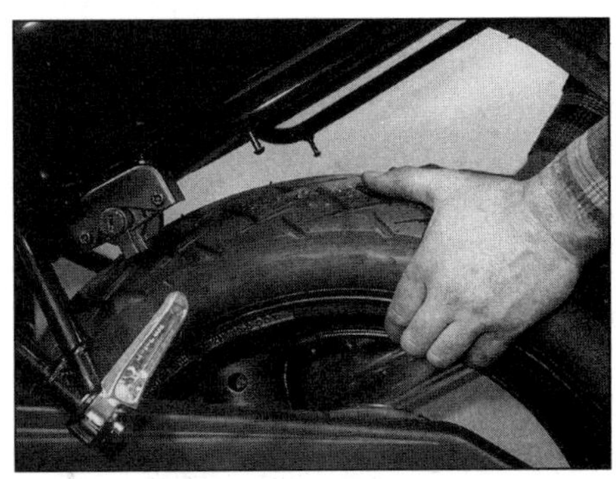

21.7b ...und das Höhenspiel der Hinterradaufhängung.

22.4 Kontrollieren Sie das Spiel im Lenkkopflager.

22.5a Lockern Sie die Lenkrohrschraube (Pfeil)...

22.5b ...und die Klemmschrauben der oberen Gabelbrücke (Pfeil).

bewegen Sie den Lenker ganz langsam hin und her. Wenn das Lager Druckstellen hat oder rauh läuft, ist zu spüren, daß der Lenker sich nicht weich und frei bewegen läßt.

4 Greifen Sie als nächstes unten an die Gabel und versuchen Sie, sie vorwärts und rückwärts zu bewegen (siehe Abb.). Jede Lockerung des Lenkkopflagers kann man durch die Bewegung der Gabel erfühlen. Wenn Lagerspiel festgestellt wird, sollte der Lenkkopf wie folgt nachgestellt werden.

Praxis TiP ***Spiel in der Gabel kann auch durch verschlissene Gleitbuchsen in den Tauchrohren entstehen. Verwechseln Sie dies nicht mit dem Lenkkopflagerspiel.***

Einstellung

5 Obwohl nicht notwendig, ist es sinnvoll, den Benzintank zu entfernen, um Beschädigungen durch abrutschendes Werkzeug zu vermeiden (siehe Kapitel 3). Lockern Sie die Lenkkopfschraube und die Klemmschrauben an der oberen Gabelbrücke (siehe Abb.). ***Anmerkung**: Je nach verwendetem Werkzeug kann es nötig sein, zum Lösen der Lenkrohrschraube den Lenker zu entfernen (s. Kapitel 5).*

6 Mit einem Dorn, der in die Nuten des Einstellrings paßt, kann diese durch leichte Schläge mit einem Hammer bewegt werden. Lösen Sie ihn vorsichtig, bis der Druck gerade nachläßt, dann ziehen Sie ihn wieder an, bis kein Spiel mehr festzustellen ist, aber die Lenkung sich frei bewegen läßt (siehe Abb.). Das Ziel ist, die Lager unter sehr leichte Last zu setzen, gerade genug, um Lenkkopflagerspiel zu unterbinden.

Achtung: Achten Sie sorgfältig darauf, bei der Einstellung auf die Lager keinen extrem hohen Druck auszuüben, da dieses zu vorzeitigem Verschleiß führen würde.

7 Wenn die Lager nicht sauber eingestellt werden können oder sie Setzspuren, Nuten oder Riefen aufweisen, müssen sie zur Inspektion oder zum Austausch ausgebaut werden (siehe Kapitel 5).

8 Nach der korrekten Einstellung müssen die Lenkkopfschraube und die Gabelbrücken-Klemmschrauben mit dem vorgesehenen Drehmoment angezogen werden (s. Abb.).

9 Kontrollieren Sie das Lenkkopflagerspiel erneut, stellen Sie es eventuell noch einmal ein.

23 Vergaser Synchronisation (GSF 1200 Modelle)

Benzin ist sehr leicht entflammbar, treffen Sie deshalb besondere Vorsichtsmaßnahmen, wenn Sie am Kraftstoffsystem arbeiten. Rauchen Sie nicht und lassen Sie keine offenen Flammen oder Glühbirnen in die Nähe. Arbeiten Sie nicht in Garagen, in denen ein Gasheizgerät läuft. Sollte Benzin auf die Haut geraten, muß die Stelle sofort mit Wasser und Seife abgewaschen werden. Tragen Sie bei Arbeiten an der Kraftstoffanlage immer eine Schutzbrille und stellen Sie einen Feuerlöscher, der für brennende Flüssigkeiten ausgelegt ist, bereit.

Warnung: Passen Sie auf, daß Sie sich Ihre Hände nicht am heißen Motor verbrennen, wenn Sie die Schläuche der Meßgeräte an die Einlaßkanäle anschließen. Lassen Sie keine Abgase in den Arbeitsbereich gelangen; machen Sie den Test entweder im Freien oder benutzen Sie eine Absauganlage.

1 »Vergasersynchronisation« nennt man das Justieren der Vergaser, so daß sie die gleiche Menge des gleichen Benzin/Luft-Gemisches an jeden Zylinder abgeben. Dieses wird durch das Ermitteln des produzierten Unterdrucks jedes Zylinders eingestellt. Die Synchronisation der Vergaser verschlechtert sich langsam über lange Zeit und äußert sich in steigendem Benzinverbrauch, höherer Motortemperatur, schlechter Gasannahme und starken Vibrationen. Vor dem Synchronisieren muß ein korrektes Ventilspiel sichergestellt sein.

2 Für die saubere Synchronisation der Vergaser brauchen Sie für jeden Zylinder ein Meßgerät oder ein Manometer, das normalerweise aus mit Quecksilber gefüllten kalibrierten Röhrchen besteht, deren Säulen den jeweiligen Unterdruck eines Zylinders anzeigen. Wenn Sie ein solches Gerät benutzen, müssen Sie besonders darauf achten, es nicht zu beschädigen, da Quecksilber hochgiftig ist. ***Anmerkung**: Wegen der Schwierigkeit der*

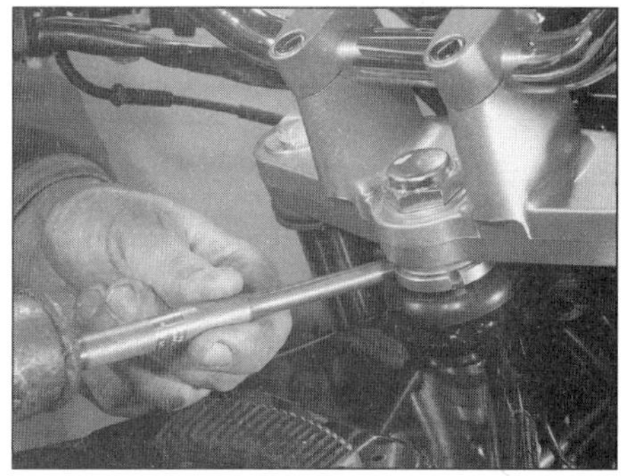

22.6 Lenkkopfspiel durch Drehen des Einstellringes mit einem Dorn einstellen.

Synchronisation und mangelndem Spezialgerät überlassen die meisten Besitzer diesen Arbeitsschritt einer Suzuki-Werkstatt.

3 Starten Sie den Motor und lassen Sie ihn auf Betriebstemperatur kommen, schalten Sie ihn dann ab.

4 Demontieren Sie den Benzintank (siehe Kapitel 3).

5 Entfernen Sie die Unterdruckschläuche vom Stutzen an Vergaser Nr. 3 **(1200er Modelle)**, bzw. Nr. 4 **(600er Modelle)** und die Kappen von den anderen Stutzen der Vergaser (siehe Abb.).

6 Schließen Sie die Schläuche der Meßgeräte an die Anschlüsse an und stellen Sie sicher, daß die Verbindungen dicht sind, da es sonst zu verfälschten Ergebnissen kommen kann.

7 Ermöglichen Sie eine behelfsmäßige Benzinversorgung, entweder mit einem kleinen

23.5 Entfernen Sie die Unterdruckschläuche und die Kappen.

Hilfstank oder mit langen Schläuchen aus dem ausgebauten Motorradtank. Alternativ kann der Tank auf eine geeignete Stelle am Motorrad positioniert werden, wobei auf sicheren Halt und Schutz vor Lackbeschädigungen geachtet werden muß.

8 Starten Sie den Motor und drehen Sie die Leerlaufdrehzahl mit Hilfe der unter den Vergasern befindlichen Drosselklappen-Anschlagschraube auf 1750 U/min. Wenn die Meßgeräte mit Dämpfereinstellungen ausgerüstet sind, sollten diese so eingestellt werden, daß die Nadel gerade nicht mehr flattert, aber noch auf kleine Druckänderungen reagieren kann.

9 Die Unterdruck-Werte aller Zylinder sollten gleich sein. Wenn sie sich unterscheiden, gehen Sie wie folgt vor:

10 Die Vergaser werden durch Verstellen der jeweils zwischen ihnen sitzenden Einstellschrauben synchronisiert (siehe Abb. 31.1). **Anmerkung:** *Drücken Sie die Schraube während der Einstellung nicht herunter, da dieses zu falschen Anzeigen führen würde.* Synchronisieren Sie zunächst den äußeren linken Vergaser (Nr. 1) mit dem inneren linken (Nr. 2), bis die Meßwerte gleich sind. Dann werden der äußere rechte Vergaser (Nr. 4) und der innere rechte (Nr. 3) synchronisiert. Zum Schluß wird mit der mittleren Einstellschraube das linke Paar mit dem rechten Paar synchronisiert. Wenn alle Vergaser synchronisiert sind, öffnen und schließen Sie den Gasgriff schnell, daß sich die Vergaserbetätigung setzen kann. Kontrollieren Sie die Einstellung und justieren Sie eventuell nach.

11 Nach Beendigung der Einstellung muß der Leerlauf mit der Einstellschraube wieder auf den vorgeschriebenen Wert eingestellt werden. Schalten Sie den Motor ab.

12 Entfernen Sie die Meßgerät-Schläuche und stecken Sie die Anschlußkappen und Schläuche wieder auf die entsprechenden Anschlüsse.

13 Installieren Sie den Benzintank.

Alle 18.000 km oder 3 Jahre

24 Luftfilter
Austausch

1 Bauen Sie den Luftfilter wie in Sektion 3 beschrieben aus und tauschen Sie ihn durch einen neuen aus.

25 Motor/Getriebe
Ölfilterwechsel
(GSF 1200 Modelle)

***Anmerkung**: Diese Prozedur sollte gleichzeitig mit einem Ölwechsel durchgeführt werden (siehe Sektion 8).*

1 Führen Sie den Ölfilterwechsel wie für die 600er Modelle in Sektion 20 beschrieben durch.

Alle 2 Jahre

26 Bremsflüssigkeit
Wechsel

1 Die Bremsflüssigkeit sollte zu den vorgeschriebenen Intervallen oder nach Überholung einer Bremsenkomponente ausgetauscht werden. Wechseln Sie zu der Bremsentlüftungs-Sektion in Kapitel 6 und merken Sie sich, daß jegliche Bremsflüssigkeit aus den Ausgleichsbehältern, Zylindern und Leitungen abgepumpt werden muß, bevor neue DOT 4-Flüssigkeit aufgefüllt werden darf.

Praxis TiP ***Alte Bremsflüssigkeit ist wesentlich dunkler als neue – hieran kann man sehen, wann sie komplett herausgespült worden ist.***

27 Kupplungsflüssigkeit
Wechsel
(GSF 1200 Modelle)

1 Die Kupplungsflüssigkeit sollte zu den vorgeschriebenen Intervallen oder nach Überholung des Haupt- oder des Ausrückzylinders ausgetauscht werden. Wechseln Sie zu der Kupplungsentlüftungs-Sektion in Kapitel 2 und beachten Sie den Praxis-Tip.

Alle 4 Jahre

28 Bremsleitungen
Ersetzen

1 Die Bremsleitungen sollten ungeachtet ihres sichtbaren Zustandes gewechselt werden.

2 Wechseln Sie zu Kapitel 6 und lösen Sie die Bremsschläuche von den Hauptbremszylindern und Bremszangen. Ersetzen Sie nach jeder Demontage die Dichtringe an den Anschlußschrauben durch neue.

29 Kraftstoffleitungen
Ersetzen

Warnung: Benzin ist sehr leicht entflammbar, treffen Sie deshalb besondere Vorsichtsmaßnahmen, wenn Sie am Kraftstoffsystem arbeiten. Rauchen Sie nicht und lassen Sie keine offenen Flammen oder Glühbirnen in die Nähe. Arbeiten Sie nicht in Garagen, in denen ein Gasheizgerät läuft. Sollte Benzin auf die Haut geraten, muß die Stelle sofort mit Wasser und Seife abgewaschen werden. Tragen Sie bei Arbeiten an der Kraftstoffanlage immer eine Schutzbrille und stellen Sie einen Feuerlöscher, der für brennende Flüssigkeiten ausgelegt ist, bereit – vergewissern Sie sich, wie er zu benutzen ist.

1 Die Benzinschläuche sollten ungeachtet ihres Zustandes gewechselt werden.

2 Entfernen Sie den Kraftstofftank (siehe Kapitel 3). Lösen Sie die Leitungen vom Benzinhahn und von den Vergasern. Merken Sie sich den Verlauf und die Anschlüsse jeder Leitung (siehe Kapitel 3, wenn nötig). Es ist sinnvoll, von den Verläufen der Leitungen eine Skizze anzufertigen.

3 Sichern Sie alle Schläuche mit neuen Klemmen an ihren Anschlüssen. Starten Sie den Motor und kontrollieren Sie, ob irgendwo Kraftstoff ausläuft, bevor Sie die Maschine wieder auf die Straße bringen.

30 Kupplungs-Hydraulikleitung
Ersetzen (GSF 1200 Modelle)

1 Der Schlauch sollte ungeachtet seines sichtbaren Zustandes gewechselt werden.

2 Wechseln Sie zu Kapitel 2 und lösen Sie den Hydraulikschlauch von Hauptzylindern und Ausrückzylinder. Ersetzen Sie nach jeder Demontage die Dichtringe an den Anschlußschrauben durch neue.

Kontrollen ohne Intervallvorgaben

31 Vergaser
Synchronisation
(GSF 600 Modelle)

1 Obwohl für die 600er Modelle keine Intervalle zur Vergasersynchronisation angegeben sind, sollte diese Arbeit regelmäßig durchgeführt werden, um einen ruhigen und sauberen Motorlauf zu gewährleisten. Die Prozedur entspricht der Synchronisation der 1200er Modelle wie in Sektion 23 (siehe Abb.).

32 Scheinwerfer
Kontrolle und Einstellung

Anmerkung: *Ein schlecht eingestellter Scheinwerfer kann ein Problem für den entgegenkommenden Verkehr sein und für schwache und schlechte Ausleuchtung der Fahrbahn sorgen. Vergewissern Sie sich vor der Einstellung über die gesetzlichen Vorschriften.*

1 Der Lichtkegel des Scheinwerfers kann sowohl horizontal als auch vertikal eingestellt werden. Als erstes sollten Sie den Luftdruck der Reifen und die richtige Einstellung der Federelemente überprüfen. Die Maschine darf nicht auf einem Ständer stehen, ein auf ihr sitzender Assistent soll sie auf einer ebenen Fläche gerade halten und der Tank sollte halb voll sein. Wenn das Motorrad normalerweise viel mit zwei Personen besetzt ist, sollte sich entsprechend ein zweiter Assistent auf den Sozius setzen.

GSF 600 und GSF 1200

2 Eine seitliche Einstellung der Lampe wird durch Drehen der Einstellschraube links am Lampenring erreicht (siehe Abb.). Durch Drehen im Uhrzeigersinn wird der Lichtstrahl nach rechts gelenkt, andersherum nach links.

3 Die Höheneinstellung wird vorgenommen, indem man die Halteschrauben der Lampenschale sowie die Einstellschraube lockert und das Licht entsprechend einstellt (siehe Abb.). Ziehen Sie sie anschließend wieder fest.

GSF 600 S und GSF 1200 S

4 Eine seitliche Einstellung der Lampe wird durch Drehen der Einstellschraube oben rechts an der Rückseite des Scheinwerfers erreicht (siehe Abb.). Durch Drehen im Uhrzeigersinn wird der Lichtstrahl nach rechts gelenkt, andersherum nach links.

5 Eine Höheneinstellung wird durch Drehen der Einstellschraube unten links an der Rückseite des Scheinwerfers erreicht (siehe Abb. 32.4). Drehen im Uhrzeigersinn senkt den Lichtstrahl, und andersherum.

33 Radlager
Kontrolle

1 Radlager sollten regelmäßig auf Verschleiß kontrolliert werden. Defekte Lager können die Fahreigenschaften erheblich verschlechtern.

2 Stellen Sie das Motorrad auf den Hauptständer oder ein Stütze. Kontrollieren Sie bei vom Boden abgehobenem Vorderrad durch Ziehen und Drücken des Rades gegen die Achse, ob irgendein Spiel in den Lagern festzustellen ist (siehe Abb.). Drehen Sie das Rad und prüfen Sie, ob es weich rollt.

3 Wenn Spiel festgestellt wurde oder das Rad sich nicht weich dreht (und dieses nicht auf eine schleifende Bremse zurückzuführen ist), müssen die Radlager ausgebaut und kontrolliert werden (siehe Kapitel 6).

31.1 Vergaser-Synchronisations-Schrauben

32.2 Seiten-Einstellschraube des Scheinwerfers

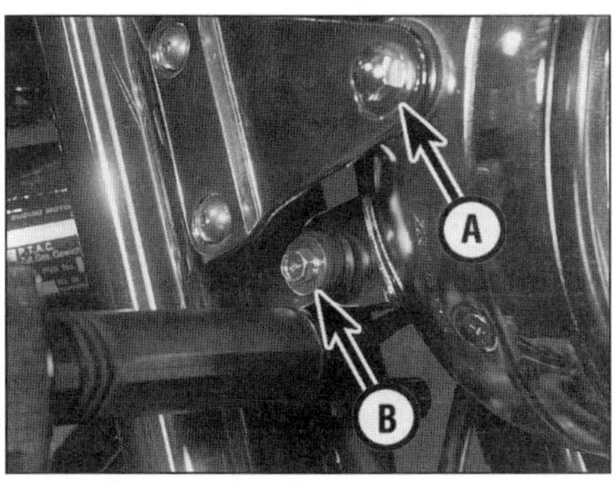

32.3 Scheinwerfer-Halteschraube (A) und Führungsschraube (B)

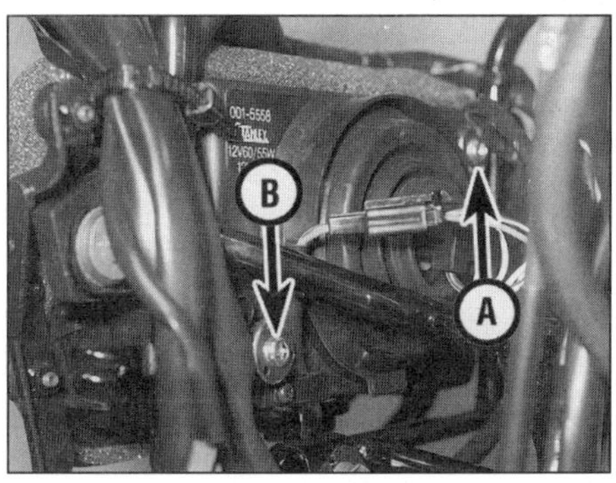

32.5 Seiten-Einsteller (A), Höheneinsteller (B) – S-Modelle

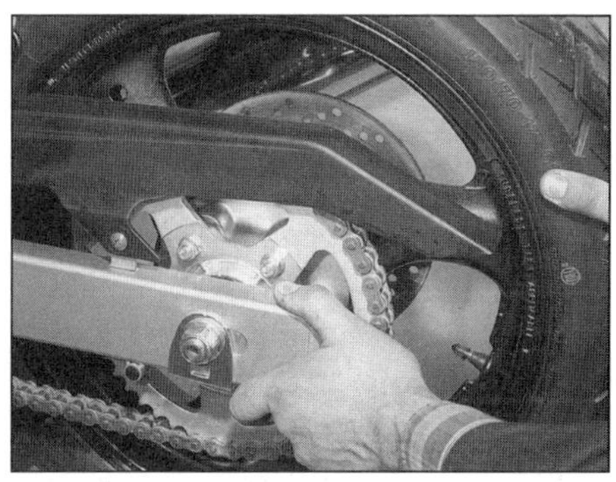

33.2 Kontrollieren Sie das Spiel in den Radlagern.

1

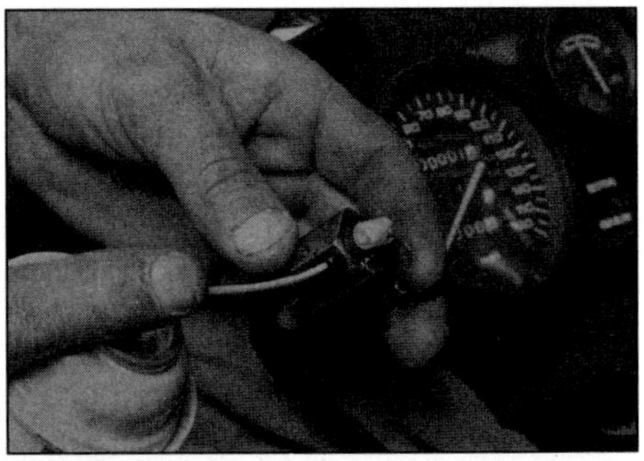

34.3a Bei der Schmierung mit einem Bowdenzug-Öler muß auf gute Abdichtung geachtet werden.

34 Ständer, Hebel und Bowdenzüge
Schmierung

1 Wenn die Bedienungselemente, Bowdenzüge oder andere Komponenten des Motorrades bei Arbeiten zugänglich werden, sollten sie regelmäßig geschmiert werden, um eine problemlose Funktion sicherzustellen.

2 Die Fußrasten, Kupplungs- und Bremshebel, Bremspedal und Ständer sollten regelmäßig geschmiert werden. Je nach Art des Schmierstoffes kann es das beste sein, die Komponenten vorher zu zerlegen, um die wichtigsten Stellen zu erreichen. Wenn jedoch z.B. Kettenöl verwendet wird, reicht es, wenn man die Verbindungsstellen einschmiert, es kriecht dann von alleine an die Stellen, wo die Reibung auftritt. Bei der Verwendung von Motoröl und dünnem Fett sollte auf Sparsamkeit geachtet werden, da Schmutz daran haften bleibt, der die Funktion der Bedienungselemente nach kurzer Zeit stark beeinträchtigen kann. **Anmerkung**: *Einer der besten Schmierstoffe für Bedienungshebel ist Trockenfilm, der unter verschiedenen Namen (z.B. Teflon) auf dem Markt angeboten wird.*

3 Um die Züge zu schmieren, lösen Sie den entsprechenden am oberen Ende und lassen Sie vorsichtig Öl einlaufen. Ein mit Kettenspray zu betreibender Bowdenzug-Öler erleichtert diese Arbeit (siehe Abb.). Sehen Sie zur Demontage des Kupplungszuges **(nur GSF 600 Modelle)** in Kapitel 2 und für den Ausbau der Gas- und Choke-Bowdenzüge in Kapitel 3 nach.

4 Die Tachometer- und Drehzahlmesserantriebswelle sollte ausgebaut (siehe Kapitel 8), und die biegsame Welle aus den Hüllen herausgenommen werden. Schmieren Sie sie mit Motoröl ein, aber nicht ganz bis oben, da das Öl in das Instrument eindringen und es beschädigen kann.

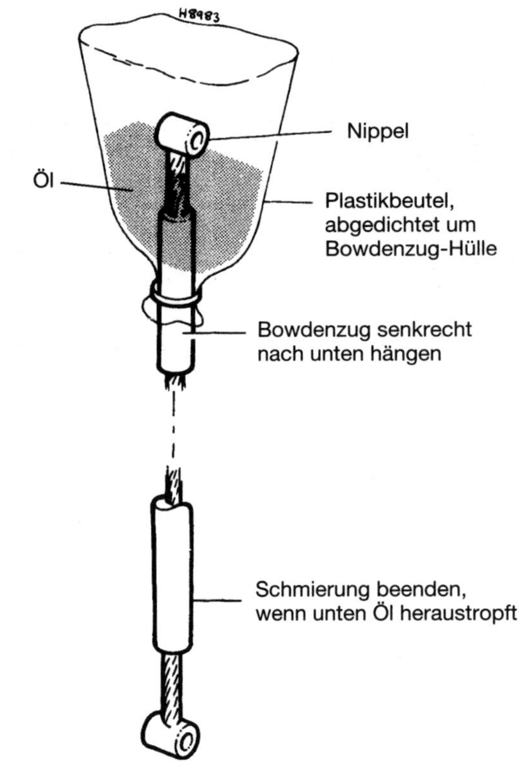

34.3b Schmierung der Bowdenzüge mit einem behelfsmäßigen Trichter und Motoröl

35 Vorderradgabel
Ölwechsel

1 Gabelöl altert mit der Zeit und verliert seine dämpfende Eigenschaft. Die an diesen Motorrädern verwendeten Gabeln sind nicht mit Ablaßschrauben ausgerüstet, so daß die Gabelrohre aus den Brücken gezogen werden müssen, und das Öl nur über die Verschlußstopfen ausgeschüttet werden kann.

2 Wechseln Sie zu Kapitel 5, um die Gabel zu zerlegen und dabei einen Ölwechsel vornehmen zu können.

36 Motor
Kompressionskontrolle

1 Neben anderen Dingen können die Gründe für schwache Motorleistung von undichten Ventilen herrühren, außerdem von falschem Ventilspiel oder einer defekten Zylinderkopfdichtung, auch von verschlissenen Kolben, Ringen und/oder Zylindern. Eine Kompressionsprüfung hilft, diese Möglichkeiten einzugrenzen und kann außerdem übermäßige Kohleablagerungen im Brennraum indizieren.

2 Die dazu benötigten Werkzeuge sind ein Kompressionsmeßgerät und ein Zündkerzenschlüssel. Ein Kompressionsmeßgerät mit passendem Gewindeanschluß für die Kerzengewinde ist einem, das durch Anpreßdruck dichtgehalten wird, vorzuziehen. Abhängig vom ersten Testergebnis kann zusätzlich eine Öl-Pumpflasche gebraucht werden.

3 Stellen Sie sicher, daß das Ventilspiel korrekt eingestellt ist (siehe Sektion 18) und daß die Zylinderkopfmuttern mit dem richtigen Drehmoment angezogen sind (siehe Sektion 25).

4 Wechseln Sie zu *Ausrüstung zur Fehlersuche* im Anhang, um Details des Kompressionstests zu erfahren.

37 Motor
Öldruckkontrolle

1 Die Öldruck-Warnlampe sollte leuchten, wenn die Zündung angeschaltet ist und spätestens wenige Sekunden nach Starten des Motors erlöschen – dieses ist eine Kontrolle, daß die Öldrucklampe funktioniert. Wenn die Lampe bei laufendem Motor zu leuchten beginnt, ist dieses ein Zeichen für zu geringen Öldruck, und die Maschine muß sofort abgeschaltet werden. Führen Sie dann eine Öldruck-Kontrolle durch. ***Anmerkung**: Kontrollieren Sie zuerst, ob sich im Motor genug Öl befindet (siehe tägliche Kontrolle)*

2 Eine Öldruck-Kontrolle muß durchgeführt werden, wenn die Warnlampe im Betrieb leuchtet (Schritt 1), doch kann hierdurch auch auf den Zustand des Motors und des Schmiersystems geschlossen werden.

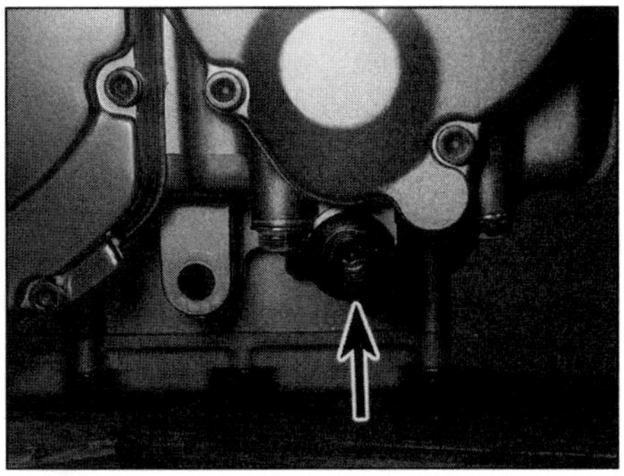

37.5 Entfernen Sie den Stopfen (Pfeil) und schrauben Sie den Adapter des Öldruckmessers ein.

3 Zur Kontrolle des Öldrucks wird ein passendes Meßgerät und ein Adapterstück benötigt, welches in das Motorgehäuse geschraubt wird. Suzuki bietet für diesen Zweck ein Kit an (Teile-Nummern 09915-74510 und 09915-74540)
4 Erwärmen Sie den Motor auf normale Betriebstemperatur und stellen Sie ihn ab.
5 Seien Sie auf auslaufendes Öl gefaßt! Schrauben Sie den Stopfen unterhalb des Zündungsdeckels heraus und ersetzen Sie ihn schleunigst durch den Adapter (siehe Abb.). Schließen Sie hier das Meßgerät an.
6 Starten Sie den Motor und halten Sie die Drehzahl bei 3000 U/min, während Sie das Meßgerät beobachten. Der Öldruck sollte etwa dem in den technischen Daten am Anfang des Kapitels angegebenen Werten entsprechen.
7 Wenn der Druck erheblich niedriger als angegeben ist, kann entweder der Druckregler offen geblieben sein, die Ölpumpe defekt sein, das Ansaugsieb verstopft sein oder ein Motorschaden vorliegen. Beginnen Sie die Diagnose mit der Kontrolle des Siebes und des Druckreglers, dann der Ölpumpe (siehe Kapitel 2). Wenn alles in Ordnung ist, wird das Lagerspiel im Motor zu groß sein und eine Überholung ist nötig.
8 Wenn der Öldruck zu hoch ist, kann entweder eine Ölleitung verstopft sein oder der Druckregler öffnet nicht und muß überprüft werden (siehe Kapitel 2). Auch kann das verwendete Öl nicht der vorgeschriebenen Viskosität entsprechen.
9 Stellen Sie den Motor ab und demontieren Sie das Meßgerät und den Adapter.
10 Schrauben Sie den Stopfen wieder in den Motor und ziehen Sie ihn sorgfältig fest. Kontrollieren Sie den Ölstand (siehe unter *Tägliche Kontrolle*).

38 Lenkkopf
Schmierung der Lager

1 Fett wird mit der Zeit hart, oder es wird durch Hochdruckreinigung ausgewaschen, frischer Schmierstoff sollte regelmäßig zugeführt werden.
2 Demontieren Sie den Steuerkopf zur Lagerschmierung. Genauere Hinweise erhalten Sie in Kapitel 5.

39 Hinterradschwinge
Bolzen- und Lagerschmierung

1 Fett wird mit der Zeit hart, oder es wird durch Hochdruckreinigung ausgewaschen, frischer Schmierstoff sollte regelmäßig zugeführt werden.
2 Die einzelnen Komponenten sind nicht mit Schmiernippeln ausgerüstet. Die Schwinge und die Dämpferanlenkung muß zur Schmierung, wie in Kapitel 5 beschrieben, demontiert werden.

40 Brems- und -sattelzylinder
Dichtungen auswechseln

1 Dichtungen an Bremsen altern mit der Zeit, was zu Funktionsstörungen und Undichtigkeiten führt. Wechseln Sie zu Kapitel 6 und nehmen Sie die Komponenten zum Wechseln der Dichtungen auseinander.

Kapitel 2
Motor, Kupplung und Getriebe

Inhalt
(in alphabetischer Reihenfolge, die Zahlen beziehen sich auf die Numerierung in den grauen Feldern)

Schwierigkeitsgrade

Leicht. Für Anfänger mit wenig Erfahrung geeignet.	**Relativ leicht.** Für Anfänger mit etwas Erfahrung geeignet.	**Relativ schwierig.** Geeignet für geübte Selbstschrauber.	**Schwer.** Geeignet für Mechaniker mit Erfahrung.	**Sehr schwer.** Geeignet für Experten und Profis.

Technische Daten

GSF 600 Modelle

Generell	
Motor	
Typ	Viertakt-DOHC-Vierzylinder-Reihenmotor
Hubraum	599 cm³
Bohrung	62,6 mm
Hub	48,7 mm
Verdichtung	11,3 : 1
Kupplung	Mehrscheiben-Naßkupplung
Getriebe	Sechs Gänge in konstantem Eingriff
Endantrieb	Kette, Ritzel und Kettenrad

Nockenwellen und Schwinghebel

	Standard	Verschleißgrenze
Höhe Einlaßnocken	33,13 – 33,17 mm	32,83 mm (minimum)
Höhe Auslaßnocken	32,85 – 32,89 mm	32,55 mm (minimum)
Durchmesser Wellenzapfen	21,959 – 21,980 mm	
Durchmesser Nockenwellenlager	22,012 – 22,025 mm	
Lagerspiel	0,032 – 0,066 mm	0,15 mm (maximum)
Höhenschlag (max)	0,10 mm	
Schwinghebel-Bohrung Durchmesser	12,000 – 12,018 mm	
Schwinghebel-Welle Durchmesser	11,973 – 11,984 mm	

Zylinderkopf

Verzug (max)	0,20 mm

Ventile, Führungen und Federn

Ventilspiel	siehe Kapitel 1
Einlaßventil	
Tellerdurchmesser	23 mm
Schaftdurchmesser	4,965 – 4,980 mm
Durchmesser Ventilführung	5,000 – 5,012 mm
Spiel zwischen Schaft und Bohrung	0,020 – 0,047 mm
Schaft-Abweichung (siehe Text)	0,24 mm (maximum)
Auflagebreite des Ventils	0,5 mm (minimum)
Ventilsitzbreite	0,9 – 1,1 mm
Ventilhub	7,8 mm
Teller-Verzug (maximal)	0,03 mm
Schaft-Verzug (maximal)	0,05 mm
Schaftlänge über Ventilkeil-Nut (minimum)	2,5 mm
Auslaßventil	
Tellerdurchmesser	20 mm
Schaftdurchmesser	4,955 – 4,970 mm
Durchmesser Ventilführung	5,000 – 5,012 mm
Spiel zwischen Schaft und Bohrung	0,030 – 0,047 mm
Schaft-Abweichung (siehe Text)	0,35 mm (maximum)
Auflagebreite des Ventils	0,5 mm (minimum)
Ventilsitzbreite	0,9 – 1,1 mm
Ventilhub	7,3 mm
Teller-Verzug (maximal)	0,03 mm
Schaft-Verzug (maximal)	0,05 mm
Schaftlänge über Ventilkeil-Nut (minimum)	2,5 mm
Ventilfedern (Ein- und Auslaß)	
Freie Länge (minimum)	
Innere Feder	35,0 mm (minimum)
Äußere Feder	38,4 mm (minimum)
Federspannung	
Innere Feder	28,0 mm unter 5,6 bis 6,6 kg Last
Äußere Feder	31,5 mm unter 12,8 bis 15,0 kg Last

Zylinderblock

Bohrung		
Standard	62,600 – 62,615 mm	62,690 mm
Verzug (maximal)	0,20 mm	
Zylinderkompression	siehe Kapitel 1	

Kolben

Kolbendurchmesser (gemessen 15,0 mm oberhalb des Kolbenhemdes, 90° zur Kolbenbolzenachse)	62,555 – 62,570 mm	62,480 mm
1. Übermaß	+ 0,5 mm	
2. Übermaß	+ 1,0 mm	
Spiel zwischen Kolben und Zylinder	0,040 – 0,050 mm	0,120 mm
Kolbenbolzendurchmesser	17,996 – 18,000 mm	17,98 mm
Kolbenbolzenbohrung in Kolben	18,002 – 18,008 mm	18,03 mm

Kolbenringe

	Standard	Verschleißgrenze
Abstand der Enden (frei)		
Oberer Ring	ca. 8,60 mm	6,90 mm (minimum)
2. Ring	ca. 6,70 mm	5,40 mm (minimum)
Abstand der Enden (eingebaut)		
Oberer Ring	0,10 – 0,30 mm	0,70 mm (maximum)
2. Ring	0,30 – 0,50 mm	0,70 mm (maximum)
Dicke der Kolbenringe		
1. Ring	0,77 – 0,79 mm	
2. Ring	0,97 – 0,99 mm	
Weite der Kolbenringnut im Kolben		
Oberer Ring	0,81 – 0,83 mm	
2. Ring	1,01 – 1,03 mm	
Ölabstreifring	2,01 – 2,03 mm	
Spiel der Ringe in Ringnut		
Oberer Ring	0,18 mm (maximum)	
2. Ring	0,15 mm (maximum)	
Identifikation der Übermaßkolbenringe		
1. Übermaß	50	
2. Übermaß	100	
Ölabstreifringe (Standard unmarkiert)		
1. Übermaß	rot	
2. Übermaß	gelb	

Kupplung

Belagscheiben		
Anzahl	8	
Dicke	2,65 – 2,95 mm	2,35 mm (min)
Laschenbreite	15,0 mm (min)	
Stahlscheiben		
Anzahl	7	
Verzug (max)	0,1 mm (max)	
Freie Federlänge	69,5 mm (min)	
Ausrückmechanismus-Schraube	¼ – ½ Umdrehung heraus	

Getriebe

Übersetzungsverhältnis (Anzahl der Zähne)	
Primäruntersetzung	1,744 zu 1 (75/43)
Enduntersetzung	
Euro-Modelle	3,133 zu 1 (47/15)
US-Modelle	3,200 zu 1 (48/15)
1. Gang	3,083 zu 1 (37/12)
2. Gang	2,062 zu 1 (33/16)
3. Gang	1,647 zu 1 (28/17)
4. Gang	1,400 zu 1 (28/20)
5. Gang	1,227 zu 1 (27/22)
6. Gang	1,095 zu 1 (23/21)

Schaltwalze und Gabeln

Spiel zwischen Gabeln und Nut	0,1 – 0,3 mm	0,5 mm (maximum)
Dicke der Schaltgabelenden		
Gabeln Nr. 1 und 3	4,6 – 4,7 mm	
Gabel Nr. 2	4,8 – 4,9 mm	
Weite der Nuten auf Zahnrädern		
Nr. 1 und 3	4,8 – 4,9 mm	
Nr. 2	5,0 – 5,1 mm	

Kurbelwelle und Lager

Durchmesser Wellenzapfen	31,976 – 32,000 mm	
Spiel Hauptlager	0,020 – 0,044 mm	0,080 mm (max)
Unrundlauf	0,05 mm (maximal)	
Seitenspiel	0,04 – 0,09 mm	
Inneres Drucklager Durchmesser	2,445 – 2,465 mm	

Pleuel Standard

	Standard	Verschleißgrenze
Durchmesser Kolbenbolzenauge	18,010 – 18,018 mm	18,040 mm (max)
Seitenspiel Pleuelfuß	0,1 – 0,2 mm	0,3 mm (maximum)
Breite unteres Pleuelauge	20,95 – 21,00 mm	
Breite Hubzapfen	21,10 – 21,15 mm	
Durchmesser Hubzapfen	33,976 – 34,000 mm	
Spiel unteres Pleuellager	0,032 – 0,056 mm	0,08 mm (maximum)

Schmiersystem

Öldruck	siehe Kapitel 1

Anzugsdrehmomente

Ölkühlerbefestigungsschrauben	10 Nm
Ölkühlerleitungs-Anschlußschrauben	28 Nm
Ölkühlerleitungs-Befestigungsschrauben	10 Nm
Ölleitungs-Befestigungsschrauben	10 Nm
Ventildeckel-Standardschrauben	12 Nm
Ventildeckel-Hohlschrauben	16 Nm
Steuerkettenspannerschrauben	7 Nm
Steuerkettenspannerdeckelschrauben	35 Nm
Obere Steuerkettenführungsschienen-Schrauben	10 Nm
Nockenwellenritzelschrauben	25 Nm
Schrauben Nockenwellenlagerschilder	10 Nm
Schwinghebelwellen-Sicherungsschrauben	9 Nm
Schwinghebelwellen-Stopfen	28 Nm
M 10 Muttern Zylinderkopf	38 Nm
M 6 Schrauben Zylinderkopf	10 Nm
Zylinderblock-Mutter	9 Nm
Kupplungsmutter	90 Nm
Kupplungsdruckplattenschrauben	12 Nm
Starterfreilauf-Schraube	150 Nm
Öldruckregler	28 Nm
Ölwannenschrauben	14 Nm
M 6 Motorgehäuseschrauben und Muttern	13 Nm
M 8 Motorgehäuseschrauben	22 Nm
Haupt-Ölkanal-Stopfen	40 Nm
Zylinder-Stehbolzen	15 Nm
Ölpumpen-Halteschrauben	10 Nm
Pleuelschrauben	
Erster Schritt (siehe Text)	20 Nm
Endgültiger Anzug	35 Nm

GSF 1200 Modelle

Generell

Motor	
Typ	Viertakt-DOHC-Vierzylinder-Reihenmotor
Hubraum	1157 cm^3
Bohrung	79,0 mm
Hub	59,0 mm
Verdichtung	9,5 : 1
Kupplung	Mehrscheiben-Naßkupplung
Getriebe	Fünf Gänge in konstantem Eingriff
Endantrieb	Kette, Ritzel und Kettenrad

Nockenwellen und Schwinghebel

Höhe Einlaßnocken	33,58 – 33,62 mm	33,82 mm (minimum)
Höhe Auslaßnocken	33,41 – 33,45 mm	33,11 mm (minimum)
Durchmesser Wellenzapfen	21,959 – 21,980 mm	
Durchmesser Nockenwellenlager	22,012 – 22,025 mm	
Lagerspiel	0,032 – 0,066 mm	0,15 mm (maximum)
Höhenschlag (max)	0,10 mm	
Schwinghebel-Bohrung Durchmesser	12,000 – 12,018 mm	
Schwinghebel-Welle Durchmesser	11,973 – 11,984 mm	

Zylinderkopf

	Standard	Verschleißgrenze
Verzug (max)	0,20 mm	

Ventile, Führungen und Federn

	Standard	Verschleißgrenze
Ventilspiel	siehe Kapitel 1	
Einlaßventil		
Tellerdurchmesser	23 mm	
Schaftdurchmesser	4,965 – 4,980 mm	
Durchmesser Ventilführung	5,000 – 5,012 mm	
Spiel zwischen Schaft und Bohrung	0,020 – 0,047 mm	
Schaft-Abweichung (siehe Text)	0,35 mm (maximum)	
Auflagebreite des Ventils	0,5 mm (minimum)	
Ventilsitzbreite	0,9 – 1,1 mm	
Ventilhub	keine Angaben	
Teller-Verzug (maximal)	0,03 mm	
Schaft-Verzug (maximal)	0,05 mm	
Schaftlänge über Ventilkeil-Nut (minimum)	2,5 mm	
Auslaßventil		
Tellerdurchmesser	25 mm	
Schaftdurchmesser	4,945 – 4,960 mm	
Durchmesser Ventilführung	5,000 – 5,012 mm	
Spiel zwischen Schaft und Bohrung	0,040 – 0,067 mm	
Schaft-Abweichung (siehe Text)	0,35 mm (maximum)	
Auflagebreite des Ventils	0,5 mm (minimum)	
Ventilsitzbreite	0,9 – 1,1 mm	
Ventilhub keine Angaben		
Teller-Verzug (maximal)	0,03 mm	
Schaft-Verzug (maximal)	0,05 mm	
Schaftlänge über Ventilkeil-Nut (minimum)	2,5 mm	
Ventilfedern (Ein- und Auslaß)		
Freie Länge (minimum)		
Innere Feder	35,0 mm (minimum)	
Äußere Feder	37,8 mm (minimum)	
Federspannung		
Innere Feder	28,0 mm unter 5,3 bis 6,5 kg Last	
Äußere Feder	31,5 mm unter 13,1 bis 15,1 kg Last	

Zylinderblock

	Standard	Verschleißgrenze
Bohrung	79,000 – 79,015 mm	79,080 mm
Verzug (maximal)	0,20 mm	
Zylinderkompression	siehe Kapitel 1	

Kolben

	Standard	Verschleißgrenze
Kolbendurchmesser (gemessen 15,0 mm oberhalb des Kolbenhemdes, 90° zur Kolbenbolzenachse)	78,945 – 78,960 mm	78,880 mm
Übermaß	+ 0,5 mm	
Spiel zwischen Kolben und Zylinder	0,040 – 0,070 mm	0,120 mm
Kolbenbolzendurchmesser	19,996 – 20,000 mm	19,98 mm
Kolbenbolzenbohrung in Kolben	20,002 – 20,008 mm	20,03 mm

Kolbenringe

	Standard	Verschleißgrenze
Abstand der Enden (frei)		
Oberer Ring	ca. 10,0 mm	8,0 mm (minimum)
2. Ring	ca. 12,0 mm	9,6 mm (minimum)
Abstand der Enden (eingebaut)		
Oberer Ring	0,20 – 0,35 mm	0,50 mm (maximum)
2. Ring	0,30 – 0,50 mm	1,00 mm (maximum)
Dicke der Kolbenringe		
1. und 2. Ring	0,97 – 0,99 mm	
Weite der Kolbenringnut im Kolben		
Oberer und 2. Ring	1,01 – 1,03 mm	
Ölabstreifring	2,01 – 2,03 mm	

	Standard	Verschleißgrenze
Spiel der Ringe in Ringnut		
Oberer Ring	0,18 mm (maximum)	
2. Ring	0,15 mm (maximum)	
Identifikation der Übermaßkolbenringe		
1. Übermaß	50	
Ölabstreifring	blau (Standard rot)	

Kupplung

Belagscheiben		
Anzahl	10	
Dicke	2,92 – 3,08 mm	
Laschenbreite	13,0 mm (min)	
Stahlscheiben		
Anzahl	9	
Verzug (max)	0,1 mm (max)	
Freie Höhe der Tellerfeder	2,9 mm (min)	
Hauptzylinder Bohrung	14,000 – 14,043 mm	
Hauptzylinder Kolbendurchmesser	13,957 – 13,984 mm	
Ausrückzylinder Bohrung	35,700 – 35,762 mm	
Ausrückzylinder Kolbendurchmesser	35,650 – 35,675 mm	

Getriebe

Übersetzungsverhältnis (Anzahl der Zähne)		
Primäruntersetzung	1,565 zu 1 (72/46)	
Enduntersetzung	3,000 zu 1 (45/15)	
1. Gang	2,384 zu 1 (31/13)	
2. Gang	1,683 zu 1 (31/19)	
3. Gang	1,250 zu 1 (25/20)	
4. Gang	1,045 zu 1 (23/22)	
5. Gang	0,913 zu 1 (21/23)	

Schaltwalze und Gabeln

Spiel zwischen Gabeln und Nut	0,1 – 0,3 mm	0,5 mm (maximum)
Dicke der Schaltgabelenden	4,6 – 4,7 mm	
Weite der Nuten auf Zahnrädern	5,0 – 5,1 mm	

Kurbelwelle und Lager

Durchmesser Wellenzapfen	35,976 – 36,000 mm	
Spiel Hauptlager	0,020 – 0,044 mm	0,080 mm (max)
Unrundlauf	0,05 mm (maximal)	
Seitenspiel	0,04 – 0,08 mm	
Inneres Drucklager/Durchmesser	2,420 – 2,440 mm	

Pleuel

Durchmesser Kolbenbolzenauge	20,010 – 20,018 mm	20,040 mm (max)
Seitenspiel Pleuelfuß	0,1 – 0,2 mm	0,3 mm (maximum)
Breite unteres Pleuelauge	20,95 – 21,00 mm	
Breite Hubzapfen	21,10 – 21,15 mm	
Durchmesser Hubzapfen	37,976 – 38,000 mm	
Spiel unteres Pleuellager	0,032 – 0,056 mm	0,08 mm (maximum)

Schmiersystem

Öldruck	siehe Kapitel 1	

Anzugsdrehmomente

Muttern auf Schrauben und Bolzen, soweit nicht anders beschrieben

M 8	25 Nm
M 10	45 Nm
Ölkühlerbefestigungsschrauben	10 Nm
Ölkühlerleitungs-Anschlußschrauben	28 Nm
Ölkühlerleitungs-Befestigungsschrauben	10 Nm
Ölleitungs-Befestigungsschrauben	10 Nm
Ventildeckel-Standardschrauben	14 Nm
Ventildeckel-Hohlschrauben	16 Nm
Steuerkettenspannerschrauben	7 Nm
Steuerkettenspanner-Deckelschrauben	35 Nm
Hintere Steuerkettenführungsschienen-Schrauben	7 Nm
Nockenwellenritzelschrauben	25 Nm
Schrauben Nockenwellenlagerschilder	10 Nm
Schwinghebelwellen-Sicherungsschrauben	9 Nm
Schwinghebelwellen-Stopfen	28 Nm
M 10 Muttern Zylinderkopf	38 Nm
M 6 Schraube Zylinderkopf	10 Nm
Zylinderblock-Mutter	9 Nm
Kupplungsmutter	150 Nm
Kupplungs-Zylinder-Klemmschrauben	10 Nm
Kupplungsleitungs-Anschlußschrauben	23 Nm
Ausrückzylinder-Entlüftungsventil	8 Nm
Starterfreilauf-Schrauben	150 Nm
Öldruckregler	28 Nm
Ölwannenschrauben	14 Nm
M 6 Motorgehäuseschrauben und Muttern	13 Nm
M 8 Motorgehäuseschrauben	22 Nm
Haupt-Ölkanal-Stopfen	40 Nm
Zylinder-Stehbolzen	15 Nm
Ölpumpen-Halteschrauben	14 Nm
Pleuelschrauben	
Erster Schritt (siehe Text)	25 Nm
Endgültiger Anzug	50 Nm

2

1 Allgemeine Informationen

Der Öl/Luftgekühlte Vierzylinder-Reihenmotor ist quer im Rahmen montiert. Im Zylinderkopf werden je vier Ventile pro Brennraum über Schwinghebel von zwei kettengetriebenen Nockenwellen gesteuert, die in Gleitlagern laufen. Die Motor/Getriebe-Blockkonstruktion besteht aus einer Aluminiumlegierung und ist horizontal geteilt.

Das Motorgehäuse beinhaltet einen Ölsumpf und eine Druckumlaufschmierung mit zahnradgetriebener Zweirotor-Eatonpumpe, Ölfilter mit Überdruckventil, Rücklaufventil und Öldruckschalter. Das Öl durchläuft einen an den vorderen Rahmenrohren befestigten Ölkühler.

Die Kurbelwelle überträgt die Kraft über Zahnräder auf die Ölbad-Mehrscheibenkupplung. Von hier aus wird die Eingangswelle des Getriebes angetrieben, das sechs (GSF 600), bzw. fünf Gänge (GSF 1200) mit permanentem Eingriff hat. Der Endantrieb erfolgt über eine offenlaufende Kette auf das Hinterrad.

2 Arbeiten, die bei eingebautem Motor möglich sind

Die unten aufgelisteten Komponenten und Teile können demontiert werden, ohne daß der Motor aus dem Rahmen gebaut werden muß. Wenn jedoch mehrere dieser Arbeiten zugleich ausgeführt werden müssen, empfiehlt es sich, den Motor dafür auszubauen.

Ölleitungen und Ölkühler
Ventildeckel
Steuerkettenspanner und Führungsschienen
Nockenwellen und Schwinghebel
Zylinderkopf
Zylinderblock, Kolben und Ringe
Zündrotor und Impulsgeber
Kupplung
Schaltmechanismus (äußere Komponenten)
Lichtmaschine
Starterantrieb und Freilauf
Motorritzel
Ölwanne, Ansaugsieb und Überdruckventil
Elektrostartermotor

3 Arbeiten, die den Ausbau des Motors nötig machen

Es ist notwendig, die Motor/Getriebeeinheit aus dem Rahmen zu nehmen und die Gehäusehälften zu trennen, wenn man an folgenden Baugruppen arbeiten muß:

Getriebewellen
Schaltwalze mit Gabeln
Kurbelwelle und Lager
Untere Pleuelaugen und Lager
Ölpumpe
Steuerkette und Spannerschiene

4 Motor-Generalüberholung
Allgemeine Bemerkungen

1 Es ist nicht immer leicht zu bestimmen, ob oder wann ein Motor komplett überholt werden sollte, eine Anzahl von Faktoren müssen berücksichtigt werden.

2 Hohe Kilometerleistung ist nicht unbedingt ein Anzeichen nötiger Wiederinstandsetzung, während andererseits niedrige Kilometerleistung die Notwendigkeit nicht ausschließt. Pflege und Wartung sind wahrscheinlich die wichtigste Erwägung. Eine Maschine, bei der regelmäßig Öl und Filter gewechselt und andere Wartungsarbeiten durchgeführt wurden, wird dies höchstwahrscheinlich durch lange Zuverlässigkeit danken. Umgekehrt wird ein vernachlässigtes Motorrad bzw. eines, das schlecht gefahren wurde, sehr früh eine Generalüberholung benötigen.

3 Blauer Auspuffqualm und starker Ölverbrauch sind beides Hinweise dafür, daß Kolbenringe und/oder Ventilführungen verschlissen sind – vorausgesetzt, daß nicht Ölverlust die Ursache ist. Prüfen Sie die Kompression jedes Zylinders wie weiter hinten beschrieben, um den genauen Grund und das Ausmaß der notwendigen Arbeiten festzustellen.

4 Gibt der Motor klopfende oder rumpelnde Geräusche von sich, so liegt es wahrscheinlich an den Pleuel- oder Hauptlagern.

5 Leistungsverlust, rauher Lauf, starke Ventilgeräusche und hoher Benzinverbrauch können ebenfalls ein Hinweis auf eine Motorüberholung sein, vor allem, wenn sie alle zu gleicher Zeit auftreten. Wenn das Problem nicht mit einer Komplett-Einstellung (Zündung, Vergaser, Ventile usw.) zu beheben ist, muß der Motor demontiert werden.

6 Eine Motorüberholung schließt die Erneuerung der Teile ein, die ihre Verschleißgrenzen überschritten haben. In aller Regel sind neue Kolbenringe fällig, was zumindest ein Honen, wenn nicht gar ein Aufbohren der Zylinder und Einsetzen von Übermaßkolben erfordert. Kurbelwellen-Hauptlager und Pleuelfußlager sollten auf jeden Fall bei jeder Motordemontage ersetzt werden. Üblicherweise werden auch die Ventile neu eingeschliffen, wenn die Sitze nicht ohnehin nachgefräst werden müssen.

Bei einer solchen Gelegenheit sollten auch die Vergaser überholt und das Getriebe vermessen werden. Das Resultat wird ein Motor in nahezu Neuzustand sein.

7 Bevor Sie mit einer Überholung beginnen, lesen Sie die betreffenden Abschnitte genau durch, um sich mit dem Thema vertraut zu machen und Werkzeug sowie Ersatzteile (Dichtungen u. a.) rechtzeitig zu besorgen. Eine Generalüberholung ist nicht extrem schwer, aber enorm zeitraubend. Planen Sie mindestens zwei Wochen ein.

8 Ein letzter Hinweis: Lange Lebensdauer und Zuverlässigkeit nach einer Überholung setzt sorgfältige und gewissenhafte Arbeit an einem sauberen Arbeitsplatz voraus.

5 Motor
Aus- und Einbau

Warnung: Der Motor hat ein sehr hohes Gewicht. Motordemontagen und Montagen sollten immer mit Hilfe mindestens eines Assistenten ausgeführt werden. Ein herunterfallender oder abrutschender Motor kann Verletzungen und Beschädigungen hervorrufen. Wenn möglich, sollte eine hydraulische oder mechanische Hebevorrichtung zum Stützen, Heben und Senken des Motors verwendet werden.

Ausbau

1 Stellen Sie das Motorrad auf den Hauptständer oder eine entsprechende Stütze. Die Arbeit kann erleichtert werden, wenn die Maschine mit Hilfe einer Rampe oder Bühne auf eine bessere Höhe gebracht wird. Gehen Sie sicher, daß das Motorrad gesichert ist und nicht umfallen kann (siehe Werkzeug- und Werkstatt-Tips im Anhang dieses Buches).

2 Wenn der Motor, speziell an seinen Aufhängungen, verschmutzt ist, muß er als erstes gründlich gereinigt werden. Hierdurch wird nicht nur die Arbeit erleichtert, sondern auch ausgeschlossen, daß Dreckklumpen in empfindliche Teile geraten können.

3 Lassen Sie das Öl ab und entfernen Sie wenn nötig den Ölfilter (siehe Kapitel 1).

4 Bauen Sie die Sitzbank und die Seitendeckel ab, entfernen Sie bei den S-Modellen die Verkleidung (siehe Kapitel 7).

5 Entfernen Sie das Massekabel (Minus-Anschluß) von der Batterie (siehe Kapitel 8). Verfolgen Sie den Verlauf des schwarz/weißen Massekabels bis zum Stecker und lösen Sie diesen (siehe Abb.). Schieben Sie das Kabel zum Motor durch und merken Sie sich den Verlauf.

6 Bauen Sie den Kraftstofftank ab (s. Kap. 3).

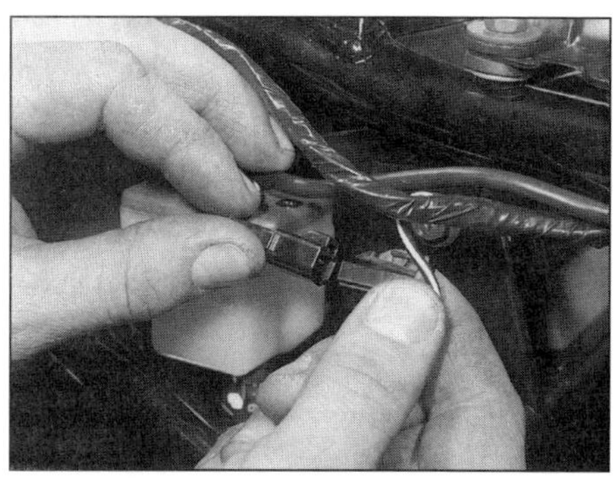

5.5 Trennen Sie das Massekabel am Stecker.

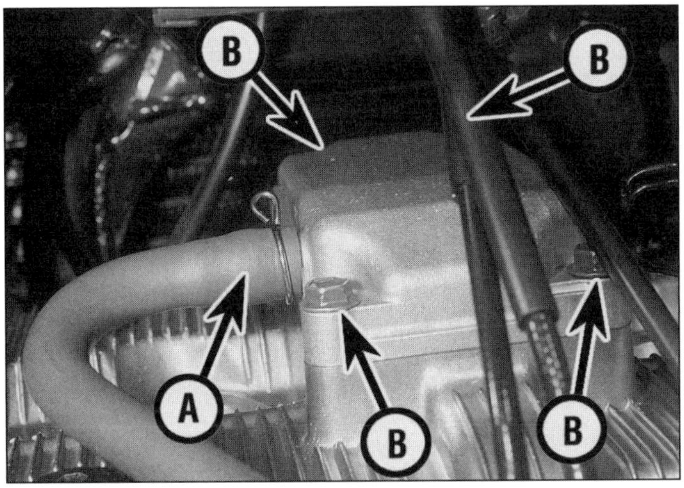

5.9a Ziehen Sie den Entlüftungsschlauch (A) ab, lösen Sie die Schrauben (B) und nehmen Sie den Deckel...

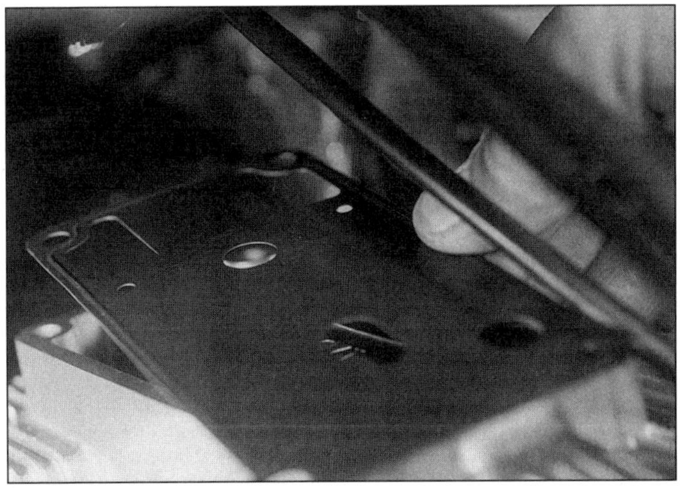

5.9b ...und die Dichtung ab.

7 Entfernen Sie die Vergaser (s. Kapitel 3) und stecken Sie saubere Lappen in die Ansaugstutzen des Motors.

8 Lösen Sie die beiden Zündkabel aus den Führungen an der Motorentlüftung, ziehen Sie die Zündkerzenstecker ab und sichern Sie sie am Rahmen. Wenn die Zündkabel nicht markiert sein sollten, erledigen Sie dieses.

9 Lösen Sie den Schlauch von der Motorentlüftung (siehe Abb.). Lösen Sie die Schrauben des Entlüfterdeckels, beachten Sie dabei, daß die rechte hintere Schraube die Zündkabelführung hält. Nehmen Sie den Deckel zusammen mit der Dichtung ab.

10 Ziehen Sie die Gummitülle vom Starterkabel zurück und trennen Sie deren Verbindung.

11 Verfolgen Sie das Kabel des Zündgebers und des Öldruckschalters aus ihrem Ausgang hinter dem Zylinderblock und trennen Sie sie an den Steckverbindern (siehe Abb.). Befreien Sie die Kabel von allen Haltern, merken Sie sich ihren Verlauf und legen Sie sie aufgerollt auf das Motorgehäuse.

12 Verfolgen Sie den Verlauf der Lichtmaschinenkabel und des Leerlaufschalterkabels aus dem Deckel bis zu den Steckverbindern und lösen Sie sie hier und an allen Befestigungen. Merken Sie sich den Leitungsverlauf und legen Sie sie aufgerollt auf das Motorgehäuse, so daß sie beim Ausbau nicht behindern. Achten Sie darauf, daß die Leitung des Seitenständerschalters frei vom Motor ist.

13 Lösen Sie die Klemmschraube am Schalt-Umlenkhebel und ziehen Sie den Hebel von der Welle, merken Sie sich seine Position, indem Sie vorhandene Markierungen beachten oder welche anbringen (siehe Abb.).

14 Entfernen Sie den Ritzeldeckel und das Antriebskettenritzel (siehe Kapitel 5). Der Ritzeldeckel kann bei den **600er Modellen** zusammen mit dem Kupplungsbowdenzug abgenommen werden, bei den **1200er Modellen** zusammen mit der Kupplungshydraulik. Alternativ können Zug oder Leitung getrennt werden (siehe Sektionen 19 oder 20), und der Deckel kann einzeln abgenommen werden.

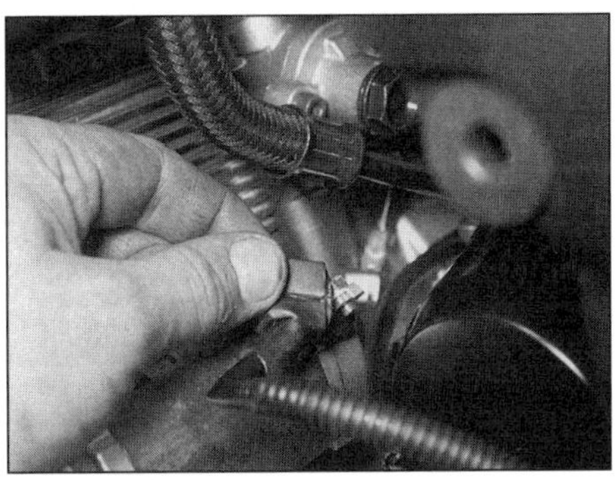

5.10 Ziehen Sie die Abdeckung zurück, um an den Anschluß des Starterkabels zu gelangen.

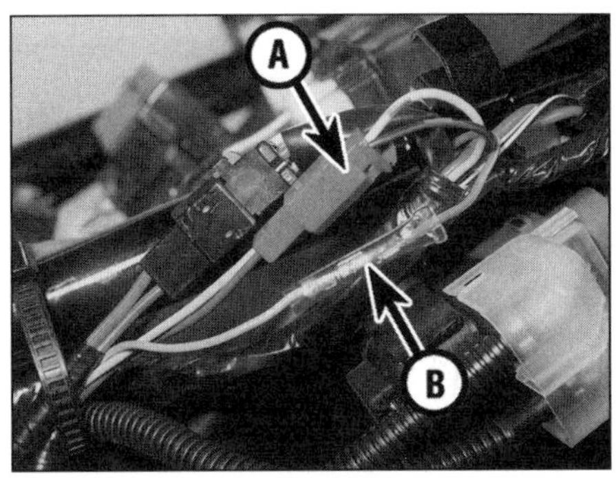

5.2 Stecker der Zündeinheit (A), Verbindung des Öldruck-Kabels (B)

2

5.12a Stecker der Lichtmaschinenkabel (Pfeil)

5.12b Steckverbinder des Leerlaufschalters (Pfeil)

5.13 Markieren Sie die Schaltwelle, lösen Sie die Klemmschraube (Pfeil) und ziehen Sie den Hebel ab.

5.19a Entfernen Sie die Schrauben (Pfeile),...

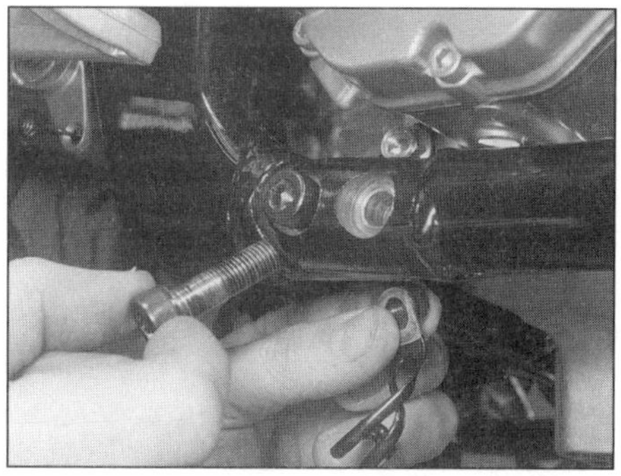
5.19b ...beachten Sie dabei die Positionen der Entlüftungsschlauch-Klemmen...

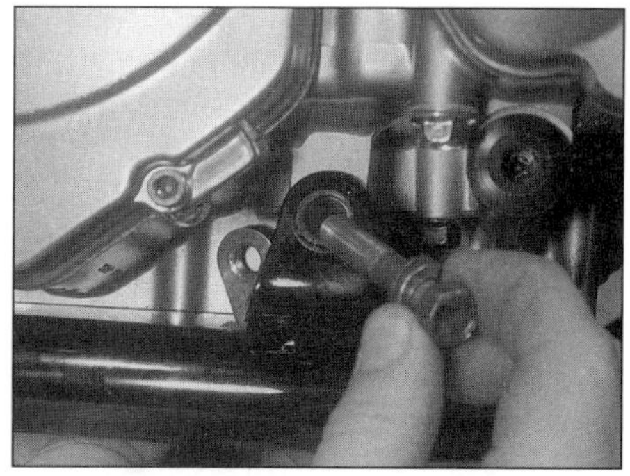
5.19c ...und die Spezial-Mutter an der mittleren Motorhalteschraube.

5.19d Entfernen Sie den Rahmenunterzug.

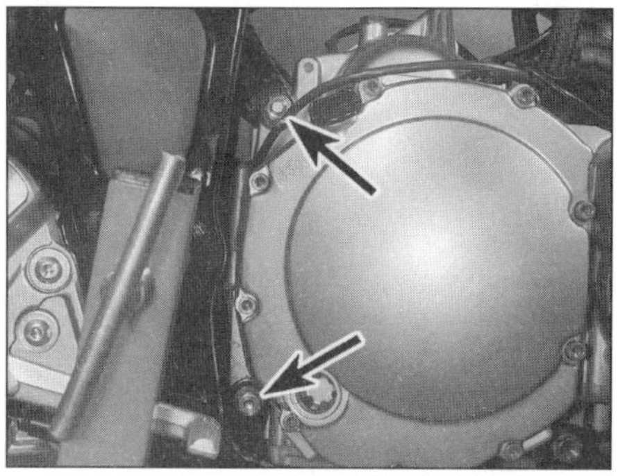
5.20a Lösen Sie die Muttern der hinteren Motorhaltebolzen (Pfeile),...

15 Entfernen Sie die Auspuffanlage (s. Kap. 3).

16 Entfernen Sie den Ölkühler und die Leitungen (siehe Sektion 7).

17 Bei den Kalifornien-Modellen müssen die Rohre des Sekundärluftsystems vorne am Motor gelöst werden (s. Kapitel 3). Die Dichtungen müssen durch neue ersetzt werden.

18 Zu diesem Zeitpunkt sollten Sie eine hydraulische oder mechanische Hebevorrichtung unter dem Motor positionieren. Zwischen Heber und Ölwanne sollte ein Stück Holz liegen. Stellen Sie sicher, daß der Heber sich mittig unter dem Motor befindet, damit dieser nicht kippt.

19 Lösen Sie die Muttern und Schrauben, die den rechten Rahmenunterzug am Hauptrahmen und am Motor halten und nehmen Sie ihn ab (siehe Abb.). Merken Sie sich, wo die verschiedenen Schrauben und Muttern sowie die Klemmen des Entlüftungsschlauches angebracht werden.

20 Stellen Sie sicher, daß der Motor gut abgestützt wird und ziehen Sie einen Assistenten zur Hilfe. Lösen Sie die entsprechenden Muttern und Bolzen und entfernen Sie die Halteplatten und Abstandsröhrchen (siehe Abb.). Merken Sie sich als Einbauhilfe, wo die verschiedenen Schrauben und Muttern, Halter und Abstandsröhrchen hingehören.

21 Der Motor kann jetzt aus dem Rahmen genommen werden. Kontrollieren Sie, ob alle Kabel, Bowdenzüge und Schläuche gelöst sind und beim Ausbau nicht hinderlich sind. Manövrieren Sie den Motor rechts aus dem Rahmen heraus.

5.20b ...entfernen Sie den vorderen Motorhaltebolzen (A), die Halter-Schrauben (B) und die Halteplatte.

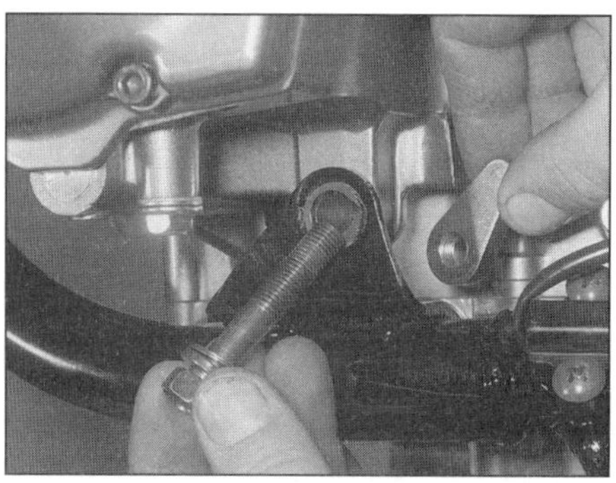
5.20c Entfernen Sie die mittlere Motorhalteschraube, beachten Sie die Spezialmutter...

5.20d ...und ziehen Sie die hinteren Motorhaltebolzen (Pfeile) heraus.

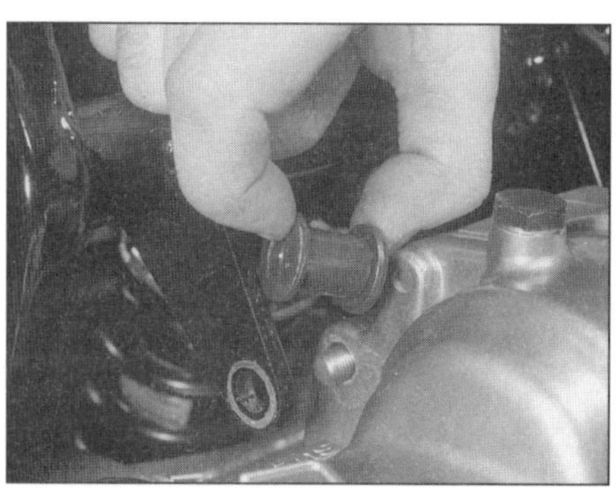
5.20e Beachten Sie das Abstandsröhrchen an der oberen Halterung.

5.21 Heben Sie den Motor vorsichtig nach rechts aus dem Fahrwerk.

22 Die Muttern der Motorhaltebolzen sind selbstsichernd. Suzuki schreibt vor, sie nur einmal zu verwenden.

Einbau

23 Der Einbau erfolgt in umgekehrter Reihenfolge des Ausbaus, beachten Sie die folgenden Punkte:

a) *Gehen Sie sicher, daß beim Einbau keine Kabel, Züge oder Schläuche zwischen Motor und Rahmen eingeklemmt werden.*

b) *Die Motorhaltebolzen haben alle eine unterschiedliche Länge, gehen Sie sicher, daß alle Bolzen an den richtigen Platz kommen.*

c) *Bauen Sie die hinteren Haltebolzen von der linken Seite her ein. Der längere Bolzen ist für die obere Befestigung, der kürzere für die untere.*

d) *Benutzen Sie neue selbstsichernde Muttern. Ziehen Sie die Muttern nicht ganz fest, bis alle Bolzen eingebaut sind. Vergewissern Sie sich, daß die Motorhalteplatten und die Abstandshalter richtig positioniert sind.*

e) *Ziehen Sie die Motorhaltebolzen-Muttern, die Halteplatten-Befestigungsschrauben, die Unterzugbefestigungen und alle anderen Schrauben und Bolzen sorgfältig fest.*

f) *Benutzen Sie neue Dichtungen für die Anschlüsse der Auspuffrohre.*

g) *Richten Sie die Markierungen aus und stecken Sie den Hebel der Schaltgruppe auf die Welle, ziehen Sie die Klemmschraube fest.*

h) *Stellen Sie sicher, daß alle Kabel, Züge und Schläuche richtig verlegt, befestigt und mit Clips und Schellen gesichert sind.*

i) *Füllen Sie den Motor mit Öl und bauen Sie ggf. einen neuen Ölfilter ein (siehe Kapitel 1).*

j) *Stellen Sie das Spiel der Antriebskette ein (siehe Kapitel 1).*

k) *Stellen Sie das Spiel der Gas- und Chokebowdenzüge, sowie bei den 600er Modellen das der Kupplung ein (siehe Kapitel 1).*

6 Motor-Zerlegung und Zusammenbau
Allgemeine Informationen

Demontage

1 Vor dem Zerlegen des Motors muß dieser gereinigt und entfettet werden. Hiermit wird einer Verschmutzung der Motorinnereien vorgebeugt und außerdem ein leichteres und sauberes Arbeiten ermöglicht. Mit einem schwer entflammbaren Lösungsmittel (Paraffin oder Kerosin) oder einem speziellen Maschinen-Entfettungsmittel und alten Pinseln oder Zahnbürsten werden die Ecken und Winkel gereinigt. Passen Sie auf, daß kein Lösungsmittel oder Wasser an elektrische Teile oder in die Ein- und Auslaßkanäle gerät.

Warnung: Die Verwendung von Benzin als Reinigungsmittel sollte aufgrund des hohen Entzündungsrisikos vermieden werden.

6.4 Aus etwa 5 x 10 cm starken Holzbalken wird eine Motorstütze gebaut.

2 Nach der Reinigung wird der Motor auf die Werkbank gehoben, auf der genügend sauberer Platz zum Arbeiten ist. Halten Sie eine Ansammlung von Behältern und Plastiktüten bereit, damit zusammengehörige Einzelteile in übersichtlichen Gruppen gelagert werden können. Papier und Stift sollten für Notizen und Markierungen ebenso vorhanden sein wie ein Vorrat an sauberen Lappen.

3 Vor Beginn der Arbeit sollte man sich die entsprechenden Sektionen durchlesen, um eine genaue Vorstellung von den auszuführenden Tätigkeiten zu erhalten. Bei der Zerlegung der verschiedenen Motorkomponenten sollte man sich merken, daß große Kraftanstrengung kaum nötig ist, es sei denn, es wird extra erwähnt. In vielen Fällen, in denen sich Teile hartnäckig weigern, auseinanderzugehen, liegt ein unkorrekter Demontageversuch vor. Bei jedem Zweifel sollte im Text nachgelesen werden.

4 Aus ca. 5 x 10 cm starken Holzbalken kann man sich eine Motorstütze zusammenschrauben (siehe Abb.). Das Rechteck sollte gerade so groß sein, um die Ölwanne aufzunehmen, das Motorgehäuse muß darauf zum Liegen kommen.

5 Beim Zerlegen des Motors müssen »Paare« zusammengepackt werden (Zahnräder, Kolben und Zylinder, Pleuel, Ventile usw., die im Motor zusammenarbeiten). Diese »Paare« dürfen nur als Einheit erneuert oder weiterverwendet werden.

6 Die Zerlegung der Motor/Getriebe-Einheit sollte nach den folgenden generellen Regeln und unter Berücksichtigung der entsprechenden Sektionen vorgenommen werden.

Entfernen Sie den Ventildeckel
Entfernen Sie den Steuerkettenspanner und die Ketten-Führungsschiene
Entfernen Sie die Nockenwellen
Entfernen Sie den Zylinderkopf
Entfernen Sie den Zylinderblock
Entfernen Sie die Kolben
Entfernen Sie den Zündrotor und die Zündgeber-Spule (siehe Kapitel 4)
Entfernen Sie die Kupplung
Entfernen Sie die äußeren Komponenten des Schaltautomaten
Entfernen Sie den Starterfreilauf und den Antrieb
Entfernen Sie die Lichtmaschine
Entfernen Sie den Anlassermotor
Entfernen Sie die Ölwanne
Trennen Sie die Motorgehäusehälften
Entfernen Sie die Kurbelwelle und Pleuel
Entfernen Sie die Getriebewellen und Zahnräder
Entfernen Sie die Schaltwalze und Gabeln
Entfernen Sie die Ölpumpe

Zusammenbau

7 Der Zusammenbau des Motors erfolgt in umgekehrter Reihenfolge der allgemeinen Regeln für die Zerlegung.

7 Ölkühler und Leitungen
Ausbau und Einbau

Anmerkung: *Der Ölkühler und seine Leitungen können bei im Rahmen befindlichem Motor entfernt werden.*

Ausbau

1 Lassen Sie das Motoröl ab (s. Kap. 1) und entfernen Sie gegebenenfalls die Verkleidung.

2 Lösen Sie die Anschlußschrauben, die die Ölleitungen unterhalb des Ölfilters an der Ölwanne sichern (siehe Abb.). Die Dichtringe müssen auf jeden Fall durch neue ersetzt werden. Wenn nötig, lösen Sie die Überwurfmutter der Leitung unten am Ölkühler. Auch hier müssen neue O-Ringe eingebaut werden. Lösen Sie die Leitungen von den Klemmen am Rahmen (siehe Abb.).

7.2a Lösen Sie die Anschlußschrauben und nehmen Sie die Ölleitungen von der Ölwanne ab.

7.2b Jede Ölleitung wird mit einer Klemme am Rahmen gesichert.

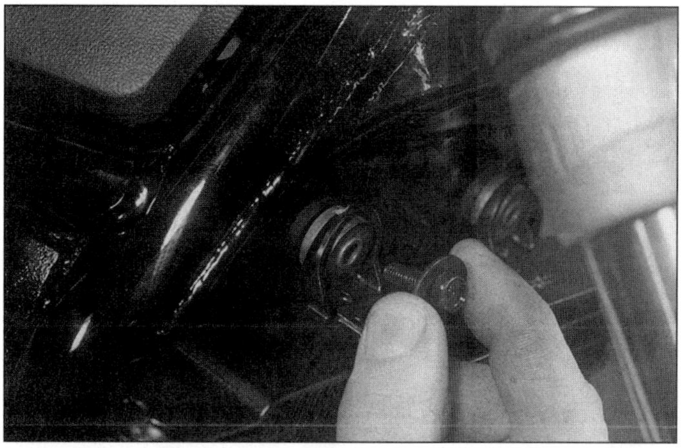

7.3a Entfernen Sie die beiden Halteschrauben des Kühlers.

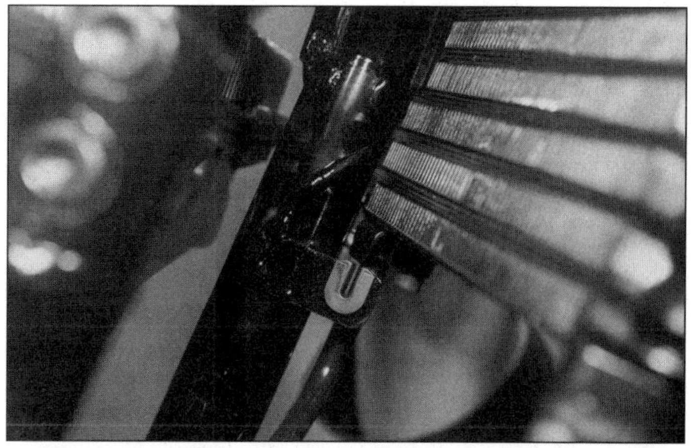

7.3b Ziehen Sie den Ölkühler aus der/den Halterung(en).

7.4a Entfernen Sie die beiden Schrauben, die die Leitung am Motorgehäuse sichern (Pfeile)...

7.4b ...und die beiden Schrauben, die jede Leitung am Ventildeckel hält.

3 Lösen Sie die zwei Schrauben, die den Kühler oben am Rahmen halten und heben Sie ihn vorsichtig aus seinen unteren Aufhängungen (eine bei den 600er Modellen, zwei bei den 1200ern) an den Unterzügen (siehe Abb.). Achten Sie auf die U-förmigen Gummis im Halter, und ersetzen Sie sie, falls sie brüchig, verschlissen oder gerissen sind.

4 Lösen Sie die beiden Schrauben, die die Ölleitungs-Anschlüsse hinten am Ventildeckel halten (siehe Abb.). Ziehen Sie die Leitungen durch die Vergaserbatterie hindurch. Die O-Ringe müssen durch neue ersetzt werden.

Einbau

5 Der Einbau entspricht der umgekehrten Reihenfolge des Ausbaus. Benutzen Sie auf jeden Fall neue O-Ringe für die Anschlüsse. Ziehen Sie die Leitungen mit dem in den Technischen Daten vorgeschriebenen Drehmoment an.

8 Ventildeckel
Aus- und Einbau

Anmerkung: *Der Ventildeckel kann bei eingebautem Motor demontiert werden.*

Ausbau

1 Bauen Sie die Sitzbank und die Seitendeckel ab (siehe Kapitel 7), entfernen Sie das

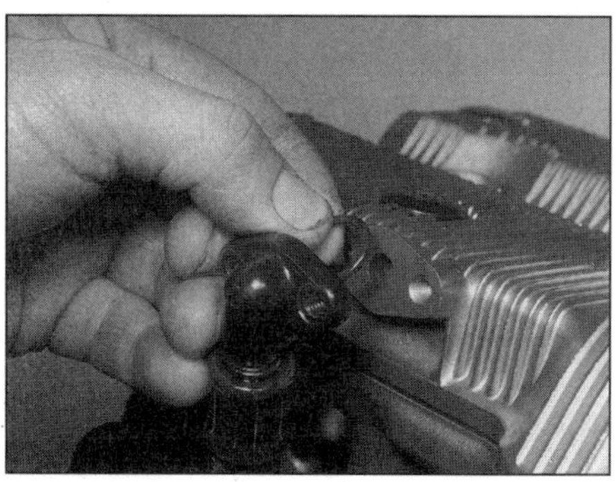

7.5a Benutzen Sie an den Anschlüssen neue O-Ringe.

7.5b Rüsten Sie die Anschlußschrauben auf beiden Seiten mit neuen Dichtringen aus.

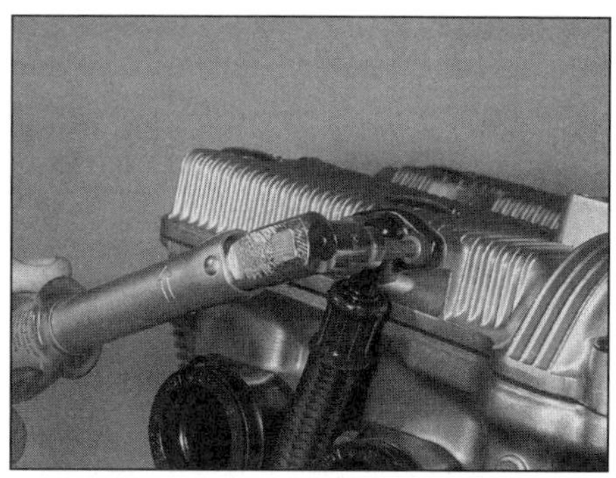

7.5c Ziehen Sie alle Schrauben mit dem vorgeschriebenen Drehmoment fest.

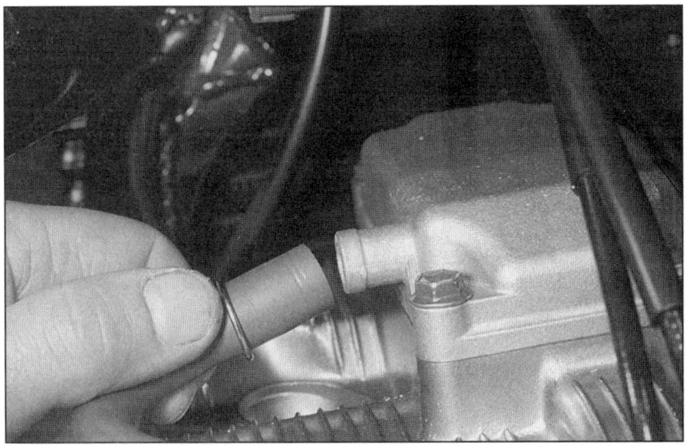

8.3 **Ziehen Sie den Schlauch der Motorentlüftung ab.**

8.6 **Der Ventildeckel wird mit vierzehn Schrauben gehalten (Pfeile).**

Massekabel (Minus-Anschluß) an der Batterie.
2 Entfernen Sie den Kraftstofftank (siehe Kapitel 3).
3 Ziehen Sie oben am Ventildeckel den Schlauch der Motorentlüftung ab (siehe Abb.). Um mehr Platz zu erhalten, kann der Entlüfterdeckel nach dem Lösen ihrer vier Schrauben mitsamt der Dichtung entfernt werden, beachten Sie dabei die Zündkabel-Klemme an der hinteren rechten Schraube.
4 Ziehen Sie die Zündkerzenstecker ab und sichern Sie sie auf dem Rahmen.
5 Lösen Sie die Schrauben, die die beiden Ölleitungen hinten am Ventildeckel halten (siehe Abb. 7.4b). Ersetzen Sie die O-Ringe später auf jeden Fall durch neue. Wenn der Motor zerlegt werden soll, kann auch der Ölleitungs-Anschluß am Motorgehäuse hinter dem Zylinderblock nach dem Lösen der beiden Schrauben entfernt werden (siehe Abb. 7.4a).
6 Lösen Sie die vierzehn Ventildeckelschrauben – die vier in der Mitte des Deckels sind Hohlschrauben – und entfernen Sie sie zusammen mit eventuell vorhandenen Dichtringen. Beachten Sie die Positionen der verschiedenen Schrauben und Scheiben (siehe Abb.). Es wird empfohlen, die Dichtscheiben durch Neuteile zu ersetzen.
7 Heben Sie den Ventildeckel vom Zylinderkopf. Wenn er festsitzt, versuchen Sie nicht,

8.9 **Gehen Sie sicher, daß beide Paßstifte installiert sind.**

ihn mit einem Schraubenzieher abzuhebeln. Klopfen Sie ihn dann zur Lockerung leicht mit einem Gummihammer oder Holzklotz ab.

Einbau

8 Begutachten Sie die Ventildeckeldichtung auf Anzeichen von Beschädigung oder Alterung und ersetzen Sie sie gegebenenfalls.
9 Reinigen Sie die Dichtflächen auf dem Zylinderkopf und dem Ventildeckel mit Lackverdünner, Azeton oder Bremsenreiniger. Gehen Sie sicher, daß die Paßstifte installiert sind.
10 Wenn eine neue Dichtung verwendet wird, geben Sie etwas geeigneten Klebstoff (z.B. Suzuki Bond Nr.1207 B) in die Dichtungs-Nuten des Ventildeckels, setzen Sie dann die Dichtung in die Deckel-Nut (siehe Abb.), geben Sie etwas Dichtmasse in die Nockenwellen-Ausschnitte des Zylinderkopfes (siehe Abb.).
11 Setzen Sie den Deckel auf den Zylinderkopf und kontrollieren Sie, ob die Dichtung und die Paßstifte richtig sitzen (siehe Abb.). Setzen Sie die Schrauben gegebenenfalls mit neuen Dichtscheiben ein und ziehen Sie sie mit dem am Anfang des Kapitels angegebenen Drehmoment an, beachten Sie die unterschiedlichen Anzugsmomente für die Standard- und Hohl-Schrauben (siehe Abb.).
12 Montieren Sie die Ölleitungen unter Ver-

8.10a **Sowohl die Hauptdichtung...**

2

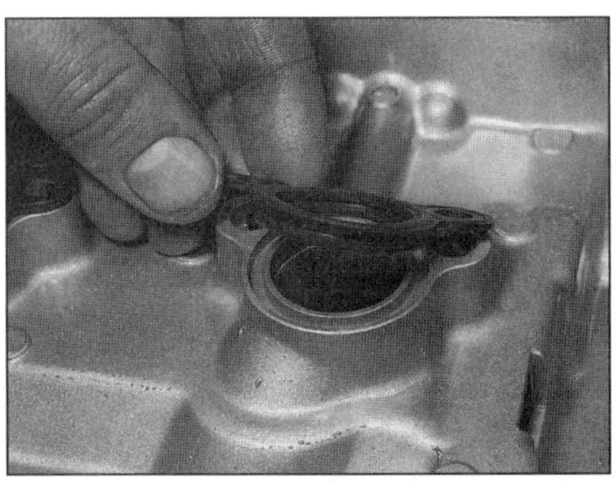

8.10b **...als auch die Dichtungen der Zündkerzenlöcher sitzen in Nuten im Deckel.**

8.10c **In diese Ausschnitte der Zylinderkopf-Dichtfläche muß Dichtmasse gegeben werden.**

8.11a **Setzen Sie den Deckel auf den Zylinderkopf, ...**

8.11b ...setzen Sie dann die Hohlschrauben...

8.11c ...und die normalen Schrauben ein.

8.11d Ziehen Sie die Schrauben mit dem entsprechenden Drehmoment fest.

wendung neuer O-Ringe (siehe Abb. **7.5a).** Ziehen Sie die Anschlußschrauben vorschriftsmäßig fest.

13 Installieren Sie die übrigen Teile in umgekehrter Reihenfolge ihrer Demontage.

9 Steuerkettenspanner und Führungsschiene
Ausbau, Kontrolle und Einbau

Anmerkung: *Steuerkettenspanner und Führungsschiene können ausgebaut werden, wenn der Motor sich im Rahmen befindet.*

Achtung: Bevor Sie beginnen, die Spannerschrauben zu entfernen, muß der Spanner komplett ausgebaut werden, er muß entspannt sein, bevor die Schrauben wieder festgezogen werden. Der Spanner entspannt und sichert sich selbst, so daß Spanner oder Steuerkette zerstört werden, wenn man die Schrauben teilweise lockert und dann wieder festzieht.

Ausbau

1 Lösen Sie die Spanner-Abdeckschraube und ziehen Sie die Feder aus dem Spanner heraus (siehe Abb.).

2 Lösen Sie die beiden Befestigungsschrauben und ziehen Sie den Kettenspanner hinten aus dem Zylinderblock (siehe Abb. 9.1).

3 Entfernen Sie die Dichtung vom Boden des Spanners oder von Zylinderblock, beim Einbau muß eine neue verwendet werden.

Kontrolle

4 Begutachten Sie die Bauteile des Spanners auf Verschleiß oder Beschädigung.

5 Lösen Sie den Ratschenmechanismus vom Spannerkolben und kontrollieren Sie, ob der Spannerkolben sich im Spannergehäuse frei bewegen kann (siehe Abb. 9.8).

6 Wenn der Spanner verschlissen oder beschädigt ist oder der Kolben im Gehäuse gefressen hat, die entsprechenden Teile ersetzen.

Einbau

7 Entfernen Sie nach dem Lösen der fünf Schrauben den Zündgeberdeckel rechts am Motor (siehe Abb.). Drehen Sie die Kurbelwelle mit Hilfe eines auf den Zündrotor-Sechskant aufgesetzten 19 mm Schlüssels im Uhrzeigersinn (siehe Abb.). Alternativ kann das Motorrad auf den Hauptständer oder eine entsprechende Stütze gestellt werden, so daß das Hinterrad frei ist. Legen Sie einen hohen Gang ein und drehen Sie das Hinterrad in Fahrtrichtung. Hierdurch wird der vordere Kettentrum der Steuerkette stramm gezogen und das gesamte Spiel ist an der Spanner-Seite.

Achtung: Benutzen Sie NICHT die Zündrotor-Inbusschraube zum Drehen der Kurbelwelle – sie wird überdrehen oder ausreißen. Achten Sie darauf, den Motor in seine normale Laufrichtung zu drehen.

8 Lösen Sie den Ratschenmechanismus und drücken Sie den Spannerkolben vollständig in sein Gehäuse (siehe Abb.).

9 Legen Sie eine neue Dichtung auf das Spannergehäuse und setzen Sie es in den Motor (siehe Abb.). Ziehen Sie die Spanner-Befestigungsschrauben vorschriftsmäßig fest.

10 Legen Sie eine neue Dichtscheibe unter die Abdeckschraube, setzen Sie die Feder ein und ziehen Sie die Abdeckschraube vorschriftsmäßig fest (siehe Abb.).

11 Es ist empfehlenswert, den Ventildeckel abzunehmen (siehe Sektion 8), und zu kontrollieren, ob die Steuerkette gespannt ist. Wenn Sie locker ist, hat der Spannerkolben nicht ausgelöst.

12 Setzen Sie den Zündungsdeckel mit einer neuen Dichtung auf, rüsten Sie die obere Schraube mit einer Dichtscheibe aus und zie-

9.1 Spannerfeder-Abdeckschraube (A), Spanner-Befestigungsschrauben (B)

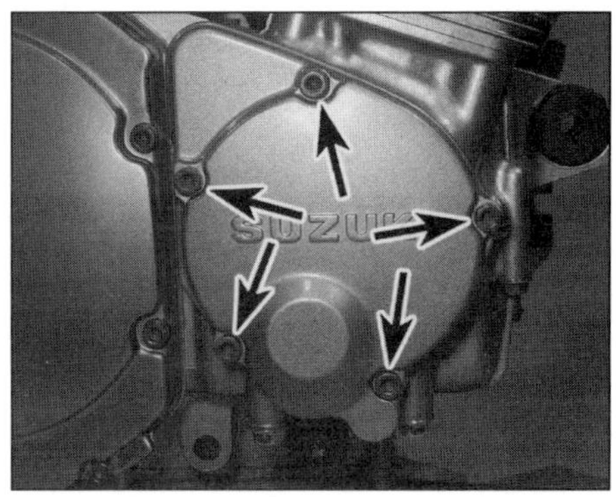

9.7a Der Zündungsdeckel wird mit fünf Schrauben gehalten (Pfeile).

9.7b Die Kurbelwelle mit einem auf den Rotor aufgesetzten 19 mm Schlüssel drehen

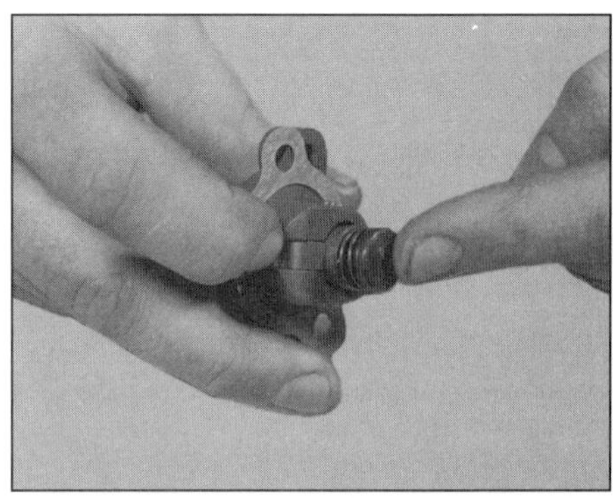

9.8 Lösen Sie die Ratsche und drücken Sie den Spannerkolben vollständig ein.

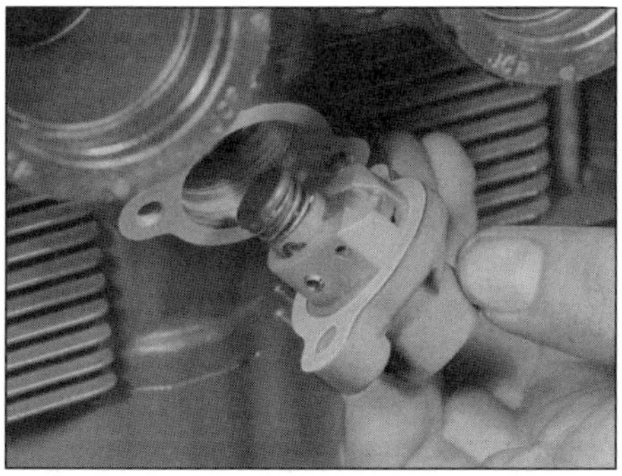

9.9 Setzen Sie das Spannergehäuse mit einer neuen Dichtung ein.

9.2 Setzen Sie die Spannerfeder und die Abdeckschraube ein.

9.12a Benutzen Sie hier eine neue Dichtung...

hen Sie alle Schrauben fest. Falls entfernt, installieren Sie den Ventildeckel (s. Sektion 8).

Steuerketten-Führungsschiene

Ausbau – GSF 600 Modelle

13 Entfernen Sie den Ventildeckel (siehe Sektion 8).

14 Lösen Sie die vier Schrauben, die die obere Führungsschiene im Zylinderkopf sichern (siehe Abb.), und entfernen Sie sie unter Beachtung der Einbaulage (oben ist ein Pfeil angebracht).

15 Zum Ausbau der vorderen Führungsschiene ist die Demontage der Auslaßnockenwelle nötig (siehe Sektion 11). Heben Sie die vordere Steuerketten-Führungsschiene aus dem Kettenschacht. Merken Sie sich ihre Einbaulage und wie sie in den Ausschnitten des Zylinderkopfes gehalten wird (siehe Abb.).

Ausbau – GSF 1200 Modelle

16 Entfernen Sie den Ventildeckel (siehe Sektion 8).

17 Zum Ausbau der vorderen Führungsschiene ist die Demontage der Auslaßnockenwelle nötig (siehe Sektion 11). Heben Sie die vordere Steuerketten-Führungsschiene aus dem Kettenschacht. Merken Sie sich ihre Einbaulage und wie sie in den Ausschnitten des Zylinderkopfes gehalten wird (siehe Abb. 9.15).

18 Die sich im Ventildeckel befindliche obere Kettenführung sollte nur zerlegt werden, wenn es nötig ist, sie auszuwechseln. Um die Führung ausbauen zu können, müssen

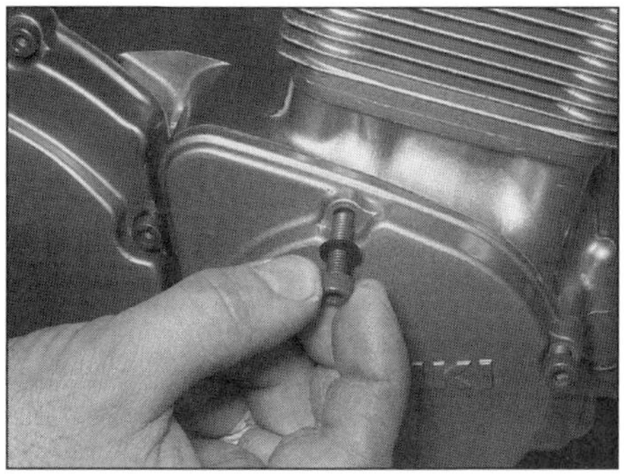

9.12b ...und stellen Sie sicher, daß die obere Schraube mit einem Dichtring ausgerüstet ist.

zunächst die vier Schrauben des Entlüfterdeckels oben auf dem Ventildeckel gelöst und der Deckel samt Dichtung entfernt werden. Lösen Sie die zwei Schrauben, die die obere Kettenführung am Ventildeckel halten und merken Sie sich deren Einbaulage (siehe Abb.).

19 Um die hintere Kettenführungsschiene ausbauen oder inspizieren zu können, ist es nötig, die hintere (Einlaß-)Nockenwelle zu demontieren (siehe Sektion 11). Nachdem das erledigt ist, kann die Führung begutachtet werden (siehe Abb.). Um sie auszubauen, halten Sie sie mit den Fingern oder einer Zange, ziehen Sie gegebenenfalls einen Assistenten zur Hilfe, und lösen Sie die Schrauben, die die Kettenführung am Zylinderkopf halten. Passen Sie auf, daß die Führung nicht durch

9.14 Die obere Führungsschiene wird mit vier Schrauben gehalten (Pfeile).

den Kettenschacht in das Kurbelgehäuse fällt (siehe Abb.).

Kontrolle – alle Modelle

20 Begutachten Sie die Gleitflächen der Führungen auf Beschädigung und Verschleiß und ersetzen Sie sie wenn nötig.

Einbau – GSF 600 Modelle

21 Setzen Sie die vordere Führungsschiene vorne in den Steuerschacht (siehe Abb. 9.15), stellen Sie sicher, daß sie unten richtig in ihrem Sitz gehalten wird und ihre oberen Ansätze in die Ausschnitte des Zylinderkopfes einrasten (siehe Abb.). Montieren Sie die Auslaßnockenwelle (siehe Sektion 11).

22 Montieren Sie die obere Führung am Zylinderkopf, achten Sie darauf, daß der Pfeil dar-

9.2 Heben Sie die Führung unter Beachtung der Einbaulage aus dem Motor.

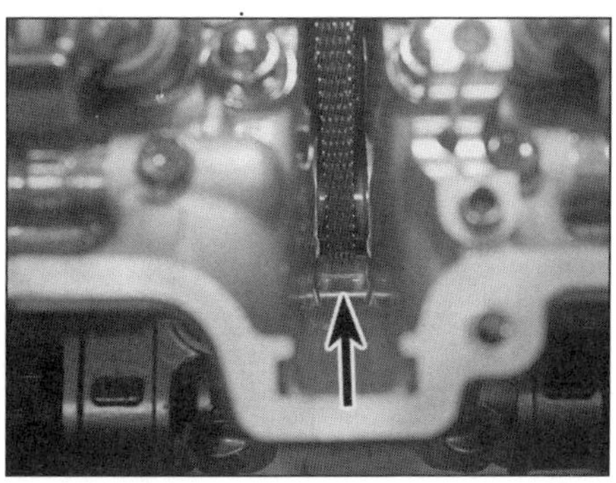

9.21a Unten muß die Führung in ihrem Sitz einrasten (Pfeil).

9.21b Die Stifte oben an der Führung müssen in den Nuten im Zylinderkopf ruhen.

9.22a Setzen Sie die obere Führung...

auf nach vorne zeigt. Ziehen Sie die Schrauben mit dem richtigen Drehmoment fest.

23 Montieren Sie den Ventildeckel (s. Sektion 8).

Einbau – GSF 1200 Modelle

24 Geben Sie auf die Schraube der hinteren Steuerkettenführung eine wieder lösbare Schraubensicherungspaste und installieren Sie die Führung im Zylinderkopf. Passen Sie auf, daß die Führung nicht durch den Kettenschacht in das Kurbelgehäuse fällt. Ziehen Sie die Schraube mit dem in den technischen Daten am Anfang des Kapitels vorgeschriebenen Drehmoment an. Bauen Sie die hintere Nockenwelle wieder ein (siehe Sektion 11).

25 Falls ausgebaut, schrauben Sie die obere Kettenführung an den Ventildeckel und ziehen Sie die Schrauben unter Beigabe von Schraubensicherung fest. Wenn der Motor sich im Rahmen befindet, setzen Sie den Entlüfterdeckel auf und ziehen Sie die Schrauben an. Wenn der Motor sich nicht im Rahmen befindet, Entlüfterdeckel noch nicht montieren.

26 Setzen Sie die vordere Führungsschiene vorne in den Steuerschacht, stellen Sie sicher, daß sie unten richtig in ihrem Sitz gehalten wird und ihre oberen Ansätze in die Ausschnitte des Zylinderkopfes einrasten (siehe Abb. 9.15, 9.21a und b). Montieren Sie die Auslaßnockenwelle (siehe Sektion 11).

27 Setzen Sie den Ventildeckel auf (siehe Sektion 8).

10 Steuerkette und Schienen
Ausbau, Kontrolle und Einbau

***Anmerkung**: Zum Ausbau der Steuerkette muß der Motor aus dem Rahmen genommen und das Gehäuse geöffnet werden. Spannerschiene und Führungsschiene können bei eingebautem Motor demontiert werden.*

Steuerkette

Ausbau

1 Trennen Sie die Motorgehäusehälften (s. Sektion 26) und bauen Sie die Kurbelwelle aus (s. Sektion 30).

9.22b ...mit dem Pfeil nach vorne zeigend ein.

2 Nehmen Sie die Steuerkette von der Kurbelwelle ab.

Einbau

3 Schieben Sie die Steuerkette über die Kurbelwelle und legen Sie sie auf das Ritzel auf.

4 Bauen Sie die Kurbelwelle ein (s. Sektion 30).

Steuerketten-Spannerschiene

Ausbau

5 Trennen Sie das Motorgehäuse (s. Sekt. 26).

6 Entfernen Sie die beiden Gummipuffer aus der oberen Gehäusehälfte, merken Sie sich deren Einbaulage, nehmen Sie dann die Spannerschiene aus den Ausschnitten im Gehäuse, merken Sie sich die Einbaurichtung (siehe Abb.). Verlieren Sie nicht den Stift am Ende der Schiene.

10.6a Die Spannerschiene wird von zwei Gummidämpfern gesichert.

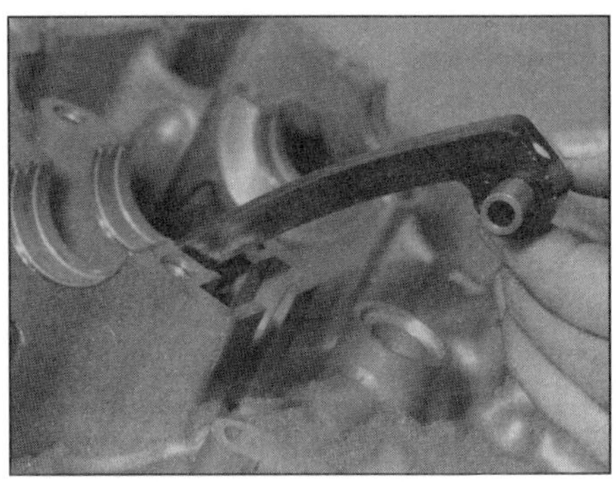

10.6c ...heben Sie dann die Schiene heraus.

Kontrolle

7 Begutachten Sie die Gleitflächen der Führungen auf Beschädigung und Verschleiß, ersetzen Sie sie wenn nötig. Kontrollieren Sie den Zustand der Gummipuffer und ersetzen Sie sie, wenn sie beschädigt oder porös sind.

Einbau

8 Falls ausgebaut, stecken Sie den Stift in das Ende der Schiene (siehe Abb.). Bauen Sie die Spannerschiene richtig herum in die obere Gehäusehälfte und vergewissern Sie sich, daß der Stift korrekt sitzt. Setzen Sie die Gummipuffer mit den runden Enden vom Stift wegzeigend und den Pfeilen an den abgerundeten Enden nach vorne und hinten, nicht zur Seite zeigend, ein (siehe Abb.).

9 Setzen Sie die Motorgehäusehälften zusammen (siehe Sektion 26).

11 Nockenwellen, Schwinghebelwellen und Schwinghebel
Ausbau, Kontrolle und Einbau

Anmerkung: *Nockenwellen und Schwinghebel können bei im Rahmen befindlichem Motor ausgebaut werden.*

Nockenwellen

Ausbau

1 Entfernen Sie den Ventildeckel (s. Sekt. 8).

2 Lösen Sie die Schrauben, die den Deckel des Zündgebers auf der rechten Motorseite halten (siehe Abb. 7.9). Die Kurbelwelle kann

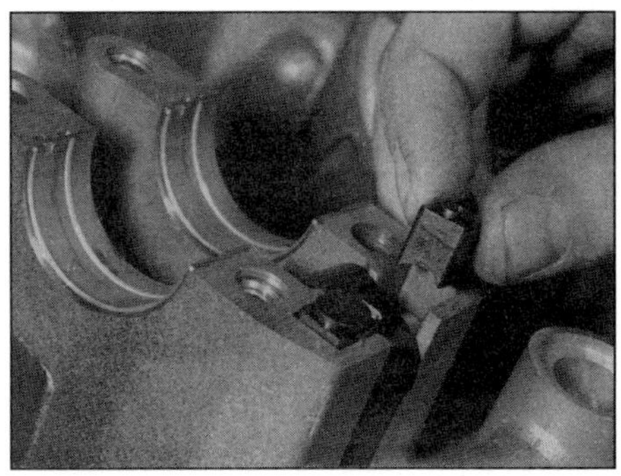

10.6b Zum Ausbau der Schiene zunächst die Gummidämpfer entfernen,...

10.8 Stellen Sie sicher, daß die Pfeile auf den Dämpfern nach vorne und hinten zeigen.

11.2a Die Markierungen am Zündrotor und an der Geberspule müssen fluchten.

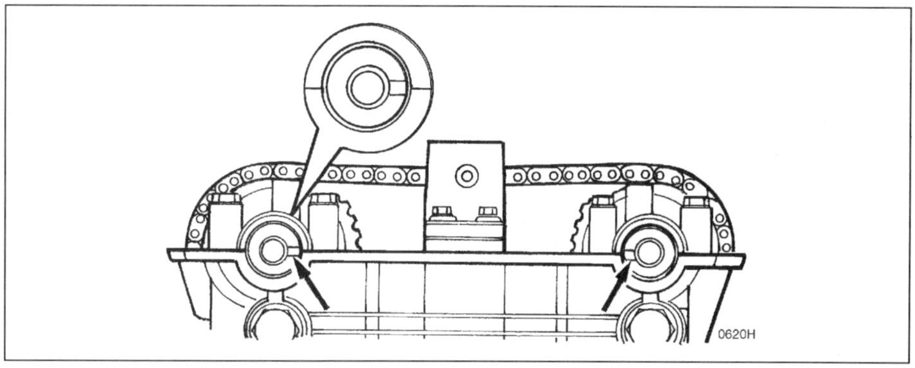

11.2b Die Nuten in den Nockenwellen müssen zueinander zeigen. Wenn sie voneinander wegzeigen, muß die Kurbelwelle um 360° gedreht werden.

mit Hilfe eines 19-mm-Steckeinsatzes am Zündrotor-Sechskant – nur im Uhrzeigersinn – gedreht werden (siehe Abb. 9.7b).

Achtung: Benutzen Sie NICHT die Zündrotor-Inbusschraube zum Drehen der Kurbelwelle – sie wird überdrehen oder ausreißen. Achten Sie darauf, den Motor in seine normale Laufrichtung zu drehen.

Alternativ kann bei eingebautem Motor das vom Boden abgehobene Hinterrad nach Einlegen eines hohen Ganges per Hand in Fahrtrichtung gedreht werden. Drehen Sie die Kurbelwelle so, daß die T-Markierung auf dem Rotor mit der Zündmarkierung am Kurbelgehäuse fluchtet und die Nuten an den rechten Enden der Nockenwellen zueinander zeigen, sowie die »1«-Markierung auf dem Ritzel der Auslaßnockenwelle vorne mit der Zylinderkopf-Dichtfläche fluchtet (siehe Abb.). Kontrollieren Sie die Markierungen auf den Ritzeln der Auslaß- und Einlaßnockenwellen (siehe Abb. 11.24), da beide Nockenwellen bei der späteren Montage in dieser Lage positioniert sein müssen.

3 Entfernen Sie den Kettenspanner (siehe Sektion 9) und bei den **GSF 600 Modellen** die obere Führungsschiene (siehe Sektion 9).

4 Vor der Demontage der Nockenwellen-Lagerschilder muß kontrolliert werden, ob jeweils die Markierungen (Buchstaben von A bis D, entweder alleine oder im Dreieck oder Viereck) mit den im Zylinderkopf in der Nähe befindlichen übereinstimmen (siehe Abb.). Diese Marken sollen dafür sorgen, daß die Schilder beim Einbau wieder dem richtigen Platz zugeordnet werden. Wenn keine Marken sichtbar sind, Filzstift benutzen. Wenn nötig, machen Sie sich eine Skizze für die Lage der Schilder.

5 Lösen Sie an einer Nockenwelle alle Schrauben, immer nur ein bißchen, bis alle lose sind, und nehmen Sie die Lagerschilder ab. Lösen Sie dann die andere Nockenwelle. Achten Sie auf die Paßhülsen in den Schildern oder im Zylinderkopf, falls sie lose sind, sollten sie sichergestellt werden (siehe Abb.).

Achtung: Wenn die Lagerschildschrauben nicht gleichmäßig gelockert werden, kann die Nockenwelle verkanten.

11.2c Die 1 am Ritzel der Auslaßnockenwelle muß direkt auf die Dichtfläche zeigen.

11.4a Jedes Nockenwellen-Lagerschild ist zur richtigen Positionierung mit einem Buchstaben – entweder in einem Viereck, einem Dreieck oder alleine – markiert.

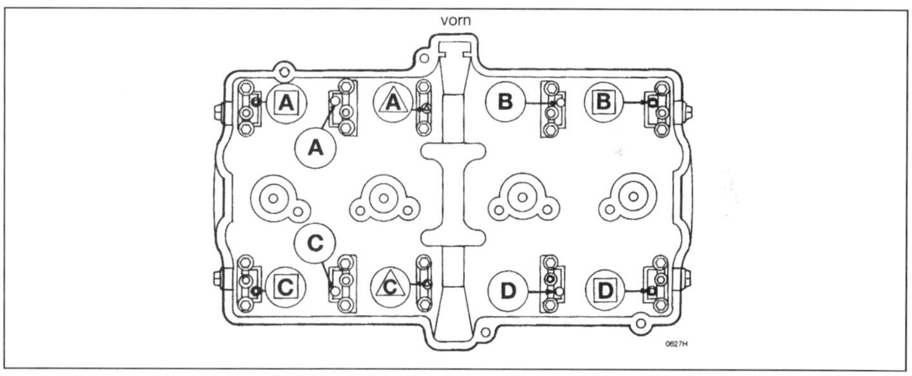

11.4b Die Lagerschilder der Nockenwellen müssen in diesen Positionen montiert werden – andernfalls kann die Nockenwelle festgehen.

11.5a Heben Sie die Schilder von der Nockenwelle...

11.5b ...und stellen Sie die Paßstifte sicher, falls sie lose sind.

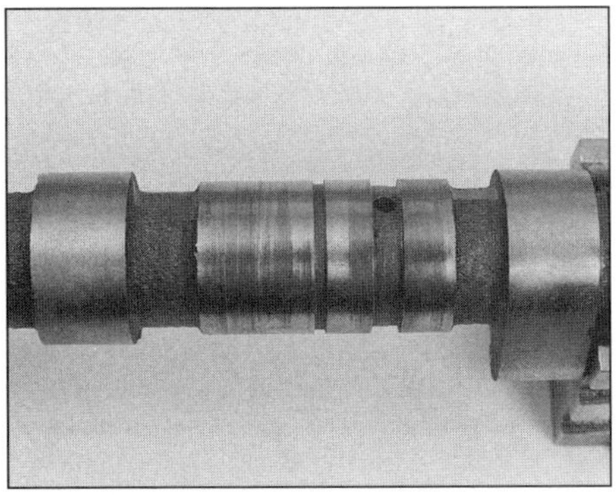

11.9 Kontrollieren Sie die Oberflächen der Gleitlager auf Riefen oder Verschleiß.

11.10a Untersuchen Sie die Nocken auf Verschleiß – hier ist ein stark beschädigtes Beispiel zu sehen.

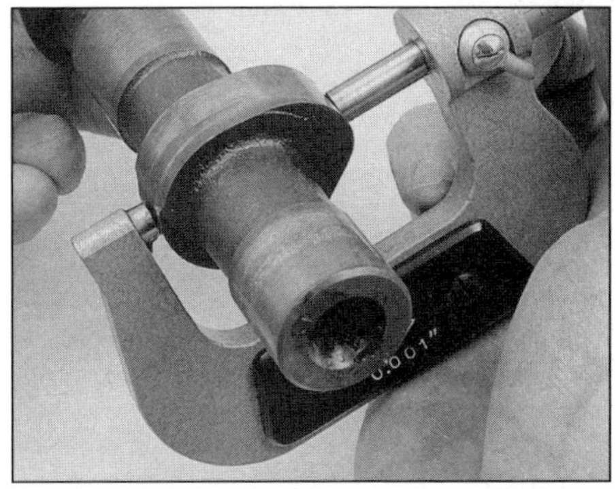

11.10b Messen Sie die Höhe der Nocken mit einer Bügelmeßschraube.

6 Heben Sie die Steuerkette vom Ritzel einer Nockenwelle und ziehen Sie die Welle vorsichtig heraus. Entfernen Sie bei stramm gehaltener Steuerkette anschließend die andere Nockenwelle. ***Anmerkung**: Entfernen Sie nicht die Ritzel von den Nockenwellen, wenn es nicht unbedingt nötig ist.*

7 Binden Sie die Steuerkette hoch, um ein Hineinfallen in das Motorgehäuse zu verhindern. Wenn die Kette locker wird, kann sie sich zwischen Kurbelwellenritzel und Motorgehäuse verklemmen. Decken Sie den offenen Zylinderkopf mit einem Lappen ab, damit nichts in den Motor fallen kann.

8 Heben Sie die vordere Führungsschiene aus dem Zylinderkopf (siehe Abb. 9.15).

Kontrolle

9 Begutachten Sie die Lagergleitflächen des Zylinderkopfes und der Lagerschilder sowie der Nockenwellen. Achten Sie auf Kerben, Riefen und Anzeichen von Abblätterungen (die zu Ausbrüchen führen können) (s. Abb.).

10 Kontrollieren Sie die Nocken auf Anlaßfarben durch Überhitzung (blaue Erscheinung), Kerben, Absplitterungen, Pitting und Risse (siehe Abb.). Messen Sie die Höhe jeder Nocke und vergleichen Sie die Werte mit den in den technischen Daten am Anfang des Kapitels angegebenen (siehe Abb.). Bei Beschädigungen oder starkem Verschleiß muß die Nockenwelle ersetzt werden. Kontrollieren Sie auf jeden Fall auch den Zustand der Schwinghebel, wie später beschrieben.

11 Lagern Sie die Nockenwelle drehbar auf einen Bock und überprüfen mit einer Meßvorrichtung den Rundlauf. Wenn ein Verzug festgestellt wird, muß die Nockenwelle ersetzt werden.

> **Praxis TiP**
> ***Wechseln Sie zu den Werkzeug- und Werkstatt-Tips im Anhang, um sich mit Mikrometerschrauben und Meßuhren vertraut zu machen.***

12 Als nächstes sollte das Lagerspiel der Nockenwellen ermittelt werden. Reinigen Sie die Nockenwellen und die Lageroberflächen im Zylinderkopf und den Schildern mit einem sauberen fusselfreien Stoff und legen Sie die Nockenwellen an ihren Platz im Zylinderkopf, die Markierungen an den Ritzeln müssen nach rechts zeigen (siehe Abb. 11.24). Gehen Sie noch einmal sicher, daß die Wellen nicht verwechselt wurden und legen Sie die Steuerkette auf, um ein Verdrehen beim Festziehen der Lagerschilder zu verhindern.

13 Schneiden Sie zehn passende Stücke von den im Fachhandel erhältlichen »Plastigauge« Quetsch-Meßstreifen ab und legen Sie sie parallel zur Drehachse der Wellen auf jeden Lagerzapfen (siehe Abb.).

14 Setzen Sie die Paßhülsen ein (siehe Abb. 11.5b) und setzen Sie die Lagerschilder entsprechend ihren beim Ausbau notierten Positionen auf (siehe Abb. 11.4b). Nockenwellen keinesfalls drehen, alle Lagerschildschrauben Stück für Stück bis zum vorgeschriebenen Drehmoment anziehen.

15 Lösen Sie die Schrauben wieder Schritt für Schritt und heben Sie die Lagerschilder ab.

16 Um das Lagerspiel ermitteln zu können, müssen die gequetschten Plastikstreifen jedes Lagers an ihrer breitesten Stelle gemessen und mit der auf ihrer Verpackung gedruckten Skala verglichen werden (siehe Abb.). Vergleichen Sie die Ergebnisse mit den technischen Daten dieses Kapitels. Wenn das Lagerspiel größer als angegeben ist, müssen Sie den Durchmesser des Lagerzapfens der Nockenwelle mit einer Bügelmeßschraube nachmessen (siehe Abb.). Messen Sie nach der Montage der Lagerschilder ohne Nockenwellen deren Durchmesser mit einer Innenmeßschraube. Wenn eine Messung außerhalb des Toleranzbereichs liegt, sind Nockenwelle oder Zylinderkopf und Lagerschilder verschlissen und müssen ersetzt werden.

11.13 Plazieren Sie einen »Plastigauge«-Quetsch-Meßtreifen auf jedem Lagerzapfen.

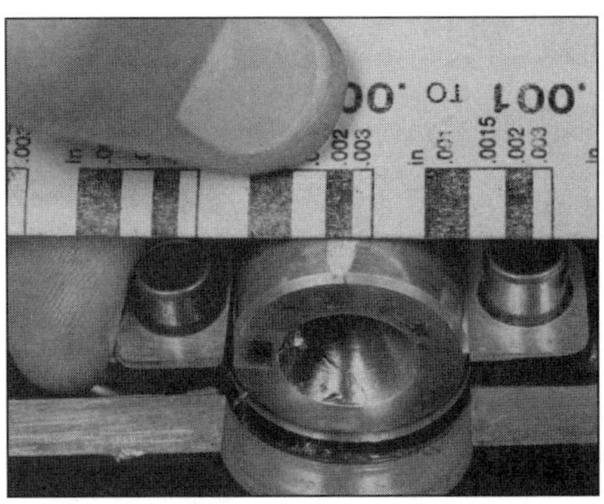

11.16a Messen Sie die Breite des gequetschten Plastikstreifens mit der mitgelieferten Skala und lesen Sie das Lagerspiel ab.

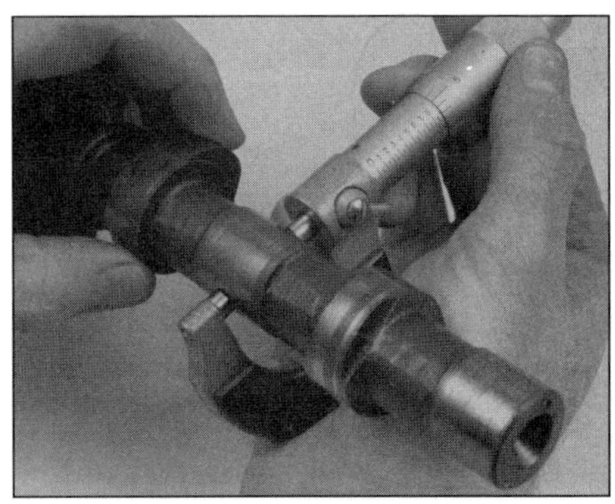

11.16b Messen Sie den Durchmesser der Lagerfläche mit einer Bügelmeßschraube.

Praxis TiP ***Vor dem Ersetzen des Zylinderkopfes, der Lagerschilder und der Nockenwelle durch Neuteile sollten Sie Motoreninstandsetzungsbetriebe konsultieren, die sich auf Motorradmotoren spezialisiert haben. Im Falle einer defekten Nockenwelle besteht die Möglichkeit des Aufschweißens von Material, das geglättet und gehärtet wird, zu einem Preis, der weit unter dem einer neuen Welle liegt. Wenn die Gleitlager-Oberflächen des Zylinderkopfes oder der Lagerschilder beschädigt sind, kann man eventuell das Lager aufbohren und Lagerschalen einsetzen. Verglichen mit den Kosten eines neuen Zylinderkopfes ist es sehr zu empfehlen, sich zu erkundigen, ob sich diese Arbeiten durchführen lassen.***

17 Außer im Falle von Ölmangel ist der Verschleiß der Steuerkette sehr gering. Wenn sie sich übermäßig gelängt hat, wird die Einhaltung der richtigen Spannung schwierig und sie muß ausgewechselt werden (s. Sekt. 10).

18 Kontrollieren Sie die Ritzel auf ausgebrochene Zähne und andere Beschädigungen. Beachten Sie, daß bei der Erneuerung der Kettenritzel auch die Steuerkette gewechselt werden muß. Wenn die Ritzel verschlissen sind, ist die Kette ebenfalls am Ende, genauso wie das Ritzel auf der Kurbelwelle (was jedoch nur zusammen mit der ganzen Kurbelwelle ersetzt werden kann). Wenn ein solch starker Verschleiß aufgetreten ist, muß der gesamte Motor zur Inspektion zerlegt werden.

11.23a Die Einlaßnockenwelle ist mit IN, die Auslaßnockenwelle mit EX markiert.

11.23b Das vordere Trum der Steuerkette muß stramm sein, wenn es auf die Nockenwelle gelegt wird.

19 Kontrollieren Sie die Gleitflächen der vorderen Führungsschiene, sowie bei den **1200er Modellen** die obere und hintere Kettenführung auf Verschleiß und Beschädigungen (siehe Sektion 9). Wenn ja, wird auch die Steuerkette verschlissen oder schlecht gespannt gewesen sein. Kontrollieren Sie die Funktion der Kettenspanner (siehe Sektion 9).

Einbau

20 Falls demontiert, setzen Sie die Ritzel auf die Nockenwellen, gehen Sie dabei sicher, daß die numerierte Seite beider Ritzel nach rechts (zu den Nuten) zeigen und die Nummern wie gezeigt liegen, wenn die Nuten zueinander zeigen (siehe Abb. 11.24). Schmieren Sie die Gewinde der Ritzelschrauben mit lösbarer Schraubensicherung ein, setzen Sie sie an und ziehen Sie sie mit dem in den technischen Daten am Anfang des Kapitels vorgeschriebenen Drehmoment an.

21 Montieren Sie die vordere Steuerkettenführung (siehe Sektion 9).

22 Gehen Sie sicher, daß alle Lageroberflächen im Zylinderkopf und auf den Nockenwellen sauber sind und benetzen Sie sie mit Molybdän-Paste.

23 Prüfen Sie, ob die Steuerkette richtig auf dem unteren Kurbelwellenritzel aufliegt und daß die Kurbelwelle in der Position steht wie in Schritt 2 beschrieben wurde. Montieren Sie die mit EX beschriftete Auslaßnockenwelle (siehe Abb.). Schieben Sie sie mit der Nut rechts nach hinten zeigend durch die Steuerkette hindurch an ihren Platz und drehen Sie sie mit der »1«-Markierung auf dem Ritzel nach vorne, so daß sie mit der Dichtfläche des Zylinderkopfes bündig ist und der mit der »2« markierte Pfeil gerade nach oben zeigt (siehe Abb. 11.24). Ziehen Sie das vordere Trum der Steuerkette stramm und legen Sie die Kette auf das Ritzel.

24 Beginnen Sie mit dem Kettenbolzen, der direkt über dem »2«-Pfeil der Auslaßnockenwelle liegt und zählen Sie 24 Bolzen nach hinten zur Einlaßseite ab (siehe Abb.). Ziehen Sie die Einlaß- (IN) Nockenwelle (siehe Abb. 11.23a) mit der Nut rechts durch die Steuerkette und drehen Sie sie, daß die Kette mit dem 24. Bolzen auf den Pfeil der »3« am Ritzel gelegt werden kann (siehe Abb.).

25 Bevor Sie weitermachen, sollte kontrolliert werden, ob alles so fluchtet, wie in Schritt 2, 23 und 24 beschrieben. Wenn nicht, stimmen die Steuerzeiten nicht und die Ventile berühren die Kolben, sobald man den Motor durchdreht.

26 Ölen Sie die Lagerschilder ein. Wenn die Paßhülsen eingebaut sind, können die Schilder aufgesetzt werden (siehe Abb. 11.5b und a). Gehen Sie sicher, daß sie sich alle in der richtigen (notierten) Position befinden (Schritt 4) (siehe Abb. 11.4b). Ziehen Sie die Befestigungsschrauben Stück für Stück in der Anzugs-Reihenfolge an, bis das vorgeschriebe-

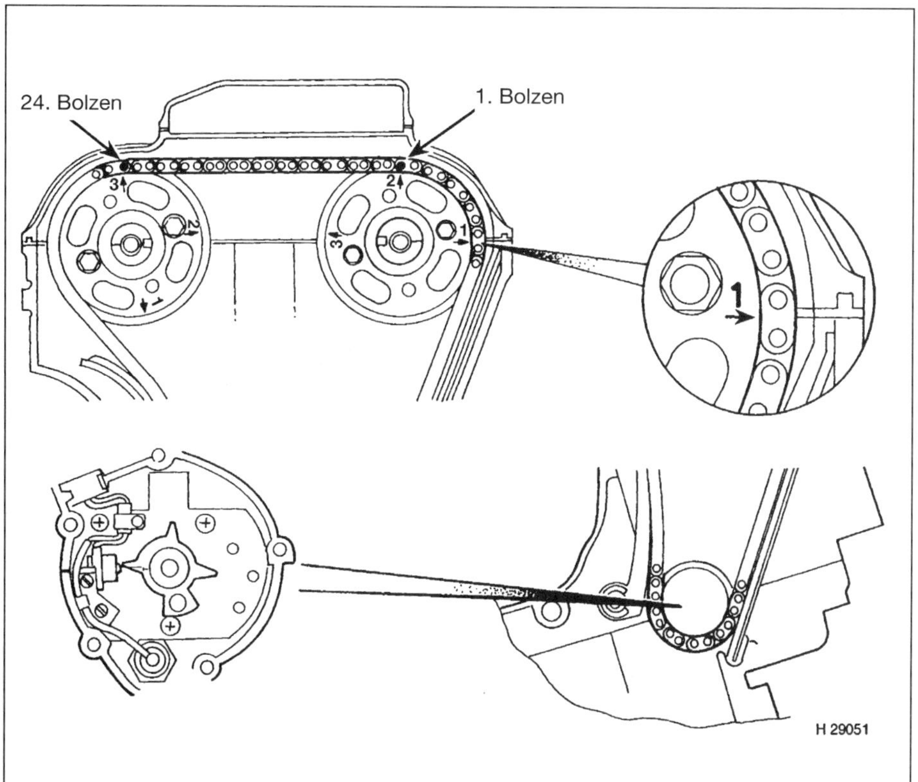

11.24 Markierungen für Ventilsteuerzeiten

2

11.26 Ziehen Sie die Lagerschildschrauben mit dem vorgeschriebenen Drehmoment an.

ne Drehmoment erreicht ist (siehe Abb.). Verfahren Sie bei beiden Nockenwellen so.

***Anmerkung**: Die Lagerschildschrauben haben eine hohe Festigkeit – verwenden Sie keine anderen Schrauben.*

27 Wenn alle Schrauben fest sind, kontrollieren Sie, ob die Ventilsteuermarkierungen immer noch stimmen (siehe Sektion 2, 23 und 24). Prüfen Sie durch Drehen der Kurbelwelle mit einem 19-mm-Schlüssel um wenige Grad in beide Richtungen, ob die Nockenwellen nicht klemmen.

Achtung: Wenn die Markierungen nicht wie beschrieben exakt übereinstimmen, sind die Steuerzeiten falsch, und die Ventile können die Kolben berühren, was zu schweren Motorschäden führt.

11.35a Drehen Sie eine M 8 Schraube in das Ende der Schwinghebel-Welle...

11.33 Entfernen Sie den Schwinghebelwellen-Stopfen...

28 Installieren Sie bei den **GSF 600 Modellen** die obere Steuerkettenführung (siehe Sektion 9).

29 Installieren Sie den Steuerkettenspanner (siehe Sektion 9).

30 Kontrollieren Sie das Ventilspiel (s. Kap. 1).

31 Alles wird in umgekehrter Reihenfolge der Demontage wieder zusammengebaut.

Schwinghebelwellen und Schwinghebel

Ausbau

32 Bauen Sie die Nockenwellen wie oben beschrieben aus.

33 Schrauben Sie einen Schwinghebelwellen-Stopfen aus dem Zylinderkopf (siehe Abb.). Ersetzen Sie die Dichtscheibe auf jeden Fall durch eine neue.

11.35b ...und ziehen Sie die Welle damit heraus.

11.34 ...und die Wellen-Sicherungsschraube.

34 Lösen Sie die Schwinghebelwellen-Sicherungsschraube (siehe Abb.).

35 Drehen Sie eine M 8 Schraube in das Ende der Welle und ziehen Sie sie damit heraus.

36 Nehmen Sie die Schwinghebel und die Federn unter Beachtung ihrer Einbaulage aus dem Zylinderkopf (siehe Abb. 11.40b und a).

37 Wiederholen Sie die obigen Schritte, um die anderen Schwinghebelwellen und Hebel auszubauen. Sorgen Sie dafür, daß die Teile beim Einbau nicht verwechselt werden.

Kontrolle

38 Reinigen Sie alle Bauteile mit Lösungsmittel und trocknen Sie sie – am besten mit Druckluft, die Sie auch durch die Ölkanäle der Schwinghebel blasen. Inspizieren Sie die Oberflächen der Hebel auf Ausbrüche, Splitter, Kerben und rauhe Stellen (siehe Abb.). Begutachten Sie besonders die Gleitflächen für die Nockenwelle und die Einstellschrauben. Achten Sie auf Brüche am Hebel. Wenn die Gleitfläche eines Hebels beschädigt ist, sollten Schwinghebel und Nockenwelle als Satz ausgewechselt werden.

39 Messen Sie den Durchmesser der Schwinghebelwellen in den Bereichen, auf denen sich die Schwinghebel bewegen und vergleichen Sie das Ergebnis mit den Werten in den technischen Daten. Messen Sie ebenfalls den Innendurchmesser der Schwinghebel (siehe Abb.) und vergleichen Sie auch diesen Wert mit den technischen Daten. Wenn

11.38 Inspizieren Sie den Schwinghebel, besonders die Gleitfläche, auf der die Nockenwelle läuft, auf Verschleiß.

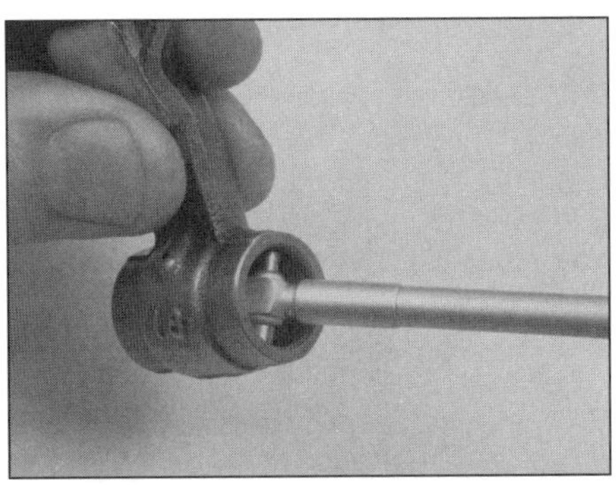

11.39a Messen Sie den Innendurchmesser – hier mit einer Innenmeßschraube...

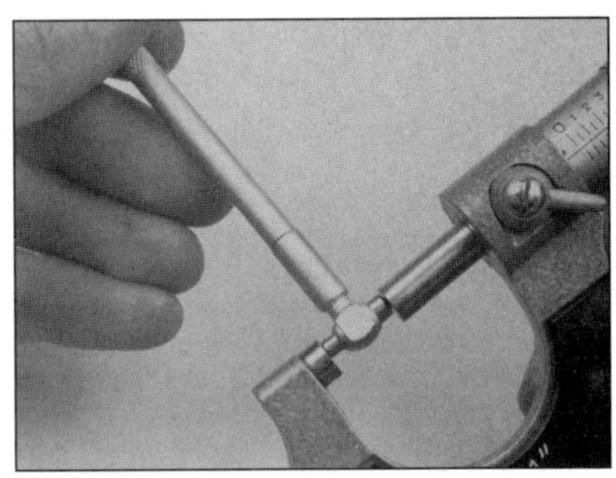

11.39b ...deren Ausdehnung mit einer Bügelmeßschraube ermittelt wird.

11.40a Setzen Sie die Feder nach außen...

11.40b ...und schieben Sie die Welle durch den in Position gehaltenen Schwinghebel.

11.41 Ziehen Sie die Schwinghebelwellen-Sicherungsschraube...

entweder die Welle oder ein Schwinghebel verschlissen ist, muß alles als Satz ausgewechselt werden.

Einbau

40 Schmieren Sie die Schwinghebelwelle mit Motoröl ein, halten Sie die Feder und den Schwinghebel – die Feder immer zum Motor-Äußeren zeigend – in Position, und schieben Sie die Welle durch alles hindurch in den Zylinderkopf (siehe Abb.).

41 Installieren Sie die Schwinghebelwellen-Sicherungsschraube und ziehen Sie sie mit dem vorgeschriebenen Drehmoment fest (siehe Abb.). Entfernen Sie die M 8 Schraube aus dem Ende der Welle.

42 Installieren Sie den Schwinghebelwellen-Stopfen mit einer neuen Dichtung und ziehen Sie ihn vorschriftsmäßig fest (siehe Abb.).

43 Montieren Sie die anderen Schwinghebel-Baugruppen. Installieren Sie die Nockenwellen, gehen Sie dabei nach der vorne in dieser Sektion beschriebenen Anleitung vor.

12 Zylinderkopf
Ausbau, Kontrolle und Einbau

Achtung: *Der Motor muß vor dieser Arbeit komplett abgekühlt sein, weil sonst die Gefahr besteht, daß sich der Zylinderkopf verziehen kann.*

11.42 ...und den Stopfen mit dem vorgeschriebenen Drehmoment fest.

Anmerkung: *Der Zylinderkopf kann bei im Rahmen befindlichem Motor ausgebaut werden. Wenn der Motor bereits ausgebaut ist, können die unnötigen Schritte ignoriert werden.*

Ausbau

1 Entfernen Sie die Vergaser (siehe Kapitel 3).
2 Entfernen Sie die Auspuffanlage (s. Kap. 3).
3 Entfernen Sie die Zündkerzen (s. Kap. 1).
4 Entfernen Sie die Nockenwellen (s. Sekt. 11).
5 Der Zylinderkopf der **GSF 600 Modelle** wird mit acht M 10-Hutmuttern mit Kupfer-Unterlegscheiben, vier M 10 Muttern mit Stahlscheiben und einer M 6-Schraube gehal-

12.5a Entfernen Sie die Zylinderkopfschraube (Pfeil).

ten. Lösen Sie die Schraube vorne am Zylinderkopf (siehe Abb.). Die acht Hutmuttern und vier Muttern sind zur Identifikation numeriert (siehe Abb.). Lösen Sie die Schrauben Stück für Stück **in Gegenrichtung der Numerierung,** bis alle locker sind. Entfernen Sie alle Muttern und Unterlegscheiben, passen Sie dabei auf, daß nichts in das Kurbelgehäuse fällt. Merken Sie sich, welcher Muttern- und Scheiben-Typ auf welchen Stehbolzen gehört.

6 Der Zylinderkopf der **GSF 1200 Modelle** wird mit vier M 10-Hutmuttern und vier normalen M 10 Muttern mit Kupfer-Unterlegscheiben und einer gemeinsamen Platte, so-

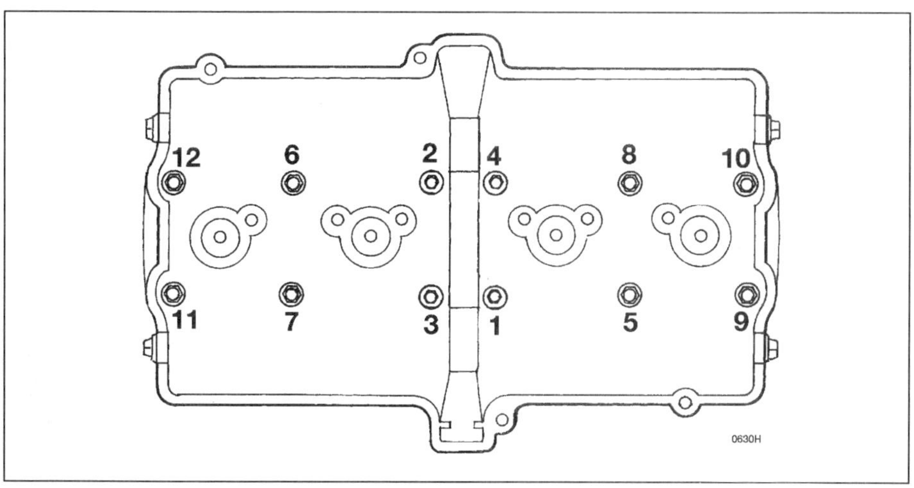

12.5b Zylinderkopf-Muttern-ANZUGSREIHENFOLGE

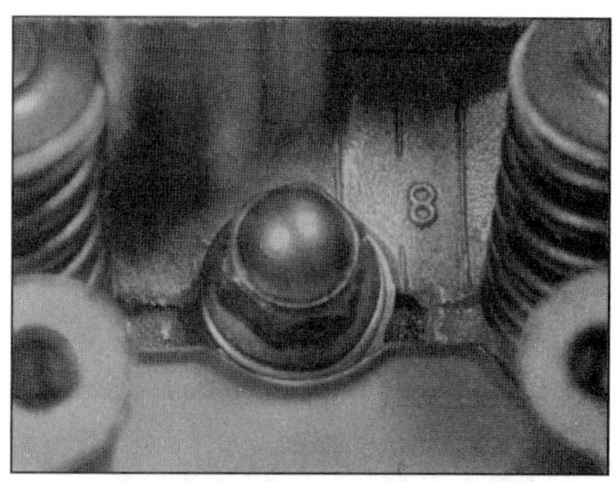

12.5c Die Zylinderkopfmuttern-Anzugsreihenfolge ist in der Nähe der Muttern eingegossen – gelöst werden die Muttern von der höchsten Zahl an.

12.6 Heben Sie die Zylinderkopf-Platte ab, wenn die Muttern entfernt sind.

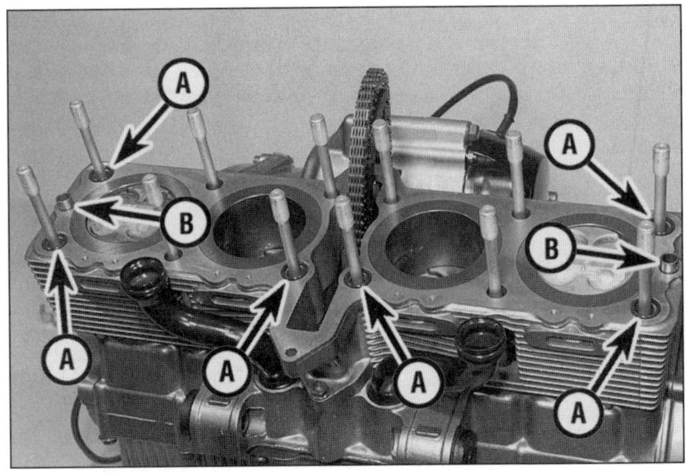

12.8 Entfernen Sie die Stehbolzen-O-Ringe (A) und die Paßhülsen (B), falls sie locker sind.

wie vier M 10 Muttern mit Stahlscheiben und einer M 6-Schraube gehalten. Lösen Sie die Schraube vorne am Zylinderkopf (siehe Abb. 12.5a). Die vier Hutmuttern und acht Muttern sind zur Identifikation numeriert (siehe Abb. 12.b und c). Lösen Sie sie Stück für Stück **in Gegenrichtung der Numerierung,** bis alle locker sind. Entfernen Sie alle Muttern und Unterlegscheiben sowie die Schrauben, passen Sie dabei auf, daß nichts in das Kurbelgehäuse fällt. Merken Sie sich, welcher Muttern- und Scheiben-Typ auf welchen Stehbolzen gehört. Entfernen Sie ebenfalls die Platte in der Mitte des Zylinderkopfes (siehe Abb.).

12.10 Entfernen Sie den O-Ring von den Öl-Rücklaufrohren.

7 Ziehen Sie den Zylinderkopf über die Stehbolzen. Wenn er sich nicht vom Zylinderblock löst, muß er mit einem weichen Holz- oder Gummihammer rundherum leicht losgeklopft werden. Benutzen Sie nie einen Schraubendreher zum Abheben, die Dichtflächen des Kopfes und des Zylinderblocks würden dabei zerstört werden.

8 Heben Sie den Zylinderkopf ab und lassen sie die Steuerkette durch den Tunnel gleiten, sie darf dabei nicht in den Motorblock fallen. Sichern Sie sie mit einem Stück Draht oder einer Metallstange davor. Entfernen Sie die alte Zylinderkopfdichtung, und die um die äußeren und die vorne mittigen Stehbolzen liegenden O-Ringe (siehe Abb.). Stopfen Sie einen sauberen Lappen in den Steuerkettenschacht, um Eindringen von Schmutz zu vermeiden. Die Kopfdichtung und die O-Ringe müssen beim Zusammenbau durch Neuteile ersetzt werden.

9 Entfernen Sie die beiden Paßhülsen – falls sie lose sind – von den Enden des Zylinderblocks (siehe Abb. 12.8). Wenn sie dort nicht zu finden sind, stecken sie unten im Zylinderkopf.

10 Entfernen Sie die O-Ringe oben von den Öl-Rücklaufrohren und ersetzen Sie sie beim Zusammenbau auf jeden Fall durch neue.

11 Kontrollieren Sie die Zylinderkopfdichtung und die Dichtfläche des Kopfes auf Anzeichen von Undichtigkeit, die ein Indiz für Verzug sein könnte. Wechseln Sie zu Sektion 14, untersuchen Sie den Zylinderkopf auf Verzug.

12 Entfernen Sie alle Reste alten Dichtmaterials vom Block und Kopf. Wenn Sie einen Schaber benutzen, achten Sie darauf, das weiche Aluminium nicht zu zerkratzen. Passen Sie auf, daß kein Dichtmaterial in das Kurbelgehäuse, die Zylinder oder die Ölbohrungen fällt.

Einbau

13 Falls entfernt, setzen Sie die beiden Paßhülsen in den Zylinderblock (siehe Abb. 12.8). Benetzen Sie die Zylinderbohrungen mit Motoröl.

14 Legen Sie neue O-Ringe um die vier äußeren und die zwei vorderen mittleren Stehbolzen (siehe Abb.) und drücken Sie sie in die Vertiefungen der Zylinderblock-Dichtfläche. Gehen Sie sicher, daß sie ordentlich sitzen.

15 Legen Sie neue O-Ringe auf die beiden Öl-Rücklaufrohre (siehe Abb. 12.10) und schmieren Sie sie mit Fett ein.

16 Wenn die Dichtflächen des Kopfes und

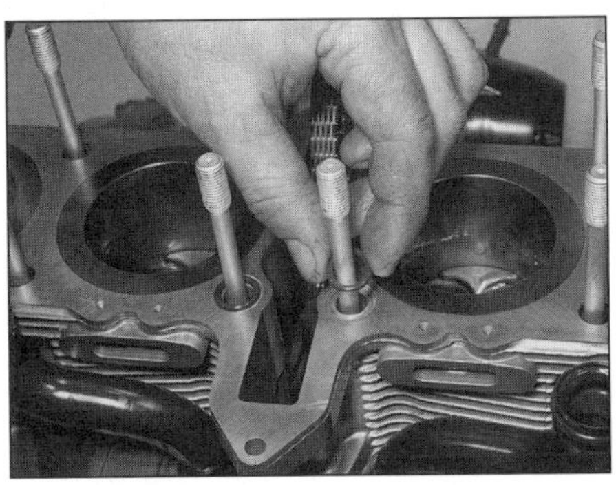

12.14 Legen Sie um die zwei vorderen mittleren und die vier äußeren Stehbolzen neue O-Ringe.

12.16a Legen Sie eine neue Zylinderkopfdichtung auf, ...

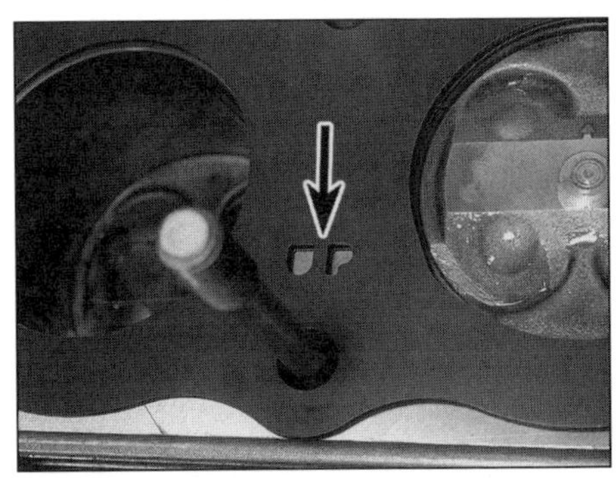

12.16b ...stellen Sie sicher, daß die UP-Markierung richtig zu lesen ist.

12.17a Senken Sie den Zylinderkopf auf den Block,...

12.17b ...gehen Sie sicher, daß die Rücklaufrohre korrekt in ihre Bohrungen im Kopf einrasten.

des Blocks sauber sind, legen Sie eine neue Zylinderkopfdichtung auf den Block. Überprüfen Sie, ob alle Bohrungen korrekt fluchten und das Wort UP richtig zu lesen ist (siehe Abb.). Benutzen Sie die alte Kopfdichtung nie ein zweites Mal.

17 Senken Sie vorsichtig den Zylinderkopf über die Stehbolzen auf den Block (siehe Abb.). Es ist hilfreich, einen Assistenten mit der Durchführung der Steuerkette durch den Kettenschacht zu beauftragen, der diese anschließend mit Draht vor dem Zurückfallen in den Motor sichern kann. Die Kette sollte immer stramm gehalten werden, um ein Abspringen vom Kurbelwellenritzel und Verklemmen zu vermeiden.

18 Setzen Sie bei den **600er Modellen** die acht M 10 Hutmuttern mit ihren Kupferscheiben und die vier M 10 Muttern mit den Stahlscheiben auf und ziehen Sie sie handfest an (siehe Abb.). Die Muttern werden in der angegebenen Reihenfolge (siehe Abb. 12.5b) Stück für Stück mit dem vorgeschriebenen Drehmoment angezogen (siehe Abb.).

19 Setzen Sie bei den **1200er Modellen** die Zylinderkopf-Platte und Muttern an und ziehen Sie sie handfest. In der angegebenen Reihenfolge (siehe Abb. 12.5b) Stück für

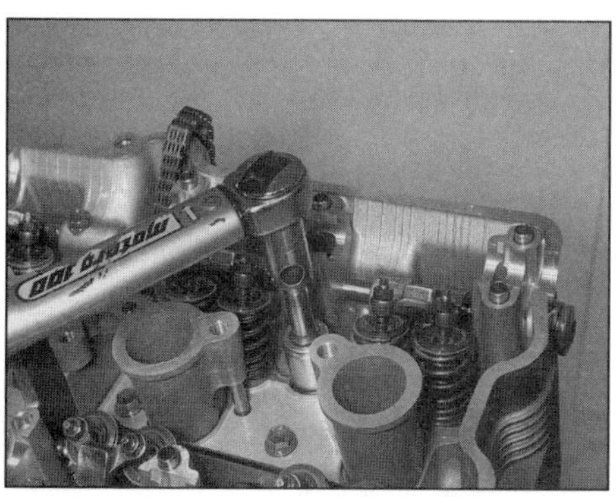

12.18b Ziehen Sie die Zylinderkopfmuttern in der richtigen Reihenfolge mit dem vorgeschriebenen Drehmoment fest.

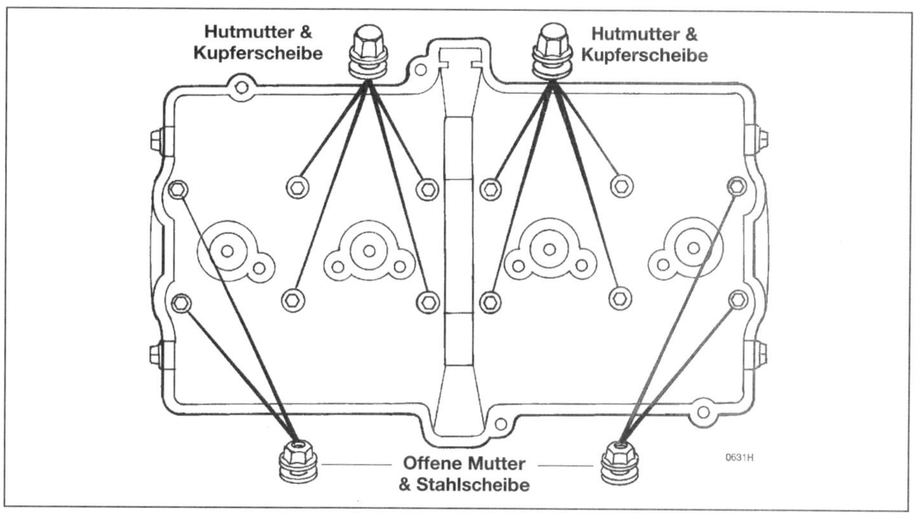

12.18a Zylinderkopf-Muttern und Scheiben – 600er Modelle

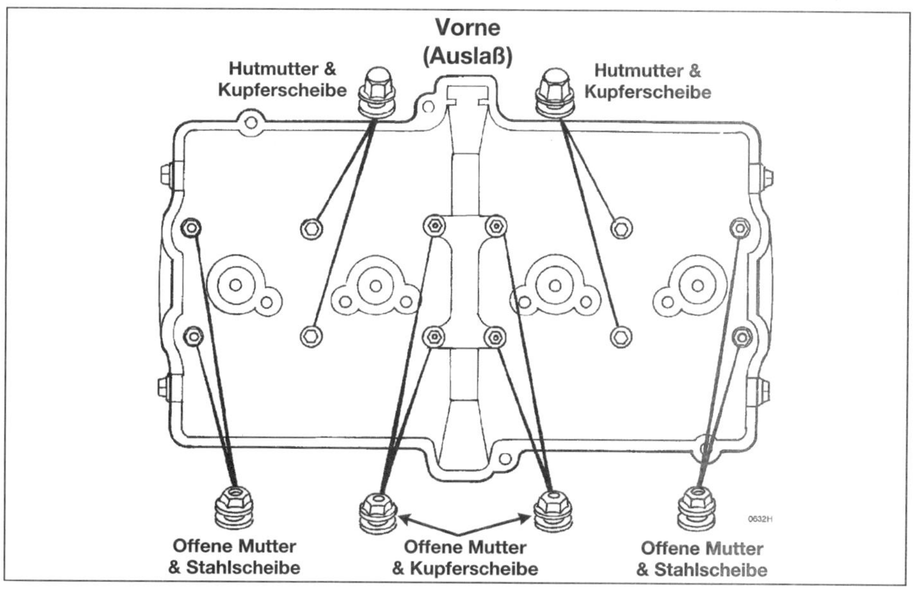

12.19 Zylinderkopf-Muttern und Scheiben – 1200er Modelle

2

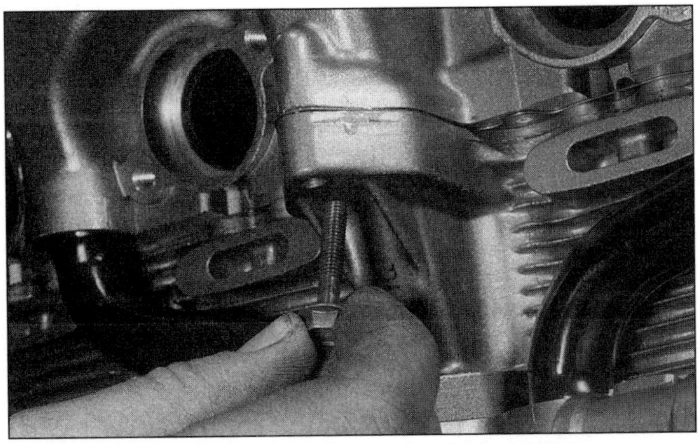

12.20a Setzen Sie die vordere Zylinderkopfschraube ein...

12.20b ...und ziehen Sie sie vorschriftsmäßig fest.

Stück mit dem vorgeschriebenen Drehmoment anziehen (siehe Abb. 12.18b).

20 Wenn die Muttern korrekt festgezogen sind, wird die Schraube vorne von unten in den Zylinderkopf gedreht und mit dem vorgeschriebenen Drehmoment angezogen (siehe Abb.).

21 Bauen Sie die Nockenwellen ein (s. Sektion 11) und den Ventildeckel an (s. Sektion 8).

22 Schrauben Sie die Zündkerzen ein (s. Kap. 1).

23 Installieren Sie die Auspuffanlage (siehe Kapitel 3).

24 Bauen Sie die Vergaser an (siehe Kap. 3).

13 Ventile/Ventilsitze/ Ventilführungen
Überholung

1 Aufgrund der Komplexität dieser Arbeit und der notwendigen Werkzeuge und Ausrüstungen müssen die meisten Motorradbesitzer Arbeiten an den Ventilen, Ventilsitzen und Ventilführungen einer professionellen Werkstatt überlassen.

2 Der Hobbymechaniker kann jedoch schon die Ventile ausbauen und die Bauteile reinigen und auf Verschleiß kontrollieren sowie begutachten, ob eine Überholung nötig ist (siehe Sektion 14).

3 Die Werkstatt wird die Ventile und Federn ausbauen, die Ventile und Ventilsitze überarbeiten oder austauschen, die Ventilführungen erneuern, die Ventilfedern, Keile und Federteller kontrollieren und nötigenfalls ersetzen, die Ventilschaftdichtungen austauschen und alles wieder montieren. ***Anmerkung**: Suzuki empfiehlt, die Ventile nicht sofort nach einer Überholung einzuschleifen. Der Ventilsitzring muß weich und unpoliert sein, bis sich nach dem ersten Motorlauf alles endgültig gesetzt hat.*

4 Nach erfolgter Ventilüberholung ist der Zylinderkopf in einem neuwertigen Zustand. Wenn Sie den Kopf zurückerhalten, sollten Sie ihn vor dem Einbau sorgfältig reinigen und von Metallspäne und Schleifmittelresten befreien, die von der Überholung stammen können. Wenn möglich, sollten alle Löcher und Kanäle mit Druckluft ausgeblasen werden.

14 Zylinderkopf und Ventile
Zerlegung, Kontrolle und Zusammenbau

1 Wie schon in der vorherigen Sektion erwähnt, sind das Überholen des Ventiltriebs, Ventilsitz-Fräsen und Austauschen der Führungen eine Arbeit für die Profi-Werkstatt. Jedoch kann auch der Hobbyschrauber eine Zerlegung, Reinigung und Inspektion vornehmen.

2 Um sicherzustellen, daß beim Ausbau der Ventile keine Teile beschädigt werden, ist eine Ventilfederpresse absolut notwendig.

Demontage

3 Vor Arbeitsbeginn sollte sichergestellt sein, daß die Ventile und ihre zugehörigen Bauteile so gelagert werden, daß später jedes Teil wieder genau an seinen Platz im Zylinderkopf gebaut werden kann (siehe Abb.). Eine Möglichkeit ist die Beschaffung eines Behälters mit sechzehn Fächern, die für jedes Ventil beschriftet werden. Alternativ tun es auch beschriftete Plastikbeutel.

4 Entfernen Sie die Schwinghebelwellen und die Schwinghebel (siehe Sektion 11).

5 Falls noch nicht geschehen, muß der Zylinderkopf von allen Resten alter Dichtungen befreit werden. Wenn ein Schaber benutzt wird, darauf achten, daß das weiche Aluminium nicht zerkratzt oder abgehobelt wird.

14.6a Die Federpresse muß korrekt auf der Feder...

6 Drücken Sie die Federn des ersten Ventils mit der Federpresse zusammen, achten Sie darauf, daß sie richtig sitzt (siehe Abb.), pressen Sie die Federn nicht mehr als nötig. Entfernen Sie die Keile (siehe Abb.), lösen Sie vorsichtig die Federpresse und entfernen Sie

Praxis TiP ***Wechseln Sie zu den Werkzeug- und Werkstatt-Tips im Anhang, um mehr über Dichtungs-Entfernen zu erfahren.***

den Federteller – merken Sie sich die Einbaulage, die Federn und das Ventil vom Zylinderkopf (siehe Abb. 14.27c). Wenn das Ventil in der Führung klemmt, drücken Sie es zurück und entgraten Sie den Bereich um die Keilnut mit einer sehr feinen Feile oder einem Naßschleifstein (siehe Abb.).

(Im Fachhandel gibt es arbeitserleichternde Dichtungsentferner-Flüssigkeit. Schaben Sie alle Kohleablagerungen aus dem Brennraum. Wenn das Gröbste entfernt ist, kann mit einer Hand-Drahtbürste (nicht zu hart) oder Schmiergelleinen gearbeitet werden. Benutzen Sie keinen Drahtbürstenaufsatz für die Bohrmaschine, weil damit das relativ weiche Aluminium schnell beschädigt werden kann.)

7 Wiederholen Sie die Prozedur an den folgenden Ventilen und achten Sie darauf, daß

14.6b ...und dem Ventilteller sitzen. Achten Sie darauf, nicht das weiche Aluminium des Kopfes zu beschädigen.

14.6c Entfernen Sie die Keile mit Spitzzange/Pinzette, einem Magneten oder einem mit Fett bestrichenen Schraubendreher.

die Einzelteile wieder dem entsprechenden Kanal im Zylinderkopf zugeordnet werden.

8 Wenn die Ventile ausgebaut und gekennzeichnet sind, ziehen Sie mit einer Zange die Ventilschaftdichtungen von den Ventilführungen und entsorgen Sie sie (alte Dichtungen sollten niemals wiederverwendet werden), nehmen Sie dann die Federsitze ab und merken Sie sich die Einbaulage (siehe Abb. 14.28b und a). Bei den **GSF 1200 Modellen** müssen auch die nur an den Auslaßventilen verwendeten äußeren Federsitze entfernt werden. Die bei allen Modellen über den Auslaßventilführungen liegenden zwei Metallstreifen werden ebenfalls entfernt (s. Abb. 14.27)

9 Als nächstes wird der Zylinderkopf mit Lösemittel gereinigt und sorgfältig getrocknet. Druckluft beschleunigt die Trocknung und sorgt dafür, daß alle Löcher und Ecken sauber werden.

10 Reinigen Sie alle Ventilfedern, Keile, Federteller und -sitze mit Lösemittel und trocknen Sie sie sorgfältig. Reinigen Sie immer nur die Teile eines Ventils zur Zeit, um Verwechslung zu vermeiden.

11 Schaben Sie alle Kohleablagerungen von den Ventilen, reinigen Sie Ventilteller und Schaft anschließend mit einem Drahtbürstenaufsatz für die Bohrmaschine. Die Ventile dürfen nicht durcheinander geraten.

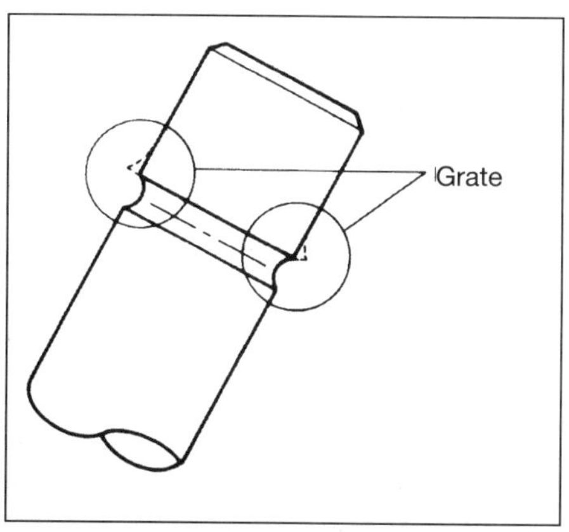

14.6e Wenn sich der Ventilschaft nicht durch die Führung ziehen läßt, entfernen Sie alle Grate an den Keilnuten.

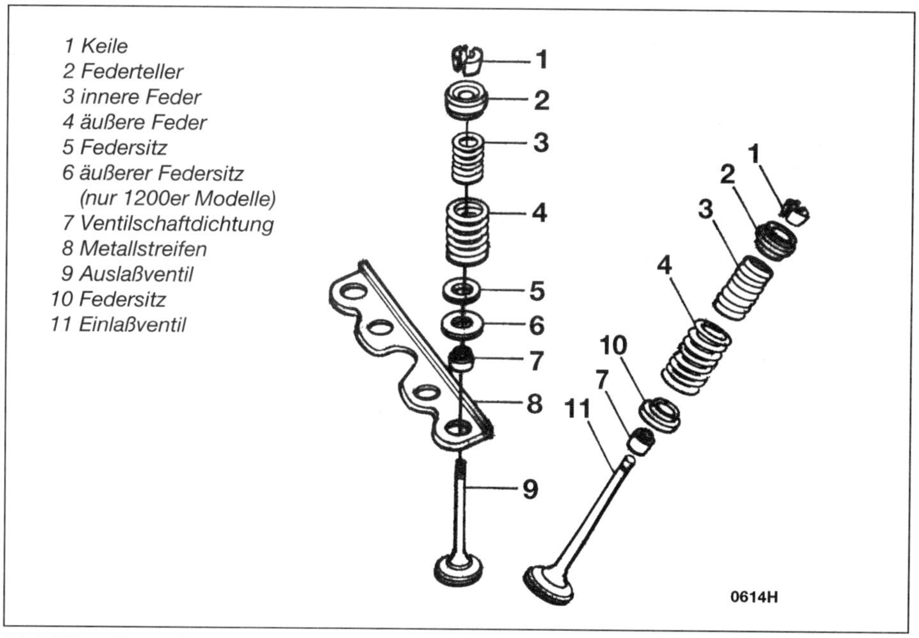

14.6d Ventilbauteile

Kontrolle

12 Inspizieren Sie den Zylinderkopf sorgfältig auf Risse und andere Beschädigungen. Wenn Risse festgestellt werden, muß der Zylinderkopf ausgetauscht werden. Kontrollieren Sie die Oberflächen der Nockenwellenlager auf Verschleiß und Klemmspuren, begutachten Sie ebenso die Nockenwellen und Schwinghebel auf Verschleiß (siehe Sektion 11).

13 Mit einem Präzisions-Richtwinkel und einer Fühlerlehre, die im Wert dem maximalen Verzug entspricht, der in den technischen Daten am Anfang des Kapitels angegeben ist, wird die Dichtfläche des Zylinderkopfes vermessen. Wechseln Sie zu Werkzeug und Werkstatt-Tips im Anhang, um genaue Angaben zur Messung des Zylinderkopf-Verzugs zu erhalten. Wenn der Zylinderkopf verzogen ist, muß er, falls möglich, geplant werden. Bei zu großem Verzug ist er durch einen neuen zu ersetzen.

14 Begutachten Sie die Ventilsitze im Brennraum. Wenn sie Ausbrüche, Risse oder Verbrennungen zeigen, übersteigt die notwendige Arbeit die Möglichkeiten eines Hobbyschraubers. Messen Sie die Breite des Ventilsitzes und vergleichen Sie den Wert mit den Angaben in den technischen Daten (siehe Abb.). Wenn er die Verschleißgrenze überschritten hat oder ungleichmäßig breit ist, wird eine Ventilüberholung nötig. Wenn möglich, benutzen Sie »Preußisch Blau«, um den genauen Ventilsitzverschleiß zu ermitteln. Bedecken Sie den Sitz gleichmäßig damit, installieren Sie das Ventil und drehen Sie es mit einem Einschleif-Werkzeug hin und her. Entfernen Sie das Ventil und kontrollieren Sie, ob der blaue Ring am Ventil gleichmäßig und wie vorgeschrieben dick ist.

15 Reinigen Sie die Ventilführungen und entfernen Sie die Ölkohle, schieben Sie das Ventil so weit in die Führung, bis der Teller 10 mm über dem Sitz steht. Montieren Sie eine Meßuhr gegen die Seite des Tellers so nahe wie möglich am Zylinderkopf und messen Sie

14.14 Messen Sie die Ventilsitzbreite mit einem Lineal (benutzen Sie für größere Genauigkeit einen Meßschieber).

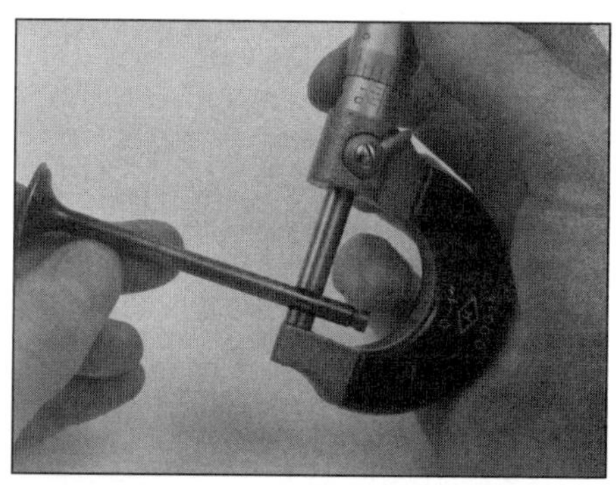

14.15a Messen Sie den Ventilschaftdurchmesser mit einer Bügelmeßschraube.

14.15b Setzen Sie ein Innen-Feinmeßgerät in die Ventilführung und stellen Sie es so ein, daß es mit leichtem Druck herauszuziehen ist.

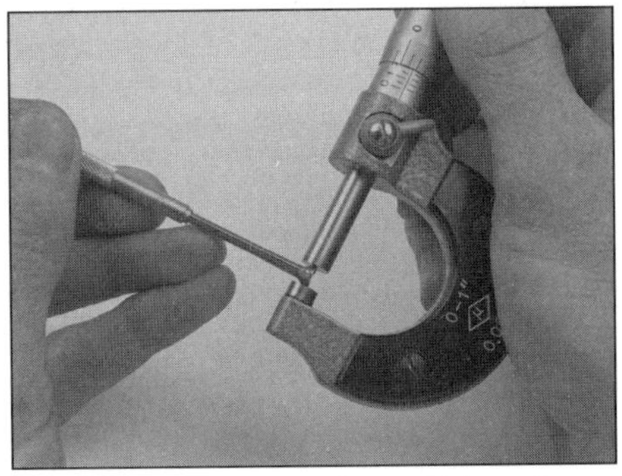

14.15c Messen Sie das Innen-Feinmeßgerät mit einer Bügelmeßschraube.

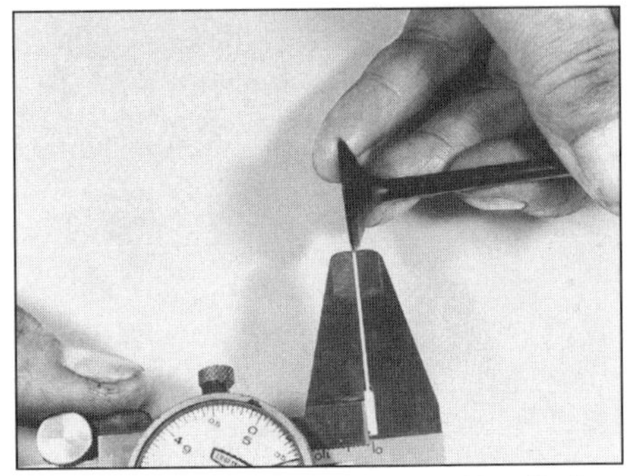

14.16 Messen Sie die Dicke des Ventiltellers wie gezeigt.

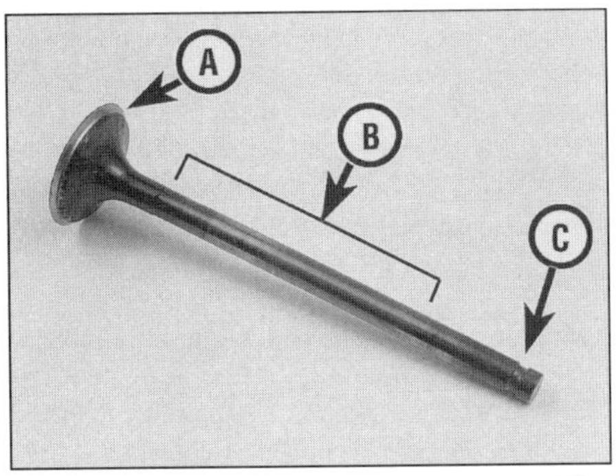

14.17 Kontrollieren Sie den Ventilteller (A), den Schaft (B) und die Keilnut (C) auf Anzeichen von Verschleiß und Beschädigung.

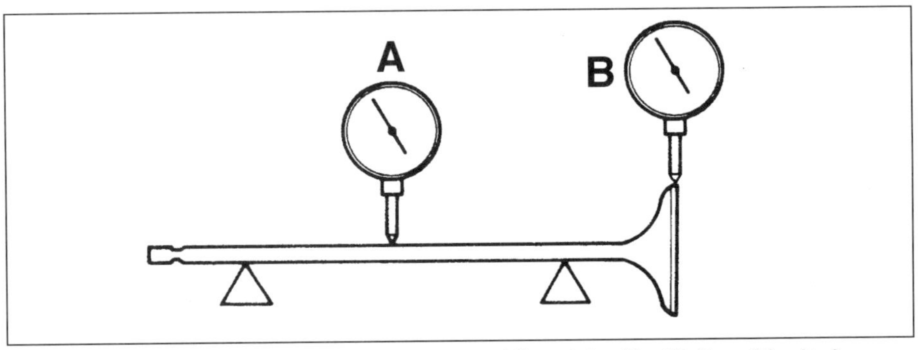

14.18 Messen Sie den Verzug des Ventilschaftes (A) und des Ventiltellers (B) mit einer Mikrometerschraube.

das seitliche Spiel (Flattern) zwischen Ventilschaft und Führung in zwei verschiedenen Richtungen. Wenn das Spiel die Toleranzgrenze überschreitet, ziehen Sie das Ventil heraus und messen Sie den Ventilschaftdurchmesser (siehe Abb.).

Messen Sie ebenfalls den Innendurchmesser der Führung (an beiden Enden und der Mitte) mit einem Innen-Feinmeßgerät und einer Mikrometerschraube (siehe Abb.). Die Führung ist an den Enden und in der Mitte zu messen, um festzustellen, ob sie glockenförmig ausgeschlagen ist (mehr Verschleiß an den Enden hat). Wenn der Ventilschaft oder die Führung über ihr Limit verschlissen sind, muß ausgewechselt werden.

16 Kontrollieren Sie sorgfältig die Dichtflächen jedes Ventiltellers auf Risse, Löcher und Brandspuren. Messen Sie die Breite der Dichtfläche und vergleichen Sie den Wert mit den technischen Daten (siehe Abb.). Wenn die Verschleißgrenze überschritten ist oder die Breite am Umfang variiert, ist eine Ventilüberholung fällig.

17 Kontrollieren Sie den Ventilschaft und die Keilnuten auf Brüche (siehe Abb.). Drehen Sie das Ventil und achten Sie auf Anzeichen von Krümmung. Checken Sie die Ventilschaft-Enden auf Löcher und übermäßigen Verschleiß. Eines der oben beschriebenen Anzeichen ist ein klarer Hinweis auf eine Ventilüberholung.

18 Mit einem Bock und einer Meßuhr wird der Rundlauf des Ventilschafts und des Tellers gemessen (siehe Abb.); liegt der gemessene Verzug des Ventils höher als die in den technischen Daten angegebene Toleranzgrenze, muß es ausgewechselt werden.

19 Kontrollieren Sie die Enden der Ventilfedern auf Verschleiß und Narben. Messen Sie die freie Länge der Federn und vergleichen Sie sie mit den Angaben in den Technischen Daten (siehe Abb.). Ist eine Feder kürzer, so ist sie erlahmt und muß ersetzt werden. Stellen Sie die Feder auf eine ebene Oberfläche und kontrollieren Sie sie mit Hilfe eines Winkels auf Krümmung (siehe Abb.). Wenn sie stark verbogen ist, muß sie ersetzt werden.

Die Federspannung sollte ebenfalls kontrolliert werden. Ermitteln Sie hierzu das Gewicht, das nötig ist, um die Feder auf die in den technischen Daten angegebene Länge zu pressen. Wenn die Feder sich bereits mit weniger Gewicht zusammenpressen läßt, muß sie ausgewechselt werden.

20 Kontrollieren Sie die Federteller und Keile auf sichtbaren Verschleiß und Brüche. Alle fraglichen Teile sollten nicht wiederverwendet werden, da bei ihrem Ausfall im Motorbetrieb sehr großer Schaden entstehen kann.

21 Wenn die Inspektion erkennen läßt, daß keine Überholung notwendig ist, können die Bauteile des Ventiltriebs wieder in den Zylinderkopf installiert werden.

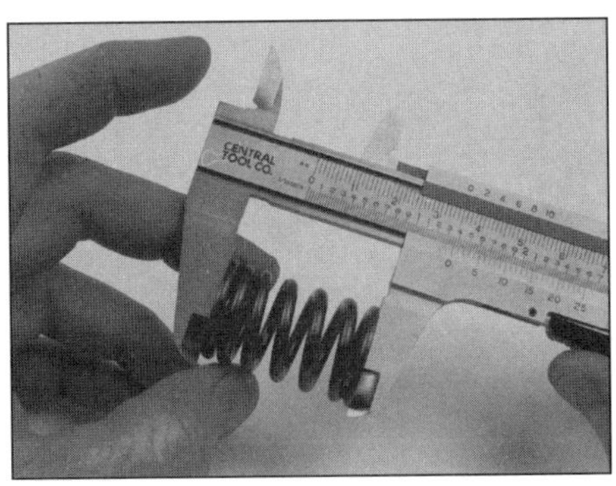

14.19a Messen Sie die freie Länge der Ventilfedern.

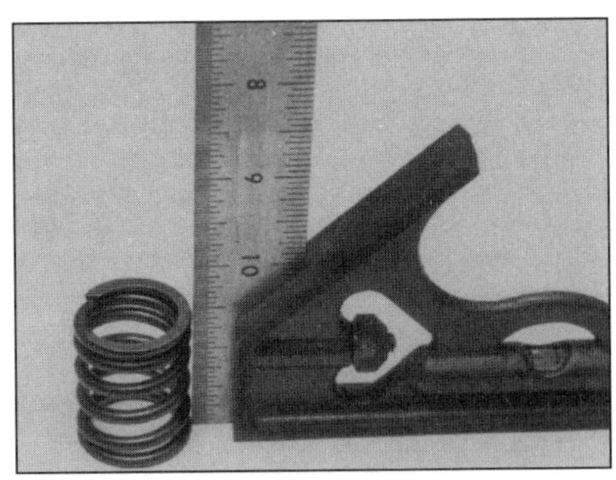

14.19b Kontrollieren Sie die Ventilfedern auf Verzug.

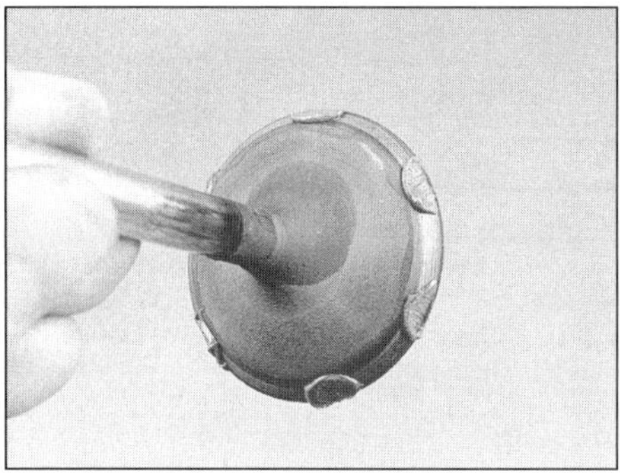

14.23 Geben Sie sparsam und gut verteilt Schleifpaste auf die Dichtflächen, nicht auf den Schaft.

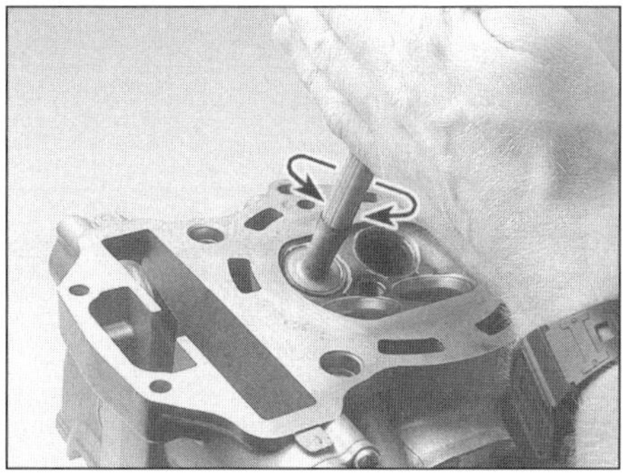

14.24a Bewegen Sie den Ventildreher zwischen den Handflächen hin und her.

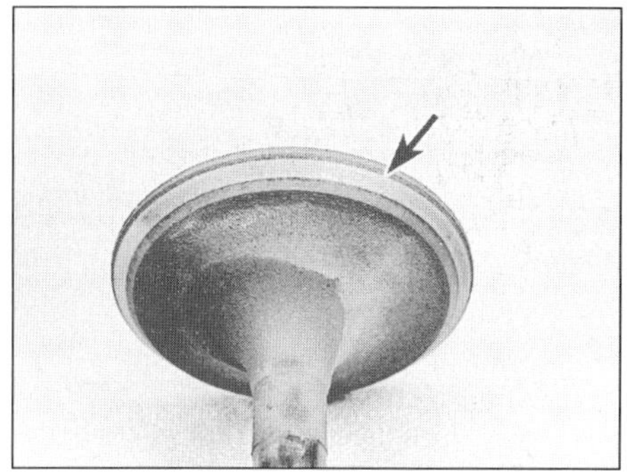

14.24b Ventilteller und Ventilsitz sollten die vorgegebene Sitzbreite gleichmäßig und ununterbrochenen aufweisen (Pfeil).

Montage

22 Unabhängig von einer vorangegangenen Ventilüberholung sollten die Ventile vor dem Einbau in den Kopf eingeschliffen (geläppt) werden, um die Dichtigkeit sicherzustellen.
Für diese Arbeit benötigt man grobe und feine Ventilschleifpaste sowie einen Ventildreher. Wenn dieses Werkzeug nicht zur Hand ist, kann auch ein Stück Gummi- oder Plastikschlauch über den Ventilschaft geschoben (nachdem das Ventil in die Führung gesteckt wurde) und damit das Ventil gedreht werden. ***Anmerkung**: Suzuki empfiehlt, die Ventile nicht sofort nach einer Überholung einzuschleifen. Der Ventilsitzring muß weich und unpoliert sein, bis sich nach dem ersten Motorlauf alles endgültig gesetzt hat.*
23 Geben Sie etwas von der groben Schleifpaste auf die Ventildichtfläche und stecken Sie das Ventil in die Führung (siehe Abb.). **Anmerkung**: *Gehen Sie sicher, daß das Ventil in der richtigen Führung steckt und daß keine Schleifpaste an den Ventilschaft gerät.*
24 Befestigen Sie den Ventildreher (oder den Schlauch) am Ventil und drehen Sie ihn zwischen den Handflächen. Hin- und herdrehen ist dem Drehen in einer Richtung vorzuziehen (siehe Abb.). Heben Sie das Ventil regelmäßig vom Sitz und verteilen Sie die Paste ordentlich. Setzen Sie das Schleifen solange fort, bis die Dichtflächen am Ventil und am Sitz eine gleichmäßige Breite und keine Unterbrechungen haben (siehe Abb.).
25 Ziehen Sie vorsichtig das Ventil aus der Führung und wischen Sie alle Schleifpasten-Reste ab. Reinigen Sie das Ventil mit Lösemittel und wischen Sie es sorgfältig mit einem lösemittelgetränkten Tuch ab.
26 Arbeitsgang mit Feinschleifpaste wiederholen, verfahren Sie mit den anderen Ventilen genauso.
27 Legen Sie zunächst die Metallstreifen über die Führungen der Auslaßventile, bei den **1200er Modellen** werden dann die äußeren Federsitze darüber gelegt (siehe Abb.).
28 Legen Sie die Federsitze an ihren Platz im Zylinderkopf. Der Bund muß nach oben zeigen und in die Feder greifen können (der Federsitz kann vom Federteller durch seinen größeren Innendurchmesser unterschieden werden – vertauschen Sie sie nicht!), drücken Sie anschließend mit Hilfe eines richtig dimensionierten Ringes die neuen Ventilschaftdichtungen auf die Führungen (siehe Abb.), bis sie am richtigen Platz eingerastet sind. Spannen oder Drehen der Kappe sollte unterbleiben, da sonst die Abdichtung gegen den Ventilschaft beeinträchtigt werden kann. Ebenfalls nicht mehr demontieren, da sie davon beschädigt werden können.
29 Fetten Sie die Ventilschäfte mit Molybdän-

14.27 Der Metallstreifen (Pfeil) wird über die Auslaßventilführungen gelegt, dann folgt der äußere Federsitz.

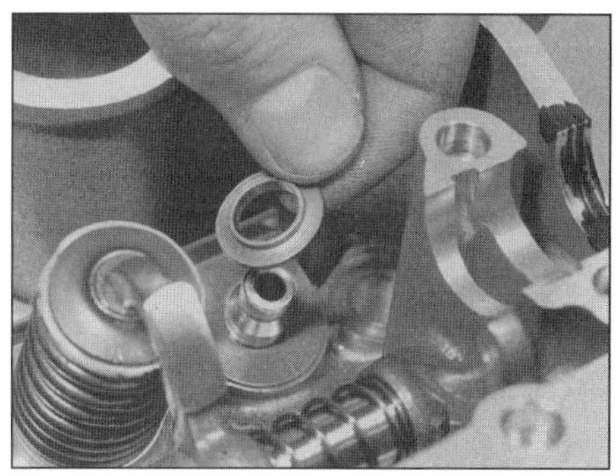

14.28a Installieren Sie den Federsitz.

2

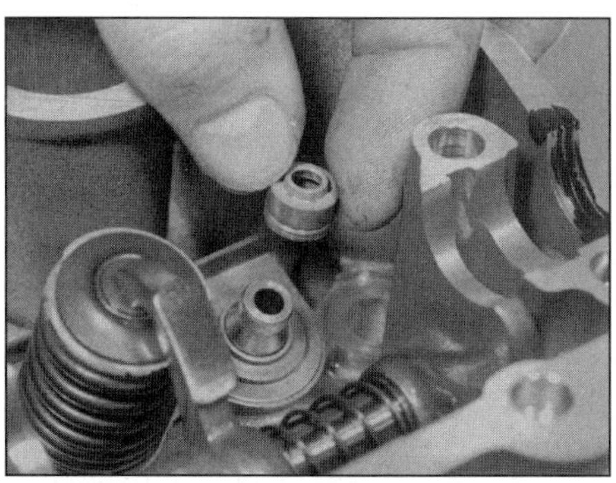

14.28b Setzen Sie die Ventilschaftdichtung auf die Ventilführung.

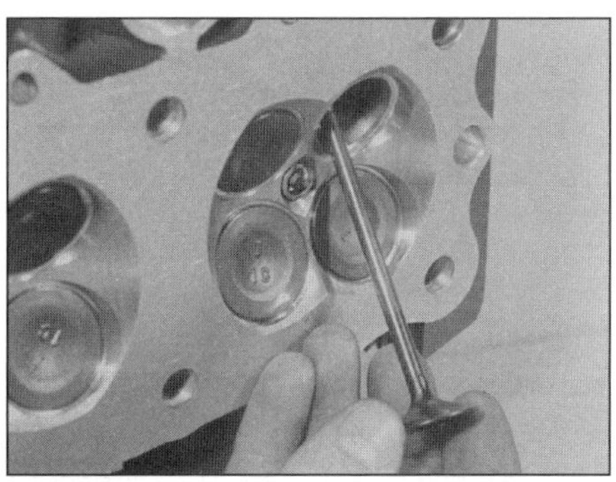

14.29a Fetten Sie den Ventilschaft mit Molybdänfett ein und schieben Sie das Ventil in die Führung.

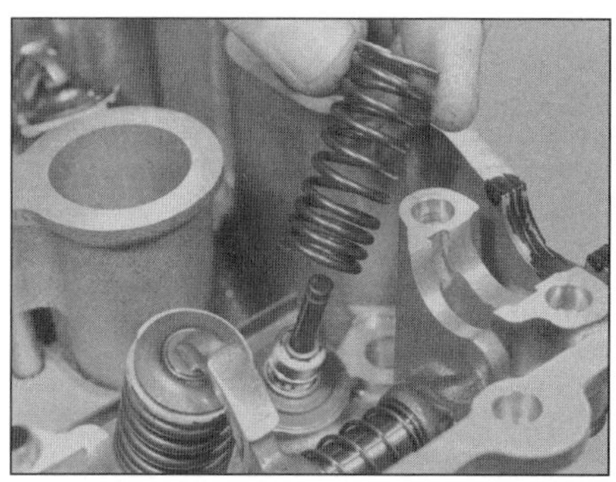

14.29b Montieren Sie die innere Feder mit den engeren Windungen nach unten.

14.29c Setzen Sie die äußere Feder mit den engeren Windungen nach unten über die innere Feder.

Paste und stecken Sie ein Ventil in die Führung. Um Schäden an den Schaftdichtungen zu vermeiden, sollte das Ventil beim Durchführen langsam gedreht werden (siehe Abb.). Kontrollieren Sie, ob es sich frei auf und ab bewegen läßt. Als nächstes werden die inneren und äußeren Federn eingesetzt, die engeren Windungen müssen dabei nach unten zeigen, es folgt der Federteller, dessen Bund nach unten in die Feder greifen soll (siehe Abb.).

30 Drücken Sie die Federn mit der Federpresse soweit wie nötig zusammen und bauen Sie die Keile ein, indem Sie sie mit etwas Fett an den Ventilschaft kleben und darauf achten, daß sie richtig in den Keilnuten sitzen (siehe Abb. 14.6c). Lösen Sie die Presse und kontrollieren Sie den Sitz der Keile.

15.2 Entfernen Sie die Öl-Rücklaufrohre aus ihren Bohrungen...

15.3 ...und entfernen Sie die einzelne Mutter (Pfeil).

14.29d Legen Sie den Federteller richtig herum auf die Feder.

31 Stützen Sie den Zylinderkopf so, daß die Ventile nicht den Boden berühren können und schlagen Sie sehr sanft mit einem Kunststoffhammer auf die Ventilschäfte, damit die Keile sich besser in die Nuten setzen können.

Praxis TiP

Kontrollieren Sie die Dichtigkeit der Ventile durch das Einfüllen von Lösungsmittel in den jeweiligen Kanal. Wenn die Flüssigkeit am Ventil vorbei in den Brennraum läuft, sollte der Einschleifvorgang bei diesem Ventil wiederholt werden.

15 Zylinderblock
Ausbau, Kontrolle und Einbau

Anmerkung: *Der Zylinderblock kann demontiert werden, wenn der Motor sich im Rahmen befindet.*

Ausbau

1 Entfernen Sie den Zylinderkopf (siehe Sektion 12).

2 Ziehen Sie die Öl-Rücklaufrohre aus ihren Löchern im Motorgehäuse (siehe Abb.). Die O-Ringe müssen auf jeden Fall durch neue ersetzt werden.

3 Lösen Sie die einzelne Mutter, die den Zylinderblock am Motorgehäuse sichert (siehe Abb.).

15.5 Zylinderblock-Paßhülsen (Pfeile)

4 Halten Sie die Steuerkette hoch und heben Sie den Zylinderblock an, um ihn über die Stehbolzen zu ziehen (siehe Abb.). Führen Sie die Kette dann durch den Tunnel, lassen Sie sie nicht in das Motorgehäuse fallen und sichern Sie sie mit Draht oder einer Stange. Wenn der Block sich nicht löst, klopfen Sie ihn rundherum mit einem weichen Holz- oder Gummihammer ab, um ihn vom Motorgehäuse zu lösen. Passen Sie auf, keine Kühlrippen zu beschädigen. Benutzen Sie keinesfalls einen Schraubendreher, um ihn vom Gehäuse abzuhebeln – die Dichtflächen würden dadurch stark beschädigt werden. Wenn der Block abgehoben ist, sollten saubere Lappen um die Kolben gelegt werden, damit kein Schmutz ins Motorgehäuse fallen kann.

5 Beachten Sie die Lage der Paßstifte auf beiden Seiten der Zylinderfußfläche oder im Motorgehäuse (siehe Abb.). Entfernen Sie sie, falls sie lose sind.

6 Entfernen Sie die Dichtung und reinigen Sie die Verbindungsflächen des Zylinderblocks und des Motorgehäuses von jeglichem alten Dichtungsmaterial. Wenn Sie einen Schaber benutzen, achten Sie darauf, das weiche Leichtmetall nicht zu zerkratzen oder abzuhobeln. Passen Sie auf, daß kein Dichtungsmaterial in das Motorgehäuse oder Ölkanäle gelangt.

Kontrolle

7 Versuchen Sie nicht, die Laufbuchsen aus dem Zylinderblock herauszubauen. Begutachten Sie sorgfältig die Zylinderwände auf Kratzer und Kerben. Um tiefe Kerben zu entfernen, ist das Aufbohren des Zylinders nötig. Mit einem Präzisions-Richtwinkel und einer Fühlerlehre, die im Wert dem maximalen Verzug entspricht, der in den technischen Daten am Anfang des Kapitels angegeben ist, wird die Dichtfläche des Zylinderblocks vermessen. Wechseln Sie zu Werkzeug und Werkstatt-Tips im Anhang, um genaue Angaben zur Messung des Zylinderblock-Verzugs zu erhalten. Wenn der Zylinderblock verzogen ist, muß er, falls möglich, geplant werden. Bei zu großem Verzug ist er durch einen neuen zu ersetzen.

8 Mit Hilfe geeigneter Meßgeräte (*siehe Werkzeug- und Werkstatt-Tips im Anhang*) werden die Innenmaße jedes Zylinders gemessen, um den Grad des Verschleißes, des Ovallaufes und der Kegelförmigkeit zu ermitteln. Messen Sie die Bohrungen oben (aber noch unterhalb des oberen Totpunktes des ersten Kolbenringes – etwa 10 mm unterhalb des Randes), in der Mitte und unten (aber oberhalb des unteren Totpunktes des Ölabstreifringes, sowohl parallel zur Kurbelwelle, als auch in Fahrtrichtung (siehe Abb.). Errechnen Sie anhand der Unterschiede der Messungen eventuelle Unrundheiten oder kegelige Verformungen der Zylinder. Vergleichen Sie die Ergebnisse mit den Technischen Daten am Anfang des Kapitels. Wenn die Werte außerhalb der Toleranzen liegen oder die Wände stark zerkratzt oder riefig sind, muß der Zylin-

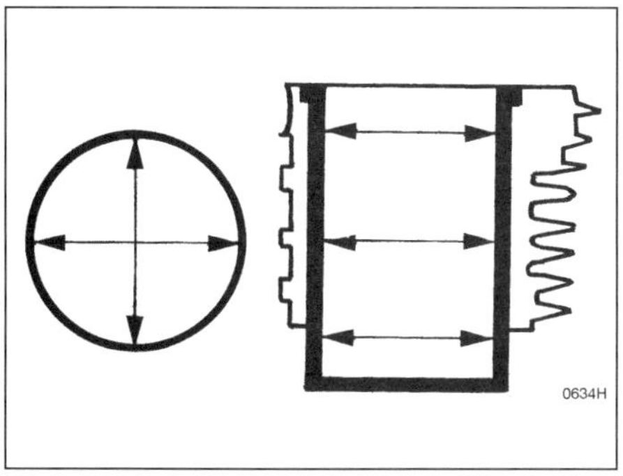

15.8 Messen Sie die Zylinderbohrungen an den gezeigten Stellen mit einem Innenmeßgerät.

derblock von einer Werkstatt aufgebohrt und gehont werden. Aufgebohrte Zylinder erfordern Übermaß-Kolben und -Ringe.

9 Wenn kein Präzisionswerkzeug zur Hand ist, kann auch eine Suzuki-Werkstatt oder ein professioneller Motoreninstandsetzer zu Rate gezogen werden.

10 Wenn die Zylinder in gutem Zustand sind und das Spiel zwischen Kolben und Zylinder im Toleranzbereich liegt (siehe Sektion 16), sollte der Block gehont (angerauht) werden. Um diese Tätigkeit ausführen zu können, braucht man ein flexibles Honwerkzeug mit feinen Steinen oder einen »Flaschenbürsten«-Honer, dünnes oder spezielles Hon-Öl, einige saubere Lappen und eine elektrische Bohrmaschine.

11 Klemmen Sie den Zylinderblock seitlich liegend in einen Schraubstock mit weichen Backen oder zwischengelegten Holzstücken. Befestigen Sie das Honwerkzeug in der Bohrmaschine, drücken Sie die Honsteine zusammen und setzen Sie das Werkzeug in den Zylinder. Nachdem der Zylinder eingeölt wurde, wird die Bohrmaschine gestartet und der Honstein im Zylinder auf und ab bewegt, so daß ein feiner Kreuzschliff entsteht, dessen Linien sich in einem Winkel von annähernd 60° treffen sollten. Stellen Sie sicher, daß alles immer gut geölt ist und daß nicht zuviel Material abgetragen wird. Ziehen Sie nie den drehenden Honstein aus dem Zylinder. Schalten Sie die Bohrmaschine ab und bewegen Sie das Werkzeug solange im Zylinder auf und ab, bis die Maschine steht, drücken Sie die Steine zusammen und ziehen Sie sie aus dem Zylinder. Wischen Sie das Öl ab und wiederholen Sie die Prozedur in den anderen Zylindern. Denken Sie daran, nicht zuviel Material von der Zylinderwand abzutragen.

12 Waschen Sie die Zylinder anschließend mit warmem Seifenwasser, um alle Reste des Schleifmaterials zu entfernen. Gehen Sie mit einer Bürste durch alle Bolzenlöcher und spülen Sie sie mit Wasser aus. Trocknen Sie unverzüglich alles sorgfältig und benetzen Sie alle blanken Metalloberflächen zum Schutz vor Oxidation mit einem dünnen Ölfilm.

13 Wenn kein Honwerkzeug zur Hand ist, oder die Angst besteht, dieser Heimarbeit nicht gewachsen zu sein, kann auch eine Suzuki-Werkstatt oder ein professioneller Motoreninstandsetzer zu Rate gezogen werden.

14 Kontrollieren Sie die Festigkeit aller Stehbolzen im Kurbelgehäuse. Falls welche lose sein sollten, müssen sie herausgedreht und ihr Gewinde gereinigt werden. Wechseln Sie zu den Werkzeug- und Werkstatt-Tips im Anhang, um mehr Informationen zum Ausbau von Stehbolzen zu erhalten. Beachten Sie, daß die Stehbolzen verschieden lang sind und unterschiedliche Farben haben, und unter Verwendung von Schraubensicherung wieder in die richtige Bohrung gesetzt und, wie in den technischen Daten vorgeschrieben, angezogen werden müssen.

Einbau

15 Kontrollieren Sie, ob die Dichtflächen des Motorgehäuses und des Zylinderblocks ölfrei und sauber sind.

16 Falls entfernt, setzen Sie die Paßhülsen in ihre Positionen im Motorgehäuse und drücken Sie sie bis zum Grund (siehe Abb. 15.5).

17 Nehmen Sie die Lappen aus dem Kurbelgehäuse und legen Sie die neue Zylinderfußdichtung auf das Gehäuse, stellen Sie sicher, daß alle Bohrungen fluchten und die ausgestanzten Buchstaben UP richtig zu lesen sind. Benutzen Sie niemals eine gebrauchte Fußdichtung.

18 Falls nötig, legen Sie Kolbenringspanner um die Kolben, um die Einführung in den Zylinder zu erleichtern. Dieses ist aber nicht unbedingt nötig, da die Zylinder gute Anfasungen haben, die es ermöglichen, die Kolbenringe sicher von Hand einzuführen. Wenn möglich, sollte ein Assistent den Block bei dieser Tätigkeit stützen.

19 Ölen Sie die Zylinderbohrungen, Kolben und Ringe sowie obere und untere Pleuelaugen mit sauberem Motoröl und lassen Sie den Block langsam über die Stehbolzen ab, bis die Kolbenböden der hochstehenden Kolben in den Zylindern stecken. Zu diesem Zeitpunkt muß die Steuerkette durch den Zylinderblock geführt und anschließend wieder mit Draht vor dem Hineinfallen gesichert werden (siehe Abb. 15.4).

Praxis TiP ***Drehen Sie die Kurbelwelle so, daß die inneren Kolben oben stehen und führen Sie sie als erstes in den Zylinderblock ein. Der Zugang zu den Kolben zum Zusammendrücken der Kolbenringe wird so leichter, als wenn man zuerst die äußeren Kolben einführt.***

20 Drücken Sie vorsichtig den Zylinderkopf herunter, achten Sie darauf, daß sich die Kolben senkrecht in die Bohrungen schieben und nicht seitlich verkanten. Wenn keine Kolbenringspanner verwendet werden, müssen die Ringe einzeln zusammengedrückt und in die Bohrung eingeführt werden, während der Block abgelassen werden. Wenn nötig, klopfen Sie den Block mit einem Holzhammer vorsichtig herunter, aber wenden Sie keine Gewalt an, wenn er wegen klemmender Kolbenringe oder verkanteter Kolben feststeckt, beide Bauteile könnten hierdurch zerstört werden. Wenn Spanner verwendet werden, können diese entfernt werden, sobald die Kolben ganz in den Bohrungen stecken.

21 Wenn alle Kolben korrekt in dem Zylinderblock stecken, kann dieser auf die Fußdichtung gedrückt werden. Setzen Sie die einzelne Mutter auf, die den Block am Motorgehäuse hält und ziehen Sie sie vorschriftsmäßig fest (siehe Abb.).

22 Rüsten Sie die Öl-Rücklaufrohre mit neuen O-Ringen aus und drücken Sie sie in ihre Bohrungen im Motorgehäuse (siehe Abb.).

23 Installieren Sie den Zylinderkopf (siehe Sektion 12).

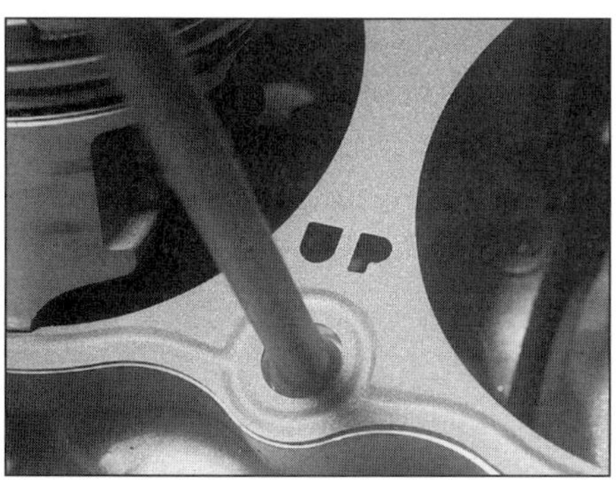

15.17 Die ausgestanzten Buchstaben UP müssen richtig herum zu lesen sein.

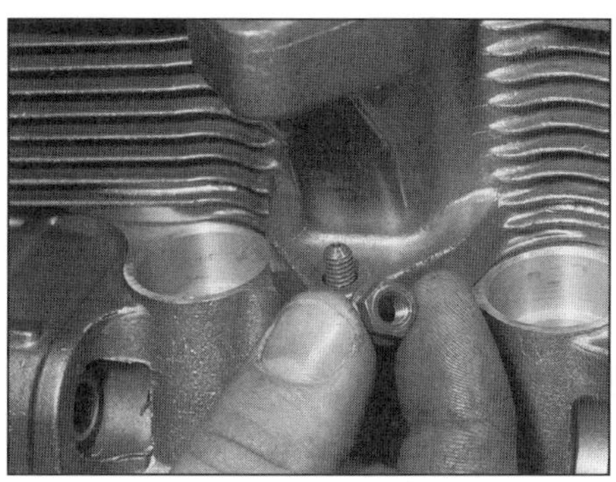

15.21 Setzen Sie die einzelne Mutter auf und ziehen Sie sie vorschriftsmäßig fest.

15.2 Die Öl-Rücklaufrohre werden mit neuen O-Ringen eingesetzt.

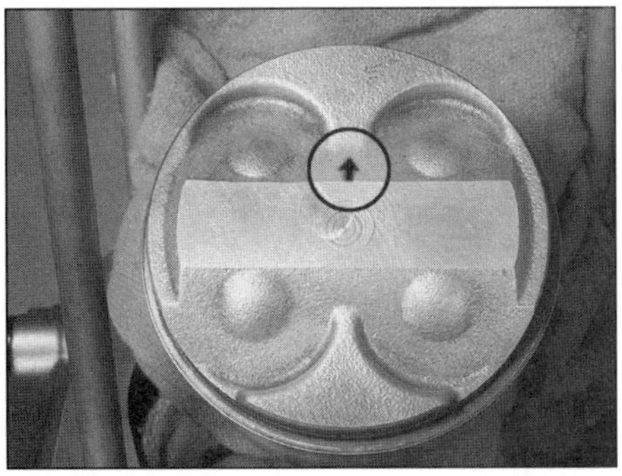

16.2 Der Pfeil auf dem Kolbenboden muß nach vorne zeigen.

16.3a Entfernen Sie den Kolbenbolzensicherungsring mit einer Zange oder einem kleinen Schraubendreher, den Sie in der Nut ansetzen, ...

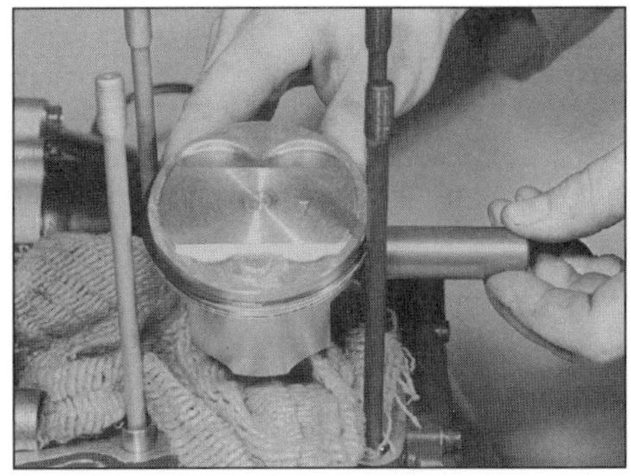

16.3b ...drücken Sie den Bolzen von der anderen Seite durch und ziehen Sie ihn heraus.

16 Kolben
Ausbau, Kontrolle und Einbau

Anmerkung: *Die Kolben können entfernt werden, wenn der Motor im Rahmen ist.*

Ausbau

1 Bauen Sie den Zylinderblock ab (siehe Sektion 15).

2 Bevor die Kolben ausgebaut werden, sollten saubere Lappen in die Löcher um die Pleuel gestopft werden, um zu verhindern, daß die Kolbenbolzensicherungsringe oder anderes in das Motorgehäuse fällt. Mit einem Filzstift sollten die Einbaulagen der Kolben auf ihren Böden (oder den Hemden, falls die Böden noch gereinigt werden müssen) markiert werden. Jeder Kolben sollte einen Pfeil als Richtungsmarkierung nach vorne (Auslaß) aufweisen (siehe Abb.). Falls diese nicht sichtbar ist, muß der Kolben entsprechend markiert werden, damit er wieder richtig eingebaut werden kann.

3 Bauen Sie vorsichtig mit einer Spitzzange oder einem kleinen Schraubenzieher, den Sie in die Nut einführen, auf einer Seite des Kolbens den Sicherungsring aus (siehe Abb.).

Praxis TiP

Um einen Sicherungsring daran zu hindern, wegzuspringen oder ins Motorgehäuse zu fallen, kann eine Stange oder Schraubendreher, dessen Durchmesser größer als der Spalt zwischen den Ring-Enden ist, durch den Kolbenbolzen gesteckt werden – der Sicherungsring wird jetzt hiermit aufgefangen.

Praxis TiP

Wenn ein Kolbenbolzen im Kolben feststeckt, tränken Sie einen Lappen in heißes Wasser, wringen Sie ihn aus und wickeln Sie ihn um den Kolben – das Aluminium wird sich hierdurch ausreichend ausdehnen, daß der Stahlbolzen sich lösen läßt. Ein Fön oder Heißluftgebläse (Vorsicht!) erfüllt den gleichen Zweck. Benutzen Sie keine offenen Flammen! Wenn der Bolzen schwergängig ist oder teilweise steckt, kann er mit einem Ausziehwerkzeug ausgebaut werden, seien Sie jedoch vorsichtig, um die Gleitfläche des Kolbens nicht zu beschädigen.

Drücken Sie von der anderen Seite den Kolbenbolzen heraus und nehmen Sie den Kolben vom Pleuel (siehe Abb.). Entfernen Sie den anderen Sicherungsring, da beim Einbau immer neue Ringe verwendet werden müssen. Wenn der Kolben demontiert ist, stecken Sie den Bolzen hinein, um eine Verwechslung zusammengehöriger Teile zu vermeiden. Drehen Sie die Kurbelwelle so, daß der entsprechende Kolben gut zugänglich ist und demontiert werden kann.

Kontrolle

4 Vor der Inspektion müssen die Kolben gereinigt und die Kolbenringe entfernt werden. Beachten Sie, daß die Kolbenbaugruppen nicht weiter beachtet werden brauchen, wenn die Zylinder aufgebohrt werden, da neue Übermaßkolben eingebaut werden müssen.

5 Mit Hilfe Ihrer Daumen oder einer Kolbenringzange werden die Ringe vorsichtig von den Kolben genommen (siehe Abb.). Sie dürfen hierbei nicht geknickt oder verkantet werden. Beachten Sie die Einbaulage der einzelnen Ringe, wenn Sie sie wiederverwenden wollen. Alle Ringe sind auf der Oberseite mit einem Buchstaben markiert (siehe Abb.), bei den **600er Modellen** ist der obere Ring mit einem R und der zweite Ring mit RN markiert, die **1200er Modelle** tragen oben ein N und auf dem zweiten Ring die Zeichen 2N. Bei allen Modellen ist die Oberseite des oberen Ringes verchromt, außerdem haben die Ringe unterschiedliche Profile (siehe Abb. 17.12).

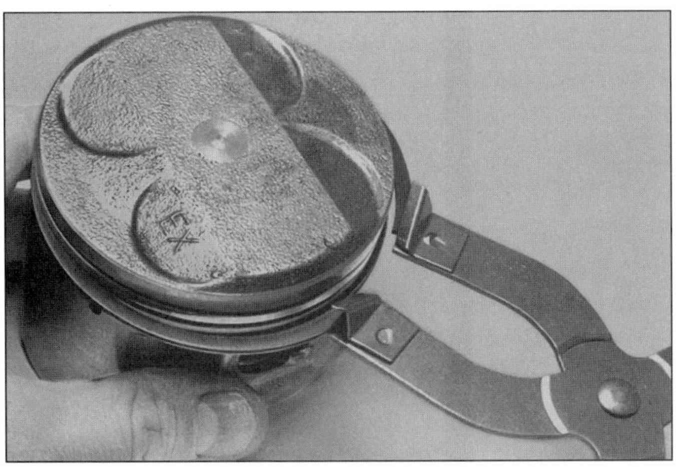

16.5a Die Kolbenringe können mit Hilfe einer Kolbenringzange demontiert werden.

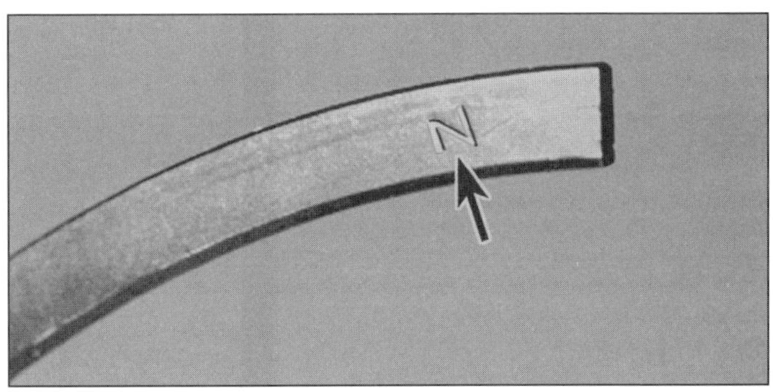

16.5b Die Buchstaben an den Ring-Enden müssen nach oben zeigen.

16.11 Das Spiel zwischen Kolbenring und Nut kann mit einer Fühlerlehre gemessen werden.

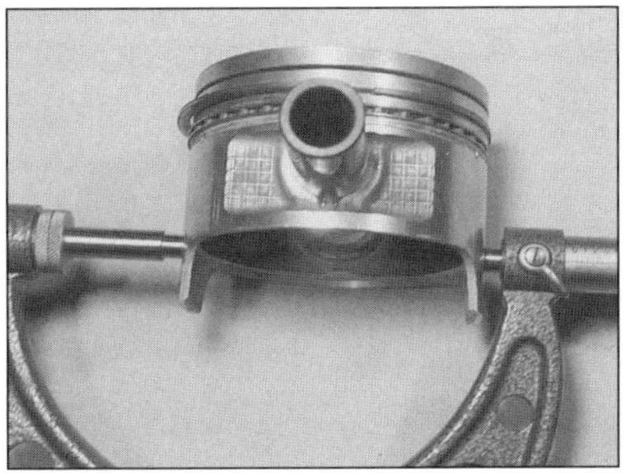

16.12 Messen Sie den Kolbendurchmesser an der richtigen Stelle unten am Kolbenhemd mit einer Bügelmeßschraube.

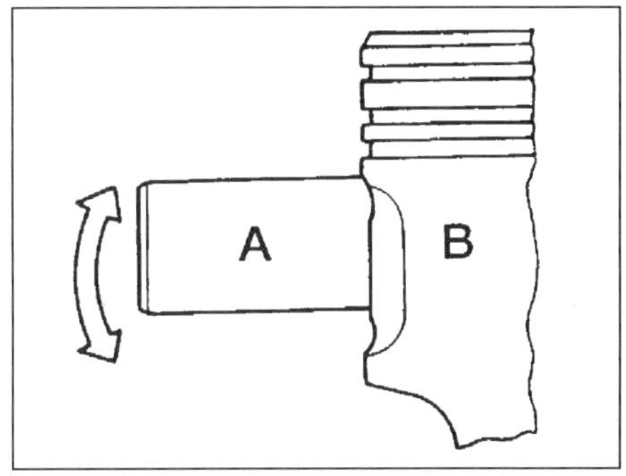

16.13a Schieben Sie den Bolzen (A) in den Kolben (B). Wenn er Spiel hat, müssen Kolben und Bolzen ersetzt werden.

6 Schaben Sie die Ölkohle vom Kolbenboden. Eine weiche Drahtbürste oder feiner Schmirgelleinen kann zur Nacharbeit verwendet werden. Benutzen Sie keinesfalls einen Drahtbürstenaufsatz auf einer Bohrmaschine, das Kolbenmaterial ist sehr weich und würde abgetragen werden.

7 Die Kolbenring-Nuten können mit einem Spezialwerkzeug, aber auch mit einem abgebrochenen Stück eines alten Kolbenringes von Kohleresten befreit werden. Seien Sie vorsichtig, daß kein Kolben-Metall entfernt wird oder die Seiten der Nut gequetscht oder eingekerbt werden.

8 Wenn die Kohleablagerungen entfernt sind, wird jeder Kolben mit Lösemittel gereinigt und anschließend getrocknet. Wenn die angebrachten Markierungen nicht mehr lesbar sind, müssen sie erneuert werden. Gehen Sie sicher, daß die Ölrücklaufbohrungen unter dem Ölabstreifring sauber sind.

9 Begutachten Sie jeden Kolben auf Brüche am Hemd, an den Bolzenaugen und um die Kolbenringnuten. Normaler Kolbenverschleiß zeigt sich in vertikalen Spuren auf der Lauffläche und leichtem Spiel des oberen Kolbenringes in seiner Nut. Wenn das Hemd Klemm- oder Freßspuren zeigt, kann der Motor an Überhitzung gelitten haben und/oder eine unnormale Verbrennung sorgte für extrem hohe Arbeitstemperatur. Die Ölpumpe sollte gründlich kontrolliert werden. Überprüfen Sie außerdem, ob die Nuten für die Sicherungsringe nicht beschädigt sind.

10 Ein Loch im Kolbenboden ist ein Zeichen für abnormale Verbrennung (durch Frühzündung). Verbrannte Stellen am Rand des Bodens weisen auf Klingeln oder Klopfen hin. Wenn eines dieser Probleme existiert, müssen die Gründe beseitigt werden, damit die Schäden sich nicht fortsetzen.

11 Messen Sie das Spiel zwischen den Kolbenringen und deren Nuten durch Einlegen eines Ringes und Erfühlen des Spiels mittels einer Lehre (siehe Abb.). Gehen Sie sicher, daß Sie den passenden Ring verwenden (siehe Schritt 5). Kontrollieren Sie an drei oder vier Stellen rundherum. Wenn das Spiel größer als die Verschleißgrenze ist, müssen Kolben und Ringe ersetzt werden. Wenn neue Ringe verwendet werden sollen, messen Sie das Spiel mit den neuen Ringen. Falls das Spiel über der Toleranzgrenze liegt, ist der Kolben verschlissen und muß ersetzt werden.

12 Kontrollieren Sie das Spiel zwischen Kolben und Zylinder durch Messen des Zylinders (siehe Sektion 15) und des Kolbendurchmessers. Stellen Sie sicher, daß die Kolben ihren Zylindern zugeordnet sind. Messen Sie den Kolben 15 mm oberhalb des unteren Endes des Hemdes und 90° zum Kolbenbolzen (siehe Abb.). Ziehen Sie den Kolbendurchmesser vom Zylinderdurchmesser ab und errechnen Sie das Spiel. Wenn es über dem Toleranzwert liegt, muß der Kolben ersetzt werden (vorausgesetzt die Bohrung selbst ist im Limit, ansonsten ist ein Aufbohren nötig).

13 Geben Sie sauberes Motoröl auf den Kolbenbolzen, schieben Sie ihn in den Kolben und fühlen Sie, ob Spiel vorhanden ist (siehe Abb.). Messen Sie den Außendurchmesser des Kolbenbozens sowie den Innendurchmesser seiner Bohrung im Kolben, und vergleichen Sie das Ergebnis mit den technischen Daten (siehe Abb.). Wiederholen Sie die Messung im oberen Pleuelauge. Ersetzen Sie alle Bauteile, die außerhalb der Verschleißgrenzen liegen.

14 Wenn die Kolben zu ersetzen sind, gehen Sie sicher, daß die richtige Größe geordert wird. Suzuki stellt neben den Standardkolben für die **600er Modelle** zwei Übergrößen her, die in den Maßen +0,5 mm und +1,0 mm erhältlich sind. Für die **1200er Modelle** gibt es nur eine Übergröße von 0,5 mm. ***Anmerkung:*** *Bei Übermaßkolben sind normalerweise die Maße in den Kolbenboden eingeschlagen (z.B. »0.50«) Gehen Sie sicher, daß auch die Kolbenringe das richtige Übermaß haben. Achten Sie darauf, ob die Zylinder schon vorher aufgebohrt wurden.*

Einbau

15 Inspizieren und installieren Sie die Kolbenringe (siehe Sektion 17).

16 Schmieren Sie den Kolbenbolzen, die Bohrungen im Kolben und das obere Pleuelauge mit sauberem Motoröl ein.

17 Setzen Sie einen neuen Sicherungsring in ein Kolbenbolzenauge ein (benutzen Sie nie

2

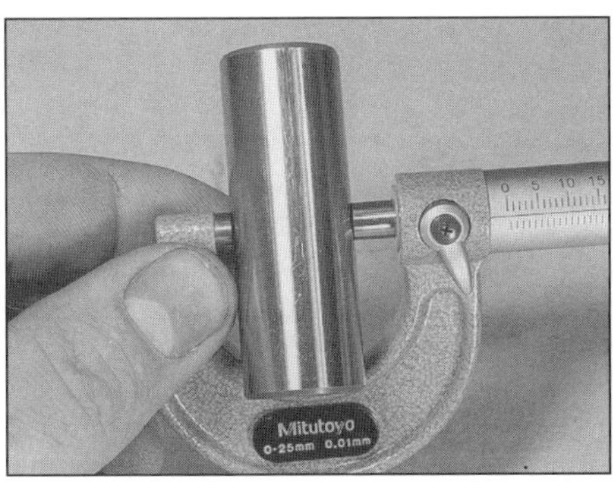

16.13b Messen Sie den Außendurchmesser des Kolbenbolzens,...

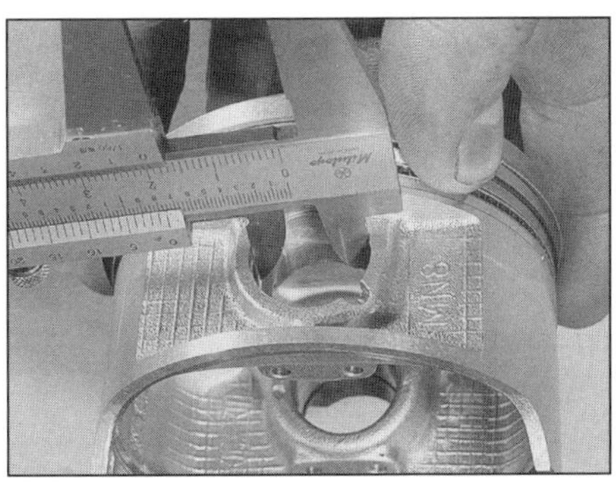

16.13c ...den Innendurchmesser der Kolbenbolzenbohrung im Kolben...

16.13c ...und den Innendurchmesser des oberen Pleuelauges.

16.17 Setzen Sie immer neue Kolbenbolzen-Sicherungsringe ein, gehen Sie sicher, daß sie korrekt und mit dem offenen Ende nicht an der Nut sitzen.

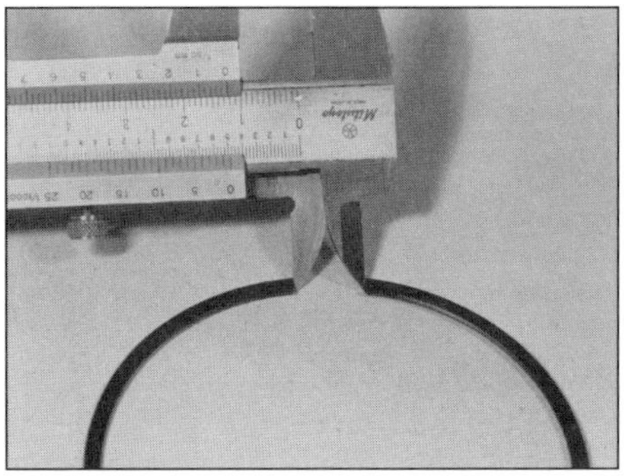

17.3 Messen Sie das freie Stoßspiel der ausgebauten Kolbenringe.

17.4 Messen Sie das Stoßspiel der eingebauten Kolbenringe.

gebrauchte!) (siehe Abb.). Halten Sie den Kolben mit dem Pfeil nach vorne über das zugehörige Pleuel und schieben Sie den Kolbenbolzen von der anderen Seite hindurch (siehe Abb. 16.3b). Sichern Sie den Bolzen mit dem zweiten neuen Ring. Beim Einbau der neuen Ringe ist darauf zu achten, daß sie nicht mehr zusammengepreßt werden als nötig ist, daß sie sauber in ihrem Sitz liegen und daß die Öffnung nicht über der Nut sitzt.

17 Kolbenringe
Kontrolle und Einbau

1 Bei einer Motorüberholung ist es immer sinnvoll, die Kolbenringe zu wechseln. Vor dem Einbau neuer Ringe muß ihr Stoßspiel überprüft werden - sowohl eingebaut, als auch frei.

2 Sortieren Sie die Kolben und die neuen Ringe dem Zylinder zu, in dem auch die Messung stattgefunden hat.

3 Zur Messung des freien Spiels zwischen den Enden der Ringe sollten sie auf eine ebene Fläche gelegt und mit einem Meßschieber der Abstand der Enden ermittelt werden. Vergleichen Sie das Ergebnis mit den technischen Daten und ersetzen Sie Kolbenringe, die zu kleines Spiel und damit ungenügende Vorspannung haben.

4 Zur Messung des Stoßspiels der eingebauten Kolbenringe müssen diese von oben in den Zylinder eingeführt und mit Hilfe des hineingedrückten Kolbens in rechtwinkelige Lage gebracht werden. Sie sollen etwa 20 mm unterhalb des oberen Zylinderrandes liegen. Mit einer Fühlerlehre wird das Stoßspiel der Ringe gemessen und der Wert mit den Technischen Daten verglichen (siehe Abb.).

5 Wenn das Spiel größer oder kleiner ist als angegeben, überprüfen Sie die anderen Ringe, um sicher zu gehen, daß Sie die Ringe dem richtigen Zylinder zugeordnet haben.

6 Wenn das Stoßspiel zu gering, muß es vergrößert werden, da die Enden bei laufendem Motor in Kontakt kommen und großen Schaden anrichten können. Das Spiel kann vergrößert werden, indem man die Enden sehr vorsichtig mit einer feinen Feile bearbeitet. Gefeilt wird immer von außen nach innen (siehe Abb.).

7 Übermäßiges Stoßspiel bis zur Verschleißgrenze ist nicht kritisch. Kontrollieren Sie wieder, ob Sie die richtigen Ringe zugeordnet haben und die Bohrung nicht verschlissen ist.

8 Wiederholen Sie diese Prozedur mit jedem Ring, denken Sie daran, welche Ringe, Kolben und Zylinder aufeinander eingespielt sind.

9 Wenn die Stoßspiele kontrolliert/korrigiert sind, können die Ringe auf die Kolben montiert werden.

10 Der Ölabstreifring muß als unterer zuerst aufgesetzt werden. Er besteht aus drei Teilen, dem Expander und den zwei dünnen Ringen. Zuerst wird der Expander in die Nut gesetzt, dann der obere Ring. Diese Arbeit kann nicht mit einer Kolbenringzange ausgeführt werden, da hiermit die Gefahr einer Beschädigung besteht. Setzen Sie statt dessen ein Ende des Ringes in die Nut zwischen Expander und Kolben. Halten Sie es fest und schieben Sie den Ring nach und nach in die Nut. Installieren Sie danach den unteren Ring in der gleichen Weise (siehe Abb.). Die Ringstöße müssen gegeneinander verdreht sein.

11 Nachdem alle drei Ölabstreifringbauteile installiert sind, muß kontrolliert werden, ob sich die beiden dünnen Ringe in ihrer Nut sanft drehen lassen.

12 Die beiden Kompressions-Ringe sind auf der Oberseite mit einem Buchstaben markiert (siehe Abb. 16.5b), bei den **600er Modellen** ist der obere Ring mit einem R und der zweite Ring mit RN markiert, die **1200er Modelle** tragen oben ein N und auf dem zweiten Ring die Zeichen 2N. Bei allen Modellen ist die Oberseite des oberen Ringes verchromt, außerdem haben die Ringe unterschiedliche Profile (siehe Abb.). Bauen Sie als nächstes den zweiten Kompressionsring ein, dessen Buchstaben nach oben zeigen müssen. Setzen Sie den Ring in die mittlere Nut des Kolbens. Drücken Sie den Ring nicht weiter auseinander als nötig. Am sichersten geht der Einbau mit einer Kolbenringzange.

17.6 Das Stoßspiel kann mit einer Feile vergrößert werden, die in einen Schraubstock gespannt wurde.

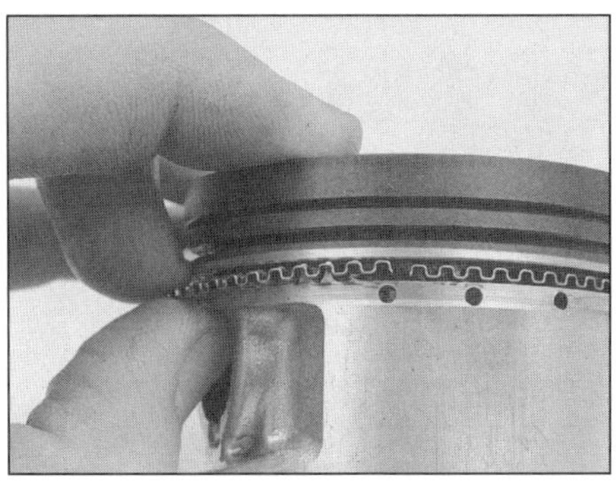

17.10a Setzen Sie zuerst den Expander des Ölabstreifrings in seine Nut...

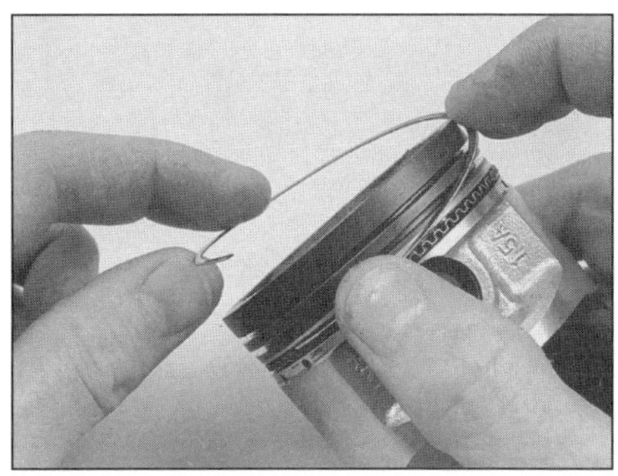

17.10b ...und dann die beiden Seitenteile darüber und darunter. Der Ölabstreifring muß mit der Hand eingebaut werden.

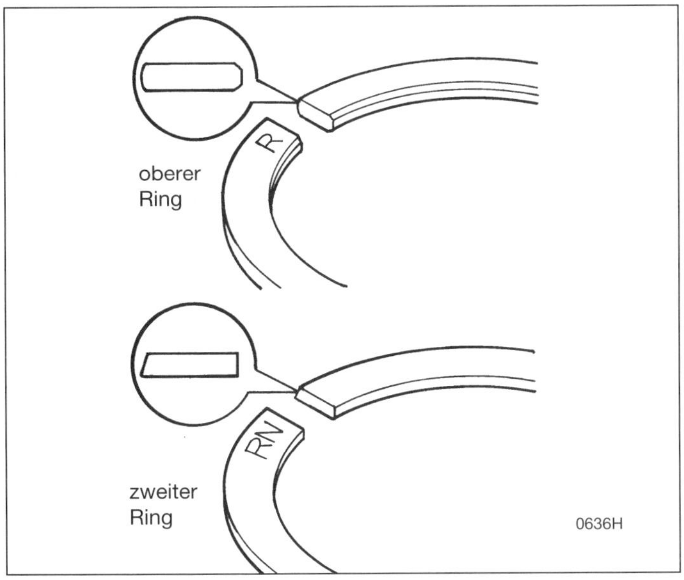

17.12 Verwechseln Sie nicht den oberen mit dem zweiten Kolbenring

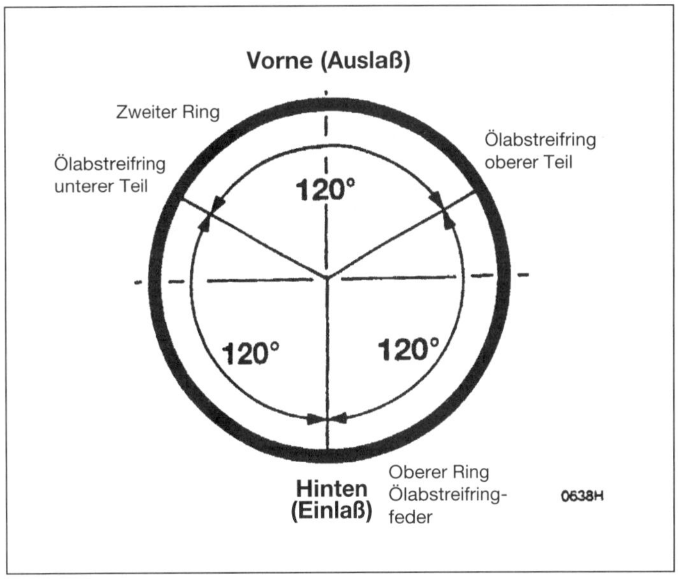

17.14 Verteilen Sie die Ring-Stöße wie gezeigt.

13 Setzen Sie schließlich den oberen Ring in gleicher Weise in die obere Nut des Kolbens ein. Der Buchstabe muß auch hier nach oben zeigen.

14 Wenn die Ringe korrekt installiert sind, müssen sie sich frei und ohne zu haken bewegen lassen. Verdrehen Sie die Ringstöße wie gezeigt (siehe Abb.).

18 Kupplung
Ausbau, Kontrolle und Einbau

Anmerkung: *Die Kupplung kann bei eingebautem Motor demontiert werden.*

Ausbau - GSF 600 Modelle

1 Lassen Sie das Motoröl ab (siehe Kap. 1).

2 Lösen Sie kreuzweise die Schrauben des Kupplungsdeckels und merken Sie sich die Positionen der verschieden langen Schrauben, sowie die Lage der beiden Dichtscheiben unter den vorderen Schrauben (siehe Abb.). Diese Scheiben müssen beim Zusammenbau durch neue ersetzt werden. Heben Sie den Deckel vom Motor ab, seien Sie dabei vor auslaufendem Öl gewappnet. Entfernen Sie die Dichtung und achten Sie auf die beiden Paßhülsen, stellen Sie sie sicher, falls sie locker sind (siehe Abb.).

3 Lösen Sie kreuzweise Schritt für Schritt die Schrauben der Kupplungsdruckplatte, bis die Federn entlastet sind (siehe Abb.). Mit einer der folgenden Methoden muß jetzt die Kupplung blockiert werden, um die Schrauben lösen zu können:

a) Wenn der Motor sich im Rahmen befindet, kann ein Gang eingelegt und von einem Assistenten die Hinterradbremse betätigt werden.

b) Wenn der Zylinderblock entfernt ist, können die Kolben mit einem untergelegten Stück Holz blockiert werden.

c) Benutzen Sie ein Halte-Werkzeug, ähnlich des im Werkzeug-Tip beschriebenen, doch sollten statt umgebogener Enden dort Schrauben sitzen (genauso muß das Halte-Werkzeug für den Starter-Freilauf aussehen – siehe Sektion 24) (siehe Abb.).

Entfernen Sie Schrauben und Federn und ziehen Sie die Druckplatte heraus (siehe Abb.) Entfernen Sie die Druckscheibe, das Ausrücklager und den Druckpilz – entweder hinten von der Druckplatte oder vom Ende der Eingangswelle (siehe Abb.). Wenn nötig, ziehen Sie die rechte Druckstangenhälfte aus der Eingangswelle (siehe Abb. 18.36a) – sie kann

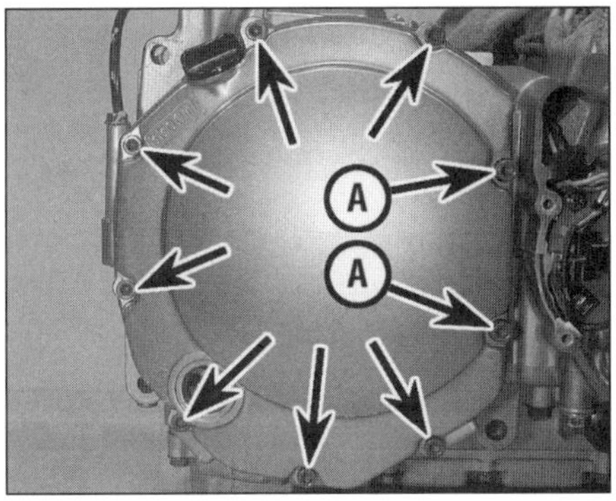

18.2 Der Kupplungsdeckel wird mit neun Schrauben (Pfeile) gehalten, von denen zwei einen Dichtring (A) tragen.

2

18.3a Mit einem selbstgebauten Werkzeug kann die Kupplung blockiert werden, während man die Druckplattenschrauben löst.

18.3b Nachdem die Schrauben und Federn entfernt worden sind, kann die Druckplatte (Pfeil) abgenommen werden.

18.3c Ziehen Sie den Druckpilz mitsamt der Druckscheibe und dem Ausrücklager heraus.

18.4 Nehmen Sie alle Kupplungsbeläge (Pfeile) als Paket heraus.

von der anderen Seite mit der linken Hälfte durchgedrückt werden, nachdem der Ritzeldeckel entfernt worden ist, eventuell fällt sie auch einfach heraus, wenn der Motor auf die Seite gelegt wird.

4 Greifen Sie den kompletten Satz Kupplungsscheiben und nehmen Sie ihn als Paket aus. Wenn keine neuen Scheiben verwendet werden, müssen sie wieder in der alten Reihenfolge und Einbaulage montiert werden.

5 Wenn die Kupplungsmutter mit einem Sicherungsblech gesichert ist, muß dieses zunächst zurückgebogen werden. Zum Lösen der Kupplungsmutter muß die Eingangswelle mit einer der folgenden Methoden blockiert werden.

a) Man kann (bei eingebautem Motor) einen Gang einlegen und einen Assistenten die Hinterradbremse betätigen lassen.

b) Bei ausgebautem Motor wird das Suzuki-Inspektionswerkzeug (Teile-Nr. 09920-53740) verwendet. Oder man baut sich aus stabilen Blechstreifen selber ein Blockier-Werkzeug (siehe WERKZEUG-TIP) und hindert die Nabe am Mitdrehen (siehe Abb. 18.34f).

Praxis TiP

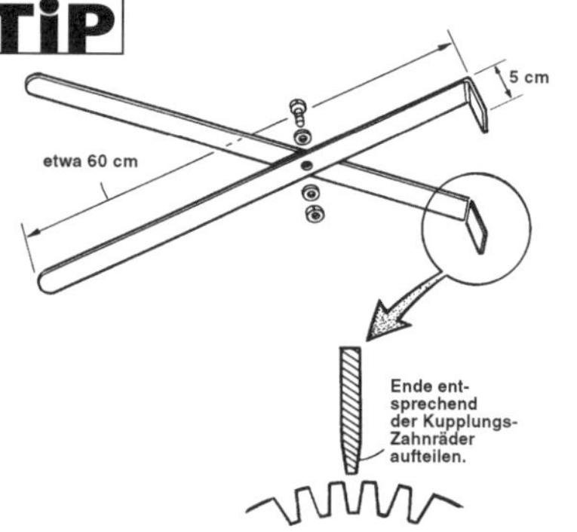

Ein Kupplungsnaben-Blockierer kann leicht aus zwei Blechstreifen gebaut werden, die an einem Ende abgewinkelt und in der Mitte zusammengeschraubt werden.

18.8 Entfernen Sie das Nadellager und die Hülse aus dem Kupplungskorb.

Nehmen Sie die Mutter und die Sicherungsscheibe sowie die glatte Scheibe (beachten Sie die Einbaurichtung) von der Welle. Wenn zur Sicherung eine Zahnscheibe oder ein Federring verwendet wurde, muß dieses Teil bei der Montage immer durch eine neue ersetzt werden.

6 Entfernen Sie die äußere Druckscheibe (siehe Abb. 18.34c).

7 Ziehen Sie die Kupplungsnabe gefolgt von der mittleren Druckscheibe von der Welle (siehe Abb. 18.34b und a).

8 Ziehen Sie das Nadellager und die Hülse aus der Mitte des Kupplungskorbes (siehe Abb.). Es kann nötig sein, hierzu den Kupplungskorb teilweise abzuziehen und wieder zurückzudrücken, um das Lager und die Hülse freizulegen.

9 Nehmen Sie den Kupplungskorb zusammen mit dem Antriebszahnrad für die Ölpumpe und die Lichtmaschine von der Welle, entfernen Sie ebenfalls die innere Druckscheibe, (siehe Abb. 18.33a und 18.32). Wenn nötig, kann das Ölpumpen/Lichtmaschinen-Zahnrad von der Rückseite des Kupplungskorbes gehoben werden (siehe Abb.).

10 Wenn der Motor komplett zerlegt werden soll, muß der Seegerring von der Ölpumpenwelle entfernt, und die äußere Scheibe sowie das Ölpumpenrad abgezogen werden (siehe Abb.). Entfernen Sie den Mitnehmerstift aus der Welle und ziehen Sie die innere Scheibe ab.

18.10 Das Ölpumpenrad ist mit einem Seegerring gesichert.

18.9 Heben Sie das Ölpumpen/Lichtmaschinen-Antriebszahnrad hinten vom Kupplungskorb.

Ausbau – GSF 1200 Modelle

***Anmerkung**: Betätigen Sie nicht den Kupplungshebel, wenn die Kupplung demontiert ist.*

***Anmerkung**: Es ist sinnvoll, vorher neue Tellerfeder-Schrauben zu beschaffen. Nach dem Lösen der Kupplungsmutter sollte man unverzüglich die kleinen Schrauben entfernen, da sie schnell beschädigt oder überlastet sind, auch wenn man es ihnen nicht ansieht.*

11 Lassen Sie das Motoröl ab (siehe Kap. 1).

12 Lösen Sie kreuzweise die Schrauben des Kupplungsdeckels und merken Sie sich die Positionen der verschieden langen Schrauben, sowie die Lage der beiden Dichtscheiben unter den vorderen Schrauben (siehe Abb. 18.2). Diese Scheiben müssen beim Zusammenbau durch neue ersetzt werden. Heben Sie den Deckel vom Motor ab, seien Sie dabei vor auslaufendem Öl gewappnet. Entfernen Sie die Dichtung und achten Sie auf die beiden Paßhülsen, stellen Sie sie sicher, falls sie locker sind (siehe Abb.).

13 Entfernen Sie den großen Seegerring, der den Druckplatten-Heber innerhalb der Druckplatte sichert, und entfernen Sie den Heber (siehe Abb.).

14 Entfernen Sie die Druckscheibe, das Ausrücklager und den Druckpilz – entweder hinten von der Druckplatte oder vom Ende der Eingangswelle (siehe Abb.). Wenn nötig, zie-

18.13 Entfernen Sie den Seegerring und nehmen Sie den Druckplatten-Heber (Pfeil) heraus.

18.14 Ziehen Sie die Druckstangen-Endstücke zusammen mit der Druckscheibe und dem Ausrücklager heraus.

18.15 Entfernen Sie die Kupplungsmutter, beachten Sie, wie sie zur Sicherung verstemmt ist (Pfeil).

18.16 Der Tellerfeder-Halter ist mit drei kleinen Schrauben (Pfeile) gesichert.

hen Sie die rechte Druckstangenhälfte aus der Eingangswelle – sie kann von der anderen Seite mit der linken Hälfte durchgedrückt werden, nachdem der Ritzeldeckel entfernt worden ist, eventuell fällt sie auch einfach heraus, wenn der Motor auf die Seite gelegt wird.

15 Zum Lösen der Kupplungsmutter muß die Eingangswelle mit einer der folgenden Methoden blockiert werden:

a) Man kann (bei eingebautem Motor) einen Gang einlegen und einen Assistenten die Hinterradbremse betätigen lassen.
b) Bei ausgebautem Motor wird das Suzuki-Inspektionswerkzeug (Teile-Nr. 09920-34820) verwendet. Oder man baut sich aus stabilen Blechstreifen selber ein Blockier-Werkzeug, welches, anstatt mit gebogenen Enden, mit Schrauben ausgerüstet ist, die in die Bohrungen der Druckplatte greifen (siehe WERKZEUG-TIP) und die Nabe am Mitdrehen hindern (siehe Abb. 18.51c).

Nehmen Sie die Mutter und die glatte Scheibe (beachten Sie die Einbaurichtung) von der Welle (siehe Abb.).

16 Lösen Sie die drei kleinen Schrauben, die den Tellerfeder-Halter sichern und entfernen Sie den Halter. Achten Sie darauf, einen Kreuzschlitz-Schraubendreher der richtigen Größe zu verwenden, da die Schraubenköpfe schnell rund gedreht sind. Die Schrauben müssen sofort nach dem Lösen der Kupplungsmutter entfernt werden, da sie alleine die Tellerfedern nicht lange halten können und schnell überlastet sind. Es ist sinnvoll, vorher neue Tellerfeder-Schrauben zu beschaffen, um die Arbeit nicht ins Stocken geraten zu lassen. Die kleinen Schrauben sind schnell beschädigt oder überlastet, auch wenn man es ihnen nicht ansieht.

17 Nehmen Sie die zwei Tellerfedern ab, beachten Sie ihre Einbaulage. Ziehen Sie anschließend die Druckplatte ab (siehe Abb.). Wenn nötig, nehmen Sie den Federsitz innen aus der Druckplatte (siehe Abb.).

18 Ziehen Sie die Kupplungsnabe zusammen mit den Belag- und Stahlscheiben als Einheit von der Welle (siehe Abb.). Wenn nötig, drehen Sie zwei M 6 Schrauben in die Gewindebohrungen der Kupplungsnabe und ziehen Sie die Baugruppe damit ab. Entfernen Sie anschließend die äußere Druckscheibe hinter der Kupplungsnabe (siehe Abb. 18.46c).

19 Ziehen Sie das Nadellager und die Hülse aus der Mitte des Kupplungskorbes (siehe Abb. 18.8). Es kann nötig sein, hierzu den Kupplungskorb teilweise abzuziehen und wieder zurückzudrücken, um das Lager und die Hülse freizulegen.

20 Nehmen Sie den Kupplungskorb zusammen mit dem Antriebszahnrad für die Ölpumpe und die Lichtmaschine von der Welle, entfernen Sie ebenfalls die innere Druckscheibe, (siehe Abb. 18.46a und 18.45). Wenn nötig, kann das Ölpumpen/Lichtmaschinen-Zahnrad von der Rückseite des Kupplungskorbes gehoben werden (siehe Abb. 18.9).

21 Wenn eine Inspektion oder ein Austausch ansteht, greifen Sie den kompletten Satz Kupplungsscheiben und nehmen Sie ihn als Paket von der Kupplungsnabe, anschließend kann die Andruckfeder und der Federsitz unter Berücksichtigung der Einbaulage abgenommen werden (siehe Abb. 18.47a und b). Die Belag- und Stahlscheiben sollten wieder in der alten Reihenfolge und Einbaulage montiert werden (es gibt von beiden Typen jeweils zwei Ausführungen – sie als Paket zu belassen verhindert spätere Verwirrung beim Zusammenbau.

22 Wenn der Motor komplett zerlegt werden soll, muß der Seegerring von der Ölpumpenwelle entfernt, und die äußere Scheibe sowie das Ölpumpenrad abgezogen werden (siehe Abb. 18.10). Entfernen Sie den Mitnehmerstift aus der Welle und ziehen Sie die innere Scheibe ab.

Kontrolle – alle Modelle

23 Nach einer großen Kilometerleistung ist es normal, daß die Kupplungsscheiben verschleißen und zu rutschen beginnen. Messen

18.17a Entfernen Sie die beiden Tellerfedern (A), gefolgt von der Druckplatte (B).

18.17b Der Federsitz befindet sich innerhalb der Druckplatte.

18.18 Kupplungsnabe greifen und zusammen mit den Belägen abziehen. Zwei M 6 Schrauben können zur Ausbauhilfe in die Gewindebohrungen (Pfeile) gedreht werden.

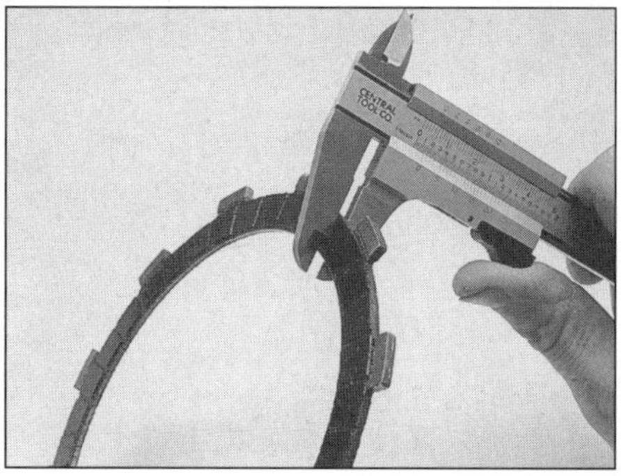

18.23a Messen Sie die Stärke der Belagscheiben.

18.23b Messen Sie die Breite ihrer Laschen.

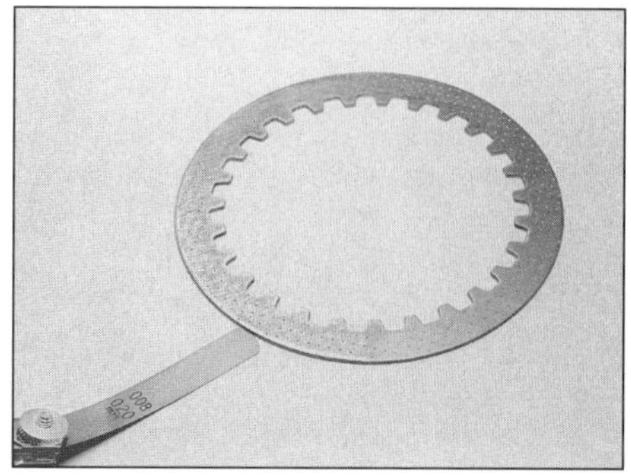

18.24 Kontrollieren Sie die Innenlamellen auf Verzug.

Sie mit Hilfe eines Meßschiebers die Dicke der Beläge und die Breite ihrer Laschen (siehe Abb.). Wenn irgendeine Scheibe bis oder über die in den Technischen Daten angegebene Toleranzgrenze verschlissen ist, müssen alle Belagscheiben als Satz ausgewechselt werden. Das gleiche gilt, wenn Scheiben verbrannt oder verglast sind.

24 Die Stahl-Innenlamellen sollten keine Anzeichen starker Erhitzung (Blaufärbung) aufweisen. Kontrollieren Sie mit Hilfe einer Fühlerlehre den Verzug der Scheiben, indem Sie sie auf eine ebene Oberfläche legen (siehe Abb.). Wenn eine der Lamellen den maximal erlaubten Verschleiß überschreitet oder angelaufen ist, müssen alle Stahlscheiben als Satz ausgewechselt werden.

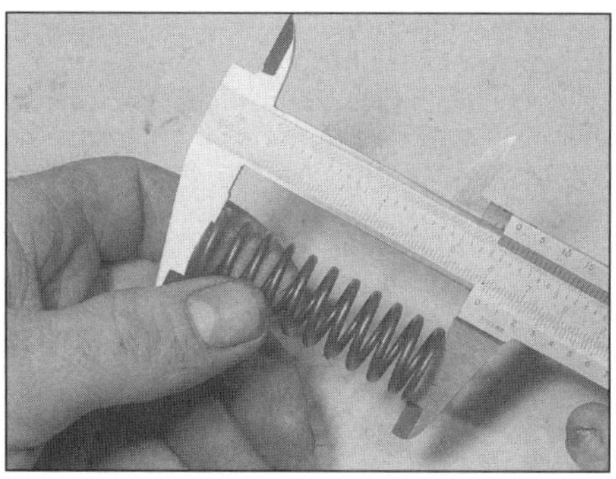

18.25 Messen Sie die freie Länge der Kupplungsfedern.

25 Messen Sie bei den **600er Modellen** mit einem Meßschieber die freie Länge aller Kupplungsfedern (siehe Abb.). Wenn eine Feder kürzer als die Verschleißgrenze ist, müssen alle als Satz ausgewechselt werden.

26 Legen Sie die Tellerfedern der **1200er Modelle** auf eine ebene Oberfläche und messen Sie die Höhe der Innenlaschen vom Boden. Wenn die Feder nicht die Verschleißgrenze erreicht, muß sie ersetzt werden.

27 Kontrollieren Sie die Kupplungsteile auf Riefen und Abdrücke an den Rändern der Laschen der Belagscheiben und/oder deren Führungen am Kupplungskorb. Überprüfen Sie ebenso den Verschleiß an den Verzahnungen der Innenlamellen und Kupplungsnabe. Ein solcher Verschleiß äußert sich in Kupplungsrutschen und langsamem Einrücken beim Schalten, da die Scheiben haken, wenn die Druckplatte ausgerückt wird. Minimaler Verschleiß kann mit einer feinen Feile geschlichtet werden, ist er jedoch zu groß, müssen die entsprechenden Bauteile ausgetauscht werden.

28 Kontrollieren Sie die Druckplatte, das Ausrücklager, den Druckpilz und die Druckscheibe auf Anzeichen von Riefen, Verschleiß oder Beschädigung und ersetzen Sie wenn nötig entsprechende Teile. Prüfen Sie durch Rollen auf einer ebenen Fläche, ob die Druckstange gerade ist.

29 Um Zugang zum Druckstangen-Dichtring zu erhalten, entfernen Sie die Klemmschraube des Hebels auf der Schaltwelle und ziehen Sie diesen von der Welle, merken Sie sich die Position des Hebels (siehe Abb. 18.40f). Wenn keine Markierungen auf Hebel und Welle sichtbar sind, machen Sie sich welche, um den Hebel bei der Montage wieder korrekt ausrichten zu können. Lösen Sie die Schrauben des Ritzeldeckels und entfernen Sie diesen (siehe Abb. 18.40c). Beachten Sie die Position der Paßhülse und stellen Sie sie gegebenenfalls sicher. Ziehen Sie die linke Hälfte der Druckstange heraus und kontrollieren Sie sie durch Rollen auf einer ebenen Oberfläche auf Krümmung (siehe Abb.). Begutachten Sie den Druckstangen-Dichtring auf Anzeichen von Undichtigkeit und ersetzen Sie ihn, wenn nötig. Beachten Sie, daß er von einer Platte gesichert wird. Entfernen Sie das Motorritzel (siehe Kapitel 5), biegen Sie die Laschen der Sicherungsplatte zurück und lösen Sie die Schrauben (siehe Abb. 26.5a und b). Nach dem Abnehmen der Platte kann der Dichtring herausgehebelt und ein neuer (nicht verkantet!) eingedrückt werden. Schrauben Sie die Platte wieder davor und sichern Sie die Schrauben durch Hochbiegen der Laschen. Montieren Sie das Ritzel, wie in Kapitel 5 beschrieben.

30 Kontrollieren Sie bei dem Kupplungsausrückmechanismus der **600er Modelle** bei demontiertem Ritzeldeckel auf leichtgängige Funktion und Anzeichen von Verschleiß und Beschädigung. Lösen Sie gegebenenfalls die

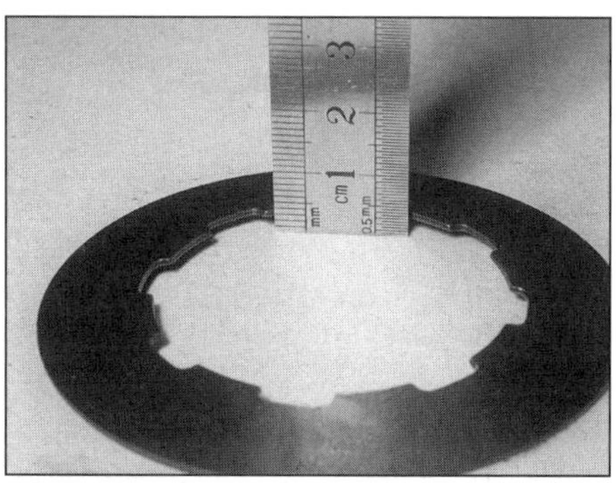

18.26 Messen Sie die Höhe der Tellerfeder.

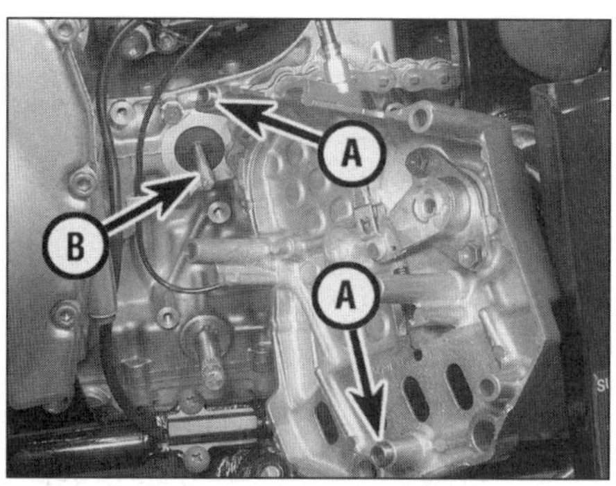

18.29 Der Ritzeldeckel ist mit zwei Paßhülsen (A) in Position gehalten. Ziehen Sie die Druckstange (B) heraus und kontrollieren Sie sie auf Verzug.

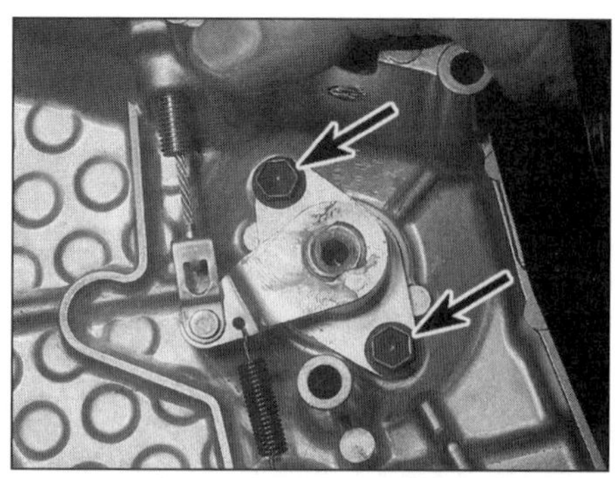

18.30 Der Ausrückmechanismus wird im Deckel mit zwei Schrauben gehalten (Pfeile).

18.31a Schieben Sie die innere Scheibe auf und installieren Sie den Mitnehmerstift in die Ölpumpenwelle,...

18.31b ...schieben Sie dann das Zahnrad so auf, daß der Stift in die Nuten greift.

18.31c Setzen Sie die äußere Scheibe auf und sichern Sie alles mit dem Seegerring.

beiden Schrauben, die den Mechanismus am Deckel halten und nehmen Sie ihn ab, um ihn zu reinigen und zu schmieren (siehe Abb.). Bei den **1200er Modellen** muß zu Sektion 21 gewechselt werden, um Details über den Ausrückzylinder zu erfahren.

Einbau

GSF 600 Modelle

31 Falls entfernt, schieben Sie die innere Scheibe auf die Ölpumpenwelle und stecken Sie den Mitnehmerstift in die Bohrung der Welle, zentrieren Sie ihn (siehe Abb.). Schieben Sie das Ölpumpenrad darüber, so daß der Stift in dessen Nuten greift. Schieben Sie die äußere Scheibe auf und sichern Sie alles mit dem Seegerring, der korrekt in seiner Nut sitzen muß (siehe Abb.).
32 Schieben Sie die innere Druckscheibe mit der flachen Seite nach außen auf die Eingangswelle (siehe Abb.).
33 Benetzen Sie die Buchse und das Nadellager mit sauberem Motoröl. Schieben Sie den Kupplungskorb so auf die Welle, daß seine Verzahnung in das Primärzahnrad, das Lichtmaschinenrad und das Ölpumpenrad eingreift, halten Sie es in Position, und schieben Sie die Hülse und das Lager auf die Welle und in den Kupplungskorb (siehe Abb.).
34 Setzen Sie die mittlere Druckscheibe auf die Welle, setzen Sie dann die Kupplungsnabe auf die Wellenverzahnung (siehe Abb.). Legen Sie die äußere Druckscheibe, gefolgt von

18.32 Setzen Sie die Druckscheibe mit der flachen Seite nach außen auf.

18.33a Die Zähne des Kupplungskorbes müssen in den Primärtrieb, das Ölpumpenrad und das Lichtmaschinenrad greifen.

18.33b Schieben Sie die Hülse und das Nadellager ein.

18.34a Schieben Sie die mittlere Druckscheibe,...

2

18.34b ...die Kupplungsnabe,...

18.34c ...die äußere Druckscheibe...

18.34d ...und die glatte Scheibe mit der erhabenen Innenseite nach außen auf die Welle.

18.34e Setzen Sie die Kupplungsmutter auf...

18.34f ... und ziehen Sie sie unter Gegenhalten mit dem vorgeschriebenen Drehmoment fest.

18.35a Legen Sie zuerst eine Belagscheibe ein,...

18.35b ...gefolgt von einer Stahlscheibe.

18.36a Schieben Sie das rechte Druckstangen-Ende in die Welle,...

der glatten Scheibe mit dem erhabenen inneren Bund nach außen auf (siehe Abb.). Je nach Modell muß gegebenenfalls eine neue Sicherungsscheibe auf die Wellenverzahnung gelegt und die Kupplungsmutter angeschraubt werden. Ziehen Sie sie, nachdem die Kupplung mit der oben beschriebenen Methode blockiert worden ist, mit dem in den technischen Daten am Anfang des Kapitels vorgeschriebenen Drehmoment an (siehe Abb.). ***Anmerkung**: Kontrollieren Sie nach dem Festziehen, daß sich die Kupplungsnabe frei dreht.* Falls ein Sicherungsblech zum Hochbiegen montiert wurde, muß die Mutter jetzt damit gesichert werden.

35 Benetzen Sie die Kupplungsscheiben vor dem Einbau mit Motoröl. Packen Sie alle Scheiben in die Kupplung. Beginnen Sie mit einer Belagscheibe und wechseln Sie dann immer ab, bis alle installiert sind (siehe Abb.).

36 Falls entfernt, schmieren Sie das rechte Ende der Druckstange und schieben Sie es in die Eingangswelle. Installieren Sie den mit Molybdänfett eingeschmierten Druckpilz (siehe Abb.). Benetzen Sie beide Seiten des Ausrücklagers und der Druckscheiben mit Öl und setzen Sie alles auf den Druckpilz (siehe Abb.).

37 Setzen Sie die Druckplatte auf die Kupplung (siehe Abb.). Bauen Sie die Federn ein und setzen Sie die Schrauben an. Ziehen Sie sie Schritt für Schritt kreuzweise mit dem in den technischen Daten am Anfang des Kapi-

18.36b ...gefolgt vom Druckpilz,...

18.36c ...dem Ausrücklager...

18.36d ...und der Druckscheibe.

18.37a Setzen Sie die Druckplatte auf,...

18.37b ...legen Sie die Federn ein,...

18.37c ...und montieren Sie die Schrauben mit ihren Unterlegscheiben.

18.37d Halten Sie die Druckplatte, während Sie die Schrauben anziehen.

18.38a Geben Sie Dichtmasse an die Verbindungsstellen der Gehäusehälften (Pfeile).

18.38b Legen Sie die Dichtung über die Paßhülsen (Pfeile).

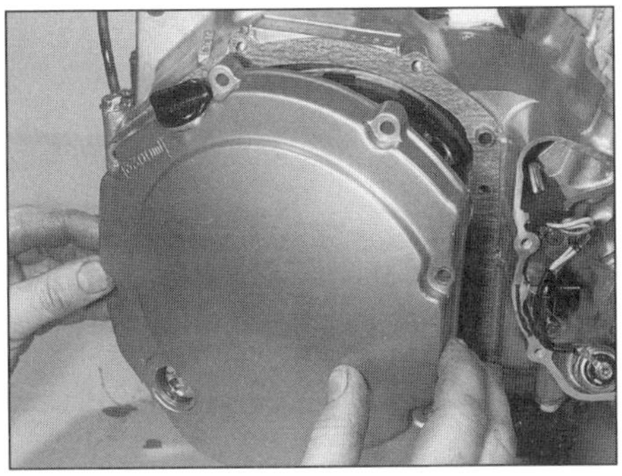

18.39a Setzen Sie den Kupplungsdeckel auf,...

18.39b ...die vorderen Schrauben müssen mit Dichtungsringen ausgerüstet sein.

tels vorgeschriebenen Drehmoment an, hindern Sie die Kupplung mit der beim Ausbau (siehe Schritt 3) beschriebenen Methode am Mitdrehen (siehe Abb.).

38 Entfernen Sie jegliche Dichtungsreste vom Motorgehäuse und dem Kupplungsdeckel. Geben Sie etwas Dichtmasse (z.B. Suzuki Bond 1207B) auf die Verbindungsstellen der beiden Motorgehäusehälften (siehe Abb.), achten Sie auf die Paßhülsen und legen Sie eine neue Dichtung auf das Gehäuse (Paßhülsen beachten, s. Abb.).

39 Setzen Sie den Kupplungsdeckel auf und ziehen Sie die Schrauben schrittweise über Kreuz an, stellen Sie sicher, daß die vorderen beiden Schrauben mit neuen Dichtringen ausgerüstet sind (siehe Abb.).

18.40a Kupplungs-Ausrückmechanismus

18.40b Schieben Sie die linke Druckstangenhälfte ein...

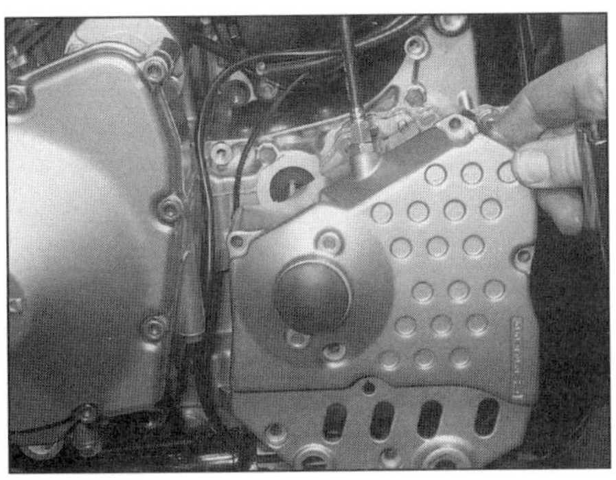

18.40c ...und setzen Sie den Kupplungsdeckel auf.

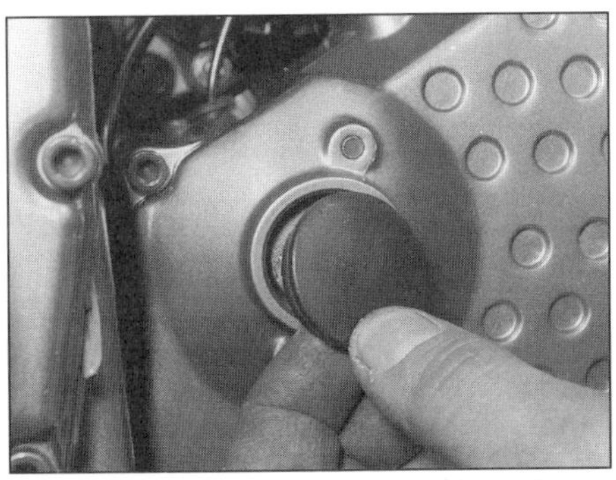

18.40d Entfernen Sie den Gummistopfen,...

18.40e ...lockern Sie die Kontermutter und drehen Sie die Einstellschraube wie beschrieben. Halten Sie die Schraube, während die Kontermutter angezogen wird.

18.40f Schieben Sie den Hebel in der richtigen Position auf die Schaltwelle und ziehen Sie die Klemmschraube an.

18.45 Legen Sie die innere Druckscheibe mit der flachen Seite nach außen auf.

18.46a Die Zähne des Kupplungskorbes müssen in den Primärtrieb, das Ölpumpenrad und das Lichtmaschinenrad greifen.

40 Falls demontiert, setzen Sie den Ausrückmechanismus in den Motorritzeldeckel und schrauben Sie ihn gut fest (siehe Abb.). Schmieren Sie die linke Druckstangenhälfte und schieben Sie sie durch den Dichtring in die Eingangswelle, setzen Sie dann den Ritzeldeckel auf und schrauben Sie ihn fest (siehe Abb.). Entfernen Sie im Deckel den Gummistopfen über dem Ausrückmechanismus, lösen Sie dann die Kontermutter der Einstellschraube des Mechanismus (siehe Abb.).
Lockern Sie die Einstellschraube ein paar Umdrehungen, drehen Sie sie dann soweit hinein, bis sie die Druckstange berührt und Widerstand spürbar ist. Jetzt wird sie wieder ¼ bis ½ Umdrehung gelöst und die Kontermutter unter Festhalten der Einstellschraube angezogen (siehe Abb.). Setzen Sie den Stopfen wieder in den Deckel. Schieben Sie den Hebel wieder in der richtigen Position auf die Schaltwelle und ziehen Sie die Klemmschraube an (siehe Abb.).

41 Kontrollieren Sie das Spiel des Kupplungshebels (siehe Kapitel 1).

42 Füllen Sie den Motor mit Öl auf (siehe Kapitel 1).

Einbau – GSF 1200 Modelle

43 Entfernen Sie alle Dichtungsreste von der Motorgehäuse- und Kupplungsdeckel-Dichtfläche.

44 Falls entfernt, schieben Sie die innere Scheibe auf die Ölpumpenwelle und stecken Sie den Mitnehmerstift in die Bohrung der Welle, zentrieren Sie ihn (siehe Abb. 18.31a). Schieben Sie das Ölpumpenrad darüber, so daß der Stift in dessen Nuten greift. Schieben Sie die äußere Scheibe auf und sichern Sie alles mit dem Seegerring, der korrekt in seiner Nut sitzen muß (siehe Abb. 18.31b und a).

45 Schieben Sie die innere Druckscheibe mit der flachen Seite nach außen auf die Eingangswelle (siehe Abb.).

46 Benetzen Sie die Buchse und das Nadellager mit sauberem Motoröl. Schieben Sie den Kupplungskorb so auf die Welle, daß seine Verzahnung in das Primärzahnrad, das Lichtmaschinenrad und das Ölpumpenrad eingreift, halten Sie es in Position, und schieben Sie die Hülse und das Lager auf die Welle

18.46b Schieben Sie die Hülse und das Nadellager ein.

18.46c Schieben Sie die äußere Druckscheibe auf.

18.47a Installieren Sie den Sitz der Andrückfeder...

18.47b ...und die Andrückfeder.

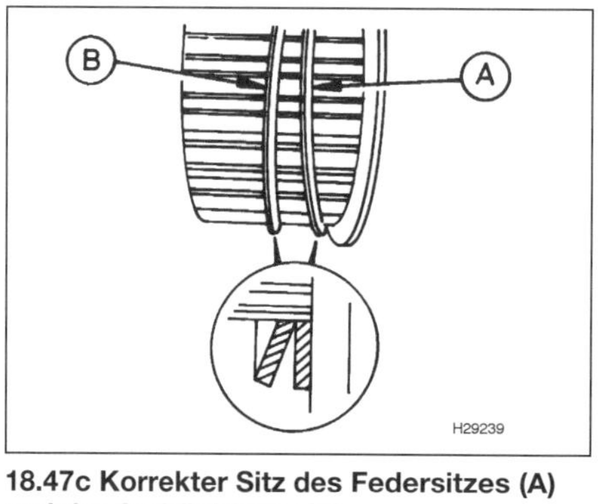

18.47c Korrekter Sitz des Federsitzes (A) und der Andrückfeder (B)

18.47d Schieben Sie die Kupplungsnabe auf die Welle.

18.48a Legen Sie zuerst eine Belagscheibe ein,...

18.48b ...gefolgt von einer Stahlscheibe.

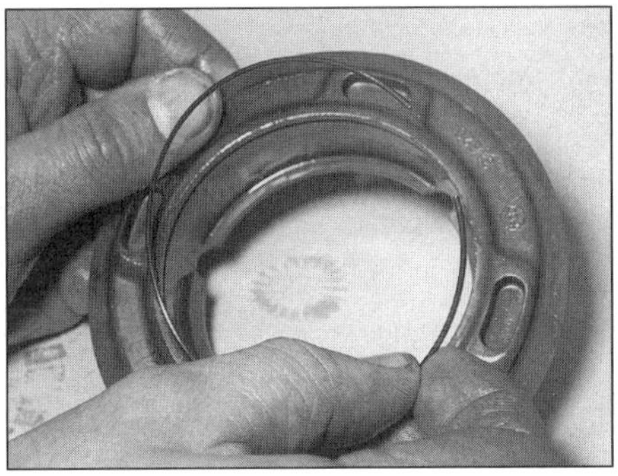

18.49a Setzen Sie den Tellerfeder-Sitz in die Druckplatte.

und in den Kupplungskorb (siehe Abb.). Schieben Sie dann die äußere Druckscheibe auf die Welle.

47 Legen Sie den Federsitz und die Andrückfeder über die Kupplungsnabe (s. Abb.), achten Sie darauf, daß die Feder richtig herum liegt – die erhabene Außenseite muß vom Sitz wegzeigen (s. Abb.). Setzen Sie dann die Kupplungsnabe auf die Wellenverzahnung (s. Abb.).

48 Bevor die Kupplungsbeläge eingebaut werden, müssen die Belagscheibe, die größer als die anderen ist (108 statt 101 mm), und die beiden Stahlscheiben, die dicker als die anderen sind (2,0 statt 1,6 mm) identifiziert werden. Die größere Belagscheibe wird zuerst über der Andrückfeder eingelegt, die beiden dickeren Stahlscheiben werden als fünfte und sechste (von neun) eingelegt. Benetzen Sie die Kupplungsscheiben vor dem Einbau mit Motoröl. Packen Sie alle Scheiben in die Kupplung. Beginnen Sie mit der größeren Belagscheibe und wechseln Sie dann immer ab, bis alle installiert sind, beachten Sie die Ordnung der dicken Stahlscheiben (siehe Abb.).

49 Falls entfernt, montieren Sie den Tellerfeder-Sitz in der Druckplatte (siehe Abb.). Legen Sie die Druckplatte in die Kupplungsnabe, legen Sie dann die beiden Tellerfedern mit dem erhabenen inneren Bund nach außen hinein (siehe Abb.).

50 Installieren Sie den Tellerfeder-Halter und sichern Sie ihn mit den drei kleinen Schrauben – verwenden Sie vorzugsweise neue (siehe Abb.). Ziehen Sie sie nach und nach sehr vorsichtig an. Fahren Sie unverzüglich mit dem nächsten Schritt fort, da die Schrauben

18.49b Legen Sie die Druckplatte auf.

18.49c Legen Sie die zwei Tellerfedern mit dem erhabenen Innenbund nach außen ein.

18.50a Setzen Sie den Tellerfeder-Halter in die Druckplatte...

18.50b ...und sichern Sie ihn mit drei neuen Schrauben.

18.51a Legen Sie die glatte Scheibe mit der erhabenen Innenseite nach außen auf.

2

18.51b Setzen Sie die Kupplungsmutter auf...

18.51c ... und ziehen Sie sie unter Gegenhalten mit dem vorgeschriebenen Drehmoment fest.

18.51d Verstemmen Sie die Mutter mit einem Körner gegen die Welle.

18.52a Schieben Sie den Druckpilz in die Welle,...

18.52b ...gefolgt vom Ausrücklager,...

18.52c ...und der Druckscheibe.

nicht stark genug sind, die Tellerfedern länger ohne die Kupplungsmutter unter Spannung zu halten.

51 Legen Sie die glatte Scheibe mit dem erhabenen inneren Bund nach außen auf die Wellenverzahnung und setzen Sie die Kupplungsmutter auf. Ziehen Sie sie, nachdem die Kupplung mit der oben beschriebenen Methode blockiert worden ist, mit dem in den technischen Daten am Anfang des Kapitels vorgeschriebenen Drehmoment an (siehe Abb.). Verstemmen Sie die Mutter mit einem Körner gegen die Welle, um sie zu sichern (siehe Abb.).

52 Falls entfernt, schmieren Sie das rechte Ende der Druckstange und schieben Sie es in die Eingangswelle (siehe Abb. 18.36a). Installieren Sie den mit Molybdänfett eingeschmierten Druckpilz. Schmieren Sie beide Seiten des Ausrücklagers und der Druckscheiben mit Öl und setzen Sie alles auf den Druckpilz (siehe Abb.).

53 Setzen Sie den Druckplatten-Heber ein und sichern Sie ihn mit dem großen Seegerring, achten Sie darauf, daß er korrekt und mit der abgerundeten Seite nach außen in seiner Nut sitzt (siehe Abb.).

54 Geben Sie etwas Dichtmasse (z.B. Suzuki Bond 1207B) auf die Verbindungsstellen der beiden Motorgehäusehälften (siehe Abb. 18.38a), achten Sie auf die Passhülsen und legen Sie eine neue Dichtung auf das Gehäuse, gehen Sie sicher, daß sie korrekt über den Paßhülsen liegt (siehe Abb. 18.38b).

55 Setzen Sie den Kupplungsdeckel auf und ziehen Sie die Schrauben schrittweise über Kreuz an, stellen Sie sicher, daß die vorderen beiden Schrauben mit neuen Dichtringen ausgerüstet sind (siehe Abb. 18.39a und b).

56 Füllen Sie den Motor mit Öl auf (siehe Kapitel 1).

18.53a Setzen Sie den Druckplatten-Heber auf,...

18.53b ...und sichern Sie ihn mit dem Seegerring.

19.1a Lösen Sie die Klemmschraube (Pfeil) und entfernen Sie den Hebel von der Schaltwelle.

19.1b Der Ritzeldeckel ist mit 5 Schrauben befestigt.

19.2a Biegen Sie die Sicherungslasche (Pfeil) auf, heben Sie den Hebel an und ziehen Sie den Nippel heraus.

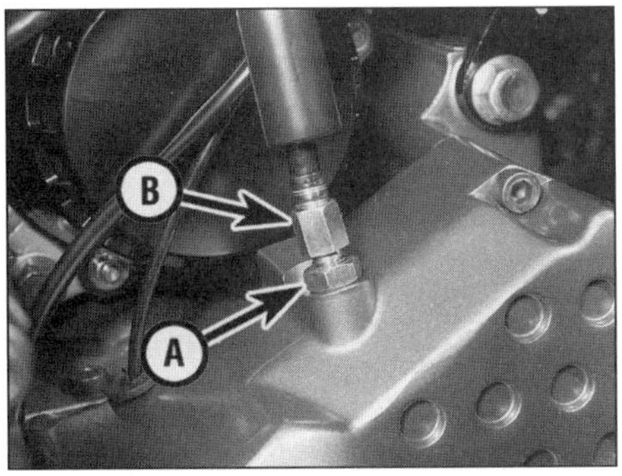

19.2b Lösen Sie die Kontermutter (A) und drehen Sie den Einsteller (B) heraus...

19.2c ...und ziehen Sie den Zug aus dem Deckel.

19.3a Ziehen Sie die Gummiabdeckung zurück,...

19 Kupplungsbowdenzug (GSF 600 Modelle)
Austausch

1 Entfernen Sie die Klemmschraube des Hebels und ziehen Sie diesen von der Schaltwelle, merken Sie sich die Position des Hebels (siehe Abb.). Wenn keine Markierungen auf Hebel und Welle sichtbar sind, machen Sie sich welche. Lösen Sie die Schrauben des Ritzeldeckels und entfernen Sie diesen (siehe Abb.).

2 Biegen Sie die Sicherungslasche am Ende des Ausrückhebels auf (siehe Abb.), heben Sie ihn an und ziehen Sie den Nippel des Bowdenzuges heraus (siehe Abb.). Heben Sie die Gummitülle vom Bowdenzugeinsteller, lockern Sie die Kontermutter oben auf dem Ritzeldeckel, lösen Sie den Einsteller und ziehen Sie den Zug aus dem Deckel (siehe Abb.).

3 Ziehen Sie die Gummiabdeckung vom Kupplungseinsteller am Lenker (siehe Abb.). Lösen Sie die Kontermutter bis zum Ende und drehen Sie den Einsteller vollständig bis zum Anschlag ein (siehe Abb.).

4 Richten Sie die Schlitze des Einstellers, der Kontermutter und der Hebelaufnahme aus und ziehen Sie die Bowdenzughülle aus ihrem Sockel. Führen Sie den inneren Zug durch den Schlitz aus und ziehen Sie den Nippel des freien Zuges aus dem Hebel (siehe Abb.). Entfernen Sie den Zug aus dem Motorrad, merken Sie sich seinen Verlauf.

Praxis TiP

Bevor Sie den Bowdenzug vom Motorrad nehmen, kann das untere Ende des neuen Zuges mit Klebeband an das obere Ende des alten Zuges geklebt werden. Jetzt wird langsam der alte Zug nach unten heraus, und damit der neue Zug von oben herein gezogen. Mit dieser Methode geht man sicher, den Zug richtig zu verlegen.

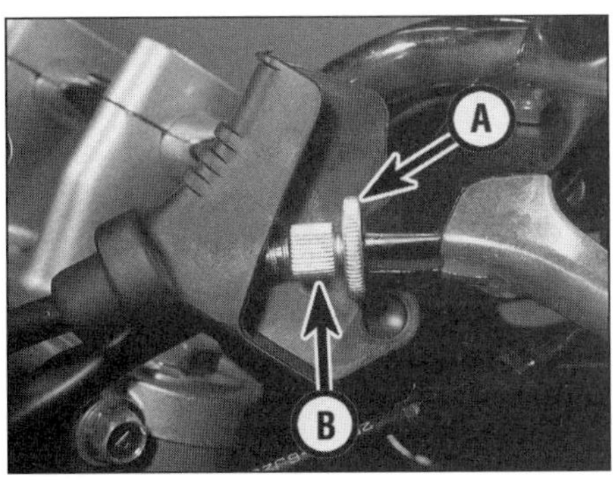

19.3b ...lösen Sie die Kontermutter (A) und schrauben Sie den Einsteller (B)...

19.4a ...so hinein, daß alle Schlitze fluchten. Ziehen Sie den Zug aus dem Einsteller...

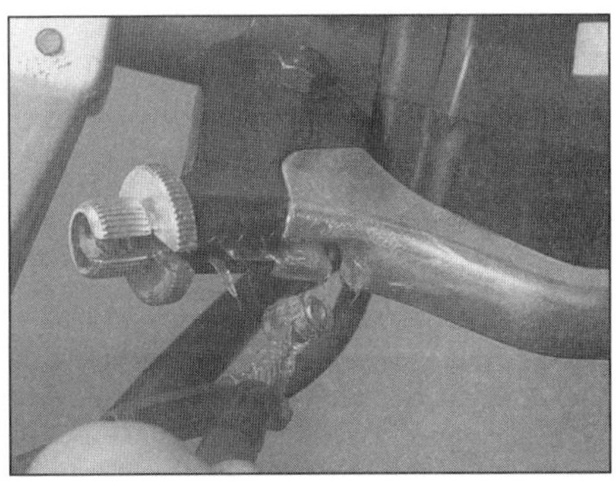

19.4b ...und dem Hebel heraus.

19.5 Biegen Sie das Sicherungsblech nach Einlegen des Nippels wieder zu.

20.4 Lockern Sie die beiden Behälterdeckelschrauben (Pfeile).

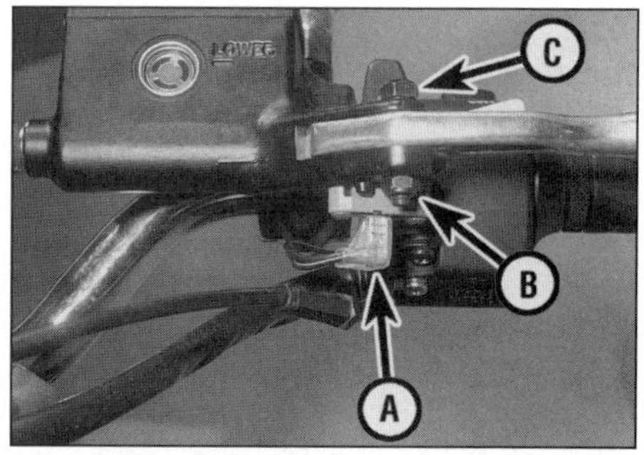

20.5 Ziehen Sie die Kupplungsschalter-Stecker (A) ab, lösen Sie die Kontermutter (B) und entfernen Sie den Bolzen (C) und den Hebel.

5 Der Einbau erfolgt in umgekehrter Reihenfolge, gehen Sie sicher, daß der Zug richtig verlegt ist. Biegen Sie die Lasche nach dem Einhängen des unteren Nippels zur Sicherung wieder zu (siehe Abb.). Kontrollieren Sie den Kupplungsausrückmechanismus auf leichtgängige Funktion und Anzeichen von Verschleiß und Beschädigung. Stellen Sie das Spiel des Kupplungshebels ein (siehe Kap.1).

20 Kupplungs-Hauptzylinder (GSF 1200 Modelle)
Ausbau, Überholung u. Montage

1 Wenn aus dem Hauptzylinder Flüssigkeit austritt, oder der Hebel beim Kuppeln ein schwammiges Gefühl erzeugt und Entlüften keine Abhilfe schafft (siehe Sektion 22) und zudem die Leitungen in gutem Zustand sind, ist eine Überholung des Kupplungs-Hauptzylinders empfehlenswert.

2 Vor dem Zerlegen des Kupplungs-Hauptzylinders sollte die ganze Arbeitsanleitung durchgelesen werden und neue Reparatur-Kits und Dichtungen beschafft sein. Ebenfalls wird neue DOT 4-Bremsflüssigkeit benötigt, sowie saubere Lappen und eine Innen-Seegerring-Zange. ***Anmerkung**: Um Lackschäden durch Bremsflüssigkeitsspritzer zu vermeiden, sollte bei Arbeiten am Kupplungs-Hauptzylinder immer der Benzintank entfernt sein.*

Achtung: Zerlegung, Überholung und Zusammenbau des Hauptzylinders sollten auf einer absolut sauberen Werkbank erfolgen, um Verunreinigungen und mögliche Fehlfunktion des Kupplungshydrauliksystems zu vermeiden.

Ausbau

3 Entfernen Sie gegebenenfalls den Rückspiegel (siehe Kapitel 7).

4 Lockern Sie die Schrauben des Behälterdeckels, aber entfernen Sie sie nicht.

5 Lösen Sie die Kabelstecker vom Kupplungsschalter (siehe Abb.).

6 Entfernen Sie die Kontermutter vom Bremshebel, schrauben Sie den Bolzen heraus und entfernen Sie den Hebel (siehe Abb. 20.5).

7 Lösen Sie die Kupplungsleitungs-Anschlußschraube und trennen Sie die Leitung vom Hauptzylinder. Die beiden Dichtscheiben müssen durch Neuteile ersetzt werden. Sichern Sie die Leitung mit einem umgewickelten Plastikbeutel vor Schmutz und weiterem Abtropfen und halten Sie sie aufrecht oder biegen Sie sie vorsichtig nach unten und lassen Sie sie über einem geeigneten Behälter auslaufen. Ziel ist es, große Flüssigkeitsverluste zu vermeiden, sowie Spritzer und Verunreinigungen zu verhindern.

20.8a Hebeln Sie die Kappen ab...

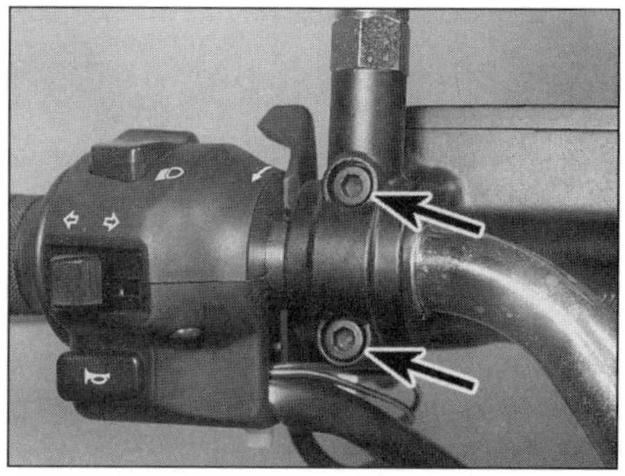

20.8b und lösen Sie die Hauptzylinder-Klemmschrauben (Pfeil).

8 Entfernen Sie die Kappen und lösen Sie die Hauptzylinder-Klemmschrauben, nehmen Sie Klemmstück und Bremszylinder vom Lenker. Beachten Sie, daß die Verbindungsfläche des Klemmstückes beim Einbau mit dem Schlitz im Zwischenstück und der Körner-Markierung unten am Lenker fluchten muß (siehe Abb.). Heben Sie den Hauptzylinder ab. ***Achtung: Hauptzylinder nicht umstoßen, da Bremsflüssigkeit auslaufen kann.***

1 Behälterdeckel
2 Membranplatte
3 Gummimembran
4 Klemmstück
5 Zwischenstück
6 Anschlußschraube
7 Dichtscheiben
8 Bremsleitung
9 Feder
10 Dichtring
11 Kolben
12 Halter
13 Seegerring
14 Gummi-Staubmanschette
15 Druckstange
16 Buchse

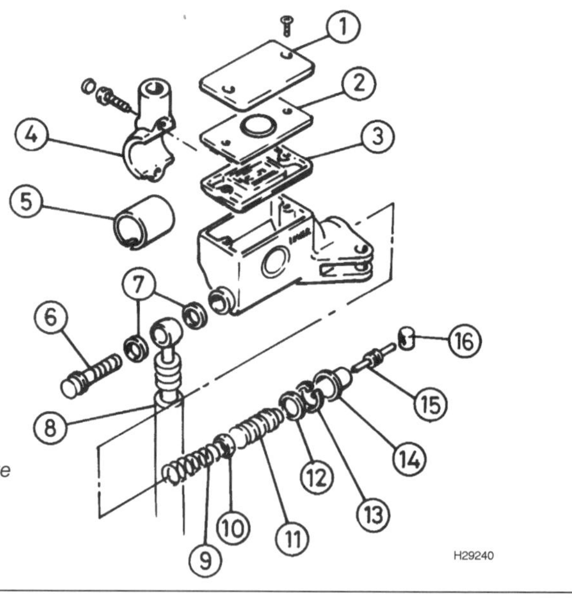

20.9 Bauteile des Kupplungs-Hauptzylinders

Überholung

9 Entfernen Sie die Deckelschrauben und nehmen Sie den Behälterdeckel, die Platte und die Gummimembrane ab (siehe Abb.). Kippen Sie die Flüssigkeit in einen geeigneten Behälter. Wischen Sie jegliche Flüssigkeitsreste mit einem sauberen Lappen aus dem Behälter.

10 Lösen Sie die Schrauben des Kupplungsschalters unterhalb des Hauptzylinders und nehmen Sie den Schalter ab.

11 Entfernen Sie vorsichtig die Buchse und die Druckstange, nehmen Sie dann die Gummi-Staubmanschette vom Ende des Kolbens (siehe Abb.).

12 Entfernen Sie mit einer Seegerringzange den Sicherungsring und ziehen Sie den Kolben samt Feder heraus. Merken Sie sich die Einbaulage und achten Sie auf penible Sauberkeit, um Schwierigkeiten beim Einbau zu vermeiden.

13 Reinigen Sie alle Teile mit frischer Bremsflüssigkeit oder Spiritus. Wenn Druckluft zugänglich ist, trocknen Sie die Teile damit anschließend (nur mit gefilterter und ölfreier Luft).

Achtung: Benutzen Sie zum Reinigen von Hydraulikteilen unter keinen Umständen Lösungsmittel auf Petroleumbasis.

14 Inspizieren Sie die Hauptzylinderbohrungen auf Anzeichen von Korrosion, Kerben und Schleifspuren sowie Abplatzungen. Wenn defekte Oberflächen vorhanden sind, muß der Hauptzylinder ersetzt werden. Wenn der Hauptzylinder in schlechtem Zustand ist, sollte auch der Ausrückzylinder kontrolliert werden. Kontrollieren Sie, ob die Bohrungen und Kanäle frei sind.

15 Die Kolbenbaugruppe samt Feder, Seegerring und Staubmanschette sind nur zusammen als Satz erhältlich. Benutzen Sie unabhängig vom Zustand der alten Teile immer alle Neuteile.

16 Setzen Sie die Feder mit dem weiteren Ende in den Hauptzylinder, so daß das kleinere Ende herausschaut.

17 Schmieren Sie die Kolbenbaugruppe mit sauberer Bremsflüssigkeit und setzen Sie sie in den Hauptzylinder, gehen Sie dabei sicher,

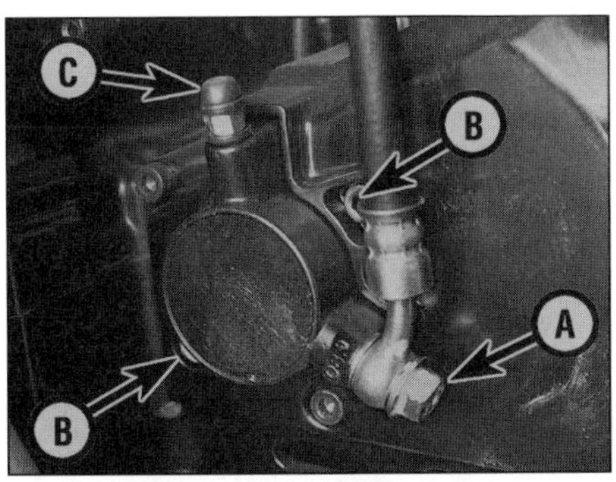

21.1 Kupplungs-Ausrückzylinder

A Kupplungsleitung-Anschlußschraube
B Zylinder-Befestigungsschrauben
C Entlüfterventil mit Kappe

20.21 Die Klemmung muß mit dem Schlitz im Zwischenstück (Pfeil) und der Körner-Markierung im Lenker fluchten.

daß die Einbaurichtung stimmt und die Lippen der Kolbendichtung nicht umklappen, wenn sie in die Bohrung geschoben wird. Drücken Sie den Kolben hinein und setzen Sie den neuen Seegerring vollständig in seine Nut.

18 Installieren Sie die Gummimanschette, die Druckstange und die Buchse, achten Sie darauf, daß die Lippe korrekt in der Kolbennut sitzt.

19 Montieren Sie den Kupplungsschalter.

20 Inspizieren Sie die Gummimembrane des Ausgleichsbehälters und ersetzen Sie sie, wenn sie beschädigt oder spröde ist.

Einbau

21 Halten Sie den Hauptzylinder an den Lenker und setzen Sie das Klemmstück an. Lassen Sie die untere Verbindung mit dem Schlitz im Zwischenstück und der Körnermarkierung im Lenker fluchten. Ziehen Sie zuerst die obere Schraube und dann die untere mit dem in den technischen Daten angegebenen Drehmoment an (siehe Abb.). Unten wird zwischen der Klemmung und dem Hauptzylinder ein Abstand bleiben.

22 Verbinden Sie die Hydraulikleitung mit dem Hauptzylinder, benutzen Sie auf beiden Seiten des Anschlusses neue Dichtscheiben. Positionieren Sie die Leitung so, wie sie beim Ausbau lag. Ziehen Sie die Anschlußschraube mit dem vorgeschriebenen Drehmoment an.

23 Installieren Sie den Kupplunghebel in seinen Halter und schrauben Sie den Bolzen ein. Sichern Sie ihn mit der Kontermutter (siehe Abb. 20.5).

24 Schließen Sie den Stecker an den Kupplungsschalter an (siehe Abb. 20.5) und befestigen Sie den Rückspiegel (siehe Kapitel 7).

25 Füllen Sie den Hauptzylinder mit DOT 4-Bremsflüssigkeit (siehe unter Tägliche Kontrolle) und entlüften Sie das Hydrauliksystem, wie in Sektion 22 beschrieben.

26 Setzen Sie die korrekt gefaltete Gummimembrane, die Platte und den Deckel auf den Ausgleichsbehälter des Hauptzylinders und ziehen Sie die Schrauben fest.

21 Kupplungs-Ausrückzylinder (GSF 1200 Modelle)
Ausbau, Überholung und Einbau

Ausbau

1 Entfernen Sie die Anschlußschrauben der Hydraulikleitung vom Ausrückzylinder, merken Sie sich die Lage des Anschlusses (siehe Abb.). Stopfen Sie das Leitungsende zu oder wickeln Sie eine Plastiktüte darum, um Flüssigkeitsaustritt und Eindringen von Dreck zu vermeiden. Die Dichtringe müssen beim Zusammenbau auf jeden Fall durch Neuteile ersetzt werden. ***Anmerkung**: Wenn Sie eine Überholung des Ausrückzylinders planen und keine Druckluft zur Verfügung haben, um den Kolben herauszupressen, sollte die Anschlußschraube nur gelockert und wieder leicht angezogen werden, so daß man nach dem Lösen des Zylindergehäuses vom Motor den Kolben mit Hilfe der Hydraulik herausdrücken kann. Lösen Sie erst dann den Anschluß vollständig.*

2 Lösen Sie die beiden Schrauben, die den Ausrückzylinder am Ritzeldeckel halten, und ziehen Sie den Zylinder ab (siehe Abb. 21.1). Stellen Sie die beiden Paßhülsen sicher, falls sie lose im Deckel stecken. Wenn der Zylinder nicht zerlegt werden soll, darf der Kupplungshebel jetzt nicht mehr betätigt werden.

Praxis TiP ***Wenn der Ausrückzylinder nicht zerlegt werden soll, kann der Kolben mit Draht, der durch die Befestigungs-Bohrungen gespannt wird, vor dem Herausfallen gesichert werden.***

Überholung

3 Der Ausrückzylinder besitzt an der Unterseite eine Nut, durch die Hydraulikflüssigkeit ablaufen kann, falls die Kolbendichtung versagt. Die Flüssigkeit würde anderenfalls an der einfach abgedichteten Druckstange vorbei ins Getriebe gedrückt werden.

4 Haben Sie einige saubere Lappen zur Hand, und pumpen Sie mit dem Kupplungshebel den Kolben heraus. Wenn die Leitung bereits entfernt ist, kann Druckluft direkt an den Leitungsanschluß gehalten und der Kolben herausgepreßt werden.

⚠ ***Warnung: Setzen Sie den Zylinder nur schwach unter Luftdruck, ansonsten wird der herausfliegende Kolben beschädigt oder Verletzungen hervorrufen.***

5 Entfernen Sie die Feder aus dem Kolben.

6 Entfernen Sie mit einem Holz- oder Plastikwerkzeug die Kolbendichtungen aus der Kolben-Nut.

7 Reinigen Sie Bohrungen und Kolben mit sauberer Bremsflüssigkeit.

Achtung: Benutzen Sie kein Lösungsmittel auf Petroleumbasis zum Reinigen von Hydraulikteilen.

8 Inspizieren Sie die Ausrückzylinder-Bohrun-

2

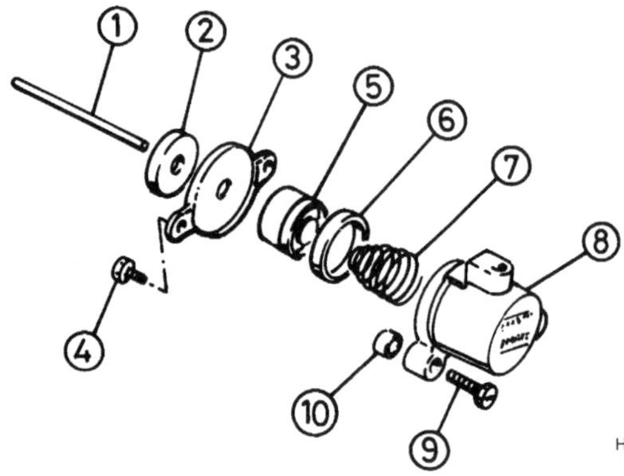

1 Linke Druckstangenhälfte
2 Wellendichtring
3 Kolben-Halteplatte
4 Halteplattenschrauben
5 Kolben
6 Kolben-Dichtring
7 Feder
8 Ausrückzylinder
9 Befestigungsschrauben
10 Paßhülsen

21.9 Bauteile des Kupplungs-Ausrückzylinders

gen und Kolben auf Anzeichen von Korrosion, Kerben und Schleifspuren sowie Abplatzungen. Wenn defekte Oberflächen vorhanden sind, müssen Zylinder und Kolben ersetzt werden. Wenn die nötigen Meßgeräte vorhanden sind, können die Durchmesser des Kolbens und Bohrungen mit den technischen Daten verglichen, und außerhalb des Toleranzbereiches liegende Teile ausgetauscht werden.

9 Schmieren Sie die neuen Kolbendichtungen mit sauberer Bremsflüssigkeit und setzen Sie sie in ihre Nuten am Kolben. Setzen Sie die Feder so in den Ausrückzylinder, daß die schmalere Seite zum Kolben zeigt (siehe Abb.). Schmieren Sie Kolben und Dichtring mit sauberer Bremsflüssigkeit, und setzen Sie alles richtig herum in den Zylinder, drücken Sie den Kolben mit dem Daumen hinein.

10 Um Zugang zum Druckstangen-Dichtring zu erhalten, wechseln Sie zu Sektion 18, Schritt 29. Falls nötig, kann die Kolben-Halteplatte nach Lösen der beiden Schrauben entfernt werden.

Einbau

11 Falls die linke Druckstangenhälfte entfernt war, muß sie mit Motoröl eingeschmiert und in den Ritzeldeckel geschoben werden. Geben Sie einen Klecks Fett auf das Ende und installieren Sie den Ausrückzylinder.

12 Setzen Sie die Zylinder-Halteschrauben und ziehen Sie sie fest (siehe Abb. 21.1).

13 Wenn die Hydraulikleitung entfernt war, müssen auf beiden Seiten der Anschlüsse neue Dichtringe verwendet und nach dem korrekten Ausrichten die Anschlußschraube mit dem vorgeschriebenen Drehmoment angezogen werden (siehe Abb. 21.1).

14 Entfernen Sie die beiden Hauptzylinderdeckel-Schrauben und heben Sie den Deckel, die Platte und die Membrane ab. Füllen Sie den Behälter mit neuer DOT 4 Bremsflüssigkeit auf (siehe Tägliche Kontrolle), und entlüften Sie das System, wie in der folgenden Sektion beschrieben.

22 Kupplungshydraulik
Entlüftung (GSF 1200 Modelle)

1 Entlüften der Kupplung besagt, daß alle Luftblasen aus dem Kupplungsflüssigkeitsbehälter, der Leitung und dem Ausrückzylinder entfernt werden. Entlüften ist immer notwendig, wenn eine Hydraulik-Verbindung gelöst wurde, wenn eine Komponente oder Leitung gewechselt wurde oder wenn der Haupt- oder Ausrückzylinder überholt wurde. Lecks im System können ebenfalls das Eindringen von Luft ermöglichen, aber sie zeigen auch durch auslaufende Flüssigkeit das Problem an und weisen auf eine dringend notwendige Reparatur hin.

2 Zum Kupplungsentlüften wird neue DOT 4-Bremsflüssigkeit, ein durchsichtiger Vinyl- oder Plastikschlauch und ein zum Teil mit sauberer Bremsflüssigkeit gefüllter Behälter benötigt, dazu Lappen und ein Ringschlüssel für das Entlüftungsventil.

3 Decken Sie den Benzintank und andere gefährdete Lackteile ab, die Bremsflüssigkeitsspritzer abbekommen könnten.

4 Stellen Sie das Motorrad auf den Hauptständer oder eine entsprechende Stütze, so daß der Hauptzylinder waagerecht steht. Entfernen Sie den Ausgleichsbehälterdeckel, die Platte und die Gummimembrane und pumpen Sie langsam einige Male, bis keine aus den Bohrungen am Grund des Behälters aufsteigenden Blasen mehr zu sehen sind. Hierdurch ist das letzte Teil der Linie bereits entlüftet.

5 Ziehen Sie die Staubkappe vom Entlüfterventil des Ausrückzylinders und stülpen Sie das eine Ende des durchsichtigen Schlauchs auf das Ventil (siehe Abb. 21.1). Stecken Sie das andere Ende in die Bremsflüssigkeit des Sammelbehälters (siehe Abb.). Kontrollieren Sie den Flüssigkeitsstand. Lassen Sie den Pegel während des Prozesses nicht unter die untere Markierung sinken.

6 Pumpen Sie vorsichtig drei- oder viermal mit dem Hebel und halten Sie ihn gezogen, während das Entlüftungsventil geöffnet wird und Bremsflüssigkeit aus dem Zylinder durch den Schlauch in den Behälter fließt.

7 Drehen Sie das Entlüfterventil wieder leicht an und lassen sie den Hebel los. Wiederholen Sie diesen Prozeß, bis in der ausfließenden Bremsflüssigkeit keine Blasen mehr zu sehen sind und am Hebel ein Druckpunkt zu spüren ist. Zum Schluß wird der Entlüftungsschlauch abgenommen und das Ventil mit dem in den technischen Daten angegebenen Drehmoment festgezogen sowie die Staubkappe aufgesetzt.

8 Kontrollieren Sie den Flüssigkeitsstand, wie in den Täglichen Kontrollen beschrieben und installieren Sie die Gummimembrane, die Membrane-Platte und den Deckel. Wischen Sie verschüttete Bremsflüssigkeit unverzüglich mit einem nassen Lappen ab und kontrollieren Sie das ganze System auf Undichtigkeiten.

23 Schaltmechanismus (externe Teile)
Ausbau, Kontrolle und Einbau

Anmerkung: *Die außenliegenden Teile des Schaltmechanismus können bei im Rahmen eingebautem Motor demontiert werden.*

Ausbau

1 Entfernen Sie die Kupplung (s. Sektion 18).

2 Legen Sie den Leerlauf ein, lösen Sie die Klemmschraube des Hebels auf der Schaltwelle und ziehen Sie den Hebel ab. Merken Sie sich seine Einbaulage (siehe Abb. 19.1a). Wenn keine Markierungen auf Hebel und Welle zu sehen sind, bringen Sie selber welche an, so daß die Schalthebelgruppe beim Zusammenbau wieder korrekt montiert werden kann.

3 Entfernen Sie die Schrauben des Ritzel-Deckels und nehmen Sie diesen vom Motorgehäuse (siehe Abb. 19.1b). Der Deckel kann zusammen mit dem Kupplungsbowdenzug (600er Modelle) oder der Hydraulikleitung und dem Ausrückzylinder (1200er Modelle) beiseite genommen werden. Entfernen Sie den Sicherungsring links von der Schaltwelle und ziehen Sie die Scheibe ab.

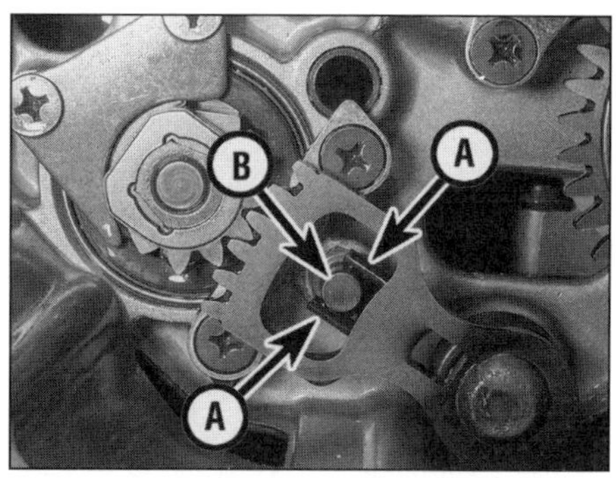

23.4 Merken Sie sich vor der Demontage die Lage der Teile zueinander. Beachten Sie auch, wie die Feder (A) am Stift (B) anliegt.

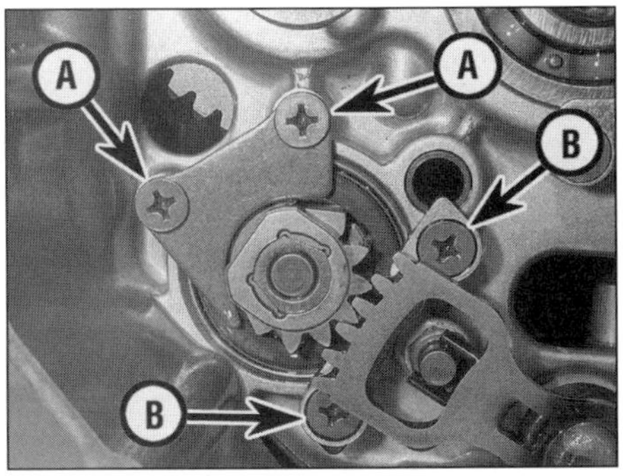

23.5 Entfernen Sie die Schrauben, die den Sperrklinkenheber (A) und die Schaltwippen-Führungsplatte (B) sichern.

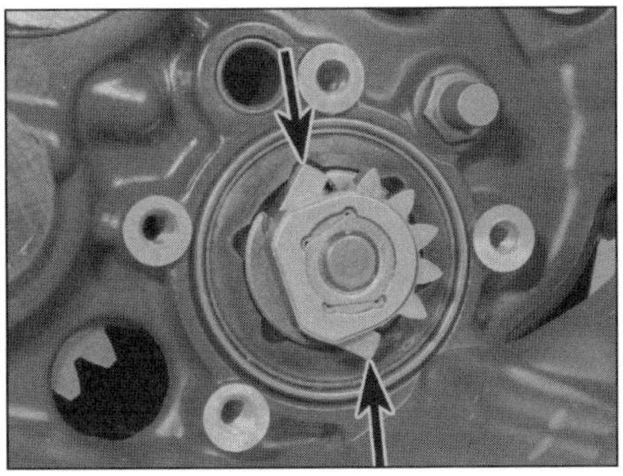

23.2 Halten Sie die Sperrklinken (Pfeile), so daß sie nicht herausfliegen, wenn die Schaltwippe ausgebaut wird.

23.8a Hebeln Sie den alten Schaltwellen-Dichtring heraus,...

4 Wechseln Sie auf die rechte Seite des Motors, merken Sie sich, wie die Enden der Rückholfeder zu ihrem Anschlagstift im Kurbelgehäuse liegen und wie die Schaltarmzähne in die der Schaltwalze greifen. Ziehen Sie die Schaltwelle dann rechts aus dem Motor (siehe Abb.).

5 Lösen Sie die Schraube des Sperrklinken-Hebers und der Schaltwippen-Führungsplatte und entfernen Sie sie (siehe Abb.). Die Schrauben sind mit Sicherungspaste montiert, so daß es nötig sein kann, sie mit einem Schlagschrauber ausbauen zu müssen.

6 Die Sperrklinken sitzen federbelastet in der Schaltwippe. Beim Ausbau sollten sie mit Fingern vor dem Herausspringen gesichert werden (siehe Abb.). Entfernen Sie die Wippe zusammen mit den Klinken, lösen Sie sie erst auf der Werkbank vorsichtig, merken Sie sich, wie sie mit den Stiften und Federn montiert werden.

Kontrolle

7 Begutachten Sie die Feder des Arretierhebels auf Ermüdung, Verschleiß und Beschädigungen, gegebenenfalls muß sie ersetzt werden. Achten Sie auf festen Sitz des Anschlagstiftes im Motorgehäuse.

8 Kontrollieren Sie Schaltwelle auf Krümmung und Beschädigung der Verzahnung. Wenn die Welle verbogen ist, kann sie gerichtet werden, bei einer kaputten Verzahnung muß sie gewechselt werden. Kontrollieren Sie ebenfalls den Zustand des Schaltwellendichtrings links im Motorgehäuse. Falls er beschädigt oder verhärtet ist, muß er ersetzt werden. Hebeln Sie den alten Ring raus und treiben Sie mit Hilfe eines geeigneten Dornes den neuen senkrecht ein, die Dichtlippen müssen nach innen zeigen.

9 Kontrollieren Sie die Schaltwippe, Sperrklinken, Stifte und Federn. Wenn sie verschlissen oder beschädigt sind, müssen die Teile ersetzt werden.

Einbau

10 Montieren Sie die Federn, die Stifte und die Sperrklinken wie gezeigt in die Schaltwippe (siehe Abb.). Gehen Sie sicher, daß die abgerundeten Seiten der Klinken in die runden Ausschnitte der Wippe greifen und die breiteren Ränder zu den Zähnen zeigen. Es ist nötig, die Sperrklinken solange in Position zu halten, bis die Wippe in das Ende der Schaltwalze installiert ist.

11 Setzen Sie die Schaltwippe mit den Zähnen nach vorne unten ein, so daß sie mittig in die Zähne des Schaltarms greift. Setzen Sie die Befestigungsschrauben des Sperrklinkenhebers und der Wippenführung mit Schraubensicherung ein und ziehen Sie sie nach Aufsetzen der Platten sorgfältig fest (siehe Abb. 23.5).

12 Schmieren Sie Heißlagerfett auf die Dichtlippen des Schaltwellen-Dichtringes links im Motorgehäuse.

13 Falls entfernt, setzen Sie die Rückholfeder auf die Schaltwelle und klemmen Sie deren Enden beidseitig an den Stift des Arms. Ölen Sie die Welle ein und stecken Sie sie in die Bohrung im Motor, dabei muß der Schaltarm in die richtige Position zur Schaltwippe gebracht werden. Gehen Sie sicher, daß die Rückholfeder richtig an den Stiften des Motorgehäuses und des Wellenarms sitzt (siehe Abb. 23.4).

14 Schieben Sie die Scheibe und den Sicherungsring links auf die Schaltwelle und installieren Sie den Ritzeldeckel.

15 Setzen Sie den Schaltwellenhebel links auf das Ende der Welle, gehen Sie dabei sicher, daß die Markierungen fluchten, und überprüfen Sie, ob der Mechanismus korrekt arbeitet (siehe Abb. 19.1a). Ziehen Sie die Klemmschraube fest.

16 Montieren Sie die Kupplung (siehe Sektion 18).

24 Starterantrieb und Freilauf
Ausbau, Kontrolle und Einbau

Anmerkung: *Starterantrieb und Freilauf können ausgebaut werden, wenn der Motor sich*

2

23.8b ...setzen Sie einen neuen mit den Dichtlippen nach innen zeigend in die Bohrung...

23.8c ...und treiben Sie ihn mit einem passenden Steckschlüsseleinsatz ein.

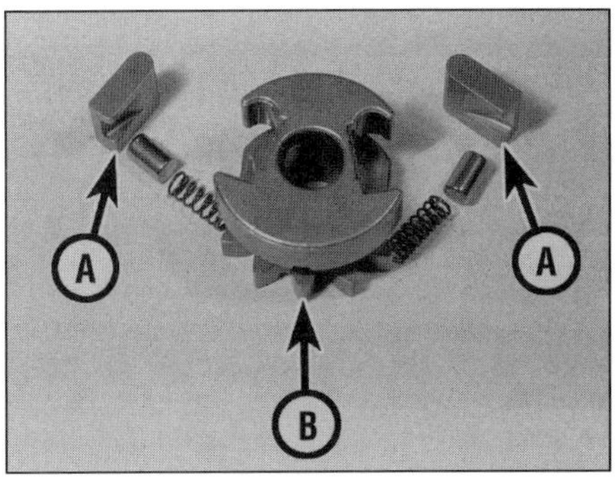

23.10 Die breiten Ränder der Klinken (A) müssen auf der Seite der Zähne (B) liegen.

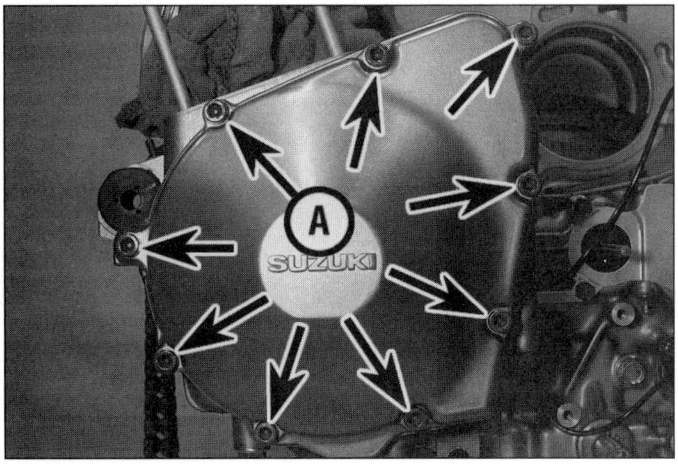

24.1 Der Starterantriebs-Deckel wird mit neun Schrauben (Pfeile) gehalten, von denen eine (A) eine Dichtscheibe trägt.

24.2 Ziehen Sie die Welle (A) heraus, und entfernen Sie das Untersetzungszahnrad (B).

im Rahmen befindet. Stellen Sie das Motorrad auf den Hauptständer oder eine entsprechende Stütze, um starken Ölverlust zu vermeiden, wenn der Starterfreilauf-Deckel demontiert wird.

Ausbau

1 Lösen Sie kreuzweise Schritt für Schritt die Schrauben des Starterfreilauf-Deckels vorne links am Motor, beachten Sie die Dichtscheibe an der Schraube vorne oben (siehe Abb.). Heben Sie den Deckel ab, seien Sie auf auslaufendes Öl gefaßt. Entfernen Sie die Dichtung und werfen Sie sie weg. Merken Sie sich die Position der Paßhülse und stellen Sie sie sicher, falls sie locker ist. Beachten Sie die Lage der Untersetzungszahnrad-Welle im der Buchse im Deckel.

2 Ziehen Sie die Welle des Untersetzungszahnrades heraus und entfernen Sie unter Beachtung der Einbaulage das Zahnrad (siehe Abb.).

3 Um die Schraube des Starterfreilaufs zu lösen, ist es nötig, mit einer der folgenden Methoden die Kurbelwelle zu blockieren:

a) *Wenn der Motor sich im Rahmen befindet, kann ein Gang eingelegt, und von einem Assistenten die Hinterradbremse betätigt werden.*

b) *Wenn der Zylinderblock entfernt ist, können die Kolben mit einem untergelegten Stück Holz blockiert werden.*

c) *Benutzen Sie das Suzuki Werkzeug (Nr. 09920-34810) oder ein Halte-Werkzeug, ähnlich des im Werkzeug-Tip in Sektion 18 beschriebenen, doch sollten statt umgebogener Enden dort Schrauben sitzen, die in die Löcher des Starterfreilaufs greifen und ihn am Mitdrehen hindern.*

Lockern Sie die Schraube ein paar Umdrehungen, aber entfernen Sie sie NICHT aus der Kurbelwelle, da sie noch als Teil des unten beschriebenen Abziehers fungieren muß.

4 Der Starterfreilauf sitzt auf dem Konus der Kurbelwelle, um ihn abziehen zu können, wird das Suzuki-Werkzeug Nr. 09920-33720 benötigt. Es wird auf das Außengewinde des Starterfreilaufs geschraubt und mit einem passenden Maulschlüssel an den abgeflachten Stellen außen gehalten. Der Bolzen wird gegen die Freilauf-Schraube gezogen. Wenn der Konus-Sitz sich gelöst hat, wird das Werkzeug entfernt und die Schraube ganz gelöst. Entfernen Sie den Freilauf zusammen mit dem Starter-Antriebs-Zahnrad.

5 Reinigen Sie den Deckel und das Motorgehäuse von allen Dichtungsresten.

Kontrolle

6 Setzen Sie, falls demontiert, das Starterzahnrad in den Starterfreilauf und überprüfen Sie, mit dem Rotor auf der Werkbank liegend, ob es sich frei gegen den Uhrzeigersinn drehen läßt und blockiert, wenn man es im Uhrzeigersinn drehen will. Falls dieses nicht der Fall ist, muß der Freilauf ersetzt werden.

7 Ziehen Sie das Antriebszahnrad vom Freilauf ab. Wenn es feststeckt, drehen Sie es gleichzeitig gegen den Uhrzeigersinn.

8 Kontrollieren Sie die Lagerlauffläche der Zahnradnabe und den Zustand der Rollen im Freilaufrad (siehe Abb.). Wenn die Lauffläche Zeichen erhöhten Verschleißes aufweist oder die Rollen beschädigt, abgeflacht oder zerkratzt sind, müssen sie ersetzt werden.

9 Begutachten Sie die Zähne des Untersetzungszahnrades, des Starterrades und der Antriebswelle am Startermotor. Ersetzen Sie die Zahnräder und/oder den Startermotor, wenn sie verschlissen sind oder abgebrochene Zähne aufweisen. Begutachten Sie die Untersetzungswelle auf Beschädigungen und

24.3 Halten Sie den Freilauf mit dem Haltewerkzeug und lockern Sie die Freilaufschraube.

24.4 Schrauben Sie den Abzieher auf den Freilauf, halten Sie ihn mit einem Maulschlüssel und ziehen Sie den Bolzen an, bis der Freilauf sich vom Konus löst.

24.8 Kontrollieren Sie die Naben-Oberfläche (A) und die Rollen (B).

24.12a Setzen Sie die Starterfreilauf-Baugruppe auf die Kurbelwelle.

24.12b Setzen Sie die Freilaufschraube mit Schraubensicherung ein,...

24.12c ...hindern Sie den Freilauf am Mitdrehen, und ziehen Sie die Schraube mit dem vorgeschriebenen Drehmoment fest.

kontrollieren Sie, ob das Zahnrad nicht lose auf der Welle sitzt. Ersetzen Sie die Welle gegebenenfalls.

Einbau

10 Schmieren Sie die Nabe des Starterrades mit Motoröl und setzen Sie es in den Freilauf, indem Sie es gegen den Uhrzeigersinn drehen.

11 Reinigen Sie den Konus auf der Kurbelwelle und das Gegenstück im Freilauf mit Lösungsmittel, bis alles fettfrei ist, und blasen Sie alles mit Druckluft trocken.

12 Setzen Sie die Starterfreilauf-Baugruppe auf den Kurbelwellenstumpf (siehe Abb.). Geben Sie Schraubensicherung auf das Gewinde der Freilaufschraube und setzen Sie sie ein (siehe Abb.). Blockieren Sie den Freilauf mit der beim Ausbau verwendeten Methode, und ziehen Sie die Schraube mit dem vorgeschriebenen Drehmoment fest (siehe Abb.).

13 Schmieren Sie das Untersetzungsrad mit sauberem Motoröl ein, setzen Sie das Rad so ein, daß das kleine Zahnrad außen liegt und alle Zähne greifen, schieben Sie die Welle ein (siehe Abb.).

14 Geben Sie etwas Dichtmasse (z.B. Suzuki Bond 1207B) auf die Verbindungsstellen der Motorgehäusehälften (siehe Abb.). Falls entfernt, setzen Sie die Paßhülse in das Gehäuse und legen Sie eine neue Dichtung auf (siehe Abb.). Setzen Sie den Deckel auf, unterlegen Sie die Schraube oben vorne mit einem Dichtring, und ziehen Sie alle Schrauben kreuzweise Schritt für Schritt fest (siehe Abb.).

15 Kontrollieren Sie den Ölstand und füllen Sie gegebenenfalls Öl nach (siehe Tägliche Kontrolle).

24.13a Positionieren Sie das Untersetzungszahnrad in das Gehäuse,...

24.13b ...lassen Sie die Zähne korrekt greifen und schieben Sie die Welle ein.

24.14a Geben Sie Dichtmasse auf die Verbindungen der beiden Motorgehäusehälften (Pfeile).

24.14b Legen Sie eine neue Dichtung über die korrekt eingesetzte Paßhülse.

24.14c Setzen Sie den Deckel auf.

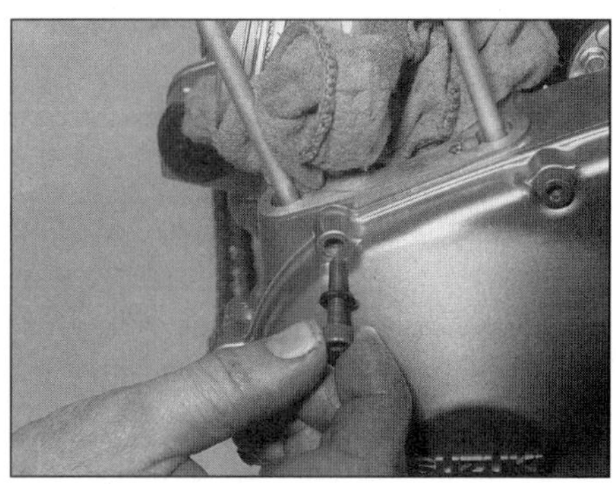

24.14d Die Schraube vorne oben ist mit einem Dichtring ausgerüstet.

25.3 Entfernen Sie die Anschlußschrauben der Ölleitungen (Pfeile).

25 Ölwanne, Ölsieb und Druckregler
Ausbau, Kontrolle und Einbau

Anmerkung: *Die Ölwanne und das Sieb können bei im Rahmen befindlichen Motor ausgebaut werden. Bei ausgebautem Motor können die einleitenden Schritte ignoriert werden.*

Ausbau

1 Entfernen Sie die Auspuffanlage (s. Kap. 3).

2 Lassen Sie das Motoröl ab (siehe Kap.1).

3 Lösen Sie die Anschlußschrauben der Ölkühlerleitungen direkt unter dem Ölfilter von der Ölwanne (siehe Abb.). Die Dichtringe müssen durch neue ersetzt werden.

25.6 Die Öl-Ansaugglocke wird mit zwei Schrauben gehalten (Pfeile).

25.12b ...und das Plättchen in den Öl-Rücklauf.

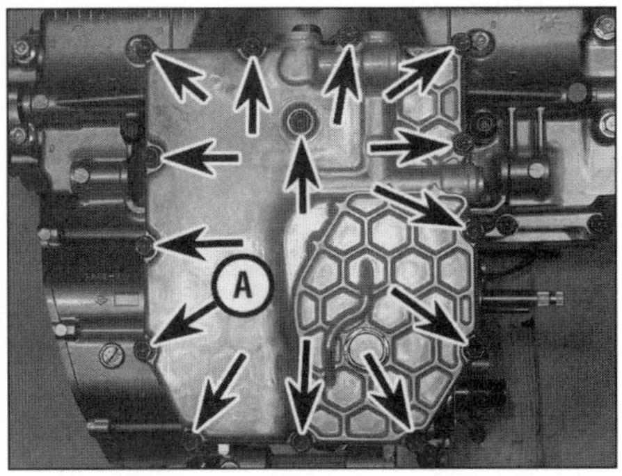

25.2 Die Ölwanne ist mit vierzehn Schrauben gesichert, von denen eine (A) mit einer Dichtscheibe ausgerüstet ist.

4 Lösen Sie die Ölwannenschrauben schrittweise über Kreuz, um Verzug zu vermeiden, vergessen Sie nicht die Schraube in der Mitte (siehe Abb.). Beachten Sie die Schraube mit dem Dichtring. Entfernen Sie die Wanne und ihre Dichtung (siehe Abb.). Die Dichtung muß auf jeden Fall durch eine neue ersetzt werden.

5 Schrauben Sie den Öldruckregler aus der Wanne (siehe Abb.).

6 Lösen Sie die beiden Schrauben, die das Ölsieb unten im Motorgehäuse halten und entfernen Sie das Sieb und die Dichtung, die später durch eine neue ersetzt werden muß.

7 Entfernen Sie das Plättchen und den O-Ring des Öl-Rücklaufs unten aus dem Motorgehäuse direkt neben dem Ölsieb (siehe Abb. 25.12b). Der O-Ring muß jedesmal durch ein Neuteil ersetzt werden, wenn die Ölwanne demontiert wird.

25.12a Setzen Sie einen neuen O-Ring...

25.13a Das Ölsieb wird mit drei Schrauben (Pfeile) an der Glocke gehalten. Der Pfeil muß nach vorne zeigen.

25.3 Der Öldruckregler sitzt in der Ölwanne.

8 Entfernen Sie alle Dichtungsreste von den Dichtflächen der Wanne und des Kurbelgehäuses.

Kontrolle

9 Reinigen Sie die Ölwanne, alle Ölkanäle müssen frei von Rückständen sein.

10 Stellen Sie sicher, daß das Sieb sauber ist und entfernen Sie jeglichen Schmutz aus seinen Maschen. Kontrollieren Sie das Sieb auf jegliche Anzeichen von Verschleiß und Beschädigung und ersetzen Sie es gegebenenfalls. Es ist mit drei Schrauben an der Ansaugglocke befestigt (siehe Abb. 25.13a).

11 Reinigen Sie den Druckregler, kontrollieren Sie, ob der Kolben sich frei im Gehäuse bewegen kann. Achten Sie auf Verschleiß und Beschädigungen und ersetzen Sie ihn gegebenenfalls.

Einbau

12 Legen Sie einen neuen O-Ring in den Öl-Rücklauf auf der Unterseite des Motorgehäuses, und setzen Sie das Plättchen ein (s. Abb.).

13 Falls entfernt, montieren Sie das Sieb an die Ansaugglocke, achten Sie darauf, daß der Pfeil in Fahrtrichtung zeigt, und ziehen Sie die Schrauben an (siehe Abb.). Setzen Sie die Sieb-Baugruppe mit einer neuen Dichtung an das Gehäuse und ziehen Sie die Schrauben fest (siehe Abb.).

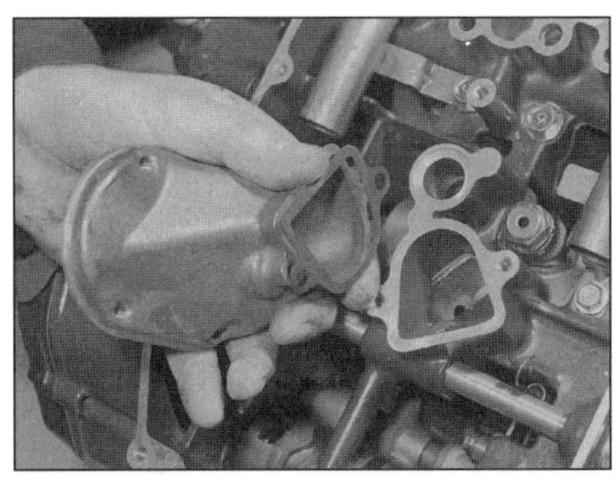

25.13b Installieren Sie die Ansaugglocke mit einer neuen Dichtung.

25.15 Legen Sie eine neue Dichtung auf...

25.16a ...und setzen Sie die Ölwanne auf.

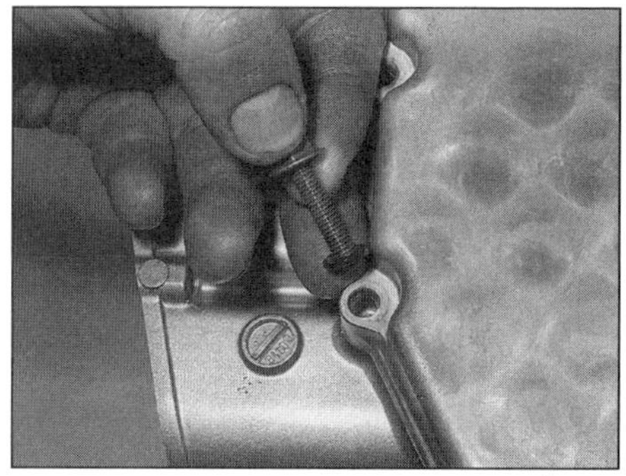

25.16b Vergessen Sie nicht, daß eine Ölwannenschraube mit einem Dichtring ausgerüstet sein muß.

14 Setzen Sie den Druckregler mit einer neuen Sicherungsscheibe ein und ziehen Sie ihn vorschriftsmäßig fest (siehe Abb. 25.5).

15 Legen Sie eine neue Ölwannen-Dichtung auf (siehe Abb.). Stellen Sie sicher, daß die Löcher der Dichtung mit den Schraubenbohrungen fluchten.

16 Positionieren Sie die Ölwanne am Motorgehäuse, setzen Sie die Schrauben ein – die eine Schraube rechts muß mit einem neuen Dichtring ausgerüstet werden (siehe Abb.), und ziehen Sie sie kreuzweise mit dem in den technischen Daten angegebenen Drehmoment an (siehe Abb. 25.4).

17 Montieren Sie die Ölkühlerleitungen an die Ölwanne. Verwenden Sie neue Dichtringe und ziehen Sie die Anschlußschrauben wie vorgeschrieben an (siehe Abb.).

18 Installieren Sie die Auspuffanlage (siehe Kapitel 3).

19 Füllen Sie den Motor mit der vorgeschriebenen Menge Motoröl (siehe Kapitel 1), starten Sie die Maschine und kontrollieren Sie den Ölsumpf auf Undichtigkeiten.

26 Motorgehäuse
Trennung und Zusammenbau

Anmerkung: *Die Bezeichnungen der rechten und linken Enden der Antriebswelle beziehen sich immer auf die korrekte Lage des Motors, d.h. wenn der Motor auf dem Kopf steht, befindet sich das rechte Ende links vom Betrachter und umgekehrt.*

Trennen

1 Um Arbeiten an der Ölpumpe, der Kurbelwelle, der Steuerkette und Führungsschiene, den Pleuel, den Lagern und den Getriebekomponenten durchzuführen, muß das Kurbelgehäuse getrennt werden.

2 Um das Gehäuse trennen zu können, muß der Motor ausgebaut sein (siehe Sektion 5). Zunächst müssen folgende Teile demontiert werden:

a) Steuerkettenspanner (Sektion 9)
b) Nockenwellen (Sektion 11)
c) Zylinderkopf (Sektion 12)
d) Zylinderblock (Sektion 15)
e) Zündeinheit (Kapitel 4)
f) Kupplung (Sektion 18)
g) äußerer Schaltmechanismus (Sektion 23)
h) Lichtmaschine (Kapitel 8)
i) Startermotor (Kapitel 8)
j) Starterantrieb und Freilauf (Sektion 24)
k) Ölwanne und Ölsieb (Sektion 25)
l) Ölfilter (Kapitel 1)

Anmerkung: *Wenn das Motorgehäuse nur zur Inspektion der Kurbelwelle oder zum Ausbau von Getriebekomponenten geöffnet werden soll, können Zylinder und Kopf montiert bleiben. Sollen Kurbelwelle und Pleuel demontiert werden, ist auch der Ausbau der oberen Komponenten notwendig.*

3 Falls noch nicht beim Ausbau der Kupplung geschehen, muß der Seegerring von der Ölpumpen-Antriebswelle entfernt und die Scheibe sowie das Antriebszahnrad abgezogen werden (siehe Abb. 18.31b und c). Ziehen Sie dann den Stift aus, und die innere Scheibe von der Welle (siehe Abb. 18.31a)

4 Lösen Sie die zwei Schrauben des Getriebeeingangswellenlager-Sicherungsbleches auf der rechten Gehäuseseite, merken Sie sich die Einbaulage (siehe Abb.) und entfernen Sie es. Da die Schrauben mit Sicherungspaste eingesetzt sind, kann es nötig sein, zum Ausbau einen Schlagschrauber zu benutzen.

5 Biegen Sie die Laschen des Sicherungsbleches für das Getriebeausgangslager und die Kupplungsdruckstangendichtung auf der linken Gehäuseseite zurück (siehe Abb.), und entfernen Sie die Platte nach dem Lösen der zwei Schrauben (siehe Abb.).

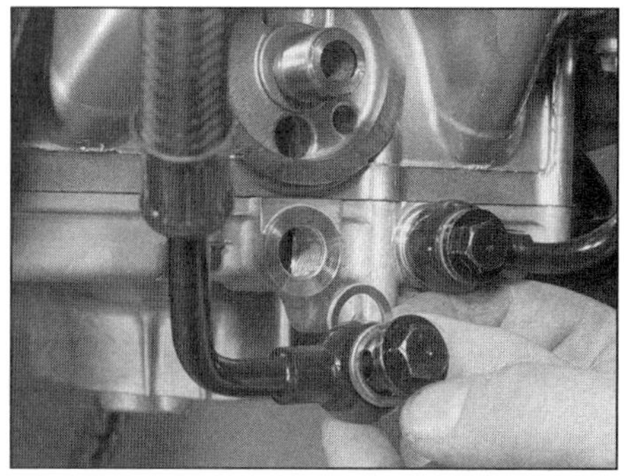

25.17 Die Ölkühler-Leitungen müssen jeweils mit zwei neuen Dichtringen angeschlossen werden.

6 Schrauben Sie den Stopfen am Lichtmaschinen-Flansch auf der oberen Gehäusehälfte heraus, um Zugang zu einer der oberen Gehäuseschrauben zu erhalten. Der Dichtring des Stopfens muß bei der Montage durch ein Neuteil ersetzt werden.

7 Lösen Sie die sieben oberen M 6 Gehäuseschrauben und die M 6 Mutter, die sich innerhalb des Lichtmaschinen-Flanschs befindet (siehe Abb.). Beachten Sie die Position des Massekabels.

26.5 Entfernen Sie die Schrauben des Lager-Halteblechs an der Eingangswelle.

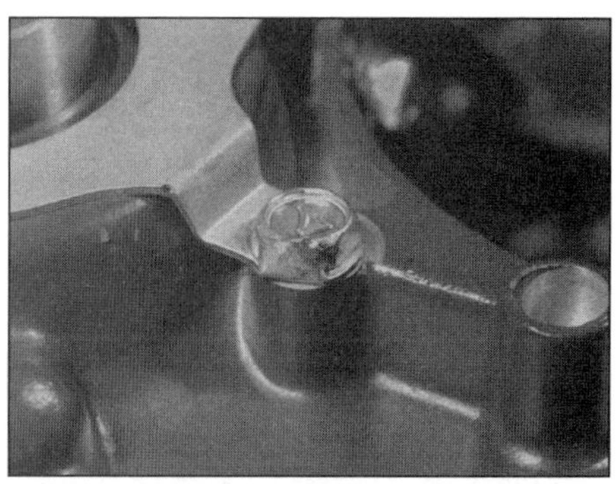

26.5a Biegen Sie die Sicherungslasche an der Schraube des Ausgangswellenlager-Halteblechs zurück.

26.5b Entfernen Sie die Schrauben und die Platte.

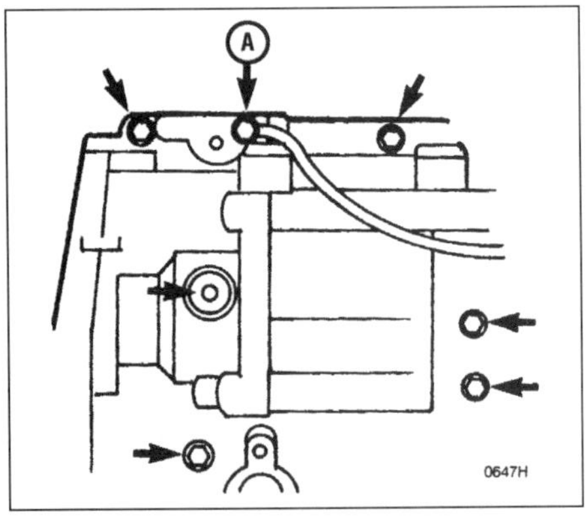

26.7a Entfernen Sie die oberen Gehäuseschrauben (Pfeile), beachten Sie die Position des Massekabels (A).

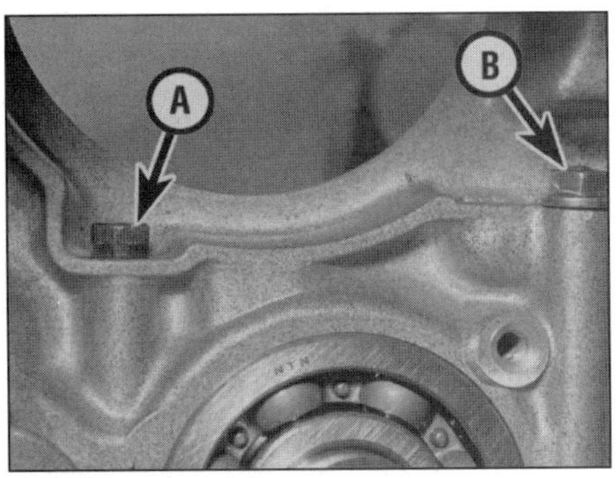

26.7b Eine der Schrauben (A) ist über den Stopfen zugänglich, entfernen Sie ebenfalls die Mutter (B).

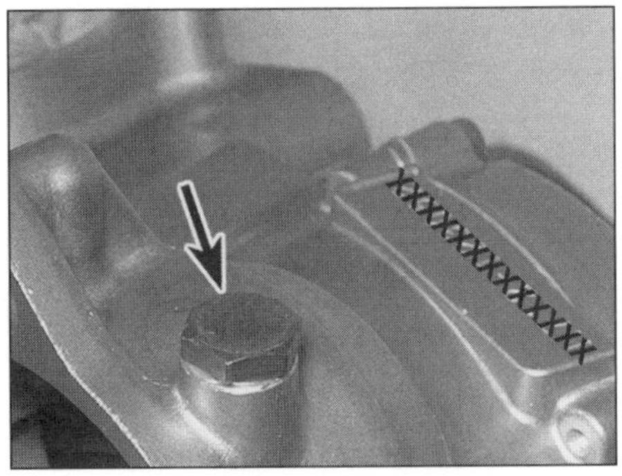

26.6 Den Stopfen (Pfeil) entfernen, um Zugang zu einer der oberen Gehäuseschrauben zu erhalten.

8 Stellen Sie den Motor auf den Kopf, so daß er auf den Zylinderkopf-Stehbolzen und dem hinteren Teil der oberen Gehäusehälfte zum Liegen kommt. Stützen Sie ihn mit Holzstücken ab, so daß die Stehbolzen nicht verbogen werden.

9 Lösen Sie die zehn unteren M 6 Gehäuseschrauben (siehe Abb.). Lösen Sie ebenfalls die M 6 Schraube, die links das Öl-Ablaufröhrchen hält, sowie die einzelne M 6 Mutter in der Nähe der Ausgangswelle links am Motorgehäuse (siehe Abb.). Entfernen Sie das Öl-Ablaßröhrchen.

10 Lösen Sie den Stopfen des Haupt-Ölkanals unterhalb des Zündungsgeber-Gehäuses (siehe Abb.). Der O-Ring muß bei der Montage durch einen neuen ersetzt werden.

11 Arbeiten Sie **IN GEGENRICHTUNG** zur Anzugsreihenfolge (siehe Abb.) und beachten Sie, daß Nr. 2 und 4 Inbusschrauben sind, und Nr.1 auch die rechte Ölleitung hält (siehe Abb.). Lösen Sie die unteren zwölf M 8 Gehäuseschrauben, Schritt für Schritt, bis sie locker sind und entfernen Sie sie. ***Anmerkung**: Stecken Sie die entfernten Schrauben nach einer dem Gehäuse entsprechenden Position in eine Pappe und sichern Sie damit die richtige Zuordnung beim Zusammenbau.* Beachten Sie, daß die Schrauben Nr. 9 und 11 mit Kupfer-Dichtringen ausgerüstet sind. Entfernen Sie ebenfalls die Ölleitung.

12 Heben Sie vorsichtig die untere Gehäu-

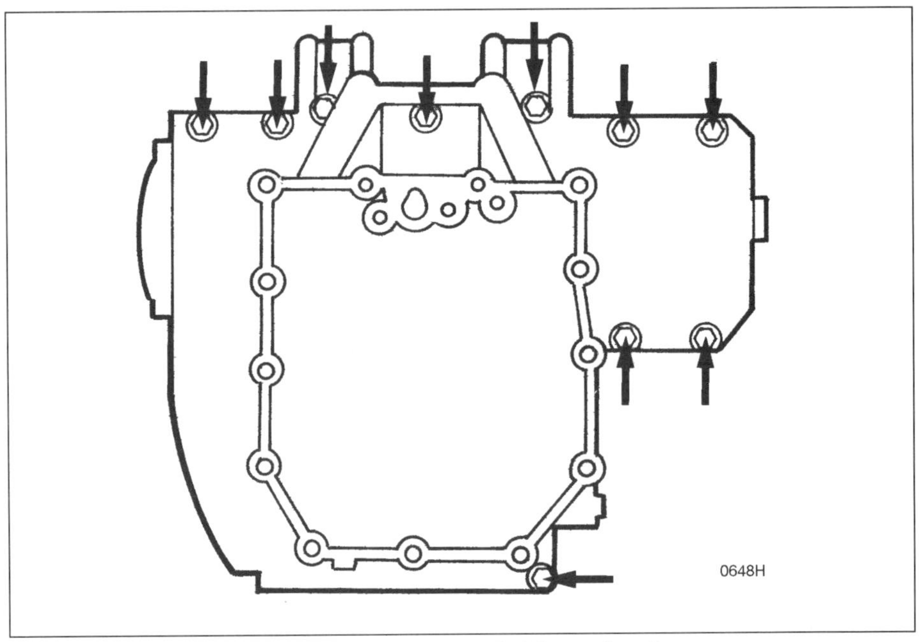

26.9a Entfernen Sie die zehn gezeigten unteren Gehäuseschrauben,...

26.9b ...die Ölablaufröhrchenschraube (Pfeil)...

26.9c ...und die M 6 Mutter (Pfeil).

26.10 Entfernen Sie den Verschlußstopfen der Hauptölleitung, um die daneben sitzenden Schrauben herausdrehen zu können.

sehälfte von der oberen, indem Sie gegebenenfalls mit einem Kunststoffhammer um die Dichtfläche herum das Gehäuse abklopfen und mit einem großen Schraubenzieher an dem dafür vorgesehenen Punkt hebeln (siehe Abb.). ***Anmerkung**: Wenn die Hälften sich nicht leicht trennen lassen, stellen Sie sicher, daß wirklich alle Befestigungen gelöst sind. Versuchen Sie nicht, an den Dichtflächen zu hebeln, sie sind leicht zu beschädigen und dann nicht mehr dicht. Benutzen Sie nur den speziellen Hebelpunkt vorne am Motor.* Die untere Gehäusehälfte wird zusammen mit der Ölpumpe, der Schaltwalze und den Schaltgabeln abgehen, die Kurbelwelle und die Getriebewellen werden in der oberen Hälfte verbleiben.

13 Entfernen Sie die vier Paßhülsen, falls sie locker sind, und merken Sie sich ihre Positionen. Die Hülsen können in beiden Hälften stecken (siehe Abb.). Entfernen Sie ebenfalls die drei O-Ringe aus der oberen Gehäusehälfte und werfen Sie sie weg.

14 Wechseln Sie zum Ausbau der innerhalb des Motorgehäuses befindlichen Baugruppen zu den Sektionen 27 bis 34.

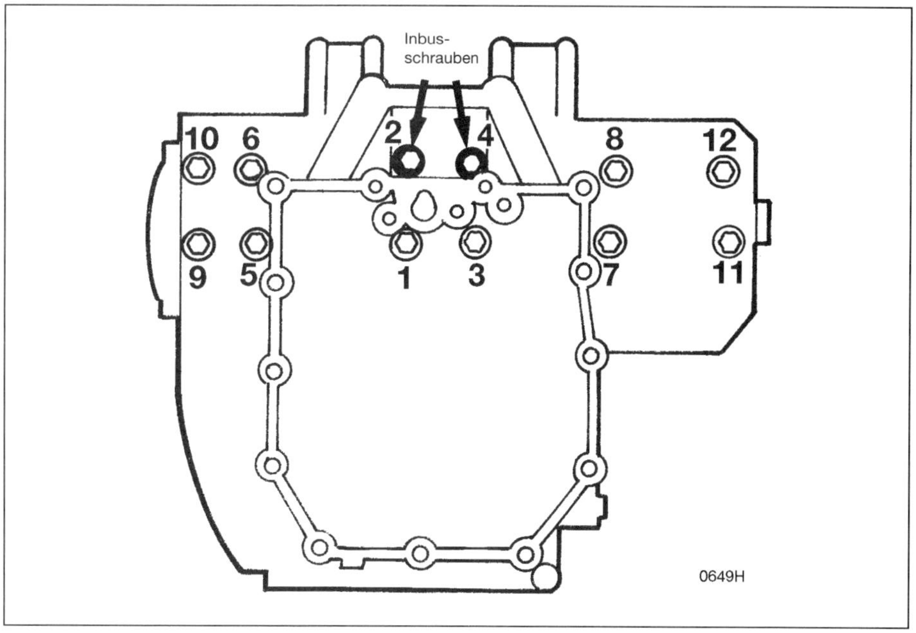

26.11a ANZUGS-Reihenfolge der unteren M 8 Gehäuseschrauben

Zusammenbau

15 Entfernen Sie alle Dichtungsreste von den Gehäuse-Dichtflächen.

16 Stellen Sie sicher, daß alle Baugruppen und ihre Lager in der richtigen Position sind. Kontrollieren Sie, ob die Kurbelwellen-Drucklager sowie die Getriebewellenlager-Arretierstifte und -Halbringe richtig sitzen, und daß die Steuerkettenspanner-Schiene mit ihren Gummistopfen und die Öldüsen installiert sind.

17 Geben Sie auf die Getriebewellen, Schaltwalze und -Gabeln sowie die Lager der Kurbelwelle frisches Motoröl und wischen Sie anschließend sorgfältig mit einem Verdünnergetränkten Lappen alle Ölspuren von den Dichtflächen der Gehäuse.

18 Installieren Sie die vier Paßhülsen in der oberen Gehäusehälfte (siehe Abb. 26.13a).

26.11b Die Numerierung der Schrauben ist in das Gehäuse eingegossen.

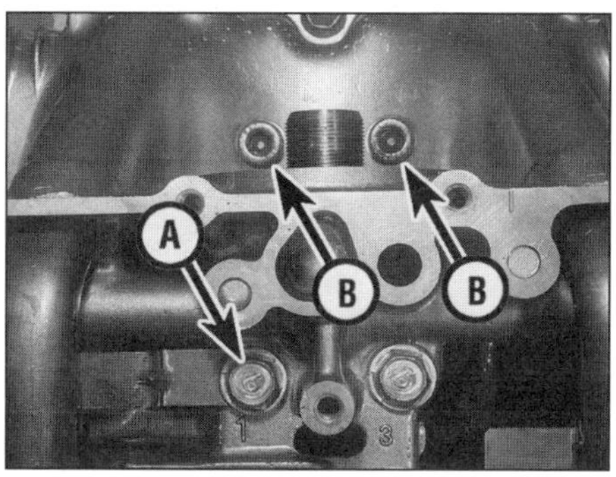

26.11c Schraube Nr. 1 (A) sichert die andere Ölleitung, Schrauben 2 und 4 sind Inbusschrauben (B).

26.12a Wenn alle Schrauben und Muttern entfernt sind, kann die untere Gehäusehälfte abgenommen werden.

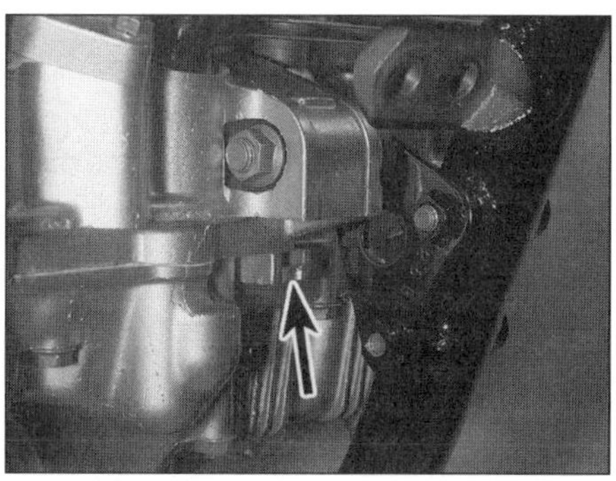

26.12b Hier kann ein Schraubendreher angesetzt werden, um die Gehäusetrennung zu erleichtern.

26.13a Entfernen Sie die vier Paßhülsen (Pfeile), falls sie locker sind.

26.13b Entfernen Sie die O-Ringe (Pfeile) und werfen Sie sie weg.

26.25a Setzen Sie die Schrauben Nr. 9 und 11 mit Kupferdichtungen ein.

26.25b Sichern Sie die Ölleitung mit Schraube Nr. 1.

26.28 Vergessen Sie nicht, das Massekabel zu befestigen.

Stellen Sie sicher, daß die Schaltwalze in der Leerlaufstellung ist.

19 Legen Sie neue O-Ringe in die Ölkanal-Bohrungen der oberen Gehäusehälfte (siehe Abb. 26.13b).

20 Verteilen Sie ein geeignetes Dichtmittel sparsam auf der Dichtfläche der Gehäusehälften (siehe Abb.).

Achtung: Nehmen Sie nicht zuviel Dichtpaste, da sie sich bei der Montage nach innen herausquetscht und Ölkanäle verstopfen kann. Geben Sie keine Dichtmasse in oder in die Nähe von Ölbohrungen, Lager-Einsätzen oder Lageroberflächen.

21 Kontrollieren Sie ein weiteres Mal, daß alle Komponenten in ihrer Position sind, besonderes Augenmerk gilt den Lagerschalen der unteren Gehäusehälfte. Setzen Sie die Gehäusehälfte anschließend vorsichtig auf den oberen Teil, achten Sie darauf, daß die Schaltgabeln korrekt in die Führungs-Nuten der Getriebezahnräder einrasten. Gehen Sie sicher, daß die Paßhülsen in die Bohrungen des unteren Gehäuses einrasten.

22 Kontrollieren Sie, ob die untere Gehäusehälfte richtig aufliegt. ***Anmerkung**: Das Motorgehäuse soll ohne Kraftaufwand zusammenzufügen sein. Wenn es nicht richtig paßt, heben Sie die untere Hälfte ab und untersuchen Sie das Problem. Versuchen Sie nicht, die Hälften mit den Gehäuseschrauben zusammenzuziehen, das würde zu Brüchen und Gehäusezerstörung führen.*

23 Überprüfen Sie, ob die Getriebewellen sich frei – und in der Leerlaufstellung unabhängig voneinander – drehen. Drehen Sie die Schaltwalze mit der Hand und schalten Sie – gleichzeitig die Eingangswelle drehend – die Gänge durch, kontrollieren Sie, ob alle Gänge einrasten und die Wellen sich in allen Gängen frei drehen lassen.

24 Installieren Sie die Ölleitungen in die untere Gehäusehälfte, aber noch nicht ihre Schrauben.

25 Reinigen Sie die Gewinde der unteren M 8 Gehäuseschrauben und setzen Sie sie in die entsprechenden Bohrungen ein, vergessen Sie bei den Schrauben Nr. 9 und 11 nicht die Kupferdichtungen (wenn nötig neue), außerdem, daß die Ölleitung von Schraube Nr. 1 gesichert wird (siehe Abb.). Ziehen Sie zunächst alle Schrauben handfest, dann Schritt für Schritt mit dem in den technischen Daten angegebenen Drehmoment an (siehe Abb. 26.11a, b und c).

26 Installieren Sie den Hauptölleitungs-Stopfen mit einem neuen O-Ring und ziehen Sie ihn vorschriftsmäßig fest (siehe Abb. 26.10).

27 Reinigen Sie die Gewinde der unteren M 6 Gehäuseschrauben und setzen Sie sie in die entsprechenden Bohrungen ein (siehe Abb. 26.9a). Setzen Sie die M 6 Schraube ein, die links die Ölleitung sichert (siehe Abb. 26.9b), und die M 6 Mutter an der Ausgangswelle auf der linken Seite an (siehe Abb. 26.9c). Ziehen Sie alle Schrauben Schritt für Schritt mit dem in den technischen Daten angegebenen Drehmoment an.

28 Drehen Sie den Motor um und setzen Sie die oberen sieben M 6 Gehäuseschrauben ein und die eine Mutter innerhalb des Lichtmaschinen-Flanschs an (siehe Abb. 26.7). Reinigen Sie den Anschluß des Massekabels und befestigen Sie es mit der mittleren hinteren Schraube (siehe Abb.). Ziehen Sie alle Schrauben Schritt für Schritt mit dem in den technischen Daten angegebenen Drehmoment an.

29 Kontrollieren Sie nach dem Anziehen der Schrauben, ob sich die Kurbelwelle und die Getriebewellen sanft und leicht drehen. Kontrollieren Sie, ob sich alle Gänge durchschalten lassen (siehe Schritt 23). Wenn Anzeichen von übermäßiger Schwergängigkeit und Rauheit festzustellen sind, muß dieser Mangel vor der Weiterführung der Montage behoben werden.

30 Schrauben Sie den Stopfen unter Benutzung eines neuen Dichtrings in seine Bohrung oben im Lichtmaschinen-Flansch und ziehen Sie ihn fest (siehe Abb. 26.6).

31 Legen Sie das Sicherungsblech links über die Getriebe-Ausgangswelle und die Kupplungsdruckstangen-Dichtung (siehe Abb.). Ziehen Sie die Schrauben fest und sichern Sie sie mit den hochgebogenen Laschen (siehe Abb. 26.5a).

32 Setzen Sie rechts das Eingangswellenlager-Sicherungsblech auf (siehe Abb.) und ziehen Sie die Schrauben unter Beigabe lösbarer Schraubensicherung an (siehe Abb. 26.4).

33 Rüsten Sie den Stopfen der Hauptölleitung mit einem neuen O-Ring aus und ziehen Sie ihn wie vorgeschrieben an. Bauen Sie alle anderen Bauteile in umgekehrter Reihenfolge von Schritt 2 und 3 an.

27 Motorgehäuse
Kontrolle und Wartung

1 Nachdem das Motorgehäuse getrennt worden ist, werden die Kurbelwelle, ihre Lager, die Kettenspannerschiene, der Öldruck- und Leerlaufschalter und die Getriebekomponenten entsprechend der relevanten Sektionen dieses Kapitels (und Kapitel 8 für den Öldruck- und den Leerlaufschalter) ausgebaut. Entfernen Sie die Öldüsen aus den äußeren Zylinderbohrungen und den Lagersitzen oben in der oberen Gehäusehälfte (siehe Abb.). Kontrollieren Sie ihre O-Ringe, und ersetzen Sie sie gegebenenfalls. Entfernen Sie ebenfalls die Getriebewellen-Öldüsen aus der unteren Gehäusehälfte.

2 Das Motorgehäuse sollte sorgfältig mit sauberem Lösungsmittel gereinigt und mit Druckluft ausgeblasen werden, besondere Beachtung müssen hierbei die Ölkanäle und -düsen finden.

3 Alle Reste alter Dichtungen sollten entfernt werden. Kleinste Beschädigungen der Dicht-

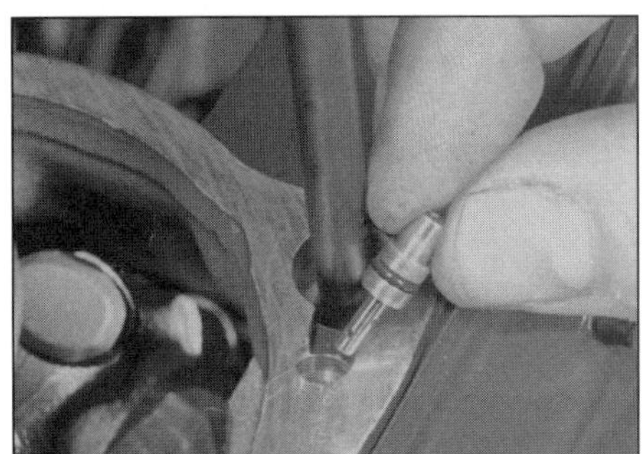

27.1a Entfernen Sie die Zylinder-Öldüsen...

27.1b ...und die Kurbelwellen-Öldüsen. Kontrollieren Sie ihre O-Ringe.

28.2a Lösen Sie die Ölpumpenschrauben und heben Sie die Pumpe aus dem Motorgehäuse.

28.2b Entfernen Sie den O-Ring vom Ölpumpenflansch...

flächen können mit einem feinen Schleif- oder Wetzstein geschlichtet werden.

Achtung: Seien Sie sehr vorsichtig, die Dichtflächen nicht einzukerben oder abzutragen, da der Motor dadurch nicht mehr öldicht sein wird. Kontrollieren Sie beide Motorgehäusehälften sorgfältig auf Brüche und andere Beschädigungen.

4 Kleine Brüche oder Löcher in Leichtmetallgehäusen können provisorisch mit Epoxy-Harz repariert werden. Permanente Reparaturen können nur im Argon-Lichtbogen-Schweißverfahren ausgeführt werden, und nur ein Spezialist ist in der Lage, wirtschaftliche und praktische Aspekte abzuwägen. Wenn eine irreparable Beschädigung vorliegt, müssen die Gehäusehälften als Satz ersetzt werden.

5 Beschädigte Gewinde können kostengünstig wiederhergestellt werden, wenn man nach entsprechendem Aufbohren einen Gewindeeinsatz (z.B. Heli-Coil) einschraubt.

6 Abgerissene Schrauben und Bolzen können normalerweise mit Linksausdrehern demontiert werden, deren kegelförmiges Linksgewinde sich in ein vorsichtig vorgebohrtes Loch in der Schraube einfrißt und die Schraube herauszieht. Wenn Sie befürchten, hierbei an die Grenzen ihrer Fähigkeiten zu gelangen, sollten Sie lieber eine Fachwerkstatt aufsuchen, bevor Sie das sehr teure Gehäuse zerstören.

7 Kontrollieren Sie, ob alle Zylinderstehbolzen fest im Gehäuse sitzen. Entfernen Sie lockere Bolzen mit einem Stehbolzendreher, reinigen Sie die Gewinde und achten Sie darauf, welche Länge und Farbe wo eingesetzt wird. Setzen Sie sie mit lösbarer Schraubensicherung ein und ziehen Sie die Bolzen sorgfältig fest.

> **Praxis TiP** ***Wechseln Sie zu den Werkzeug- und Werkstatt-Tips im Anhang dieses Handbuches, um Details über Gewindeeinsätze, Stehbolzen- und Linksausdreher zu erfahren.***

8 Installieren Sie die Öldüsen mit eingeölten O-Ringen an ihren Platz (siehe Abb. 27.1a und b). Bauen Sie alle anderen Komponenten und Baugruppen ein, wie es in den betreffenden Sektionen dieses Kapitels und in Kapitel 8 beschrieben ist. Setzen Sie dann die Gehäusehälften zusammen.

28 Ölpumpe
Ausbau, Kontrolle und Einbau

***Anmerkung**: Zum Ausbau der Ölpumpe muß der Motor aus dem Rahmen gebaut und das Motorgehäuse getrennt werden.*

Ausbau

1 Trennen Sie die Motor-Gehäusehälften (siehe Sektion 26). Die Ölpumpe sitzt in der unteren Gehäusehälfte.

2 Entfernen Sie die drei Schrauben, die die Ölpumpe sichern und nehmen Sie die Pumpe ab (s. Abb.). Entfernen Sie die O-Ringe von der Pumpe und dem Anschluß und werfen Sie sie weg (s. Abb.). Entfernen Sie ebenfalls die beiden Paßhülsen, falls sie lose sind.

Kontrolle

3 Inspizieren Sie das Pumengehäuse auf offensichtliche Beschädigungen, wie Risse und Beulen. Kontrollieren Sie, ob die Welle frei und ohne Seitenschlag oder starkem Axialspiel dreht. Kontrollieren Sie, daß das Rücklaufventil nicht verstopft ist und der Kolben sich frei im Gehäuse bewegen kann.

4 Die Ölpumpe selbst ist »wartungsfrei«, muß also komplett ersetzt werden, wenn ein Mangel vorliegt. Suzuki gibt keine Inspektionshinweise oder Technische Daten an. Wenn ein Verdacht auf Fehlfunktion vorliegt, muß die Ölpumpe ersetzt werden.

Einbau

5 Falls entfernt, müssen die Paßhülsen in ihre Bohrungen im Motorgehäuse gesetzt werden (siehe Abb. 28.2c).

6 Montieren Sie die Pumpe mit neuen O-Ringen, gehen Sie sicher, daß sie korrekt auf den Paßhülsen sitzt (s. Abb. 28.2b und c). Geben Sie Schraubensicherung auf die Gewinde und ziehen Sie die Schrauben mit dem vorgeschriebenen Drehmoment fest (s. Abb.).

7 Bauen Sie die Gehäusehälften zusammen (siehe Sektion 26).

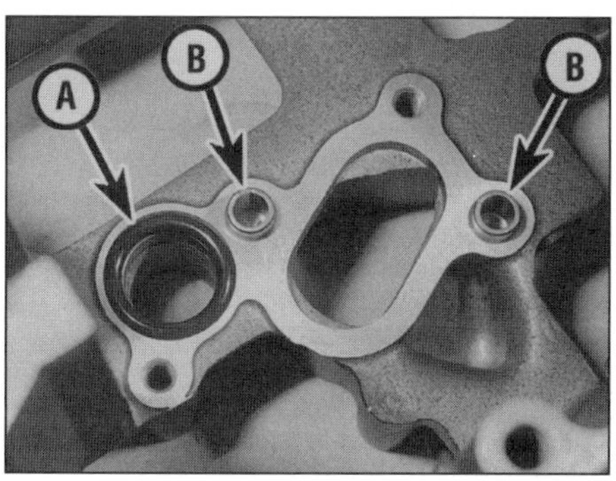

28.2c ...und vom Motoranschluß (A). Entfernen Sie die Paßhülsen (B), wenn sie lose sind.

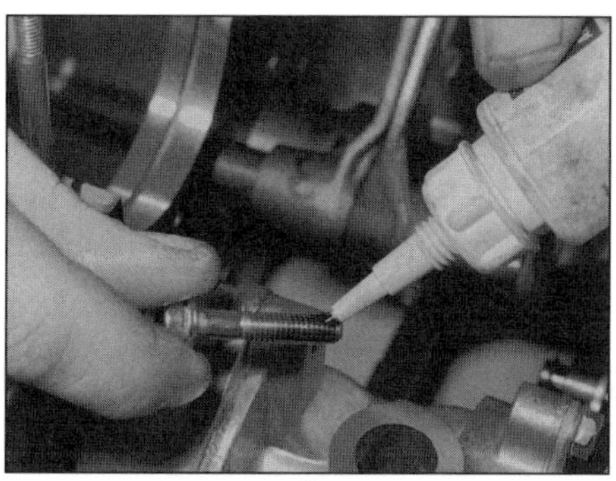

28.6a Setzen Sie die Ölpumpenschrauben mit Sicherungspaste ein...

28.6b ...und ziehen Sie sie mit dem vorgeschriebenen Drehmoment fest.

29 Kurbelwellenhauptlager und Pleuellager
Allgemeine Information

1 Obwohl die Haupt- und Pleuellager normalerweise bei einer Motorüberholung ersetzt werden, sollten die alten aufbewahrt werden, um aus ihnen wertvolle Informationen über den Zustand des Motors zu ziehen.
2 Lagerschäden beruhen meist auf Ölmangel, Schmutz oder Fremdkörpern im Motor, Motorüberlastung und/oder Verschleiß. Unabhängig vom Grund muß dieser vor dem Zusammenbau des Motors beseitigt werden, um einen erneuten Schaden zu verhindern.
3 Zu einer Untersuchung nehmen Sie die Pleuellager aus den Pleuel und legen sie in derselben Ausrichtung, wie sie auf der Kurbelwelle laufen, auf eine saubere Unterlage. So können Sie die Lagerschäden, die Sie feststellen, mit der entsprechenden Stelle auf der Kurbelwelle in Verbindung bringen. Die Hauptlager sind in die Gehäusehälften eingepreßt und werden nur zum Austausch herausgenommen.
4 Schmutz und Fremdkörper können auf unterschiedliche Weise in den Motor gelangen. Nach Zusammenbau im Motor zurückgelassen oder durch Filter oder Entlüfterschläuche hineingelangt, können sie über das Öl in die Lager kommen. Metallsplitter von Bearbeitung und normaler Motorabnutzung sind oft vorhanden. Späne von Überholungsarbeiten wie Honen verbleiben manchmal in Motorteilen, besonders, wenn sie nicht ordentlich gereinigt wurden. Solche kleinen Partikel arbeiten sich meist in das weiche Material der Lager ein. Größere Stücke arbeiten sich nicht ein und kerben und zerkratzen Lager und Wellen. Eine gründliche Reinigung und alle Motorteile möglichst fleckenlos zu halten ist die beste Prävention. Ständige, regelmäßige Öl- und Filterwechsel sind zu empfehlen.
5 Ölmangel oder fehlende Schmierung haben eine Reihe von zusammenhängenden Gründen. Hohe Temperatur (die das Öl verdünnt), Überlastung (wodurch das Öl aus den Lagern gedrückt wird) und Ölverlust (durch übermäßiges Lagerspiel, verschlissene Ölpumpe oder hohe Drehzahlen) führen zu fehlender Schmierung. Verstopfte Ölleitungen trocknen ein Lager auch aus und zerstören es. Wenn Ölmangel die Ursache für Lagerprobleme ist, ist das Lagermaterial vom Träger abgetragen (Lagerfraß). Durch zu hohe Temperaturen können Lager und Wellen blau anlaufen.

Praxis TiP ***Wechseln Sie zu den Werkzeug- und Werkstatt-Tips im Anhang dieses Handbuches, um nähere Informationen zu Lagerschäden zu erhalten.***

6 Die Fahrweise hat einen direkten Effekt auf die Lagerlaufzeit. Vollgasfahrten in niedrigem Gang oder den Motor ziehen zu lassen, belastet die Lager stark, die dann dazu neigen, den Ölfilm reißen zu lassen. Solche Belastungen dehnen die Lager und verursachen Risse (Ermüdungserscheinung). Und schließlich kann sich das Lagermaterial in Stücken lösen. Kurzstreckenbetrieb führt zur Abnutzung der Lager, da der Motor nicht die ausreichende Temperatur erreicht, um Kondenswasser und aggressive Gase auszutreiben. Diese sammeln sich im Motoröl und bilden Säuren und Schlamm. Da das Öl zu den Lagern transportiert wird, greift die Säure das Material an und läßt es altern.
7 Nachlässiger Lagereinbau kann ebenfalls zu Problemen führen. Unzureichendes Lagerspiel führt zu Ölmangel. Schmutz und Fremdkörper, die im Lager eingefangen werden, bilden erhabene Stellen und führen zu Lagerausfall.
8 Um Lagerschäden zu vermeiden, reinigen Sie alle Teile vor dem Einbau gründlich, überprüfen alle Messungen mehrmals und fetten neue Lager mit Heißlagerfett.

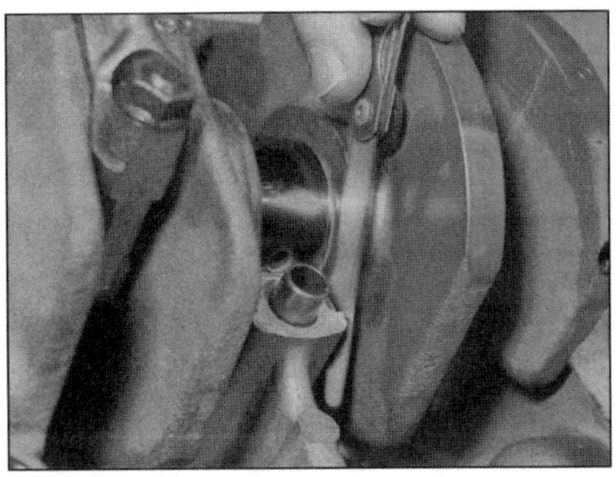

30.2 Messen Sie das Seitenspiel zwischen dem äußeren Drucklager und der Kurbelwelle.

30.3 Heben Sie die Kurbelwelle zusammen mit den Pleuel und der Steuerkette aus der oberen Gehäusehälfte.

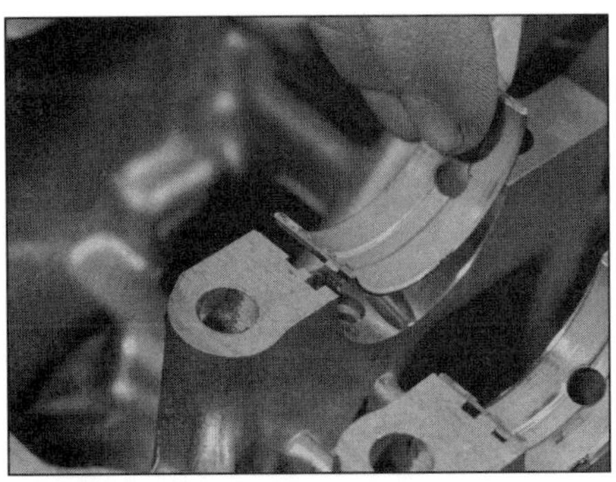

30.4a Entfernen Sie die Lagerschalen aus der unteren Motorgehäusehälfte – sie können durch ihre Ölbohrungen identifiziert werden.

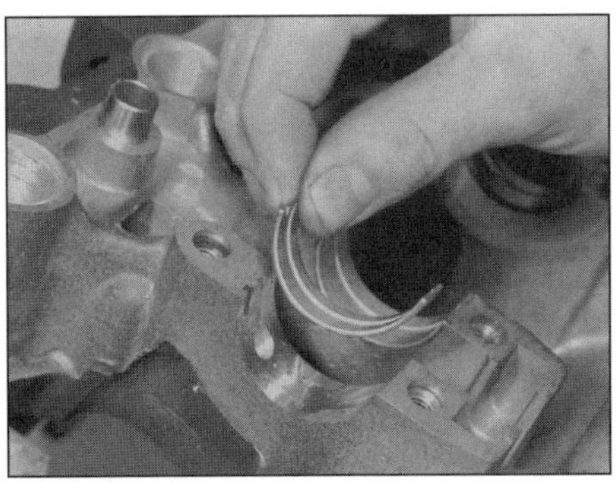

30.4b Nehmen Sie die Lagerschalen aus der oberen Gehäusehälfte.

30 Kurbelwelle und Hauptlager
Ausbau, Kontrolle und Einbau

Anmerkung: *Um die Kurbelwelle ausbauen zu können, müssen der Motor aus dem Rahmen genommen und das Gehäuse getrennt sein.*

Ausbau

1 Trennen Sie die Motorgehäusehälften (siehe Sektion 26).
2 Kontrollieren Sie vor dem Ausbau der Kurbelwelle das Seitenspiel am Drucklager. Die Drucklager-Halbringe befinden sich neben dem Hauptlagersitz zwischen Zylinder Nr. 1 und 2. Drücken Sie die Kurbelwelle so weit wie möglich zum Starterantrieb, schieben Sie zwischen Kurbelwange und äußeres Drucklager eine passende Fühlerlehre (siehe Abb.), und vergleichen Sie das gemessene Spiel mit den Technischen Daten. Wenn das Spiel zu groß ist, wechseln Sie zu den Schritten 10 und 11, um die passenden Lager aussuchen zu können.
3 Heben Sie die Kurbelwelle zusammen mit den Pleuel, der Steuerkette und der Primärkette aus der oberen Gehäusehälfte (siehe Abb.). Wenn die Welle festsitzt, kann sie mit einem weichen Holz- oder Gummihammer vorsichtig losgeklopft werden. Entfernen Sie die Drucklager-Halbringe – verwechseln Sie beim Einbau nicht die äußeren und inneren Drucklager!
4 Die Hauptlagerschalen können aus ihren Sitzen seitlich herausgedrückt und abgenommen werden. Legen Sie die Schalen passend zu ihrer Einbaulage weg.

Kontrolle

5 Wenn nötig, entfernen Sie die Pleuel von der Kurbelwelle (siehe Sektion 31) und nehmen Sie die Steuerkette und die Primärkette von ihren Ritzeln.

6 Reinigen Sie die Kurbelwelle mit Lösungsmittel, putzen Sie die Ölbohrungen mit einer Rohrbürste. Wenn möglich, sollte die Welle und die Bohrungen mit Druckluft getrocknet und durchgeblasen werden. Kontrollieren Sie das Steuerkettenritzel auf Verschleiß und Beschädigung. Wenn einer der Ritzelzähne extrem verschlissen, gesplittert oder gebrochen ist, muß die Kurbelwelle ersetzt werden. Kontrollieren Sie genauso das Primärtriebs-Zahnrad.

7 Wechseln Sie zu Sektion 29 und begutachten Sie die Hauptlager. Wenn sie riefig sind oder Freß- oder Klemmspuren zeigen, sind sie zu ersetzen. Tauschen Sie die Hauptlagerschalen immer als ganzen Satz. Wenn sie stark beschädigt sind, muß die Lagerfläche der Kurbelwelle untersucht werden. Anzeichen von starker Hitze, wie z.B. Verfärbung, weisen auf Schmierungsmangel hin. Stellen Sie sicher, daß die Ölpumpe und der Öldruckregler sowie die Ölkanäle und -Bohrungen in Ordnung sind, bevor der Motor wieder zusammengebaut wird.

8 Die Lagerflächen der Kurbelwelle sollten einer ausführlichen Begutachtung unterzogen werden, besonders wenn sie in beschädigten Lagerschalen liefen. Wenn die Welle Kerben oder Löcher aufweist, muß auf jeden Fall die Kurbelwelle ausgetauscht werden. Untermaß-Lagerschalen sind nicht erhältlich, also kann die Kurbelwelle auch nicht geschliffen werden.

9 Kontrollieren Sie den Rundlauf der Kurbelwelle mit einer Meßuhr. Vergleichen Sie das Ergebnis mit den Toleranzgrenzen in den Technischen Daten am Anfang des Kapitels. Wenn die Welle stärker verbogen ist als erlaubt, muß sie ersetzt werden.

Drucklager-Auswahl

10 Wenn das Seitenspiel der Kurbelwelle zu groß war (siehe Schritt 2), muß die Stärke des inneren Drucklagers gemessen werden und das Ergebnis mit den technischen Daten am Anfang des Kapitels verglichen werden (siehe Abb.). Wenn die Dicke unterhalb der Verschleißgrenze liegt, muß das innere Drucklager ersetzt werden. Es gibt das innere Lager nur in einer Stärke. Installieren Sie die Ersatzteile und kontrollieren Sie das Seitenspiel erneut (siehe Schritt 2). Wenn das Spiel immer noch zu groß ist, oder das innere Lager in Ordnung war, muß wie folgt ein äußeres Übermaß-Drucklager ausgewählt werden:

11 Entfernen Sie die äußeren Drucklager-Halbringe. Montieren Sie die inneren Drucklager-Halbringe und drücken Sie die Kurbelwelle so weit wie möglich zum Starterantrieb. Messen Sie an der Stelle, wo normalerweise die äußeren Drucklager-Halbringe sitzen, mit einer Fühlerlehre (notfalls mit mehreren) das Spiel zwischen Lagersitz und Kurbelwange. Mit Hilfe der folgenden Tabelle kann ein passendes äußeres Drucklager ausgewählt werden. Wenn zum Beispiel die Messung 2,475 mm ergeben hat, müssen die Ersatz-Drucklager-Halbringe blau markiert sein. Kontrollieren Sie das Seitenspiel mit eingebauten Ersatz-Drucklagern erneut (siehe Schritt 2).

GSF 600 Modelle

Spiel des äußeren Lagers (Lager ausgebaut)	**benötigter Farbcode für Ersatzlager**
2,415 bis 2,440 mm	rot
2,440 bis 2,465 mm	schwarz
2,465 bis 2,490 mm	blau
2,490 bis 2,515 mm	grün
2,515 bis 2,540 mm	gelb
2,540 bis 2,565 mm	weiß

GSF 1200 Modelle

Spiel des äußeren Lagers (Lager ausgebaut)	**benötigter Farbcode für Ersatzlager**
2,420 bis 2,440 mm	schwarz
2,440 bis 2,460 mm	orange
2,460 bis 2,480 mm	blau
2,480 bis 2,500 mm	grün
2,500 bis 2,520 mm	gelb
2,520 bis 2,540 mm	rot
2,540 bis 2,560 mm	braun
2,560 bis 2,570 mm	pink

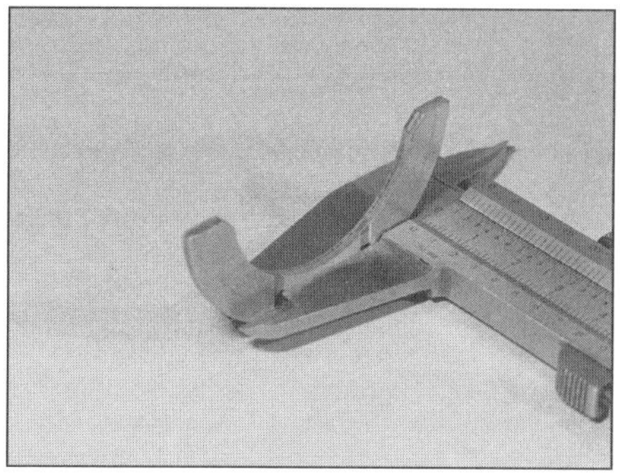

30.10 Messen Sie die Stärke des inneren Drucklager-Halbringes.

Hauptlagerschalen-Auswahl

12 Austauschlagerschalen für die Kurbelwellenhauptlager gibt es in verschiedenen Paarungsgrößen zu den Kurbelwellenzapfen. Codierungen, die in die Kurbelwelle und das Gehäuse eingeschlagen sind, weisen auf korrekte Austauschlagerschalen hin. Die Größenangaben der einzelnen Kurbelwellenlagezapfen sind mit den Buchstaben A, B oder C auf der äußeren linken Kurbelwange eingeschlagen (siehe Abb.). Die entsprechenden Hauptlagersitze im Gehäuse sind mit den Buchstaben A oder B hinten an der oberen Gehäusehälfte eingeschlagen (siehe Abb.). Der erste der sechs Buchstaben steht für das ganz linke Lager, der zweite für das mittlere linke, usw. ***Anmerkung:*** *Die Bezeichnungen links und rechts beziehen sich auf richtig herumliegenden Motor. Verwechseln Sie die Richtungen nicht, wenn der Motor auf dem Kopf steht.*

13 Lagerschalen werden in verschiedenen Größen angeboten. Um die korrekte Schale zu finden, muß anhand der unten angegebenen Tabelle aus den Buchstaben der

30.12a Markierungen für die Kurbelwellenhauptlager-Größen

30.12b Markierungen für die Lagersitzgröße im Motorgehäuse

2

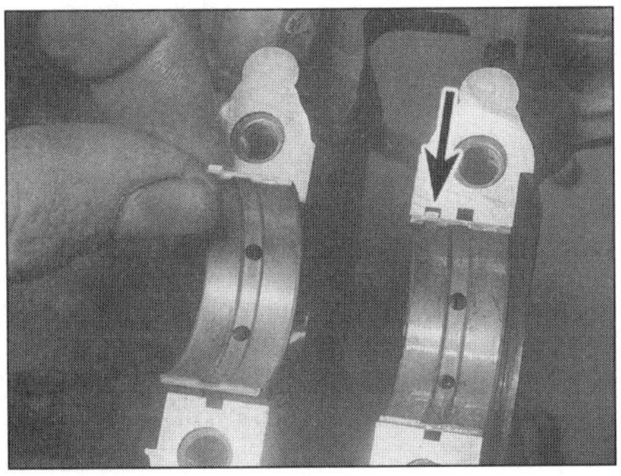

30.16 Stellen Sie sicher, daß die Laschen in die Nuten greifen (Pfeil).

30.18 Legen Sie einen Quetsch-Meßstreifen parallel zur Drehachse auf jeden Lagerzapfen.

30.21 Vergleichen Sie den gequetschten Meßstreifen mit der Skala auf der Packung und bestimmen Sie das Lagerspiel.

Wellenzapfen und des Gehäuses die richtige Farbe der Austauschlagerschale gelesen werden. Zum Beispiel wird für den Zapfen in Größe 1 und einem unmarkierten Sitz eine schwarze Lagerschale verwendet. Die Farbmarkierung findet sich an der Seite der Schale (siehe Abb.).

Codierung der Lagerzapfen	Codierung der Lagersitze im Gehäuse A	B	C
A	grün	schwarz	braun
B	schwarz	braun	gelb

Kontrolle des Lagerspiels

14 Egal, ob neue Lagerschalen eingebaut wurden oder die alten wiederverwendet werden, vor dem Motorzusammenbau sollte das Lagerspiel gemessen werden. Zu diesem Zweck gibt es im Fachhandel Quetsch-Meßstreifen namens »Plastigauge«.

15 Reinigen Sie die Rücken der Lagerschalen und die Sitze in beiden Gehäusehälften.

16 Drücken Sie die Lagerschalen in ihre Positionen, die Lasche an jeder Schale muß in die Nuten des Sitzes einrasten (siehe Abb.). Gehen Sie sicher, daß die Lager korrekt sitzen und achten Sie darauf, daß die Lageroberflächen nicht mit den Fingern berührt werden dürfen.

17 Stellen Sie sicher, daß die Lageroberflächen und die Kurbelwelle trocken und sauber sind. Legen Sie die Kurbelwelle in das obere Gehäuseteil.

18 Schneiden Sie von den Quetsch-Meßstreifen für jedes Lager entsprechende Stücken ab, sie sollten etwas kürzer als die Lagerbreite sein. Legen Sie auf jeden (sauberen) Lagerzapfen einen Streifen (siehe Abb.) und passen Sie auf, daß die Kurbelwelle nicht gedreht wird.

19 Setzen Sie vorsichtig die untere Gehäusehälfte auf, gehen Sie dabei sicher, daß die Schaltgabeln (falls montiert) in ihre entsprechenden Zahnradnuten einrasten, wenn die Hälften zusammengepaßt werden. Achten Sie darauf, daß die untere Gehäusehälfte richtig sitzt. **Anmerkung**: *Ziehen Sie die Schrauben nicht an, wenn das Gehäuse nicht richtig sitzt.* Installieren Sie die unteren M 8 Gehäuseschrauben Nr. 1 bis 12 (siehe Abb. 26.11a, b und c) in ihrem passenden Gewinde und ziehen Sie sie nach und nach bis zu dem in den Technischen Daten angegebenen Drehmoment fest. Achten Sie darauf, daß die Kurbelwelle sich auf gar keinen Fall drehen darf.

20 Lockern Sie die Schrauben schrittweise in entgegengesetzter Reihenfolge von Nr. 12 bis Nr. 1 und entfernen Sie die Schrauben. Heben Sie vorsichtig die obere Gehäusehälfte ab und passen Sie auf, daß die Meßstreifen nicht beschädigt werden.

21 Vergleichen Sie alle gequetschten Streifen mit der Skala auf der Packung, um das Lagerspiel zu ermitteln (siehe Abb.). Vergleichen Sie diesen Wert mit den Technischen Daten am Anfang des Kapitels.

22 Wenn das Lagerspiel innerhalb des Toleranzbereichs ist, braucht keine Lagerschale ersetzt zu werden, vorausgesetzt, sie sind in gutem Zustand.

Wenn das Spiel größer als Standard, aber noch innerhalb des Toleranzbereiches ist, beachten Sie die Markierungen im Gehäuse und auf der Kurbelwelle und wechseln Sie die entsprechenden Lagerschalen (Schritte 12 und 13). Installieren Sie neue Schalen und kontrollieren Sie das Spiel erneut (es sollte jetzt nahe am Standardwert liegen). Wechseln Sie immer alle Schalen gleichzeitig.

23 Nach Beendigung der Messung muß der gequetschte Plastikstreifen vorsichtig aus dem Lager entfernt werden. Hierzu reicht normalerweise ein Fingernagel.

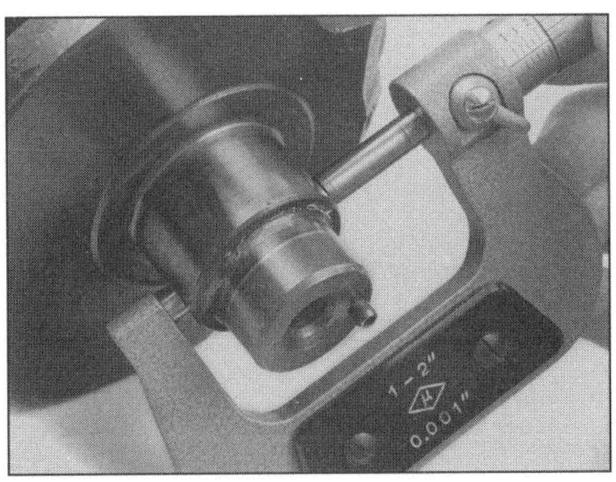

30.24 Messen Sie den Durchmesser jedes Kurbelwellen-Hauptlagerzapfens.

24 Wenn das Spiel auch mit neuen Schalen der korrekten Größe zu groß ist, müssen die Durchmesser der Kurbelwellenzapfen mit einer Mikrometerschraube gemessen und mit den Technischen Daten verglichen werden (siehe Abb.). Nach Messungen an verschiedenen Stellen kann entschieden werden, ob der Kurbelwellenzapfen verschlissen, unrund oder kegelig gelaufen ist und die Welle ersetzt werden muß.

Einbau

25 Falls entfernt, montieren Sie die Pleuel an die Kurbelwelle (siehe Sektion 31), und legen Sie die Steuerkette auf ihr Ritzel.

26 Reinigen Sie die Rückseiten der Lagerschalen und die Sitze in beiden Gehäusehälften. Wenn neue Schalen verwendet werden, entfernen Sie alle Konservierungsfett-Reste mit Paraffin. Wischen Sie Schalen und Sitze mit einem fusselfreien Lappen trocken. Stellen Sie sicher, daß alle Ölbohrungen und -kanäle sauber sind, blasen Sie sie möglichst mit Druckluft aus.

27 Versehen sie alle Schalen vorzugsweise mit Molybdänfett, sonst mit Motoröl (siehe Abb.). Drücken Sie die Lagerschalen in ihre Sitze. Die Schilder mit den Ölbohrungen gehören in die untere Gehäusehälfte (siehe Abb. 30.4a). Gehen Sie sicher, daß die Laschen in die Sitznuten greifen (siehe Abb. 30.16). Achten Sie darauf, daß alle Schalen im richtigen Sitz liegen und daß die Lager-Oberflächen nicht mit den Fingern berührt werden.

28 Senken Sie die Kurbelwelle ins obere Gehäuseteil ab, führen Sie dabei die Steuerkette durch den Schacht (siehe Abb. 30.3).

29 Setzen Sie die Drucklager-Halbringe an die richtigen Stellen (verwechseln Sie nicht das innere mit dem äußeren Lager!) zwischen die Kurbelwangen und das Lagerschild zwischen Zylinder Nr. 1 und 2.

30 Bauen Sie die Motorgehäusehälften zusammen (siehe Sektion 26). Stellen Sie sicher, daß die Öl-Nuten zu den Kurbelwangen zeigen müssen (siehe Abb.).

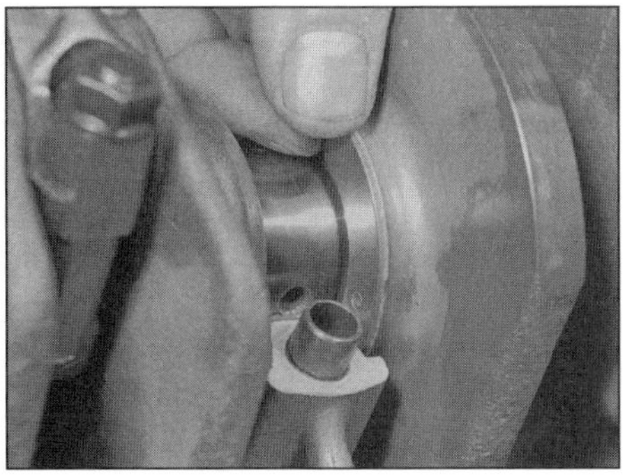

30.29 Montieren Sie die Drucklager mit den Nuten zur Kurbelwange.

31.2 Mit einer Fühlerlehre wird das Seitenspiel des Pleuels gemessen.

31.3 Diese nach hinten zeigende Nummer steht für die Lagergröße des Pleuel, machen Sie sich eine Markierung zur Zylinder-Identifikation.

31 Pleuelstangen
Ausbau, Kontrolle und Einbau

Anmerkung: *Um die Pleuelstangen ausbauen zu können, muß der Motor aus dem Rahmen genommen und dann das Gehäuse komplett demontiert werden.*

Ausbau

1 Bauen Sie die Kurbelwelle aus (siehe Sektion 30).

2 Messen Sie vor dem Ausbau der Pleuel ihr Axialspiel auf den Hubzapfen mit Hilfe einer Fühlerlehre (siehe Abb.). Wenn das Spiel eines Pleuels größer als in den Technischen Daten angegeben ist, müssen die Breite des Pleuelfußes und des Hubzapfens wie in Schritt 7 beschrieben, gemessen werden.

3 Markieren Sie mit Farbe oder einem Filzstift die jeweiligen Zylinder mit den entsprechenden Pleuel, Pleuelfüßen und Lagern, um sie später wieder richtig zuzuordnen. Markieren Sie sie so, daß der Fuß später wieder in die gleiche Richtung montiert wird. Beachten Sie, daß die über die seitlich über Pleuel und -Fuß geschlagenen Zahlen für die Lagergröße (und nicht für die Zylinder-Nummer) stehen und nach hinten zeigen müssen (siehe Abb.).

4 Lösen Sie die Pleuelfußschrauben und trennen Sie das Pleuel von der Kurbelwelle (siehe Abb.). Entfernen Sie die Schrauben nicht, setzen Sie die Lagerschalen und den Fuß wieder in der Originallage zusammen, wenn die Teile nicht getauscht werden sollen.

Kontrolle

5 Begutachten Sie die Pleuelstangen auf Risse und andere sichtbare Beschädigungen.

6 Falls noch nicht erledigt (siehe Sektion 16), geben Sie Motoröl auf den Kolbenbolzen, schieben Sie ihn in das obere Pleuelauge und prüfen Sie, ob Lagerspiel fühlbar ist (siehe Abb.). Messen Sie den Außendurchmesser des Kolbenbolzens und den Innendurchmesser des oberen Pleuelauges, und vergleichen Sie die Messungen mit den technischen Daten (siehe Abb. 16.13b und d). Ersetzen Sie Komponenten, die zu stark verschlissen sind.

7 Wenn das in Schritt 2 ermittelte Seitenspiel des Pleuels zu groß ist, müssen die Breite des Pleuelfußes und des Hubzapfens gemessen werden (siehe Abb.). Vergleichen Sie die Ergebnisse mit den technischen Daten und ersetzen Sie Komponenten, die zu stark verschlissen sind.

8 Wechseln Sie zu Sektion 29 und begutachten Sie die Pleuellagerschalen. Wenn sie riefig sind oder Freß- oder Klemmspuren zeigen, sind sie zu ersetzen. Tauschen Sie die Lagerschalen immer als ganzen Satz. Wenn sie stark beschädigt sind, muß die Lagerfläche des Hubzapfens untersucht werden. Anzeichen von starker Hitze, wie z.B. Verfärbung, weisen auf Schmierungsmangel hin. Stellen Sie sicher, daß die Ölpumpe und der Öldruckregler sowie die Ölkanäle und -bohrungen in Ordnung sind. bevor der Motor wieder zusammengebaut wird.

9 Lassen Sie die Pleuelstangen bei einem Suzuki-Händler auf Verzug und Verbiegung kontrollieren, wenn Sie über ihren Zustand im Zweifel sind.

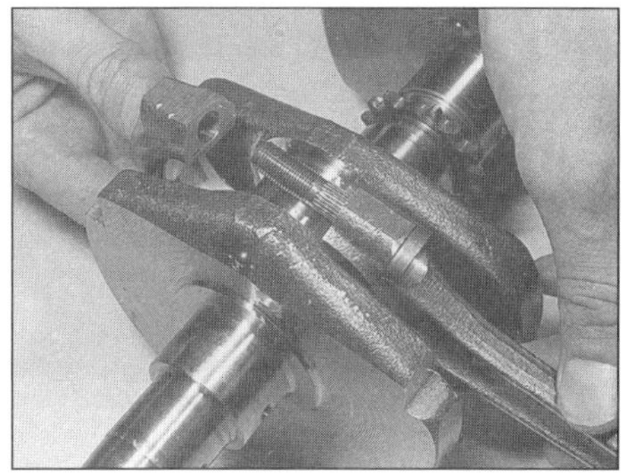

31.4 Lösen Sie die Muttern und entfernen Sie den Pleuelfuß.

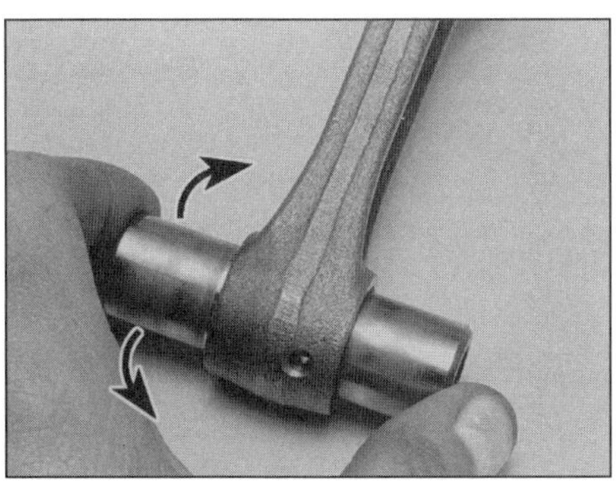

31.6 Schieben Sie den Kolbenbolzen in das obere Pleuelauge und kontrollieren Sie durch Wackeln sein Spiel.

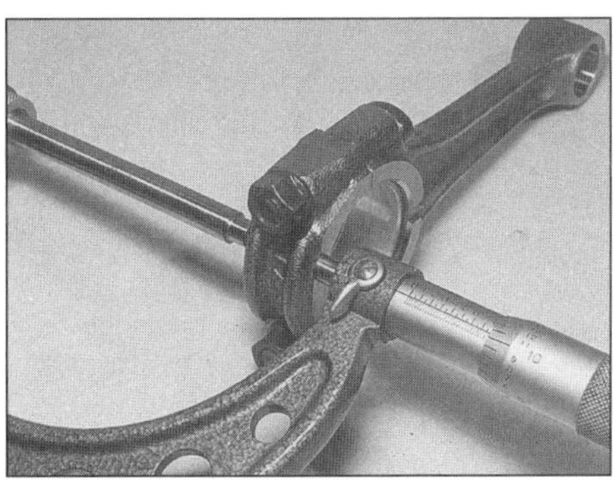

31.7a Messen Sie die Breite des Pleuelfußes...

31.7b ...und des entsprechenden Hubzapfens.

31.10 Die Ziffern geben von links nach rechts die Größen der Hubzapfen an.

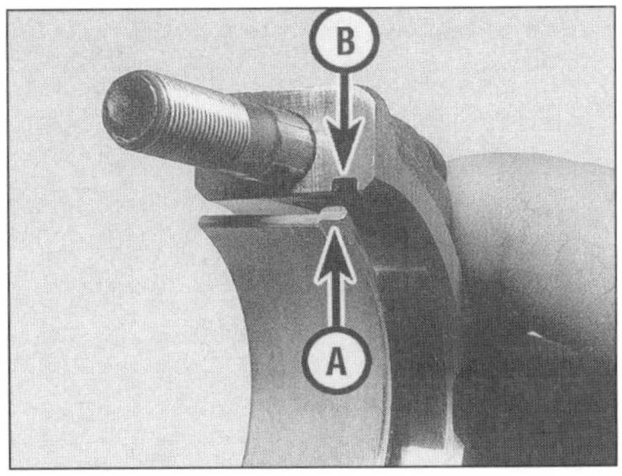

31.14 Gehen Sie sicher, daß die Lasche (A) in die Nut (B) greift.

31.23 Pleuelmuttern in zwei Schritten mit dem vorgeschriebenen Drehmoment anziehen.

Auswahl der Lagerschalen

10 Austauschlagerschalen für die Pleuelfußlager gibt es in verschiedenen Paarungsgrößen zu den Hubzapfen. Codierungen, die in die innere linke Kurbelwange und die Pleuel eingeschlagen sind, weisen auf die korrekte Austauschlagerschale hin. Die Größenangaben der einzelnen Hubzapfen sind mit 1, 2 oder 3 auf der Kurbelwange eingeschlagen (siehe Abb.). Die Ziffern beziehen sich auf die Hubzapfen von **L**inks nach **R**echts. Die Größen der entsprechenden Lagersitze im Pleuel sind mit 1 oder 2 seitlich am Pleuel und Pleuelfuß eingeschlagen (siehe Abb. 31.3).

11 Lagerschalen werden in verschiedenen Größen angeboten. Um die korrekte Schale zu finden, muß anhand der unten angegebenen Tabelle aus den Ziffern an der Kurbelwelle und des Pleuels die richtige Farbe der Austauschlagerschale gelesen werden. Zum Beispiel wird für einen mit 3 markierten Zapfen und der Sitzgröße 2 am Pleuel eine gelb markierte Lagerschale verwendet.

Codierung der Hubzapfen	**Codierung der Lagersitze am Pleuel**		
	1	2	3
1	grün	schwarz	braun
2	schwarz	braun	gelb

Kontrolle des Lagerspiels

12 Egal, ob neue Lagerschalen eingebaut wurden oder die alten wiederverwendet werden, vor dem Motorzusammenbau sollte das Lagerspiel gemessen werden.

13 Reinigen Sie die Rücken der Lagerschalen und die Sitze in der Pleuelstange und im Pleuelfuß.

14 Drücken Sie die Lagerschalen in ihre Positionen, die Lasche an jeder Schale muß in die Nuten des Sitzes einrasten (siehe Abb.). Gehen Sie sicher, daß die Lager korrekt sitzen und achten Sie darauf, daß die Lageroberflächen nicht mit den Fingern berührt werden dürfen.

15 Schneiden Sie von den Quetsch-Meßstreifen für jedes Lager entsprechende Stücken ab, sie sollten etwas kürzer als die Lagerbreite sein. Legen Sie auf den (sauberen) Hubzapfen einen Streifen und setzen Sie das richtige Pleuel mit allen Teilen in der entsprechenden Lage an. Ziehen Sie die Pleuelmuttern entsprechend den Werten in den Technischen Daten in zwei Schritten an. Stellen Sie sicher, daß das Pleuel sich nicht auf der Kurbelwelle dreht. Lockern Sie die Muttern und heben Sie vorsichtig den Pleuelfuß ab, passen Sie dabei auf, daß die Meßstreifen nicht durch Drehen beschädigt werden.

16 Vergleichen Sie den gequetschten Streifen mit der Skala auf der Packung, um das Lagerspiel zu ermitteln (siehe Abb. 31.21). Vergleichen Sie diesen Wert mit den Technischen Daten am Anfang des Kapitels.

17 Wenn das Spiel dem Standardwert der Technischen Daten entspricht und die Schalen in gutem Zustand sind, können die Schalen wiederverwendet werden. Wenn das Spiel nahe an der Verschleißgrenze liegt, müssen die Lagerschalen entsprechend den Schritten 10 und 11 ersetzt werden. Kontrollieren Sie das Spiel erneut (es sollte jetzt nahe des Standardwertes liegen). Tauschen Sie immer die Schalen als Satz.

18 Wenn das Spiel auch mit neuen Schalen der korrekten Größe zu groß ist, muß der Hubzapfen mit einer Mikrometerschraube gemessen und das Ergebnis mit den Technischen Daten verglichen werden. Nach Messungen an verschiedenen Stellen (rundherum bzw. am Rand und in der Mitte) kann entschieden werden, ob der Kurbelwellen-Hubzapfen verschlissen, unrund oder kegelig gelaufen ist und die Welle ersetzt werden muß.

19 Wenn irgendein Hubzapfen der Kurbelwelle kleiner als die Verschleißgrenze ist, muß die Kurbelwelle ersetzt werden.

20 Wiederholen Sie die Lagerschalenbestimmung an den anderen Pleuelstangen.

21 Nach Beendigung der Messung muß der gequetschte Plastikstreifen vorsichtig aus dem Lager entfernt werden. Hierzu reicht normalerweise ein Fingernagel.

Einbau

22 Schmieren Sie alle Schalen vorzugsweise mit Molybdänfett, sonst mit Motoröl. Drücken Sie die Lagerschalen in ihre Sitze und gehen Sie sicher, daß die Laschen in die Sitznuten greifen (siehe Abb. 31.14). Achten Sie darauf, daß alle Schalen im richtigen Sitz liegen und alles dem richtigen Hubzapfen zugeordnet ist, so daß die zuvor gemachten Markierungen fluchten und in die richtige Richtung zeigen (siehe Abb. 31.4 und 31.3). Ziehen Sie die Muttern handfest und kontrollieren Sie, ob alle Teile in der Originalposition liegen.

23 Ziehen Sie die Pleuelmuttern in zwei Schritten entsprechend den Werten in den Technischen Daten an (siehe Abb.).

24 Kontrollieren Sie, ob die Pleuel sich sanft und frei auf dem Hubzapfen drehen. Wenn irgendein Anzeichen von rauhem Lauf oder Klemmneigung festgestellt wird, müssen die Pleuel demontiert und erneut auf Lagerspiel kontrolliert werden. Manchmal kann leichtes Abklopfen des Pleuelfußes Klemmungen lösen, doch sollte im Zweifel das Spiel erneut kontrolliert werden.

25 Bauen Sie die Kurbelwelle ein (siehe Sektion 30).

32 Getriebewellen
Ausbau und Einbau

Anmerkung: *Um die Getriebewellen ausbauen zu können, müssen der Motor ausgebaut und die Gehäusehälften getrennt sein.*

Anmerkung: *Die Bezeichnungen der rechten und linken Enden der Getriebewellen beziehen sich immer auf die korrekte Lage des Motors, d.h. wenn der Motor auf dem Kopf steht, befindet sich das rechte Ende links vom Betrachter und umgekehrt.*

Ausbau

1 Trennen Sie die Motorgehäusehälften (siehe Sektion 26). Beachten Sie die Positionen der Kugellager-Arretierstifte rechts an der Eingangswelle und links an der Ausgangswelle.

2 Heben Sie die beiden Getriebewellen aus dem Gehäuse, merken Sie sich ihre Einbaurichtung und wie sie zusammenpassen (siehe Abb.). Wenn sie klemmen, können mit einem

32.2a Heben Sie die Eingangswelle...

Kunststoffhammer die Wellen angeklopft werden, daß sie sich lösen.

3 Entfernen Sie die Kugellager-Sicherungs-Halbringe und die Nadellager-Paßstifte aus dem oberen Gehäuseteil. Merken Sie sich ihre Positionen (siehe Abb. 32.5a und b). Wenn sie nicht in ihren Nuten oder Bohrungen sitzen, befinden sie sich an den Wellen.

4 Entfernen Sie die Hülse und den Wellendichtring links von der Ausgangswelle, bei den **1200er Modellen** zusätzlich den O-Ring (siehe Abb. 32.6). Entfernen Sie ebenfalls den Kupplungsdruckstangen-Dichtring links von der Eingangswelle, falls er nicht im Gehäuse verblieben ist. Die Getriebewellen können gegebenenfalls zerlegt und auf Verschleiß und Beschädigung begutachtet werden (siehe Sektion 33).

32.2b ...und die Ausgangswelle aus dem Motorgehäuse.

Einbau

5 Setzen Sie die Lagersicherungs-Halbringe der Getriebewellenlager in ihre Positionen in der oberen Gehäusehälfte und stecken Sie die Paßstifte in ihre Bohrungen (siehe Abb.).

6 Schieben Sie bei den **1200er Modellen** einen neuen O-Ring und bei allen Modellen die Hülse und einen neuen Wellendichtring rechts auf die Ausgangswelle, die Dichtlippen sollten vorher mit Fett bestrichen werden (siehe Abb.).

7 Legen Sie die Eingangswelle in ihren Sitz in der oberen Gehäusehälfte, gehen Sie dabei sicher, daß der Paßstift korrekt in die Bohrung im Nadellager einrastet, und daß der Arretierstift des Kugellagers nach vorne in den Ausschnitt des Gehäuses, sowie die Nut über dem Halbring paßt (siehe Abb.). Setzen Sie den Kupplungsdruckstangen-Dichtring links gegen die Welle.

8 Legen Sie die Ausgangswelle in ihren Sitz im oberen Gehäuse und achten Sie darauf, daß der Paßstift korrekt in die Bohrung im Nadellager einrastet, und daß der Arretierstift des Kugellagers nach vorne in den Ausschnitt des Gehäuses, und die Nut über dem Halbring paßt (siehe Abb. 32.7a und b).

9 Gehen Sie sicher, daß beide Getriebewellen korrekt liegen und die Zahnräder ineinander greifen.

Achtung: Wenn die Paßstifte und/oder Lagerhalbringe nicht richtig sitzen, können die Gehäusehälften nicht korrekt montiert werden.

10 Schalten Sie in den Leerlauf und kontrollieren Sie, ob die Wellen sich frei und unabhängig drehen (d.h. eine Welle sich drehen läßt, wenn die andere festgehalten wird), bevor weiter montiert wird.

11 Bauen Sie die Gehäusehälften, wie in Sektion 26 beschrieben, zusammen.

33 Getriebewellen
Zerlegung, Kontrolle und Zusammenbau

***Anmerkung**: Die Bezeichnungen rechte und linke Enden der Getriebewellen beziehen sich auf die Einbaulage im aufrecht stehenden Motor.*

1 Entfernen Sie die Getriebewellen aus dem oberen Motorgehäuse (siehe Sektion 32). Zerlegen Sie die Getriebewellen getrennt, um Verwechslungen der Bauteile zu vermeiden.

> **Praxis TiP** ***Beim Zerlegen der Getriebewellen sollten die Teile auf eine Stange gesteckt oder ein Draht durch sie hindurchgezogen werden, um die richtige Reihenfolge und Einbaulage zu garantieren.***

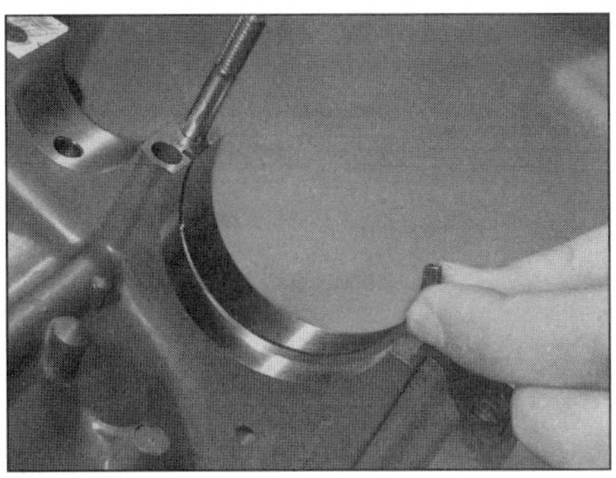

32.5a Setzen Sie die Kugellager-Sicherungs-Halbringe...

32.5b ...und die Nadellager-Paßstifte ein.

2

32.6 Schieben Sie einen neuen Wellendichtring auf die Ausgangswelle.

32.7a Die Bohrung des Nadellagers muß mit dem Stift fluchten.

32.7b Der Stift des Kugellagers (A) muß im Gehäuse-Ausschnitt liegen und der Sicherungs-Halbring (B) in der Nut des Lagers.

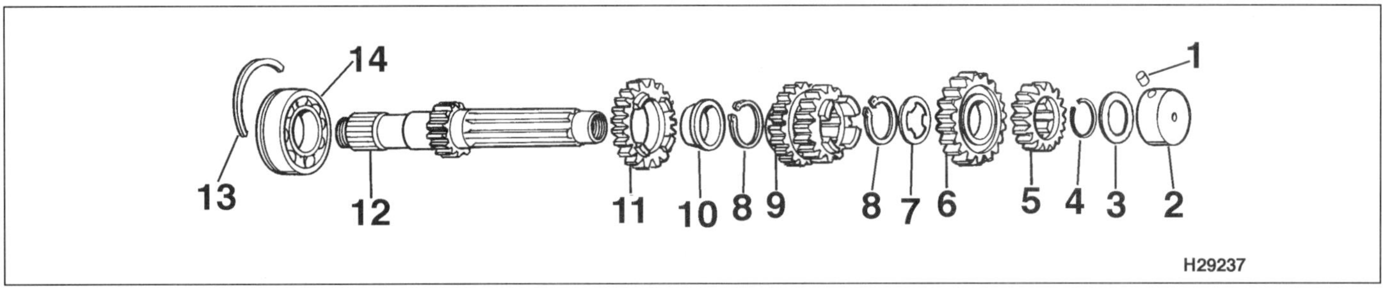

33.2 Bauteile der Sechsgang-Getriebe-Eingangswelle (600er Modelle)

1 Paßstift
2 Nadellager
3 Dichtring
4 Draht-Sicherungsring
5 2.-Gang-Rad
6 6.-Gang-Rad
7 Nutenscheibe
8 Sicherungsring
9 3./4.-Gang-Rad
10 5.-Gang-Rad-Buchse
11 5.-Gang-Rad
12 Eingangswelle mit festem 1.-Gang-Rad
13 Sicherungs-Halbring
14 Ringnuten-Kugellager

GSF 600 Modelle – Sechsgang-Getriebe

Getriebeeingangswelle – Zerlegung

2 Entfernen Sie das Nadellager und den Dichtring vom linken Ende der Welle (siehe Abb.).

3 Entfernen Sie den Sicherungsring für das 2.-Gang-Rad und ziehen Sie dieses sowie das 6.-Gang-Rad mitsamt der Nutenscheibe ab. Wenn der Draht-Sicherungsring schwierig zu erreichen ist, kann der Seegerring hinter dem 6.-Gang-Rad mit einer Außen-Seegerringzange gespreizt und zum 3./4.-Gang-Rad geschoben werden. Schieben Sie dann die Nutenscheibe, das 6.-Gang- und das 2.-Gang-Rad zurück, und entfernen Sie den Draht-Ring. Fahren Sie wie oben beschrieben fort.

4 Entfernen Sie den Sicherungsring des kombinierten 3./4.-Gang-Rades und das Rad selbst von der Welle.

5 Anschließend wird der Sicherungsring des 5.-Gang-Rades und das 5.-Gang-Rad mit der Buchse von der Welle gezogen.

6 Das Zahnrad des 1. Ganges ist in die Welle integriert.

Kontrolle

7 Waschen Sie alle Bauteile in sauberem Lösemittel und trocknen Sie sie ab.

8 Kontrollieren Sie alle Zähne auf Ausbrüche, Lochbildung und andere augenfällige Beschädigungen oder Verschleiß. Alle beschädigten Zahnräder müssen ausgetauscht werden.

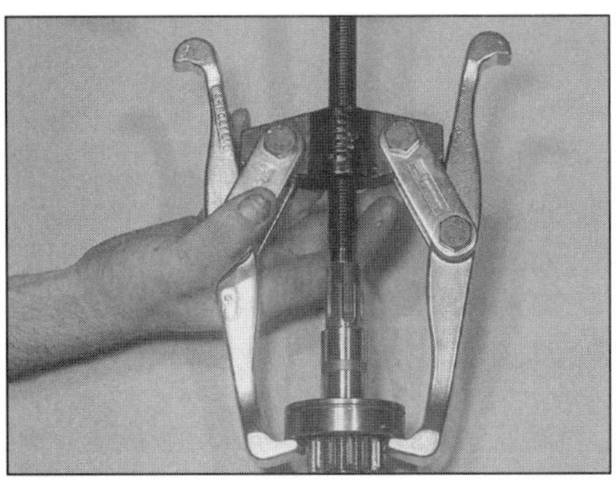

33.13 Ziehen Sie das Lager mit einem Abzieher ab.

9 Inspizieren Sie die Mitnehmer und Mitnehmernuten der Zahnräder auf Brüche, Splitterungen und exzessiven Verschleiß, besonders auch auf abgerundete Ecken. Gehen Sie sicher, daß Zahnradpaare sauber ineinander greifen. Falls Ersatz nötig wird, ist immer paarweise auszutauschen.

10 Kontrollieren Sie alle Räder, Buchsen und die Welle auf Kerben und blaue Verfärbung, die auf Überhitzung durch mangelhafte Schmierung zurückzuführen ist. Kontrollieren Sie, ob alle Ölbohrungen und -kanäle sauber sind. Ersetzen Sie alle beschädigten Komponenten.

11 Kontrollieren Sie, ob alle Räder sich frei, aber ohne Spiel auf der Welle oder Buchse drehen. Kontrollieren Sie, ob sich alle Buchsen frei, aber ohne Spiel auf der Welle drehen.

12 Eine Beschädigung der Welle ist recht unwahrscheinlich, außer der Motor ist trocken gelaufen und hat gefressen, das Getriebe wurde unter sehr hoher Last gefahren oder es liegt eine sehr hohe Laufleistung vor. Kontrollieren Sie die Oberfläche der Welle, besonders die Laufflächen der Zahnräder, und tauschen Sie die Welle aus, wenn Kerben oder Ausbrüche zu sehen sind oder Risse vorliegen. Messen Sie den Rundlauf der Welle. Wenn ein Schlag vorliegt, muß die Welle ersetzt werden.

13 Kontrollieren Sie das Kugellager auf Spiel oder rauhen Lauf und ob es fest auf der Welle sitzt. Ersetzen Sie das Lager, falls es locker, verschlissen oder beschädigt ist – gegebenenfalls mit einem Lagerabzieher (s. Abb.). Wenn keiner zur Hand ist, hebeln Sie das Lager mit einem Paar Reifen-Montierhebeln ab. Drücken Sie das Lager mit einer Presse wieder auf die Welle. Setzen Sie das Nadellager auf die Welle und kontrollieren Sie es auf Spiel oder rauhen Lauf. Ersetzen Sie das Lager, falls es verschlissen oder beschädigt ist.

14 Kontrollieren Sie die Scheiben auf Verbiegungen oder Verschleiß. Ersetzen Sie alle Sprengringe durch Neuteile.

Zusammenbau

15 Schmieren Sie während der Montage alle belasteten Teile der Welle, der Buchsen und der Zahnräder mit Molybdän-Paste oder Motoröl ein. Spannen Sie die Sprengringe nicht mehr als nötig und setzen Sie sie mit der abgerundeten Seite zum Zahnrad und mit der Öffnung in eine Kerbe zwischen die Nuten ein *(siehe Abb. in der Befestigungs-Sektion der Werkzeug- und Werkstatt-Tips im Anhang).*

16 Schieben Sie das 5.-Gang-Rad mit den vom 1-Gang-Rad wegzeigenden Mitnehmern von links auf die Welle (siehe Abb. 33.2). Schieben Sie die Buchse zwischen Zahnrad und Welle, setzen Sie den Sprengring auf und gehen Sie sicher, daß dieser sicher in seine Nut einrastet.

17 Schieben Sie das 3./4.-Gang-Zahnradpaar auf die Welle, so daß das größere Rad (4. Gang) in das 5.-Gang-Rad eingreift. Sichern Sie es mit dem Sprengring und achten Sie auf sein korrektes Einrasten.

18 Schieben Sie die Nutenscheibe, und das größte (6. Gang) Rad auf, daß es in die Mitnehmer des 3. Gang greifen kann.

19 Schieben Sie das 2.-Gang-Rad auf die Welle und sichern Sie es mit dem Drahtring, der in seine Nut einrasten muß.

20 Zum Schluß wird der Dichtring und das Nadellager aufgesetzt. Kontrollieren Sie, ob alle Bauteile korrekt installiert sind.

Ausgangswelle – Kontrolle

21 Entfernen Sie das Nadellager und die Druckscheibe vom rechten Wellenzapfen (siehe Abb.).

22 Ziehen Sie das 1.-Gang-Rad und seine Buchse, gefolgt von der Druckscheibe und dem 5.-Gang-Rad von der Welle.

23 Entfernen Sie den Sicherungsring, der das 4.-Gang-Rad sichert, und ziehen Sie die Nutenscheibe und das Zahnrad mit seiner Buchse ab.

24 Ziehen Sie die beiden Sicherungsscheiben unter Beachtung ihrer Einbaulage von der Welle, dann das 3.-Gang-Rad, die Buchse sowie die Nutenscheibe.

25 Entfernen Sie den Sicherungsring, der das 6.-Gang-Rad sichert, und ziehen Sie das Zahnrad ab.

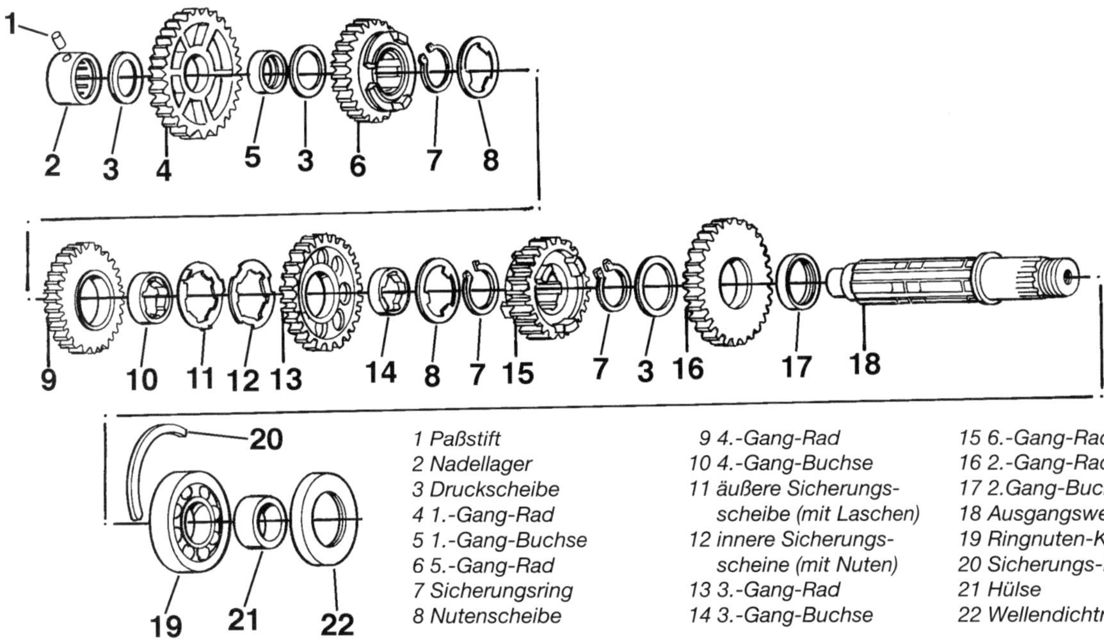

1 Paßstift
2 Nadellager
3 Druckscheibe
4 1.-Gang-Rad
5 1.-Gang-Buchse
6 5.-Gang-Rad
7 Sicherungsring
8 Nutenscheibe
9 4.-Gang-Rad
10 4.-Gang-Buchse
11 äußere Sicherungsscheibe (mit Laschen)
12 innere Sicherungsscheine (mit Nuten)
13 3.-Gang-Rad
14 3.-Gang-Buchse
15 6.-Gang-Rad
16 2.-Gang-Rad
17 2.Gang-Buchse
18 Ausgangswelle
19 Ringnuten-Kugellager
20 Sicherungs-Halbring
21 Hülse
22 Wellendichtring

33.21 Bauteile der Sechsgang-Ausgangswelle (600er Modelle)

26 Entfernen Sie den Sprengring, der das 2.-Gang-Rad sichert, und ziehen Sie zunächst die Druckscheibe und dann das Zahnrad mit der Buchse von der Welle ab.

Ausgangswelle – Kontrolle

27 Sehen Sie hierzu bei den Schritten 7 bis 14 nach.

Ausgangswelle – Zusammenbau

28 Schmieren Sie während der Montage alle belasteten Teile der Welle, der Buchsen und der Zahnräder mit Molybdän-Paste oder Motoröl ein. Spannen Sie die Sprengringe nicht mehr als nötig und setzen Sie sie mit der abgerundeten Seite zum Zahnrad und mit der Öffnung in eine Kerbe zwischen die Nuten ein *(siehe Abb. in der Befestigungs-Sektion der Werkzeug- und Werkstatt-Tips im Anhang).*

29 Schieben Sie das 2.-Gang-Zahnrad mit seiner Buchse gefolgt von der Druckscheibe auf die Welle und sichern Sie sie mit dem Sicherungsring. Achten Sie darauf, daß dieser korrekt in seiner Nut sitzt (siehe Abb. 33.21).

30 Schieben Sie das 6.-Gang-Rad so auf die Welle, daß die Schaltgabelnut vom 2.-Gang-Rad wegzeigt, und sichern Sie es mit dem Sprengring. Achten Sie darauf, daß dieser korrekt in seiner Nut sitzt.

31 Schieben Sie die Nutscheibe gefolgt vom 3.-Gang-Rad und seiner Buchse auf die Welle, gehen Sie sicher, daß die Bohrung in der Buchse mit dem Loch in der Welle fluchtet. Schieben Sie die innere Sicherungsscheibe auf die Welle, bis sie in ihrer Nut liegt. Drehen Sie sie, so daß ihre Kerben mit denen der Welle fluchten, schieben Sie dann die äußere Sicherungsscheibe auf und lassen Sie ihre Laschen in die Nuten der inneren Scheibe greifen. Jetzt sind die Scheiben gesichert.

32 Schieben Sie das 4.-Gang-Rad mit seiner Buchse auf die Welle, gehen Sie sicher, daß die Bohrung in der Buchse mit dem Loch in der Welle fluchtet. Schieben Sie dann die Nutenscheibe auf die Welle und sichern Sie alles mit dem Sprengring, gehen Sie dabei sicher, daß er sauber in seinem Sitz einrastet.

33 Schieben Sie das 5.-Gang-Rad, die Mitnehmer in das 4.-Gang-Rad greifend, und die Druckscheibe auf die Welle.

34 Setzen Sie anschließend das größte Rad (1.-Gang) gefolgt von der Druckscheibe auf die Welle.

35 Schieben Sie das Nadellager auf und kontrollieren Sie alle Komponenten auf korrekten Einbau.

Praxis TiP ***Beim Zerlegen der Getriebewellen sollten die Teile auf eine Stange gesteckt oder ein Draht durch sie hindurchgezogen werden, um die richtige Reihenfolge und Einbaulage zu garantieren.***

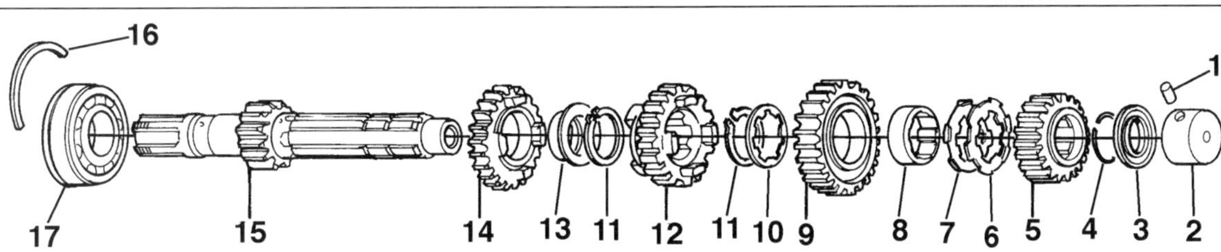

30.36 Bauteile der Fünfgang-Getriebe-Eingangswelle (1200er Modelle)

1 Paßstift
2 Nadellager
3 Wellendichtring
4 Draht-Sicherungsring
5 2.-Gang-Rad
6 äußere Sicherungsscheibe (mit Nuten)
7 innere Sicherungsscheibe (mit Laschen)
8 5.-Gang-Rad-Buchse
9 5.-Gang-Rad
10 Nutenscheibe
11 Sicherungsring
12 3.-Gang-Rad
13 4.-Gang-Buchse
14 4.-Gang-Rad
15 Eingangswelle mit festem 1.-Gang-Rad
16 Sicherungs-Halbring
17 Ringnuten-Kugellager

GSF 1200 Modelle Fünfgang-Getriebe

Getriebeeingangswelle – Zerlegung

36 Entfernen Sie das Nadellager und den Dichtring vom linken Ende der Welle (siehe Abb.).

37 Entfernen Sie den Draht-Sicherungsring für das 2.-Gang-Rad und ziehen Sie dieses sowie das 6.-Gang-Rad mitsamt der Nutenscheibe ab. Wenn der Draht-Sicherungsring schwierig zu erreichen ist, kann der Seegerring hinter dem 5.-Gang-Rad mit einer Außen-Seegerringzange gespreizt und zum 3.-Gang-Rad geschoben werden. Schieben Sie dann das 5.-Gang-Rad zurück, um an die beiden Sicherungsscheiben zu gelangen. Schieben Sie die innere Scheibe zurück und drehen Sie die äußere Scheibe in ihrer Nut, bis sie ebenfalls zurückgeschoben werden kann. Schieben Sie das 2.-Gang-Rad zurück und entfernen Sie den Draht-Ring. Fahren Sie wie oben beschrieben fort.

38 Schieben Sie die beiden Sicherungsscheiben von der Welle (siehe oben). Anschließend wird das 5.-Gang-Rad mit der Buchse von der Welle gezogen.

39 Entfernen Sie den Sicherungsring des 3.-Gang-Rades und das Rad selbst von der Welle.

40 Entfernen Sie den Sicherungsring des 4.-Gang-Rades und das Rad selbst mitsamt seiner Buchse von der Welle.

41 Das Zahnrad des 1. Ganges ist in die Welle integriert.

Kontrolle

42 Waschen Sie alle Bauteile in sauberem Lösemittel und trocknen Sie sie ab.

43 Kontrollieren Sie alle Zähne auf Ausbrüche, Lochbildung und andere augenfällige Beschädigungen oder Verschleiß. Alle beschädigten Zahnräder müssen ausgetauscht werden.

44 Inspizieren Sie die Mitnehmer und Mitnehmernuten der Zahnräder auf Brüche, Splitterungen und exzessiven Verschleiß, besonders auch auf abgerundete Ecken. Gehen Sie sicher, daß Zahnradpaare sauber ineinander greifen. Falls Ersatz nötig wird, ist immer paarweise auszutauschen.

45 Kontrollieren Sie alle Räder, Buchsen und die Welle auf Kerben und blaue Verfärbung, die auf Überhitzung durch mangelhafte Schmierung zurückzuführen ist. Kontrollieren Sie, ob alle Ölbohrungen und -Kanäle sauber sind. Ersetzen Sie alle beschädigten Komponenten.

46 Kontrollieren Sie, ob alle Räder sich frei, aber ohne Spiel auf der Welle oder Buchse drehen. Kontrollieren Sie, ob sich alle Buchsen frei, aber ohne Spiel auf der Welle drehen.

47 Eine Beschädigung der Welle ist recht unwahrscheinlich, außer der Motor ist trocken gelaufen und hat gefressen, das Getriebe wurde unter sehr hoher Last gefahren oder es liegt eine sehr hohe Laufleistung vor. Kontrollieren Sie die Oberfläche der Welle, besonders die Laufflächen der Zahnräder, und tauschen Sie die Welle aus, wenn Kerben oder Ausbrüche zu sehen sind oder Risse vorliegen. Messen Sie den Rundlauf der Welle. Wenn ein Schlag vorliegt, muß die Welle ersetzt werden.

48 Kontrollieren Sie das Kugellager auf Spiel oder rauhen Lauf und ob es fest auf der Welle sitzt. Ersetzen Sie das Lager, falls es locker, verschlissen oder beschädigt ist – gegebenenfalls mit einem Lagerabzieher (siehe Abb. 33.13). Wenn keiner zur Hand ist, hebeln Sie das Lager mit einem Paar Reifen-Montierhebeln ab. Drücken Sie das Lager mit einer Presse wieder auf die Welle. Setzen Sie das Nadellager auf die Welle und kontrollieren Sie es auf Spiel oder rauhen Lauf. Ersetzen Sie das Lager, falls es verschlissen oder beschädigt ist.

49 Kontrollieren Sie die Scheiben auf Verbiegungen oder Verschleiß. Ersetzen Sie alle Sprengringe durch Neuteile.

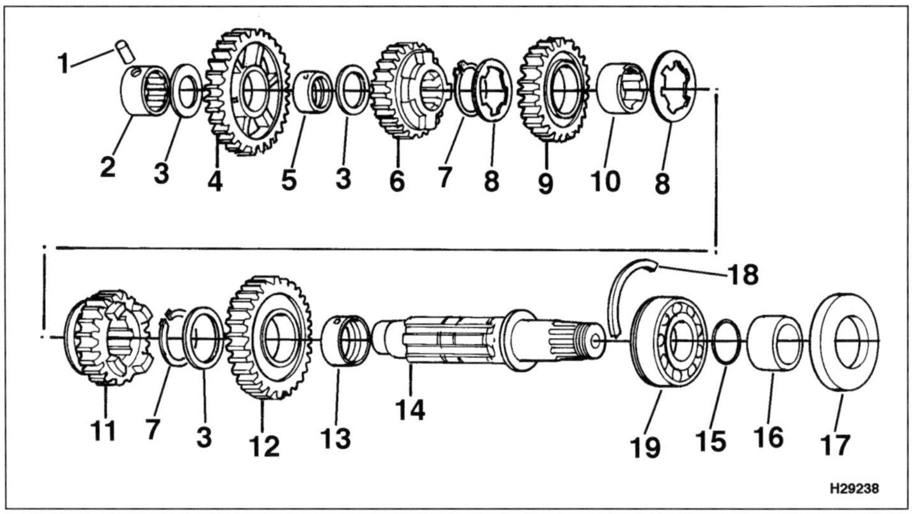

33.57 Bauteile der Fünfgang-Ausgangswelle (1200er Modelle)

1 Paßstift
2 Nadellager
3 Druckscheibe
4 1.-Gang-Rad
5 1.-Gang-Rad-Buchse
6 4.-Gang-Rad
7 Sicherungsring
8 Nutenscheibe
9 3.-Gang-Rad
10 3.-Gang-Buchse
11 5.-Gang-Rad
12 2.-Gang-Rad
13 2.-Gang-Buchse
14 Ausgangswelle
15 O-Ring
16 Hülse
17 Wellendichtring
18 Sicherungs-Halbring
19 Ringnuten-Kugellager

Zusammenbau

50 Schmieren Sie während der Montage alle belasteten Teile der Welle, der Buchsen und der Zahnräder mit Molybdän-Paste oder Motoröl ein. Spannen Sie die Sprengringe nicht mehr als nötig und setzen Sie sie mit der abgerundeten Seite zum Zahnrad und mit der Öffnung in eine Kerbe zwischen die Nuten ein *(siehe Abb. in der Befestigungs-Sektion der Werkzeug- und Werkstatt-Tips im Anhang).*

51 Schieben Sie das 4.-Gang-Rad mit den vom 1.-Gang-Rad wegzeigenden Mitnehmern von links auf die Welle (siehe Abb. 33.36). Schieben Sie die Buchse zwischen Zahnrad und Welle, setzen Sie den Sprengring auf und gehen Sie sicher, daß dieser sicher in seine Nut einrastet.

52 Schieben Sie das 3.-Gang-Zahnrad auf die Welle, so daß die Schaltgabel-Führung zum 4.-Gang-Rad zeigt. Sichern Sie es mit dem Sprengring und achten Sie auf sein korrektes Einrasten.

53 Schieben Sie die Nutenscheibe und das größte (5. Gang) Rad mit seiner Buchse auf, daß es in die Mitnehmer des 3. Gang greifen kann und die Bohrung der Buchse mit dem Ölkanal in der Welle fluchtet.

54 Schieben Sie die innere Sicherungsscheibe auf die Welle, bis sie in ihrer Nut liegt. Drehen Sie sie, so daß ihre Kerben mit denen der Welle fluchten, schieben Sie dann die äußere Sicherungsscheibe auf und lassen Sie ihre Laschen in die Nuten der inneren Scheibe greifen. Jetzt sind die Scheiben gesichert.

55 Schieben Sie das 2.-Gang-Rad auf die Welle und sichern Sie es mit dem Drahtring, der in seine Nut einrasten muß.

56 Zum Schluß wird der Dichtring und das Nadellager aufgesetzt. Kontrollieren Sie, ob alle Bauteile korrekt installiert sind.

Ausgangswelle – Zerlegung

57 Entfernen Sie das Nadellager und die Druckscheibe vom rechten Wellenzapfen (siehe Abb.).

58 Ziehen Sie das 1.-Gang-Rad und seine Buchse, gefolgt von der Druckscheibe und dem 4.-Gang-Rad von der Welle.

59 Entfernen Sie den Sicherungsring, der das 3.-Gang-Rad sichert, und ziehen Sie die Nutenscheibe und das Zahnrad mit seiner Buchse ab.

60 Schieben Sie die Nutenscheibe und das 5.-Gang-Rad von der Welle.

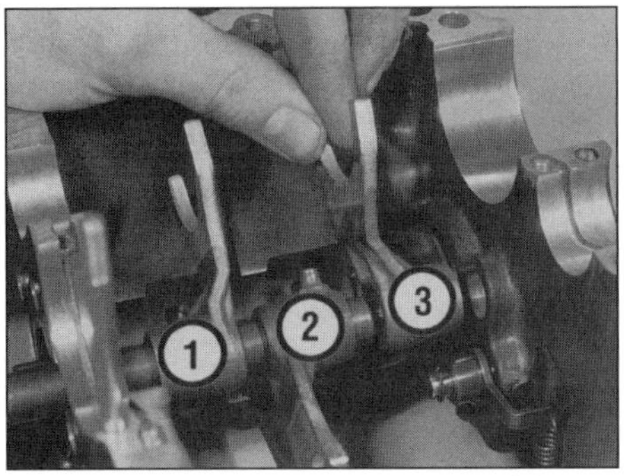

34.2 Die Schaltgabeln sollten zur Identifizierung mit einem Filzstift markiert werden. Beachten Sie die Einbaurichtung.

61 Entfernen Sie den Sprengring, der das 2.-Gang-Rad sichert, und ziehen Sie zunächst die Druckscheibe und dann das Zahnrad mit der Buchse von der Welle ab.

Ausgangswelle – Kontrolle

62 Sehen Sie hierzu bei den Schritten 42 bis 49 nach.

Ausgangswelle – Zusammenbau

63 Schmieren Sie während der Montage alle belasteten Teile der Welle, der Buchsen und der Zahnräder mit Molybdän-Paste oder Motoröl ein. Spannen Sie die Sprengringe nicht mehr als nötig und setzen Sie sie mit der abgerundeten Seite zum Zahnrad und mit der Öffnung in eine Kerbe zwischen die Nuten ein *(siehe Abb. in der Befestigungs-Sektion der Werkzeug- und Werkstatt-Tips im Anhang).*

64 Schieben Sie das 2.-Gang-Zahnrad mit seiner Buchse gefolgt von der Druckscheibe auf die Welle und sichern Sie sie mit dem Sicherungsring. Achten Sie darauf, daß dieser korrekt in seiner Nut sitzt (siehe Abb. 33.57).

65 Schieben Sie das 5.-Gang-Rad so auf die Welle, daß die Schaltgabelnut vom 2.-Gang-Rad wegzeigt, anschließend wird die Nutenscheibe aufgeschoben.

66 Schieben Sie das 3.-Gang-Rad mit seiner Buchse auf die Welle, gehen Sie sicher, daß die Bohrung in der Buchse mit dem Loch in der Welle fluchtet, anschließend wird die Nutenscheibe aufgeschoben und alles mit dem Seegerring gesichert.

67 Schieben Sie das 4.-Gang-Rad mit seiner Schaltgabelführung zum 3.-Gang-Rad zeigend, gefolgt von der Druckscheibe auf die Welle.

68 Setzen Sie anschließend das größte Rad (1.-Gang) – die offene Seite zum 4.-Gang-Rad zeigend – mit seiner Buchse, gefolgt von der Druckscheibe auf die Welle.

69 Schieben Sie das Nadellager auf und kontrollieren Sie alle Komponenten auf korrekten Sitz.

34.6b ...und ziehen Sie die Trommel aus dem Gehäuse.

34.5a Hängen Sie die Arretierhebel-Feder am Gehäuse aus.

34.5c Entfernen Sie gegebenenfalls die Arretierhebelwelle und die Scheibe.

34 Schaltwalze und Schaltgabeln
Ausbau, Kontrolle und Einbau

***Anmerkung**: Arbeiten an den externen Komponenten des Schaltmechanismus können bei im Rahmen befindlichem Motor ausgeführt werden (siehe Sektion 23). Alle anderen Operationen erzwingen den Ausbau und das Trennen der Motorgehäusehälften.*

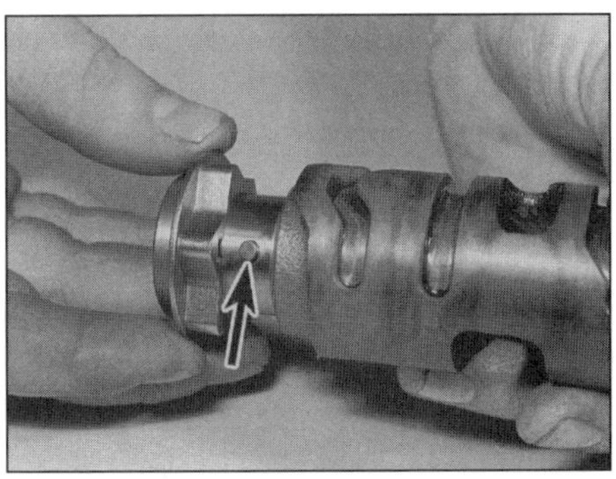

34.7 Der Arretier-Stern wird mit der Nut über diesen Paßstift (Pfeil) geschoben.

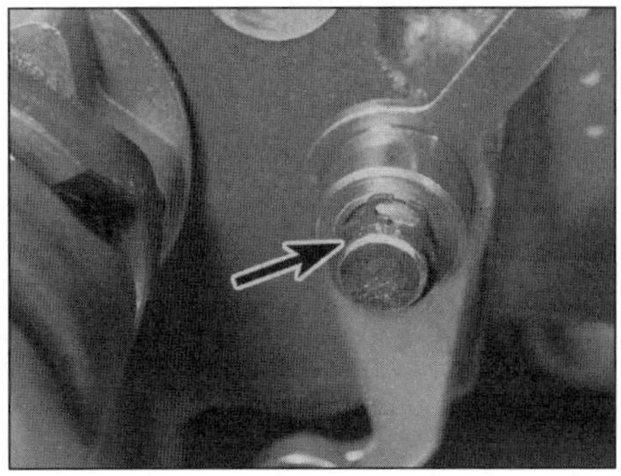

34.5b Entfernen Sie den Sicherungsring (Pfeil) und ziehen Sie den Hebel ab.

34.6a Entfernen Sie den Sicherungsring...

Ausbau

1 Trennen Sie die Motorgehäusehälften (siehe Sektion 24). Schaltwalze und Schaltgabeln befinden sich in der unteren Hälfte.

2 Bevor Sie die Schaltgabeln ausbauen, sollten als Einbauhilfe ihre Positionen und Einbaurichtungen notiert werden. Die linke Gabel ist mit einer 3 markiert, die mittlere mit 2, und die rechte trägt die Ziffer 1 (siehe Abb.). Wenn keine Markierung zu sehen ist, müssen Sie welche anbringen.

3 Halten Sie die an der Schaltwelle befindlichen Schaltgabeln, ziehen Sie die Welle nach rechts aus dem Gehäuse und nehmen Sie die Gabeln dann heraus. Schieben Sie die Gabeln nach der Demontage wieder in der richtigen Lage und Reihenfolge auf ihre Welle, um die Montage zu erleichtern.

4 Entfernen Sie den Leerlaufschalter (siehe Kapitel 8).

5 Hängen Sie die Arretierhebel-Feder aus ihrer Nut im Gehäuse (siehe Abb.). Entfernen Sie den Sicherungsring, der den Arretierhebel auf seiner Welle hält, ziehen Sie den Hebel unter Beachtung der Einbaulage ab (siehe Abb.). Falls nötig, schrauben Sie die Arretierhebelwelle außen aus dem Motorgehäuse und entfernen Sie sie (siehe Abb.).

6 Entfernen Sie den Seegerring vom linken Ende der Schaltwalze und ziehen die Walze nach rechts aus dem Gehäuse (siehe Abb.).

34.9a Messen Sie mit einer Fühlerlehre das Spiel zwischen Gabel und Nut.

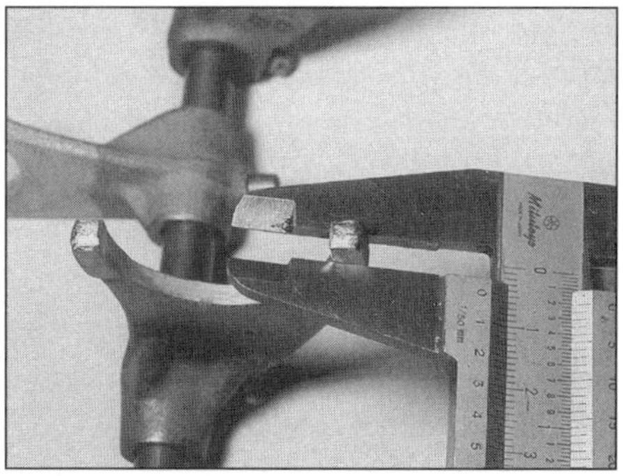

34.9b Messen Sie die Breite der Gabel-Enden...

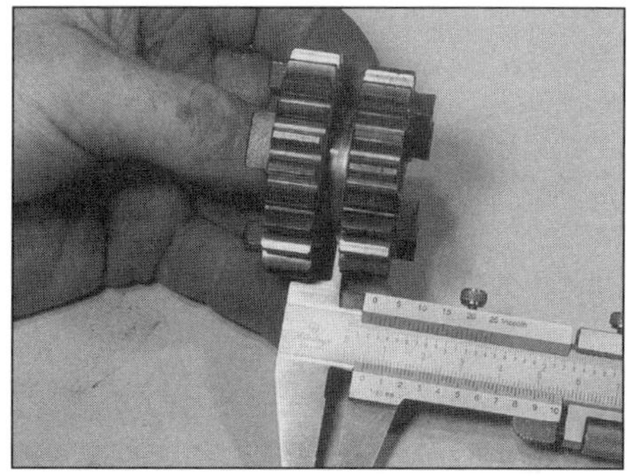

34.9c ...und die Breite der Nuten.

34.13a Nehmen Sie den Seegerring aus dem Gehäuse...

7 Ziehen Sie wenn nötig den Arretier-Stern von der Schaltwalze, beachten Sie den Stift in der Walze, der in die Nut im Stern greift (siehe Abb.), falls er lose ist, stellen Sie ihn sicher.

Kontrolle

8 Begutachten Sie die Schaltgabeln auf Anzeichen von Verschleiß und Beschädigung, besonders an den Enden, womit sie in die Nuten der Getrieberäder greifen. Kontrollieren Sie, ob jede Gabel korrekt in die Nuten eingreift, und checken Sie schließlich, ob die Gabeln verbogen sind. Wenn die Gabeln in irgendeiner Weise verschlissen oder beschädigt sind, müssen sie ersetzt werden.

9 Messen Sie bei in die Zahnradnuten greifenden Gabeln das Seitenspiel zwischen beiden und vergleichen Sie die Ergebnisse mit den in den Technischen Daten angegebenen Werten (siehe Abb.). Wenn das Spiel außerhalb des Toleranzbereichs ist, müssen die Breite der Gabel und die Weite der Nut einzeln gemessen und mit den Technischen Daten verglichen werden (siehe Abb.). Ersetzen Sie die entsprechenden verschlissenen Teile.

10 Kontrollieren Sie, ob die Gabeln korrekt auf ihrer Welle sitzen. Sie sollen sich frei und mit leichtem Schlupf bewegen, aber kein spürbares Lagerspiel haben. Überprüfen Sie, ob die Gabelwellen-Bohrungen im Motorgehäuse verschlissen oder beschädigt sind.

11 Die Schaltgabelwelle kann durch Rollen auf einer ebenen Oberfläche auf Biegung überprüft werden. Eine verbogene Stange verursacht schwergängiges Schalten sowie Probleme beim Gangwechsel und muß ersetzt werden.

12 Begutachten Sie die Nuten der Schaltwalze und die Führungsstifte der Schaltgabeln auf Verschleiß und Beschädigung. Messen Sie die Breite der Nuten und den Durchmesser der Stifte und vergleichen Sie die Werte mit den technischen Daten. Wenn nur ein Teil verschlissen oder beschädigt ist, müssen die entsprechende(n) Gabel(n) und/oder die Walze ausgetauscht werden.

13 Kontrollieren Sie, ob sich die Schaltwalzen-Lager frei drehen und kein spürbares Spiel zum Motorgehäuse haben (siehe Abb.). Wenn nötig, müssen sie ersetzt werden. Zum Ersetzen des Kugellagers muß der Seegerring entfernt und das Lager aus dem Gehäuse getrieben werden (siehe Abb.). Treiben Sie unter der Beachtung, daß es nicht mehr verwendet werden darf, das Nadellager aus dem Gehäuse. Ziehen oder treiben Sie neue Lager ein und gehen Sie sicher, daß sie senkrecht sitzen. Sichern Sie das Kugellager mit dem Seegerring.

14 Gehen Sie sicher, daß die Rolle des Arretierhebels sich frei dreht und keine Anzeichen von Beschädigung und Verschleiß sichtbar sind. Kontrollieren Sie, ob der Hebel sich leicht auf der Welle dreht und kein Spiel hat.

Einbau

15 Falls entfernt, muß der Arretierstern-Stift in die Bohrung der Walze gesetzt werden (siehe Abb.). Schieben Sie den Stern auf die Walze und lassen Sie ihn auf dem Stift einrasten (siehe Abb. 34.7).

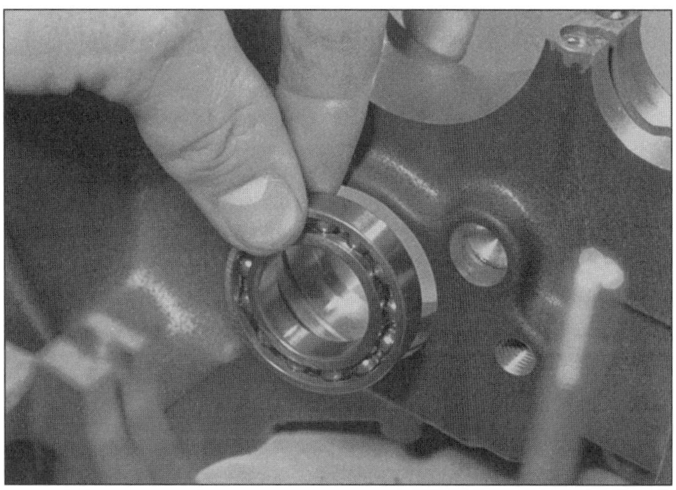

34.13b ...und entfernen Sie das Kugellager.

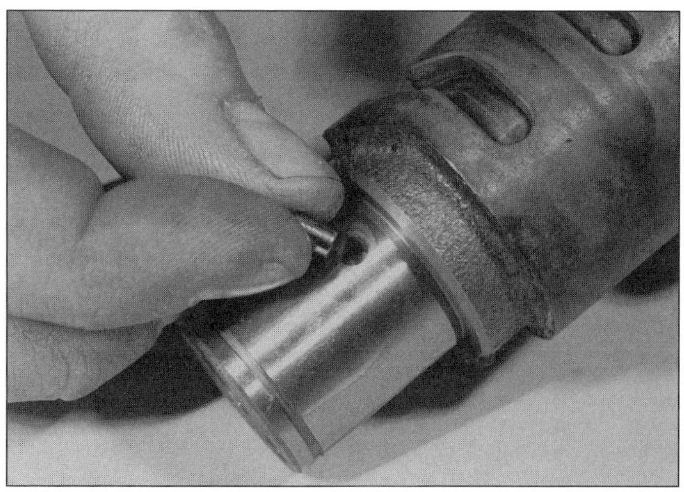

34.15 Setzen Sie den Stift in die Walze.

16 Schieben Sie die Schaltwalze in das Motorgehäuse (siehe Abb. 34.6b). Sichern Sie das linke Ende der Walze mit dem Seegerring, der sicher in seine Nut einrasten muß (siehe Abb. 34.6a).
17 Falls entfernt, setzen Sie die Arretierhebelwelle mit Schraubensicherung ein und ziehen Sie sie fest (siehe Abb. 34.5c). Schieben Sie den Arretierhebel auf die Welle und sichern Sie ihn mit dem Seegerring (siehe Abb.). Legen Sie die Hebel-Rolle auf den Arretier-Stern und hängen Sie die Feder in die Aufnahme am Gehäuse (siehe Abb. 34.5a). Drehen Sie die Schaltwalze so, daß die Rolle den Leerlauf arretiert (die Leerlauf-Arretierung im Stern ist kleiner als die Gang-Arretierungen)
18 Schmieren Sie die Schaltgabel-Welle mit sauberem Motoröl und schieben Sie sie durch die Bohrung des Motorgehäuses. Während die Welle installiert wird, werden nach und nach die Schaltgabeln aufgeschoben, gehen Sie dabei sicher, daß die Reihenfolge und die Einbaulage stimmt (siehe Schritt 2). Die Führungsstifte müssen in den Nuten der Schaltwalze einrasten (siehe Abb.).
19 Installieren Sie den Leerlaufschalter (siehe Kapitel 8)
20 Montieren Sie die Gehäusehälften (siehe Sektion 26).

35 Erstinbetriebnahme nach Überholung

1 Überprüfen Sie den Ölstand. Entfernen Sie die Zündkerzen. Legen Sie den Kill-Schalter in »off«-Position und trennen die Zündkabel von den Spulen.
2 Schalten Sie die Zündung ein und drehen den Motor einige Male mit dem Anlasser, um Öldruck aufzubauen. Schalten Sie die Zündung wieder ab. Setzen Sie die Zündkerzen ein, verbinden die Kabel wieder und stellen den Kill-Schalter auf »on«.
3 Überprüfen Sie, ob genügend Sprit im Tank ist, drehen Sie den Benzinhahn auf »on« und bedienen Sie den Choke.
4 Starten Sie den Motor und lassen ihn bei einer ruhigen Drehzahl bis zur Betriebstemperatur laufen.
5 Suchen Sie gründlich nach Öllecks und überprüfen Sie, ob Schaltung, Bedienungselemente und besonders die Bremsen richtig

34.17 Schieben Sie den Arretierhebel auf die Welle.

34.18 Schieben Sie die Schaltgabelwelle durch die Schaltgabeln ein.

arbeiten. Erst danach sollten Sie die Maschine in den Straßenbetrieb nehmen. Zur Einfahrprozedur siehe Abschnitt 33.
6 Nach einer ersten Fahrt und dem kompletten Abkühlen des Motors überprüfen Sie das Ventilspiel erneut (s. Kapitel 1).

36 Einfahren
Empfohlene Hinweise

1 Jede neu aufgebaute Maschine braucht eine Einfahrzeit. Daher sollten Sie auf den ersten Kilometern sehr vorsichtig fahren, um sicherzugehen, daß überall Öl hingelangt ist und neue Teile anfangen, sich zu setzen.
2 Noch größere Vorsicht ist geboten, wenn der Motor ausgebohrt oder eine neue Kurbelwelle installiert wurde. Nach dem Ausbohren muß der Motor eingefahren werden, als wäre er komplett neu. Das bedeutet, auf mindestens 500 km rechtzeitig und fleißig zu schalten und den Motor nicht zu sehr zu drehen. Eine Geschwindigkeitsbegrenzung ist nicht vorgegeben; es geht hauptsächlich darum, den Motor einzuschleifen und die Leistung langsam zu steigern (s. Tabelle).
3 Falls Sie den Verdacht des Ölverlusts haben, schalten Sie den Motor sofort ab und suchen nach der Ursache. Der Betrieb ohne Öl kann auch schon über kurze Zeit massive Schäden verursachen.

Einfahr-Empfehlungen

GSF 600 Modelle		
Die ersten 800 km	maximal 6000 U/min	unterschiedliche Last und Geschwindigkeit
800 bis 1600 km	maximal 9000 U/min	unterschiedliche Last und Geschwindigkeit, kurzes Vollgas
Über 1600 km	maximal 12000 U/min	Motor nicht in den roten Bereich drehen
GSF 1200 Modelle		
Die ersten 800 km	maximal 5000 U/min	unterschiedliche Last und Geschwindigkeit
800 bis 1600 km	maximal 7500 U/min	unterschiedliche Last und Geschwindigkeit, kurzes Vollgas
Über 1600 km	maximal 10000 U/min	Motor nicht in den roten Bereich drehen

Notizen

Kapitel 3
Kraftstoffanlage und Auspuffsystem

Inhalt

(in alphabetischer Reihenfolge, die Zahlen beziehen sich auf die Numerierung in den grauen Feldern)

Schwierigkeitsgrade

Leicht. Für Anfänger mit wenig Erfahrung geeignet.	**Relativ leicht.** Für Anfänger mit etwas Erfahrung geeignet.	**Relativ schwierig.** Geeignet für geübte Selbstschrauber.	**Schwer.** Geeignet für Mechaniker mit Erfahrung.	**Sehr schwer.** Geeignet für Experten und Profis.

Technische Daten

Kraftstoff

Kraftstoffart	Bleifreies Normalbenzin 91 Oktan (min.)
Tankinhalt gesamt (incl. Reserve)	19 Liter
Tank-Reserve	4,5 Liter

Vergaser	**GSF 600 Modelle**	**GSF 1200 Modelle**
Typ	Keihin CVK 32	Mikuni BST 36 SS
Durchlaß	32 mm	36 mm
Identifikationsnummern		
Europa-Modelle	26 E 0/26 E 4	27 E 1
US-Modelle	26 E 1	27 E 5
Kalifornien-Modelle	26 E 5	27 E 6
Leerlaufgemischeinstellung (Umdrehungen heraus)		
Europa Modelle	1 7/8	1 3/4
alle US-Modelle	festgelegt	festgelegt
Schwimmerstand	17,0 ± 1 mm	14,6 ± 1 mm
Leerlaufdrehzahl	siehe Kapitel 1	siehe Kapitel 1

Düsengrößen – GSF 600 Modelle

Leerlaufdüse	35
Leerlauf-Luftdüse	
Europa-Modelle	150
US-Modelle	155
Nadeldüse	keine Angaben
Düsennadel	
Europa-Modelle	N 1 QJ
US Modelle	N 1 QA
Hauptdüse	
Zylinder 1 und 4	98
Zylinder 2 und 3	100
Haupt-Luftdüse	90

3

Düsengrößen – GSF 1200 Modelle

Leerlaufdüse	37,5
Nadeldüse	
Europa-Modelle	O-8
US-Modelle	O-8M
Düsennadel	
Europa-Modelle	5 D 76 – 4. Kerbe von oben
US-Modelle	5 D 80
Hauptdüse	102,5

Anzugs-Drehmomente

Auspuffsystem	
Krümmerflansch-Schrauben	23 Nm
Vordere Schalldämpferschraube	23 Nm
Hintere Schalldämpferschraube	
GSF 600-Modelle	23 Nm
GSF 1200-Modelle	29 Nm

1 Allgemeine Informationen und Warnhinweise

Allgemeine Informationen

Das Kraftstoffsystem besteht aus dem Benzintank, dem Benzinhahn mit Filter, den Vergasern, Kraftstoffleitungen und Bedienungsbowdenzügen.

Der Benzinhahn ist von unten an den Tank geschraubt, er beinhaltet den Filter, der im Tank steckt. Der Benzinhahn ist unterdruckgesteuert.

Die vier Gleichdruckvergaser besitzen für den Kaltstart ein Gemischanreicherungssystem (Choke), das über einen Hebel links am Lenker und einen Bowdenzug betätigt wird.

Die GSF 1200 Modelle besitzen am rechten Vergaser einen Drosselklappensensor, der zum elektronischen Zündsystem gehört, und eine Kraftstoffanzeige, die von einem Geber im Tank gesteuert wird.

Einige GSF 600 Modelle sind serienmäßig mit einem Vergaser-Heizsystem ausgerüstet, das auch gelegentlich an älteren Modellen montiert sein kann.

Durch ein unter dem Tank liegendes Luftfiltergehäuse wird Luft in die Vergaser gesogen.

Eine zweiteilige Vier-in-eins-Anlage bildet das Auspuffsystem.

Viele der Kraftstoffsystem-Wartungsarbeiten sind regelmäßig auszuführen und in Kapitel 1 beschrieben.

Sicherheitshinweise

Warnung: Benzin ist leicht entflammbar, vor allem in Form von Dampf. Daher müssen untenstehende Vorsichtsmaßnahmen getroffen werden. Beachten Sie, daß Benzindampf schwerer ist als Luft und sich daher in schlecht belüfteten Ecken sammeln kann. Vermeiden Sie Hautkontakt, und suchen Sie einen Arzt auf, wenn Benzin in die Augen gelangt ist oder verschluckt wurde. Tragen Sie immer eine Sicherheitsbrille und haben Sie einen geeigneten Feuerlöscher zur Hand.

Führen Sie Arbeiten am Benzinsystem nur in gut belüfteten Räumen durch.

Stellen Sie sicher, daß sich keine offenen Flammen oder Funken (z. B. Zündanlage) in der Nähe befinden, wenn Sie mit Benzin hantieren.

Beachten Sie absolutes Rauchverbot für jedermann bei Arbeiten am Benzinsystem. Denken Sie an die Gefahr, die von brennenden Zigaretten ausgeht und entfernen Sie sich zum Rauchen weit genug vom Arbeitsplatz.

Denken Sie daran, daß elektrische Geräte wie Schalter, Bohrmaschinen, Schleifböcke u.a. Funken produzieren. Vermeiden Sie daher den Betrieb solcher Geräte bei Arbeiten am Benzinsystem und lüften Sie den Raum gründlich aus, bevor Sie damit beginnen.

Wischen Sie grundsätzlich verschüttetes Benzin auf und entsorgen Sie benzingetränkte Lappen und Tücher in einem feuersicheren Behälter (z. B. Stahlfaß).

Vorratshaltung an Benzin darf nur in dafür geprüften und luftdicht verschlossenen und beschrifteten Behältern erfolgen. Die Menge der Vorratshaltung in Wohnhäusern ist gesetzlich begrenzt. Bewahren Sie auch demontierte Benzintanks mit geschlossenem Tankdeckel sicher auf.

Lesen Sie sorgfältig die »Sicherheit zuerst!«-Sektion, bevor Sie mit der Arbeit beginnen.

Beachten Sie, daß bauliche Veränderungen an Ansaug- und Auspuffsystem die Betriebserlaubnis des Motorrads zum Erlöschen bringen, wenn sie nicht von einem amtlich anerkannten Sachverständigen begutachtet und in die Fahrzeugpapiere eingetragen sind.

Praktisch bedeutet dieses, daß kein Teil der Kraftstoff-, Zünd- und Auspuffanlage von unautorisierten Personen gewartet und eingestellt werden darf. Wenn ein Bauteil dieser Systeme ersetzt werden muß, dürfen nur original Suzuki-Ersatzteile oder gesetzlich genehmigte Komponenten verwendet werden. Die Maschine darf nie mit modifizierten, beschädigten oder fehlenden Bauteilen betrieben werden.

2 Kraftstofftank und Benzinhahn
Ausbau und Einbau

Warnung: Beachten Sie die Sicherheitshinweise in Sektion 1, bevor Sie mit der Arbeit beginnen.

Kraftstofftank

Ausbau

1 Stellen Sie sicher, daß der Benzinhahn in der Position ON (AUF) steht und der Tankdeckel verschlossen ist.

2 Entfernen Sie die Sitzbank und die Seitendeckel (siehe Kapitel 7) und lösen Sie das Massekabel (–) von der Batterie.

3 Drehen Sie die Schraube in der Mitte des Benzinhahn-Hebels heraus und ziehen Sie den Hebel ab (siehe Abb.).

4 Lösen Sie die Schrauben, die den Tank hinten auf dem Tankhalter des Rahmens halten (siehe Abb.).

5 Heben Sie den Tank hinten an, lösen Sie die Klemmen der Benzinschläuche und Unterdruckleitungen und ziehen Sie die Schläuche ab (siehe Abb.) Ziehen Sie ebenfalls den Wasser-Ablaufschlauch von der Unterseite

2.3 Drehen Sie die Schraube in der Mitte des Benzinhahn-Hebels heraus (Pfeil) und ziehen Sie den Hebel ab.

2.4 Der Tank wird mit zwei Schrauben (Pfeile) gesichert.

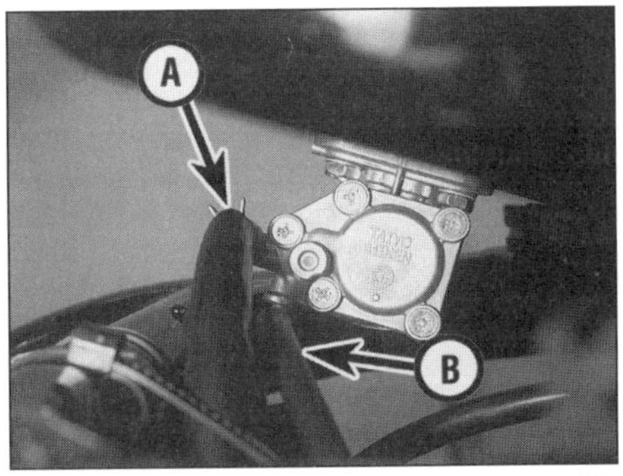

2.5a Heben Sie den Tank an und ziehen Sie den Benzinschlauch (A) und den Unterdruckschlauch vom Benzinhahn.

2.5b Ziehen Sie den Wasserablaufschlauch von seinem Stutzen.

des Tanks ab (siehe Abb.). Ziehen Sie bei den **1200er Modellen** den Stecker vom Benzinuhr-Geber ab.

6 Entfernen Sie vorsichtig den Tank, indem Sie ihn nach hinten abziehen. Achten Sie auf die Haltegummis vorne am Tank und an den Seiten zwischen Tank und Rahmen.

7 Begutachten Sie die Tankhaltegummis auf Anzeichen von Beschädigung oder Alterung, und ersetzen Sie sie gegebenenfalls. Inspizieren Sie ebenfalls das Gummi am Tankhalteblech. Wenn nötig, lösen Sie dessen vier Schrauben und nehmen Sie das Blech ab (siehe Abb.). Entfernen Sie das Gummi nötigenfalls.

Einbau

8 Falls entfernt, setzen Sie das Tankhalteblech an und ziehen Sie die Schrauben fest (siehe Abb.). Kontrollieren Sie, daß die vorderen und die seitlichen Gummis am richtigen Platz sitzen und senken Sie den Tank vorsichtig in seine Position (siehe Abb.).

9 Halten Sie den Tank hinten hoch und stecken Sie die Wasserablauf-, Unterdruck- und Benzinschläuche auf ihre Stutzen (siehe Abb.). Bei Modellen mit Tankuhr muß die Stromversorgung des Gebers angeschlossen werden. Achten Sie darauf, daß alle Schläuche korrekt auf ihren Stutzen sitzen und sichern Sie sie mit ihren Klemmen. Senken Sie den Tank ab und schauen Sie nach, ob er korrekt sitzt und keine Züge oder Kabel einklemmt. Achten Sie auf Anzeichen von Undichtigkeit.

10 Installieren Sie die Tankhalteschrauben und ziehen Sie sie fest (siehe Abb.).

11 Schieben Sie den Einstellhebel auf den Benzinhahn, achten Sie dabei darauf, daß er genauso aufgesteckt wird, wie er abgezogen wurde (normalerweise in ON-Position). Sichern Sie den Hebel mit der Schraube (siehe Abb.).

12 Schließen Sie die Batterie an, das Massekabel (–) muß zuletzt angeschlossen werden.

2.7 Der Tankhalter wird auf jeder Seite mit zwei Schrauben gehalten.

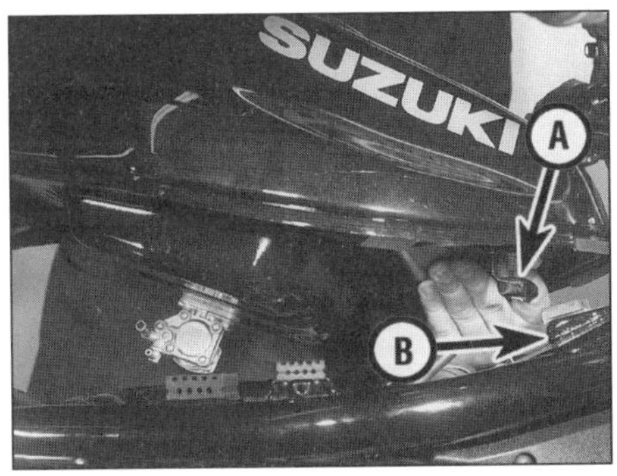

2.8 Legen Sie den Tank vorsichtig auf den Rahmen. Der vordere Halter (A) greift unter den Gummi-Belag des Rahmens (B).

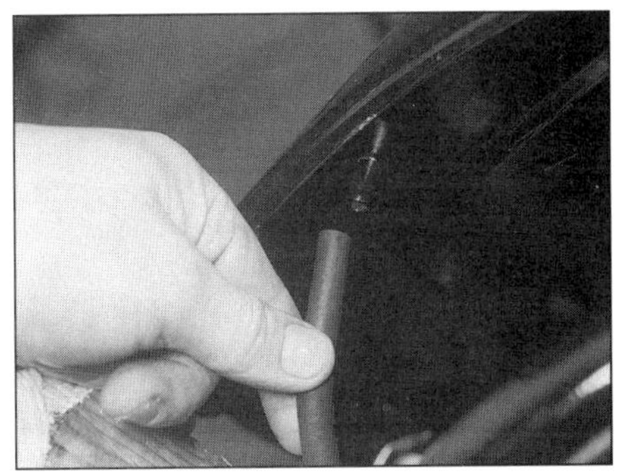

2.9a Schieben Sie den Wasserablaufschlauch auf seinen Stutzen.

2.9b Schieben Sie den Benzinschlauch...

2.9c ...und den Unterdruckschlauch auf. Sichern Sie sie mit den Klemmen.

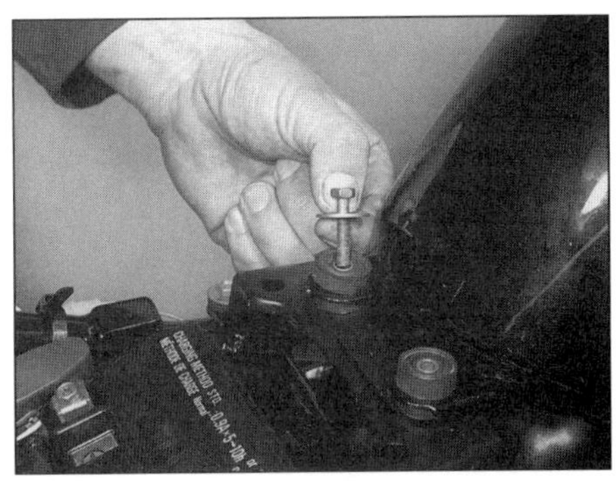

2.10 Setzen Sie die Tankhalteschrauben ein.

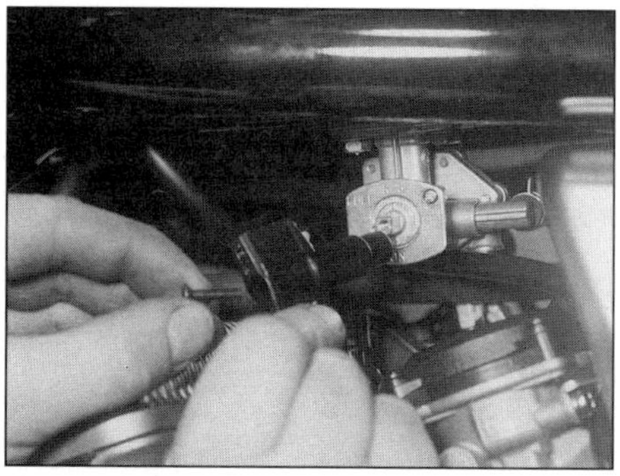

2.11 Schieben Sie den Einstellhebel auf den Benzinhahn.

2.16a Der Benzinhahn wird mit zwei Schrauben gehalten.

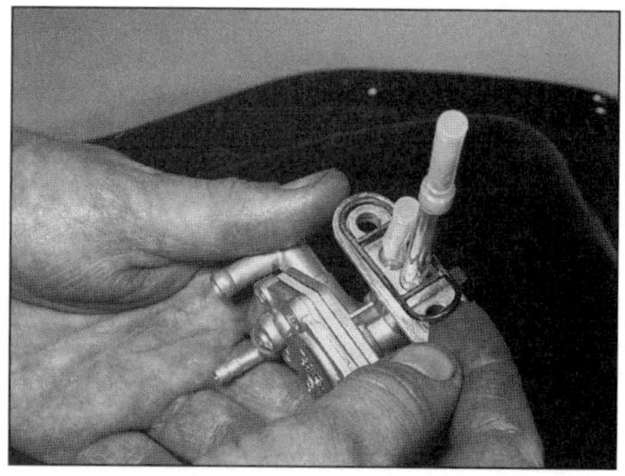

2.16b Kontrollieren Sie den O-Ring und ersetzen Sie ihn, wenn nötig.

2.18a Wenn der Benzinhahn leckt, ziehen Sie die beiden vorderen...

2.18b ...und die fünf hinteren Schrauben an.

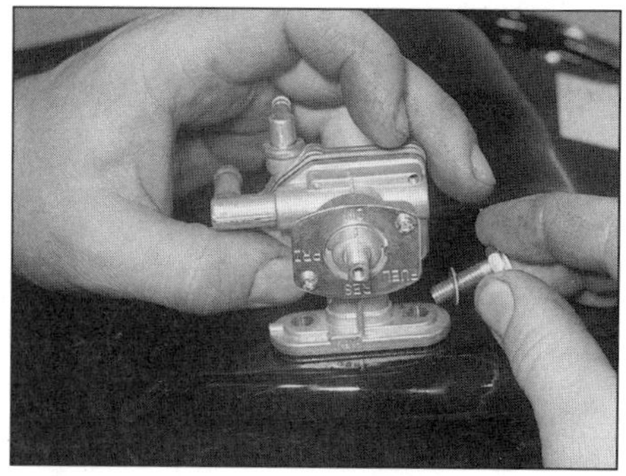

2.19 Montieren Sie den Hahn und setzen Sie die Schrauben mit Dichtscheiben an.

Mit geöffnetem Benzinhahn (oder Reserve) kann der Motor gestartet und auf Undichtigkeiten geachtet werden. Stoppen Sie den Motor wieder.

13 Montieren Sie die Seitendeckel und die Sitzbank (siehe Kapitel 7).

Benzinhahn

Ausbau

14 Der Benzinhahn sollte nur zum Ersetzen und zum Reinigen des Filters aus dem Tank gebaut werden, da außer dem O-Ring keine einzelnen Ersatzteile erhältlich sind.

15 Entfernen Sie den Kraftstofftank, wie oben beschrieben. Zunächst muß ein Schlauch angeschlossen werden, durch den der Kraftstoff in ein geeignetes benzinfestes Gefäß mit genügender Größe komplett ablaufen kann. Drehen Sie den Hahn in die PRI-Position und entleeren Sie den Tank.

16 Lösen Sie die beiden Schrauben, die den Benzinhahn an der Unterseite des Tanks halten und ziehen Sie ihn heraus (siehe Abb.). Kontrollieren Sie den Zustand des O-Rings (siehe Abb.) und ersetzen Sie ihn, wenn er Anzeichen von Beschädigung oder Alterung aufweist.

17 Reinigen Sie den Gaze-Filter und entfernen Sie Schmutz und Ablagerungen (siehe Abb.). Achten Sie auf Löcher im Filter; wenn welche zu sehen sind, muß der ganze Benzinhahn gewechselt werden, da ein Filter nicht einzeln erhältlich ist.

18 Wenn der Benzinhahn leckt, kann Nachziehen der Schrauben vorne und hinten am Hahn dagegen helfen (siehe Abb.). Falls er danach immer noch undicht ist, werden die Schrauben entfernt und der Hahn unter Beachtung der Einbaulage aller Teile zerlegt. Reinigen Sie alle Bauteile mit Lösungsmittel und inspizieren Sie sie auf Verschleiß und Beschädigungen. Wenn irgendein anderes Teil verschlissen oder beschädigt ist oder der Benzinhahn mit einem neuen Dichtring immer noch leckt, muß ein neuer Hahn verwendet werden.

Einbau

19 Installieren Sie den Hahn in den Tank, benutzen Sie gegebenenfalls einen neuen O-Ring. Setzen Sie die Schrauben mit Dichtscheiben ein und ziehen Sie sie fest (siehe Abb.).

20 Bauen Sie den Kraftstofftank an das Motorrad (siehe oben).

3 Kraftstofftank
Reinigung und Reparatur

1 Alle Reparaturarbeiten am Tank sollten durch darauf spezialisierte Fachleute erfolgen, da diese Arbeiten schwierig und gefährlich sind. Auch nach Reinigen und Ausspülen des Tanks können explosive Gase zurückbleiben, die sich während der Arbeiten entzünden könnten.

2 Nach dem Abbau sollte der Tank so gelagert werden, daß nicht zufällig Funken oder offene Flammen die Gase, die aus dem Tank kommen, entzünden können. Besondere Vorsicht ist in Räumen mit Gasgeräten geboten, da die Zündflamme eine Explosion verursachen kann.

4 Leerlaufgemisch-Einstellung
Allgemeine Information

1 Um die Abgasbestimmungen zu erfüllen, haben einige Modelle einen Gehäusestopfen aus Metall über der Leerlaufeinstellschraube jedes Vergasers, so daß diese nicht verstellt werden kann. Die Stopfen sollten nur entfernt werden, wenn der Vergaser komplett überholt wird. Selbst dann sollten sie wieder eingesetzt werden. Die Leerlaufeinstellschraube der anderen Modelle ist erreichbar. Jedoch ist lediglich mit einem Abgasmeßgerät eine korrekte Einstellung möglich.

2 Wenn der Motor sehr unrund läuft, dunklen Qualm im Leerlauf ausbläst oder ständig absäuft und eine Vergaserüberholung das Problem nicht beseitigt, bringen Sie das Motorrad zu einer Fachwerkstatt mit Abgasmeßgerät. Dort kann das Leerlaufgemisch richtig eingestellt und ein ruhiger Leerlauf erreicht werden.

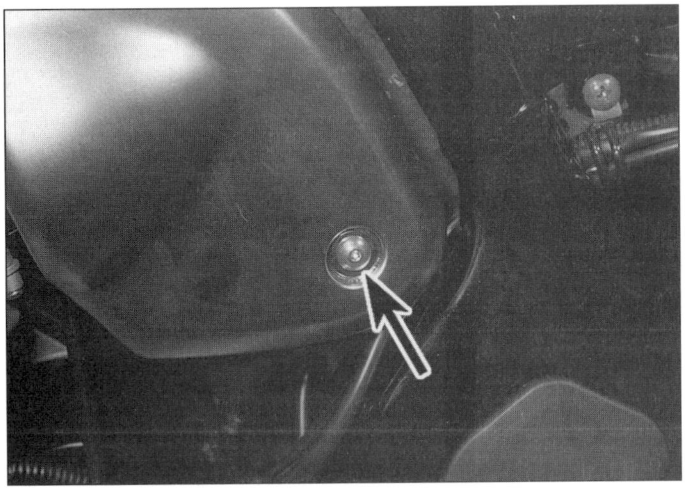

6.2a Entfernen Sie die Schraube,...

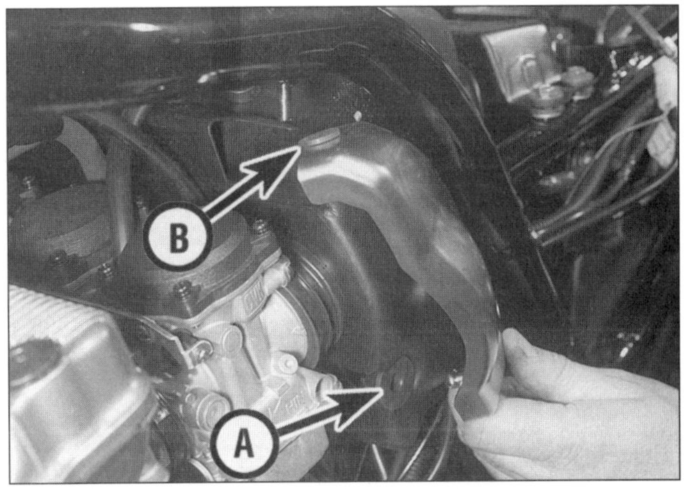

6.2b ...lösen Sie die vordere Lasche (A) und heben Sie die Luftfilterkasten-Abdeckungen über die obere Halterung (B).

5 Vergaserüberholung
Allgemeine Informationen

1 Schlechte Motorleistung, unrunder Lauf, schlechtes Anlaßverhalten, Absaufen und Fehlzündung können Anzeichen für Vergaserprobleme sein.

2 Allerdings können manche sogenannte Vergaserprobleme auf Fehlfunktionen von Motor oder Zündung zurückzuführen sein.

3 Überprüfen Sie Benzinfilter, Benzinleitungen, Tankentlüftung, Rückschlagventil (bei Modellen mit Abgaskontrolle), Ansaugstutzen. Unterdruckleitungen, Luftfilterelement, Zylinderkompression, Zündkerzen und die Benzinpumpe, bevor Sie entscheiden, daß eine Vergaserüberholung notwendig ist.

4 Die meisten Vergaserprobleme werden durch Schmutz- oder Lackteilchen oder andere Ablagerungen verursacht, die Benzin- oder Luftleitungen zusetzen. Verschlissene oder beschädigte Dichtungen und O-Ringe verursachen Benzin- und Luftlecks und führen zu geringerer Leistung.

5 Bei einer Vergaserüberholung werden normalerweise alle Teile zerlegt, mit Lösungsmittel gereinigt und mit gefilterter Druckluft getrocknet. Alle Luft- und Kraftstoffleitungen werden ebenfalls ausgeblasen. Nach der Reinigung werden die Teile mit neuen Dichtungen und O-Ringen und im Normalfall auch einem neuen Nadelventil und -sitz wieder montiert.

6 Organisieren Sie vor dem Zusammenbau einen Vergaserdichtungssatz (der alle erforderlichen O-Ringe und andere Teile beinhaltet), Vergaserreiniger, Tücher, Geräte zum Ausblasen der Vergaserleitungen und einen sauberen Arbeitsplatz. Es wird empfohlen, immer nur einen Vergaser nach dem anderen zu überholen, um die Teile nicht zu verwechseln.

7 Trennen Sie die Vergaser nicht, wenn keine Verbindung zwischen ihnen beschädigt ist. Die komplette Überholung kann mit verbundenen Vergasern geschehen. Das Zusammenfügen könnte Schwierigkeiten ergeben.

6 Vergaser
Ausbau und Einbau

Warnung: Lesen Sie die Sicherheitshinweise in Sektion 1, bevor Sie mit der Arbeit beginnen.

Ausbau

1 Entfernen Sie den Benzintank (siehe Sektion 2).

2 Lösen Sie die Schrauben der Luftfiltergehäuse-Abdeckungen (siehe Abb.). Ziehen Sie die Deckel vorsichtig vorne aus den Gummi-Ösen und heben Sie sie oben aus den Halterungen (siehe Abb.).

3 Lösen Sie die beiden Schrauben, die den hinteren Teil des Luftfilterkastens mit dem Rahmen verbinden (siehe Abb.). Lösen Sie die Schellen des Motorentlüftungs-Schlauchs vorne am Gehäuse und ziehen Sie den Schlauch ab (siehe Abb.).

4 Lockern Sie die Schrauben an den Schellen, die die Ansauggummis an den Vergasern halten (siehe Abb.). Manövrieren Sie das Luftfiltergehäuse nach hinten, um die Gummistutzen von den Vergasern abzuziehen und Platz zur Vergaserdemontage zu schaffen. Falls nötig, muß der mit zwei Schrauben gesicherte Luftfilterdeckel entfernt werden (siehe Abb. 12.4b).

5 Bei den **GSF 1200-Modellen** muß das Kabel des Drosselklappensensors, der außen am rechten Vergaser montiert ist, abgezogen werden (siehe Abb.).

6.3a Die linke Gehäuseschraube sichert auch einen Kabelhalter.

6.3b Lösen Sie die Schelle und ziehen Sie den Schlauch ab.

6.4 Lockern Sie die Schelle am Vergaser-Einlaß.

6.5 Heben Sie den Deckel ab und trennen Sie den Stecker vom Drosselklappensensor.

6.6 Lösen Sie den Stecker der Vergaserheizung.

6.8a Lockern Sie die Schellen, die die Vergaser am Zylinderkopf halten...

6.8b ...und heben Sie sie anschließend aus dem Rahmen.

6.10 Vergaser-Ablaß-Schraube (Pfeil)

6 Ab den europäischen **600er V-Modellen** des Modelljahres 1997 müssen die Stecker der Vergaserheizung abgezogen werden (siehe Abb.).

7 Bei allen Kalifornien-Modellen müssen die Schläuche des Verdunstungssystems von den T-Stücken unterhalb der Vergaser abgezogen werden. Ebenfalls hier muß der Schlauch des Sekundärluftsystems vom Unterdruckanschluß des 2. oder 3. Vergasers abgezogen werden.

8 Lösen Sie die Schellen, die die Vergaser an den Zylinderkopf-Ansaugstutzen halten und ziehen Sie sie ab (siehe Abb.). Heben Sie die Vergaser seitlich nach rechts aus dem Rahmen, beachten Sie die Verläufe der verschiedenen Schläuche. Stützen Sie die Vergaserbatterie auf den Rahmen oder Motor, um die Bowdenzüge abbauen zu können. ***Anmerkung**: Halten Sie die Vergaser senkrecht, um das Auslaufen von Benzin zu vermeiden und eine Beschädigung der Schiebermembrane zu verhindern.*

9 Lösen Sie die Gasbowdenzüge von den Vergasern (s. Sektion 10). Lösen Sie den Chokebowdenzug von den Vergasern (s. Sektion 11).

10 Stellen Sie ein geeignetes Gefäß unter die Schwimmerkammern und lösen Sie die Ablaßschrauben (siehe Abb.). Lassen Sie jeglichen Kraftstoff aus den Vergasern ab und ziehen Sie die Ablaßschrauben wieder fest.

11 Lösen Sie, falls notwendig, die Schrauben der Ansaugstutzen aus dem Zylinderkopf und nehmen Sie die Stutzen und die O-Ringe ab, letztere müssen auf jeden Fall durch Neuteile ersetzt werden. Beachten Sie die Zylindernummern an den Stutzen, sie sind nicht austauschbar und müssen korrekt installiert werden. Die UP-Markierung muß nach oben zeigen.

Installation

12 Der Einbau erfolgt in umgekehrter Reihenfolge des Ausbaus. Beachten Sie dabei folgendes:

a) *Achten Sie auf Brüche und Risse in den Ansaugstutzen und Ansauggummis am Luftfiltergehäuse, ersetzen Sie defekte Teile.*

b) *Falls entfernt, müssen die Einlaßstutzen mit neuen O-Ringen an den Zylinderkopf gesetzt werden (siehe Schritt 11).*

c) *Gehen Sie sicher, daß alle Verbindungen zwischen Luftfiltergehäuse und Zylinder-*

6.11a Jeder Ansaugstutzen ist mit zwei Schrauben gesichert.

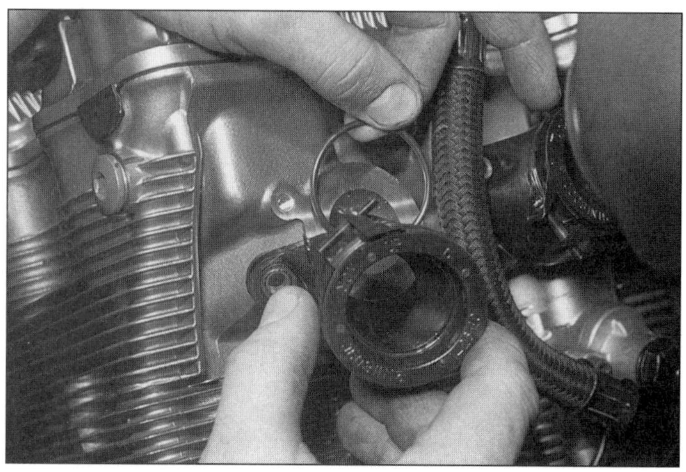

6.11b Nehmen Sie den Stutzen ab und entfernen Sie den O-Ring.

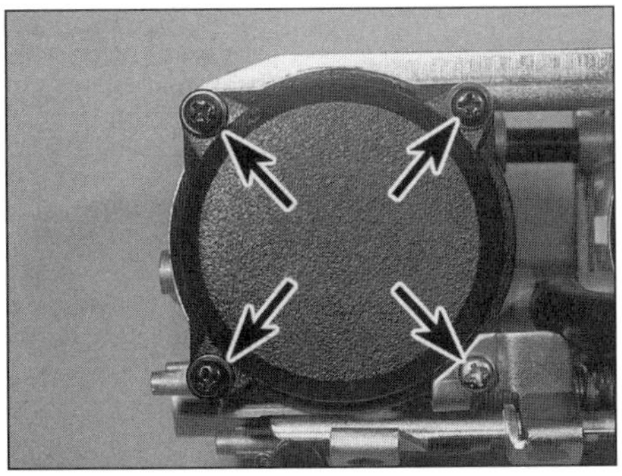

7.2a Entfernen Sie die Schrauben (Pfeile), heben Sie den Deckel ab...

7.2b ...und entfernen Sie die Feder.

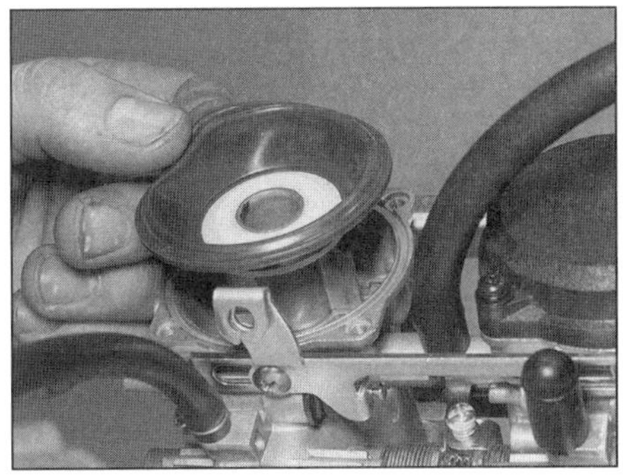

7.3 Nehmen Sie vorsichtig die Membrane und die Schieber-Baugruppe heraus.

kopf korrekt sitzen und die Schellen und Klemmen fest sind.

d) Gehen Sie sicher, daß die Schläuche richtig verlegt sind und nicht gequetscht oder geknickt sind.

e) Bei den GSF 1200 Modellen darf der Stecker des Drosselklappensensors nicht vergessen werden.

f) Bei den europäischen GSF 600 V-Modellen muß die Vergaserheizung wieder angeschlossen werden.

g) Kontrollieren Sie die Funktion des Gas- und Choke-Zuges und stellen Sie sie gegebenenfalls ein (siehe Kapitel 1).

h) Kontrollieren Sie die Leerlaufdrehzahl und Vergasersynchronisation, stellen Sie sie gegebenenfalls ein (siehe Kapitel 1).

7 Vergaser
Zerlegen, Reinigen und Kontrolle

⚠ *Warnung: Lesen Sie die Sicherheitshinweise in Sektion 1, bevor Sie mit der Arbeit beginnen.*

Zerlegung

GSF 600 Modelle

1 Entfernen Sie die Vergaser aus dem Motorrad, wie in der vorherigen Sektion beschrieben. ***Anmerkung**: Trennen Sie die Vergaser nur, wenn es absolut nötig ist. Jeder Vergaser kann im verbundenen Zustand ausreichend zerlegt werden, um normale Reinigungen und Einstellungen durchführen zu können. Zerlegen Sie die Vergaser einzeln, um Teile-Verwechslungen zu vermeiden oder legen Sie alle Teile eines Vergasers in beschriftete Behälter.*

2 Lösen Sie die Schrauben des Vergaserdeckels (siehe Abb.). Heben Sie den Deckel ab und nehmen Sie die Feder aus dem Schieber (siehe Abb.). Der Federsitz kann zusammen mit der Feder herauskommen, ansonsten kommt er mit der Düsennadel (Schritt 4).

3 Lösen Sie vorsichtig die Membrane aus ihrer Dichtnut im Vergaser und ziehen Sie sie zusammen mit dem Schieber heraus, merken Sie sich die Einbaurichtung (siehe Abb.). ***Achtung: Lösen Sie die Membrane nicht mit einem scharfkantigen Gegenstand, da sie leicht zu beschädigen ist.***

4 Drücken Sie die Düsennadel von unten in den Schieber und ziehen Sie sie oben heraus (siehe Abb.). Achten Sie auf den Federsitz, falls er nicht schon herausgenommen ist.

5 Falls vorhanden, entfernen Sie die Vergaserheizung aus ihrem Adapter, schrauben Sie diesen ebenfalls aus dem Vergasergehäuse (siehe Abb.).

6 Lösen Sie die Schrauben der Schwimmerkammer unten am Vergaser, entfernen Sie die Kammer und merken Sie sich die Einbaulage. Entfernen Sie die Gummidichtung und ersetzen Sie sie später auf alle Fälle durch eine neue.

7 Ziehen Sie mit einer Zange vorsichtig den Lagerstift des Schwimmers aus dem Gehäuse (siehe Abb.). Wenn nötig, drücken Sie den Stift vorsichtig von der anderen Seite her

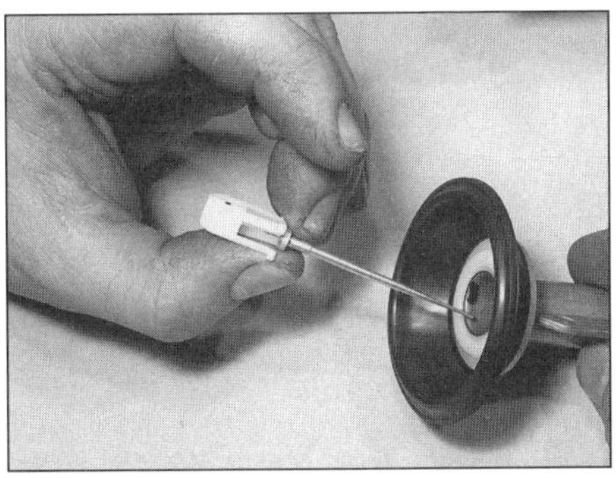

7.4 Schieben Sie die Düsen-Nadel von unten durch den Schieber und entfernen Sie sie zusammen mit dem Federsitz.

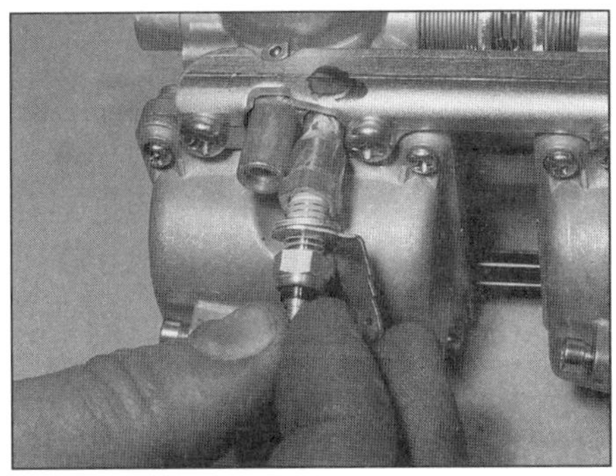

7.5a Die Heizung ist in den Adapter...

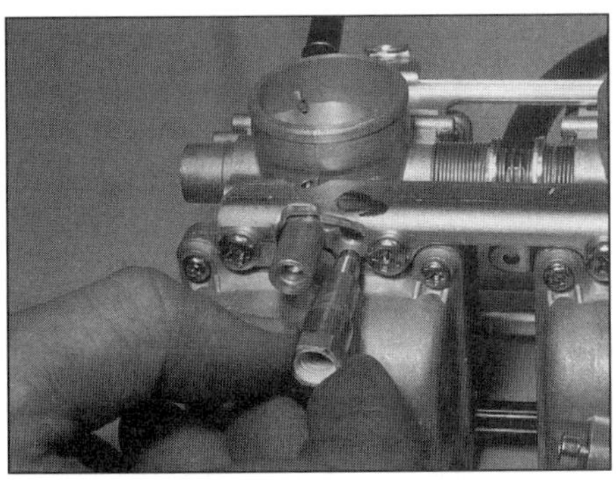

7.5b ...und dieser von unten in den Vergaser geschraubt.

7.6 Die Schwimmerkammer wird durch vier Schrauben (Pfeile) gesichert.

7.7 Ziehen Sie den Lagerstift heraus und entfernen Sie die Schwimmer-Baugruppe.

7.8 Lösen und entfernen Sie die Hauptdüse (Pfeil).

durch. Entfernen Sie die Schwimmer-Baugruppe (siehe Abb. 9.6b). Hängen Sie das Schwimmernadelventil aus der Lasche am Schwimmer und merken Sie sich die Einbaulage (siehe Abb. 9.6a).

8 Lösen und entfernen Sie die Hauptdüse vom Boden des Nadeldüsenträgers (siehe Abb.).

9 Schrauben Sie den Nadeldüsenträger heraus (siehe Abb.). Bei entferntem Halter kann die Nadeldüse aus dem Gehäuse gezogen werden, wenn sie lose ist (siehe Abb.). Achten Sie auf ihre Einbaulage (siehe Abb. 9.4a).

10 Lösen und entfernen Sie die Leerlaufdüse (siehe Abb.).

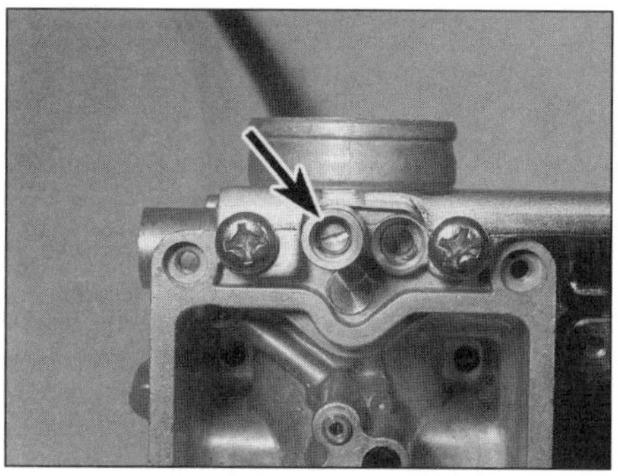

7.11 Lösen und entfernen Sie die Leerlaufgemischschraube (Pfeil).

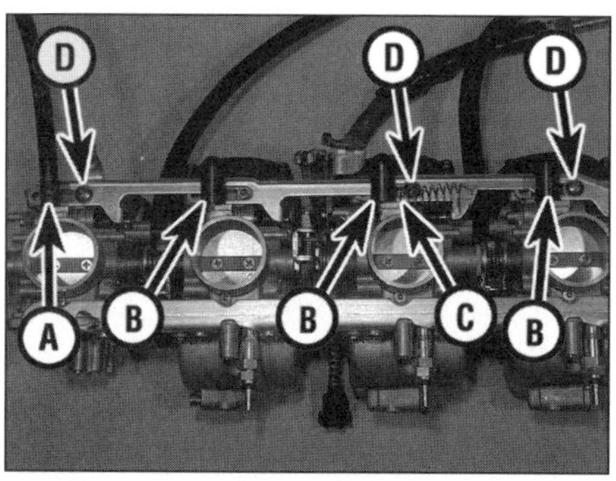

7.12 Ziehen Sie die Unterdruckschläuche (A) ab und entfernen Sie die Kappen (B). Hängen Sie die Feder (C) aus, entfernen Sie die drei Schrauben der Anlenkstange (D) und heben Sie diese ab.

7.9 Lösen und entfernen Sie den Nadeldüsen-Träger (Pfeil).

11 Bei europäischen Modellen kann die Leerlaufgemischschraube aus dem Vergaser genommen werden, nachdem man ihre Position festgestellt hat (siehe HINWEIS). Entfernen Sie die Schraube mitsamt ihrer Feder, Scheibe und O-Ring (siehe Abb.). Ersetzen Sie den O-Ring immer durch einen neuen. Die Leerlaufgemischschrauben der US-Modelle können nur nach dem Aushebeln der Abdeckstopfen demontiert werden.

Praxis TiP ***Um die Einstellung der Leerlaufgemischschraube festzustellen, müssen zunächst beim Einschrauben genau die Anzahl der Umdrehungen gemerkt werden, bis sie leicht ansitzt, dann kann sie herausgedreht werden. Beim Einbau wird sie erst angezogen und dann um die vorher ermittelten Umdrehungen wieder herausgedreht.***

12 Ziehen Sie die Unterdruckschläuche ab, bzw. entfernen Sie die Kappen der Unterdruckanschlüsse. Hängen Sie die Chokehebel-Rückholfeder am Unterdruckanschluß aus (siehe Abb.). Entfernen Sie die drei Schrauben, die die Chokebetätigung an den Vergasern halten, entfernen Sie anschließend die äußeren Kunststoffscheiben. Heben Sie die Stange ab, merken Sie sich die Einbaulage

7.15 Entfernen Sie die Deckelschrauben, heben Sie den Deckel ab und entfernen Sie die Feder.

7.10 Lösen und entfernen Sie die Leerlaufdüse (Pfeil).

(siehe Abb.) und entfernen Sie die inneren Plastikscheiben.

13 Lösen Sie die Choke-Kolben-Mutter und ziehen Sie den Choke-Kolben aus dem Gehäuse, beachten Sie die Einbaulage. Achten Sie darauf, die Feder nicht zu verlieren.

GSF 1200 Modelle

14 Entfernen Sie die Vergaser aus dem Motorrad, wie in der vorherigen Sektion beschrieben. ***Anmerkung***: *Trennen Sie die Vergaser nur, wenn es absolut nötig ist. Jeder Vergaser kann im verbundenen Zustand ausreichend zerlegt werden, um normale Reinigungen und Einstellungen durchführen zu können. Zerlegen Sie die Vergaser einzeln, um Teile-Verwechslungen zu vermeiden* (siehe Abb.).

15 Lösen Sie die Schrauben des Vergaserdeckels (siehe Abb.). Heben Sie den Deckel ab und nehmen Sie die Feder aus dem Schieber.

16 Lösen Sie vorsichtig die Membrane aus ihrer Dichtnut im Vergaser und ziehen Sie sie zusammen mit dem Schieber heraus (siehe Abb.). ***Achtung: Lösen Sie die Membrane nicht mit einem scharfkantigen Gegenstand, da sie leicht zu beschädigen ist.***

17 Entfernen Sie den O-Ring vom Unterdruckanschluß. Verwenden Sie beim Zusammenbau einen neuen (siehe Abb.).

18 Drücken Sie die Düsennadel von unten in

7.16 Trennen Sie vorsichtig die Membrane aus dem Gehäuse und heben Sie sie mit dem Kolben heraus. Entfernen Sie ebenfalls den O-Ring (Pfeil).

7.18a Drücken Sie die Düsennadel von unten durch und ziehen Sie sie oben aus dem Kolben.

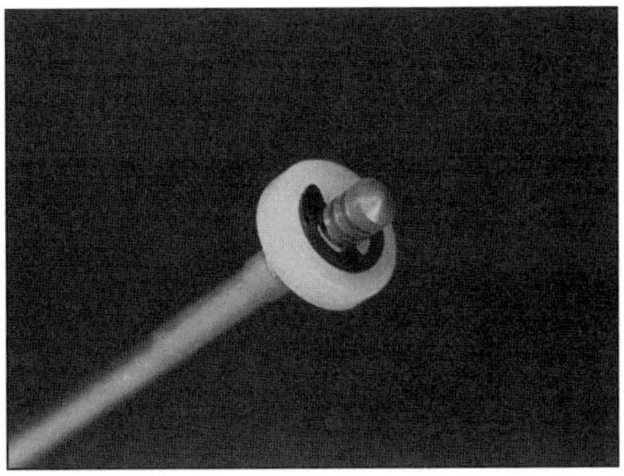

7.18b Achten Sie darauf, in welcher Kerbe sich der Clip befindet, bevor er entfernt wird.

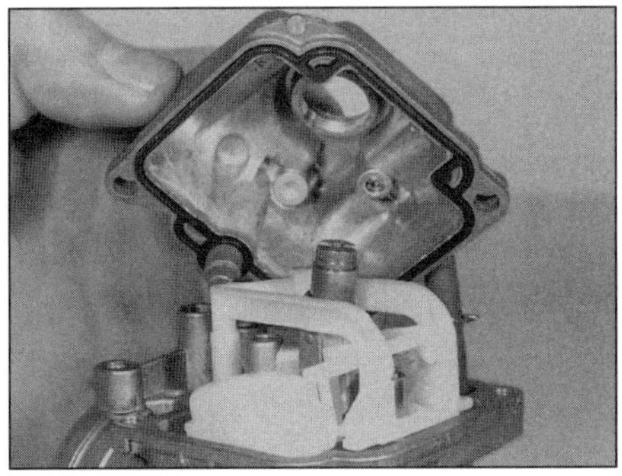

7.19 Nehmen Sie nach dem Entfernen der Schrauben die Schwimmerkammer ab.

den Schieber und ziehen Sie sie oben heraus (siehe Abb.). Achten Sie darauf, die Klemmscheibe und die Unterlegscheibe nicht zu verlieren. Wenn sie von der Nadel genommen werden sollen, merken Sie sich die Kerbe, in der die Klemmscheibe steckte.

19 Lösen Sie die Schrauben der Schwimmerkammer unten am Vergaser, nehmen Sie die Kammer ab und merken Sie sich die Einbaulage (siehe Abb.). Entfernen Sie die Gummidichtung und ersetzen Sie sie später auf alle Fälle durch eine neue.

20 Nehmen Sie vorsichtig die Schwimmer-Baugruppe aus dem Gehäuse (siehe Abb.). Entfernen Sie den O-Ring und werfen Sie ihn weg. Hängen Sie das Schwimmernadelventil aus der Lasche am Schwimmer (siehe Abb.) und entfernen Sie den Nadelventilsitz und den O-Ring aus dem Vergasergehäuse (siehe Abb.). Auch dieser O-Ring muß später durch einen neuen ersetzt werden.

21 Lösen und entfernen Sie die Hauptdüse (siehe Abb.).

22 Bei entfernter Hauptdüse kann die Schieberführung und die Nadeldüse nach oben geschoben und aus dem Gehäuse gezogen werden (siehe Abb.).

23 Lösen und entfernen Sie die Leerlaufdüse (siehe Abb.).

24 Bei europäischen Modellen kann die Leerlaufgemischschraube aus dem Vergaser genommen werden, nachdem man ihre Position festgestellt hat (siehe HINWEIS). Entfernen

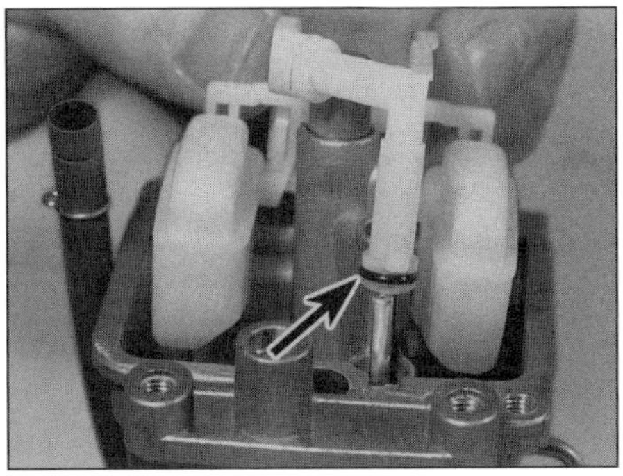

7.20a Heben Sie die Schwimmer-Baugruppe ab und ersetzen Sie den O-Ring.

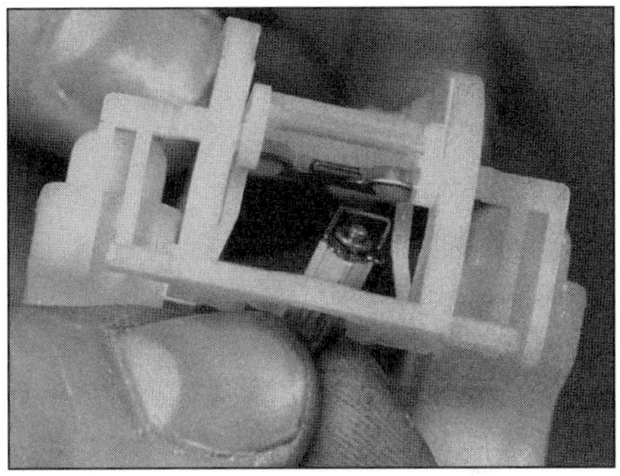

7.20b Hängen Sie das Schwimmernadelventil aus dem Sitz.

7.20c Nehmen Sie den Nadelventilsitz heraus und entfernen Sie den O-Ring.

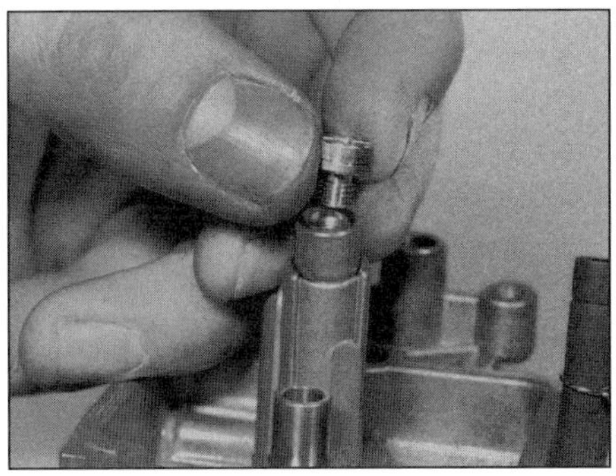

7.21 Lösen und entfernen Sie die Hauptdüse.

3

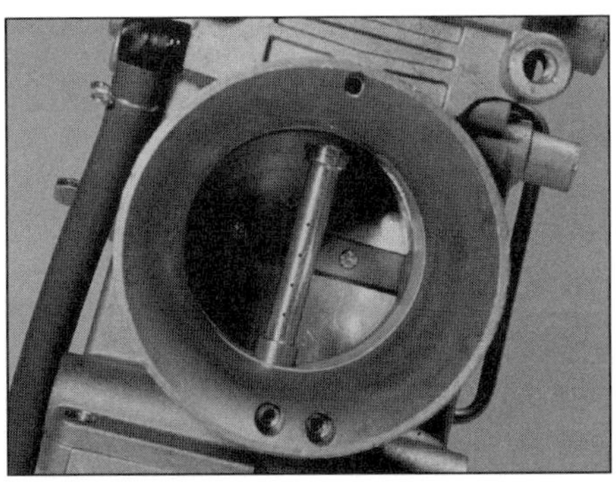

7.22 Drücken Sie die Nadeldüse nach oben und nehmen Sie sie oben heraus.

7.23 Lösen und entfernen Sie die Leerlaufdüse.

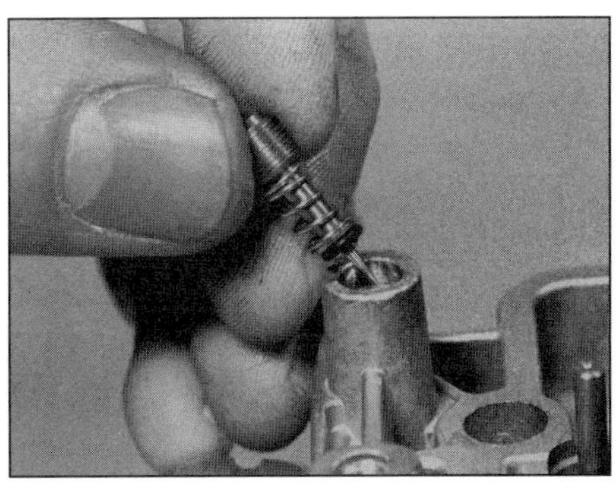

7.24 Lösen und entfernen Sie die Leerlaufgemischschraube.

7.25a Schieben Sie den Clip heraus...

7.25b ...und entfernen Sie die Choke-Betätigungsstange.

7.25c Entfernen Sie den Chokekolbenhalter,...

7.25d ...die Feder...

7.25e ...und den Kolben.

Sie die Schraube mitsamt ihrer Feder, Scheibe und O-Ring (siehe Abb.). Ersetzen Sie den O-Ring immer durch einen neuen. Die Leerlaufgemischschrauben der US-Modelle können nur nach dem Aushebeln der Abdeckstopfen demontiert werden.

25 Drücken Sie die Clips heraus, die die Chokebetätigung am Vergaser hält, entfernen Sie anschließend die Stange vom Kolben des Chokemechanismus, merken Sie sich die Einbaulage (siehe Abb.). Drücken Sie die Enden des Clips zusammen und ziehen Sie den Halter, die Feder und den Choke-Kolben aus dem Gehäuse (siehe Abb.).

26 Wenn nötig, entfernen Sie den Drosselklappen-Sensor vom rechten Vergaser (siehe Kapitel 4).

Achtung: Suzuki empfiehlt, den Sensor nur im Notfall zu demontieren.

Reinigung

Vorsicht: Verwenden Sie zum Reinigen der Vergaser nur Reinigungsmittel auf Petroleumbasis, die nicht ätzend sind!

27 Legen Sie die Metallteile für etwa 30 Minuten in die Reinigungsflüssigkeit (oder länger, wenn es erforderlich ist).

28 Nachdem der Vergaser lange genug eingeweicht ist, so daß sich die meisten Lackreste und Ablagerungen aufgelöst haben, entfernen Sie die übrigen Reste mit einer Nylonbürste. Spülen Sie alles, und trocknen Sie wenn möglich mit Druckluft.

29 Blasen Sie mit Druckluft alle Kraftstoff- und Luftkanäle des Vergasers durch (siehe Abb.).

Vorsicht: Reinigen Sie Kanäle und Düsen niemals mit Drahtstücken oder Bohrern, weil Sie sie dadurch vergrößern und der Benzinverbrauch steigen würde.

Kontrolle

30 Kontrollieren Sie die Funktion des Choke-Kolbens. Wenn er sich nicht leicht bewegt, müssen die Nadel am Kolben, die Feder und die Betätigungsstange untersucht werden, ob sie verschlissen, beschädigt oder verbogen sind (siehe Abb.).

31 Falls demontiert, untersuchen Sie den Kegel an der Leerlaufgemischschraube, die Feder und den O-Ring. Ersetzen Sie die Teile, falls nötig.

32 Kontrollieren Sie das Vergasergehäuse, die Schwimmerkammer und den Deckel auf Brüche, verzogene Dichtflächen und andere Beschädigungen. Wenn Defekte gefunden worden sind, müssen die entsprechenden Komponenten ersetzt werden, gegebenenfalls wird der Austausch des gesamten Vergasers notwendig (fragen Sie einen Suzuki-Händler nach der Erhältlichkeit einzelner Komponenten).

33 Kontrollieren Sie die Schiebermembrane auf Risse, Löcher und Alterung. Halten Sie die Membrane gegen das Licht, um Schäden besser entdecken zu können.

34 Setzen Sie den Schieber in den Vergaserkörper und kontrollieren Sie, ob der Schieber sich weich auf- und abbewegen läßt. Begutachten Sie die Kolbenoberfläche auf Verschleiß. Wenn sie extrem verschlissen ist oder der Schieber sich nicht leicht in der Führung bewegt, müssen die Komponenten entsprechend ersetzt werden.

35 Kontrollieren Sie die Düsennadel durch Rollen auf einer ebenen Oberfläche auf Biegungen (nachdem der Clip unter Beachtung seiner Position in einer bestimmten Kerbe entfernt worden ist) (siehe Abb. 7.18b). Beschaffen Sie Ersatz, wenn die Nadel verbogen oder ihre Spitze verschlissen ist.

36 Kontrollieren Sie die Spitze des Schwimmernadelventils und den Ventilsitz. Wenn Kerben, Kratzer oder anderer Verschleiß zu erkennen ist, müssen beide Teile als Satz ausgetauscht werden.

37 Bewegen Sie die Drosselklappenwelle, um sicherzugehen, daß die Drosselklappe leichtgängig öffnet und schließt. Wenn das nicht der Fall ist, wird zumeist die Reinigung der

7.29 Vergessen Sie die Luftkanäle am Einlaß (Pfeile) nicht.

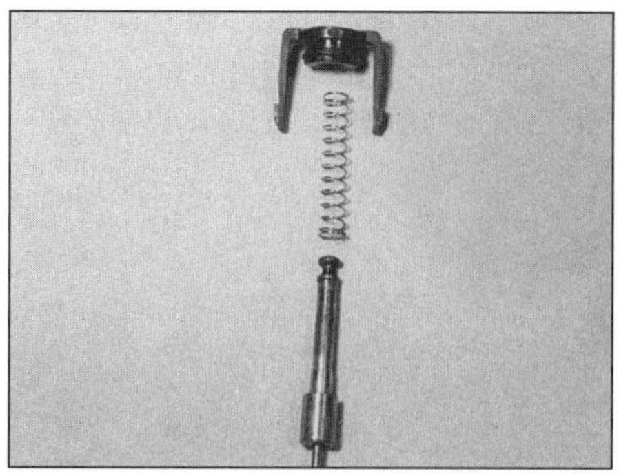

7.30 Bauteile des Chokemechanismus (1200er Modelle)

8.4 Beachten Sie die Einbaulagen der verschiedenen Hebel und Synchronisationsfedern (Pfeile), bevor Sie die Vergaser trennen.

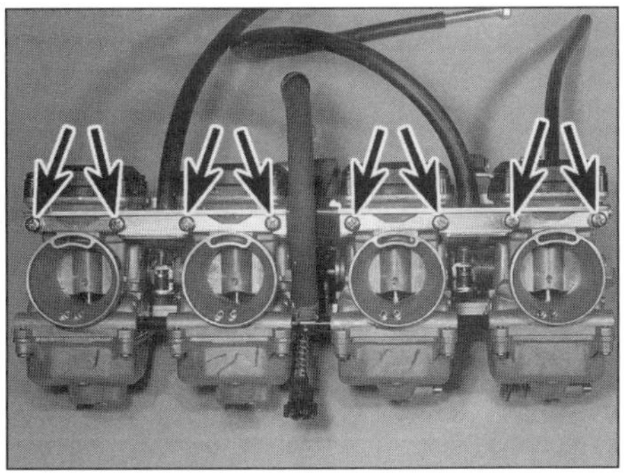

8.5a Lösen Sie die oberen Schrauben der Verbindungsstangen (Pfeile)...

8.5b ...und die Schrauben der unteren Halter, hier am 600er Modell gezeigt.

Drosselklappensteuerung helfen. Andernfalls ist der Vergaser zu ersetzen.

38 Kontrollieren Sie die Schwimmer auf Beschädigung. Normalerweise ist eine solche daran zu erkennen, daß sich Benzin in einem der Schwimmer befindet. Bei Beschädigungen müssen die Schwimmer ersetzt werden.

8 Vergaser
Trennen und Verbinden

⚠ ***Warnung: Lesen Sie die Sicherheitshinweise in Sektion 1, bevor Sie mit der Arbeit beginnen.***

Trennen

1 Die Vergaser brauchen zur normalen Überholung nicht getrennt zu werden. Wenn Sie sie zum Beispiel für den Austausch eines Gehäuses trennen wollen, richten Sie sich nach den folgenden Arbeitsschritten.

2 Entfernen Sie die Vergaser aus dem Motorrad (siehe Sektion 6). Markieren Sie die Vergaser entsprechen ihren Zylindern, um Verwechslungen beim Einbau zu vermeiden.

3 Ziehen Sie bei den **GSF 600 Modellen** die Unterdruckschläuche und Kappen von den Stutzen der Vergaser. Hängen Sie die Chokehebel-Rückholfeder aus (siehe Abb. 7.12 und 9.1e). Entfernen Sie die drei Schrauben, die die Betätigungsstange an den Vergasern sichern und nehmen Sie die drei äußeren Plastikscheiben ab (siehe Abb. 9.1d). Heben Sie die Stange ab und entfernen Sie die inneren Plastikscheiben (siehe Abb. 9.1a).

4 Drücken Sie bei den **GSF 1200 Modellen** die Clips heraus, die die Choke-Betätigungsstange an der Vergaserbatterie hält und entfernen Sie dann die Stange von den Kolben (siehe Abb. 7.25a und b).

5 Machen Sie sich Notierungen, wie die Drosselklappenfedern, -Betätigungen und Vergaser-Synchronisationsfedern eingebaut sind, um sicherzugehen, daß bei der Montage alles richtig eingebaut wird (siehe Abb.). Merken Sie sich ebenfalls die Zuordnung der Schläuche und Stutzen.

6 Entfernen Sie die Schrauben der beiden Vergaser-Verbindungsstücke und nehmen Sie diese ab (siehe Abb.). Die Schrauben sind mit Sicherungspaste montiert und deshalb schwer herauszudrehen.

7 Trennen Sie vorsichtig die Vergaser, passen Sie auf die Synchronisationsfeder auf und achten Sie auf die Einbaulage der verschiedenen Benzinschlauch-T-Stücke, Verbindungsrohre sowie die T-Stücke der Belüfterschläuche. Die O-Ringe müssen durch neue ersetzt werden.

Verbinden

Der Zusammenbau entspricht der umgekehrten Reihenfolge der Trennung, achten Sie dabei auf folgende Punkte:

a) *Stellen Sie sicher, daß die T-Stücke der Benzinleitungen und ihre Verbindungsrohre sowie die T-Stücke der Belüfterschläuche richtig und mit neuen O-Ringen installiert sind.*

b) *Setzen Sie die Synchronisations-Federn nach dem Zusammenbau der Vergaser ein und gehen Sie sicher, daß sie rechtwinkelig und sicher sitzen (siehe Abb. 8.5).*

c) *Setzen Sie die Vergaser-Befestigungsschrauben mit Schraubensicherung in die Verbindungsstücke und ziehen Sie sie fest.*

d) *Überprüfen Sie die Funktionen der Gas- und Choke-Hebel und gehen Sie sicher, daß sie leichtgängig sind und von den Federn wieder zurückgezogen werden, bevor Sie die Vergaser wieder in das Motorrad installieren.*

e) *Bauen Sie die Vergaser ein (siehe Sektion 6) und überprüfen Sie die Synchronisation und Leerlaufeinstellung (siehe Kapitel 1).*

9 Vergaser – Zusammenbau, Schwimmerstands- und Benzinstandskontrolle

⚠ ***Warnung: Lesen Sie die Sicherheitshinweise in Sektion 1, bevor Sie mit der Arbeit beginnen.***

GSF 600 Modelle

***Anmerkung**: Besorgen Sie sich vor dem Zu-*

9.1a Legen Sie die inneren Plastikscheiben ein...

9.1b ...und setzen Sie die Choke-Betätigungsstange auf,...

9.1c ...sie muß in alle Choke-Kolben richtig eingreifen.

9.1d Setzen Sie die Schrauben zusammen mit den äußeren Plastikscheiben ein.

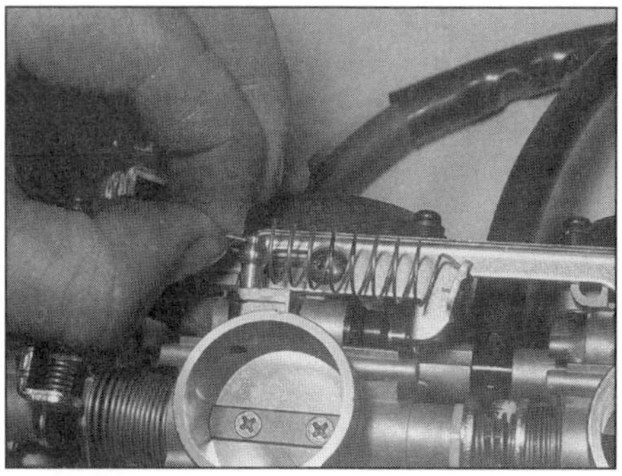

9.1e Hängen Sie die Feder an den Unterdruckstutzen...

9.1f ...und stecken Sie die Kappen und Unterdruckschläuche auf.

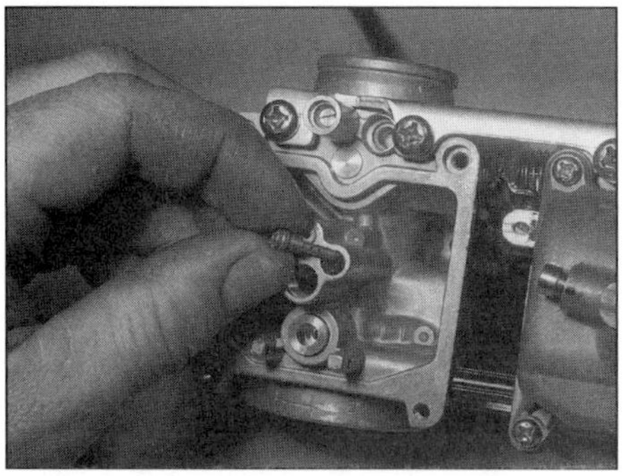

9.3 Installieren Sie die Leerlaufdüse,...

9.4a ...die Nadeldüse (falls entfernt),...

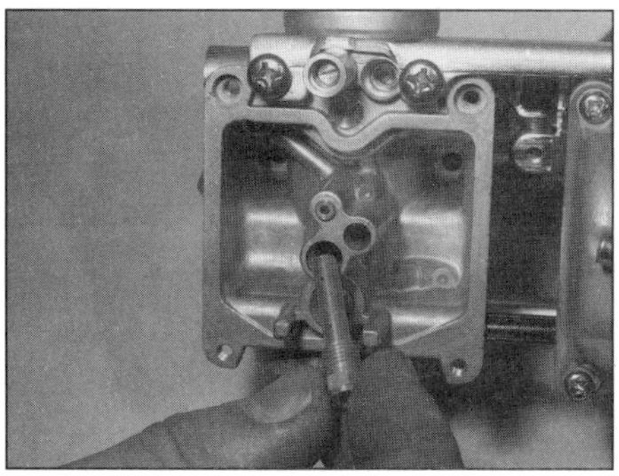

9.4b ...den Nadeldüsenträger...

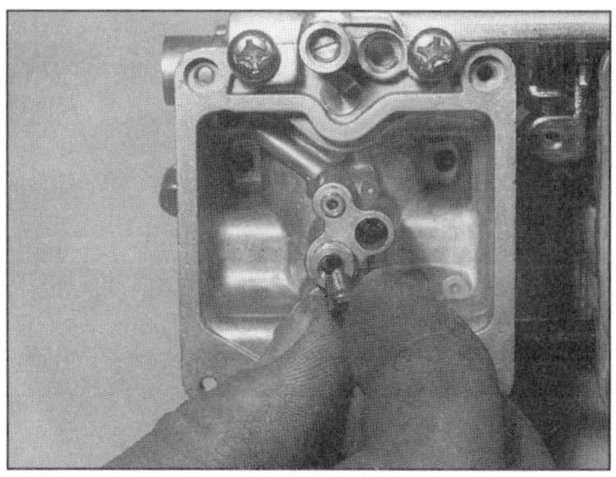

9.5 ...und die Hauptdüse.

sammenbau der Vergaser alle notwendigen O-Ringe und Dichtungen. Achten Sie darauf, die Düsen und Schrauben nicht zu überdrehen.

1 Setzen Sie die Choke-Kolben in das Gehäuse und ziehen Sie die Mutter an.
Setzen Sie die inneren Plastikscheiben an die Choke-Betätigungsstange an und setzen Sie diese an die Kolben, so daß sie hinter die Nippel an den Enden der Choke-Kolben faßt (siehe Abb.). Legen Sie die äußeren Plastikscheiben auf und sichern Sie die Stange mit den Schrauben (siehe Abb.). Hängen Sie die Rückholfeder am Unterdruckstutzen und stecken Sie die Kappen auf (siehe Abb.).

2 Setzen Sie die Leerlaufgemischschraube (falls entfernt) zusammen mit der Feder, der Scheibe und dem O-Ring ein und ziehen Sie sie leicht bis zum Anschlag an (siehe Abb. 7.11). Drehen Sie die Schraube jetzt soweit heraus, wie sie vorher abgezählt haben oder richten Sie sich nach den technischen Daten am Anfang des Kapitels.

3 Bauen Sie die Leerlaufdüse ein (siehe Abb.).

4 Setzen Sie, falls entfernt, die Nadeldüse mit der schmaleren Seite voran in den Vergaser (siehe Abb.). Schrauben Sie dann den Nadeldüsen-Halter ein (siehe Abb.).

5 Setzen Sie die Hauptdüse in den Nadeldüsen-Halter (siehe Abb.).

6 Hängen Sie das Schwimmernadelventil an die Lasche der Schwimmer und positionieren

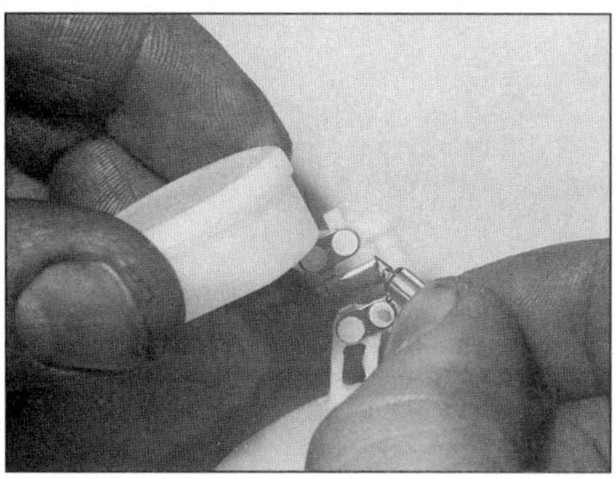

9.6a Setzen Sie das Schwimmernadelventil in seine Lasche am Schwimmer.

9.6b Lassen Sie das Nadelventil in seinen Sitz gleiten (Pfeil).

9.6c Halten Sie den Schwimmer in Position und stecken Sie den Stift ein.

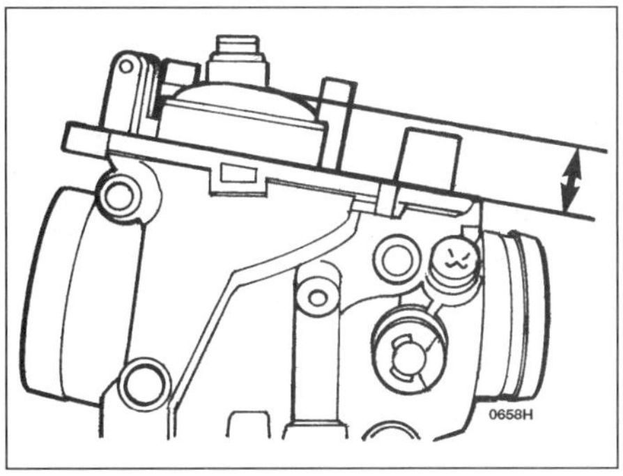

9.7 Messen Sie die Höhe des Schwimmerstandes über der Dichtfläche.

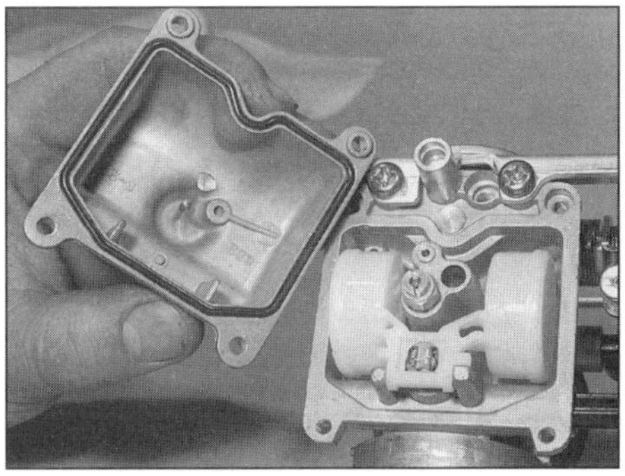

9.8 Die Schwimmerkammer wird mit einer neuen Dichtung aufgesetzt.

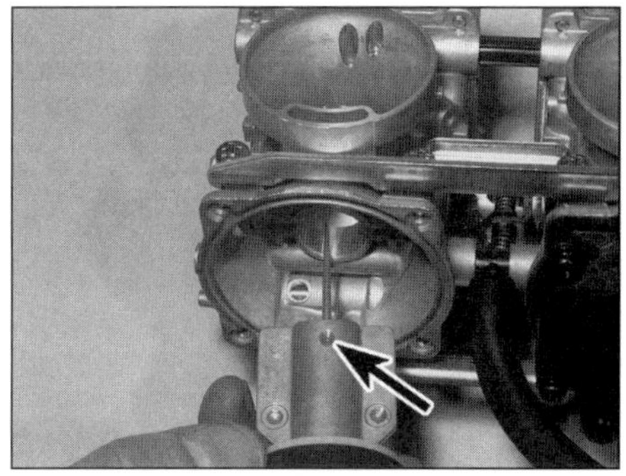

9.11 Die Schieber/Membrane-Baugruppe wird mit der markierten Seite (Pfeil) zur Luftfilter-Seite eingesetzt.

Sie die Baugruppe vorsichtig in das Gehäuse. Stecken Sie den Lagerstift ein, achten Sie darauf, daß er sicher sitzt (siehe Abb.).

7 Um den Schwimmerstand zu messen, halten Sie den Vergaser so, daß der Schwimmer herunterhängt, kippen Sie ihn hoch, bis das Nadelventil gerade sitzt, aber nicht so weit, daß der federgespannte Stift der Nadel eingedrückt wird. Messen Sie den Abstand zwischen Schwimmerboden und Dichtfläche (ohne Dichtung) am Gehäuse (siehe Abb.). Der korrekte Stand sollte dem in den technischen Daten angegebenen Wert entsprechen. Wenn er nicht stimmt, muß der Schwimmerstand durch vorsichtiges Nachbiegen der Lasche des Nadelventils korrigiert werden. Wiederholen Sie diese Prozedur an den anderen Vergasern.

8 Nachdem der Schwimmerstand kontrolliert wurde, setzen Sie eine neue Dichtung in die Nut der Schwimmerkammer und schrauben Sie diese sorgfältig fest (siehe Abb.).

9 Falls vorhanden, setzen Sie den Adapter der Vergaserheizung in das Gehäuse und schrauben Sie die Heizung ein (siehe Abb. 7.5b und a).

10 Installieren Sie die Düsennadel und den Federsitz in den Vergaserschieber (siehe Abb. 7.4).

11 Setzen Sie die Schieber-Baugruppe so in die Führung, daß die Düsennadel in die Nadeldüse gleiten kann (siehe Abb.). Drücken Sie den Rand der Membrane in seine Nut und achten Sie darauf, daß die Membrane sauber sitzt und keine Falten schlägt. Der Schieber muß weich in seiner Führung auf- und abgleiten können.

12 Legen Sie die Feder in die Membrane, achten Sie auf korrekte Lage im Federsitz, und setzen Sie den Deckel auf den Vergaser, gehen Sie sicher, daß das obere Federende über dem Stift in der Mitte des Deckels gehalten wird (siehe Abb.). Ziehen Sie die Schrauben fest.

13 Installieren Sie die Vergaser (s. Sektion 6).

GSF 1200 Modelle

***Anmerkung**: Besorgen Sie sich vor dem Zusammenbau der Vergaser alle notwendigen O-Ringe und Dichtungen. Passen Sie auf, daß Sie die Düsen und Schrauben nicht überdrehen.*

14 Setzen Sie den Choke-Kolben und die Feder in das Gehäuse, setzen Sie den Halter ein, und gehen Sie sicher, daß die Clips korrekt in ihren Bohrungen sitzen (siehe Abb. 7.25e, d und c). Setzen Sie die Choke-Betätigungsstange an die Kolben, so daß sie hinter die Nippel an den Enden der Choke-Kolben faßt (siehe Abb. 7.25b). Sichern Sie die Stange mit den Clips, stellen Sie sicher, daß deren Enden sich über den Enden der Gleitführung befinden (siehe Abb. 7.25a).

15 Falls entfernt, montieren Sie den Drosselklappensensor (siehe Kapitel 4).

16 Setzen Sie die Leerlaufgemischschraube (falls entfernt) zusammen mit der Feder, der Scheibe und dem O-Ring ein und ziehen Sie sie leicht bis zum Anschlag an (siehe Abb. 7.24). Drehen Sie die Schraube jetzt soweit heraus, wie sie vorher abgezählt haben oder richten Sie sich nach den technischen Daten am Anfang des Kapitels.

17 Setzen Sie, falls entfernt, die Nadeldüse mit der schmaleren Seite voran in den Vergaser (siehe Abb. 7.22). Die Nut am Boden der Düse muß mit dem Stift in der Bohrung fluchten (s. Abb.). Schrauben Sie dann die Hauptdüse in die Nadeldüse ein (siehe Abb. 7.21).

18 Bauen Sie die Leerlaufdüse ein (siehe Abb. 7.23).

19 Legen Sie einen neuen O-Ring um den Sitz des Schwimmernadelventils und drücken Sie diesen in das Vergasergehäuse (siehe Abb. 7.20c).

20 Hängen Sie das Schwimmernadelventil an die Lasche der Schwimmer (siehe Abb. 7.20b) und setzen Sie einen neuen O-Ring an den Boden dieser Baugruppe (siehe Abb. 7.20a). Positionieren Sie die Baugruppe vorsichtig in das Gehäuse und achten Sie darauf, daß das Ventil korrekt in seinen Sitz gelangt (siehe Abb.).

21 Um den Schwimmerstand zu messen, halten Sie den Vergaser so, daß der Schwimmer herunterhängt, kippen Sie ihn hoch, bis das Nadelventil gerade sitzt, aber nicht so weit,

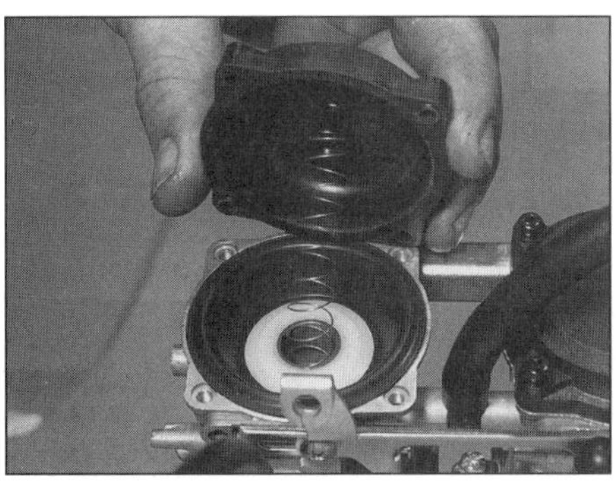

9.12 Die Feder muß über dem Stift sitzen, wenn der Deckel montiert wird.

9.17 Die Nut in der Nadeldüse muß mit dem Stift in der Passage fluchten.

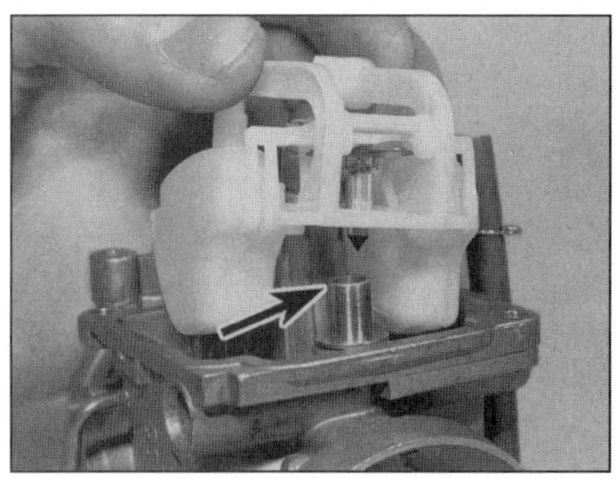

9.20 Stellen Sie sicher, daß das Nadelventil korrekt in seinen Sitz gelangt.

9.24 Schieben Sie die Schieber-Baugruppe in den Vergaser.

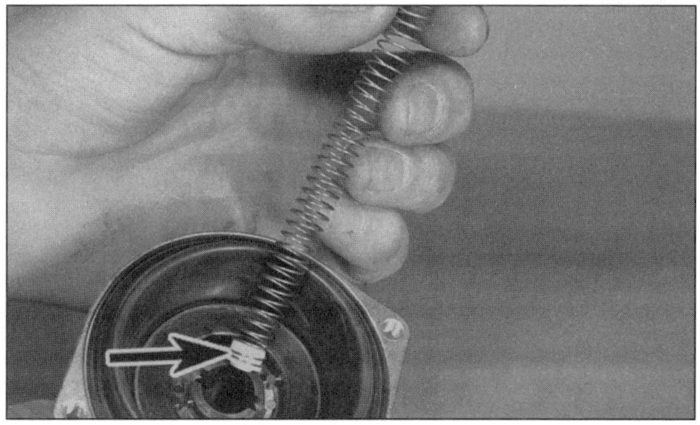

9.25 Der Federsitz muß sich unten in der Feder befinden.

daß der federgespannte Stift der Nadel eingedrückt wird. Messen Sie den Abstand zwischen Schwimmerboden und Dichtfläche (ohne Dichtung) am Gehäuse (siehe Abb. 9.7). Der korrekte Stand sollte dem in den technischen Daten angegebenen Wert entsprechen. Wenn er nicht stimmt, muß der Schwimmerstand durch vorsichtiges Nachbiegen der Lasche des Nadelventils korrigiert werden. Wiederholen Sie diese Prozedur an den anderen Vergasern.

22 Nachdem der Schwimmerstand kontrolliert wurde, setzen Sie eine neue Dichtung in die Nut der Schwimmerkammer und schrauben Sie diese sorgfältig fest (s. Abb. 7.19).

23 Falls entfernt, drücken Sie den Sicherungsclip in die vorgeschriebene Nut der Düsennadel und schieben Sie die Scheibe darunter (siehe Abb. 7.18b). Installieren Sie die Düsennadel und den Federsitz in den Vergaserschieber (siehe Abb. 7.18a).

24 Setzen Sie die Schieber-Baugruppe in die Führung, daß die Düsennadel in die Nadeldüse gleiten kann (siehe Abb.). Drücken Sie den Rand der Membrane in seine Nut und achten Sie darauf, daß die Membrane sauber sitzt und keine Falten schlägt (siehe Abb. 7.16). Der Schieber muß weich in seiner Führung auf- und abgleiten können.

25 Legen Sie einen neuen O-Ring um den Unterdruckkanal (siehe Abb. 7.16). Legen Sie die Feder in die Membrane, achten Sie auf korrekte Lage im Federsitz und daß dieser richtig über der Düsennadel liegt (siehe Abb.). Setzen Sie den Deckel auf den Vergaser, gehen Sie sicher, daß das obere Federende über dem Stift in der Mitte des Deckels gehalten wird (siehe Abb. 7.15). Ziehen Sie die Schrauben fest.

26 Installieren Sie die Vergaser (s. Sektion 6).

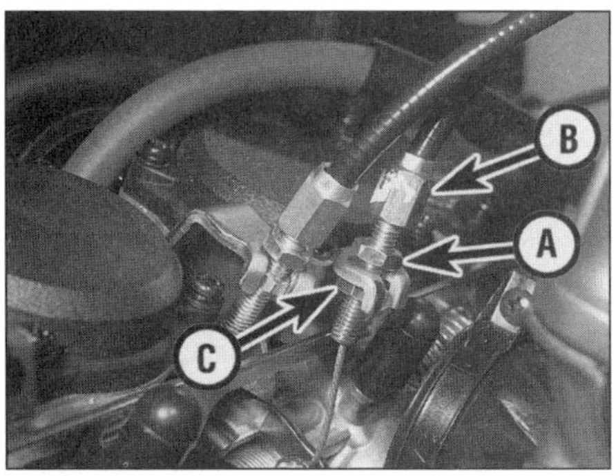

10.2a Lockern Sie die obere Kontermutter (A), lösen Sie den Einsteller (B), bis die untere Kontermutter frei ist,...

10.2b ...entfernen Sie dann den Einsteller aus dem Halter.

10 Gasbowdenzug
Ausbau und Einbau

Warnung: Lesen Sie die Sicherheitshinweise in Sektion 1, bevor Sie mit der Arbeit beginnen.

Ausbau

1 Ziehen Sie die Vergaser von den Ansaugstutzen des Zylinderkopfes (siehe Sektion 6, Schritte 1 bis 6), um am unteren Ende der Gasbowdenzüge arbeiten zu können.

2 Lockern Sie die obere Kontermutter von einem der Züge, drehen Sie dann den Einsteller, bis die untere Kontermutter aus dem Halter kommt (siehe Abb.). Befreien Sie den Einsteller aus dem Halter und ziehen Sie den Bow-

10.2c Ziehen Sie den Nippel aus seiner Aufnahme an der Drosselklappenwelle.

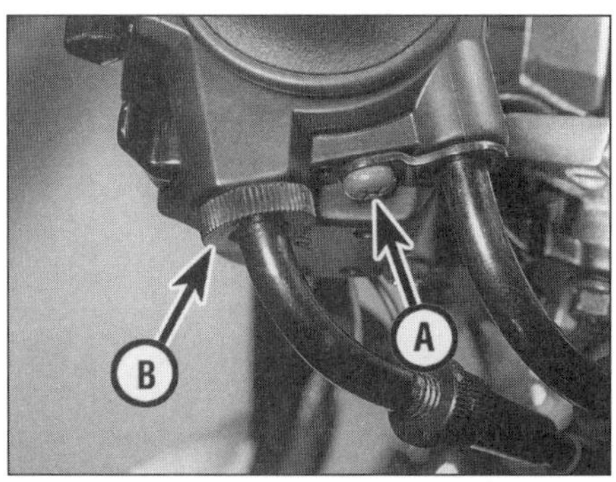

10.3a Entfernen Sie die Halteblechschraube (A) und lösen Sie den Haltering.

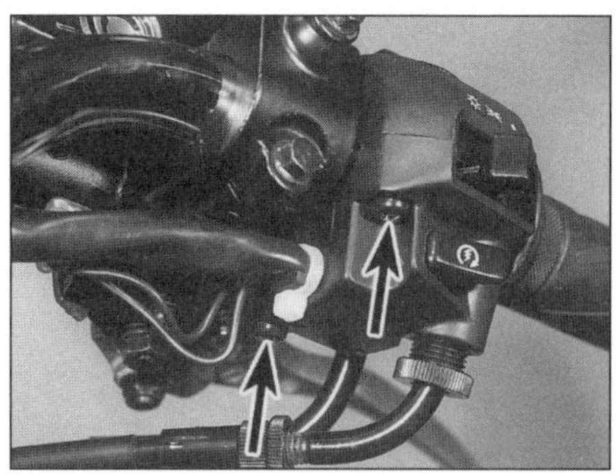

10.3b Entfernen Sie die Gehäuseschrauben und trennen Sie die Hälften.

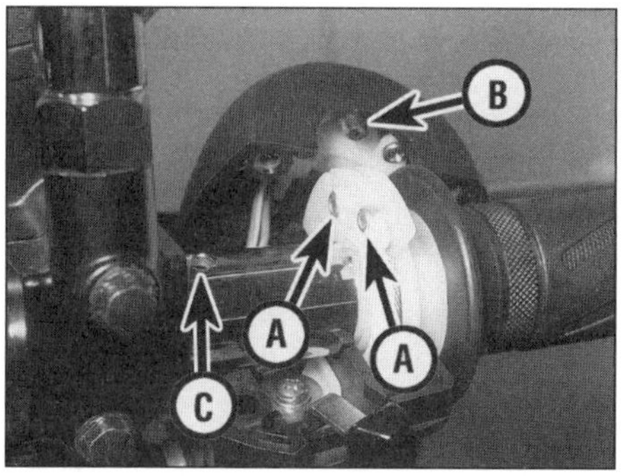

10.6 Setzen Sie die Nippel (A) in den Gasgriff. Der Stift (B) des Gehäuses muß in das Loch im Lenker einrasten.

denzugnippel aus seiner Aufnahme (siehe Abb.). Wiederholen Sie den Schritt mit dem anderen Zug. Halten Sie die Vergaser dabei aufrecht, um keinen Kraftstoff zu verschütten.

3 Lösen Sie die Schraube, die das Halteblech des Öffnungszuges am Schalter/Gasgriff-Gehäuse am Lenker hält, drehen Sie dann den Ring des Schließzuges heraus (siehe Abb.). Entfernen Sie die Schrauben des Schalter/Gasgriff-Gehäuses und trennen Sie die beiden Hälften. Ziehen Sie den Bowdenzug-Nippel aus der Aufnahme und nehmen Sie die Bowdenzug-Winkelstücke aus dem Gehäuse, merken Sie sich ihre Lage.

4 Entfernen Sie die Bowdenzüge, nachdem Sie sich ihren Verlauf gemerkt haben.

Einbau

5 Verlegen Sie die Bowdenzüge korrekt im Motorrad, sie dürfen sich nicht mit anderen Bauteilen behindern und sollen nicht gequetscht oder scharf geknickt sein.

6 Schmieren Sie alle Enden der Züge mit Mehrzweckfett und setzen Sie sie in die Drehgriffaufnahme (siehe Abb.). Installieren Sie die Führungen so in das Gehäuse, daß der Öffnungs-Zug vorne und der Schließ-Zug hinten liegt. Setzen Sie die Armaturenhälften am Lenker zusammen, der Stift der oberen Hälfte muß in das Loch am Lenker passen. Anschließend können beide Schrauben eingesetzt und sorgfältig angezogen werden.

10.2 Montieren Sie das Halteblech und den Ring.

7 Sichern Sie das Winkelstück des Öffnungszuges mit dem Halteblech und schrauben Sie den Haltering des Schließzuges in das Gehäuse (siehe Abb.).

8 Schmieren Sie das untere Ende der Züge mit Mehrzweckfett und installieren Sie sie an der Drosselklappensteuerung (s. Abb. 10.2c).

9 Achten Sie darauf, daß die Züge korrekt verbunden sind und setzen Sie die Hülle in ihren Sockel an der Halteplatte (siehe Abb. 10.2b). Stellen Sie die Einsteller-Kontermuttern so ein, daß kein Spiel im Bowdenzug spürbar ist, die Drosselklappen aber auch noch nicht geöffnet werden (siehe Abb. 10.2a). Ziehen Sie anschließend die obere Kontermutter fest.

10 Installieren Sie die Vergaser (s. Sektion 6).

11 Stellen Sie die Züge, wie in Kapitel 1 beschrieben, ein und bewegen Sie den Lenker hin und her, um sicherzugehen, daß sie immer locker sind und nicht die Lenkung behindern.

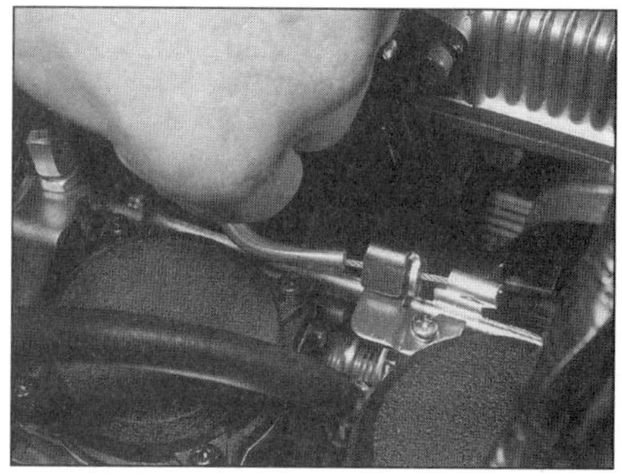

11.2a Ziehen Sie die Bowdenzughülle aus dem Halter...

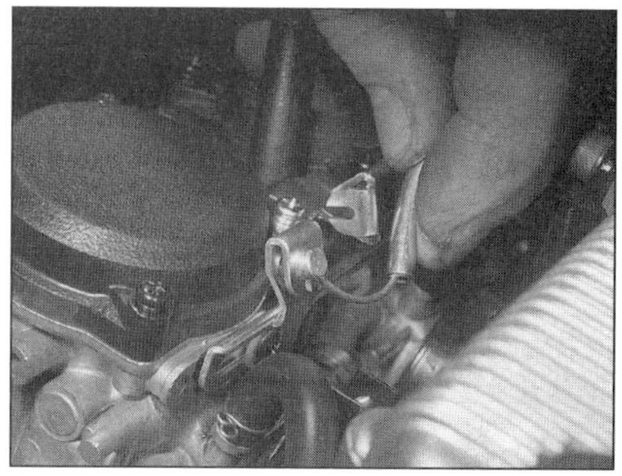

11.2b ...und ziehen Sie den Nippel heraus.

12 Installieren Sie den Benzintank (siehe Sektion 2).

13 Starten Sie den Motor und überprüfen Sie, daß die Leerlaufdrehzahl nicht steigt, wenn der Lenker bewegt wird. Falls doch, sind die Bowdenzüge falsch verlegt und müssen korrekt eingebaut werden, bevor mit dem Motorrad gefahren wird.

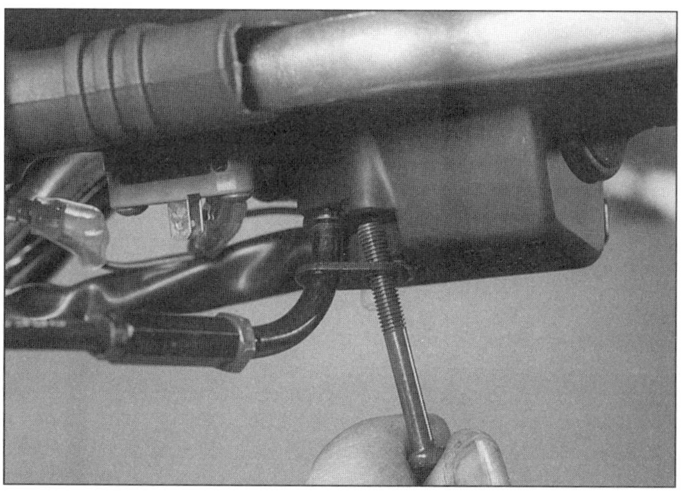

11.3a Die vordere Gehäuseschraube hält auch das Bowdenzug-Halteblech.

11.3b Ziehen Sie den Nippel aus dem Hebel und entfernen Sie den Zug.

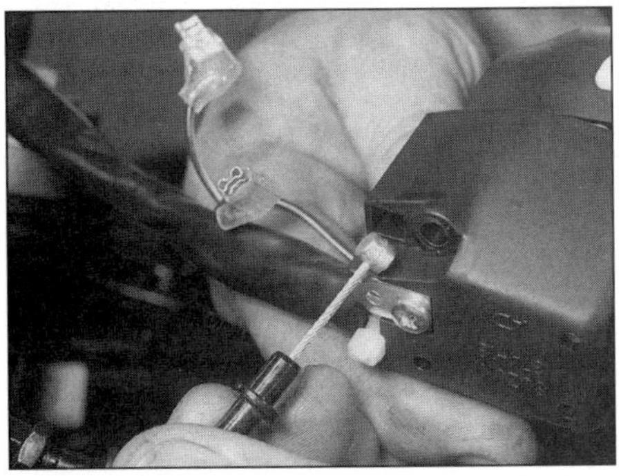

11.6a Schieben Sie den Bowdenzug in das Gehäuse...

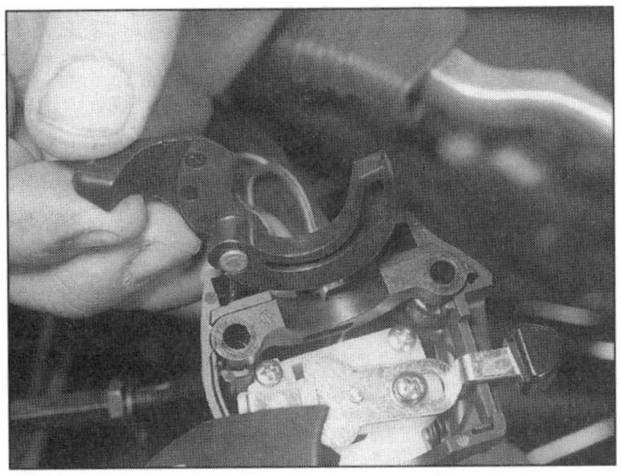

11.6b ...und verbinden Sie das Ende mit dem Hebel.

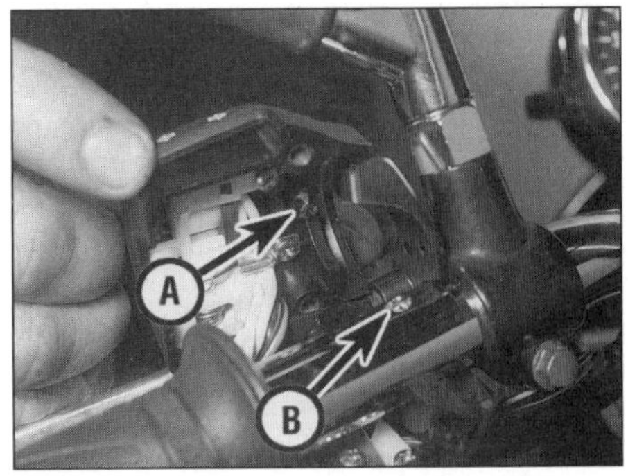

11.6c Der Stift der oberen Gehäusehälfte greift in die Bohrung des Lenkers.

11 Choke-Bowdenzug
Ausbau und Einbau

Ausbau

1 Entfernen Sie den Benzintank (siehe Sektion 2).

2 Ziehen Sie die Bowdenzughülle aus dem Sockel am Vergaser und nehmen Sie den Nippel aus der Aufnahme an der Chokehebel-Stange (siehe Abb.). Merken Sie sich die Einbaulage der Feder.

3 Lösen Sie die beiden Schrauben des linken Schalter/Chokehebel-Gehäuses am Lenker – eine von ihnen hält auch das Bowdenzug-Halteblech – und trennen Sie die Armaturenhälften, beachten Sie die Einbaulage des Hebels (siehe Abb.). Nehmen Sie den Hebel heraus und den Bowdenzug-Nippel aus dessen Aufnahme.

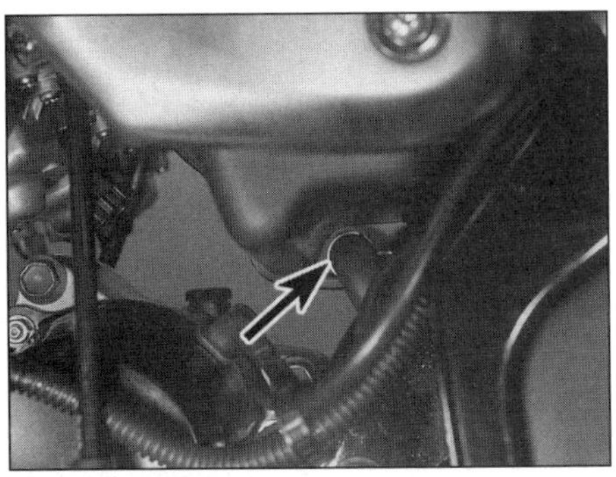

12.3 Lösen Sie die Schelle und ziehen Sie den Ablaufschlauch ab.

4 Entfernen Sie den Bowdenzug, nachdem Sie sich seinen Verlauf gemerkt haben.

Einbau

5 Verlegen Sie den Bowdenzug korrekt im Motorrad, er darf sich nicht mit anderen Bauteilen behindern und soll nicht gequetscht oder scharf geknickt sein.

6 Schmieren Sie den oberen Nippel mit Allzweckfett. Installieren Sie den Nippel am Chokehebel (siehe Abb.) und bauen Sie den Bowdenzug in das Armaturengehäuse (siehe Abb.). Setzen Sie die beiden Gehäusehälften am Lenker zusammen und gehen Sie sicher, daß der Hebel korrekt in der unteren Gehäusehälfte sitzt und der Stift der oberen Hälfte in das Loch am Lenker paßt (siehe Abb.). Jetzt können beide Schrauben eingesetzt und sorgfältig angezogen werden, beachten Sie dabei die Lage des Winkelstücks (siehe Abb. 11.3a).

7 Schmieren Sie den unteren Nippel mit Mehrzweckfett und installieren Sie den Zug an der Chokehebel-Stange an den Vergasern (siehe Abb. 11.2b). Setzen Sie die Hülle in ihren Sockel (siehe Abb. 11.2a).

8 Kontrollieren Sie die Funktion und das Spiel des Choke-Bowdenzuges (siehe Kapitel 1).

9 Montieren Sie den Benzintank (siehe Sektion 2).

12 Luftfiltergehäuse
Ausbau und Einbau

Ausbau

1 Entfernen Sie den Benzintank (siehe Sektion 2).

2 Entfernen Sie die Vergaser (s. Sektion 6).

3 Lösen Sie die Schelle, die den Abflußschlauch unten am Luftfiltergehäuse sichert und ziehen Sie den Schlauch vom Stutzen (siehe Abb.).

4 Falls noch nicht erledigt, müssen die beiden Schrauben entfernt werden, die die Luftfilterdeckel am Filtergehäuse halten (siehe Abb.). Entfernen Sie den Deckel, beachten Sie dabei, wie die Laschen unten am Deckel in die Schlitze des Gehäuses greifen (siehe Abb.). Ziehen Sie den Filter aus dem Gehäuse.

5 Entfernen Sie die Schrauben der beiden linken Ansaugstutzen am Motor. Nehmen Sie die beiden Stutzen unter Beachtung ihrer Einbaulage und ihre O-Ringe ab (siehe Abb. 6.11a und b). Die O-Ringe müssen durch neue ersetzt werden. Die Ansaugstutzen sind

12.4a Der Luftfilterdeckel ist mit zwei Schrauben gesichert.

12.4b Beachten Sie, wie die Laschen in den Haltern am Gehäuse sitzen.

12.6 Entfernen Sie das Gehäuse nach links aus dem Motorrad.

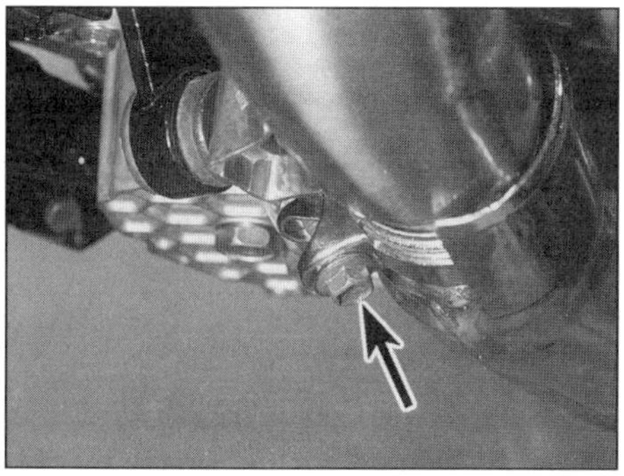

13.1 Lösen Sie die Klemmschraube,...

13.2 ...entfernen Sie die vordere Halteschraube...

13.3 ...und die hintere Schraube mit ihrer Mutter.

mit der entsprechenden Zylindernummer markiert und dürfen nur dort und mit der UP-Markierung nach oben wieder montiert werden.

6 Manövrieren Sie das Luftfiltergehäuse nach vorne und links aus dem Motorrad (siehe Abb.).

Einbau

7 Der Einbau erfolgt in umgekehrter Reihenfolge des Ausbaus. Montieren Sie die Ansaugstutzen mit neuen O-Ringen.

13 Auspuffanlage
Ausbau und Einbau

Warnung: Wenn der Motor in Betrieb war, ist das Auspuffsystem sehr heiß. Lassen Sie es einige Zeit abkühlen, bevor Sie mit der Arbeit beginnen.

Schalldämpfer

Ausbau

1 Lockern Sie die Klemme zwischen Schalldämpfer und Krümmersammler (siehe Abb.).

2 Lösen und entfernen Sie die vordere Auspuff-Halteschraube, die von unten direkt hinter dem Krümmersammler sitzt (siehe Abb.).

3 Lösen und entfernen Sie die Mutter der hinteren Auspuff-Halteschraube, ziehen Sie die Schraube heraus, und ziehen Sie den Schalldämpfer drehend vom Krümmersammler (siehe Abb.).

4 Kontrollieren Sie die Klemmen und Buchsen auf Anzeichen von Beschädigungen und ersetzen Sie sie gegebenenfalls. Entfernen Sie den Dichtring, der entweder auf dem Schalldämpfer oder im Krümmersammler sitzt. Ersetzen Sie ihn auf jeden Fall durch ein Neuteil.

Einbau

5 Reinigen Sie die Dichtflächen des Schalldämpfers und des Sammlers von alten

13.6a Schieben Sie den Schalldämpfer in das Sammlerrohr...

13.6b ...und installieren Sie die hintere Halteschraube.

13.7a Setzen Sie die vordere Halteschraube ein...

13.7b ...und ziehen Sie zunächst sie...

13.7c ...und dann die hintere Halteschraube mit dem vorgeschriebenen Drehmoment fest.

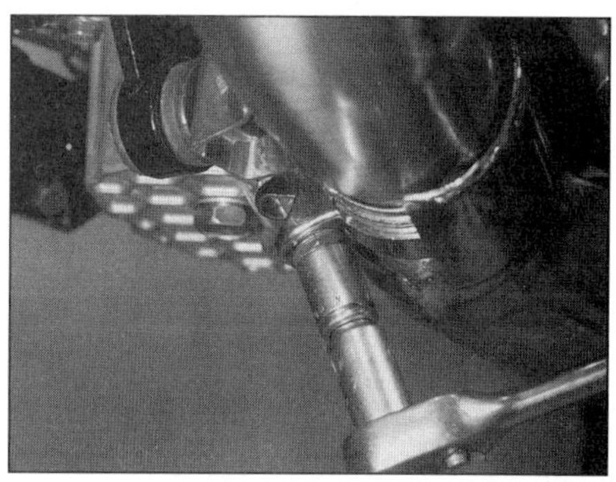

13.7d Ziehen Sie anschließend die Klemmschraube fest.

13.12 Setzen Sie die Dichtungen mit den Laschen nach innen ein.

13.13a Bringen Sie die Krümmeranlage in Position,...

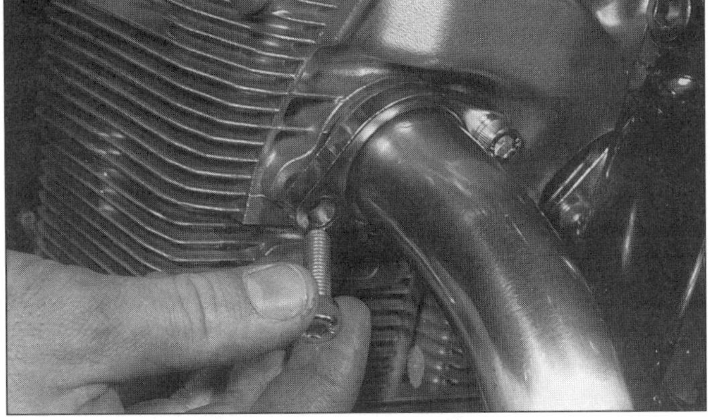

13.13b ...installieren Sie die Flanschschrauben...

13.13c ...und ziehen Sie sie mit dem vorgeschriebenen Drehmoment fest.

Dichtungsresten. Setzen Sie den neuen Dichtring mit Dichtmasse (Suzuki empfiehlt Permatex 1372) in den Sammler.

6 Schieben Sie den Schalldämpfer in den Krümmersammler. Gehen Sie sicher, daß er ganz eingeschoben ist (siehe Abb.). Halten Sie die Schalldämpferbefestigung in Flucht und installieren Sie die Schraube, aber ziehen Sie sie noch nicht fest (siehe Abb.).

7 Installieren Sie die vordere Schalldämpfer-Halteschraube und ziehen Sie sie vorschriftsmäßig fest. Ziehen Sie dann die hintere Schalldämpfer-Haltemutter wie vorgeschrieben fest (siehe Abb.) und die Klemmen-Schraube sorgfältig an (siehe Abb.)

8 Lassen Sie den Motor laufen und untersuchen Sie den Auspuff auf Undichtigkeiten.

Krümmer-Baugruppe

Ausbau

9 Entfernen Sie den Schalldämpfer (siehe oben).

10 Stützen Sie die Anlage ab und lösen Sie die Krümmerflanschschrauben vom Zylinderkopf, danach kann die Baugruppe entfernt werden (siehe Abb. 13.13b).

11 Entfernen Sie die Krümmerdichtungen aus den Auslaßkanälen und werfen Sie sie weg (siehe Abb. 13.12). Beachten Sie die Einbaulage der Dichtungshalter an den äußeren Rohren der 1200er Modelle.

Einbau

12 Setzen Sie die neuen Dichtungen in die Krümmerflansche, die Lasche jeweils nach innen zeigend (s. Abb.). Setzen Sie sie ggf. mit Fett ein, um sie an ihrem Platz zu sichern.

13 Bringen Sie die Krümmer-Anlage in Position, so daß die Krümmerenden in den Auslaßkanälen stecken (siehe Abb.). Gehen Sie sicher, daß bei den **1200er Modellen** die Dichtungshalter an den Zylindern Nr. 1 und Nr. 4 richtig sitzen. Setzen Sie die Flansche an, ziehen Sie die Flanschschrauben handfest an und halten Sie die Anlage in ihrer Einbaulage. Ziehen Sie die Mutter mit dem vorgeschriebenen Drehmoment an (siehe Abb.).

14 Installieren Sie die Schalldämpfer (s. o.).

Komplettes System

Ausbau

15 Lösen Sie die acht Krümmerflanschschrauben vom Zylinderkopf (siehe Abb. 13.13b).

16 Lösen und entfernen Sie die Schraube der vorderen Schalldämpferbefestigung, die unten direkt hinter der Verbindung zwischen Schalldämpfer und Sammler sitzt (siehe Abb. 13.2).

17 Stützen Sie die Anlage ab und lösen und entfernen Sie die hintere Schalldämpferhalterung, danach kann der Auspuff entfernt werden (siehe Abb. 13.3).

18 Entfernen Sie die Krümmerdichtungen aus den Auslaßkanälen und ersetzen Sie sie auf jeden Fall durch neue (siehe Abb. 13.12). Beachten Sie die Einbaulage der Dichtungshalter an den äußeren Rohren der **1200er Modelle**.

Begutachten Sie die Buchsen, und ersetzen Sie sie, falls Verschleiß oder Beschädigungen vorliegen.

Einbau

19 Setzen Sie neue Dichtungen in die Krümmerflansche, die Laschen müssen nach innen zeigen (siehe Abb. 13.12). Setzen Sie sie eventuell mit Fett ein, um sie an ihrem Platz zu sichern.

20 Bringen Sie die Auspuffanlage in Position, so daß die Krümmerenden in den Auslaßkanälen stecken (siehe Abb. 13.13a). Gehen Sie sicher, daß bei den **1200er Modellen** die Dichtungshalter an den Zylindern Nr. 1 und Nr. 4 richtig sitzen. Setzen Sie die Flansche an, ziehen Sie die Flanschschrauben handfest an und halten Sie die Anlage in ihrer Einbaulage (siehe Abb. 13.13b). Stützen Sie sie so, daß die Schalldämpferhalterung mit der Aufnahme fluchtet, stecken Sie die Schraube mit der aufgelegten Scheibe hindurch und setzen Sie die Mutter auf, aber ziehen Sie sie noch nicht fest (siehe Abb. 13.8). Zunächst werden die Krümmerflanschschrauben mit dem vorgeschriebenen Drehmoment festgezogen.

21 Ziehen Sie zunächst die vordere Schalldämpferschraube und danach die Schalldämpferbefestigung mit dem vorschriftsmäßigen Drehmoment fest (siehe Abb. 13.7a, b und c).

24 Lassen Sie den Motor laufen und untersuchen Sie den Auspuff auf Undichtigkeiten.

14 EVAP und PAIR-System (Kalifornien-Modelle)
Allgemeine Informationen

Evaporative Emission Control System (EVAP)

Allgemeine Informationen

1 Das Verdunstungs-Kontrollsystem (EVAP) verhindert das Ausdünsten von Kraftstoffdämpfen in die Atmosphäre und funktioniert folgendermaßen:

2 Während der Motor ausgeschaltet ist, gelangt im Tank verdunstetes Benzin durch den Entlüftungsschlauch oben in den Behälter, der sich rechts hinten am Rahmen befindet. Wird der Motor gestartet, bewirkt der Unterdruck im Ansaugstutzen die Öffnung des Behälter-Ventils. Die Kraftstoffgase gelangen jetzt in den Vergaser und werden anschließend im Motor mitverbrannt.

3 Der Tankdeckel besitzt neben der Membrane, die nur eine Belüftung, aber keine Entlüftung zuläßt, ein Ventil, das verhindert, daß im Fall eines Sturzes Benzin ausläuft.

4 Das System ist nicht einstellbar und kann nur von einer Suzuki-Werkstatt überprüft werden. Kontrollen, die vom Besitzer durchgeführt werden können, sind in Kapitel 1 beschrieben.

Ausbau und Einbau

5 Um Zugang zu dem Behälter zu erlangen, müssen die Seitendeckel entfernt werden (siehe Kapitel 7). Markieren und trennen Sie die Schläuche, lösen Sie die Klemmen und nehmen Sie den Behälter heraus. Stellen Sie sicher, daß die Schläuche beim Einbau wieder richtig angeschlossen werden.

6 Die beiden Ventile sitzen an Haltern rechts am Rahmen. Bei Zweifeln über die Schlauchanschlüsse müssen die Schilder am Rahmen beachtet werden.

Pulse Secondary Air Injection System (PAIR)

Allgemeine Informationen

7 Die US-Modelle sind mit einem Sekundärluftsystem ausgerüstet, um Kohlenwasserstoff im Abgas zu verbrennen und giftige Emissionen zu reduzieren. Durch den Unterdruck im Ansaugstutzen wird eine Membrane geöffnet, und der im Krümmer entstehende Unterdruck kann gefilterte Frischluft ansaugen, die dort verbrannt wird. Ein Rückschlag der Flammen wird durch Zungenventile verhindert

8 Das System arbeitet automatisch, und nur die Zungenventile erfordern eine Kontrolle, wie sie in Kapitel 1 beschrieben ist. Der am häufigsten auftretende Fehler liegt darin, daß durch beschädigte Leitungen und Anschlüsse oder einen defekten Filter ungefilterte Luft in das System gezogen wird, was für Motor-Klingeln, ungleichmäßige und schwache Kraftentfaltung, Fehlzündungen und andere unnormale Geräusche sorgt.

Ausbau und Einbau

9 Zugang zum PAIR-Luftfilter, dem Kontrollventil und den Zungenventilen erhält man nach Demontage des Kraftstofftanks (siehe Sektion 2).

10 Vor der Demontage irgendeiner Komponente sollten alle Schläuche markiert werden, um eine korrekte Montage zu gewährleisten. Es ist nicht möglich, eines der Bauteile zu reparieren. Wenn die Zungenventile demontiert wurden, müssen bei der Montage neue Dichtungen verwendet werden.

Kapitel 4
Zündanlage

Inhalt
(in alphabetischer Reihenfolge, die Zahlen beziehen sich auf die Numerierung in den grauen Feldern)

Schwierigkeitsgrade

Leicht. Für Anfänger mit wenig Erfahrung geeignet.	**Relativ leicht.** Für Anfänger mit etwas Erfahrung geeignet.	**Relativ schwierig.** Geeignet für geübte Selbstschrauber.	**Schwer.** Geeignet für Mechaniker mit Erfahrung.	**Sehr schwer.** Geeignet für Experten und Profis.

Technische Daten

Allgemeine Informationen

Zylinder-Identifikation	1-2-3-4 von links nach rechts
Zündfolge	1-2-4-3
Zündkerzen	siehe Kapitel 1

Zündzeitpunkte

im Leerlauf	
GSF 600 Modelle	13° vor OT
GSF 1200 Modelle	7° vor OT
volle Frühzündung	40° vor OT bei 4000 U/min
Drehzahlbegrenzer	
GSF 600 Modelle	12000 U/min
GSF 1200 Modelle	10900 U/min

Zündinduktions-Spulen

Widerstand	135 bis 200 Ohm

Zündspulen

Primär-Wicklungs-Widerstand	2,0 bis 4,0 Ohm
Sekundär-Wicklungs-Widerstand (mit Kerzenstecker)	30 bis 40 Ohm

Drosselklappensensor – GSF 1200 Modelle

Widerstand	3,5 bis 6,5 Ohm

Anzugs-Drehmomente

Zündrotor-Inbusschraube	25 Nm

1 Allgemeine Informationen

Die Bandit-Modelle sind alle mit einer vollelektronischen Transistorzündanlage ausgerüstet, die durch das Fehlen mechanischer Teile absolut wartungsfrei ist. Die Anlage beinhaltet einen Rotor, eine Induktionsspule, die Zündbox und Zündspulen (für weitere Details beachten Sie die Schaltpläne am Ende von Kapitel 8).

Der Auslöser am Rotor (am rechten Stumpf der Kurbelwelle) steuert magnetisch die Induktionsspule, die ein Signal an die Zündbox sendet. Von hier aus werden zur richtigen Zeit die Zündspulen mit Strom versorgt, der für einen starken Zündfunken an den Kerzen hochtransformiert wird.

Die zwei Doppelzündspulen sitzen quer am Rahmenrohr hinter dem Lenkkopf. Die rechte versorgt Zylinder Nr. 1 und 4 mit Energie, die linke zündet Nr. 2 und 3.

Die Zündbox beinhaltet eine elektronische Zündverstellung, die von den Signalen des Rotors und der Induktionsspule gesteuert wird, sowie einen Zündunterbrecher, der ab der vorgegebenen Höchstdrehzahl die Zündung abschaltet. Bei den 1200er Modellen wird die Zündung zusätzlich lastabhängig gesteuert, die Information hierfür gibt der Drosselklappensensor außen am rechten Vergaser.

Die Anlage besitzt eine Sicherheitsschaltung, die die Zündung unterbricht, wenn der Seitenständer ausgeklappt ist und ein Gang eingelegt wird, oder bei eingelegtem Gang der Ständer ausgeklappt wird.

Bauartbedingt können die Teile der Zündanlage zwar kontrolliert, aber nicht repariert werden. Wenn im Zündsystem Probleme auftreten, kann die fehlerhafte Komponente isoliert und durch ein Austauschteil ersetzt werden. Denken Sie daran, daß elektronische Bauteile oftmals nach dem Kauf nicht mehr umgetauscht werden. Um unnötige Kosten zu vermeiden, sollten Sie absolut sicher gehen, daß das fehlerhafte Teil richtig identifiziert worden ist, bevor Sie ein Neuteil kaufen.

2 Zündanlage
Kontrolle

Achtung: Die Primärspannung von Hochspannungskondensator-Zündungen (CDI) kann bei herzschwachen Menschen lebensgefährlich sein. Die Zündspannung andererseits ist zwar nicht gefährlich, aber sehr unangenehm. Daher sollten nie Zündkerzen, -stecker oder -kabel in der Hand gehalten oder Zündspule und Zündbox berührt werden, wenn die Zündung angeschaltet oder der Motor per Anlasser gedreht wird. Für das Wohlbefinden des Zündsystems ist es wichtig, daß der Motor niemals gestartet wird, wenn ein Kerzenstecker abgezogen ist. Stellen Sie außerdem sicher, daß beim Zündfunkentest die Kerzen gründlichen Kontakt zu Masse haben, da sonst die Zündspulen durchschlagen können.

1 Da das Zündsystem völlig wartungs- und einstellungsfrei ist, können Fehlfunktionen nur auf Fehler in den einzelnen Komponenten oder in der Verkabelung zurückgeführt werden. Wahrscheinlicher ist die zweite Ursache. Bei Fehlfunktionen prüfen Sie die Zündungsbauteile in systematischer Reihenfolge.

2 Ziehen Sie die Zündkerzenstecker ab und stecken Sie jeweils Ersatzzündkerzen hinein. Legen Sie diese mit ihrem Gewinde auf den Motor, halten Sie sie gegebenenfalls mit einem isolierten Werkzeug fest.

Warnung: Nehmen Sie für diese Kontrolle nie die Kerzen aus dem Motor, da eventuell austretendes Luft/Benzin-Gemisch sich entzünden und zu Verletzungen führen kann.

3 Schalten Sie den Notausschalter auf »RUN«, schalten Sie die Zündung ein und drehen den Motor mit dem Anlasser. Ist die Zündung in Ordnung, werden an allen Zündkerzen-Elektroden dicke blaue Funken zu sehen sein. Ist der Funken schwach, geht ins Gelbe oder bleibt ganz aus, so muß die Ursache gefunden werden. Vor weiterer Arbeit schalten Sie die Zündung wieder aus und ziehen aus Sicherheitsgründen den Zündschlüssel ab.

4 Die Zündanlage muß einen Zündfunken erzeugen können, der in der Lage ist, eine bestimmte Strecke überspringen zu können. Suzuki gibt für eine gesunde Zündanlage eine Funkenstrecke von 8 mm an. Mit einem einfachen Testgerät kann herausgefunden werden, ob dieser Mindestwert erreicht wird (siehe Werkzeugtip).

Praxis TiP

Ein einfaches Funkenstrecken-Testgerät kann aus einem Holzstück, einer großen Alligator-Klemme und zwei Nägeln gebaut werden. Einer der Nägel sollte so ausgeführt sein, daß der Kerzenstecker oder das blanke Zündkabel daran angeschlossen werden kann. Der andere Nagel muß mit der Klemme verbunden sein. Stellen Sie sicher, daß der Abstand zwischen den Nagelspitzen dem vorgeschriebenen Wert entspricht.

5 Verbinden Sie einen Kerzenstecker mit der vorstehenden Elektrode am Testgerät und klemmen Sie das Gerät sicher an Masse am Rahmen oder Motor. Prüfen Sie, ob der Not-Schalter auf RUN steht, schalten Sie die Zündung an und drehen Sie den Motor mit dem E-Starter. Wenn das System in gutem Zustand ist, springen dicke blaue Funken zwischen den Nägeln über. Wiederholen Sie den Test an den anderen Zündspulen. Wenn auch diese Tests positiv ausfallen, kann der Zustand der Zündanlage als gut bezeichnet werden. Wenn der Funken dünn oder gelblich oder gar nicht zu sehen ist, sind weitere Untersuchungen nötig.

6 Fehlfunktionen der Zündanlage können in zwei Kategorien eingeteilt werden: Vollständiger Defekt oder zeit- bzw. teilweise Fehlfunktion. Die wahrscheinlichsten Ursachen sind unten aufgeführt, beginnend mit der häufigsten. Arbeiten Sie sich systematisch durch diese Liste, wobei Sie in den jeweiligen Unterpunkten dieses Kapitels nachschauen. **Hinweis**: *Bevor Sie beginnen, stellen Sie sicher, daß die Batterie voll geladen ist und alle Sicherungen in Ordnung sind.*

a) Lose, korrodierte oder beschädigte elektrische Steckverbindungen, gebrochene Kabel im Zündsystem (siehe Kapitel 8)
b) Defekte Zündkabel, -Stecker oder Zündkerzen, dreckige, verschlissene oder beschädigte Kerzenelektroden oder falscher Elektrodenabstand
c) Defekter Not- oder Zündschalter (siehe Kapitel 8)
d) Fehlerhafter Seitenständer- oder Leerlauf-Schalter (siehe Kapitel 8)
e) Defekte Induktionsspule oder beschädigter Rotor
f) Defekte Zündspule(n)
g) Defekte Zündbox

7 Wenn alle oben beschriebenen Möglichkeiten keinen Grund des Problems erkennen lassen, sollten Sie die Zündanlage bei einem Suzuki-Händler testen lassen. Suzuki hat ein Testgerät, das eine Diagnose der Zündanlage erstellen kann.

3 Zündspulen
Kontrolle, Aus- und Einbau

Kontrolle

1 Wenn durch logische Fehlersuche herausgefunden wurde, daß der Defekt an den Zündspulen liegen muß, sollten diese zum Testen einem Suzuki-Händler gegeben werden, der über entsprechende Meßgeräte verfügt.

2 Die Spulen können jedoch einer Sichtkontrolle unterzogen werden (auf Risse und andere Beschädigungen), außerdem können die Widerstände der Primär- und Sekundärwicklungen mit einem Multimeter gemessen werden. Wenn die Spulen nicht beschädigt sind und die Widerstände im Toleranzbereich der technischen Daten liegen, sind sie wahrscheinlich auch funktionstüchtig.

3.3 Die Zündspulen sitzen am Rahmenquerrohr hinter dem Lenkkopf.

3 Entfernen Sie die Sitzbank (siehe Kapitel 7) und lösen Sie die Masseverbindung (–) an der Batterie. Um an die Zündspulen zu gelangen, muß der Benzintank entfernt werden (siehe Kapitel 3). Die Spulen sitzen am vorderen Rahmenquerrohr (siehe Abb.).

4 Lösen Sie die Stecker des Primärstromkreises von der zu testenden Spule sowie den Kerzenstecker von der entsprechenden Zündkerze (siehe Abb.). Markieren Sie die Kabel, bevor Sie sie entfernen.

5 Schalten Sie das Multimeter auf den Ohm x 1-Bereich und messen Sie nun an jeder Zündspule den Widerstand zwischen den Anschlüssen für die Niederspannungskabel (siehe Abb.). Der abgelesene Wert ist derjenige der Primärwicklung und sollte sich innerhalb des in den technischen Daten angegebenen Toleranzbereichs befinden.

3.6 Testen Sie den Hochspannungs-Stromkreis der Zündspulen.

3.4 Lösen Sie die Stecker des Primärstromkreises (Pfeile).

6 Den Widerstand der Sekundärwicklung messen Sie mit dem K-Ohm-Bereich zwischen den beiden Enden der zwei Zündkabel (siehe Abb.). Vergleichen Sie auch diesen Wert mit den technischen Daten. Weicht er stark ab, so ist ein Defekt der Spule wahrscheinlich.

7 Eine genaue Messung einer Zündspule kann mit diesen Mitteln allerdings nicht erreicht werden. Wollen Sie sicher gehen, daß die Spulen in Ordnung sind, so lassen Sie sie von einer dafür ausgerüsteten Fachwerkstatt prüfen, da ein spezielles Testgerät benötigt wird (siehe Schritt 1). Ist der Defekt einer Zündspule sicher festgestellt, so muß sie erneuert werden. Eine Reparatur ist nicht möglich.

Ausbau

8 Entfernen Sie die Sitzbank (siehe Kapitel 7) und lösen Sie die Masseverbindung (–) an der

> **Praxis TiP** ***Ein schlechtes Meßergebnis kann auch bei defekten Zündkerzensteckern, Zündkabeln oder deren Anschlüssen an der Zündspule entstehen. Lösen Sie die Zündkabel an der Spule und wiederholen Sie Schritt 6 mit einer Messung zwischen den Zündkabel-Anschlüssen an der Spule. Liegt jetzt der Wert innerhalb des Toleranzbereichs, so ist es wahrscheinlich, daß nur eines der Kabel oder Stecker defekt ist. Erneuern Sie in diesem Fall nur diese Bauteile.***

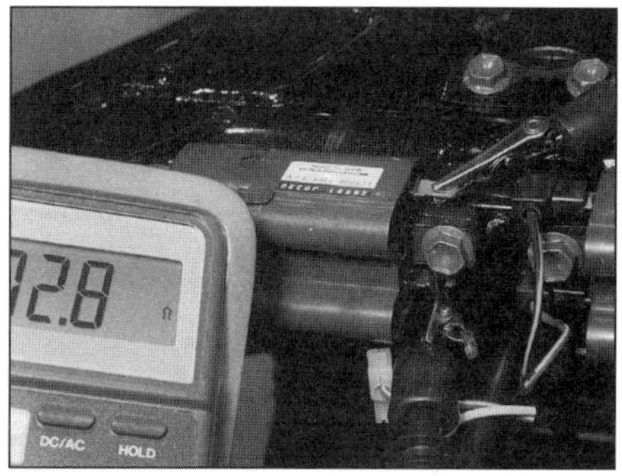

3.5 Messen Sie den Widerstand des Primärstromkreises.

Batterie. Entfernen Sie den Benzintank (siehe Kapitel 3).

9 Die Spulen sitzen am vorderen Rahmenquerrohr (siehe Abb. 3.3). Lösen Sie die Stecker des Primärstromkreises von den Spulen (siehe Abb. 3.4) sowie die Kerzenstecker von den Zündkerzen. Markieren Sie die Kabel, bevor Sie sie entfernen.

10 Lösen Sie die beiden Schrauben, die jede Zündspule halten, achten Sie auf die Abstandshülsen an den äußeren Schrauben, und entfernen Sie die Spulen (siehe Abb.). Merken Sie sich den Verlauf der Zündkabel.

Einbau

11 Der Einbau erfolgt in umgekehrter Reihenfolge des Ausbaus. Montieren Sie die Zündspulen mit den Hochspannungsanschlüssen nach außen, setzen Sie die langen Schrauben und die Hülsen außen an. Gehen Sie sicher, daß alle elektrischen und Hochspannungs-Anschlüsse korrekt verbunden sind.

4 Induktionsspule
Kontrolle, Ausbau und Einbau

Kontrolle

1 Entfernen Sie die Sitzbank und die Seitendeckel (siehe Kapitel 7) und lösen Sie die Masseverbindung (minus) an der Batterie.

2 Verfolgen Sie die Kabel der Impulsgeber und des Öldruckschalters aus der Öffnung

3.10 Jede Zündspule wird mit zwei Schrauben gehalten (Pfeile).

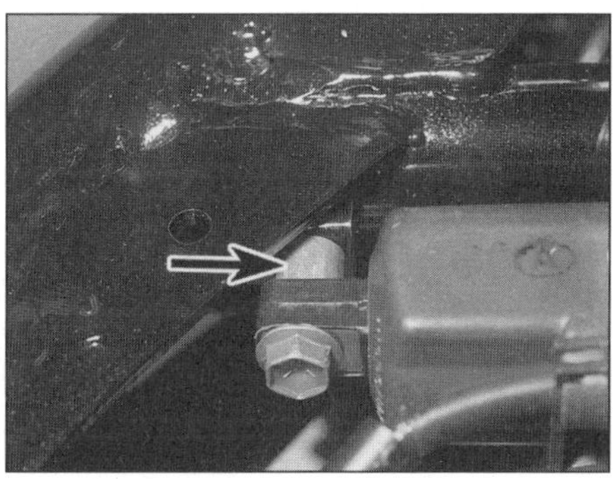

3.11 Außen werden die Spulen mit einer langen Schraube und einer Abstandshülse (Pfeil) gehalten.

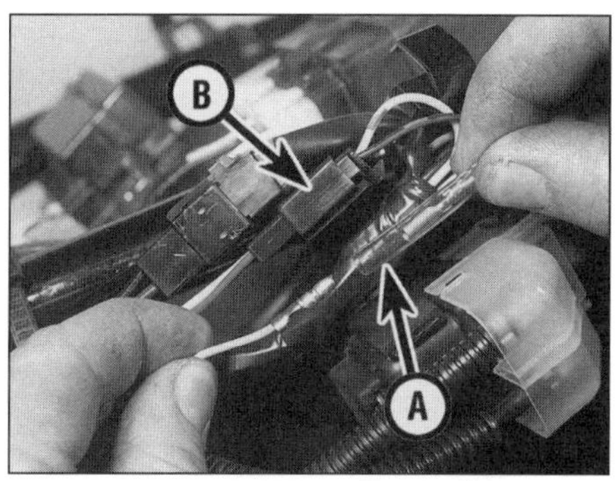

4.2 Trennen Sie die Stecker des Öldruckschalters (A) und des Zündgebers (B).

4

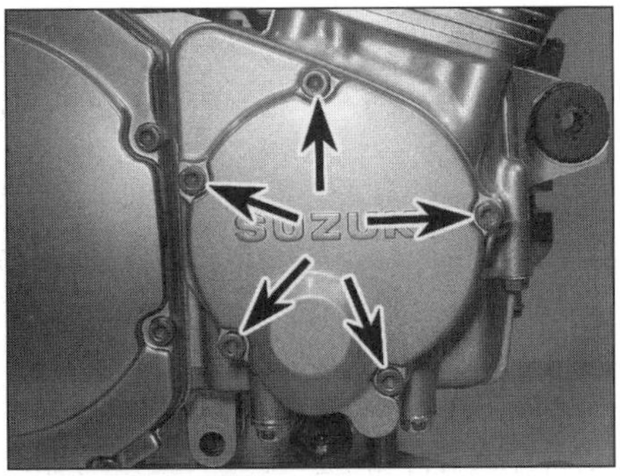

4.7 Der Zündungsdeckel wird mit fünf Schrauben gehalten (Pfeile).

4.8 Halten Sie den Rotor und lösen Sie die Schraube in der Mitte.

4.9 Schraube (Pfeil) entfernen und den Anschluß des Öldruckschalters trennen.

4.10a Die Grundplatte wird mit drei Schrauben gehalten (Pfeile).

4.10b Führen Sie die Kabel und Stecker durch die Bohrung im Motorgehäuse.

hinter dem Zylinder zurück und lösen Sie es an den Steckern (siehe Abb.). Stellen Sie das Multimeter auf den Ohm x 100-Bereich und messen Sie zunächst den Widerstand zwischen den beiden Anschlüssen an der Spulen-Seite des Steckers.

3 Vergleichen Sie die Ergebnisse mit den Angaben in den technischen Daten am Anfang des Kapitels. Die Induktionsspule muß ersetzt werden, wenn der gemessene Wert stark von den Grenzwerten abweicht oder entweder gar ein Kurzschluß (kein Widerstand) oder keine Verbindung (unendlicher Widerstand) festgestellt wurde.

4 Wenn die Spule defekt zu sein scheint, kontrollieren Sie als erstes, ob der Grund nicht in einem beschädigten oder gebrochenen Kabel liegt; gequetschte oder gebrochene Kabel können normalerweise repariert werden. Beachten Sie, daß die Induktionsspule nicht einzeln erhältlich ist, sondern nur zusammen mit der Grundplatte und den Kabeln als Baugruppe.

Ausbau

5 Entfernen Sie die Sitzbank und die Seitendeckel (siehe Kapitel 7) und lösen Sie die Masseverbindung (minus) an der Batterie.

6 Verfolgen Sie die Kabel des Impulsgebers und des Öldruckschalters zurück aus dem rechten Motordeckel und lösen Sie sie an den Steckern (siehe Abb. 4.2). Befreien Sie die Kabel von allen Befestigungen und führen Sie sie durch die Öffnung hinter dem Zylinder.

7 Lösen Sie die fünf Schrauben des Zündungsdeckels an der rechten Motorseite (siehe Abb.) und entfernen Sie den Deckel. Beim Einbau muß eine neue Dichtung verwendet werden. Beachten Sie die Dichtscheibe an der oberen Schraube.

8 Halten Sie mit einem 19 mm Schlüssel den Rotor fest und lösen Sie die Inbusschraube darin, die den Rotor an der Kurbelwelle sichert. Entfernen Sie unter Beachtung des Stiftes in der Welle, der in die Nut des Rotors greifen muß, den Zündrotor.

9 Entfernen Sie die Schraube, die das Kabel am Öldruckschalter sichert, und trennen Sie die Verbindung (siehe Abb.).

10 Entfernen Sie die drei Schrauben, die die Grundplatte der Induktionsspule am Motorgehäuse halten (siehe Abb.). Ziehen Sie die Kabel mit ihrer Gummiabdichtung aus ihrem Sitz und nehmen Sie die Platte ab.

11 Begutachten Sie den Rotor auf Anzeichen von Beschädigung und ersetzen Sie ihn gegebenenfalls.

Einbau

12 Setzen Sie die Induktionsspulen-Grundplatte an das Motorgehäuse und ziehen Sie die Schrauben wie vorgeschrieben fest (siehe Abb. 4.10a).

13 Geben Sie etwas Dichtpaste auf die Gummiabdichtung der Kabel und setzen Sie sie in ihre Nut im Gehäuse. Führen Sie die Kabelstecker durch die Öffnung im Motorgehäuse.

14 Jetzt muß das Öldruckschalterkabel mit dem Schalter verbunden und die Schraube sorgfältig festgezogen werden (s. Abb. 4.9).

15 Montieren Sie den Rotor auf die Kurbelwelle, der Stift muß dabei in seine Nut einrasten. Halten Sie den Rotor mit einem 19 mm-Schlüssel, setzen Sie die Schraube ein und ziehen Sie sie mit dem in den technischen Daten am Anfang des Kapitels angegebenen Drehmoment an (siehe Abb. 4.8).

16 Setzen Sie den Zündungsdeckel mit einer neuen Dichtung auf und ziehen Sie die Schrauben wie in den Technischen Daten vorgeschrieben fest. Die obere Schraube muß mit einer Dichtscheibe ausgerüstet sein (siehe Abb.).

17 Führen Sie das Kabel bis zum Stecker und verbinden Sie es (siehe Abb. 4.2). Sichern Sie es mit den Klemmen und Bändern.

18 Verbinden Sie das Massekabel mit der Batterie und bauen Sie Seitendeckel und Sitzbank an das Motorrad (siehe Kapitel 7).

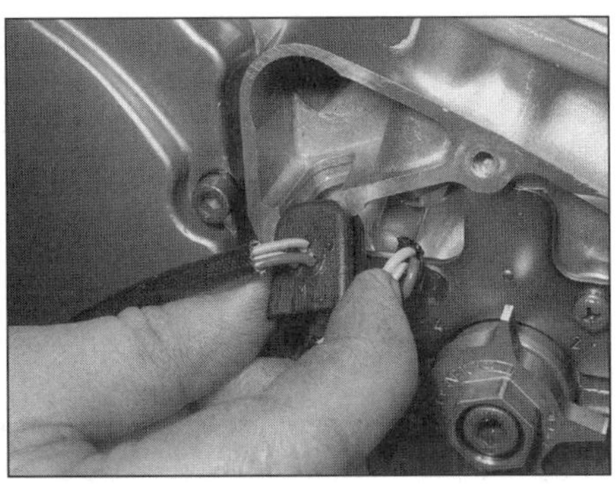

4.13a Setzen Sie die Gummidichtung in ihre Nut...

4.13b ...und führen Sie die Kabel durch die Öffnung.

4.16a Setzen Sie den Deckel mit einer neuen Dichtung auf.

4.16b Die obere Schraube ist mit einem Dichtring bestückt.

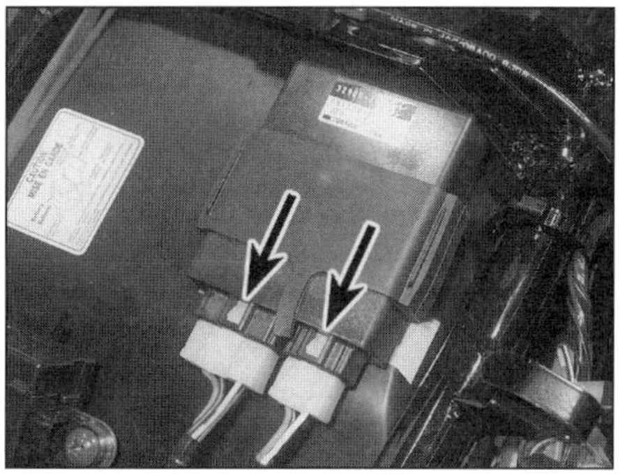

5.3 Lösen Sie die beiden Stecker...

5 Zündbox
Kontrolle, Ausbau und Einbau

Kontrolle

1 Wenn bei allen vorne beschriebenen Tests kein defektes Bauteil isoliert werden konnte, ist es möglich, daß die Zündbox selbst die Fehlerursache ist. Die Zündbox kann zwar durchgemessen werden. Dafür wird aber ein spezielles Meßgerät benötigt, das dem Heimwerker nicht zur Verfügung steht. Bringen Sie das Motorrad zu einem Suzuki-Händler, der dieses Testgerät besitzt.

Ausbau

2 Entfernen Sie die Sitzbank (siehe Kapitel 7) und die Batterie (siehe Kapitel 8).
3 Lösen Sie die beiden Kabelstecker von der Zündbox (siehe Abb.).
4 Entfernen Sie die Zündbox aus dem Gummihalter oder heben Sie beides zusammen aus den Haltelaschen (siehe Abb.).

Einbau

5 Der Einbau erfolgt in umgekehrter Reihenfolge des Ausbaus. Gehen Sie sicher, daß alle Steckverbinder richtig und fest sitzen.

6 Drosselklappensensor (GSF 1200 Modelle)
Kontrolle und Ersetzen

Kontrolle

1 Der Drosselklappensensor sitzt außen am rechten Vergaser.
2 Heben Sie die Gummiabdeckung ab und trennen Sie den Stecker oben auf dem Sensor (siehe Abb.). Stellen Sie den Meßbereich des Multimeters auf den K-Ohm-Bereich und verbinden Sie es mit den beiden äußeren Anschlüssen des Sensors. Wenn der Widerstand nicht mit dem in den technischen Daten angegebenen Toleranzwert übereinstimmt, sollte der Sensor von einer Suzuki-Werkstatt überprüft werden. Wenn er defekt ist, muß er ersetzt werden, da eine Reparatur unmöglich.
3 Kontrollieren Sie den Sensor auf äußere Beschädigungen und die Kabel zwischen Sensor und Zündbox auf Durchgang.
4 Mit einem Durchgangsprüfer oder einem Multimeter wird kontrolliert, ob zwischen den Steckern am Sensor und an der Zündbox Durchgang besteht, falls nicht, muß der Riß, die Quetschung oder die Bruchstelle im Kabel gefunden und repariert werden.

Ersetzen

Achtung: Suzuki empfiehlt, den Drosselklappensensor nur zu demontieren, wenn es unbedingt nötig ist.

5 Der Drosselklappensensor sitzt außen am rechten Vergaser. Heben Sie die Gummiabdeckung ab und trennen Sie den Stecker oben auf dem Sensor (siehe Abb. 7.2).
6 Vor dem Lösen der Schrauben müssen deren Positionen zu den Langlöchern der Platte genau markiert werden, um die exakte Einstellung des Sensors nach der Montage sicherzustellen (siehe Abb.). Lösen Sie die Schrauben und entfernen Sie den Sensor.
7 Setzen Sie den Sensor auf und achten Sie darauf, daß er genau in den markierten Positionen zu den Schrauben festgezogen wird. Wird ein neuer Sensor montiert, so muß er von einer Suzuki-Werkstatt einjustiert werden.
8 Setzen Sie den Stecker auf und schieben Sie die Gummiabdeckung darüber.

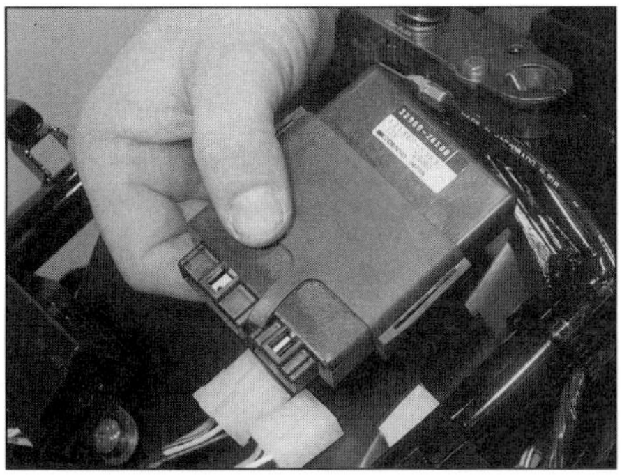

5.4 ...und entfernen Sie die Zündbox.

6.2 Heben Sie die Abdeckung ab und trennen Sie den Stecker vom Drosselklappensensor.

6.6 Der Sensor ist mit zwei Schrauben gesichert.

Kapitel 5
Rahmen, Federung und Endantrieb

Inhalt
(in alphabetischer Reihenfolge, die Zahlen beziehen sich auf die Numerierung in den grauen Feldern)

Schwierigkeitsgrade

Leicht. Für Anfänger mit wenig Erfahrung geeignet.	**Relativ leicht.** Für Anfänger mit etwas Erfahrung geeignet.	**Relativ schwierig.** Geeignet für geübte Selbstschrauber.	**Schwer.** Geeignet für Mechaniker mit Erfahrung.	**Sehr schwer.** Geeignet für Experten und Profis.

Technische Daten

Vorderradgabel

Gabelöl	SAE 10 W
Füllmengen	
GSF 600 Modelle	521 cm^3
GSF 1200 Modelle	516 cm^3
Ölpegel*	
GSF 600 Modelle	97 mm
GSF 1200 Modelle	99 mm
Federlänge unbelastet (Verschleißgrenze)	
GSF 600 Modelle	281 mm
GSF 1200 Modelle	362 mm
Standrohr-Verzug (max)	0,2 mm

** Der Ölpegel wird bei ausgebauter Feder und zusammengedrückter Gabel vom Standrohr-Rand aus gemessen.*

Hinterradfederung

Schwingenbolzen-Verzug (max)	0,3 mm

Anzugsdrehmomente

Bremspedal- und Schalthebel-Lagerbolzen	39 Nm
Schrauben vordere Fußrastenhalter	23 Nm
Hinterradbremse-Hauptzylinderschrauben	23 Nm
Lenker-Klemmschrauben	23 Nm
Lenkerklemmen-Muttern (GSF 1200)	45 Nm
Hauptbremszylinder-Klemmschrauben	10 Nm
Kupplungszylinder-Klemmschrauben	10 Nm
Gabel-Verschlußschrauben	23 Nm
Gabelklemmschrauben (obere Brücke)	23 Nm
Gabelklemmschrauben (untere Brücke)	23 Nm
Dämpferstangenschraube	
GSF 600 Modelle	30 Nm
GSF 1200 Modelle	20 Nm
Lenkkopflager-Einstellmutter	45 Nm
Lenkrohr-Mutter	65 Nm
Stoßdämpfer-Befestigungsschraube	50 Nm
Federungsanlenkstangen-Muttern	
GSF 600 Modelle	76 Nm
GSF 1200 Modelle	78 Nm
Federungshebel-Muttern	
GSF 600 Modelle	76 Nm
GSF 1200 Modelle	78 Nm
Schwingenbolzen-Mutter	100 Nm
Bremsankerstangen-Muttern	35 Nm
Motorritzel-Mutter	115 Nm
Motorritzel-Sicherungsschraube (GSF 600)	11 Nm
Kettenrad-Muttern	60 Nm

1 Allgemeine Informationen

Alle Bandit-Modelle besitzen einen Doppelschleifen-Rohrrahmen aus Stahl, dessen rechter Unterzug zur Demontage des Motors abnehmbar ist. Das Vorderrad wird von einer herkömmlichen Öl-gedämpften Teleskopgabel geführt, deren Federvorspannung nur bei den **GSF 1200 Modellen** einstellbar ist.

Hinten arbeitet eine Kastenprofil-Stahlschwinge. Ein einziger, in der Federvorspannung einstellbarer Stoßdämpfer wird über Hebel progressiv angelenkt. Der Stoßdämpfer ist in der Federvorspannung einstellbar, bei den **GSF 1200 Modellen** auch in der Zugdämpfung.

Der Antrieb des Hinterrades erfolgt über eine Kette. Ein Ruckdämpfer aus Gummi sitzt zwischen Kettenrad und Nabe.

3.1a Entfernen Sie den Sicherungsring (Pfeil)...

2 Rahmen
Kontrolle und Reparatur

1 Dem Rahmen braucht normalerweise keine Aufmerksamkeit beigemessen zu werden, es sei denn, er wurde bei einem Unfall beschädigt – in den meisten Fällen hilft dann nur ein Austausch des Rahmens. Nur wenige Spezialisten haben eine Rahmenrichtbank, doch es ist auch für sie nicht immer leicht, zu bestimmen, wann ein Rahmen noch gerichtet werden kann oder das Material schon zu stark verformt und überlastet ist.

2 Nachdem eine Maschine sehr viele Kilometer zurückgelegt hat, sollte der gesamte Rahmen auf Anzeichen von Brüchen oder Rissen an den Schweißnähten begutachtet werden. Lockere Motorhaltebolzen können ihre Aufnahmen ausgeschlagen oder verbogen haben. Kleine Beschädigungen können je nach Ausmaß und Art eventuell von Spezialisten geschweißt werden.

3 Beachten Sie, daß ein verbogener Rahmen Fahrwerksprobleme hervorruft. Wenn ein Verzug infolge eines Unfalls festgestellt wird, ist es nötig, den Rahmen von sämtlichen Anbauteilen zu befreien, um ihn komplett kontrollieren und vermessen zu können.

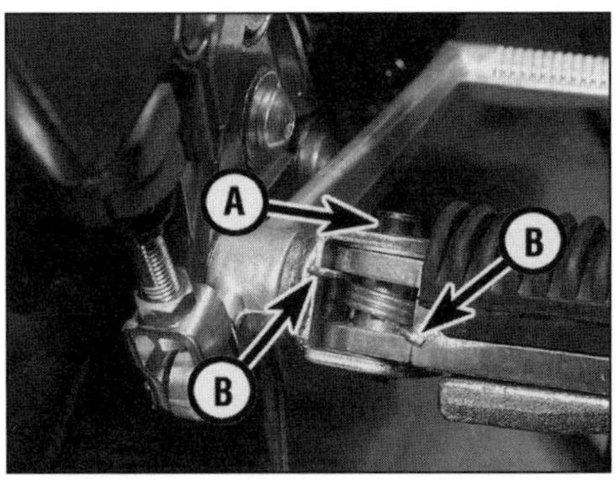

3.1b ...und ziehen Sie den Bolzen (A) nach oben heraus. Achten Sie auf die Einbaulage der Feder (B).

3 Fußrasten, Bremspedal und Schalthebel
Ausbau und Einbau

Fußrasten

Ausbau

1 Entfernen Sie den Sicherungsring unten am Fußrastenbolzen, ziehen Sie diesen heraus und entfernen Sie die Fußraste (siehe Abb.). Achten Sie bei den Fahrer-Fußrasten auf die Rückholfeder, die Abstandshülse und den Gummidämpfer. Die Beifahrerfußrasten besitzen federbelastete Einrast-Kugeln. Achten Sie darauf, diese beim Ausbau nicht zu verlieren.

2 Falls nötig, kann bei allen, außer den Beifahrerfußrasten der **600er Modelle** das Rastengummi nach dem Lösen der beiden Schrauben auf der Unterseite der Rasten ausgetauscht werden.

Einbau

3 Der Einbau entspricht der umgekehrten Reihenfolge des Ausbaus.

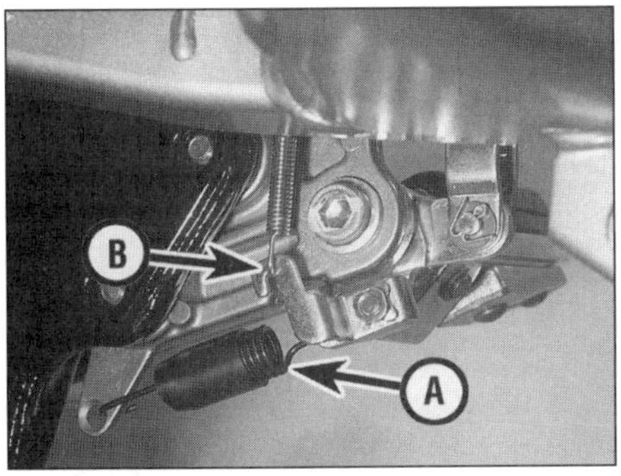

3.4 Hängen Sie die Bremspedal-Rückholfeder (A) und die Bremslichtschalter-Feder (B) aus.

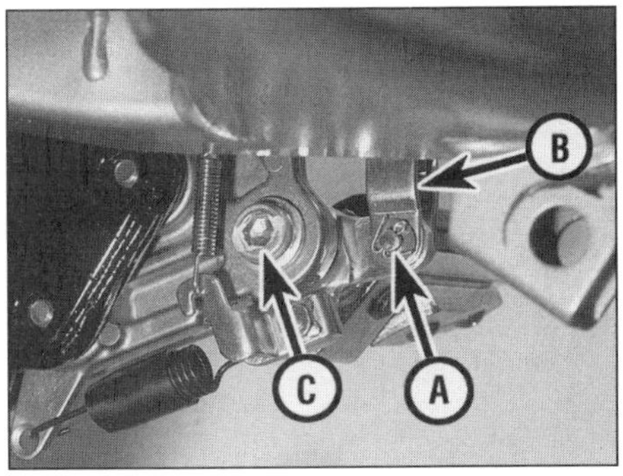

3.5 Splint (A) entfernen, Lagerbolzen herausziehen. Schraube entfernen, Druckstange (B) vom Pedal trennen, Lagerbolzen (C) entfernen.

3.8 Entfernen Sie die Klemmschraube (Pfeil) und ziehen Sie den Hebel von der Welle.

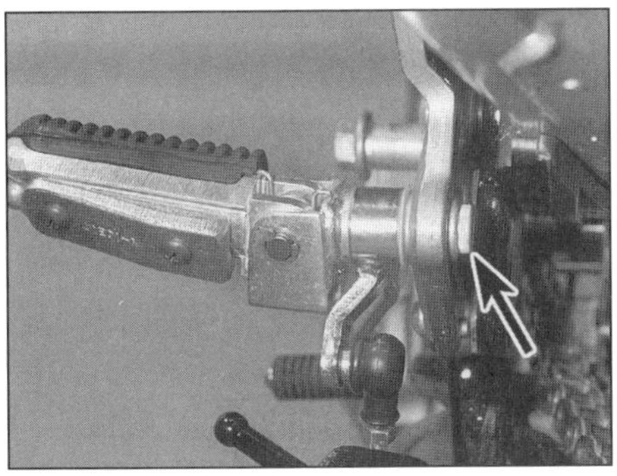

3.9 Entfernen Sie den Lagerstift (Pfeil) und trennen Sie Fußraste und Hebel.

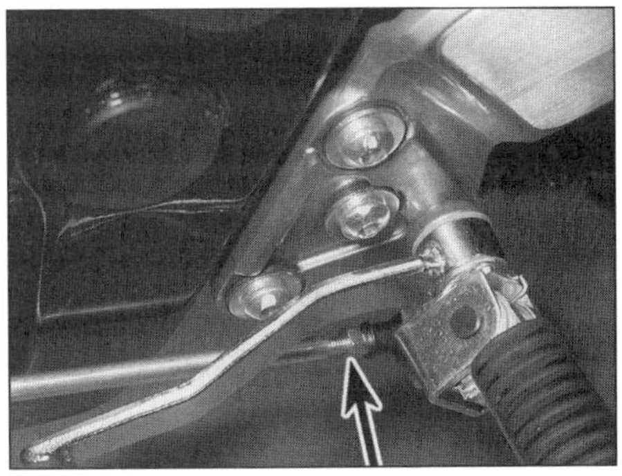

3.10 Lockern Sie die Kontermutter, falls nötig, und drehen Sie die Stange ab.

3.11 Stecken Sie den Hebel so auf, daß die Markierungen fluchten, und ziehen Sie die Klemmschraube an.

Bremspedal

Ausbau

4 Hängen Sie die Bremspedal-Rückholfeder am Halter und die Bremslichtschalter-Feder aus dem Bremspedal aus (siehe Abb.).

5 Entfernen Sie den Splint aus dem Lager-Bolzen, der das Bremspedal mit der Hauptbremszylinder-Druckstange verbindet (siehe Abb.). Ziehen Sie den Bolzen heraus und trennen Sie das Pedal von der Druckstange.

6 Lösen Sie die Halteschraube, die das Bremspedal und den Fußrastenträger an der Fußrastenhalteplatte sichert (siehe Abb. 3.5). Ziehen Sie die Fußraste ab und entfernen Sie das Pedal.

Einbau

7 Der Einbau entspricht der umgekehrten Reihenfolge des Ausbaus. Kontrollieren Sie die Funktion des hinteren Bremslichtschalters und die Höhe des Bremspedals (s. Kap. 1).

Schalthebel

Ausbau

8 Lösen Sie die Klemmschraube des Hebels auf der Motorschaltwelle und ziehen Sie den Hebel ab, beachten Sie die Markierungen (siehe Abb.). Wenn keine Markierungen sichtbar sind, sollten Sie sich vor der Demontage welche machen, um den Hebel wieder richtig aufsetzen zu können.

9 Lösen Sie die Halteschraube, die den Schalthebel und den Fußrastenträger an der Fußrastenhalteplatte sichert (siehe Abb.). Ziehen Sie die Fußraste ab und entfernen Sie den Hebel.

10 Wenn nötig, lockern Sie die Kontermutter des Schaltgestänges und schrauben Sie die Stange vom Hebel (siehe Abb.). Merken Sie sich, wie weit die Stange aufgeschraubt war, da hierdurch die Höhe des Schalthebels bestimmt wird.

Einbau

11 Der Einbau entspricht der umgekehrten Reihenfolge des Ausbaus. Die Markierung an der Schaltwelle muß mit der Öffnung des Hebels fluchten. Ziehen Sie die Klemmschraube fest (siehe Abb.). Stellen Sie ggf. die Höhe des Schalthebels durch Lösen der Kontermuttern und Ein- oder Ausdrehen der Stange aus den Hebeln ein. Ziehen Sie danach die Kontermuttern wieder fest.

4 Ständer
Ausbau und Einbau

Hauptständer (falls vorhanden)

1 Der Hauptständer ist mit zwei Bolzen am Rahmen befestigt, die mit Hülsen versehen sind. Stellen Sie das Motorrad auf den Seitenständer und hängen Sie die Hauptständerfedern aus. Lösen Sie die Bolzen und nehmen Sie den Ständer ab (siehe Abb.). Ziehen Sie die Hülsen von den Bolzen.

2 Begutachten Sie den Ständer, die Hülsen und die Bolzen auf Verschleiß und ersetzen Sie die entsprechenden Teile gegebenenfalls. Geben Sie etwas Fett außen auf die Hülsen und Bolzen und bauen Sie den Ständer wieder an das Motorrad. Ziehen Sie die Bolzen sorgfältig an. Hängen Sie die Feder wieder ein.

3 Gehen Sie sicher, daß die Feder in gutem Zustand ist und den Ständer fest nach oben zieht. Eine gebrochene oder verschlissene Feder ist ein mögliches Sicherheitsrisiko.

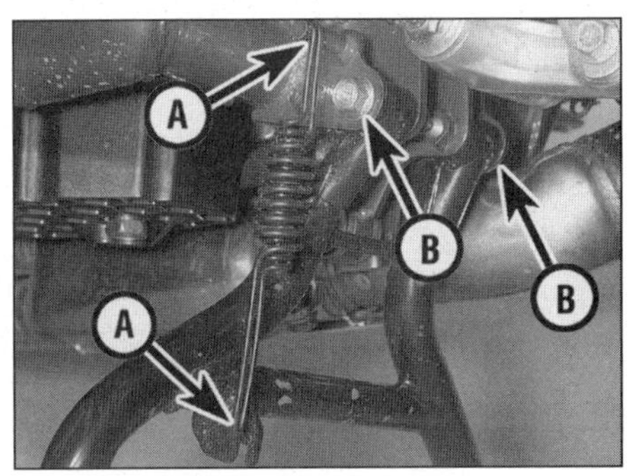

4.1 Hängen Sie die Federenden (A) aus und entfernen Sie die Lagerbolzen (B).

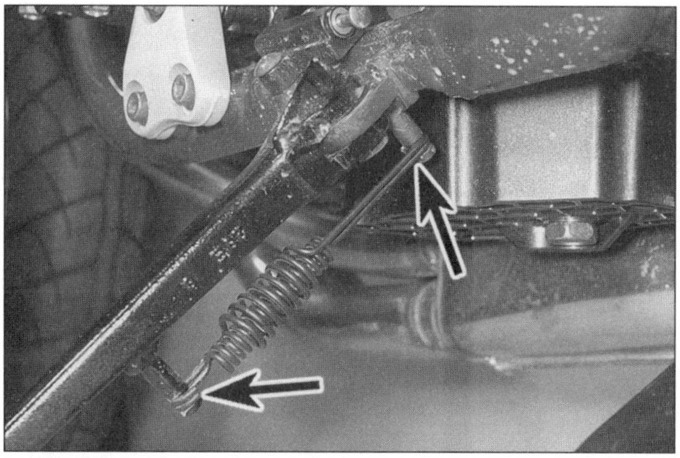

4.6a Hängen Sie die Feder aus (Pfeil),...

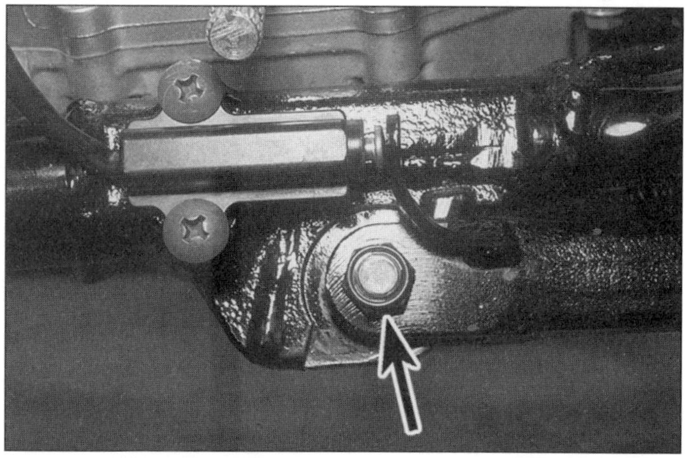

4.6b ... lösen Sie die Mutter (Pfeil) und ziehen Sie die Schraube heraus.

Seitenständer

4 Der Seitenständer ist an einem Halter befestigt, der an den Rahmen geschweißt ist. Am Halter verankerte Federn sichern den Ständer sowohl in der eingeklappten als auch in der ausgeklappten Stellung.

5 Stellen Sie das Motorrad auf den Hauptständer (falls vorhanden) oder eine entsprechende Stütze.

6 Hängen Sie die Federn aus und lösen Sie die Mutter vom Lagerbolzen (siehe Abb.). Ziehen Sie den Lagerbolzen heraus und nehmen Sie den Ständer ab. Geben Sie beim Einbau Fett auf den Bolzenschaft und ziehen Sie die Mutter sorgfältig fest. Hängen Sie die Federn wieder ein und gehen Sie sicher, daß die Rückholfedern in Ordnung sind und den Ständer fest nach oben ziehen – bei einem während der Fahrt ausgeklappten Seitenständer ist ein Unfall unvermeidlich.

7 Zur Kontrolle und zum Auswechseln des Seitenständerschalters sehen Sie in Kapitel 8 nach.

5 Lenker und Hebel
Ausbau und Einbau

Lenker

Ausbau

***Anmerkung**: Um Arbeiten an der oberen Gabelbrücke und dem Lenkkopf erledigen zu können, ist es möglich, den Lenker komplett abzunehmen, ohne die Schalter, den Hauptbremszylinder und den Kupplungshebel/zylinder demontieren zu müssen.*

1 Trennen Sie die Steckverbindungen des Bremslichtschalters unten am Hauptbremszylinder und den Kupplungsschalter-Stecker am Kupplungshebel bzw. -Zylinder (siehe Abb.). Lösen Sie die Schrauben, die die beiden Schaltergehäuse rechts und links am Lenker halten, achten Sie dabei auf die Lage der Schalter zu den Hauptbremszylinder- bzw. Kupplungshebel-Klemmen. Trennen Sie die Gehäuse, entfernen Sie die Gasbowdenzüge vom Gasgriff, merken Sie sich die Einbaulage des Choke-Hebels (siehe Kapitel 3, falls nötig) und nehmen Sie die Gehäuse vom Lenker ab.

2 Lösen Sie die beiden Schrauben, die den Hauptbremszylinder mit dem Klemmstück verbinden, achten Sie darauf, wie die Verbindungsflächen der Klemme mit der Körnermarkierung an der Lenker-Unterseite fluchtet, und nehmen Sie die Baugruppe ab (siehe Kapitel 6, wenn nötig). Es gibt keinen Grund, die Leitung vom Bremszylinder zu entfernen. Legen Sie ihn aufrecht ab, so daß die Bremsleitung nicht gespannt oder geknickt wird.

3 Bei den **GSF 600 Modellen** muß die Gummitülle von der Kupplungshebel-Mechanik gezogen werden. Lockern Sie die Bowdenzug-Kontermutter vollständig und schrauben Sie den Kupplungseinsteller ganz hinein. Lassen Sie die Nuten des Einstellers, der Kontermutter und der Hebelaufnahme fluchten, so daß der Bowdenzug herausgenommen werden kann. Lösen Sie anschließend den Nippel aus seiner Aufnahme im Hebel (siehe Kapitel 2. wenn nötig). Falls die Kupplungshebel-Einheit gelöst werden soll, lockern Sie die Klemmschraube, die sie am Lenker sichert (siehe Abb.). Sie kann nur vom Lenker geschoben werden, nachdem das Griffgummi entfernt worden ist.

4 Bei den **GSF 1200 Modellen** müssen die beiden Klemmschrauben des Kupplungszylinders gelöst und die Zylinder-Baugruppe vom Lenker abgenommen werden. Achten Sie darauf, wie die Verbindungsfläche mit dem Schlitz in der Hülse und der Markierung unten am Lenker fluchtet (siehe gegebenenfalls Kapitel 2). Es ist nicht nötig, die Hydraulikleitung vom Zylinder zu entfernen. Halten Sie den Zy-

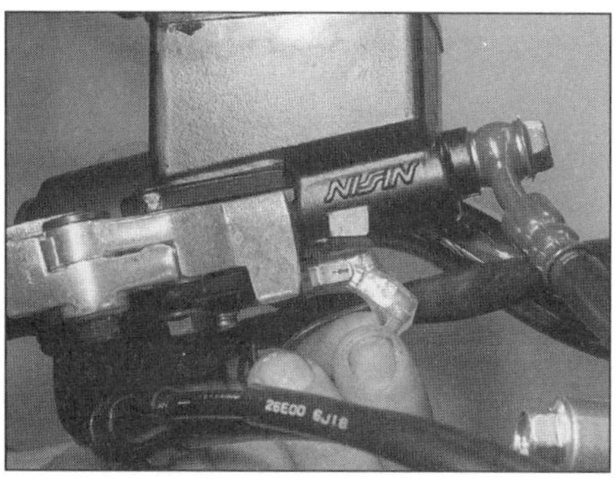

5.1a Ziehen Sie den Kabelstecker am Bremslichtschalter...

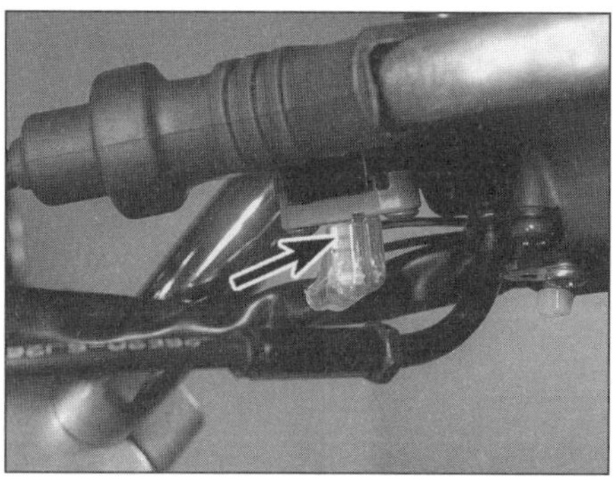

5.1b ...und am Kupplungsschalter ab.

5.3 Lockern Sie die Kupplungs-Klemmschraube.

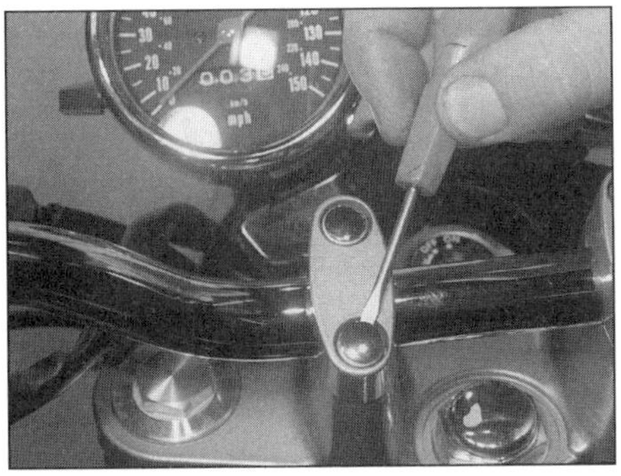

5.5a Hebeln Sie die Stopfen heraus...

5.5b ...und lösen die vier Lenkerklemmschrauben.

5.6 Entfernen Sie die Schrauben und nehmen Sie die Lenkergewichte ab.

linder aufrecht, und spannen oder knicken Sie die Leitung nicht.

5 Hebeln Sie die Stopfen aus den Lenker-Klemmschrauben, lösen Sie die Schrauben der Lenkerhalter und nehmen Sie die obere Lenkerklemmung und den Lenker ab (siehe Abb.).

Achten Sie auf die Schlagmarkierung vorne am Lenker, die beim Einbau mit der linken Klemmenöffnung fluchten muß.

6 Falls notwendig, lösen Sie die Lenkerendengewichts-Befestigungsschrauben und entfernen Sie dann das Gewicht vom Lenkerende. Um die Griffgummis zu wechseln, kann es einfacher sein, sie mit einem scharfen Messer aufzuschneiden und abzuziehen, da sie oft am Gasgriff, bzw. am Lenker kleben.

7 Die Lenkerhalterung der **GSF 1200 Modelle** ist in der oberen Gabelbrücke gummigelagert. Wenn nötig, lösen Sie die beiden Muttern an der Unterseite der Brücke, ziehen Sie die Schrauben nach oben heraus und entfernen Sie die unteren Lenkerklemmen. Begutachten Sie die Gummidämpfer auf Verschleiß und Alterung und ersetzen Sie sie gegebenenfalls.

Einbau

8 Der Einbau entspricht der umgekehrten Reihenfolge des Ausbaus, beachten Sie dabei folgendes:

a) *Setzen Sie den Lenker so an, daß die Schlagmarkierung mit der linken vorderen Öffnung der Klemmung fluchtet (siehe Abb.). Ziehen Sie die Lenker-Klemmschrauben mit dem vorgeschriebenen Drehmoment an. Vorne und hinten sollte ein gleich großer Spalt zwischen den Klemmungen bleiben.*

b) *Stellen Sie sicher, daß der Hauptbrems- und Kupplungszylinder so angebaut werden, daß die unteren Verbindungsstellen mit den Schlagmarkierungen am Lenker fluchten (siehe Abb.). Ziehen Sie am Bremszylinder zuerst die obere, dann die untere Schraube mit dem entsprechenden Drehmoment an.*

c) *Falls demontiert, setzen Sie die Lenkerendengewicht-Schrauben mit lösbarer Schraubensicherung ein. Wenn ein neues Griffgummi verwendet wird, kleben Sie es mit einem geeigneten Mittel auf die Griffe.*

d) *Falls entfernt, ziehen Sie die Muttern der unteren Lenkerklemmungen unterhalb der oberen Gabelbrücke mit dem vorgeschriebenen Drehmoment fest.*

Hebel

Ausbau

9 Um die kompletten Vorderradbremshebel vom Hauptbremszylinder zu demontieren, lösen Sie die Drehbolzen-Kontermutter, ziehen Sie dann den Lagerbolzen heraus und nehmen Sie die Hebel-Baugruppe ab (siehe Abb.).

5.8a Die Schlagmarkierung am Lenker (Pfeil) muß mit der Klemmenverbindung fluchten.

5.8b Die unteren Klemmverbindungen des Hauptbremszylinders...

5.8c ...und des Kupplungszylinders müssen mit der Schlagmarkierung des Lenkers fluchten.

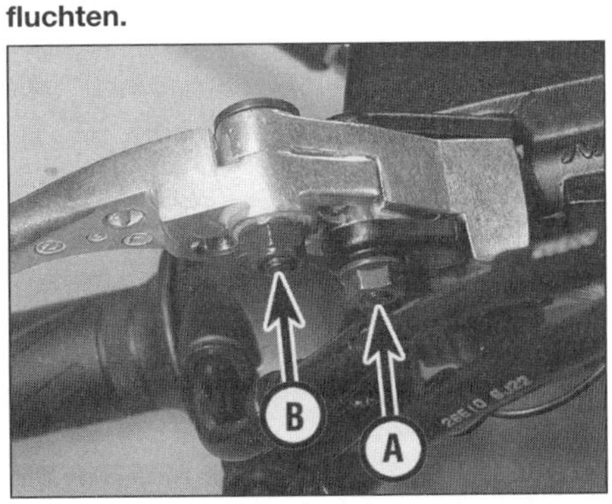

5.9a Drehbolzen-Kontermutter (A), Einsteller-Bolzen-Kontermutter (B)

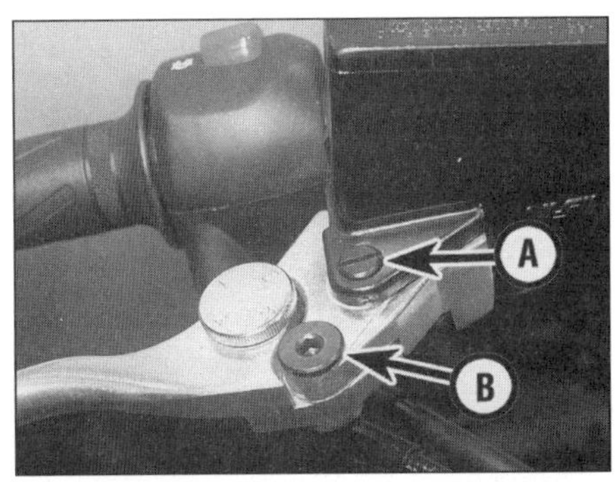

5.9b Drehbolzen (A) und Einsteller-Bolzen (B) des Hebels

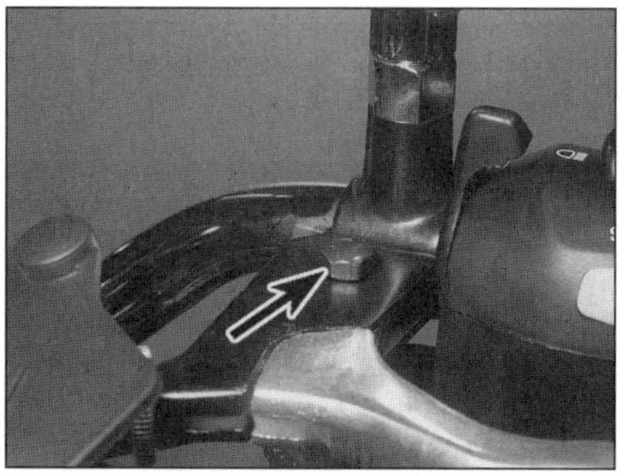

5.11 Kupplungshebel-Drehbolzen

10 Um das Hebel-Ende abnehmen zu können, muß die Kontermutter des Einsteller-Bolzens gelöst und der Bolzen herausgezogen werden (siehe Abb. 5.9a und b).

11 Um den Kupplungshebel zu demontieren, lösen Sie die Drehbolzen-Kontermutter, ziehen Sie dann den Lagerbolzen heraus und nehmen Sie den Hebel ab. Bei den **600er Modellen** muß der Bowdenzug-Nippel herausgezogen werden (siehe Abb.).

Einbau

12 Der Einbau entspricht der umgekehrten Reihenfolge des Ausbaus. Setzen Sie die Bolzen mit Fett ein und schmieren Sie ebenfalls die Kontaktflächen zwischen den Hebeln und ihren Haltern. Fetten Sie bei den **600er Modellen** das Bowdenzug-Ende und hängen Sie den Nippel in den Kupplungshebel, bevor dieser montiert wird, drehen Sie notfalls den Einsteller des Zuges zurück (siehe Kapitel 1).

6 Teleskopgabel
Ausbau und Einbau

Ausbau

1 Entfernen Sie bei den S-Modellen die Verkleidung (siehe Kapitel 7).

2 Entfernen Sie das Vorderrad (s. Kapitel 6).

3 Entfernen Sie das Schutzblech und den Gabelstabilisator (siehe Kapitel 7).

6.7 Schieben Sie die Gabel durch die Brücken und den Lampenhalter.

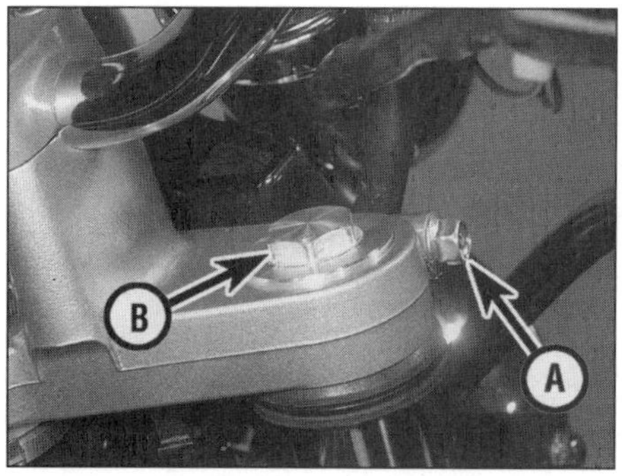

6.6 Obere Gabelbrücken-Klemmschraube (A), Verschlußschraube (B)

4 Lösen Sie die Bremsschlauch-Klemmbefestigungen und die Tachowellenführung an den Tauchrohren (siehe Abb.).

5 Lockern Sie die Klemmschrauben an der oberen Gabelbrücke, aber entfernen Sie sie nicht (s. Abb.). Wenn die Gabel zerlegt werden soll, oder das Gabelöl gewechselt werden soll, ist es empfehlenswert, jetzt die Gabel-Verschlußschraube zu lockern. Entspannen Sie hierzu bei den **GSF 1200 Modellen** die Federvorspannung auf den geringsten Wert (siehe Sektion 12). Nehmen Sie den Lenker ab, um besseren Zugang zu den Gabel-Verschlußschrauben zu erhalten (siehe Sektion 5).

Praxis TiP

Durch das Lockern der Klemmschrauben der oberen Gabelbrücke kann Druck auf die Verschlußschraube abgebaut und sie leichter herausgedreht werden. Hierdurch werden auch die Gewinde geschützt.

6 Merken Sie sich die Höhe der Standrohr-Enden zur oberen Gabelbrücke, so daß sie später wieder in dieser Position eingebaut werden können (siehe Abb.). Lockern Sie die Standrohr-Klemmschrauben an der unteren Gabelbrücke und ziehen Sie die Gabelrohre drehend nach unten heraus (siehe Abb.). Beachten Sie, wie das Standrohr durch den Lampenhalter geführt wird.

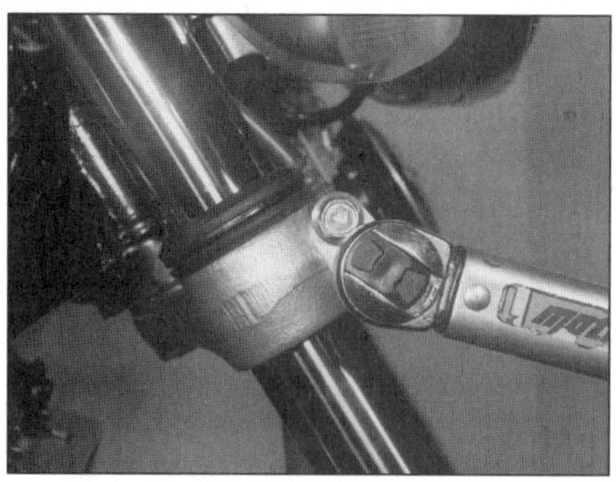

6.8a Ziehen Sie die Klemmschrauben der unteren...

6.6a Beachten Sie als Einbauhilfe, wie weit das Gabelrohr aus der Brücke herausragt.

6.6b Klemmschrauben der unteren Gabelbrücke

Praxis TiP

Wenn die Standrohre fest in den Gabelbrücken klemmen, sprühen Sie die entsprechenden Stellen mit Kriechöl ein und lassen Sie es einige Zeit wirken, bevor Sie die Demontage noch einmal probieren.

Einbau

7 Entfernen Sie alle Rostflecken von den Standrohren und den Gabelbrücken und schieben Sie die Gabelrohre durch die untere Gabelbrücke und die Lampenhalter in die obere Brücke (siehe Abb.), bis sie wieder in der alten Position sitzen (siehe Abb. 6.6a).

8 Ziehen Sie die Klemmschraube der unteren Gabelbrücke mit dem in den technischen

6.8b ...und der oberen Gabelbrücke mit dem vorgeschriebenen Drehmoment fest.

Daten angegebenen Drehmoment an (siehe Abb.). Wenn die Gabelrohre demontiert wurden oder das Gabelöl gewechselt worden ist, sollte jetzt die Gabelverschlußschraube vorschriftsmäßig angezogen werden. Ziehen Sie dann die Klemmschrauben der oberen Gabelbrücke mit dem entsprechenden Drehmoment an und montieren Sie ggf. den Lenker.

9 Montieren Sie den Gabelstabilisator und das Schutzblech (siehe Kapitel 7) sowie das Vorderrad (siehe Kapitel 6). Bauen Sie die Bremsschlauch- und Tachowellen-Befestigungen an und ziehen Sie sie sorgfältig fest.

10 Kontrollieren Sie die Funktion der Vorderradgabel und -Bremsen, bevor Sie mit dem Motorrad fahren. Stellen Sie bei den **GSF 1200 Modellen** die Federvorspannung ein (siehe Sektion 12).

11 Bei den S-Modellen muß die Verkleidung montiert werden.

7 Teleskopgabel – Zerlegung, Kontrolle und Zusammenbau

GSF 600 Modelle

Zerlegung

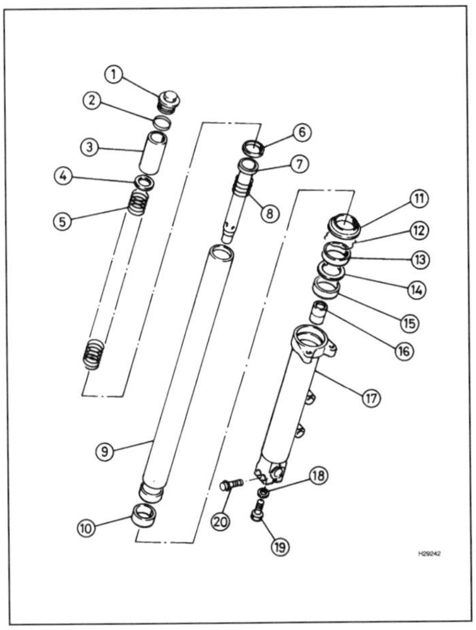

7.1 Bauteile der Teleskopgabel – GSF 600 Modelle:

1 Verschlußschraube	*13 Dichtring*
2 O-Ring	*14 Unterlegring*
3 Abstandshülse	*15 obere Gleitbuchse*
4 Federsitz	*16 Dämpferstangensitz*
5 Feder	*17 Tauchrohr*
6 Kolbenring	*18 Dichtscheibe*
7 Dämpferstange	*19 Dämpferstangenschraube*
8 Anschlagfeder	*20 Achsenklemmschraube*
9 Standrohr	
10 untere Gleitbuchse	
11 Staubkappe	
12 Haltering	

1 Zerlegen Sie die Gabelrohre immer einzeln, um Verwechslungen zu vermeiden, die nach der Montage zu einem erhöhtem Verschleiß führen würden. Lagern Sie alle Komponenten in getrennten und markierten Behältern (siehe Abb.).

2 Bevor die Gabel zerlegt wird, ist es sinnvoll, zu dieser Zeit die Dämpferstangenschraube zu lockern. Pressen Sie das Standrohr in das Tauchrohr, so daß die Feder einen starken Druck auf den Kopf der Dämpferstange ausübt. Lassen Sie jetzt einen Assistenten die Dämpferstangenschraube im Boden des Tauchrohres lockern.

3 Wenn die Gabelverschlußschraube nicht bei eingebauter Gabel gelockert wurde, muß diese jetzt hierfür in einen mit weichen Backen ausgerüsteten Schraubstock eingespannt werden, achten Sie darauf, daß das Rohr nicht verdreht und eingekerbt wird und lösen Sie die Schraube.

4 Schrauben Sie die Verschlußschraube aus dem Tauchrohr heraus.

Warnung: Die Gabelfeder steht durch die Verschlußschraube unter beträchtlichem Druck. Lösen Sie sie deshalb sehr vorsichtig und unter ständigem Druck nach unten und halten Sie sie gut fest, bis die Feder entlastet ist. Es ist ratsam, dabei Augen- und Gesichtsschutz zu tragen.

5 Schieben Sie das Gabelstandrohr in das Tauchrohr und nehmen Sie das Abstandsrohr, den Federsitz und die Feder aus dem Rohr heraus, merken Sie sich deren Einbaulage (engere Windungen nach oben).

6 Drehen Sie die Gabel über einem geeigneten Behälter um und pumpen Sie kräftig, um soviel Öl wie möglich abzulassen. Lassen Sie das Gabelöl einige Minuten abtropfen.

7 Entfernen Sie die zuvor gelockerte Dämpferstangenschraube und die Kupferdichtscheibe unten aus dem Tauchrohr. Die Dichtung muß beim Einbau immer erneuert werden. Wenn die Schraube zuvor nicht gelockert wurde, kann es nötig sein, die Feder mit Sitz, die Hülse und die Verschlußschraube wieder zu installieren, um durch deren Zusammenpressen die Dämpferstange am Mitdrehen zu hindern. Alternativ führt auch ein fest in den Dämpferstangenkopf eingedrückter Besenstiel zum Erfolg.

8 Drehen Sie die Gabel und ziehen Sie die Dämpferstange aus dem Standrohr. Entfernen Sie die Anschlagfeder aus dem Dämpfer (siehe Abb.).

9 Hebeln Sie vorsichtig die Staubkappe vom oberen Rand des Tauchrohrs, um Zugang zum Haltering des Dichtungsringes zu erhalten (siehe Abb.). Ersetzen Sie später die Staubkappe durch ein Neuteil.

10 Entfernen Sie vorsichtig den Sicherungsring, ohne dabei die Oberfläche des Standrohres zu beschädigen (siehe Abb.).

11 Um das Standrohr vom Tauchrohr zu trennen, müssen die obere Gleitbuchse und der Dichtring entfernt werden. Dieses geschieht am besten durch mehrmaliges kräftiges Auseinanderziehen der beiden Rohre, die unten am Standrohr gesicherte Gleitbuchse schiebt dabei die ins Tauchrohr eingepreßte Buchse und den Dichtring mit heraus. Achten Sie beim Eindrücken darauf, nicht den Dämpferstangensitz zu beschädigen. Nach einigen Schlägen sollte die Gabel getrennt sein (siehe Abb.).

12 Von dem ausgebauten Standrohr können Sie jetzt den Dichtring und den Unterlegring abnehmen. Merken Sie sich die Einbaulage, der Dichtring muß immer ersetzt werden. Die obere Gleitbuchse kann nach oben abgezogen werden.

Vorsicht: Entfernen Sie die untere Gleitbuchse nicht vom Standrohr, wenn sie nicht ersetzt werden soll.

13 Kippen Sie den Dämpferstangensitz aus dem Tauchrohr, merken Sie sich seine Einbaulage.

Kontrolle

14 Reinigen Sie alle Teile in Lösungsmittel und blasen Sie sie wenn möglich mit Druckluft aus. Begutachten Sie das Standrohr auf Kerben, Kratzer, Chrom-Abblätterungen und extremen oder unnormalen Verschleiß. Achten Sie auf Beulen in den Rohren und ersetzen Sie sie gegebenenfalls. Kontrollieren Sie den Sitz des Dichtringes auf Kerben, Quetschungen und Kratzer. Wenn Beschädigungen festzustellen sind, können hierdurch Undichtigkeiten entstehen.

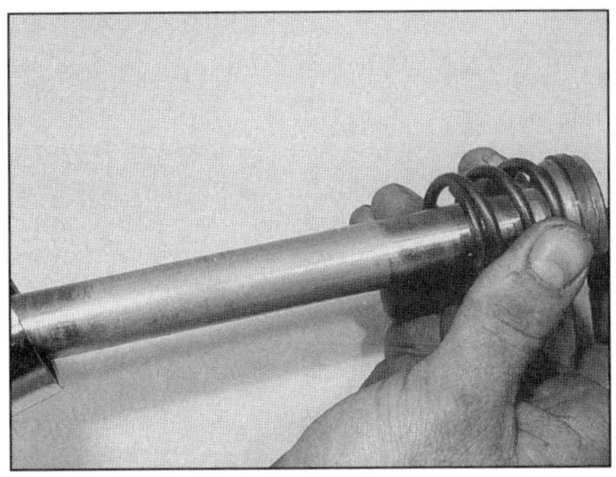

7.8 Ziehen Sie die Dämpferstange und die Anschlagfeder aus dem Rohr.

7.9 Hebeln Sie die Staubkappe mit einem Schraubendreher ab.

5

7.10 Hebeln Sie den Haltering mit einem Schraubendreher ab.

15 Kontrollieren Sie das Standrohr mit Hilfe einer Meßuhr auf Biegung (siehe Abb.). Sicherheitshalber sollte bei Verdacht auf Biegung ein Suzuki-Händler oder eine Fachwerkstatt konsultiert werden.

Warnung: Wenn das Standrohr verbogen ist, sollte es nicht gerichtet, sondern durch ein Neuteil ersetzt werden.

16 Kontrollieren Sie die Feder auf Risse und andere Beschädigungen. Messen Sie ihre freie Länge und vergleichen Sie das Ergebnis mit den technischen Daten am Anfang des Kapitels. Wenn eine Feder defekt oder ermüdet und außerhalb des Toleranzbereichs ist, müssen immer beide Gabelfedern ersetzt werden. Kontrollieren Sie ebenfalls die Anschlagfeder.

17 Begutachten Sie die Gleitflächen der beiden Buchsen, wenn sie verschlissen oder angefressen sind, müssen sie ersetzt werden. Suzuki merkt an, daß die Buchsen Verschleißteile sind und gelegentlich ersetzt werden müssen. Um die untere Gleitbuchse entfernen zu können, muß sie mit einem Schraubenzieher aufgehebelt werden (siehe Abb.). Achten Sie beim Einbau darauf, daß die neue Buchse ordentlich sitzt.

18 Kontrollieren sie die Dämpferstange und ihren Kolbenring auf Beschädigung und Verschleiß, ersetzen Sie die Teile gegebenenfalls (siehe Abb.).

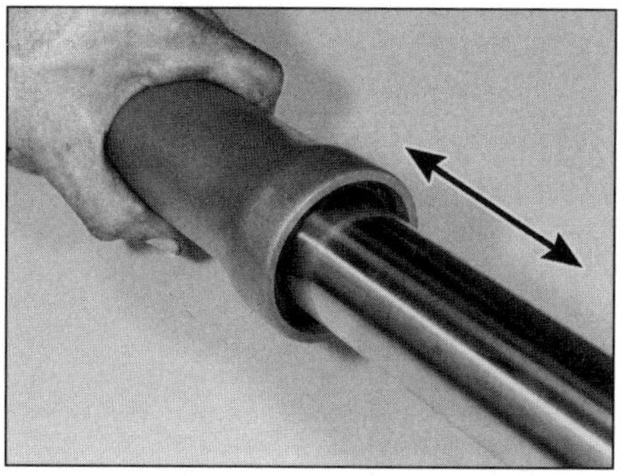

7.11 Um die Gabelrohre zu trennen, müssen sie einige Male kräftig auseinandergezogen werden.

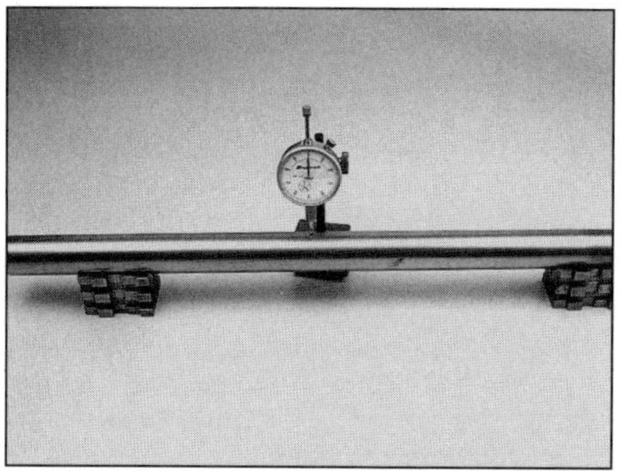

7.15 Kontrollieren Sie mit Hilfe einer Meßuhr die Standrohre durch Drehen auf Biegung.

Zusammenbau

19 Falls entfernt, installieren Sie den Kolbenring in die Nut des Dämpferstangenkopfes und schieben Sie die Anschlagfeder auf die Stange (siehe Abb.). Setzen Sie die Dämpferstange in das Standrohr und schieben Sie von unten den Dämpfersitz darauf (s. Abb.).

20 Schmieren Sie das Standrohr und die untere Gleitbuchse mit Gabelöl ein und setzen Sie die Baugruppe in das Tauchrohr (siehe Abb.). Legen Sie eine neue Kupferdichtscheibe auf die Dämpferstangenschraube und geben Sie etwas Schraubensicherung auf ihr Gewinde. Setzen Sie die Schraube von unten in das Tauchrohr (siehe Abb.) und ziehen Sie sie mit dem in den technischen Daten angegebenen Drehmoment an. Wenn sich die

7.12 Der Dichtring (1), die Scheibe (2), die obere Gleitbuchse (3) und die untere Gleitbuchse (4) werden mit dem Standrohr herauskommen.

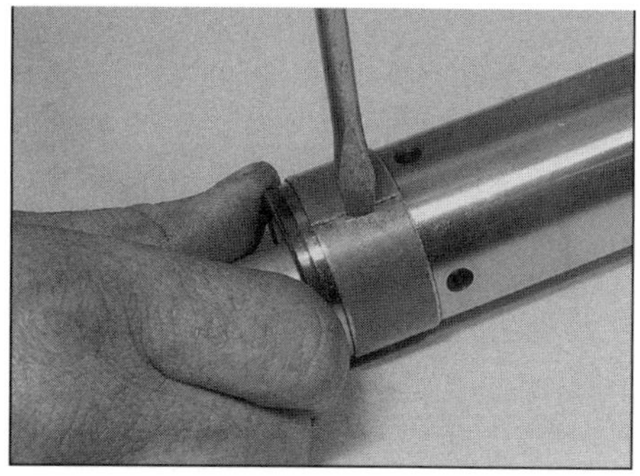

7.17 Hebeln Sie die untere Buchse mit einem Schraubenzieher auseinander.

Dämpferstange im Tauchrohr mitdreht, setzen Sie kurzfristig die Feder und die Verschlußschraube ein (siehe Schritte 26 und 27) um durch deren Zusammenpressen die Dämpferstange am Mitdrehen zu hindern. Alternativ führt auch ein fest in den Dämpferstangenkopf eingedrückter Besenstiel zum Erfolg. Gegebenenfalls kann mit dem Festziehen gewartet werden, bis die Gabel komplett montiert ist.

21 Drücken Sie das Standrohr in das Tauchrohr, ölen Sie die obere Buchse und schieben Sie sie über das Standrohr (siehe Abb.). Drücken Sie die Buchse senkrecht so tief wie möglich in ihren Sitz im Tauchrohr und legen Sie dann den Unterlegring auf (siehe Abb.). Benutzen Sie entweder das Suzuki-Werkzeug Nr. 09940-52860 oder ein geeignetes Stück

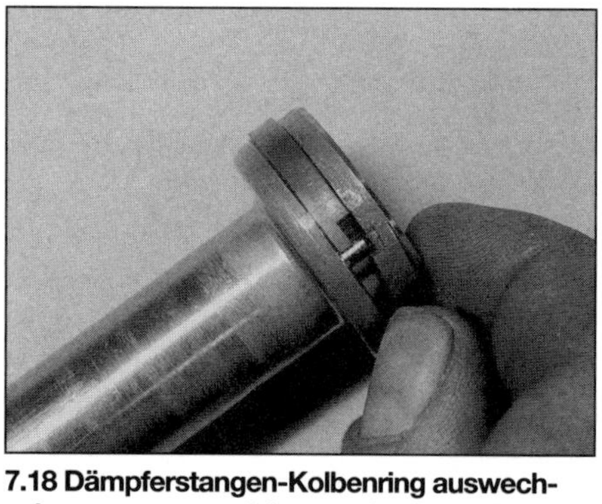

7.18 Dämpferstangen-Kolbenring auswechseln, wenn er verschlissen oder beschädigt ist.

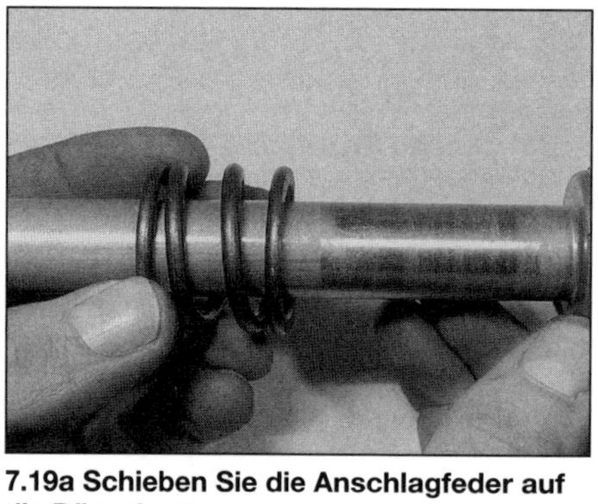

7.19a Schieben Sie die Anschlagfeder auf die Dämpferstange.

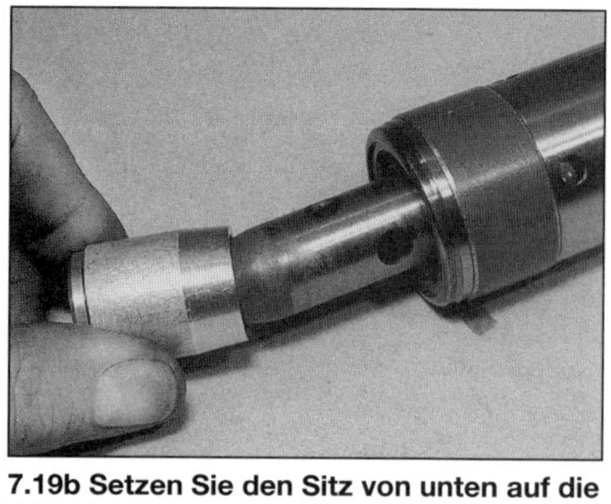

7.19b Setzen Sie den Sitz von unten auf die Dämpferstange.

7.20a Schieben Sie das Standrohr in das Tauchrohr.

7.20b Setzen Sie die Dämpferstangenschraube mit einem neuen Dichtring und Schraubensicherung ein.

7.21a Setzen Sie die obere Buchse...

Rohr, um die Buchse in ihren Sitz zu treiben. Dieses Rohr muß so bemessen sein, daß es knapp über das Standrohr und in den Buchsensitz des Tauchrohres paßt.

Zerkratzen Sie bei dieser Operation nicht das Standrohr; es ist sinnvoll, das Standrohr ganz in das Tauchrohr zu schieben, damit eventuell auftretende Beschädigungen nicht die Gleit- und Dichtfläche des Standrohrs treffen.

22 Wenn die Buchse senkrecht in ihrem Sitz aufliegt (zur Kontrolle entfernen Sie den Unterlegring und wischen alles sauber, dann legen Sie den Ring wieder ein), wird eine neuer Dichtring installiert. Benetzen Sie seine Dichtlippen mit Gabelöl und schieben Sie ihn so über das Standrohr, daß die beschriftete Seite oben liegt. Treiben Sie ihn, wie in Schritt 21 beschrieben, in seinen Sitz, bis die Nut des Sicherungsringes sichtbar ist (siehe Abb.).

23 Wenn der Dichtring korrekt sitzt, setzen Sie den Sicherungsring in seine Nut (siehe Abb.).

24 Ölen Sie die Dichtlippen der neuen Staubkappe, schieben Sie sie über das Standrohr und drücken Sie sie in ihre Position (siehe Abb.).

25 Drücken Sie die Gabel vollständig zusammen und füllen Sie die in den technischen Daten angegebene Menge Gabelöl ein (siehe Abb.). Pumpen Sie die Gabel einige Male langsam, um das Öl gut zu verteilen. Messen Sie den Ölstand ein weiteres Mal und korrigieren Sie ihn gegebenenfalls. Der Ölpegel (siehe technische Daten) muß bei gerade stehenden Gabelrohren gemessen werden.

26 Klemmen Sie das Tauchrohr an den Bremssattelaufnahmen sehr vorsichtig in einen Schraubstock. Ziehen Sie das Standrohr so weit wie möglich heraus und installieren Sie die Feder mit den engeren Wicklungen nach oben, anschließend den Federsitz mit dem Bund nach innen in die Feder, gefolgt vom Abstandsrohr in das Standrohr (siehe Abb.).

27 Ersetzen Sie den O-Ring an der Verschlußschraube und schrauben Sie den Verschluß vorsichtig in das Standrohr (siehe Abb.).

⚠ ***Warnung: Beim Aufsetzen der Verschlußschraube und Einführen in das Gewinde des Standrohres wird die Feder zusammengedrückt. Diese Operation birgt Gefahr und sollte mit Sorgfalt ausgeführt werden, wenn nötig, mit einem Assisten-***

7.21b ...und den Unterlegring ein.

7.22 Der Dichtring muß in der richtigen Lage eingebaut werden.

7.23 Setzen Sie den Sicherungsring ein,...

7.24 ... gefolgt von der Staubkappe.

7.25a Füllen Sie das Gabelöl oben in das Standrohr.

7.25b Messen Sie den Ölpegel bei senkrecht gehaltener Gabel.

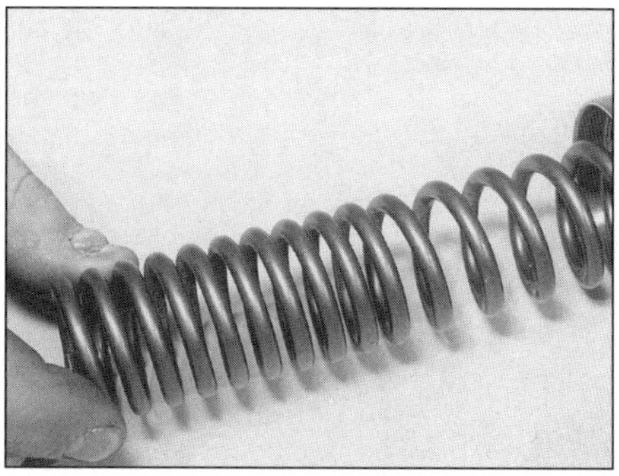

7.26a Setzen Sie die Feder ein,...

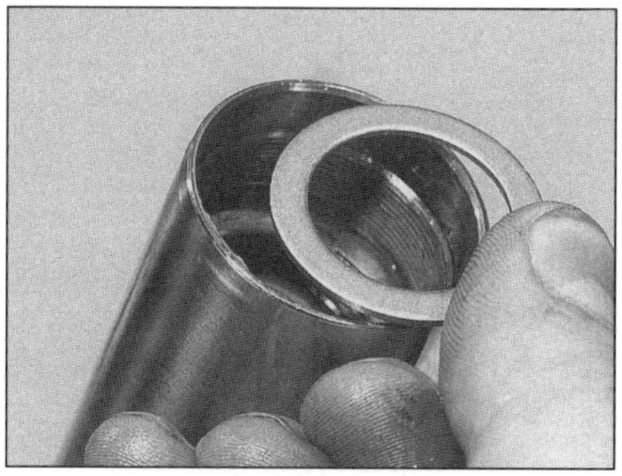

7.26b ...gefolgt vom Federsitz,...

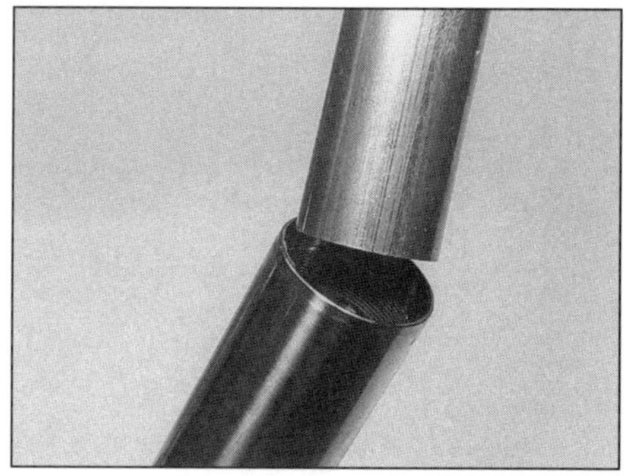

7.26c ...und der Abstandshülse.

ten. Wischen Sie vor Beginn jegliches Öl von der Gabel, um nicht abzurutschen. Ziehen Sie die Gabel durch Drücken der Feder ganz auseinander. Drehen Sie die Verschlußschraube vorsichtig in das Standrohr. Achten Sie darauf, das Gewinde nicht zu verkanten. ***Anmerkung**: Die Verschlußschraube kann in diesem Stadium angezogen werden, wenn das Standrohr zwischen den Backen eines Schraubstocks eingespannt ist, es besteht jedoch das Risiko, das Rohr dadurch zu beschädigen. Besser ist es, die Schraube erst festzuziehen, wenn die Gabel ans Motorrad gebaut ist und die untere Gabelbrückenklemmschrauben festgezogen* sind.

28 Installieren sie die Gabel, wie in Sektion 6 beschrieben.

GSF 1200 Modelle

Zerlegung

29 Zerlegen Sie die Gabelrohre immer einzeln, um Verwechslungen zu vermeiden, die nach der Montage zu einem erhöhtem Verschleiß führen würden. Lagern Sie alle Komponenten in getrennten und markierten Behältern (siehe Abb.).

30 Bevor die Gabel zerlegt wird, ist es sinnvoll, zu dieser Zeit die Dämpferstangenschraube zu lockern. Pressen Sie das Standrohr in das Tauchrohr, so daß die Feder einen starken Druck auf den Kopf der Dämpferstange ausübt. Lassen Sie jetzt einen Assistenten die Dämpferstangenschraube im Boden des Tauchrohres lockern.

7.27 Bestücken Sie die Verschlußschraube mit einem neuen O-Ring und drehen Sie sie in das Standrohr.

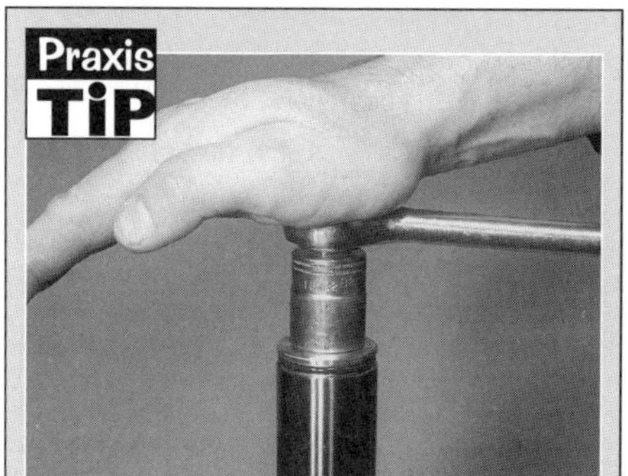

Benutzen Sie zur Installation der Gabel-Verschlußschraube ein Werkzeug mit Ratschenmechanismus, damit Sie ohne Absetzen und Druck-Nachgeben die Schraube in das Gewinde einführen können, bis sie gefaßt hat.

31 Wenn die Gabelverschlußschraube nicht bei eingebauter Gabel gelockert wurde, muß diese jetzt hierfür in einen mit weichen Backen ausgerüsteten Schraubstock eingespannt werden, achten Sie darauf, daß das Rohr nicht verdreht und eingekerbt wird. Die Federvorspannung muß so weit wie möglich gelöst und dann die Schraube gelöst werden.

32 Schrauben Sie die Verschlußschraube aus dem Tauchrohr heraus.

33 Schieben Sie das Gabelstandrohr in das Tauchrohr. Während der Boden des Federvorspanners festgehalten wird, kann die Kontermutter unmittelbar darunter gelockert werden. Schrauben Sie die Verschlußschraube und den Federvorspanner oben von der Dämpferstange ab.

34 Entfernen Sie den geschlitzten Feder-Kragensitz durch Komprimieren der Feder mit Hilfe des Abstandsrohres als Griff. Wenn die Feder zusammengedrückt und die Dämpferstange ausgezogen ist, kann der Kragensitz seitlich herausgenommen werden. Entspannen Sie die Feder langsam und nehmen Sie das Abstandsrohr und den Federsitz ab. Ziehen Sie die Feder vom Rohr, merken Sie sich deren Einbaulage.

Warnung: Die Gabelfeder steht durch die Verschlußschraube unter beträchtlichem Druck. Lassen Sie sie deshalb sehr vorsichtig und unter ständigem Druck nach unten und halten Sie sie gut fest, bis die Feder entlastet ist. Es ist ratsam, dabei Augen- und Gesichtsschutz zu tragen.

35 Drehen Sie die Gabel über einem geeigneten Behälter um und pumpen Sie kräftig, um soviel Öl wie möglich abzulassen. Lassen Sie das Gabelöl einige Minuten abtropfen.

36 Entfernen Sie die zuvor gelockerte Dämpferstangenschraube und die Kupferdichtscheibe unten aus dem Tauchrohr. Die Dichtung muß beim Einbau immer erneuert werden.

37 Drehen Sie die Gabel und ziehen Sie die Dämpferstange aus dem Standrohr. Entfernen Sie die Anschlagfeder aus dem Dämpfer.

38 Hebeln Sie vorsichtig die Staubkappe vom oberen Rand des Tauchrohrs, um Zugang zum Haltering des Dichtungsringes zu erhalten. Ersetzen Sie später die Staubkappe durch ein Neuteil.

39 Entfernen Sie vorsichtig den Sicherungsring, ohne dabei die Oberfläche des Standrohres zu beschädigen.

40 Um das Standrohr vom Tauchrohr zu trennen, müssen die obere Gleitbuchse und der Dichtring entfernt werden. Dieses geschieht am besten durch mehrmaliges kräftiges Auseinanderziehen der beiden Rohre, die unten am Standrohr gesicherte Gleitbuchse schiebt dabei die ins Tauchrohr eingepreßte Buchse und den Dichtring mit heraus. Achten Sie beim Eindrücken darauf, nicht den Dämpferstangensitz zu beschädigen. Nach einigen Schlägen sollte die Gabel getrennt sein (siehe Abb. 7.11).

41 Von dem ausgebauten Standrohr können Sie jetzt den Dichtring und den Unterlegring abnehmen (siehe Abb. 7.12). Merken Sie sich die Einbaulage, der Dichtring muß immer ersetzt werden. Die obere Gleitbuchse kann nach oben abgezogen werden.

Vorsicht: Entfernen Sie die untere Gleitbuchse nicht vom Standrohr, wenn sie nicht ersetzt werden soll.

42 Kippen Sie den Dämpferstangensitz aus dem Tauchrohr, merken Sie sich seine Einbaulage.

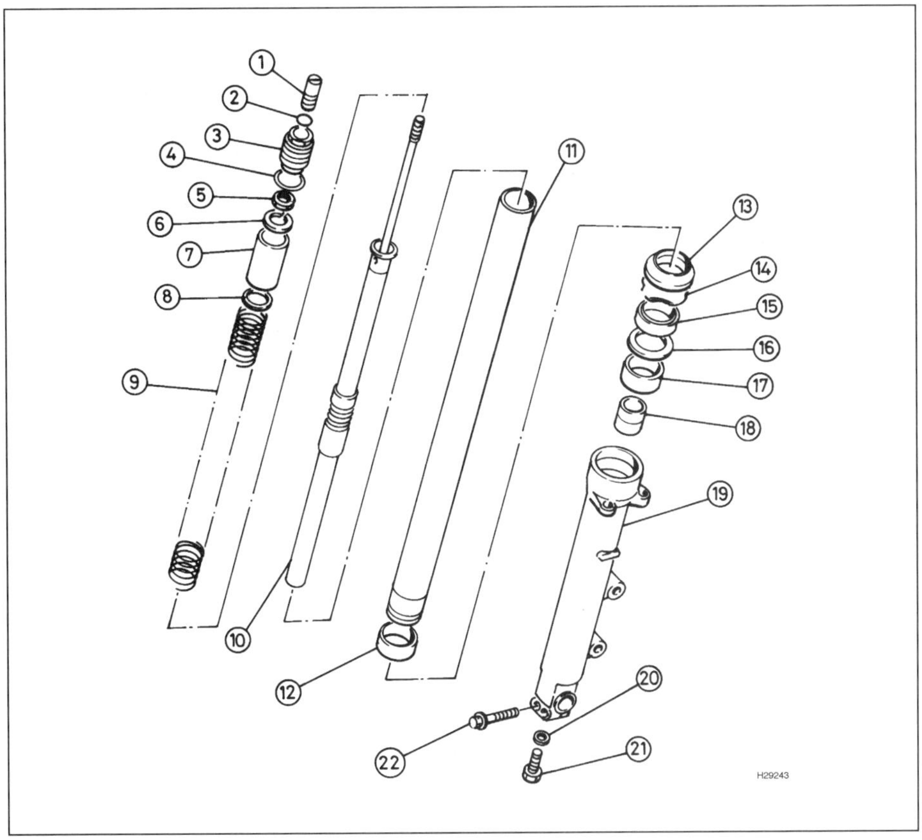

7.29 Bauteile der Teleskopgabel – GSF 1200 Modelle:

1 Federvorspanner
2 O-Ring
3 Verschlußschraube
4 O-Ring
5 Kontermutter
6 Geschlitzter Feder- Kragensitz
7 Abstandshülse
8 Federsitz
9 Feder
10 Dämpferstange
11 Standrohr
12 untere Gleitbuchse
13 Staubkappe
14 Haltering
15 Dichtring
16 Unterlegring
17 obere Gleitbuchse
18 Dämpferstangensitz
19 Tauchrohr
20 Dichtscheibe
21 Dämpferstangen- schraube
22 Achsenklemmschraube

Kontrolle

43 Reinigen Sie alle Teile in Lösungsmittel und blasen Sie sie wenn möglich mit Druckluft aus. Begutachten Sie das Standrohr auf Kerben, Kratzer, Chrom-Abblätterungen und extremen oder unnormalen Verschleiß. Achten Sie auf Beulen in den Rohren und ersetzen sie gegebenenfalls. Kontrollieren Sie den Sitz des Dichtringes auf Kerben, Quetschungen und Kratzer. Wenn Beschädigungen festzustellen sind, können hierdurch Undichtigkeiten entstehen.

44 Kontrollieren Sie das Standrohr mit Hilfe einer Meßuhr auf Biegung (siehe Abb. 7.15). Sicherheitshalber sollte bei Verdacht auf Biegung ein Suzuki-Händler oder eine Fachwerkstatt konsultiert werden.

Warnung: Wenn das Standrohr verbogen ist, sollte es nicht gerichtet, sondern durch ein Neuteil ersetzt werden.

45 Kontrollieren Sie die Feder auf Risse und andere Beschädigungen. Messen Sie ihre freie Länge und vergleichen Sie das Ergebnis mit den technischen Daten am Anfang des Kapitels. Wenn eine Feder defekt oder ermüdet und außerhalb des Toleranzbereichs ist, müssen immer beide Gabelfedern ersetzt werden.

46 Begutachten Sie die Gleitflächen der beiden Buchsen, wenn sie verschlissen oder angefressen sind, müssen sie ersetzt werden. Suzuki merkt an, daß die Buchsen Verschleißteile sind und gelegentlich ersetzt werden müssen. Um die untere Gleitbuchse entfernen zu können, muß sie mit einem Schraubenzieher aufgehebelt werden (siehe Abb. 7.17). Achten Sie beim Einbau darauf, daß die neue Buchse ordentlich sitzt.

47 Kontrollieren Sie die Dämpferstange und ihren Kolbenring auf Beschädigung und Verschleiß, ersetzen Sie die Teile gegebenenfalls. Halten Sie das Außenteil und pumpen Sie die Dämpferstange ein und aus. Wenn die Stange sich nicht weich im Dämpfer bewegt, muß diese Baugruppe ersetzt werden.

Zusammenbau

48 Setzen Sie die Dämpferstange in das Standrohr und schieben Sie von unten den Dämpfersitz darauf (siehe Abb. 7.19b).

49 Schmieren Sie das Standrohr und die untere Gleitbuchse mit Gabelöl ein und setzen Sie die Baugruppe in das Tauchrohr (siehe Abb. 7.20a). Legen Sie eine neue Kupferdichtscheibe auf die Dämpferstangenschraube und geben Sie etwas Schraubensicherung auf ihr Gewinde. Setzen Sie die Schraube von unten in das Tauchrohr (siehe Abb. 7.20b) und ziehen Sie sie mit dem in den technischen Daten angegebenen Drehmoment an. Wenn sich die Dämpferstange im Tauchrohr mitdreht, kann mit dem Festziehen gewartet werden, bis die Gabel komplett montiert ist.

50 Drücken Sie das Standrohr in das Tauchrohr, ölen Sie die obere Buchse und schieben Sie sie über das Standrohr (siehe Abb. 7.21a). Drücken Sie die Buchse senkrecht so tief wie möglich in ihren Sitz im Tauchrohr und legen Sie dann den Unterlegring auf (siehe Abb. 7.21b). Benutzen Sie entweder das Suzuki-Werkzeug Nr. 09940-52860 oder ein geeignetes Stück Rohr, um die Buchse in ihren Sitz zu treiben. Dieses Rohr muß so bemessen sein, daß es knapp über das Standrohr und in den Buchsensitz des Tauchrohres paßt. Zerkratzen Sie bei dieser Operation nicht das Standrohr; es ist sinnvoll, das Standrohr ganz in das Tauchrohr zu schieben, damit eventuell auftretende Beschädigungen nicht die Gleit- und Dichtfläche des Standrohrs treffen.

51 Wenn die Buchse senkrecht in ihrem Sitz aufliegt (zur Kontrolle entfernen Sie den Unterlegring und wischen alles sauber, dann legen Sie den Ring wieder ein), wird eine neuer Dichtring installiert (siehe Abb. 7.22). Benetzen Sie seine Dichtlippen mit Gabelöl und schieben Sie ihn so über das Standrohr, daß die beschriftete Seite oben liegt. Treiben Sie ihn, wie in Schritt 21 beschrieben, in seinen Sitz bis die Nut des Sicherungsringes sichtbar ist.

52 Wenn der Dichtring korrekt sitzt, setzen Sie den Sicherungsring in seine Nut (siehe Abb. 7.23).

53 Ölen Sie die Dichtlippen der neuen Staubkappe, schieben Sie sie über das Standrohr und drücken Sie sie in ihre Position (siehe Abb. 7.24).

54 Drücken Sie die Gabel vollständig zusammen und füllen Sie die in den technischen Daten angegebene Menge Gabelöl ein (siehe Abb. 7.25a). Pumpen Sie die Gabel einige Male langsam, um das Öl gut zu verteilen. Messen Sie den Ölstand ein weiteres Mal und korrigieren Sie ihn gegebenenfalls (siehe Abb. 7.25b). Der Ölpegel (siehe technische Daten) muß bei gerade stehenden Gabelrohren gemessen werden.

55 Klemmen Sie das Tauchrohr an den Bremssattelaufnahmen sehr vorsichtig in einen Schraubstock. Ziehen Sie die Dämpferstange so weit wie möglich heraus, halten Sie sie stramm, indem ein Assistent ein um die Stange gewickeltes Stück Draht stramm zieht, oder indem Sie das Suzuki-Werkzeug 09940-52840 verwenden, das oben auf die Dämpferstange geschraubt wird. Drehen Sie die Kontermutter so weit wie möglich herun-

ter und setzen die Feder mit dem schmalen Ende nach unten auf.
Danach wird die Abstandshülse aufgesetzt, mit der die Feder so weit komprimiert wird, daß der geschlitzte Kragensitz mit dem Bund nach unten oberhalb der Hülse und unterhalb der Kontermutter aufgesetzt werden kann. Lösen Sie langsam die Feder und gehen Sie sicher, daß der Federsitz, das Abstandsrohr und der geschlitzte Kragensitz korrekt sitzen.

56 Ersetzen Sie den O-Ring an der Verschlußschraube und schrauben Sie den Verschluß vorsichtig per Hand in das Standrohr. Halten Sie den Boden des Federvorspanners, ziehen Sie die Kontermutter an der Dämpferstange gegen die Verschlußschraube fest.

57 Ziehen Sie die Gabel durch Drücken der Feder ganz auseinander. Drehen Sie die Verschlußschraube vorsichtig in das Standrohr. Achten Sie darauf, das Gewinde nicht zu verkanten. ***Anmerkung**: Die Verschlußschraube kann in diesem Stadium angezogen werden, wenn das Standrohr zwischen den Backen eines Schraubstocks eingespannt ist, es besteht jedoch das Risiko, das Rohr dadurch zu beschädigen. Besser ist es, die Schraube erst festzuziehen, wenn die Gabel ans Motorrad gebaut ist und die untere Gabelbrückenklemmschrauben festgezogen* sind.

58 Installieren Sie die Gabel, wie in Sektion 6 beschrieben. Stellen Sie die Federvorspannung ein (siehe Sektion 12).

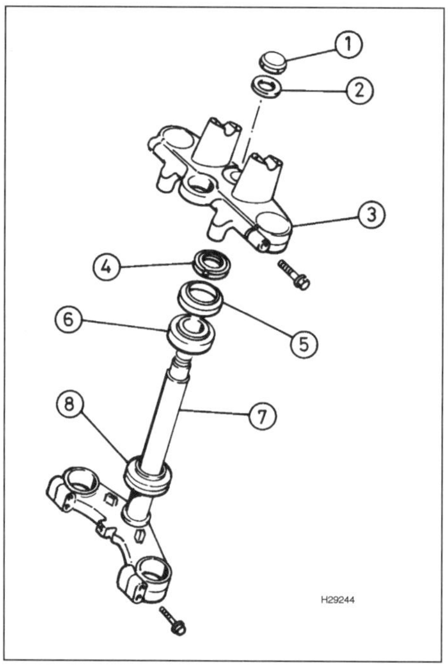

8.8a Bauteile des Lenkrohres
1 Lenkrohr-Mutter
2 Scheibe
3 obere Gabelbrücke
4 Einstellmutter
5 Lagerdeckel
6 oberes Lager
7 untere Gabelbrücke mit Lenkrohr
8 unteres Lager

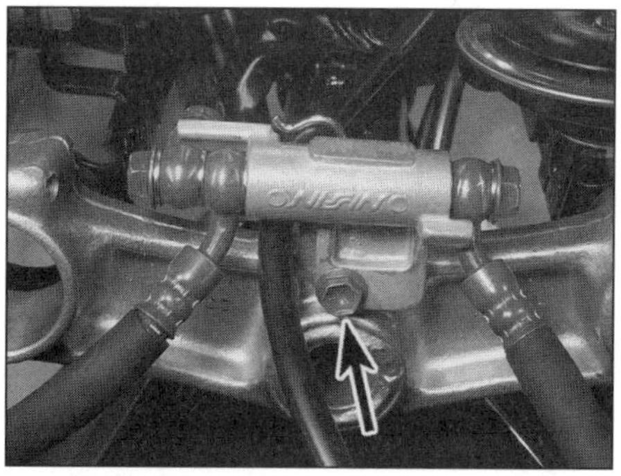

8.5a Entfernen Sie das Bremsleitungs-Zwischenstück...

8 Lenkrohr
Ausbau und Einbau

Achtung: Obwohl nicht unbedingt notwendig, ist es sinnvoll, vor der Demontage des Lenkrohrs den Kraftstofftank zu entfernen, um ihn vor Beschädigungen zu schützen.

Ausbau

1 Entfernen Sie bei den S-Modellen die Verkleidung (siehe Kapitel 7).

2 Bei den Modellen ohne Verkleidung muß der Scheinwerfer entfernt werden (siehe Kapitel 8).

3 Entfernen Sie den Lenker (s. Sektion 5).

4 Entfernen Sie den Instrumententräger (siehe Kapitel 8).

5 Lösen Sie das Bremsleitungs-Zwischenstück an der unteren Gabelbrücke; es gibt keinen Grund, die Hydraulikschläuche zu lösen. Lösen Sie die Schraube, die den Halter der Tachowelle an der unteren Brücke sichert (siehe Abb.).

6 Bauen Sie die Gabelholme aus (siehe Sektion 6).

7 Bei den S-Modellen muß das Kabel des Zündschlosses verfolgt und am Stecker getrennt werden.

8 Bei den Modellen ohne Verkleidung müssen die Scheinwerferhalter mit den Blinkern daran entfernt werden. Achten Sie darauf, wie sie angebaut waren.

9 Entfernen Sie die Lenkrohr-Mutter und ihre Unterlegscheibe und nehmen Sie die obere Gabelbrücke ab (siehe Abb.).

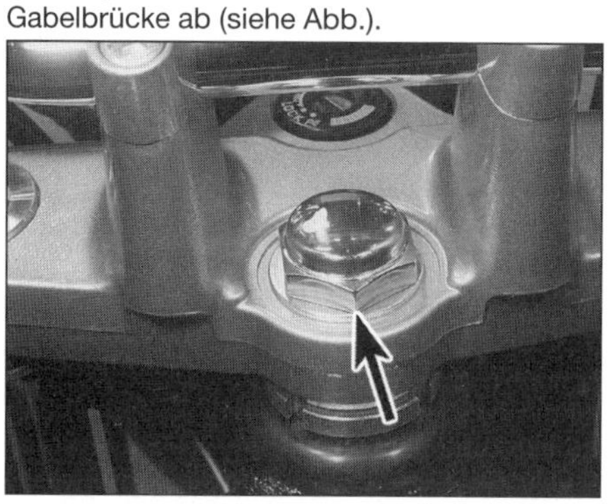

Lenkrohr-Mutter (Pfeil)

8.5b ...und die Schraube, die die Tachowellenführung hält.

10 Halten Sie die untere Gabelbrücke und lösen Sie die Einstellmutter mit einem passenden Hakenschlüssel. Entfernen Sie den Einsteller und den Lagerdeckel vom Lenkrohr.

11 Senken Sie vorsichtig die untere Gabelbrücke mit dem Lenkrohr aus dem Lenkkopf.

12 Entfernen Sie das obere Lager aus dem Lenkkopf. Entfernen Sie alte Fettreste aus dem Lager und der Schale und kontrollieren Sie alles auf Verschleiß und Beschädigung (siehe Sektion 9). ***Anmerkung**: Entfernen Sie nicht die Lagerschalen aus dem Lenkkopf und vom Lenkrohr, wenn sie nicht ausgetauscht werden müssen.*

Einbau

13 Schmieren Sie eine ausreichende Menge Fett auf die Lagerschalen und in die Lager, arbeiten Sie es gut in beide Lager ein (siehe Abb.).

14 Heben Sie vorsichtig die untere Gabelbrücke mit dem Lenkrohr in den Lenkkopf. Setzen Sie das obere Lenkkopflager in die Lagerschale und legen Sie die Abdeckung auf, schrauben Sie die Einstellmutter auf das Lenkrohr-Gewinde. Ziehen Sie die Mutter mit dem vorgeschriebenen Drehmoment an, bewegen Sie dann das Lenkrohr fünf oder sechs mal hin und her und lockern Sie die Einstellmutter 1/2 bis 1/4 Umdrehung. Wenn es nicht möglich ist, einen Drehmomentschlüssel anzusetzen, ziehen Sie die Mutter soweit an, bis die Lager fest sind und lockern Sie sie sofort um 1/2 Umdrehung. Kontrollieren und stellen Sie die Lager wie in Kapitel 1 beschrieben ein, nachdem der Einbau abgeschlossen ist.

Vorsicht: Achten Sie darauf, keinen übermäßigen Druck auf die Lager auszuüben, da sie dadurch vorgeschädigt werden können.

15 Installieren Sie die obere Gabelbrücke auf das Lenkrohr. Setzen Sie die Lenkrohr-Mutter mit ihrer Scheibe auf und ziehen Sie sie zunächst handfest an. Stecken Sie übergangsweise eines der Gabelrohre durch beide Gabelbrücken und sichern Sie es nur durch Klemmen an der unteren Gabelbrücke.

16 Ziehen Sie die Lenkrohrschraube mit dem vorgeschriebenen Drehmoment fest.

8.17 Die Lampenhalter und ihre Dämpfergummis müssen korrekt installiert sein.

17 Bei den Modellen ohne Verkleidung werden die Scheinwerferhalter (mit den Blinkern) zwischen die Gabelbrücken installiert. Gehen Sie dabei sicher, daß die Gummis in Position sind und die Bohrung des Lampenhalters mit den Bohrungen in den Gabelbrücken fluchtet (siehe Abb.).
18 Verbinden Sie bei den S-Modellen den Stecker des Zündschlosses.
19 Bauen Sie die Gabel ein (siehe Sektion 6).
20 Montieren Sie das Bremsleitungs-Zwischenstück und den Tachowellenhalter an der unteren Gabelbrücke (siehe Abb. 8.5a und b). Stellen Sie sicher, daß der Stift am Bremsverteiler in das Loch unterhalb der Brücke greift.
21 Installieren Sie den Instrumententräger (siehe Kapitel 8).
22 Montieren Sie den Lenker (s. Sektion 5).
23 An Modellen ohne Verkleidung wird der Scheinwerfer montiert (siehe Kapitel 8).
24 An den S-Modellen wird die Verkleidung montiert (siehe Kapitel 8).
25 Kontrollieren Sie das Lenkkopflagerspiel, wie in Kapitel 1 beschrieben und stellen Sie es gegebenenfalls ein.

9 Lenkkopflager
Kontrolle und Ersetzen

Kontrolle

1 Entfernen Sie das Lenkrohr (s. Sektion 8).
2 Entfernen Sie alte Fettreste aus dem Lager und der Schale und kontrollieren Sie alles auf Verschleiß und Beschädigung.
3 Die Lagerschalen sollten glatt und ohne Einbeulungen sein. Kontrollieren Sie die Lagerrollen auf Anzeichen von Verschleiß, Beschädigung und Verfärbung und begutachten Sie die Lagerkäfige auf Risse und Brüche. Drehen Sie die Lager von Hand, sie sollten dabei frei und weich rotieren. Wenn irgendwelche Anzeichen von Verschleiß an einem Teil festgestellt werden, müssen beide Lenkkopflager als Satz ausgewechselt werden.

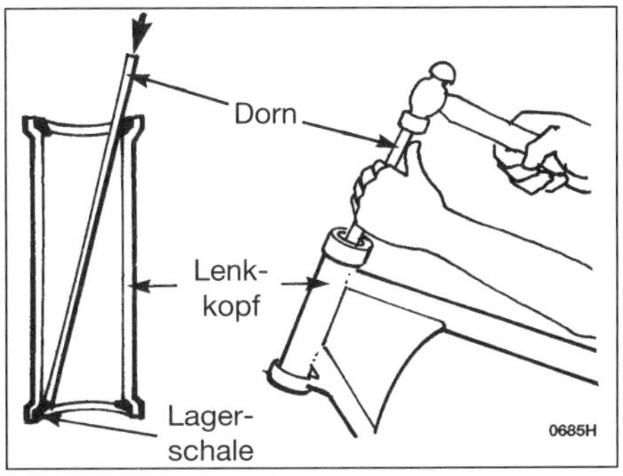

9.4 Schlagen Sie die Lagerschalen mit einem Dorn aus.

Ersetzen

4 Die Lagerschalen sind in den Lenkkopf eingepreßt und können mit einem geeigneten Treibdorn herausgeschlagen werden (siehe Abb.). Klopfen Sie kräftig und kreisförmig die Lager heraus, ohne sie dabei zu verkanten, es kann vorteilhaft sein, das Ende des Dornes zu krümmen, um Schäden zu vermeiden.
5 Alternativ können die Schalen mit einem zughammerartigen Lageraustreiber ausgebaut werden.
6 Die neuen Lager können mit einer Einziehvorrichtung in den Lenkkopf gepreßt (siehe Abb.), oder mit entsprechend großem Treibdorn eingeschlagen werden. Achten Sie darauf, daß die Scheibe des Einziehers oder der Rand des Treibers nur den äußeren Rand des Lagers und niemals die Lagerlauffläche berührt. Eine Suzuki-Werkstatt hat für diese Arbeit ein spezielles Einpreßwerkzeug.

Praxis TiP ***Der Einbau neuer Lager kann vereinfacht werden, wenn man sie über Nacht in die Kühltruhe legt. Sie schrumpfen dadurch und lassen sich leichter einbauen.***

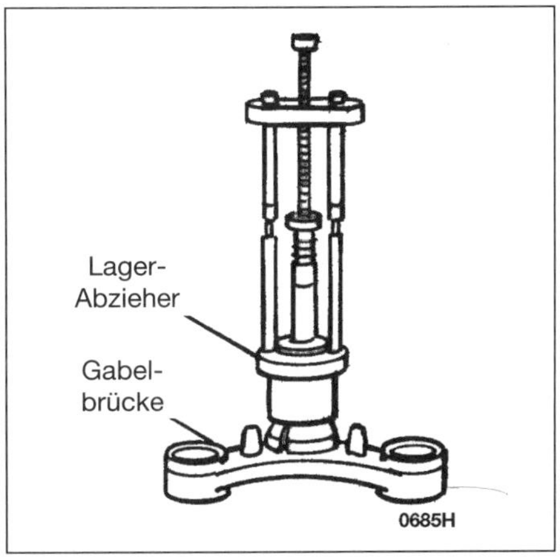

9.7 Entfernen Sie das untere Lager am besten mit einem Abzieher.

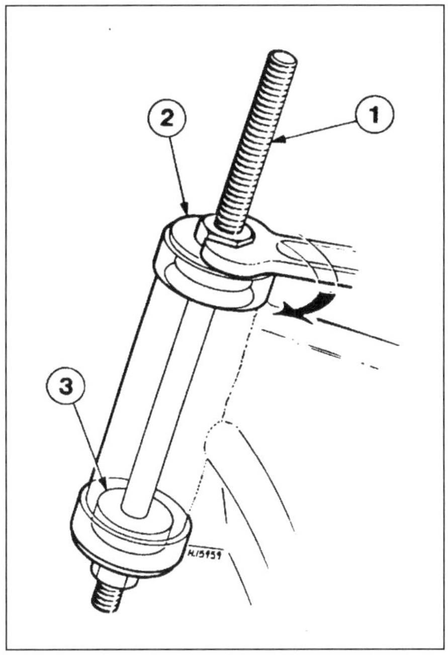

9.6 Lenkkopflager-Einziehvorrichtung
1 lange Schraube oder Gewindestange
2 dicke Scheibe
3 Führung für unteren Lagerring

7 Um das untere Lager vom Lenkrohr zu entfernen, muß das Lenkrohr in einen Schraubstock gespannt werden, dann kann es mit zwei gegenüberliegenden Schraubenziehern über schützende Holzstücken abgehebelt werden (siehe Abb.). Wenn es fest sitzt, ist es nötig, einen Abzieher anzusetzen (siehe Abb.), oder unter extremen Umständen den Lagerring zu sprengen.
8 Setzen Sie ein neues unteres Lenkkopflager über das Lenkrohr und klopfen Sie es mit einem geeigneten Rohr in seine Position (siehe Abb.). Dieses Rohr darf nur auf den inneren Ring und nicht auf die Rollen drücken.
9 Bauen Sie das Lenkrohr ein (siehe Sektion 8).

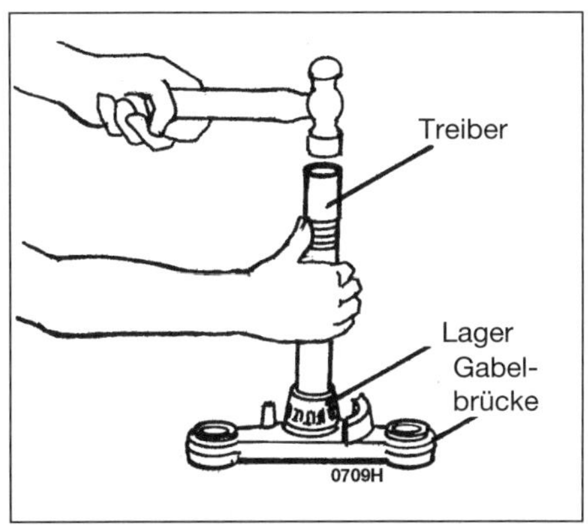

9.8 Pressen Sie das neue Lager mit einem Eintreiber oder einem passenden Rohr, das nur auf dem inneren Lagerring und nicht auf den Rollen aufliegt, über das Lenkrohr.

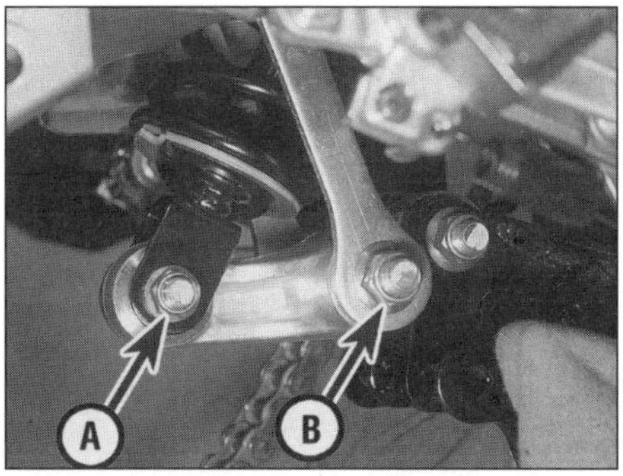

10.2 Untere Stoßdämpferbefestigung (A), Schraube der Stoßdämpferanlenkstangen (B)

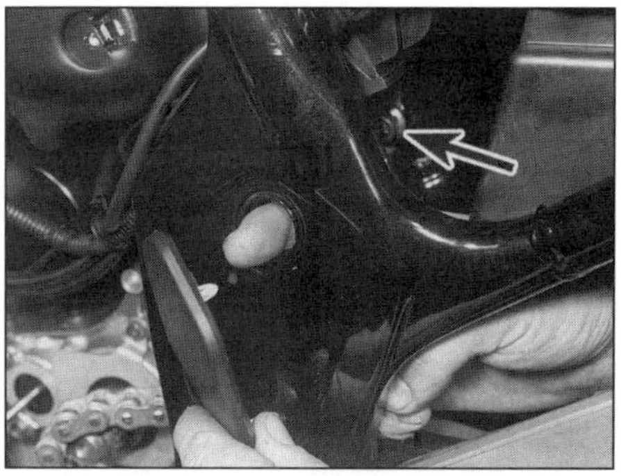
10.4a Drücken Sie die Kappe von innen nach links aus dem Rahmen, um an die obere Stoßdämpferaufnahme gelangen zu können...

10.4b ...und lösen Sie durch das Loch die Schraube mit einem Steckschlüsseleinsatz.

10.4c Manövrieren Sie den Stoßdämpfer nach unten heraus.

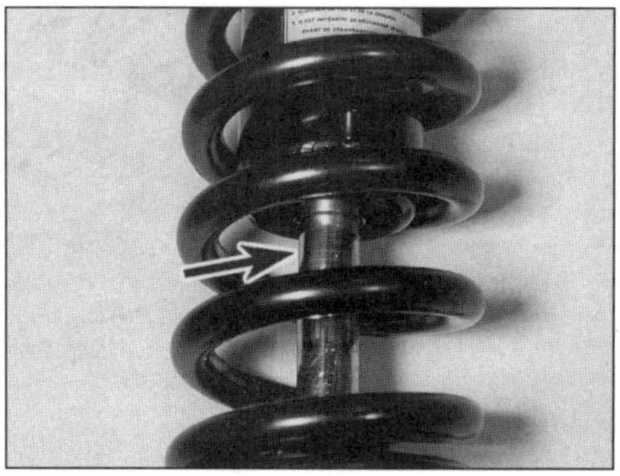
10.6 Inspizieren Sie die Dämpferstange auf Ausbrüche und Öl-Undichtigkeit...

10 Hinterrad-Stoßdämpfer
Ausbau, Kontrolle und Einbau

Ausbau

1 Stellen Sie das Motorrad auf den Hauptständer und stützen Sie das Hinterrad so ab, daß es nicht herunterfällt, wenn der Stoßdämpfer entfernt wird, aber auch nicht nach oben drückt und die Federung zusammenpreßt.

2 Lösen Sie die Mutter und entfernen Sie den Bolzen, der die Unterseite des Stoßdämpfers mit dem Anlenkhebel verbindet (siehe Abb.).

3 Lösen Sie die Mutter und ziehen Sie die Schraube heraus, die die Anlenkstangen mit dem Hebel verbindet. Kippen Sie den Hebel herunter, um Platz zum Ausbau des Stoßdämpfers zu erhalten (siehe Abb. 10.2).

4 Die Demontage der oberen Stoßdämpferbefestigung erfolgt am besten durch das Loch links im Rahmen. Entfernen Sie die Abdeck-Kappe, halten Sie die Mutter und lösen Sie die Schraube mit einem Steckschlüsseleinsatz, der durch das Loch gesteckt wird (siehe Abb.). Halten Sie den Stoßdämpfer und ziehen Sie die Schraube heraus. Nehmen Sie den Dämpfer durch die Schwinge nach unten heraus.

Kontrolle

5 Inspizieren Sie den Stoßdämpfer auf sichtbare Beschädigungen und die Feder auf lockeren Sitz, Risse und Anzeichen von Ermüdung.

6 Begutachten Sie die Dämpferstange auf Anzeichen von Verbiegung, Ausbrüchen und Ölundichtigkeiten (siehe Abb.).

7 Kontrollieren Sie die obere und untere Bolzenaufnahme auf Verschleiß und Beschädigung (siehe Abb.).

8 Wenn der Stoßdämpfer verschlissen oder beschädigt ist, muß er ersetzt werden, Reparatur-Ersatzteile sind nicht erhältlich.

Einbau

9 Der Einbau entspricht der umgekehrten Reihenfolge des Ausbaus, beachten Sie dabei folgendes:

a) Schmieren Sie Mehrzweckfett auf die Befestigungspunkte und Lager des Anlenkhebels.

b) Setzen Sie zuerst den oberen Befestigungsbolzen ein, aber ziehen Sie ihn nicht fest, bis die untere Schraube und die Anlenkstangen eingebaut sind.

c) Ziehen Sie alle Schrauben mit dem vorgeschriebenen Drehmoment an (siehe Abb.).

d) Stellen Sie die Federvorspannung wie in Sektion 12 beschrieben ein.

10.7 ...und die obere Buchse auf Verschleiß und Verformung.

10.9 Ziehen Sie die Schrauben mit dem vorgeschriebenen Drehmoment fest.

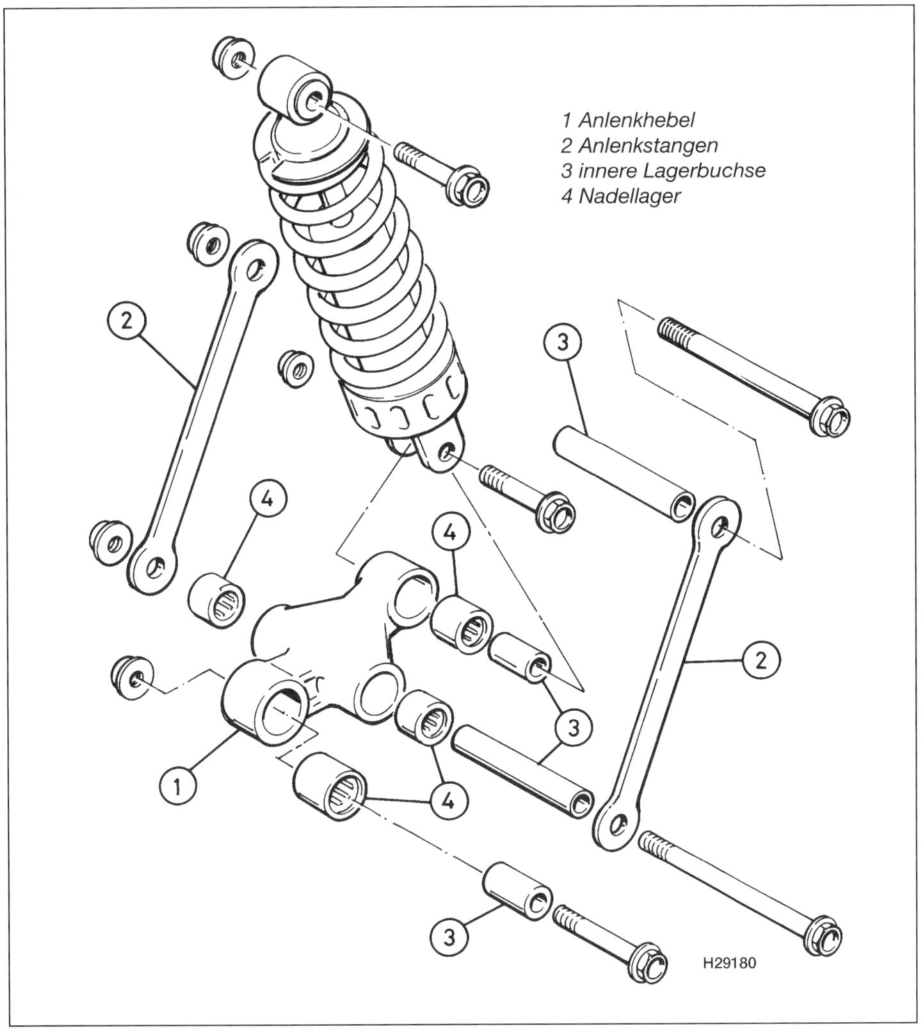

11.2a Bauteile der Stoßdämpferhebel-Baugruppe

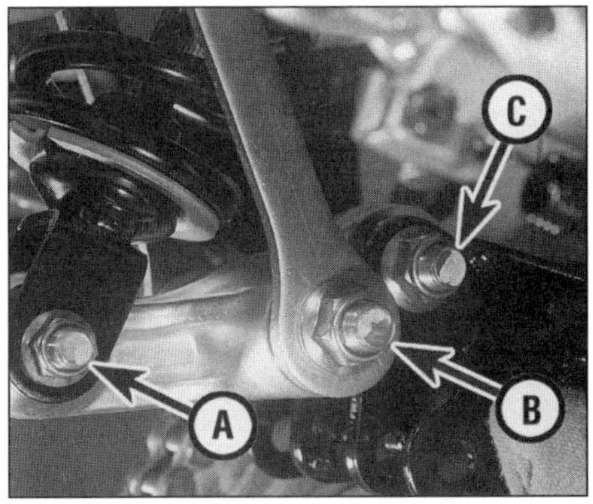

11.2b Untere Stoßdämpferbefestigung (A), Schraube der Stoßdämpferanlenkstangen (B), Anlenkhebelschraube (C)

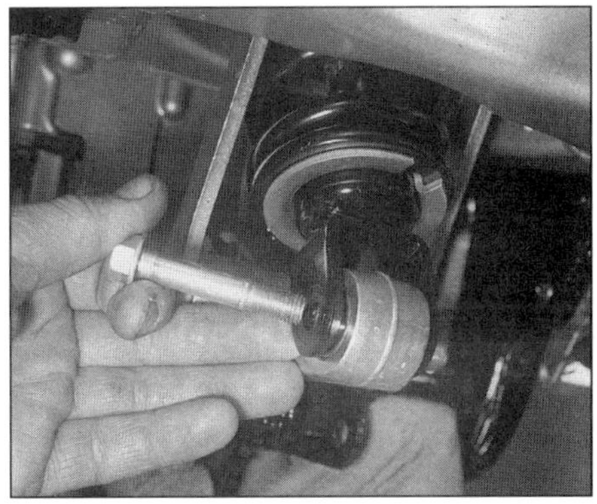

11.2c Entfernen Sie den unteren Stoßdämpferbolzen...

11 Stoßdämpferhebel
Ausbau, Kontrolle und Einbau

Ausbau

1 Stellen Sie das Motorrad auf den Hauptständer oder eine entsprechende Stütze und stützen Sie das Hinterrad so ab, daß es nicht herunterfällt, wenn der Stoßdämpfer gelöst wird, aber auch nicht nach oben drückt und die Federung zusammenpreßt.

2 Lösen Sie die Mutter und entfernen Sie den Bolzen, der den Anlenkhebel mit der Unterseite des Stoßdämpfers verbindet (siehe Abb.).

3 Lösen Sie die Mutter und ziehen Sie die Schraube heraus, die die Anlenkstangen mit dem Hebel verbindet (siehe Abb.).

4 Lösen Sie die Mutter, ziehen Sie die Anlenkhebelschraube heraus und nehmen Sie den Anlenkhebel vom Rahmen ab, merken Sie sich seine Einbaulage (siehe Abb.).

5 Lösen Sie die Mutter und ziehen Sie die Schraube heraus, die die Anlenkstangen oben an der Schwinge sichert, und entfernen Sie die Stangen (siehe Abb.). Um Platz zum Ausziehen des Bolzens zu erlangen, kann die Lagerbuchse von links herausgedrückt und der Bolzen schräg an den Fußrastenhaltern

11.3 ...die Anlenkstangenschraube...

11.4 ...und den Anlenkhebelbolzen. Nehmen Sie anschließend den Hebel ab.

11.5a Lösen Sie die Mutter...

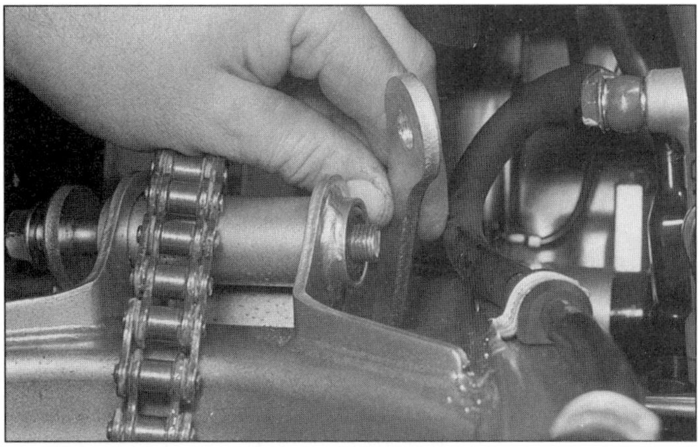

11.5b ...und entfernen Sie die rechte Anlenkstange.

11.5c Drücken Sie die Lagerhülse hindurch (Pfeil) und ziehen Sie den Bolzen seitlich heraus.

11.6 Innere Lagerbuchsen des Anlenkhebels

vorbei herausgezogen werden. Entfernen Sie die andere Anlenkstange (siehe Abb.).

Kontrolle

6 Ziehen Sie die inneren Lagerbuchsen aus dem Anlenkhebel, beachten Sie die unterschiedlichen Größen (siehe Abb.). Reinigen Sie alle Komponenten, entfernen Sie jegliche Spuren von Schmutz, Fett und Korrosion.

7 Überprüfen Sie genau alle Bauteile, achten Sie dabei auf Anzeichen von Verschleiß, wie starke Einkerbungen und Beschädigungen, sowie Risse oder Verformungen.

8 Kontrollieren Sie den Zustand der Nadellager im Anlenkhebel und oben in der Schwinge (siehe Abb.). Wenn die Anlenkstangenlager in der Schwinge ersetzt werden müssen, muß die Schwinge demontiert werden (s. Sektion 13).

9 Verschlissene Nadellager können aus ihren Bohrungen getrieben werden, beachten Sie, daß der Ausbau sie endgültig zerstört. Neue Lager sollten beschafft sein, bevor mit der Arbeit begonnen wird. Neue Lager sollten besser in die Bohrungen eingepreßt oder eingezogen, als in ihre Sitze geschlagen werden. Mangels einer Presse kann ein geeignetes Einzugswerkzeug gebaut werden – Beachten Sie hierfür *»Lager und Buchsen«* in der Werkzeug- und Werkstatt-Tip-Sektion der Empfehlungen.

10 Schmieren Sie die Nadellager und die inneren Lagerbuchsen mit Mehrzweckfett und schieben Sie die Buchsen in die Lager (siehe Abb.).

Einbau

11 Der Einbau entspricht der umgekehrten Reihenfolge des Ausbaus, beachten Sie dabei folgendes:

a) Schmieren Sie Mehrzweckfett auf die Befestigungspunkte, Buchsen und Lager.

b) Ziehen Sie keine der Schrauben an, bevor nicht alle installiert sind.

c) Ziehen Sie dann alle Schrauben mit dem vorgeschriebenen Drehmoment an.

d) Kontrollieren Sie die Funktion der Hinterradfederung, bevor Sie die Maschine auf die Straße bringen.

12 Federung
Einstellung

Vorderradgabel

1 Bei den GSF 600-Modellen ist die Telegabel nicht einstellbar.

2 Bei den GSF 1200-Modellen ist die Federvorspannung der Gabel einstellbar. Stellen Sie die Maschine auf den Hauptständer oder eine entsprechende Stütze und entlasten Sie das Vorderrad, entweder durch Abstützen des Motors oder durch einen Assistenten, der das Heck der Maschine herunterdrückt.

3 Die Einstellung erfolgt durch Drehen der Einsteller in der Mitte der Gabelverschlußschrauben mit einem großen Schlitz-

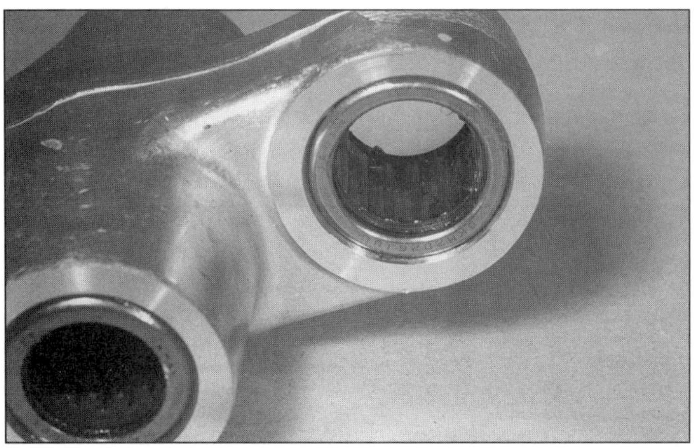

11.8 Kontrollieren Sie die Nadellager auf Verschleiß und Beschädigung.

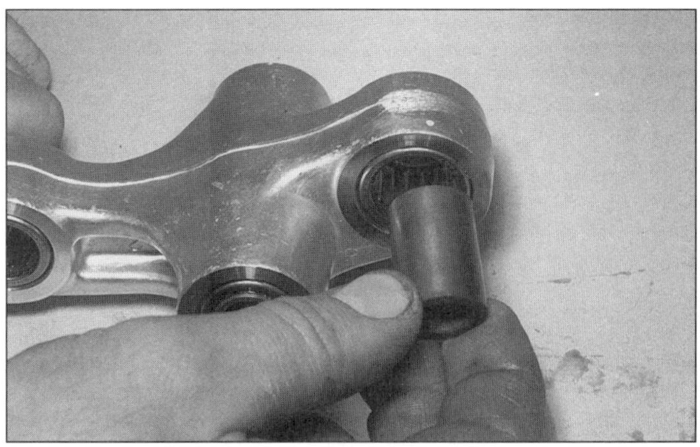

11.10 Schmieren Sie alle Lager mit Fett und installieren Sie die Buchsen.

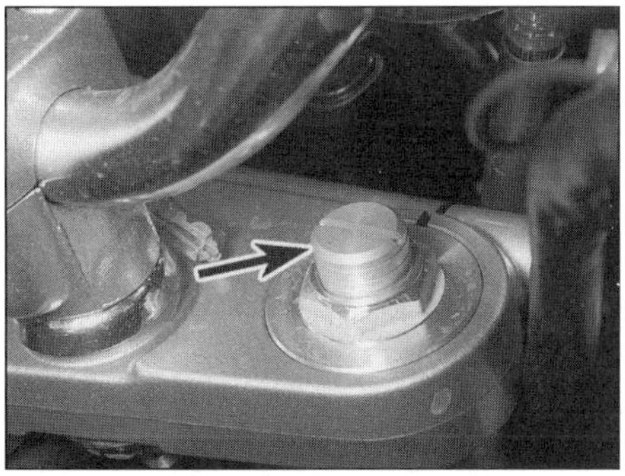

12.3a Drehen Sie den Einsteller mit einem großen Schlitz-Schraubendreher.

Schraubendreher (siehe Abb.).Es gibt sechs Positionen (0, 1, 2, 3, 4, 5), die durch Linien am Einsteller angezeigt werden. Position 5 (d.h. vier Linien schauen vollständig aus der Verschlußschraube heraus) ist die weichste Einstellung, Position 0 (der Einsteller bildet eine Ebene mit der Verschlußschraube) ist die härteste Stufe. Die Linien sollen immer mit der oberen Kante des Sechskantes fluchten. Position 3 ist die Standard-Einstellung.

4 Zur Erhöhung der Vorspannung wird der Einsteller im Uhrzeigersinn gedreht, zur Verringerung dagegen.

Hinterradstoßdämpfer

5 Der Stoßdämpfer ist bei allen Modellen in der Federvorspannung einstellbar, an den **GSF 1200 Modellen** kann zusätzlich die Dämpferdruckstufe justiert werden. Stellen Sie hierzu das Motorrad auf den Seitenständer.

6 Die Einstellung erfolgt mit einem geeigneten Hakenschlüssel (der dem Bordwerkzeug beiliegen sollte), mit dem der Federsitz oben am Stoßdämpfer gedreht wird. Es gibt sieben Positionen. Stufe 1 ist die weichste Vorspannung, Stufe 7 ist die härteste Einstellung. Die Einstellnummer muß mit dem Einstellstopper fluchten. Position 4 ist die Standard-Einstellung.

7 Zur Erhöhung der Vorspannung wird der Einsteller im Uhrzeigersinn gedreht, zur Verringerung dagegen.

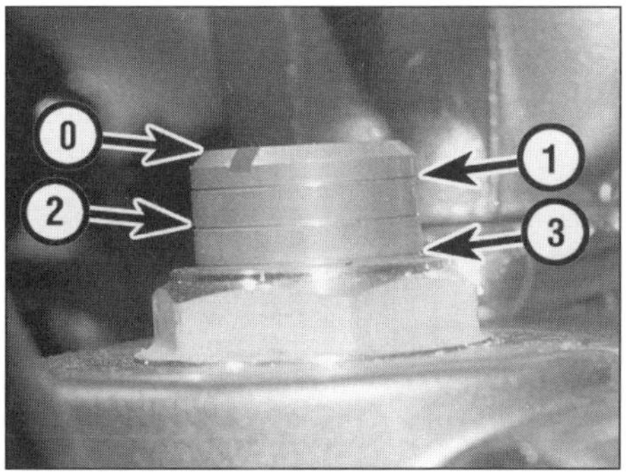

12.3b Standard-Federvorspannung (Nr. 3)

8 Bei den **GSF 1200 Modellen** wird die Dämpferdruckstufe durch Drehen des Einstellers unterhalb des Stoßdämpfers verändert (siehe Abb.). Es gibt vier Positionen. Stufe 1 ist die weichste Vorspannung, Stufe 4 ist die härtest Einstellung. Drehen Sie den Einsteller, bis er mit der gewünschten Zahl fluchtet. Ein gut hörbarer Klick soll zu vernehmen sein, wenn er in einer Position eingerastet ist. Drehen Sie den Einsteller nicht zwischen zwei Positionen. Position 2 ist die Standardeinstellung.

9 Zur Erhöhung der Dämpfung wird der Einsteller im Uhrzeigersinn gedreht, zur Verringerung dagegen.

13 Hinterradschwinge
Ausbau und Einbau

Ausbau

***Anmerkung**: Vor dem Ausbau der Schwinge ist es empfehlenswert, die in Kapitel 1 beschriebenen Kontrollen durchzuführen.*

1 Entfernen Sie den Hinterrad-Bremssattel, aber trennen Sie nicht die Hydraulikleitung (siehe Kapitel 6). Entfernen Sie das Hinterrad (siehe Kapitel 6).

2 Entfernen Sie den Stoßdämpfer (siehe Sektion 10).

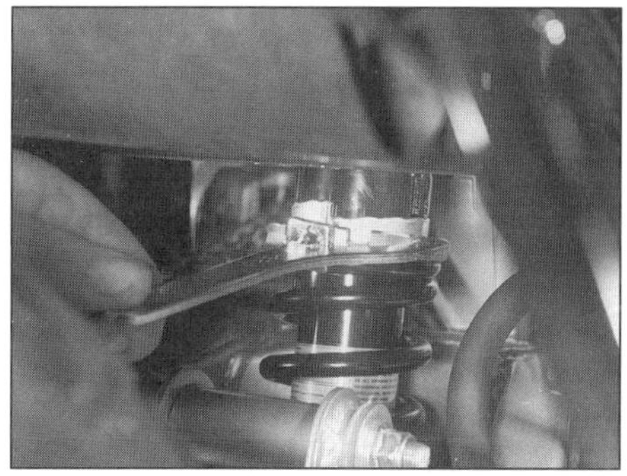

12.6 Mit dem im Bordwerkzeug befindlichen Hakenschlüssel kann die Federvorspannung des Hinterradstoßdämpfers reguliert werden.

12.8 Drehen Sie den Einsteller, um die Dämpfung zu verstellen.

3 Lösen Sie den Bremsschlauch von den aufgehebelten Klemmen und der Führung auf der Schwinge (siehe Abb.). Nehmen Sie die Bremszange zur Seite und stützen Sie sie so ab, daß die Bremsleitung nicht unter Spannung steht und der Sattel nicht beim Ausbau behindert.

4 Entfernen Sie wenn nötig die Schraube der Bremsankerbefestigung an der Schwinge (siehe Abb.).

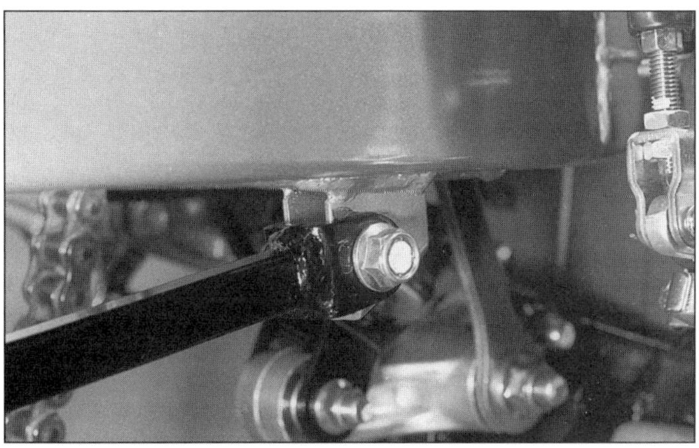

13.4 Vordere Bremsankerbefestigung

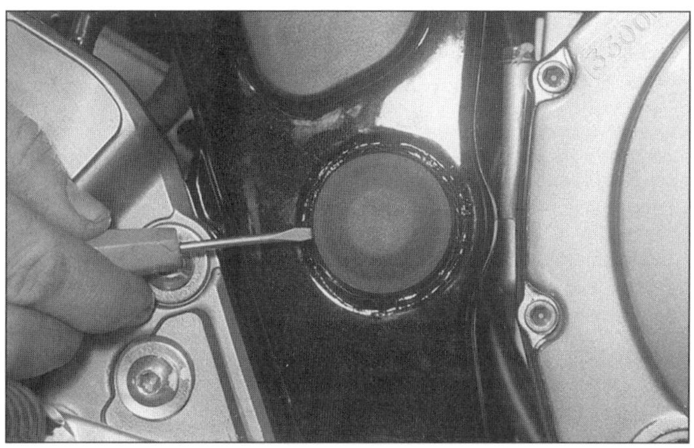

13.5 Entfernen Sie die Schwinglager-Abdeckkappen.

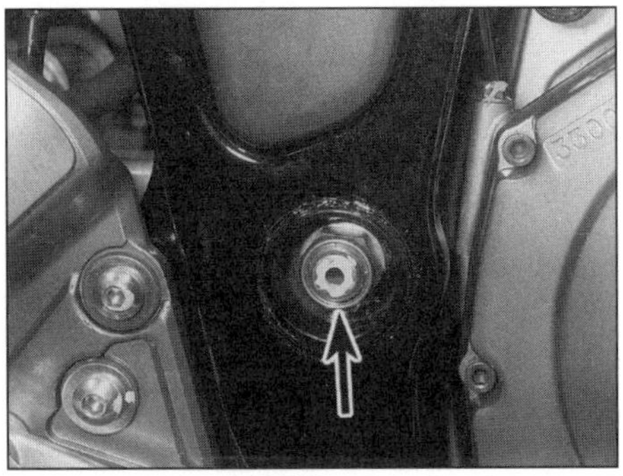

13.7a Entfernen Sie die Schwingenbolzen-Mutter und die Scheibe...

13.7b ...und ziehen Sie die Achse nach links heraus.

13.11 Ziehen Sie die Schwingenachsenmutter mit dem vorgeschriebenen Drehmoment an.

5 Hebeln Sie auf beiden Seiten des Rahmens die Kappen über dem Schwingenlagerbolzen ab (siehe Abb.).

6 Vor dem Ausbau der Schwinge ist es empfehlenswert, das Schwingenlagerspiel erneut zu überprüfen. Irgendwelche Probleme, die mit eingebautem Hinterrad und Stoßdämpfer (siehe Kapitel 1) übersehen worden sein konnten, sind ohne diese Komponenten deutlich zu erkennen.

7 Lösen Sie die Mutter und entfernen Sie die Scheibe rechts vom Schwingenlagerbolzen (siehe Abb.). Die Schwinge kann ggf. mit Hilfe eines Assistenten gehalten werden, während man den Bolzen nach links durchtreibt und aus dem Rahmen herauszieht (siehe Abb.). Beachten Sie die Position aller Entlüfter- und Ablaßschläuche und legen Sie sie wenn nötig beiseite. Nehmen Sie die Schwinge nach hinten aus der Maschine.

8 Entfernen Sie die Mutter und entfernen Sie die Schraube, die die Anlenkstangen an der Schwinge halten.

9 Kontrollieren Sie den Zustand der Kettenführung vorne an der Schwinge und ersetzen Sie sie, wenn sie verschlissen oder beschädigt ist.

10 Inspizieren Sie alle Teile auf Verschleiß und Beschädigung (siehe Sektion 14).

Einbau

Der Einbau entspricht der umgekehrten Reihenfolge des Ausbaus, beachten Sie dabei folgendes:

a) Entfernen Sie die inneren Lagerbuchsen aus jedem Schwingenlager und schmieren Sie Lithium-Fett auf die Buchsen und Lager (siehe Abb. 14.1). Schieben Sie die Buchsen zurück in die Lager. Schmieren Sie ebenfalls die Schwingenachse und den Stoßdämpferbolzen sowie die Anlenkungs-Lager mit Lithium-Fett.

b) Heben Sie die Antriebskette über die Schwinge, solange sie nicht eingebaut ist. Stellen sie sicher, daß die Kettenführung an die Schwinge gebaut ist und alle Schläuche korrekt verlegt sind.

c) Ziehen Sie die Mutter des Schwingenbolzens mit dem entsprechenden Drehmoment an (siehe Abb.).

d) Sichern Sie die Bremsleitung mit ihren Klemmen und legen Sie sie durch ihre Führung. Ziehen Sie die Schrauben der Bremsankerstange entsprechend den Drehmomentangaben fest.

e) Ziehen Sie die Befestigungsschrauben des Stoßdämpfers und der Anlenkungen wie vorgeschrieben fest.

f) Kontrollieren Sie die Funktion der Hinterradfederung, bevor Sie die Maschine wieder auf die Straße bringen.

14 Hinterradschwinge
Kontrolle und Lagerwechsel

Kontrolle

1 Reinigen Sie gründlich alle Komponenten, entfernen Sie Schmutz- und Fettreste sowie Rost (siehe Abb.).

2 Begutachten Sie sorgfältig alle Komponenten, achten Sie auf Anzeichen von Verschleiß, wie starke Einkerbungen und Risse oder Verbiegungen, die bei einem Unfall entstanden sein können. Alle beschädigten oder verschlissenen Teile müssen ersetzt werden.

3 Kontrollieren Sie den Schwingenlagerbolzen auf Verbiegung, indem Sie ihn auf einer ebenen Oberfläche, z. B. einer Glasscheibe rollen (nachdem Sie Fettreste entfernt und Korrosion mit feinem Schleifpapier geglättet haben). Falls nötig, kann der Bolzen mit einer Mikrometerschraube vermessen werden. Ersetzen Sie den Bolzen, wenn er stärker verbogen ist als erlaubt.

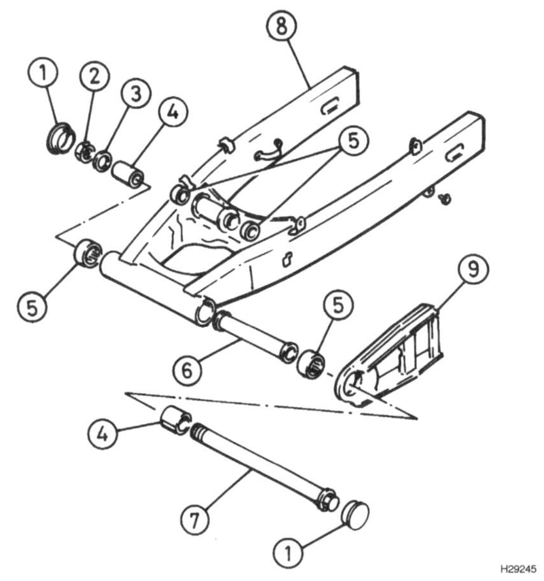

1 Schwingenlager-Abdeckung
2 Schwingenlager-bolzen-Mutter
3 Scheibe
4 innere Lagerbuchse
5 Nadellager
6 Abstandshülse
7 Schwingenlagerbolzen
8 Schwinge
9 Ketten-Gleitschiene

14.1 Bauteile der Schwinge

Lagerwechsel

4 Entfernen Sie die inneren Lagerbuchsen aus der Schwinge. Kontrollieren Sie sie und die Nadellager auf Verschleiß und Beschädigungen und ersetzen Sie die Teile wenn nötig.

5 Verschlissene Nadellager können aus ihren Bohrungen getrieben werden, beachten Sie, daß der Ausbau sie endgültig zerstört.

> **Praxis TiP** ***In den Werkzeug- und Werkstatt-Tips im Anhang wird ein Lager-Einzieher detailliert beschrieben.***

Neue Lager sollten beschafft sein, bevor mit der Arbeit begonnen wird. Mit einem langen Treibdorn wird die zentrale Abstandshülse zur Seite gedrückt, um an die innere Kante des Lagers gelangen zu können. Treiben Sie das Lager rundherum heraus, achten Sie darauf, das Lager nicht zu verkanten. Ist das Lager entfernt, nehmen Sie die Hülse heraus und treiben Sie das andere Lager in gleicher Weise aus. Gegebenenfalls kann ein Lagerauszieher verwendet werden.

6 Neue Lager sollten besser in die Bohrungen eingepreßt oder eingezogen als in ihre Sitze geschlagen werden. Vergessen Sie nicht, die Abstandshülse einzusetzen. Die beschrifteten Seiten der Lager müssen nach außen zeigen. Schmieren Sie alle Bauteile reichlich mit Molybdänfett ein.

15 Antriebskette
Ausbau, Reinigung und Einbau

Ausbau

Anmerkung: *Die an allen Modellen verwendete Originalkette ist eine Endloskette, d.h. sie hat keinen Verschluß. Ihr Ausbau macht die vorherige Demontage der Schwinge nötig, falls ein notwendiges Ketten-Trenn- und Verbindungswerkzeug vorhanden ist, kann die Kette auch geöffnet werden (siehe hierzu auch Werkstatt- und Werkzeug-Tips im Anhang).*

Verwenden Sie NIEMALS eine Kette mit einem Federclip-Schloß.

15.2a Machen Sie sich Markierungen und entfernen Sie die Klemmschraube.

1 Entfernen Sie die Schwinge (s. Sektion 13).

2 Lösen Sie die Klemmschraube des Hebels an der Schaltwelle und ziehen Sie ihn ab (siehe Abb.). Achten Sie dabei auf Markierungen zur korrekten Montage, machen Sie sich selber welche, wenn keine zu sehen sind. Entfernen Sie nach Lösen der Schrauben den Ritzeldeckel vom Motor (siehe Abb.). Es ist nicht nötig, bei den **GSF 1200 Modellen** die Hydraulikleitung vom Kupplungs-Ausrückzylinder zu lösen, doch sollte darauf geachtet werden, daß der Kupplungshebel nicht betätigt werden darf, wenn der Deckel demontiert ist.

3 Heben Sie die Kette über das Ritzel und entfernen Sie sie.

Reinigung

4 Weichen Sie die Kette für fünf bis sechs Minuten in Paraffin oder Kerosin ein.

Achtung: Benutzen Sie kein Benzin, Lösungsmittel oder andere Reinigungsflüssigkeiten. Benutzen Sie keinen Hochdruckreiniger. Nehmen Sie die Kette aus dem Bad, wischen Sie sie ab und blasen Sie sie anschließend mit Druckluft trocken. Der Reinigungsprozeß sollte nicht länger als 10 Minuten dauern, da sonst die O-Ringe beschädigt werden können.

Einbau

5 Der Einbau entspricht der umgekehrten Reihenfolge des Ausbaus. Anschließend muß die Kette eingestellt und geschmiert werden (siehe Kapitel 1).

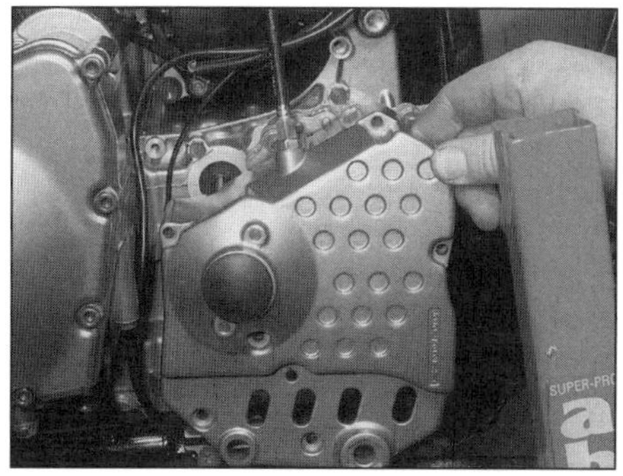

15.2b Entfernen Sie den Ritzeldeckel.

Achtung: Verwenden Sie nur empfohlene Schmiermittel.

16 Ritzel und Kettenrad
Kontrolle und Ersetzen

Kontrolle

1 Lösen Sie die Klemmschraube des Hebels an der Schaltwelle und ziehen Sie ihn ab (siehe Abb. 15.2a). Achten Sie dabei auf Markierungen zur korrekten Montage, machen Sie sich selber welche, wenn keine zu sehen sind. Entfernen Sie nach Lösen der Schrauben den Ritzeldeckel vom Motor (siehe Abb. 15.2b). Es ist nicht nötig, bei den **GSF 1200 Modellen** die Hydraulikleitung vom Kupplungs-Ausrückzylinder zu lösen, doch sollte darauf geachtet werden, daß der Kupplungshebel nicht betätigt werden darf, wenn der Deckel demontiert ist.

2 Begutachten Sie den Verschleiß auf beiden Kettenrädern (siehe Abb.). Wenn die Zähne stark verschlissen und spitz sind, müssen beide Räder und die Kette als Satz ausgetauscht werden. Wann immer die Kettenräder kontrolliert werden, sollte auch die Kette inspiziert werden (siehe Kapitel 1). Wenn die Kette ersetzt werden muß, sollten auch die Kettenräder erneuert werden.

3 Spannen und schmieren Sie die Kette, wie es in Kapitel 1 beschrieben ist.

Achtung: Verwenden Sie nur empfohlene Schmiermittel.

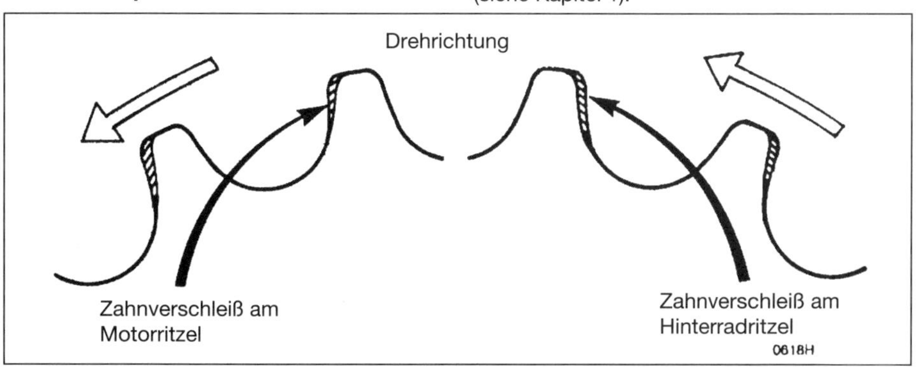

16.2 Kontrollieren Sie die gezeigten Bereiche der Kettenräder auf Verschleiß.

16.5 Motorritzel-Konterschraube (A) und -Mutter (B)

5

16.7 Ziehen Sie das Ritzel von der Welle und nehmen Sie es aus der Kette.

16.9a Legen Sie die Scheibe auf...

16.9b ...und installieren Sie die Mutter,...

Ersetzen

Motorritzel

4 Lösen Sie die Klemmschraube des Hebels an der Schaltwelle und ziehen Sie ihn ab (siehe Abb. 15.2a). Achten Sie dabei auf Markierungen zur korrekten Montage, machen Sie sich selber welche, wenn keine zu sehen sind. Entfernen Sie nach dem Lösen der Schrauben den Ritzeldeckel vom Motor (siehe Abb. 15.2b). Es ist nicht nötig, bei den **GSF 1200 Modellen** die Hydraulikleitung vom Kupplungs-Ausrückzylinder zu lösen, doch sollte darauf geachtet werden, daß der Kupplungshebel nicht betätigt werden darf, wenn der Deckel demontiert ist.

5 Montieren Sie bei den **GSF 600 Modellen** den Hebel auf die Schaltwelle und legen Sie einen Gang ein. Lassen Sie einen Assistenten die Hinterradbremse betätigen. Hierdurch wird die Antriebswelle gehalten und die Ritzel-Konterschraube und die Mutter kann entfernt werden. Lösen Sie die Konterschraube in der Mitte der Ritzelmutter und entfernen Sie sie mit der Scheibe (siehe Abb.). Lösen Sie jetzt die Ritzelmutter und entfernen Sie sie mit der Scheibe.

6 Montieren Sie bei den **GSF 1200 Modellen** den Hebel auf die Schaltwelle und legen Sie einen Gang ein. Lassen Sie einen Assistenten die Hinterradbremse betätigen. Hierdurch wird das Ritzel gekontert und die Ritzel-Mutter kann entfernt werden. Biegen Sie das Sicherungsblech zurück und lösen Sie die Ritzelmutter. Nehmen Sie sie zusammen mit dem Blech ab. Ersetzen Sie das Blech, wenn es nach mehrmaliger Benutzung verschlissen oder beschädigt ist.

7 Ziehen Sie Ritzel und Kette von der Welle und nehmen Sie das Ritzel aus der Kette (siehe Abb.). Wenn die Kette zu stramm sitzt, um das Ritzel abziehen zu können, muß der Kettenspanner etwas zurückgedreht werden (siehe Kapitel 1) – oder, falls das hintere Ritzel ebenfalls entfernt werden soll, das Hinterrad ausgebaut werden.

16.9c ...die mit dem vorgeschriebenen Drehmoment festgezogen werden muß.

16.9d Setzen Sie die Konterschraube mit der Scheibe ein...

16.9e ...und ziehen Sie sie vorschriftsmäßig fest.

16.10a Schieben Sie das Ritzel-Halteblech auf die Welle...

16.10b ... und ziehen Sie die Ritzelmutter mit dem vorgeschriebenen Drehmoment fest. Danach das Sicherungsblech hochbiegen.

16.13 Das Kettenrad wird mit fünf Muttern gehalten (Pfeile).

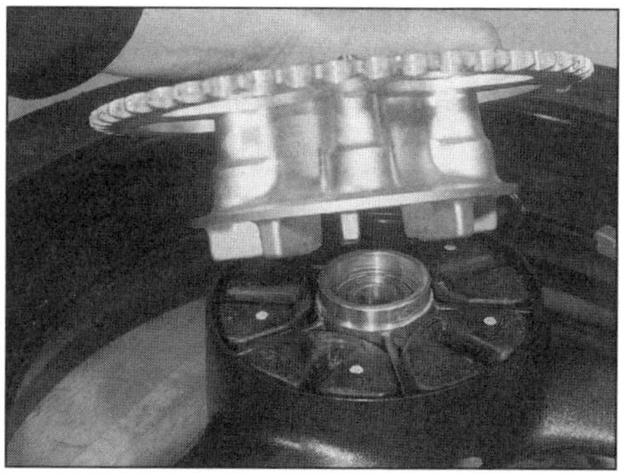

17.2 Heben Sie den Kettenradmitnehmer aus dem Rad ...

17.3 ... und kontrollieren Sie die Dämpfergummis auf Verschleiß und Alterung.

8 Legen Sie das neue Ritzel in die Kette und schieben Sie es auf die Welle.

9 Bei den **GSF 600 Modellen** wird die Ritzelmutter mit der Scheibe aufgesetzt und mit dem angegebenen Drehmoment bei blockiertem Getriebe (siehe Schritt 7) festgezogen (siehe Abb.). Setzen Sie jetzt die Konterschraube ein und ziehen Sie auch sie mit dem vorgeschriebenen Drehmoment fest (siehe Abb.).

10 Bei den **GSF 1200 Modellen** wird das Sicherungsblech und die Mutter auf die Welle gesetzt und letztere bei blockiertem Getriebe (siehe Schritt 7) mit dem vorgeschriebenen Drehmoment festgezogen. Anschließend muß das Sicherungsblech hochgebogen werden (siehe Abb.).

11 Bauen Sie den Ritzeldeckel an und setzen Sie den Hebel entsprechend der Markierungen auf die Schaltwelle (siehe Abb. 15.2b und a). Spannen und schmieren Sie die Kette, wie in Kapitel 1 beschrieben.

Hinteres Kettenrad

12 Bauen Sie das Hinterrad aus (siehe Kapitel 6).

13 Lösen Sie die Muttern, mit denen das Kettenrad auf dem Mitnehmer gesichert ist, merken Sie sich, welche Seite oben liegt und heben Sie es ab (siehe Abb.).

14 Bevor ein neues Kettenrad montiert wird, sollten Sie sich den Zustand des Mitnehmers und der Dämpfereinheit ansehen (siehe Sektion 17).

15 Setzen Sie das Kettenrad mit der eingeschlagenen Markierung nach außen auf den Mitnehmer und ziehen Sie die Muttern kreuzweise mit dem in den technischen Daten angegebenen Drehmoment an.

16 Bauen Sie das Hinterrad ein (siehe Kapitel 6).

17 Spannen und schmieren Sie die Kette (siehe Kapitel 1).

17 Hinterrad-Mitnehmer und Ruckdämpfer
Kontrolle und Ersetzen

1 Bauen Sie das Hinterrad aus (s. Kapitel 6).
Achtung: Legen Sie das Hinterrad nicht auf die Bremsscheibe, da sie sich verziehen kann. Legen Sie das Hinterrad auf Holzblöcke, so daß die Bremsscheibe nicht den Boden berührt.

2 Heben Sie den Kettenradmitnehmer aus dem Rad, so daß die Gummidämpfer an ihrem Platz liegen bleiben (siehe Abb.). Beachten Sie die Hülse im Mitnehmer und kontrollieren Sie diesen auf Risse und offensichtliche Beschädigungen. Kontrollieren Sie ebenfalls die Kettenrad-Stutzen auf Verschleiß und Beschädigungen.

3 Nehmen Sie die Gummidämpfer-Segmente aus dem Rad und begutachten Sie sie auf Risse, Verhärtungen und Alterung (siehe Abb.). Ersetzen Sie die Gummidämpfer ggf. immer als Satz.

4 Die Kontrolle und das Auswechseln des Mitnehmerlagers ist in Sektion 16 von Kapitel 6 beschrieben.

5 Der Einbau entspricht der umgekehrten Reihenfolge des Ausbaus. Gehen Sie sicher, daß die Abstandshülse korrekt in den Mitnehmer installiert ist.

6 Bauen Sie das Hinterrad ein (s. Kapitel 6).

Kapitel 6
Bremsen, Räder und Reifen

Inhalt
(in alphabetischer Reihenfolge, die Zahlen beziehen sich auf die Numerierung in den grauen Feldern)

Schwierigkeitsgrade

Leicht. Für Anfänger mit wenig Erfahrung geeignet.	**Relativ leicht.** Für Anfänger mit etwas Erfahrung geeignet.	**Relativ schwierig.** Geeignet für geübte Selbstschrauber.	**Schwer.** Geeignet für Mechaniker mit Erfahrung.	**Sehr schwer.** Geeignet für Experten und Profis.

Technische Daten

Bremsen

Bremsflüssigkeit . . . . DOT 4
Bremsscheibendicke
vorne
Standard . . . . 4,3 bis 4,7 mm
Verschleißgrenze . . . . 4,0 mm
hinten
Standard . . . . 4,8 bis 5,2 mm
Verschleißgrenze . . . . 4,5 mm
Scheiben-Verzug (vorne und hinten) . . . . 0,3 mm
Bremssattel-Bohrungen Innendurchmesser
vorne
GSF 600-Modelle . . . . 25,400 – 25,450 mm
GSF 1200 Modelle
Kolben A . . . . 30,230 – 30,280 mm
Kolben B . . . . 33,960 – 34,010 mm
hinten . . . . 38,180 – 38,256 mm
Bremssattel-Kolben Außendurchmesser
GSF 600-Modelle . . . . 25,335 – 25,368 mm
GSF 1200 Modelle
Kolben A . . . . 30,160 – 30,180 mm
Kolben B . . . . 33,878 – 33,928 mm
hinten . . . . 38,098 – 38,148 mm
Hauptbremszylinder-Bohrung
vorne
GSF 600 . . . . 14,000 – 14,043 mm
GSF 1200 . . . . 15,870 – 15,913 mm
hinten . . . . 12,700 – 12,743 mm
Hauptbremszylinder-Kolben
vorne
GSF 600 Modelle . . . . 13,957 – 13,984 mm
GSF 1200 Modelle . . . . 15,827 – 15,854 mm
hinten . . . . 12,657 – 12,684 mm

Räder

Maximaler Verzug (vorne und hinten)	
Seitenschlag	2,0 mm
Höhenschlag	2,0 mm
Maximaler Achsenverzug (vorne und hinten)	0,25 mm

Reifen

Luftdruck und Profiltiefe	siehe Tägliche Kontrolle
Reifengrößen – GSF 600 Modelle*	
vorne	110/70-17 54 H
hinten	150/70-17 69 H
Reifengrößen – GSF 1200 Modelle*	
vorne	120/70-ZR 17
hinten	180/55-ZR 17

** Beachten Sie die Eintragungen in Ihren Fahrzeugpapieren und das Handbuch, wenden Sie sich im Zweifel an einen Suzuki-Händler, einen Reifen-Händler oder den TÜV.*

Anzugs-Drehmomente

Vorderrad-Bremsbelag-Haltestift	18 Nm
Vorderrad-Bremssattelgehäuse-Verbindungsschrauben (GSF 1200 Modelle)	23 Nm
Vorderrad-Bremssattel-Befestigungsschrauben	
GSF 600 Modelle	25 Nm
GSF 1200 Modelle	39 Nm
Vordere Bremsscheiben-Befestigungsschrauben	23 Nm
Hauptbremszylinder-Lenkerklemmschrauben	10 Nm
Hinterrad-Bremssattel-Befestigungsschrauben	25 Nm
Hinterrad-Bremssattelgehäuse-Verbindungsschrauben	
GSF 600 Modelle	33 Nm
GSF 1200 Modelle	30 Nm
Hinterrad-Bremsankerstangen-Muttern	35 Nm
Hintere Bremscheiben-Befestigungsschrauben	23 Nm
Hinterrad-Hauptbremszylinder-Schrauben	23 Nm
Bremssattel-Entlüftungsventile	8 Nm
Bremsleitungs-Anschlußschrauben	23 Nm
Vorderachse	
GSF 600 Modelle	65 Nm
GSF 1200 Modelle	100 Nm
Vorderachsen-Klemmschrauben	23 Nm
Hinterachsen-Mutter	100 Nm

1 Allgemeine Informationen

Die in diesem Handbuch beschriebenen Modelle sind mit Alu-Druckgußrädern ausgerüstet, die mit schlauchlosen Reifen bestückt werden müssen.

An den Rädern sind jeweils hydraulische Scheibenbremsen montiert. Die GSF 600 Modelle haben vorne zwei Zweikolben-Schwimmsattelbremsen, hinten tragen sie eine Gegenkolben-Festsattelbremse. Die GSF 1200 Modelle haben vorne zwei Vierkolben-Festsättel und hinten einen Gegenkolben-Festsattel.

Achtung: Scheibenbremesen-Bauteile erzwingen selten eine Demontage. Zerlegen Sie keine Komponenten, wenn es nicht unbedingt nötig ist. Wenn die Wirkung einer Hydraulik-Bremsanlage schwach wird, muß das betreffende System demontiert, entleert, gereinigt und dann sorgfältig gefüllt und entlüftet werden. Innereien der Bremsen dürfen nicht mit Lösungsmitteln gereinigt werden, da hierdurch die Dichtungen quellen und zerstört werden. Verwenden Sie nur Bremsflüssigkeit oder Alkohol zur Reinigung. Passen Sie beim Arbeiten mit Bremsflüssigkeit besonders auf, sie nicht in die Augen zu bekommen. Auch Lack und Plastikteile sind gefährdet.

2.1a Entfernen Sie den Belagstift-Stopfen . . .

2 Vorderrad-Bremsbeläge
Ersetzen

Warnung: Der beim Betrieb alter Bremsbeläge entstehenden Staub kann krebserzeugendes Asbest enthalten. Blasen Sie ihn niemals mit Druckluft aus und atmen Sie ihn nicht ein. Eine geeignete Filtermaske sollte bei Arbeiten an den Bremsen immer getragen werden.

1 Lösen Sie bei den GSF 600-Modellen den Bremsbelag-Haltestift-Stopfen und anschließend den Stift, entfernen Sie dann die Beläge, merken Sie sich, wie zur Führung liegen (siehe Abb.). Achten Sie ebenfalls auf die Belagfeder und entfernen Sie sie wenn nötig.

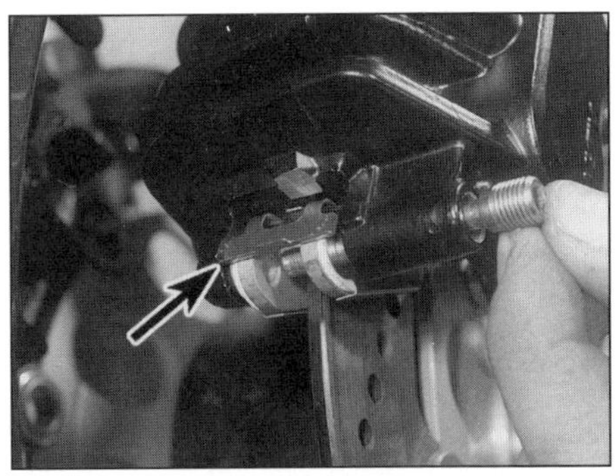

2.1b . . . gefolgt vom Belagstift. Achten Sie darauf, wie der Belag gegen die Feder drückt.

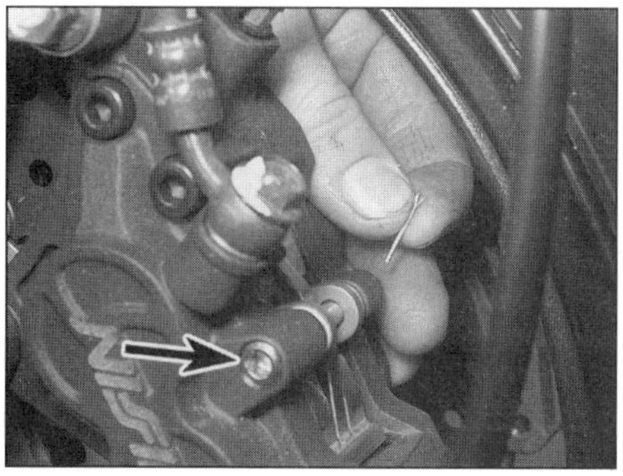

2.2a Entfernen Sie den Splint und lösen Sie dann den Belagstift, . . .

2.2b . . . entfernen Sie die Belagfeder. . .

2.2c . . . und die Beläge.

2 Entfernen Sie bei den GSF 1200 Modellen den Splint am Ende des Belag-Stiftes und lösen Sie dann den Belagstift und entfernen Sie die Belagfeder, merken Sie sich ihre Einbaulage (siehe Abb.). Entfernen Sie die Beläge aus dem Bremssattel, merken Sie sich seine Einbaulage (siehe Abb.).

3 Kontrollieren Sie die Oberflächen der Beläge auf Verunreinigung und ob das Belagmaterial noch nicht unter der Verschleißmarke ist (siehe Kapitel 1, Sektion 13). Ersetzen Sie die Beläge immer als Satz, auch wenn nur einer nahe oder unterhalb der Verschleißmarke ist (erst recht, wenn keine Verschleißmarken mehr sichtbar sind). Außerdem müssen die Bremsbeläge ersetzt werden, wenn sie mit Öl oder Fett verschmutzt oder stark eingekerbt sind oder durch Schmutz oder Sand beschädigt wurden. Beachten Sie, daß es nicht möglich ist, Bremsbeläge zu entfetten – wenn sie in irgendeiner Weise verunreinigt sind, müssen sie ersetzt werden.

4 Wenn die Bremsbeläge in gutem Zustand sind, reinigen Sie sie mit einer feinen Drahtbürste, die vollkommen fett- und ölfrei ist. Arbeiten Sie mit einem spitzen Werkzeug eingearbeitete Partikel aus dem Material, schleifen Sie verglaste Stellen mit Schmirgelleinen sauber.

5 Kontrollieren Sie den Zustand der Bremsscheibe (siehe Sektion 4).

6 Entfernen Sie Korrosionsreste vom Belagstift. Inspizieren Sie den Stift auf Anzeichen von Beschädigungen und ersetzen Sie ihn gegebenenfalls.

7 Drücken Sie mit der Hand die Kolben so weit wie möglich in den Sattel zurück. Durch die Stärke der neuen Bremsbeläge kann es notwendig sein, daß der Deckel und die Gummikappe des Ausgleichsbehälters am Hauptbremszylinder entfernt und etwas überschüssige Bremsflüssigkeit abgeschöpft werden muß.

8 Schmieren Sie die Rückseite der Bremsbeläge und den Schaft des Stiftes mit Kupferpaste ein, achten Sie darauf, daß keine Paste auf die Belagseite gelangt.

9 Bei den GSF 600-Modellen erfolgt der Einbau in umgekehrter Reihenfolge des Ausbaus. Achten Sie auf den korrekten Sitz der Feder und der Führungen. Setzen Sie die Beläge so in den Sattel, daß das Reibmaterial zur Bremsscheibe zeigt und die Enden in den Führungen liegen (siehe Abb.). Installieren Sie den Belagstift, gehen Sie sicher, daß er durch die Löcher in den Belägen geführt wird und ziehen Sie ihn mit dem vorgeschriebenen Drehmoment fest (siehe Abb. 2.1b). Montieren Sie den Belagstift-Stopfen (siehe Abb. 2.1a).

10 Bei den GSF 1200-Modellen erfolgt der Einbau in umgekehrter Reihenfolge des Ausbaus.. Setzen Sie die Beläge so in den Sattel, daß das Reibmaterial zur Brems-

2.9a Setzen Sie die Beläge ein, . . .

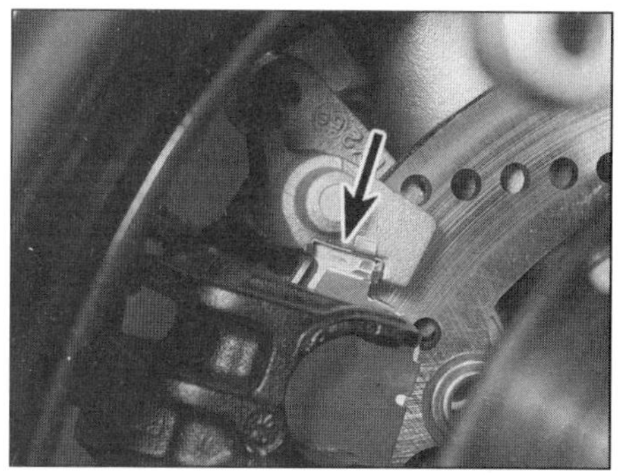

2.9b . . . gehen Sie sicher, daß deren Enden korrekt gegen die Führungsplatte drücken.

2.10a Setzen Sie die Beläge ein, . . .

2.10b . . . die Belagfeder und den Belagstift – drücken Sie dabei die Feder herunter, so daß der Stift oben auf der Feder liegt.

2.10c Ziehen Sie den Bremsbelagstift mit dem vorgeschriebenen Drehmoment fest.

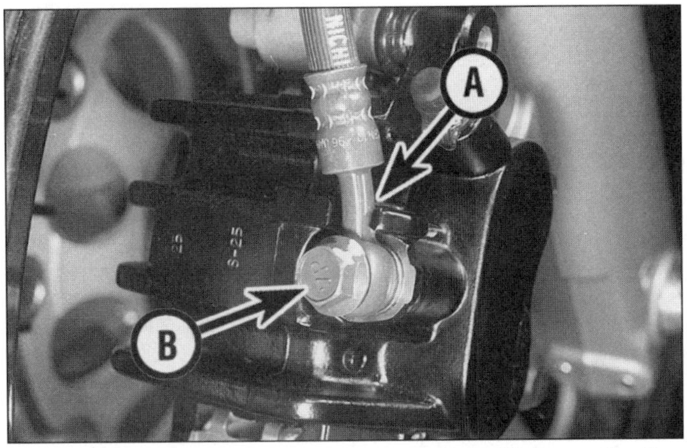

3.1 Beachten Sie die Lage des Anschlußstücks (A), bevor Sie die Anschlußschraube (B) lösen – hier am 600er Modell gezeigt.

3.2 Entfernen Sie die Schraube des Tachowellenhalters.

scheibe zeigt (siehe Abb.). Setzen Sie die Feder ein, achten Sie dabei auf korrekten Sitz Achten Sie beim Einbau des Stiftes darauf, daß er durch beide Beläge geführt wird und über der Feder liegt (siehe Abb.). Ziehen Sie den Belagstift mit dem vorgeschriebenen Drehmoment an und sichern Sie ihn mit dem Splint (siehe Abb.).

11 Füllen Sie, falls nötig, den Hauptbremszylinder auf (siehe Tägliche Kontrolle), und setzen Sie die Gummikappe und den Deckel auf den Ausgleichsbehälter.

12 Betätigen Sie den Bremshebel mehrmals, um die Beläge an die Scheibe zu drücken. Kontrollieren Sie den Flüssigkeitsstand im Hauptbremszylinder und die Funktion der Bremse, bevor Sie mit dem Motorrad fahren.

3 Vorderrad-Bremssattel Ausbau, Überholung und Einbau

Warnung: Wenn eine Überholung des Bremssattels nötig ist (normalerweise bei Undichtigkeiten oder Funktionsverweigerung), muß jegliche alte Bremsflüssigkeit abgelassen werden. Der beim Betrieb alter Bremsbeläge entstehenden Staub kann krebserzeugendes Asbest enthalten. Blasen Sie ihn niemals mit Druckluft aus und atmen Sie ihn nicht ein. Eine geeignete Filtermaske sollte bei Arbeiten an den Bremsen immer getragen werden. Verwenden Sie keine Lösungsmittel auf Petroleumbasis zum Reinigen von Bremsenteilen. Benutzen Sie saubere Bremsflüssigkeit, Bremsenreiniger oder Spiritus.

Ausbau

1 Entfernen Sie die Anschlußschraube der Bremsleitung, beachten Sie die Position der Bremsleitung auf dem Sattel und entfernen Sie sie (siehe Abb.). Sichern Sie die Bremsleitung mit einem umgewickelten Plastikbeutel vor Schmutz und weiterem Abtropfen. Entfernen Sie die Dichtscheiben, die auf jeden Fall durch Neuteile ersetzt werden müssen. **Anmerkung:** Wenn Sie den Sattel überholen wollen und nicht die Möglichkeit haben, mit Pressluft die Kolben herauszudrücken, sollte die Bremsleitung noch nicht gelöst oder wieder leicht angezogen werden, damit mit der Bremsenhydraulik die Kolben herausdrücken werden können, nachdem die Beläge entfernt worden sind.

3.3 Bremssattelgehäuse-Verbindungsschrauben (Pfeile).

2 Lösen Sie bei den GSF 600 Modellen die Schraube der Tachowellenführung am linken Bremssattel und entfernen Sie die Führung (siehe Abb.).

3 Wenn bei den GSF 1200 Modellen das Sattelgehäuse zum Auswechseln der Dichtungen geteilt werden soll, ist es sinnvoll, die Gehäuseschrauben jetzt zu lockern und wieder leicht anzuziehen (siehe Abb.).

4 Lösen Sie die Bremssattelschrauben und nehmen Sie den Sattel von der Bremsscheibe (siehe Abb.). Entfernen Sie die Bremsbeläge, wie in Sektion 2 beschrieben.

Überholung

5 Reinigen Sie jeden Bremssattel äußerlich mit Spiritus oder Bremsenreiniger (s. Abb.).

6 Entfernen Sie bei den GSF 600 Modellen die Kolben aus dem Sattelgehäuse, entweder durch Herauspumpen mit dem Bremshebel oder mit Hilfe von Pressluft. Markieren Sie die Kolbenböden und das Sattelgehäuse mit einem Filzstift, um die Kolben nicht zu verwechseln. Bei der Pressluftmethode sollte ein Lappen als Dämpfer vor die Kolben gelegt werden. Die Druckluft wird direkt an den Schlauchanschluß des Sattels gelegt und mit

3.4a Bremssattel-Befestigungsschrauben (Pfeile) – 600er Modelle

3.4b Bremssattel-Befestigungsschrauben (Pfeile) – 1200er Modelle

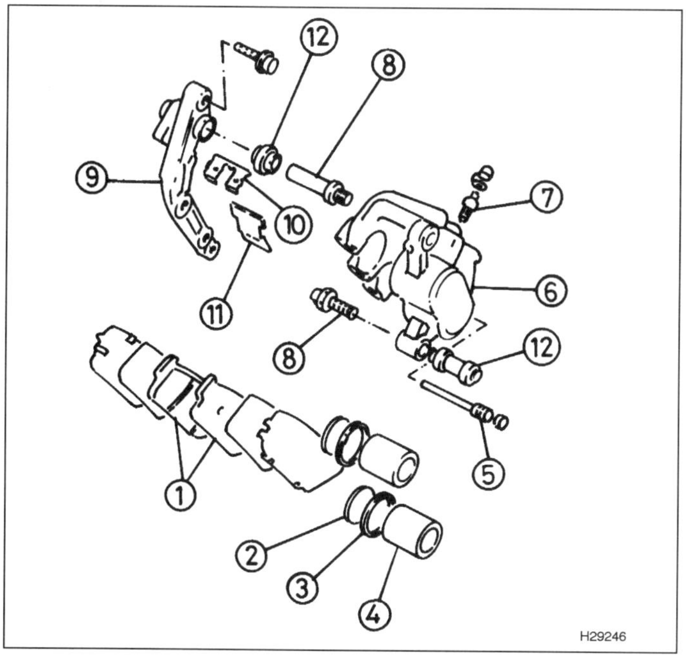

3.5a Bauteile der Vorderradbremse – GSF 600-Modelle

1 Bremsbeläge
2 Staubdichtung
3 Kolbendichtung
4 Kolben
5 Belagstift
6 Bremssattelgehäuse
7 Entlüftungsventil
8 Gleitstift
9 Gummimanschette
10 Führungsplatte
11 Belagfeder
12 Gummimanschette

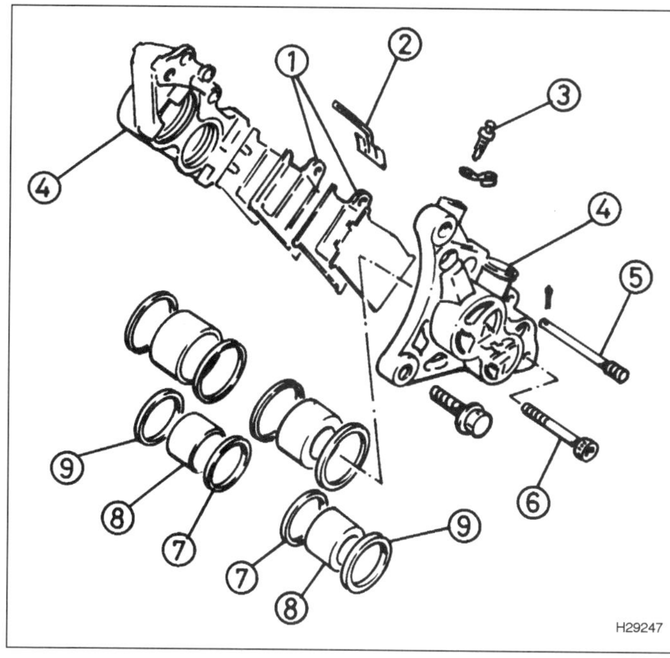

3.5b Bauteile der Vorderradbremse – GSF 1200-Modelle

1 Bremsbeläge
2 Belagfeder
3 Entlüftungsventil
4 Bremssattelgehäuse
5 Belagstift
6 Gehäuse-schrauben
7 Staubdichtung
8 Kolben
9 Kolbendichtung

wenig Druck die Kolben herausgedrückt. Stellen Sie sicher, daß beide Kolben gleichzeitig herauskommen. Wenn der Luftdruck zu hoch ist und die Kolben herausspringen, können Sattel und Kolben beschädigt werden.

⚠ ***Warnung: Halten Sie niemals die Finger vor die Kolben, wenn Druckluft angeschlossen ist, es kann dabei zu ernsthaften Verletzungen kommen.***

7 Drücken Sie bei den GSF 1200 Modellen die Kolben so weit wie möglich aus dem Sattelgehäuse, entweder durch Herauspumpen mit dem Bremshebel oder mit Hilfe von Pressluft – lassen Sie die Kolbenböden sich nicht berühren. Bei der Pressluftmethode sollte ein Lappen als Dämpfer vor die Kolben gelegt werden. Die Druckluft wird direkt an den Schlauchanschluß des Sattels gelegt und mit wenig Druck die Kolben herausgedrückt. Stellen Sie sicher, daß beide Kolben gleichzeitig herauskommen. Wenn der Luftdruck zu hoch ist und die Kolben herausspringen, können Sattel und Kolben beschädigt werden. Lösen Sie die Gehäuseschrauben und trennen Sie das Bremssattelgehäuse in zwei Hälften. Nehmen Sie die Kolben aus den Hälften. Entfernen Sie die Gehäusedichtungen – sie müssen auf jeden Fall durch Neuteile ersetzt werden. Beachten Sie, daß die Kolben zwei verschiedene Größen haben und entsprechend es auch zwei unterschiedliche Dichtungsgrößen gibt.

8 Entfernen Sie mit einem Holz- oder Plastikwerkzeug die Staubdichtungen von den Sattelbohrungen. Die Dichtungen müssen auf jeden Fall ersetzt werden. Wenn Sie ein Metallwerkzeug verwenden, muß sehr vorsichtig gearbeitet werden, um nicht die Bohrungen zu beschädigen.

9 Entfernen Sie die Kolbendichtungen auf die gleiche Art und werfen Sie sie weg.

10 Reinigen Sie Bohrungen und Kolben mit Spiritus, Bremsenreiniger oder sauberer Bremsflüssigkeit. Wenn Druckluft zugänglich ist, benutzen Sie sie zum Trocknen der Teile (gehen Sie sicher, daß die Luft gefiltert und ölfrei ist).

Achtung: Benutzen Sie kein Lösungsmittel auf Petroleumbasis zum Reinigen von Bremsenteilen.

11 Inspizieren Sie die Sattelbohrungen und Kolben auf Anzeichen von Korrosion, Kerben und Schleifspuren sowie Abplatzungen. Wenn defekte Oberflächen vorhanden sind, muß der Bremssattel ersetzt werden. Wenn die nötigen Meßgeräte vorhanden sind, können die Durchmesser der Kolben und Bohrungen mit den technischen Daten verglichen, und außerhalb des Toleranzbereiches liegende Teile ausgetauscht werden. Wenn der Bremssattel in schlechtem Zustand ist, sollte auch der Hauptbremszylinder kontrolliert werden.

12 Kontrollieren Sie bei den GSF 600 Modellen, ob sich der Bremssattel frei auf den Stiften der Halteplatte hin und herschieben läßt. Wenn er wegen Korrosion festsitzt, trennen Sie beide Komponenten und entfernen Sie jegliche Fett- und Oxidations-Reste (siehe Abb.). Geben Sie etwas Kupferpaste oder Silikonpaste auf die Führungsstifte und montieren Sie die Baugruppen wieder. Entfernen Sie die Gummimanschetten, wenn sie beschädigt oder spröde sind.

13 Schmieren Sie die neuen Kolbendichtungen mit sauberer Bremsflüssigkeit und setzen Sie sie in ihre Nuten in den Sattelbohrungen. Beachten Sie, daß die Bremsen der GSF 1200-Modelle zwei unterschiedliche Kolbengrößen haben, und Vorsicht geboten sein muß, wenn die Dichtungen in ihre entsprechende Bohrung gesetzt werden. Das gleiche gilt für den Einbau neuer Staubdichtungen und Kolben.

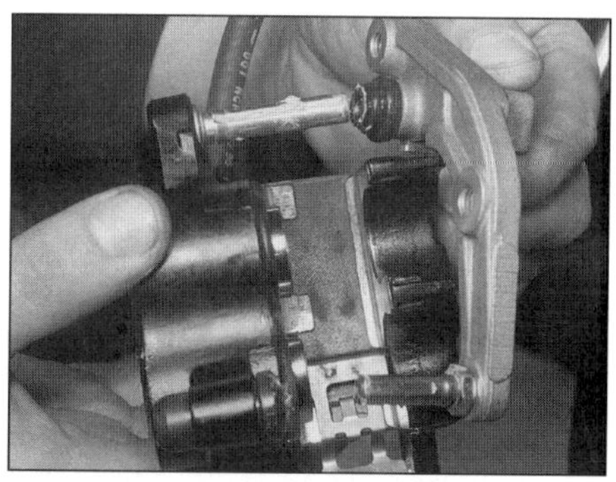

3.12 Ziehen Sie den Bremssattel vom Halter und reinigen Sie die Stifte.

3.18 Schieben Sie den Bremssattel auf die Scheibe, . . .

3.19a . . . installieren Sie die Befestigungsschrauben...

3.19b . . . und ziehen Sie sie mit dem vorgeschriebenen Drehmoment fest.

14 Schmieren Sie die neuen Staubdichtungen mit sauberer Bremsflüssigkeit und setzen Sie sie in die Nuten der entsprechenden Bohrung.

15 Schmieren Sie die Kolben mit sauberer Bremsflüssigkeit und setzen Sie sie in die Sattelbohrungen. Drücken Sie sie mit den Daumen senkrecht bis auf den Boden.

16 Schmieren Sie bei den GSF 1200 Modellen die neuen Gehäusedichtungen mit sauberer Bremsflüssigkeit und installieren Sie sie in eine Gehäusehälfte. Verbinden Sie die beiden Hälften unter Beachtung des korrekten Sitzes der Dichtungen. Setzen Sie die Gehäusschrauben ein und ziehen Sie sie mit dem vorgeschriebenen Drehmoment fest. Wenn das Anziehen der Schrauben in diesem Stadium nicht möglich ist, können sie vollständig festgezogen werden, wenn das Gehäuse am Motorrad montiert ist.

Einbau

17 Bauen Sie die Bremsbeläge ein (siehe Sektion 2).

18 Schieben Sie den Bremssattel auf die Bremsscheibe, gehen Sie sicher, daß die Beläge senkrecht auf beiden Seiten der Scheibe sitzen (siehe Abb.).

19 Setzen Sie die Bremssattel-Befestigungsschrauben ein und ziehen Sie sie mit dem in den technischen Daten am Anfang des Kapitels angegebenen Drehmoment fest (siehe Abb.).

20 Installieren Sie bei den GSF 600 Modellen die Tachowellenführung an den linken Bremssattel (siehe Abb. 3.2).

21 Ziehen Sie an den GSF 1200 Modellen jetzt gegebenenfalls die Gehäuseschrauben vorschriftsmäßig an (siehe Abb. 3.3).

22 Verbinden Sie die Bremsleitung mit dem Sattel, benutzen Sie auf beiden Seiten des Anschlusses neue Dichtscheiben. Positionieren Sie die Leitung so, wie sie bei der Demontage lag (siehe Abb. 3.1). Ziehen Sie die Anschlußschraube mit dem angegebenen Drehmoment fest.

23 Füllen Sie den Hauptbremszylinder mit der vorgeschriebenen Bremsflüssigkeit (siehe Abb. 5.24) und entlüften Sie das Hydrauliksystem, wie in Sektion 11 beschrieben.

24 Achten Sie auf Undichtigkeiten und testen Sie gründlich die Funktion der Bremse, bevor Sie mit dem Motorrad fahren.

4 Vorderrad-Bremsscheiben
Kontrolle, Ausbau und Einbau

Kontrolle

1 Begutachten Sie den Zustand der Bremsscheiben-Oberfläche auf Kerben und andere Beschädigungen. Leichte Kratzer sind nach Gebrauch normal und behindern nicht die Funktion der Bremse, tiefe Nuten und große Kerben reduzieren jedoch die Bremswirkung und erhöhen den Belag-Verschleiß. Wenn eine Scheibe stark riefig ist, muß sie geschliffen oder ersetzt werden.

2 Um den Scheibenverzug zu kontrollieren, muß das Motorrad auf den Hauptständer oder eine entsprechende Stütze gestellt und so abgestützt werden, daß das Vorderrad nicht den Boden berührt. Drehen Sie den Lenker bis zum Anschlag einer Seite. Befestigen Sie eine Meßuhr so an der Gabel, daß der Meßdorn die Scheibe etwa 10 mm unter ihrem Außenrand abtasten kann (siehe Abb.). Drehen Sie das Rad und beobachten Sie die Meßuhr-Nadel. Vergleichen Sie den gemessenen Wert mit der Toleranzgrenze in den technischen Daten. Wiederholen Sie die Messung an der anderen Bremsscheibe. Wenn der Schlag größer ist, als erlaubt, kontrollieren Sie das Radlagerspiel (siehe Kapitel 1). Wenn die Lager verschlissen sind, müssen sie ersetzt (siehe Sektion 16) und diese Kontrolle muß wiederholt werden. Wenn immer noch starker Verzug vorliegt, muß die Scheibe ersetzt oder von einer kompetenten Werkstatt überarbeitet werden.

3 Die Scheibe darf nicht dünner geschliffen werden oder verschlissen sein, als in den technischen Daten und auf der Scheibe selbst als minimaler Toleranzwert angegeben ist (siehe Abb.). Die Dicke kann mit einer Mikrometerschraube gemessen werden (siehe Abb.), wenn eine Bremsscheibe zu dünn ist, muß sie ersetzt werden.

4.2 Messen Sie mit Hilfe einer Meßuhr den Seitenschlag der Bremsscheibe.

4.3a Die minimale Dicke ist auf der Bremsscheibe eingeschlagen.

4.3b Mit einer Mikrometerschraube wird die Scheibendicke gemessen.

4.5 Die Bremsscheibe ist mit fünf Schrauben gesichert (Pfeil).

Ausbau

4 Bauen Sie das Vorderrad aus (s. Sektion 14).
Achtung: Legen Sie das Vorderrad nicht auf die Bremsscheibe, da sie sich verziehen kann.
Legen Sie es auf Holzblöcke, so daß die Scheibe nicht den Boden berührt.

5 Markieren Sie die Einbaulage der Scheiben am Rad, so daß sie in der selben Position wieder montiert werden kann. Lösen Sie die Bremsscheibenschrauben schrittweise über kreuz, um ein Verziehen der Bremsscheibe zu vermeiden. Heben Sie die Scheibe vom Rad (siehe Abb.).

Einbau

6 Bauen Sie die Scheibe so an das Rad, daß die zuvor gemachten Markierungen fluchten (wenn Sie die originale Bremsscheibe

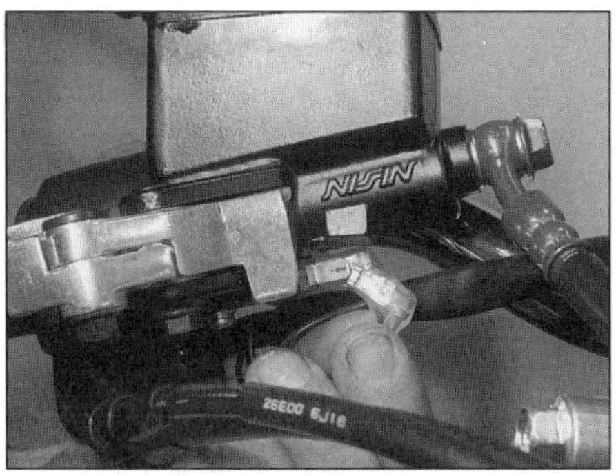

5.5 Lösen Sie die Schraube des Bremsleitungs-Anschlusses.

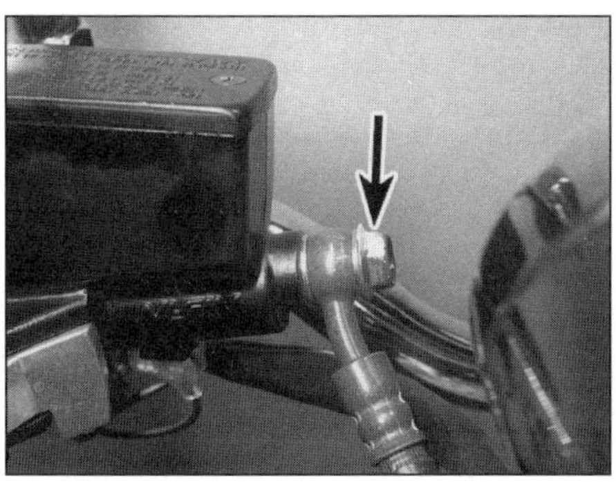

5.7 Ziehen Sie die Bremslichtschalter-Stecker ab (Pfeil).

5.4 Lockern Sie die Behälterdeckelschrauben (Pfeile).

installieren). Die Pfeil-Markierung auf der Scheibe muß außen liegen und in Fahrtrichtung zeigen.

7 Geben Sie Schraubensicherung an die Bremsscheibenschrauben und ziehen Sie sie nach und nach über Kreuz und schließlich mit dem in den technischen Daten vorgeschriebenen Drehmoment an. Reinigen Sie die Scheiben mit Azeton oder Bremsenreiniger. Wenn neue Bremsscheiben verwendet wird, muß deren Schutzüberzug entfernt werden.

8 Installieren Sie das Vorderrad (siehe Sektion 14).

9 Betätigen Sie den Bremshebel mehrmals, um die Beläge an die Scheiben zu drücken. Kontrollieren Sie die Funktion der Bremse, bevor Sie mit dem Motorrad fahren.

5 Vorderrad-Hauptbremszylinder
Ausbau, Überholung u. Einbau

1 Wenn aus dem Hauptbremszylinder Flüssigkeit austritt, oder der Hebel beim Bremsen ein schwammiges Gefühl erzeugt, und Entlüften keine Abhilfe schafft (siehe Sektion 11) und zudem die Leitungen in gutem Zustand sind, ist eine Überholung des Hauptbremszylinders empfehlenswert.

2 Vor dem Zerlegen des Hauptbremszylinders sollte die ganze Arbeitsanleitung durchgelesen werden und neue Reparatur-Kits und Dichtungen beschafft sein. Ebenfalls wird neue DOT 4-Bremsflüssigkeit benötigt,

5.8 Hauptbremszylinder-Klemmschrauben (Pfeile)

sowie saubere Lappen und eine Innen-Seegerring-Zange. **Anmerkung:** *Um Lackschäden durch Bremsflüssigkeitsspritzer zu vermeiden, sollte bei Arbeiten am vorderen Hauptbremszylinder immer der Benzintank entfernt sein.*
Achtung: Zerlegung, Überholung und Zusammenbau des Bremszylinders sollte auf einer absolut sauberen Werkbank erfolgen, um Verunreinigungen und mögliche Fehlfunktion des Bremshydrauliksystems zu vermeiden.

Ausbau

3 Entfernen Sie, falls nötig, den Rückspiegel (siehe Kapitel 7).

4 Lockern Sie die Schrauben des Behälterdeckels, aber entfernen Sie sie nicht (siehe Abb.).

5 Lösen Sie die Kabelstecker vom Bremslichtschalter (siehe Abb.).

6 Entfernen Sie den Bremshebel (siehe Kapitel 5).

7 Lösen Sie die Bremsleitungs-Anschlußschraube und trennen Sie die Leitung vom Hauptbremszylinder, merken Sie sich die Lage (siehe Abb.). Die beiden Dichtscheiben müssen durch Neuteile ersetzt werden. Sichern Sie die Bremsleitung mit einem umgewickelten Plastikbeutel vor Schmutz und weiterem Abtropfen.

8 Entfernen Sie die Hauptbremszylinder-Klemmschrauben und nehmen Sie das Klemmstück und den Bremszylinder vom Lenker. Beachten Sie die Markierung unten am Lenker, die beim Einbau mit der Fläche des Klemmstücks fluchten muß (siehe Abb.).
Achtung: Kippen Sie den Hauptbremszylinder nicht um, da Bremsflüssigkeit auslaufen kann.

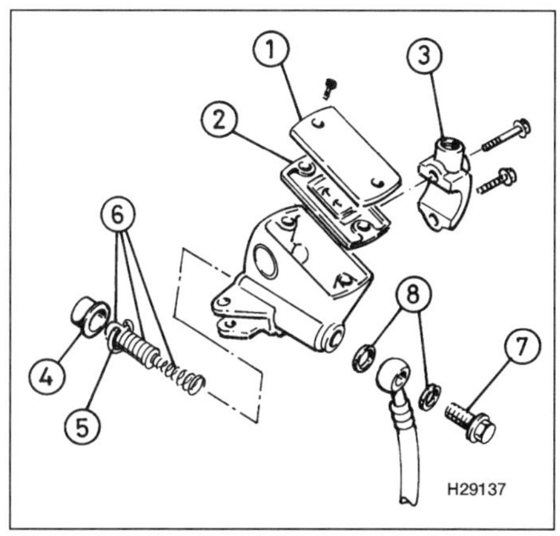

5.9 Bauteile des Vorderrad-Hauptbremszylinders

1 *Behälterdeckel mit Membran-Halteplatte*
2 *Gummiabdeckung*
3 *Klemmstück*
4 *Gummi-Staubmanschette*
5 *Seegerring*
6 *Kolbenbaugruppe mit Feder*
7 *Anschlußschraube Behälter*
8 *Dichtscheiben*

6

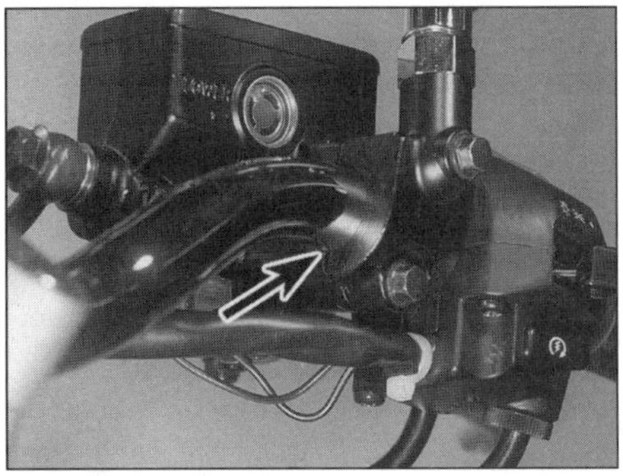

5.21a Verbindungsfläche der Klemmung mit der Schlagmarkierung am Lenker fluchten lassen, . . .

Überholung

9 Entfernen Sie die Deckelschrauben und nehmen Sie den Behälterdeckel, die Platte und die Gummimembrane ab (siehe Abb.). Kippen sie die Bremsflüssigkeit in einen geeigneten Behälter. Wischen Sie jegliche Flüssigkeitsreste mit einem sauberen Lappen aus dem Behälter.

10 Lösen Sie die Schraube des Bremslichtschalters unterhalb des Bremszylinders und nehmen Sie den Schalter ab.

11 Entfernen Sie vorsichtig die Gummi-Staubmanschette vom Ende des Kolbens.

12 Entfernen Sie mit einer Seegerringzange den Sicherungsring und ziehen Sie den Kolben samt Feder heraus. Merken Sie sich die Einbaulage und achten Sie auf penible Sauberkeit, um Schwierigkeiten beim Einbau zu vermeiden.

13 Reinigen Sie alle Teile mit Bremsflüssigkeit oder Spiritus. Wenn Druckluft zugänglich ist, trocknen Sie die Teile damit anschließend (nur mit gefilterter und ölfreier Luft).

Achtung: Benutzen Sie zum Reinigen von Bremsenteilen unter keinen Umständen Lösungsmittel auf Petroleumbasis.

14 Inspizieren Sie die Hauptbremszylinderbohrungen auf Anzeichen von Korrosion, Kerben und Schleifspuren sowie Abplatzungen. Falls das nötige Meßwerkzeug zugänglich ist, vergleichen Sie die ermittelten Werte mit den Angeben in den technischen Daten. Wenn defekte Oberflächen vorhanden sind, muß der Hauptbremszylinder ersetzt werden.

5.21b . . . dann die Schrauben mit dem vorgeschriebenen Drehmoment festziehen.

Wenn der Hauptbremszylinder in schlechtem Zustand ist, sollten auch die Bremssättel kontrolliert werden. Kontrollieren Sie, ob die Bohrungen und Kanäle frei sind.

15 Die Gummi-Staubdichtung, der Seegerring und die Kolbenbaugruppe samt Feder sind nur zusammen als Satz erhältlich. Benutzen Sie unabhängig vom Zustand der alten Teile immer alle Neuteile.

16 Setzen Sie die Feder mit dem weiteren Ende in den Hauptbremszylinder, so daß das kleinere Ende in den Kolben greifen kann.

17 Schmieren Sie die Kolbenbaugruppe mit sauberer Bremsflüssigkeit und setzen Sie sie in den Hauptbremszylinder, gehen Sie dabei sicher, daß die Einbaurichtung stimmt und die Lippen der Kolbendichtung nicht umklappen, wenn sie in die Bohrung geschoben wird. Drücken Sie den Kolben hinein und setzen den neuen Seegerring vollständig in seine Nut.

18 Installieren Sie die Gummimanschette, achten Sie darauf, daß die Lippe korrekt in der Kolbennut sitzt.

19 Montieren Sie den Bremslichtschalter.

20 Inspizieren Sie die Gummimembrane des Ausgleichsbehälters und ersetzen Sie sie, wenn sie beschädigt oder spröde ist.

Einbau

21 Halten Sie den Hauptbremszylinder an den Lenker und setzen Sie das Klemmstück an. Lassen Sie die Verbindungsfläche mit der Schlagmarkierung an der Unterseite des Lenkers fluchten. Ziehen Sie zuerst die obere Schraube und dann die untere mit dem in den technischen Daten angegebenen Drehmoment an (siehe Abb.).

22 Verbinden Sie die Bremsleitung mit dem Hauptbremszylinder, benutzen Sie auf beiden Seiten des Anschlusses neue Dichtscheiben. Positionieren Sie die Leitung so, wie sie beim Ausbau lag (siehe Abb. 5.7). Ziehen Sie die Anschlußschraube mit dem vorgeschriebenen Drehmoment an.

23 Installieren Sie den Bremshebel (siehe Kapitel 5).

24 Schließen Sie den Stecker an den Bremslichtschalter an (siehe Abb. 5.5), und befestigen Sie den Rückspiegel (siehe Kapitel 7).

25 Füllen Sie den Hauptbremszylinder mit DOT 4-Bremsflüssigkeit (siehe Tägliche Kontrolle) und entlüften Sie das Hydrauliksystem, wie in Sektion 11 beschrieben.

26 Setzen Sie die korrekt gefaltete Gummimemrane, die Platte und den Deckel auf den Ausgleichsbehälter des Hauptbremszylinders und ziehen Sie die Schrauben fest.

27 Kontrollieren Sie die Funktion der Bremse, bevor Sie mit dem Motorrad fahren.

6 Hinterrad-Bremsbeläge
Ersetzen

Warnung: Der beim Betrieb alter Bremsbeläge entstehenden Staub kann krebserzeugendes

6.1 Hebeln Sie den Deckel ab...

6.2 Entfernen Sie den Splint . . .

6.3 . . . und ziehen Sie den Belagstift heraus.

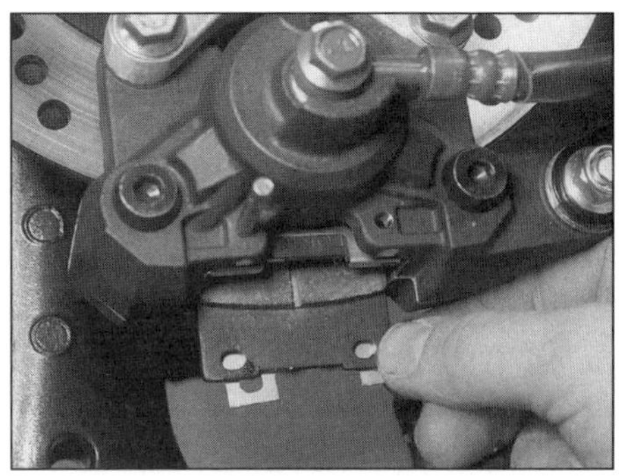

6.4 Entfernen Sie die Beläge und die Beilegscheiben.

6.11a Gehen Sie sicher, daß die Belagfeder korrekt sitzt.

6.11b Installieren Sie einen Stift durch beide Beläge . . .

6.11c . . .und den anderen Stift durch nur einen Belag, setzen Sie anschließend die Federn ein . . .

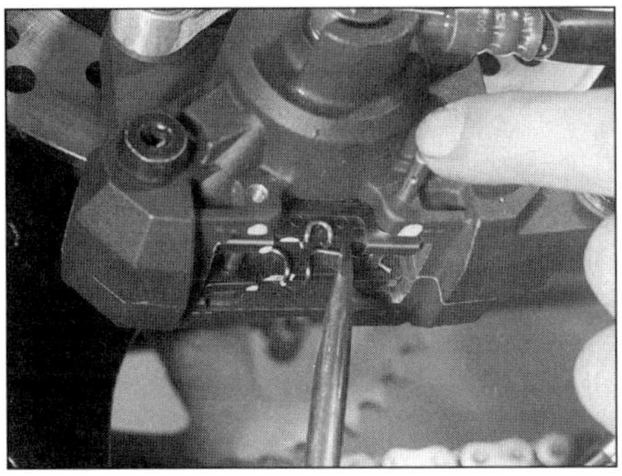

6.11d . . . und drücken Sie diese unter den zweiten Stift, während Sie ihn hindurchschieben.

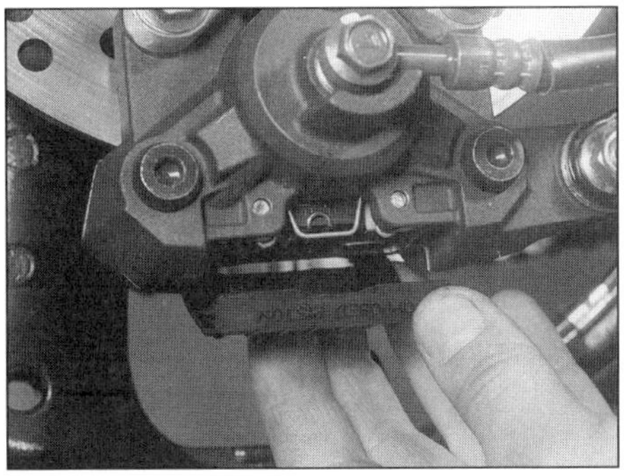

6.11e Setzen Sie den Haltesplint an und den Deckel auf.

Asbest enthalten. Blasen Sie ihn niemals mit Druckluft aus und atmen Sie ihn nicht ein. Eine geeignete Filtermaske sollte bei Arbeiten an den Bremsen immer getragen werden.

1 Hebeln Sie mit einem Schraubenzieher die Bremsbelagabdeckung ab (siehe Abb.).

2 Entfernen Sie die Haltesplinte der Bremsbelagstifte, merken Sie sich ihre Position (siehe Abb.).

3 Ziehen Sie die Stifte mit einer geeigneten Zange aus dem Bremssattel, entfernen Sie die Federn und merken Sie sich ihre Einbaulage (siehe Abb.).

4 Ziehen Sie die Beläge aus dem Sattelgehäuse und entfernen Sie die Bremsbelag-Beilegscheibe von der Rückseite jeden Belages (siehe Abb.).

5 Kontrollieren Sie die Oberflächen der Beläge auf Verunreinigung und Erreichen der Verschleißmarke. Ersetzen Sie die Beläge immer als Satz, auch wenn nur einer nahe oder unterhalb der Verschleißmarke ist (erst recht, wenn keine Verschleißmarken mehr sichtbar sind). Außerdem müssen die Bremsbeläge ersetzt werden, wenn sie mit Öl oder Fett verschmutzt oder stark eingekerbt, oder durch Schmutz oder Sand beschädigt wurden.

Beachten Sie, daß es nicht möglich ist, Bremsbeläge zu entfetten – wenn sie in irgendeiner Weise verunreinigt sind, müssen sie ersetzt werden.

6 Wenn die Bremsbeläge in gutem Zustand sind, reinigen Sie sie mit einer feinen Drahtbürste, die vollkommen fett- und ölfrei ist. Arbeiten Sie mit einem spitzen Werkzeug eingearbeitete Partikel aus dem Material, schleifen Sie verglaste Stellen mit Schmirgelleinen sauber.

7 Kontrollieren Sie den Zustand der Bremsscheibe (siehe Sektion 4).

8 Entfernen Sie Korrosionsreste vom Belagstift. Inspizieren Sie den Stift auf Anzeichen von Beschädigungen und ersetzen Sie ihn gegebenenfalls.

9 Drücken Sie mit der Hand die Kolben so weit wie möglich in den Sattel zurück. Durch die Stärke der neuen Bremsbeläge kann es notwendig sein, daß der Deckel und die Gummikappe des Ausgleichsbehälters am Hauptbremszylinder entfernt und etwas überschüssige Bremsflüssigkeit abgeschöpft werden muß.

10 Schmieren Sie die Rückseite der Bremsbeläge und den Schaft des Stiftes mit Kupferpaste ein, achten Sie darauf, daß keine Paste auf die Belagseite gelangt.

11 Der Einbau der Beläge, der Beilegscheiben, der Belagstifte, der Feder und des Haltesplints erfolgt in umgekehrter Reihenfolge des Ausbaus. Installieren Sie das Beilegblech mit dem offenen Ende nach vorne zeigend hinter die Beläge. Setzen Sie die Beläge so in den Sattel, daß das Reibmaterial zur Bremsscheibe zeigt und die Enden in den Führungen liegen. Achten Sie auf den korrekten Sitz der Federn und der Stifte in den Bohrungen der Beläge (siehe Abb.). Sichern Sie die Stifte mit dem Splint, gehen Sie sicher, daß sein Enden durch die Löcher den Belagstiften geführt sind – drehen Sie den Stift dazu gegebenenfalls (siehe Abb. 6.2). Vergessen Sie nicht, den Deckel wieder auf den Bremssattel zu setzen (siehe Abb.).

12 Füllen Sie, falls nötig, den Hauptbremszylinder auf (siehe Tägliche Kontrolle).

13 Betätigen Sie den Bremshebel mehrmals, um die Beläge an die Scheibe zu drücken. Kontrollieren Sie den Flüssigkeitsstand im Hauptbremszylinder und die Funktion der Bremse, bevor Sie mit dem Motorrad fahren.

7 Hinterrad-Bremssattel
Ausbau, Überholung und Einbau

Warnung: Wenn eine Überholung des Bremssattels nötig ist (normalerweise bei Undichtigkeiten oder Funktionsverweigerung), muß jegliche alte Bremsflüssigkeit abgelassen werden. Der beim Betrieb alter Bremsbeläge entstehenden Staub kann krebserzeugendes Asbest enthalten. Blasen Sie ihn niemals mit Druckluft aus und atmen Sie ihn nicht ein. Eine geeignete Filtermaske sollte bei Arbeiten

7.1 Beachten Sie den Anschlag (A), gegen den der Anschluß gedreht sein muß und lösen Sie die Bremsleitungs-Anschlußschraube (B).

7.2 Lösen Sie den Bremsanker und trennen Sie ihn vom Bremssattel.

7.3 Bremssattel-Gehäuseschrauben (Pfeil)

7.4 Bremssattel-Befestigungsschrauben

an den Bremsen immer getragen werden. Verwenden Sie zum Reinigen von Bremsenteilen keine Lösungsmittel auf Petroleumbasis. Benutzen Sie saubere Bremsflüssigkeit, Bremsenreiniger oder Spiritus.

Anmerkung: *Bevor Sie den Bremssattel überholen, sollte mit einem Suzuki-Händler besprochen werden, ob er die Bremssatteldichtungen einzeln liefert, da sie normalerweise nur zusammen mit den Kolben erhältlich sind.*

Ausbau

1 Entfernen Sie die Anschlußschraube der Bremsleitung, beachten Sie die Position der Bremsleitung auf dem Sattel und entfernen Sie sie (siehe Abb.). Sichern Sie die Bremsleitung mit einem umgewickelten Plastikbeutel vor Schmutz und weiterem Abtropfen. Entfernen Sie die Dichtscheiben, die auf jeden Fall durch Neuteile ersetzt werden müssen. **Anmerkung:** *Wenn Sie den Sattel überholen wollen und nicht die Möglichkeit haben, mit Pressluft die Kolben herauszudrücken, sollte die Bremsleitung nicht gelöst, oder wieder leicht angezogen werden, damit mit der Bremsenhydraulik die Kolben herausdrücken werden können. nachdem die Beläge entfernt worden sind. Lösen Sie nach dem Ausdrücken der Kolben die Bremsleitung.*

2 Lösen Sie die Schraube des Bremsankers vom Bremssattel, ziehen Sie sie heraus und lassen Sie den Anker herunter (siehe Abb.). Entfernen Sie die Bremsbeläge, wie in Sektion 6 beschrieben, dann müssen die Isolations-Stücke von den Kolben genommen werden (siehe Abb. 3.2b).

3 Wenn das Sattelgehäuse zum Dichtungs-Austausch getrennt werden soll, empfiehlt es sich, die Gehäuseschrauben jetzt zu lockern (siehe Abb.).

4 Lösen Sie die Bremssattelschrauben und nehmen Sie den Sattel von der Bremsscheibe (siehe Abb.). Entfernen Sie die Bremsbeläge, wie in Sektion 6 beschrieben.

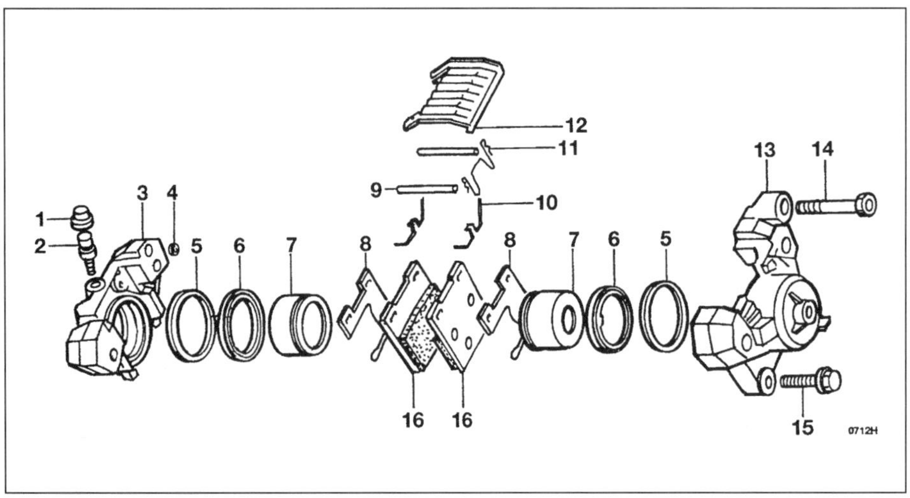

7.5 Bauteile des Hinterrad-Bremssattels

1 *Entlüfterventil-Kappe*
2 *Entlüfterventil*
3 *Bremssattelhälfte*
4 *Bremssatteldichtung*
5 *Kolbendichtung*
6 *Staubdichtung*
7 *Kolben*
8 *Bremsbelag-Beilegscheiben*
9 *Belagstifte*
10 *Belagfedern*
11 *Belagstift-Clipse*
12 *Bremsbelag-Deckel*
13 *Bremssattelhälfte*
14 *Bremssattel-Verbindungsschraube*
15 *Bremssattel-Befestigungsschraube*
16 *Bremsbeläge*

Überholung

5 Reinigen Sie den Bremssattel äußerlich mit Spiritus oder Bremsenreiniger (siehe Abb.).

6 Drücken Sie die Kolben so weit wie möglich aus dem Sattelgehäuse, entweder durch Herauspumpen mit dem Bremshebel oder mit Hilfe von Pressluft. Pressen Sie sie nicht soweit, bis sie sich berühren. Markieren Sie die Kolbenböden und das Sattelgehäuse mit einem Filzstift, um die Kolben nicht zu verwechseln. Bei der Pressluftmethode sollte ein Lappen als Dämpfer vor die Kolben gelegt werden. Die Druckluft wird direkt an den Schlauchanschluß des Sattels gelegt und mit wenig Druck die Kolben herausgedrückt. Stellen Sie sicher, daß beide Kolben gleichzeitig herauskommen. Wenn der Luftdruck zu hoch ist und die Kolben herausspringen, können Sattel und Kolben beschädigt werden.

⚠ ***Warnung: Halten Sie niemals die Finger vor die Kolben, wenn Druckluft angeschlossen ist, es kann dabei zu ernsthaften Verletzungen kommen.***

7 Lösen Sie die Bremssattel-Verbindungsschrauben und trennen Sie das Gehäuse. Entfernen Sie die Kolben aus beiden Hälften. Nehmen Sie die Gehäusedichtung aus einer der beiden Sattelhälften und ersetzen Sie sie später auf jeden Fall durch ein Neuteil.

8 Entfernen Sie mit einem Holz- oder Plastikwerkzeug die Staubdichtungen von den Kolbenbohrungen. Die Dichtungen müssen auf jeden Fall ersetzt werden. Wenn Sie ein Metallwerkzeug verwenden, muß sehr vorsichtig gearbeitet werden, um nicht die Bohrungen zu beschädigen.

9 Entfernen Sie die Kolbendichtungen auf die gleiche Art und werfen Sie sie weg.

10 Reinigen Sie Bohrungen und Kolben mit Spiritus, Bremsenreiniger oder sauberer Bremsflüssigkeit. Wenn Druckluft zugänglich ist, benutzen Sie sie zum Trocknen der Teile (gehen Sie sicher, daß die Luft gefiltert und ölfrei ist).

Achtung: Benutzen Sie kein Lösungsmittel auf Petroleumbasis zum Reinigen von Bremsenteilen.

11 Inspizieren Sie die Sattelbohrungen und Kolben auf Anzeichen von Korrosion, Kerben

7.19 Schieben Sie den Bremssattel in Position und setzen Sie die Schrauben an.

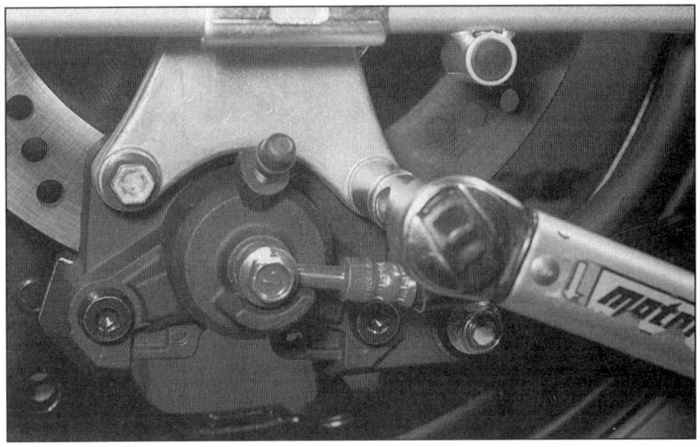

7.20 Ziehen Sie die Befestigungsschrauben mit dem vorgeschriebenen Drehmoment fest.

und Schleifspuren sowie Abplatzungen. Wenn defekte Oberflächen vorhanden sind, muß der Bremssattel ersetzt werden. Wenn die nötigen Meßgeräte vorhanden sind, können die Durchmesser der Kolben und Bohrungen mit den technischen Daten verglichen werden und außerhalb des Toleranzbereiches liegende Teile ausgetauscht werden. Wenn der Bremssattel in schlechtem Zustand ist, sollte auch der Hauptbremszylinder kontrolliert werden.

12 Schmieren Sie die neuen Kolbendichtungen mit sauberer Bremsflüssigkeit und setzen Sie sie in ihre Nuten der Sattelbohrungen.

13 Schmieren Sie die neuen Staubdichtungen mit sauberer Bremsflüssigkeit und setzen Sie sie in die Nuten der entsprechenden Bohrung.

14 Schmieren Sie die Kolben mit sauberer Bremsflüssigkeit und setzen Sie sie mit dem geschlossenen Ende voran in die Sattelbohrungen. Drücken Sie sie mit den Daumen senkrecht bis zum Anschlag.

15 Schmieren Sie die neuen Gehäusedichtungen mit Bremsflüssigkeit und setzen Sie sie in eine der Bremssattelhälften.

16 Verbinden Sie die beiden Hälften des Bremssattels, gehen Sie sicher, daß die Dichtung richtig in ihrer Nut sitzt.

17 Setzen Sie die Bremssattel-Verbindungsschrauben ein und ziehen Sie sie mit dem vorgeschriebenen Drehmoment an. Wenn das Anziehen der Schrauben in diesem Stadium nicht möglich ist, können sie vollständig festgezogen werden, wenn das Gehäuse am Motorrad montiert ist.

Einbau

18 Bauen Sie die Bremsbeläge, wie in Sektion 6 beschrieben, ein.

19 Schieben Sie den Bremssattel auf die Bremsscheibe, gehen Sie sicher, daß die Beläge senkrecht auf beiden Seiten der Scheibe sitzen (siehe Abb.).

20 Setzen Sie die Bremssattel-Befestigungsschrauben ein und ziehen Sie sie mit dem in den technischen Daten am Anfang des Kapitels angegebenen Drehmoment fest (siehe Abb.).

21 Setzen Sie den Bremsanker an den Sattel und sichern Sie ihn mit seiner Schraube. Ziehen Sie diese mit dem vorgeschriebenen Drehmoment fest (siehe Abb.).

22 Verbinden Sie die Bremsleitung mit dem Sattel, gehen Sie sicher, daß sie korrekt durch die Führungen auf der Schwinge geführt ist. Benutzen Sie auf beiden Seiten des Anschlusses neue Dichtscheiben. Positionieren Sie die Leitung so, daß sie am Anschlag auf dem Bremssattel liegt (siehe Abb. 7.1). Ziehen Sie die Anschlußschraube mit dem angegebenen Drehmoment an.

23 Füllen Sie den Hauptbremszylinder mit DOT 4-Bremsflüssigkeit (siehe Tägliche Kontrolle) und entlüften Sie das Hydrauliksystem, wie in Sektion 11 beschrieben.

24 Achten Sie auf Undichtigkeiten und testen Sie gründlich die Funktion der Bremse, bevor Sie mit dem Motorrad fahren.

8 Hinterrad-Bremsscheibe
Kontrolle, Ausbau und Einbau

Kontrolle

1 Wechseln Sie zu Sektion 4 dieses Kapitels, beachten Sie, daß die Meßuhr an der Schwinge befestigt werden muß.

7.21 Halten Sie die Bremsankerschraube und ziehen Sie die Mutter vorschriftsmäßig an.

8.3 Die Bremsscheibe wird mit fünf Schrauben gehalten.

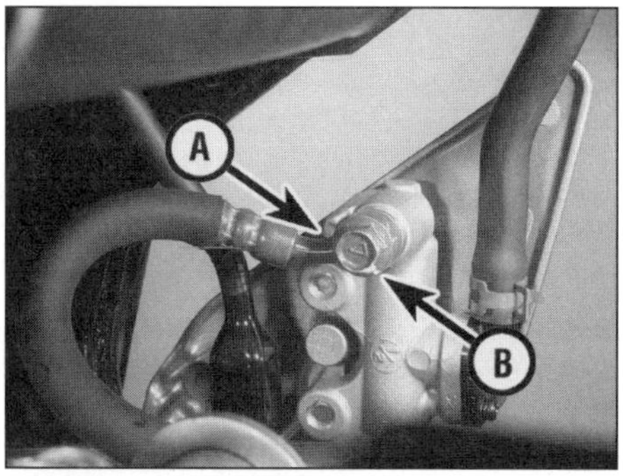

9.4a Beachten Sie den Anschlag (A) für die Leitung und entfernen Sie die Anschlußschraube (B).

Ausbau

2 Bauen Sie das Hinterrad aus (siehe Sektion 15).
3 Markieren Sie die Einbaulage der Scheibe am Rad, so daß es in der selben Position wieder montiert werden kann. Lösen Sie die Bremsscheibenschrauben schrittweise über kreuz, um ein Verziehen der Bremsscheibe zu vermeiden. Heben Sie die Scheibe vom Rad (siehe Abb.).

Einbau

4 Bauen Sie die Scheibe so an das Rad, daß die zuvor gemachten Markierungen fluchten (wenn Sie die originale Bremsscheibe installieren). Der Pfeil muß außen und in Drehrichtung liegen.
5 Geben Sie nicht aushärtende Schraubensicherungspaste auf die Gewinde der Bremsscheibenschrauben und ziehen Sie sie nach und nach kreuzweise mit dem in den technischen Daten vorgeschriebenen Drehmoment an.
Reinigen Sie die Scheibe mit Azeton oder Bremsenreiniger. Wenn eine neue Bremsscheibe verwendet wird, muß der Schutzüberzug entfernt werden.
6 Installieren Sie das Hinterrad (siehe Sektion 15).
7 Betätigen Sie das Bremspedal mehrmals, um die Beläge an die Scheibe zu drücken. Kontrollieren Sie die Funktion der Bremse, bevor Sie mit dem Motorrad fahren.

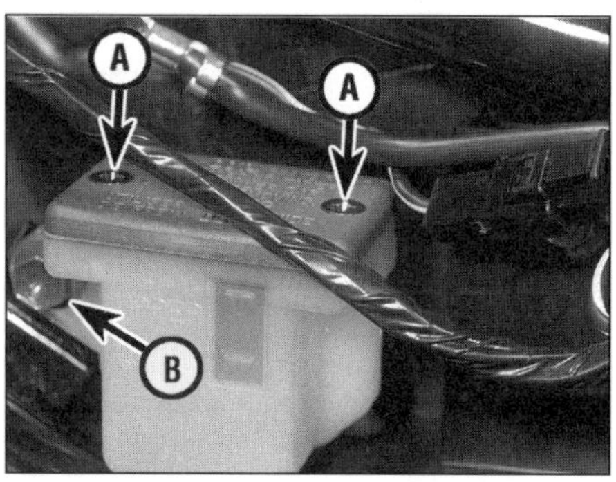

9.7 Deckelschrauben (A) und Halteschraube des hinteren Hauptbremszylinder-Ausgleichsbehälters.

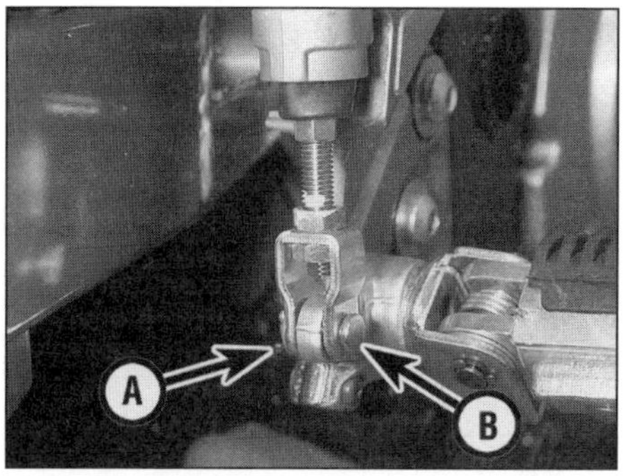

9.5 Entfernen Sie den Splint (A) und ziehen Sie den Gelenkstift (B) heraus, um die Druckstange vom Pedal zu trennen.

9 Hinterrad-Hauptbremszylinder - Ausbau, Überholung und Einbau

1 Wenn aus dem Hauptbremszylinder Flüssigkeit austritt, oder das Pedal beim Bremsen ein schwammiges Gefühl erzeugt und Entlüften keine Abhilfe schafft (siehe Sektion 11), und dabei die Leitungen in gutem Zustand sind, ist eine Überholung des Hauptbremszylinders empfehlenswert.
2 Vor dem Zerlegen des Hauptbremszylinders sollte die ganze Arbeitsanleitung durchgelesen werden und Reparatur-Kits mit neuen Dichtungen beschafft sein. Ebenfalls wird neue DOT 4-Bremsflüssigkeit benötigt, saubere Lappen und eine Innen-Seegerring-Zange. **Anmerkung:** *Um Lackschäden durch Bremsflüssigkeitsspritzer zu vermeiden, sollten umliegende Bauteile abgedeckt werden.*

Achtung: Zerlegung, Überholung und Zusammenbau des Bremszylinders sollten auf einer absolut sauberen Werkbank erfolgen, um Verunreinigungen und mögliche Fehlfunktion des Bremshydrauliksystems zu vermeiden.

Ausbau

3 Entfernen Sie die Seitendeckel (siehe Kapitel 7).
4 Lösen Sie die Bremsleitungs-Anschlußschraube und trennen Sie die Leitung vom Hauptbremszylinder, merken Sie sich die Lage (siehe Abb.). Sichern Sie die Bremsleitung mit einem umgewickelten Plastikbeutel vor Schmutz und weiterem Abtropfen. Entfernen Sie die Dichtscheiben, die auf jeden Fall durch Neuteile ersetzt werden müssen.
5 Entfernen Sie den Splint vom Gelenkstift, der das Bremspedal mit der Hauptbremszylinder-Druckstange verbindet (siehe Abb.). Ziehen Sie den Stift heraus und trennen Sie das Pedal von der Druckstange. Der Splint muß auf jeden Fall durch einen Neuteil ersetzt werden.
6 Lösen Sie die beiden Schrauben, die den Hauptbremszylinder an seinem Halter sichern (siehe Abb.).
7 Lockern Sie die Schrauben des Ausgleichsbehälter-Deckels (siehe Abb.). Lösen Sie die Schrauben, die den Ausgleichsbehälter am Rahmen halten, nehmen Sie den Deckel ab und lassen Sie die Bremsflüssigkeit in einen geeigneten Behälter ablaufen.
8 Trennen Sie nach dem Lösen der Schelle den Schlauch vom Winkelstück des Hauptbremszylinders (siehe Abb.).

9.8 Lösen Sie die Schelle und ziehen Sie den Schlauch vom Anschluß.

9.6 Der Hauptbremszylinder ist mit zwei Schrauben gesichert (Pfeile).

Überholung

9 Wenn nötig, lockern Sie die Kontermutter des Gelenks, lösen sie das Gelenk mit der Mutter und Kontermutter und entfernen Sie alles von der Druckstange (siehe Abb.).
10 Entfernen Sie vorsichtig die Gummimanschette vom unteren Ende des Bremszylinders, um an den Druckstangen-Sicherungsring zu gelangen.
11 Drücken Sie die Druckstange in den Zylinder, entfernen Sie mit einer Seegerringzange den Sicherungsring und ziehen Sie den Kolben samt Feder heraus. Wenn der Kolben schwierig zu bewegen ist, kann etwas Druckluft auf den Bremsleitungs-Anschluß gegeben werden. Merken Sie sich die Einbaulage und achten Sie auf penible Sauberkeit, um Schwierigkeiten beim Einbau zu vermeiden.
12 Reinigen Sie alle Teile mit Bremsflüssigkeit oder Spiritus.

Achtung: Benutzen Sie zum Reinigen von Bremsenteilen unter keinen Umständen Lösungsmittel auf Petroleumbasis. Wenn

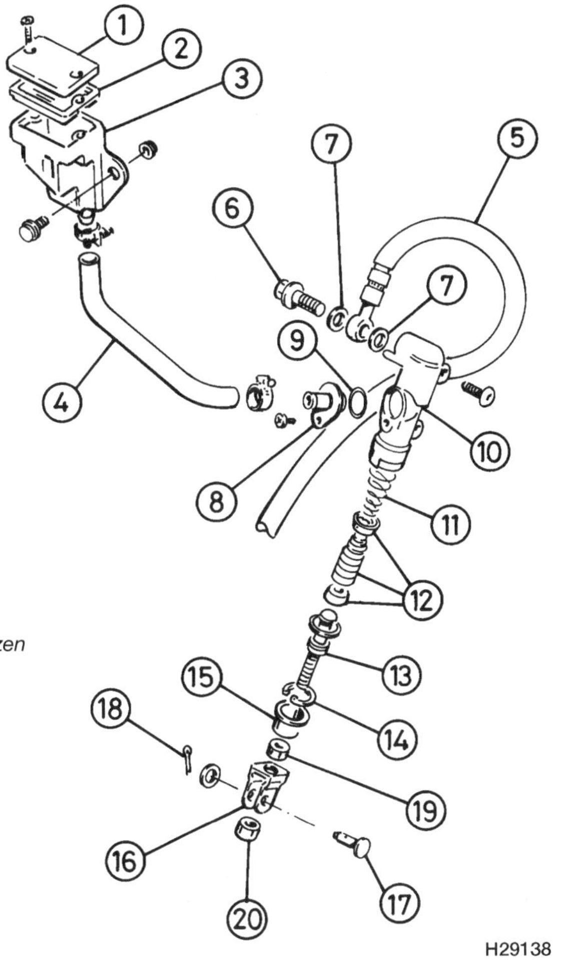

1 Behälterdeckel
2 Gummimembrane
3 Ausgleichsbehälter
4 Behälterschlauch
5 Bremsleitung
6 Anschlußschraube
7 Dichtscheibe
8 Behälterschlauchstutzen
9 O-Ring
10 Hauptbremszylinder
11 Feder
12 Kolbenbaugruppe
13 Druckstange
14 Seegerring
15 Gummimanschette
16 Gelenk
17 Gelenkstift
18 Splint
19 Gelenk-Kontermutter
20 Gelenk-Mutter

9.9 Bauteile des Hinterrad-Hauptbremszylinders

Druckluft zugänglich ist, trocknen Sie anschließend die Teile damit (nur mit gefilterter und ölfreier Luft).

13 Inspizieren Sie die Hauptbremszylinderbohrung auf Anzeichen von Korrosion, Kerben und Schleifspuren sowie Abplatzungen. Wenn defekte Oberflächen sichtbar sind, muß der Hauptbremszylinder ersetzt werden. Falls das nötige Meßwerkzeug zugänglich ist, können Bohrungen und Kolben vermessen und das Ergebnis mit den technischen Daten verglichen werden. Wenn der Hauptbremszylinder in schlechtem Zustand ist, sollte auch der Bremssattel kontrolliert werden. Kontrollieren Sie, ob die Bohrungen und Kanäle frei sind.

14 Wenn nötig, kann die Schraube des Behälterschlauch-Stutzens gelöst und der Stutzen abgenommen werden. Der O-Ring muß auf jeden Fall durch einen neuen ersetzt werden. Begutachten Sie den Schlauch auf Risse und Brüche und ersetzen ihn ggf.

15 Staubdichtung, Sicherungsring, Kolbenbaugruppe und Feder sind nur zusammen als Satz erhältlich. Benutzen Sie unabhängig vom Zustand der alten Teile immer alle Neuteile.

16 Setzen Sie die Feder mit dem weiteren Ende in den Hauptbremszylinder, so daß das kleinere Ende in den Kolben greifen kann.

17 Schmieren sie die Kolbenbaugruppe mit sauberer Bremsflüssigkeit und setzen Sie sie in den Hauptbremszylinder, gehen Sie dabei sicher, daß die Einbaurichtung stimmt und die Lippen der Kolbendichtung nicht umklappen, wenn sie in die Bohrung geschoben wird.

18 Drücken Sie die Druckstange hinein und setzen Sie den neuen Seegerring vollständig in seine Nut.

19 Installieren Sie die Gummimanschette, achten Sie darauf, daß die Lippe korrekt in der Nut sitzt.

20 Falls entfernt, muß der Anschlußstutzen des Behälterschlauchs mit einem neuen O-Ring an den Zylinder gesetzt und mit der Schraube gesichert werden.

Einbau

21 Installieren Sie den Hauptbremszylinder am Fußrastenhalter und ziehen Sie die Schrauben mit dem in den technischen Daten angegebenen Drehmoment fest (s. Abb. 9.7).

22 Sichern Sie den Ausgleichsbehälter mir der Befestigungsschraube am Rahmen (siehe Abb. 9.7). Gehen Sie sicher, daß der Schlauch sicher zwischen Behälter und Hauptbremszylinder sitzt und auf beiden Seiten mit Schellen gesichert ist (siehe Abb. 9.8). Wenn die Schellen abgenutzt sind, müssen sie durch Neuteile ersetzt werden.

23 Verbinden Sie die Bremsleitung mit dem Hauptbremszylinder, benutzen Sie auf beiden Seiten des Anschlusses neue Dichtscheiben. Positionieren Sie die Leitung so, wie sie beim Ausbau lag (siehe Abb. 9.4). Ziehen Sie die Anschlußschraube mit dem vorgeschriebenen Drehmoment an.

24 Falls entfernt, installieren Sie die Gelenk-Kontermutter, das Gelenk und seine Mutter an der Hauptbremszylinder-Druckstange, aber ziehen Sie die Kontermutter noch nicht fest.

25 Lassen Sie den Bremspedalhebel mit der Druckstange fluchten, drücken Sie den Gelenkstift durch das Gelenk und sichern Sie ihn mit einem neuen Splint (siehe Abb. 9.5). Wenn die Position des Gelenkes auf der Druckstange verändert worden ist, muß die Bremspedalhöhe eingestellt werden (siehe Kapitel 1, Sektion 14).

26 Ziehen Sie die Kontermutter des Gelenkes sorgfältig an.

27 Füllen Sie den Hauptbremszylinder mit DOT 4- Bremsflüssigkeit (siehe Tägliche Kontrolle) und entlüften Sie das Hydrauliksystem, wie in Sektion 11 beschrieben.

28 Kontrollieren Sie sorgfältig die Funktion der Bremse, bevor Sie mit dem Motorrad fahren.

10 Bremsleitungen und Anschlüsse
Kontrollieren und Ersetzen

Inspektion

1 Der Zustand der Bremsleitungen sollte regelmäßig kontrolliert, und die Schläuche spätestens alle vier Jahre gewechselt werden (siehe Kapitel 1).

2 Drehen und ziehen Sie die Gummischläuche, um Risse, Ausbauchungen und durchsickernde Flüssigkeit zu entdecken. Begutachten Sie besonders die Verbindungen der Schläuche mit den Anschlußstücken, da hier die meisten Probleme auftreten.

3 Inspizieren Sie die metallenen Anschlußstücke der Bremsschläuche auf Rost, Kratzer und Risse und ersetzen Sie die Leitungen gegebenenfalls.

Ersetzen

4 Die Bremsschläuche haben alle an den Enden Ring-Anschlüsse (siehe Abb.). Bedecken Sie umliegende Flächen mit Lappen und lösen Sie die Anschlußschraube auf jeder Seite des Schlauches. Befreien Sie

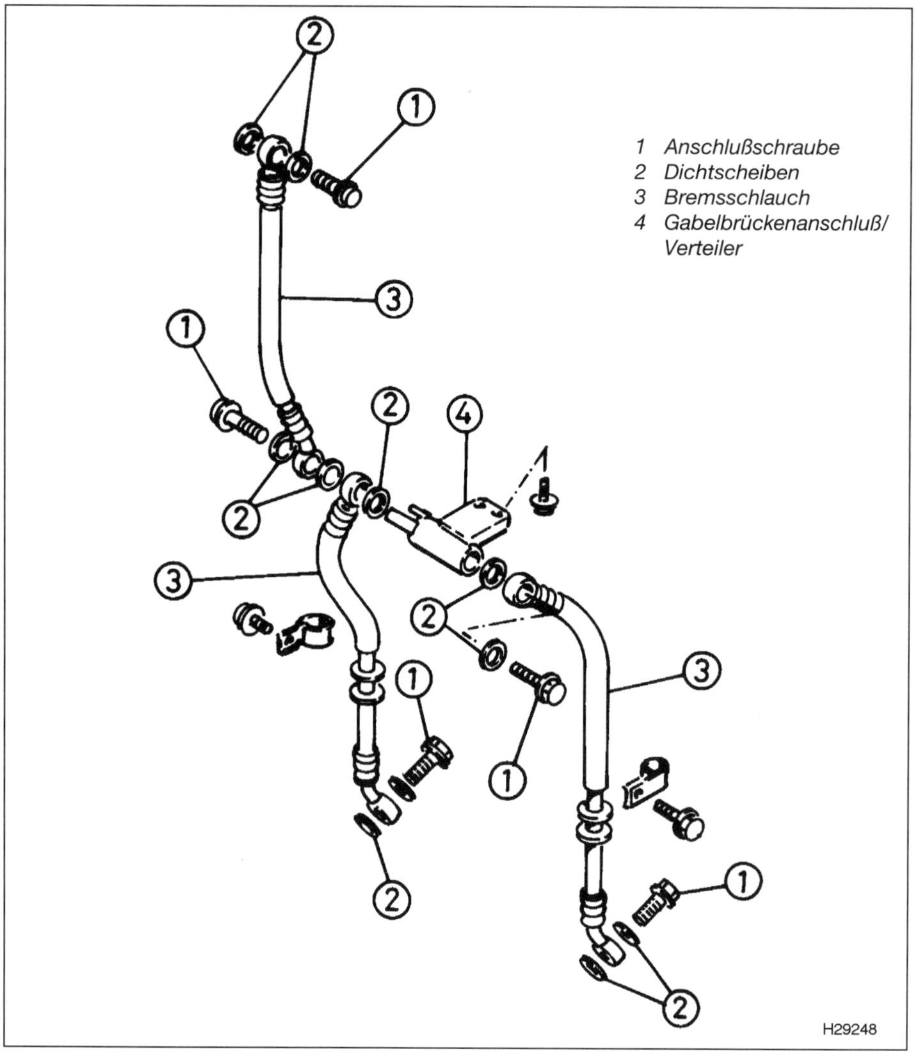

10.4 Aufbau der vorderen Bremsleitungen

den Schlauch von allen möglichen Befestigungen und Führungen und entfernen Sie ihn. Entfernen Sie die Dichtscheiben.

5 Setzen Sie die neue Bremsleitung ein, gehen Sie sicher, daß sie nicht verdreht ist oder anderweitig unter Spannung steht und legen Sie den Anschlußring auf die entsprechende Bohrung des Gehäuses, drehen Sie sie gegen die entsprechenden Anschläge oder halten Sie sie so, wie sie vor der Demontage gelegen haben. Setzen Sie die Anschlußschraube mit neuen Dichtscheiben ein und ziehen Sie sie entsprechend der in den technischen Daten angegebenen Drehmomente an. Gehen Sie sicher, daß die Anschlüsse richtig liegen und durch alle beweglichen Teile richtig geführt sind.

6 Spülen Sie die alte Bremsflüssigkeit aus dem System, füllen Sie die Anlage mit neuer DOT 4 Bremsflüssigkeit auf (siehe Tägliche Kontrolle) und entlüften Sie sie (siehe Sektion 11). Kontrollieren Sie sorgfältig die Funktion der Bremse, bevor Sie mit dem Motorrad fahren.

11 Bremsanlage entlüften

1 Entlüften der Bremse besagt, daß alle Luftblasen aus den Bremsflüssigkeitsbehältern, den Leitungen und den Bremssätteln entfernt werden. Entlüften ist immer notwendig, wenn eine Hydraulik-Verbindung gelöst wurde, wenn eine Komponente oder Leitung gewechselt wurde oder wenn ein Hauptbremszylinder oder Sattel überholt wurde. Lecks im System können ebenfalls das Eindringen von Luft ermöglichen, aber sie zeigen auch durch auslaufende Flüssigkeit das Problem an und weisen auf eine dringend notwendige Reparatur hin.

2 Zum Bremsenentlüften wird neue DOT 4-Bremsflüssigkeit, ein durchsichtiger Vinyl- oder Plastikschlauch und ein zum Teil mit sauberer Bremsflüssigkeit gefüllter Behälter benötigt, dazu Lappen und ein Ringschlüssel für das Entlüftungsventil.

11.6 Bremssattel-Entlüftungsventil

3 Decken Sie den Benzintank und andere gefährdete Lackteile ab, die bremsflüssigkeitsspritzer abbekommen könnten.

4 Wenn die Hinterradbremse entlüftet werden soll, müssen die Seitendeckel entfernt werden (siehe Kapitel 7), um an den Ausgleichsbehälter zu gelangen.

5 Entfernen Sie den entsprechenden Ausgleichsbehälterdeckel, die Platte und die Gummimembrane und pumpen Sie langsam einige Male, bis keine aus den Bohrungen am Grund des Behälters aufsteigenden Blasen mehr zu sehen sind. Hierdurch ist das letzte Teil der Linie bereits entlüftet. Setzen Sie den Deckel locker auf den Behälter.

6 Ziehen Sie die Staubkappe vom Entlüfterventil (siehe Abb.). Stülpen Sie das eine Ende des durchsichtigen Schlauchs auf das Ventil und stecken Sie das andere Ende in die Bremsflüssigkeit des Sammelbehälters.

7 Nehmen Sie den Bremszylinderdeckel ab und kontrollieren Sie den Flüssigkeitsstand. Lassen Sie den Pegel während des Prozesses nicht unter die untere Markierung sinken.

8 Pumpen Sie vorsichtig drei oder vier mal mit dem Hebel oder Pedal und halten Sie ihn/es gezogen bzw. gedrückt, während das Bremssattelventil geöffnet wird und Bremsflüssigkeit aus dem Sattel durch den Schlauch in den Behälter fließt, der Bremshebel kann jetzt gezogen, bzw. das Pedal kann weiter durchgetreten werden.

9 Drehen Sie das Entlüfterventil wieder leicht an und lassen sie den Bremshebel los. Wiederholen Sie diesen Prozeß, bis in der ausfließenden Bremsflüssigkeit keine Blasen mehr zu sehen sind und am Hebel oder Pedal ein Druckpunkt zu spüren ist. Zum Schluß wird der Entlüftungsschlauch abgenommen und das Ventil mit dem in den technischen

Praxis TiP

Wenn es nicht möglich ist, einen Druckpunkt im Hebel oder Pedal zu finden, ist die Flüssigkeit aufgeschäumt. Lassen Sie die Bremsflüssigkeit für einige Stunden in der Anlage, damit sie sich beruhigen kann und wiederholen Sie die Prozedur, wenn die kleinen Bläschen nach oben gestiegen sind.

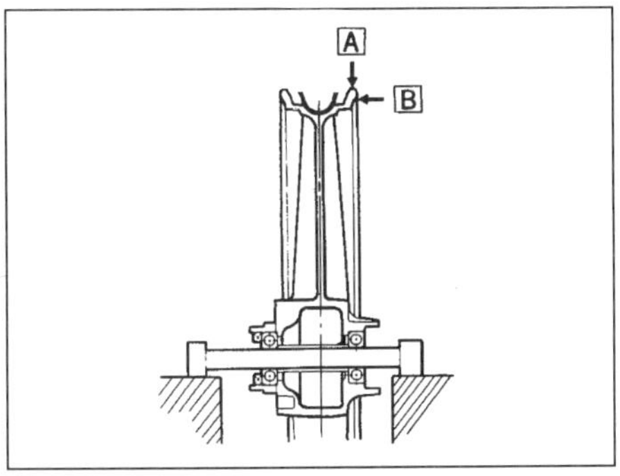

12.2 Kontrollieren Sie das Rad auf Radial- (Höhen-) Schlag (A) und Axial- (Seiten-) Schlag (B).

Daten angegebenen Drehmoment festgezogen sowie die Staubkappe aufgesetzt. Am Vorderrad muß in der gleichen Weise die andere Bremse entlüftet werden.

10 Kontrollieren Sie den Flüssigkeitsstand, wie in den Täglichen Kontrollen beschrieben und installieren Sie die Gummimembrane, die Membrane-Platte und den Deckel. Wischen Sie verschüttete Bremsflüssigkeit unverzüglich mit einem nassen Lappen ab und kontrollieren sie das ganze System auf Undichtigkeiten.

12 Räder
Inspektion und Reparatur

1 Um eine vernünftige Inspektion der Räder durchführen zu können, ist es notwendig, das Motorrad so aufzustellen, daß das zu kontrollierende Rad frei zu drehen ist. Stellen Sie die Maschine auf den Hauptständer oder eine entsprechende Stütze und reinigen Sie die Räder sorgfältig, da Matsch und Dreck die Inspektion stören und Schäden verdecken kann. Führen Sie eine allgemeine Kontrolle der Räder – wie in Kapitel 1 beschrieben, und der Reifen – wie in der Täglichen Kontrolle beschrieben, durch.

2 Befestigen Sie eine Meßuhr an der Gabel oder der Schwinge und richten Sie den Meßstift seitlich gegen die Felge (siehe Abb.). Drehen sie das Rad langsam und kontrollieren Sie das Axial- (Seiten-) Spiel. Um das Radial- (Höhen-) Spiel zu messen, muß das Rad ausgebaut und der Reifen demontiert werden. Mit im Schraubstock eingespannter Achse und einer Meßuhr kann ein Höhenschlag ermittelt werden.

3 Eine einfachere, jedoch auch ungenauere Methode, das Radialspiel zu messen, ist durch Befestigen eines festen Drahtes an der Gabel oder Schwinge zu erreichen, dessen Ende nahe an den Außenrand der Felge, wo der Reifen aufliegt, gebogen wird. Wenn das Rad in Ordnung ist, wird der Abstand zum Drahtende sich beim Drehen des Rades nicht verändern. **Anmerkung:** *Wenn außergewöhnliche Schläge festzustellen sind, sollten zunächst die Radlage ausgiebig untersucht werden, bevor das Rad ersetzt wird.*

4 Die Räder sollten weiterhin optisch auf Risse, Ausbrüche an der Felge und andere Beschädigungen untersucht werden. Achten Sie sehr auf Beulen in dem Gebiet, wo die Reifenflanken an der Felge liegen. Beschädigungen in diesem Bereich verhindern die Abdichtung der Reifen gegen die Felge, was zu Luftdruckverlusten führt. Wenn Beschädigungen vorliegen oder ein übermäßiger Schlag festgestellt wurde, muß das Rad durch ein neues ersetzt werden. Versuchen Sie niemals, ein beschädigtes Alu-Gußrad zu reparieren.

13 Räder
Spurkontrolle

1 Durch ein schräg eingebautes Hinterrad oder verzogenen Rahmen bzw. Gabelbrücken nicht in Flucht laufende Räder können der Grund für schlechtes und auch gefährliches Fahrverhalten der Maschine sein. Wenn der Rahmen oder die Gabelbrücken verzogen sind, kann nur ein Rahmenricht-Spezialist weiterhelfen oder die Baugruppen müssen getauscht werden.

2 Um die Spur kontrollieren zu können, wird neben einem Assistenten ein Seil oder eine absolut gerade Holzlatte und ein Lineal benötigt. Ebenfalls braucht man ein Lot.

3 Zur ordentlichen Kontrolle muß das Motorrad entweder auf dem Hauptständer oder einem anderen Hilfsmittel vertikal ausgerichtet sein. Messen Sie die Breite beider Räder an der dicksten Stelle. Ziehen Sie den Wert des Vorderrades von dem des Hinterrades ab und teilen Sie den Wert durch zwei. Das Ergebnis ist der Wert, der bei den folgenden Messungen auf beiden Seiten der Räder herauskommen sollte.

4 Wenn ein Seil verwendet wird, muß der Assistent das eine Ende auf halber Höhe zwischen Boden und Hinterradachse halten, so daß es die hintere Seitenfläche des Reifens berührt.

5 Halten Sie das andere Ende des Seils am Vorderrad in die gleiche Höhe und bringen Sie es stramm gespannt in Berührung mit der vorderen Seitenfläche des Hinterrades. Drehen Sie das Vorderrad, bis es parallel mit dem Seil steht. Messen Sie den Abstand der Reifenflanken zum Seil.

6 Wiederholen Sie die Prozedur auf der anderen Seite der Maschine. Der Abstand zwischen Vorderrad und Seil sollte auf beiden Seiten gleich sein.

7 Wie erwähnt, kann man die Messung auch mit einer absolut geraden Holzlatte durch führen. Die Ausführung bleibt die gleiche.

8 Wenn der Abstand zwischen Reifen und Seil auf beiden Seiten variiert oder das Hinterrad schräg eingebaut sein könnte, wechseln Sie zu Kapitel 1, Sektion 2 und stellen Sie sicher, daß die Kettenspanner-Vorrichtung gleichmäßig eingestellt ist.

9 Wenn die Spur stimmt, können die Räder immer noch vertikal nicht in Flucht stehen.

10 Mit einem Lot oder einem entsprechenden Gewicht und einer Schnur wird am Hinterrad gemessen, ob es senkrecht steht. Hierfür wird die Schnur an der oberen Seitenfläche des Reifens angelegt und das Lot herabgelassen. Wenn die Schnur beide Reifenflanken gleichzeitig berührt, steht das Rad gerade. Wenn nicht, muß der Ständer unterlegt werden, bis das Rad senkrecht steht.

11 Wenn das Hinterrad senkrecht steht, wird das Vorderrad in gleicher Weise kontrolliert. Wenn beide Räder nicht vertikal gleich stehen, ist der Rahmen und/oder ein wesentlicher Teil der Federelemente verzogen.

14 Vorderrad
Ausbau und Einbau

Ausbau

1 Stellen Sie das Motorrad auf den Hauptständer und stützen Sie den Motor so, daß das Vorderrad vom Boden ist. Stellen Sie sicher, daß die Maschine sicher steht.

2 Entfernen Sie bei den GSF 600 Modellen die Rändelmutter, bei den GSF 1200 Modellen die Schraube, die die Tachowelle auf der linken Seite der Radnabe sichert und entfernen Sie die Welle von ihrem Antrieb (siehe Abb.).

14.2a Lösen Sie bei den GSF 600 Modellen die Tachowellen-Rändelmutter.

14.2b Lösen Sie bei den GSF 1200 Modellen die Tachowellen-Halteschraube.

6

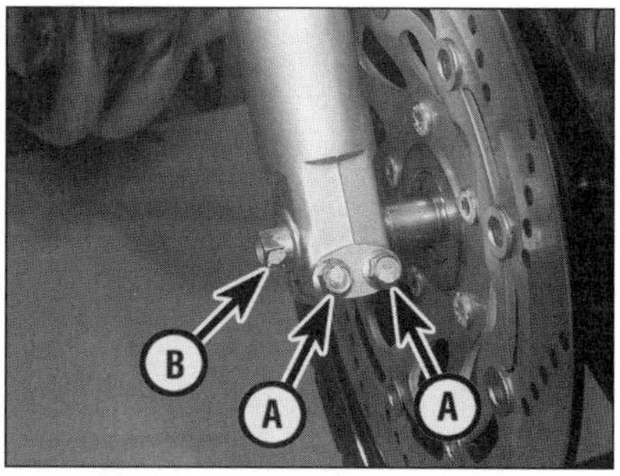

14.4 Lösen Sie die Achsen-Klemmschrauben (A) und lösen Sie dann die Achse (B)

14.5 Ziehen Sie die Achse heraus und nehmen Sie das Rad aus der Gabel.

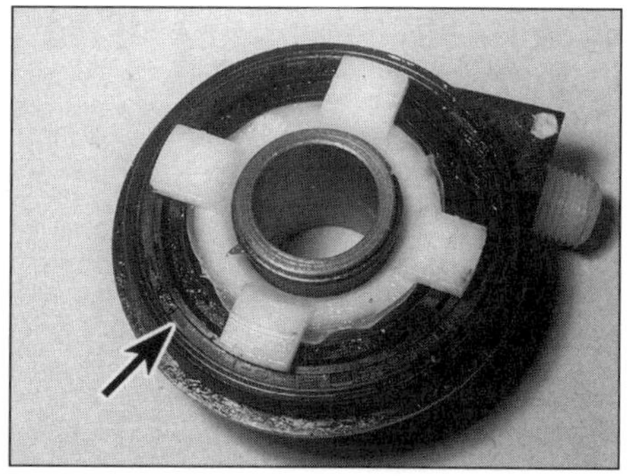

14.8 Kontrollieren Sie den Zustand des Dichtringes.

3 Entfernen Sie die Bremssattelbefestigungsschrauben und ziehen Sie den Sattel von der Bremsscheibe (siehe Abb. 3.4a oder b). Sichern Sie den Bremssattel so, daß die Hydraulikleitung nicht unter Spannung steht. Es ist nicht nötig, die Bremsleitung vom Sattel zu trennen.

4 Lockern Sie die Achsklemmen an der Unterseite des rechten Gabelholms und lösen Sie dann die Achse selber (siehe Abb.).

5 Stützen Sie das Rad ab und ziehen Sie sie nach links heraus, senken Sie das Rad vorsichtig ab (siehe Abb.).

6 Entfernen Sie den Abstandshalter auf der rechten Seite des Rades – merken Sie sich seine Einbaurichtung, und den Tachowellenantrieb von der linken Radseite. **Anmerkung:** *Betätigen Sie die Vorderradbremse nicht im demontierten Zustand.*

Achtung: Legen Sie das Rad nicht auf die Bremsscheibe, da sie sich dadurch verziehen kann. Legen Sie das Rad auf Blöcke, so daß die Scheibe nicht das Gewicht des Rades stützen muß.

7 Kontrollieren Sie die Achse durch Rollen auf einer ebenen Oberfläche, z.B. einer Glasscheibe auf Biegung (wischen Sie zuvor altes Fett ab und entfernen Sie Rost mit Schmiergelleinen). Wenn die Ausrüstung vorhanden ist, kann die Achse auch auf einem Bock gelagert und mit einer Meßuhr auf Verzug gemessen werden. Wenn der Schlag größer ist als in den technischen Daten als Toleranzwert angegeben, muß die Achse ersetzt werden.

8 Kontrollieren Sie den Zustand der Radlager (siehe Sektion 16) und des Dichtringes im Tacho-Antriebsgehäuse (siehe Abb.). Wenn der Dichtring beschädigt oder verschlissen ist, muß im Fachhandel ein neuer Ring beschafft werden, Suzuki liefert nur das Gehäuse komplett mit Dichtring.

Einbau

9 Geben Sie etwas Fett auf die Antriebszahnräder. Setzen Sie den Antrieb auf die linke Radseite, die Antriebs-Laschen müssen in die Nuten in der Nabe greifen (siehe Abb.).

10 Schmieren Sie etwa Fett in den Abstandhalter und auf die Lippen des Dichtringes in der Nabe, dann wird der Abstandshalter eingesetzt (siehe Abb.).

11 Bringen Sie das Rad in Position, schmieren Sie die Achse dünn mit Fett ein. Setzen Sie die Abstandshalter zwischen Nabe und Gabel. Stellen Sie sicher, daß das Rad richtig herum eingebaut wird (siehe Abb.).

12 Heben sie das Rad an, achten Sie auf die Position der Hülsen und schieben Sie die Achse von rechts durch Gabel und Rad (siehe Abb. 14.5). Richten sie das Gehäuse des Tachoantriebes so aus, daß es gegen die Nase des Tauchrohr drückt und der Wellenanschluß nach hinten zeigt (siehe Abb.).

14.9 Stellen Sie sicher, daß die Laschen des Antriebs in die Nuten der Nabe greifen.

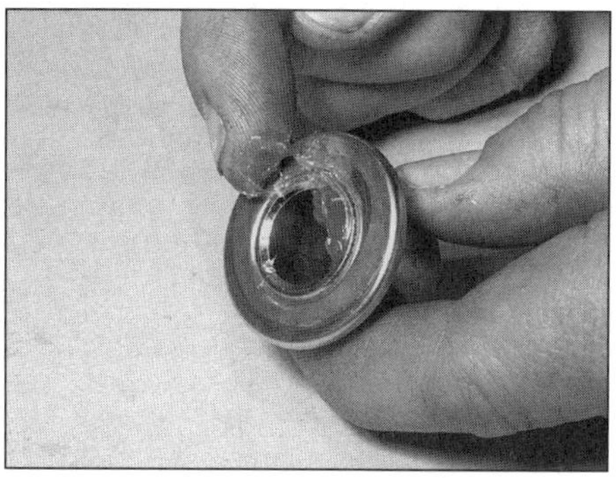

14.10 Schmieren Sie die Kontaktfläche der Abstandshalter mit Fett ein (gezeigt am 600er Modell).

14.11 Bei den GSF 600 Modellen wird das flache Ende des Abstandshalters in die Nabe gesetzt.

14.12 Die Lasche des Antriebsgehäuses wird von hinten gegen die Nase am Tauchrohr gedreht.

14.13 Ziehen Sie zunächst die Achse . . .

14.14 . . . und dann die Achsen- Klemmschraube mit dem vorgeschriebenen Drehmoment fest.

13 Ziehen Sie die Achse mit dem vorgeschriebenen Drehmoment fest (siehe Abb.).
14 Ziehen Sie die Achsenklemmschraube auf der rechten Seite mit dem vorgeschriebenen Drehmoment an (siehe Abb.).
15 Installieren Sie den Bremssattel, stellen Sie sicher, daß die Bremsbeläge senkrecht auf beiden Seiten der Bremsscheibe sitzen. Ziehen Sie die Schrauben mit dem in den technischen Daten angegeben Drehmoment an (siehe Abb. 3.18, 3.19a und b).
16 Schieben Sie die Tachowelle, falls entfernt, durch ihre Hülle und verbinden Sie den Anschluß am Antriebsgehäuse. Befestigen Sie die Welle mit der Rändelmutter oder der Schraube (siehe Abb.).
17 Betätigen Sie den Bremshebel einige Male, bis die Beläge an der Bremsscheibe anliegen. Nehmen Sie das Motorrad vom Hauptständer, ziehen Sie die Bremse und drücken sie die Telegabel einige Male nach unten, bis sich alle Komponenten gesetzt haben.
18 Kontrollieren Sie die ordnungsgemäße Funktion der Vorderradbremse, bevor Sie mit dem Motorrad fahren.

15 Hinterrad
Ausbau und Einbau

Ausbau

1 Stellen Sie das Motorrad auf den Hauptständer oder eine entsprechende Stütze und entfernen Sie den Kettenschutz (siehe Kapitel 7).
2 Lösen Sie die Mutter, die den Bremsanker am Bremssattel sichert, ziehen Sie die Schraube heraus und bewegen Sie den Anker herunter (siehe Abb. 7.2) Entfernen Sie die Befestigungsschrauben des Bremssattels und ziehen Sie diesen von der Bremsscheibe (siehe Abb. 7.4). Stützen oder halten Sie den Sattel so mit Draht oder ähnlichem, daß die Bremsleitung nicht unter Last steht. Es ist nicht nötig, die Leitung vom Bremssattel zu trennen.
3 Entfernen Sie bei den US-Modellen den Sicherungs-Splint aus der rechts liegenden

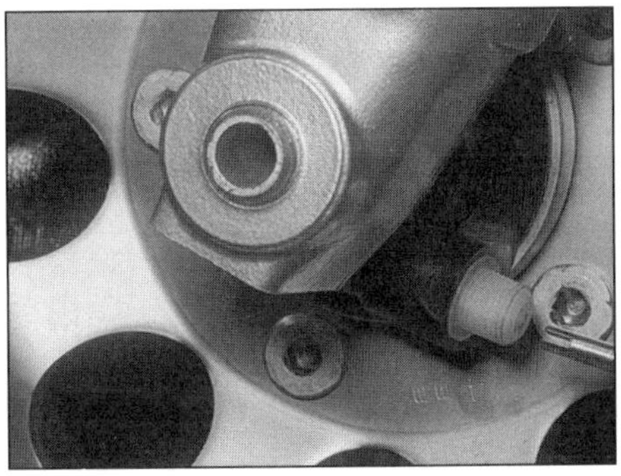

14.16 Setzen Sie die Tachowelle in das Antriebsgehäuse.

Achsmutter, lösen Sie diese bei allen Modellen und nehmen Sie die Scheibe ab (siehe Abb.).
4 Stützen Sie das Rad ab und ziehen Sie die Achse nach rechts zusammen mit der Einstellplatte oder dem Block heraus, senken Sie das Rad vorsichtig ab. Beachten Sie, wie die Achse durch den Bremssattelhalter geführt wird.
5 Nehmen sie die Kette vom Kettenrad und entfernen Sie das Rad aus der Schwinge. Entfernen Sie die Abstandshalter auf beiden Seite des Rades und merken Sie sich ihre Einbaurichtung (siehe Abb. 15.9a und b).
Achtung: Legen Sie das Rad nicht auf die Bremsscheibe oder das Kettenrad, da sie dadurch verziehen können. Legen Sie das Rad auf Blöcke, so daß die Scheibe oder das Kettenrad nicht das Gewicht des Rades stützen müssen. Betätigen Sie die Hinterradbremse nicht im demontierten Zustand.
6 Kontrollieren Sie die Achse durch Rollen auf einer ebenen Oberfläche, z.B. einer Glasscheibe auf Biegung (wischen Sie zuvor altes Fett ab und entfernen Sie Rost mit Schmiergelleinen). Wenn die Ausrüstung vorhanden ist, kann die Achse auch auf einem Bock gelagert und mit einer Meßuhr auf Verzug gemessen werden. Wenn der Schlag größer ist als in den technischen Daten als Toleranzwert angegeben, muß die Achse ersetzt werden.
7 Kontrollieren Sie den Zustand der Radlager (siehe Sektion 16).

15.8 Bei den GSF 600 Modellen wird der Einsteller in die Schwinge geschoben.

Einbau

8 Geben Sie eine dünne Schicht Fett auf die Lippen der Lagerdichtung und innen an die Abstandhalter. Falls entfernt, müssen bei den GSF 600 Modellen die Kettenspanner in die Schwinge geschoben werden (siehe Abb.).
9 Heben Sie das Rad in die Schwinge und schmieren Sie die Achse dünn mit Fett ein. Setzen Sie die Abstandshalter in das Rad (siehe Abb.).
10 Legen Sie die Kette auf das Kettenrad und heben sie das Rad in Position (siehe Abb.), achten Sie auf den korrekten Sitz der Hülsen.
11 Schieben Sie die rechte Einsteller-Platte bzw. Block (richtig herum) auf die Achse und installieren Sie diese von der rechten Seite durch den Kettenspanner, die Schwinge, den Bremssattelhalter, die Abstandshülse durch das Rad. (siehe Abb.). Überprüfen Sie, ob alles richtig sitzt, setzen Sie links die Einsteller-Platte oder den Block, die Scheibe (nur bei den GSF 1200 Modellen) und die Achsmutter auf, aber ziehen Sie sie noch nicht fest (siehe Abb.). Wenn es aufgrund der Kettenspannung schwierig ist, die Achse durchzuschieben, müssen die Kettenspanner gelockert werden (siehe Kapitel 1).
12 Stellen Sie die Kettenspannung wie in Kapitel 1 beschrieben ein.
13 Ziehen Sie die Achsmutter unter eventuellem Gegenhalten der Achse mit dem vorgeschriebenen Drehmoment fest (siehe Abb.). Setzen Sie bei den US-Modellen einen neuen Sicherungs-Splint in die Kronenmutter.
14 Setzen Sie die Bremssattel-Halteschrauben ein und ziehen Sie sie mit dem

15.3 Lösen Sie die Achsmutter (Pfeil) u. entfernen Sie das Einstellblech o. den Block.

15.9a Setzen Sie die glatte Hülse auf der linken Seite ein . . .

6

15.9b . . . und die Hülse mit dem Bund in die rechte Seite des Rades.

15.10 Legen Sie die Kette um das Kettenrad.

15.11a Schieben Sie die Achse von der rechten Seite ein, beachten Sie, daß sie korrekt durch alle Bauteile geführt wird.

15.11b Setzen Sie links die Einsteller-Platte...

15.11c ...und die Mutter auf (bei den GSF 1200 Modellen die Unterlegscheibe nicht vergessen!).

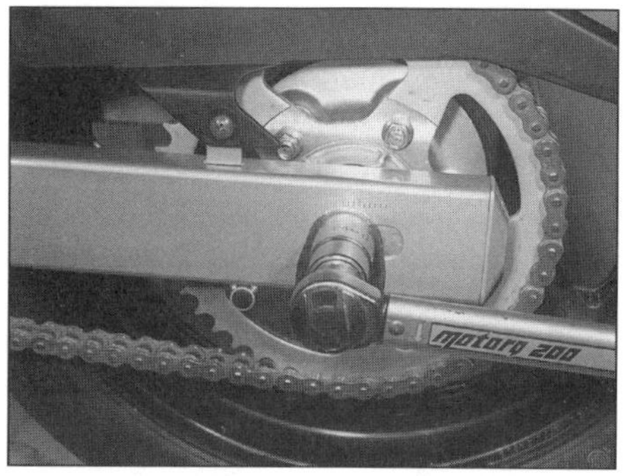

15.13 Ziehen Sie die Achsmutter mit dem vorgeschriebenen Drehmoment fest.

vorgeschriebenen Drehmoment fest (siehe Abb. 7.18). Setzen Sie den Bremsanker an den Bremssattel und sichern Sie ihn mit der Schraube. Ziehen Sie die Mutter mit dem vorgeschriebenen Drehmoment fest (siehe Abb. 7.19)

15 Betätigen Sie das Bremspedal einige Male, bis die Beläge an der Bremsscheibe anliegen. Kontrollieren Sie die ordnungsgemäße Funktion der Hinterradbremse, bevor Sie mit dem Motorrad fahren.

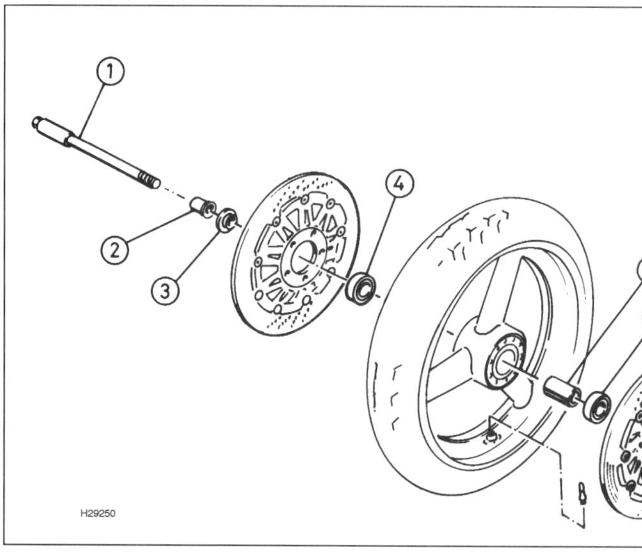

1 Achse
2 Abstandshülse (600er Modelle)
3 Abstandshülse (1200er Modelle)
4 Radlager
5 Lager-Abstandshülse
6 Tachometerwellen-antriebsgehäuse

16.1 Bauteile des Vorderrades

16 Radlager
Ausbau, Kontrolle und Einbau

Vorderradlager

Anmerkung: *Ersetzen Sie Radlager immer paarweise, niemals einzeln. Vermeiden Sie es, mit Hochdruckreinigern in die Radlager zu spritzen.*

1 Entfernen Sie das Rad (siehe Sektion 14) (siehe Abb.).

2 Legen Sie das Rad auf Blöcke, so daß nicht eine Bremsscheibe das Gewicht des Rades stützen muß.

3 Führen Sie ein Metallrohr (oder vorzugsweise einen Austreibdorn) durch das obere Lager und schlagen Sie kreisförmig auf das untere Lager,

4 Legen Sie das Rad auf die andere Seite und treiben Sie in gleicher Weise das andere Lager heraus.

5 Wenn die Radlager nicht oder nur auf einer Seite abgedichtet sind, können Sie mit rückstandsfreiem Lösungsmittel gereinigt und mit Druckluft ausgeblasen werden

Achtung: Lassen Sie die Lager nicht drehen, während Sie sie trockenblasen, sie könnten plötzlich festgehen und schwere Verletzungen verursachen. Geben Sie etwa Öl in die Lager.

Anmerkung: *Wenn die Lager beidseitig geschlossen sind, können Sie nicht gereinigt werden.*

6 Halten Sie den äußeren Lagerring und drehen Sie den inneren Ring – wenn das Lager sich nicht weich dreht und rauh oder laut läuft, muß es ausgetauscht werden.

7 Wenn das Lager gut ist und weiterverwendet werden kann, muß es noch einmal gereinigt und getrocknet und anschließend mit hochwertigem Lithium-Fett gefüllt werden. Suzuki empfiehlt jedoch, die Lager zu erneuern, wenn sie ausgebaut worden sind.

8 Reinigen Sie die Nabe des Rades. Als

16.3a Schlagen Sie mit einem Dorn das Lager aus der Nabe.

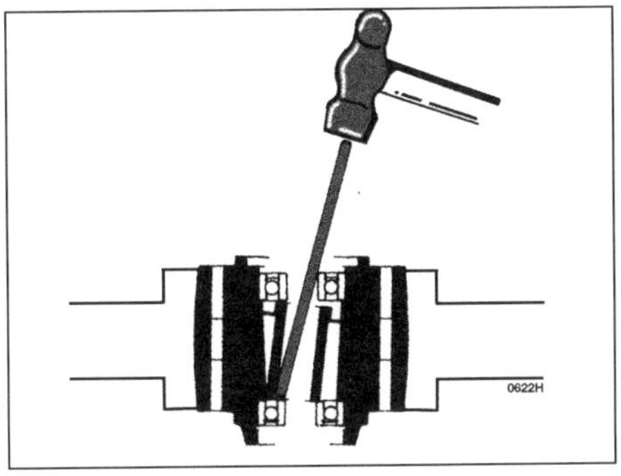

16.3b Treiben Sie kreisförmig die Lager aus, sie dürfen dabei nicht verkanten.

16.8 Installieren Sie Lager mit einem Eintreiber.

erstes wird das linke Radlager mit der beschrifteten oder abgedichteten Seite nach außen eingesetzt. Mit einem Eintreiber oder einer Steckschlüssel-Nuß, die groß genug ist, nur den Außenring zu berühren, oder einem alten Lager wird es in seinen Sitz geschlagen (siehe Abb.).

9 Drehen Sie das Rad um und setzen Sie den Abstandshalter in die Nabe. Treiben Sie das rechte Radlager wie oben beschrieben in seinen Sitz.

10 Reinigen Sie die Bremsscheibe mit Azeton oder Bremsenreiniger von allen Fettresten und bauen Sie das Rad ein (siehe Sektion 14).

Hinterradlager

11 Entfernen Sie das Rad (siehe Sektion 15). Heben Sie das Kettenrad samt Mitnehmer aus dem Rad, beachten Sie die Einbaulage (siehe Abb.).

> **Praxis TiP** ***Beachten Sie die Werkzeug- und Werkstatt-Tips im Anhang, um mehr über Lager zu erfahren.***

12 Legen Sie das Rad auf Blöcke, so daß die Bremsscheibe nicht das Gewicht des Rades stützen muß.

13 Entfernen Sie mit einem Schraubendreher die Lagerdichtung rechts aus der Nabe (siehe Abb.). Ersetzen Sie die Dichtung auf jeden Fall.

14 Führen Sie ein Metallrohr (oder vorzugsweise einen Austreibdorn) durch das obere Lager und schlagen Sie kreisförmig auf das untere Lager, um es auszutreiben (siehe Abb. 16.3a und b). Der Abstandshalter wird ebenfalls herausfallen.

15 Legen Sie das Rad auf die andere Seite und treiben Sie in gleicher Weise das andere Lager heraus.

16 Wenn die Radlager nicht oder nur auf einer Seite abgedichtet sind, können Sie mit rückstandsfreiem Lösungsmittel gereinigt und mit Druckluft ausgeblasen werden. Achtung: Lassen Sie die Lager nicht drehen, während Sie sie trockenblasen. Sie könnten plötzlich festgehen und schwere Verletzungen verur-

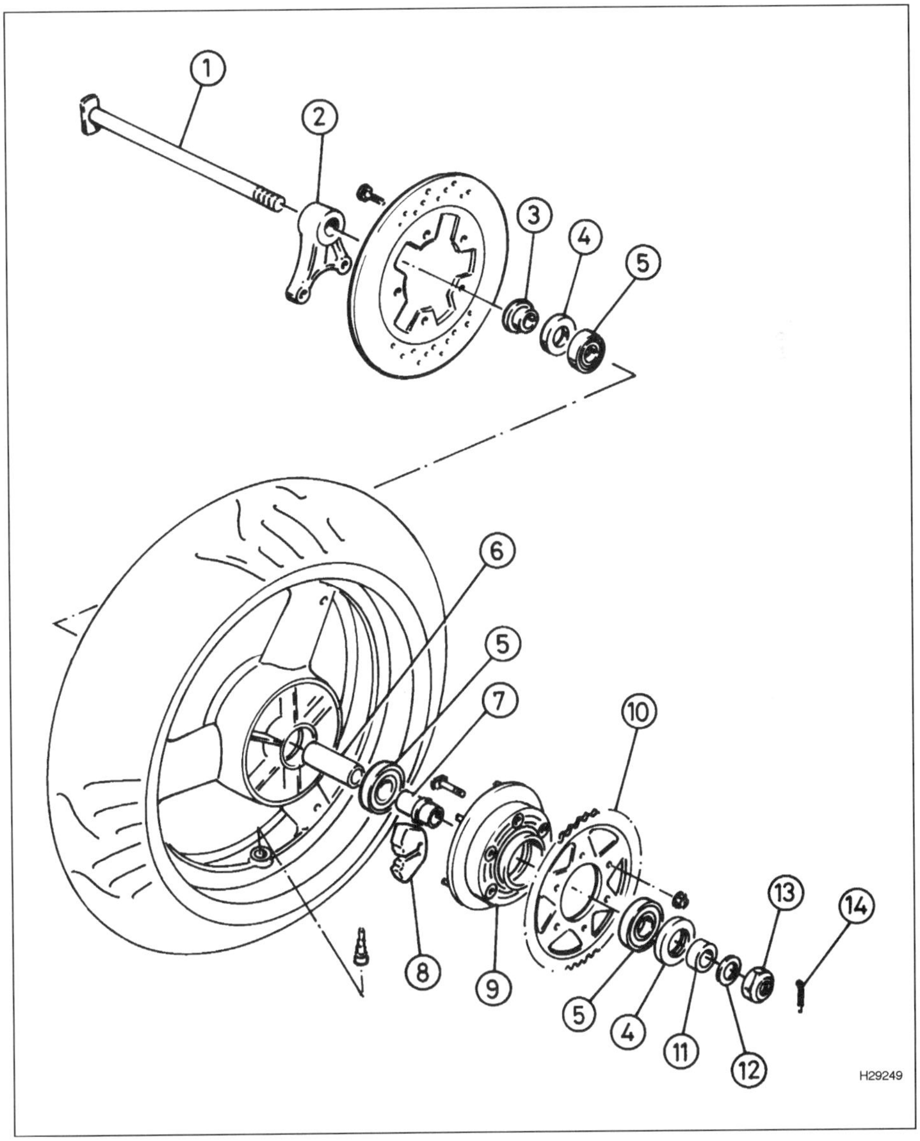

16.11a Bauteile des Hinterrades

1 Achse
2 Bremssattelhalter
3 rechte Abstandshülse
4 Lagerdichtring
5 Radlager
6 Lager-Abstandshalter
7 Kettenradmitnehmer-Hülse
8 Dämpfersegmente
9 Kettenradmitnehmer
11 linke Hülse
12 Scheibe (GSF 1200 Modelle)
13 Achsmutter
14 Splint (nur US-Modelle)

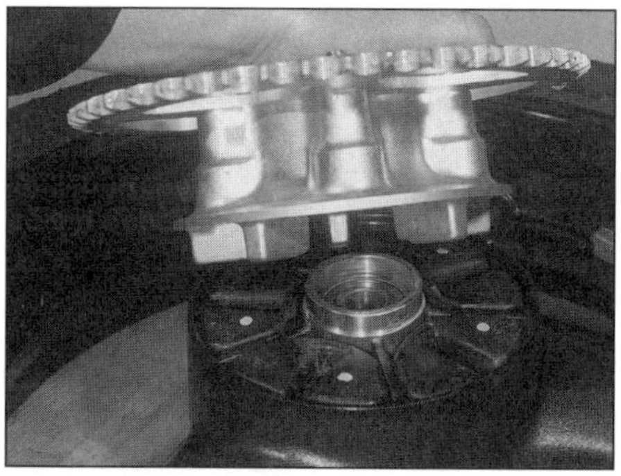

16.11b Heben Sie den Kettenradmitnehmer aus dem Rad.

16.13 Hebeln Sie den Dichtring mit einem Schraubendreher heraus.

16.24a Entfernen Sie die Abstandshülse aus dem Mitnehmer.

sachen. Geben Sie etwa Öl in die Lager. **Anmerkung:** *Wenn die Lager beidseitig geschlossen sind, können Sie nicht gereinigt werden.*

17 Halten Sie den äußeren Lagerring und drehen Sie den inneren Ring – wenn das Lager sich nicht weich dreht und rauh oder laut läuft, muß es ausgetauscht werden.

18 Wenn das Lager gut ist und weiterverwendet werden kann, muß es noch einmal gereinigt und getrocknet und anschließend mit hochwertigem Lithium-Fett gefüllt werden (Suzuki empfiehlt jedoch die Erneuerung der Lager, wenn sie demontiert worden sind).

19 Reinigen Sie sorgfältig die Nabe des Rades. Als erstes wird das rechte Radlager mit der beschrifteten oder abgedichteten Seite nach außen eingesetzt. Mit einem Eintreiber oder einer Steckschlüssel-Nuß, die groß genug ist, nur den Außenring zu berühren, oder dem alten Lager wird es in seinen Sitz geschlagen (siehe Abb. 16.8).

20 Drehen Sie das Rad um und setzen Sie den Abstandshalter in die Nabe. Treiben Sie das linke Radlager wie oben beschrieben in seinen Sitz.

21 Schmieren Sie die Dichtlippen des neuen Lager-Dichtringes mit Fett ein und treiben Sie ihn mit einem geeigneten Treiber, einer großen Nuß oder einem flachen Holzstück rechts in seinen Sitz im Rad (siehe Abb. 16.8).

22 Reinigen Sie die Bremsscheibe mit Azeton oder Bremsenreiniger von allen Fettresten, setzen Sie das Kettenrad samt Mitnehmer auf und bauen Sie das Rad ein (siehe Sektion 15).

Kettenradmitnehmer-Lager

23 Bauen Sie das Hinterrad aus (siehe Sektion 15). Nehmen Sie das Kettenrad samt Mitnehmer aus dem Rad, merken sie sich die Einbaulage (siehe Abb. 16.11b).

24 Entfernen Sie die Abstandshülse innen vom Mitnehmer-Lager (siehe Abb.), beachten Sie die Einbaurichtung. Mit einem Schraubendreher wird der Dichtring auf der Außenseite abgehebelt (siehe Abb.).

25 Legen Sie den Mitnehmer auf Holzblöcke und treiben Sie das Lager mit einer geeigneten Metallstange oder einem Treibdorn aus.

26 Wenn das Lager nicht abgedichtet ist, reinigen Sie es mit rückstandsfreiem Lösungsmittel und blasen Sie es mit Druckluft aus (lassen Sie die Lager nicht drehen, während Sie sie trockenblasen). Geben Sie etwa Öl in die Lager. **Anmerkung:** *Wenn das Lager auf beiden Seiten abgedichtet ist, kann es nicht gereinigt werden.*

27 Halten Sie den äußeren Lagerring und drehen Sie den inneren Ring – wenn das Lager sich nicht weich dreht und rauh oder laut läuft, muß es ausgetauscht werden.

28 Wenn das Lager gut ist und weiterverwendet werden kann, muß es noch einmal gereinigt und getrocknet und anschließend mit hochwertigem Lithium-Fett gefüllt werden. Suzuki empfiehlt jedoch, das Lager nach einer Demontage zu ersetzen.

29 Reinigen Sie sorgfältig den Lagersitz. Das Lager wird mit der beschrifteten oder abgedichteten Seite nach außen eingesetzt. Mit einem Eintreiber oder einer Steckschlüssel-Nuß, die groß genug ist, nur den Außenring zu berühren, oder dem alten Lager wird es in seinen Sitz geschlagen.

30 Geben Sie Fett auf die Dichtlippe der Lagerdichtung und drücken Sie sie mit einem alten Dichtring, einem Treiber, einer geeigneten Nuß oder einem flachen Stück Holz in den Mitnehmer (siehe Abb.). Legen Sie die Abstandshülse richtig herum in den Mitnehmer (siehe Abb. 16.24a).

31 Reinigen Sie die Bremsscheibe mit Azeton oder Bremsenreiniger von allen Fettresten, setzen Sie den Kettenradmitnehmer in das Rad (siehe Abb. 16.11b) und bauen Sie das Rad ein (siehe Sektion 15).

16.24b Hebeln Sie den Lagerdichtring mit einem Schraubendreher heraus.

16.25 Schlagen Sie das Lager von innen heraus.

16.30 Treiben Sie das neue Lager ein, bis es aufliegt.

17 Reifen
Allgemeine Informationen und Montage

Allgemeine Informationen

1 Die an allen Modellen verwendeten Gußräder dürfen nur mit schlauchlosen Reifen ausgerüstet werden. Die Reifengrößen sind in den technischen Daten am Beginn des Kapitels angegeben.

2 Wechseln Sie zu den Täglichen Kontrollen am Anfang dieses Handbuches, um Räder und Reifen zu warten.

Montage neuer Reifen

3 Die Auswahl neuer Reifen wird von den Eintragungen in den Fahrzeugpapieren bestimmt. Achten Sie darauf, daß Vorder- und Hinterreifen zusammenpassen, die Größe und Geschwindigkeitsangabe stimmt. Lassen Sie sich von einem Suzuki- oder Reifenhändler beraten (siehe Abb.).

4 Es ist empfehlenswert, Reifen bei einem Spezialisten wechseln zu lassen. Gerade bei schlauchlosen Reifen ist der Heimwerker mit seinen Montiereisen überfordert und beschädigt wohlmöglich die Dichtflächen an Reifen und Felgen. Eine Werkstatt ist zusätzlich in der Lage, neue Reifen auszuwuchten.

5 Kleine Löcher in schlauchlosen Reifen können unter Umständen repariert werden. Auch hier wird das Aufsuchen eines Suzuki- oder Reifenhändlers empfohlen.

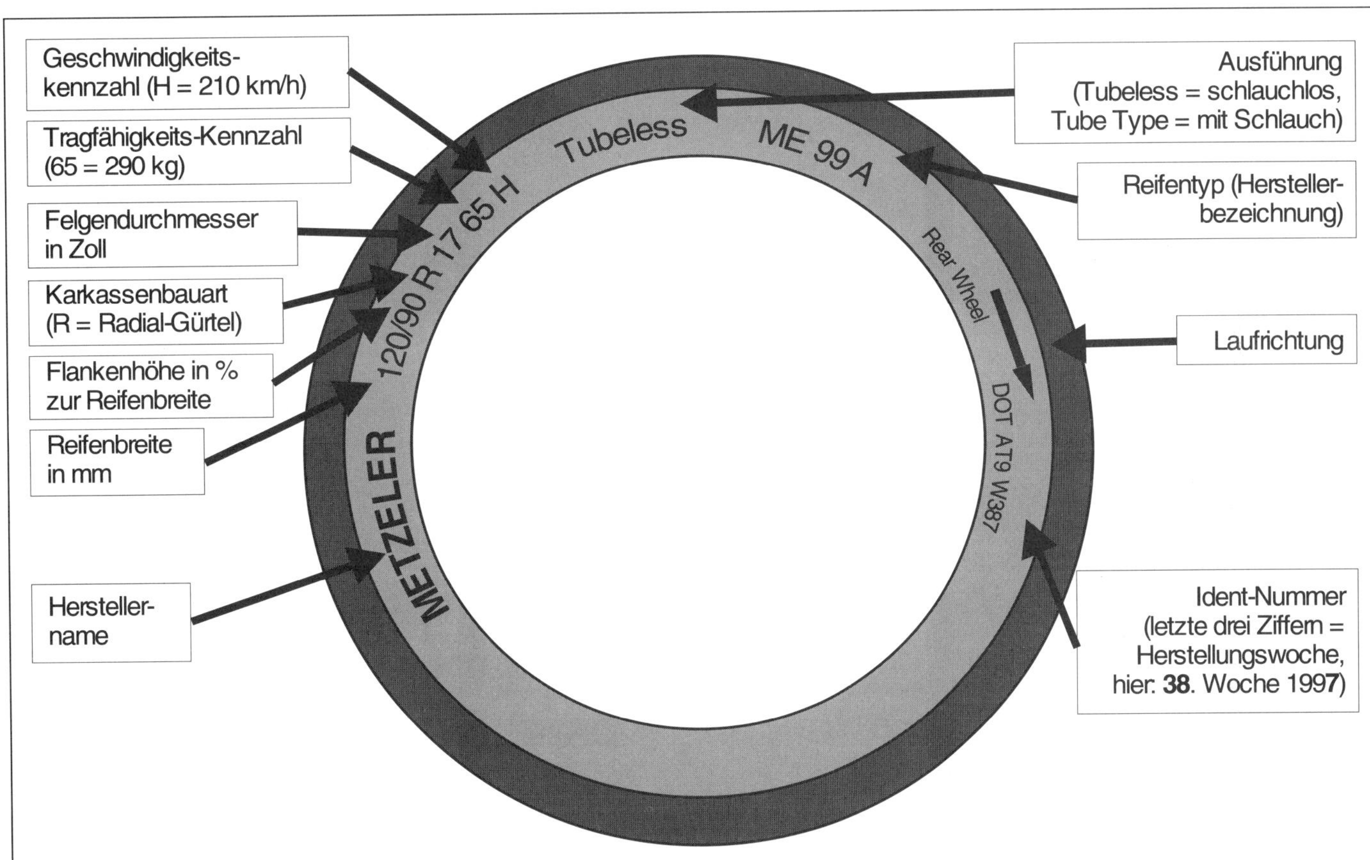

17.3 Übliche Reifenbeschriftungen.

Kapitel 7
Anbauteile

Inhalt
(in alphabetischer Reihenfolge, die Zahlen beziehen sich auf die Numerierung in den grauen Feldern)

Schwierigkeitsgrade

Leicht. Für Anfänger mit wenig Erfahrung geeignet.	**Relativ leicht.** Für Anfänger mit etwas Erfahrung geeignet.	**Relativ schwierig.** Geeignet für geübte Selbstschrauber.	**Schwer.** Geeignet für Mechaniker mit Erfahrung.	**Sehr schwer.** Geeignet für Experten und Profis.

1 Allgemeine Informationen

In diesem Kapitel sind die nötigen Arbeitsschritte beschrieben, die zum Entfernen und Montieren der Anbauteile am Motorrad nötig sind. Da bei vielen Wartungsarbeiten und Reparaturen Anbauteile entfernt werden müssen, sind die Arbeitsschritte hier zusammengefaßt und werden in anderen Kapiteln empfohlen.

Im Falle einer Beschädigung der Teile ist es normalerweise üblich, diese Komponenten durch Neu- oder Gebrauchtteile zu ersetzen. Das Material, aus dem die Verkleidungsteile sind, läßt sich mit konventioneller Technik nicht reparieren. Es gibt jedoch einige Spezialisten, die Plastik wieder „schweißen" können. Es lohnt sich manchmal, hier Angebote einzuholen, bevor teure Neuteile an alten Motorrädern verbaut werden.

Wenn die Demontage eines Verkleidungsteils ansteht, sollte es zunächst genau studiert, und alle Befestigungen und Anschlüsse beachtet werden, um beim Einbau alles wieder korrekt an seinen Platz zu bekommen. In einigen Fällen kann es nötig sein, einen Assistenten zur Hilfe zu haben, um bei der Demontage Lackschäden zu vermeiden. Wenn alle sichtbaren Befestigungen entfernt worden sind, versuchen Sie die Teile wie beschrieben abzuziehen, aber NICHT MIT GEWALT. Wenn es sich nicht entfernen läßt, überprüfen Sie, ob alle Befestigungen gelöst sind und versuchen Sie es noch einmal. Wenn Verkleidungsteile mit Laschen und Schlitzen miteinander verbunden sind, muß darauf geachtet werden, daß diese und die Lackoberfläche nicht beschädigt werden. Denken Sie daran, daß ein Augenblick Geduld eine Menge Geld für den Ersatz beschädigter Teile sparen kann!

Vor dem Einbau sollten Kunststoffteile ausführlich begutachtet werden. Beachten Sie alle Befestigungen und angeschlossene Halter, um sicher zu gehen, daß alles an seinen Platz kommt. Gehen Sie sicher, daß alle Befestigungen, wie auch alle Gewindeeinsätze, Clips und Dämpfergummis in gutem Zustand sind. Alle verschlissenen oder beschädigten Teile müssen ersetzt werden, bevor die Komponente installiert wird. Kontrollieren sie außerdem, daß die Aufnahmen an der Maschine nicht verbogen sind und ersetzen oder reparieren Sie sie, bevor das Verkleidungsteil montiert wird. Wo ein Assistent zum Ausbau nötig war, sollte er auch beim Einbau zur Verfügung stehen.

Setzen Sie entsprechend der Einbauanleitung die Teile sorgfältig in ihre Position und gehen sie sicher, daß sie ggf. mit Nachbarteilen korrekt verbunden sein müssen, bevor sie an den Befestigungen arretiert werden. Achten Sie darauf, keine Laschen oder Schlitze zu beschädigen.

Ziehen Sie alle Befestigungen sorgfältig an, aber seien Sie vorsichtig, nichts zu überdrehen, da – nicht immer sofort – Belastungsbrüche oder Risse auftreten können.

Praxis TiP ***Geben Sie Flüssigseife oder Ähnliches auf die Befestigungsgummis der Seitendeckel, damit die Stifte ohne übermäßigen Druck in ihren Sitz gleiten können.***

2.1 Lockern Sie die Mutter (Pfeil) und schrauben Sie den Spiegel heraus.

3.1 Drehen Sie den Schlüssel im Uhrzeigersinn, um das Sitzbankschloß zu öffnen.

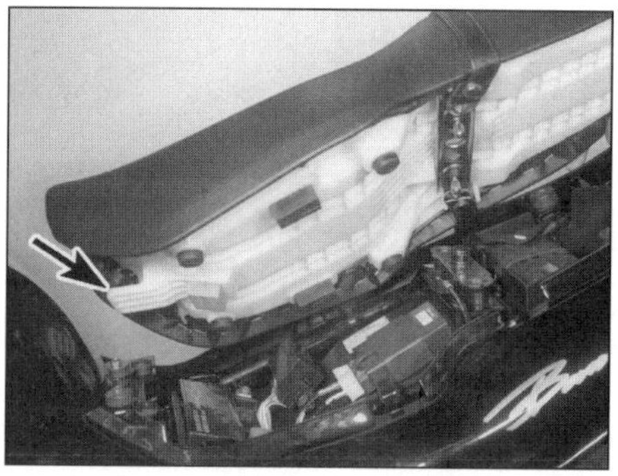

3.3 Schieben Sie die Lasche (Pfeil) unter die Tankhalterung.

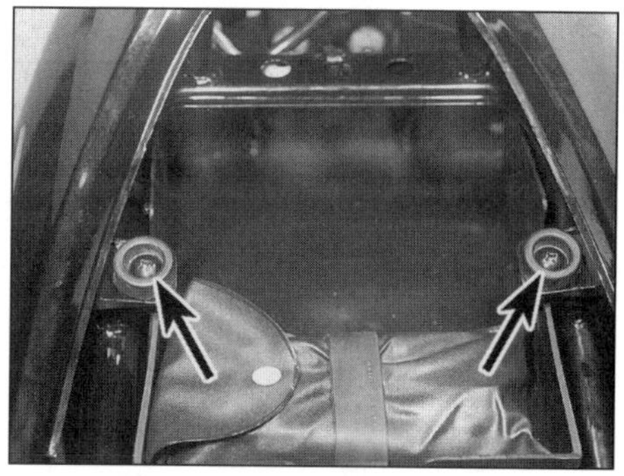

4.3a Jeder Seitendeckel wird mit einer Schraube in der Mitte (Pfeil), . . .

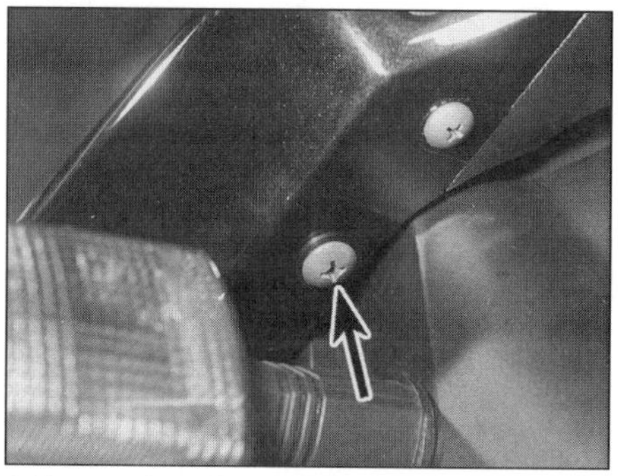

4.3b . . . einer Schraube hinten . . .

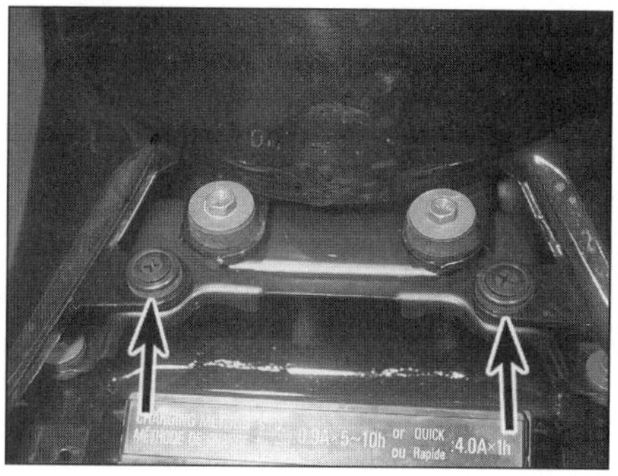

4.3c . . . und einem Drehverschluß vorne gehalten.

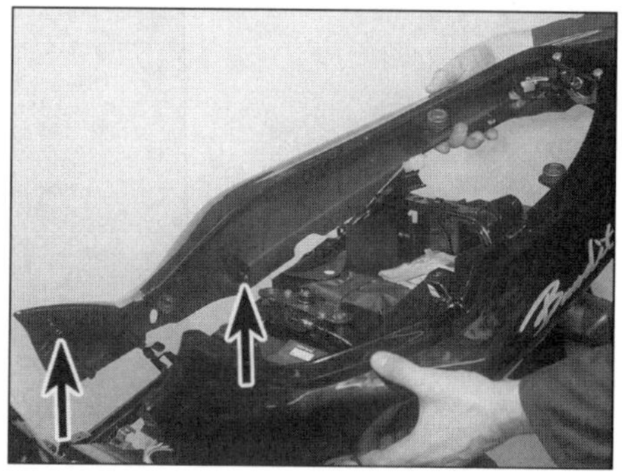

4.3d Stifte der Seitendeckel vorsichtig lösen!

2 Rückspiegel
Ab- und Anbau

1 Lockern Sie die Mutter unten an der Stange und schrauben Sie den Spiegel aus dem Halter am Lenker (siehe Abb.).
2 Setzen Sie den Spiegel an seine Befestigung und schrauben Sie ihn ganz hinein. Drehen Sie ihn in Position und ziehen Sie die Mutter fest.

3 Sitzbank
Aus- und Einbau

Ausbau

1 Stecken Sie den Zündschlüssel in das Sitzbankschloß unter dem linken Seitendeckel und drehen Sie ihn im Uhrzeigersinn, um das Schloß zu öffnen (siehe Abb.).
2 Heben Sie die Sitzbank hinten an und ziehen Sie sie nach hinten weg. Beachten Sie, wie die Lasche vorne unter die Tankhalterung faßt und die Sitzbank auf dem Rahmen aufliegt.

Einbau

3 Schieben Sie die Lasche vorne an der Sitzbank unter die Tankhalterung (siehe Abb.). Legen Sie den Sitz hinten gerade auf und drücken Sie ihn herunter, bis das Schloß einrastet.

4 Seitendeckel
Aus- und Einbau

Ausbau

1 Entfernen Sie die Sitzbank. Die Seitendeckel können nur zusammen mit der Heckverkleidung abgenommen werden. Versuchen Sie nicht, sie einzeln zu entfernen.
2 Verfolgen Sie die Rücklichtkabel und trennen Sie sie an den Steckern. Falls vorhanden, entfernen Sie die Stopfen von den beiden Schrauben, die jeweils einen Beifahrer-Haltegriff sichern. Lösen Sie die Schrauben und entfernen Sie die Griffe.
3 Die Seitendeckel sind mit vier Schrauben, zwei Drehverschlüssen und zwei Stiften, die in Gummiösen einrasten, gesichert (siehe Abb.). Die Stifte sind im vorderen Bereich der Deckel zu finden. Entfernen Sie die vier Schrauben und lösen Sie die zwei Drehverschlüsse. Ziehen Sie die Deckel vorsichtig vom Rahmen ab, um die Stifte zu lösen (siehe Abb.). Wenden Sie keine Gewalt an und biegen Sie den Deckel bei der Demontage nicht seitlich weg.

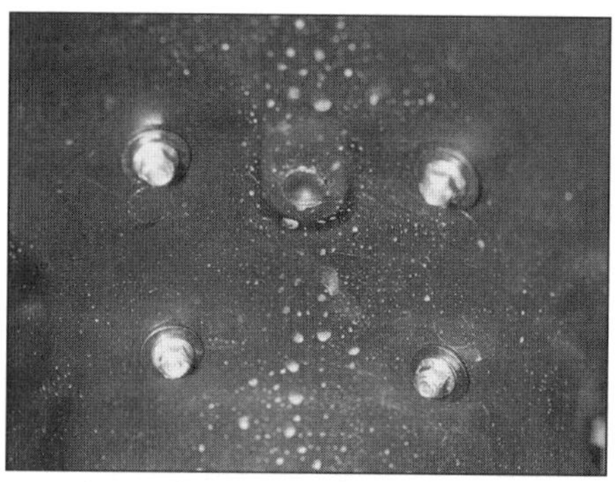

5.2a Halten Sie die Muttern . . .

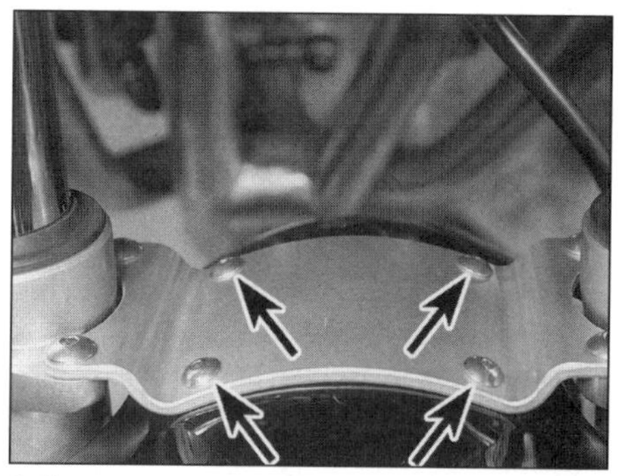

5.2b . . . und lösen Sie die vier Schrauben (Pfeile).

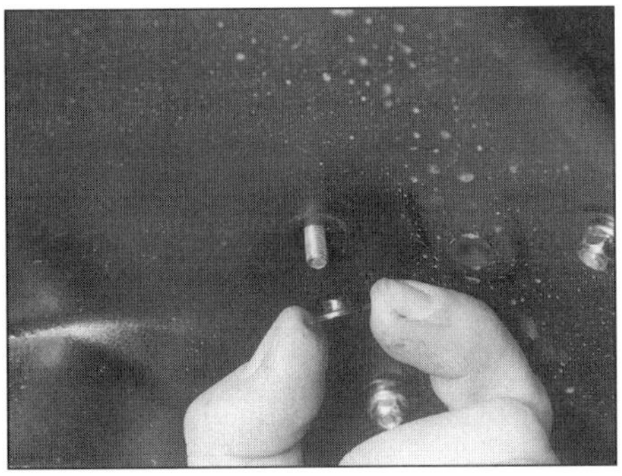

5.2c Entfernen Sie die Hülsen zusammen mit den Muttern . . .

Einbau

3 Der Einbau entspricht der umgekehrten Reihenfolge des Ausbaus.

5 Vorderschutzblech
Aus- und Einbau

Ausbau

1 Entfernen Sie das Vorderrad (s. Kapitel 6).

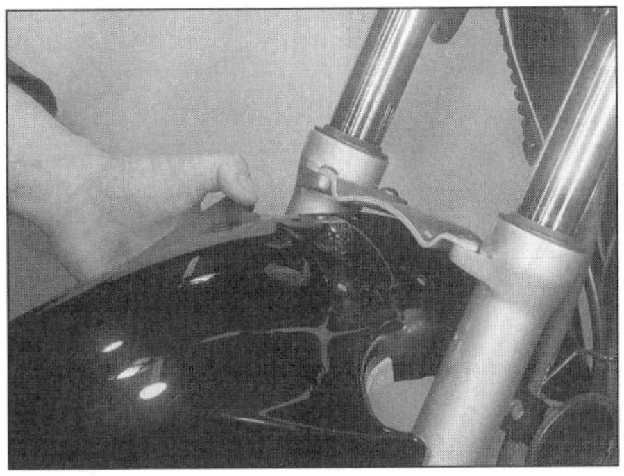

5.2d . . . und nehmen Sie das Schutzblech ab.

2 Halten Sie die Muttern an der Unterseite des Schutzblechs und lösen Sie die vier Schrauben, die es am Stabilisator halten (siehe Abb.). Achten Sie darauf, nicht die Hülsen zu verlieren und entfernen Sie sie zusammen mit den Muttern.
Senken Sie das Schutzblech ab und entfernen Sie es vorsichtig aus der Gabel, merken Sie sich die Einbaurichtung (siehe Abb.).
3 Lösen Sie die vier Schrauben, die den Gabelstabilisator an den Tauchrohren halten und entfernen Sie den Stabilisator (siehe Abb.).

5.3 Der Gabelstabilisator wird mit vier Schrauben gehalten.

Einbau

4 Der Einbau entspricht der umgekehrten Reihenfolge des Ausbaus. Montieren Sie den Gabelstabilisator mit dem Dreieck nach vorne zeigend (siehe Abb.).

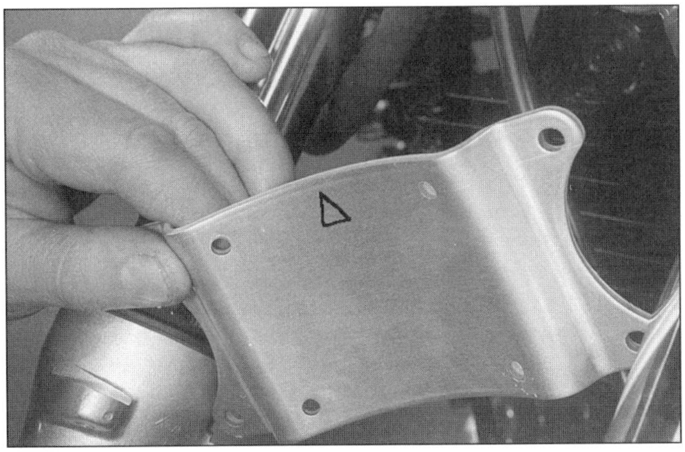

5.4 Montieren Sie den Gabelstabilisator, Pfeil nach vorne zeigend.

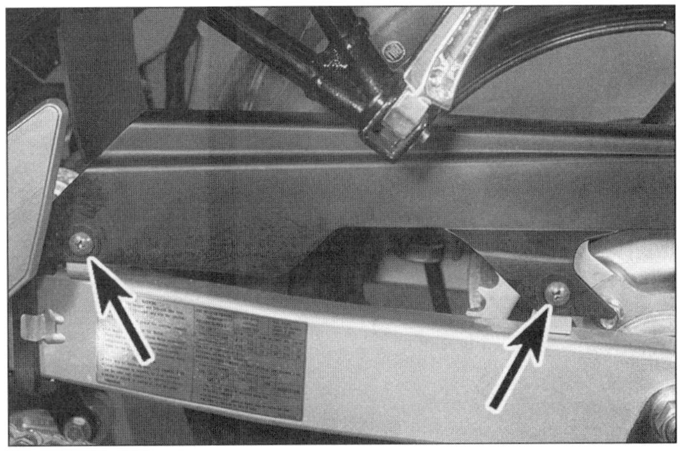

6.1 Der Kettenschutz wird mit zwei Schrauben gehalten.

7.2a Die Windschutzscheibe wird mit vier Schrauben gehalten.

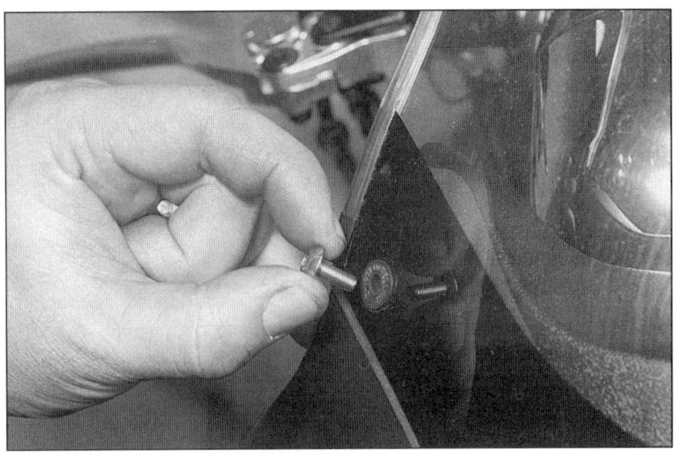

7.2b Entfernen Sie die Schrauben . . .

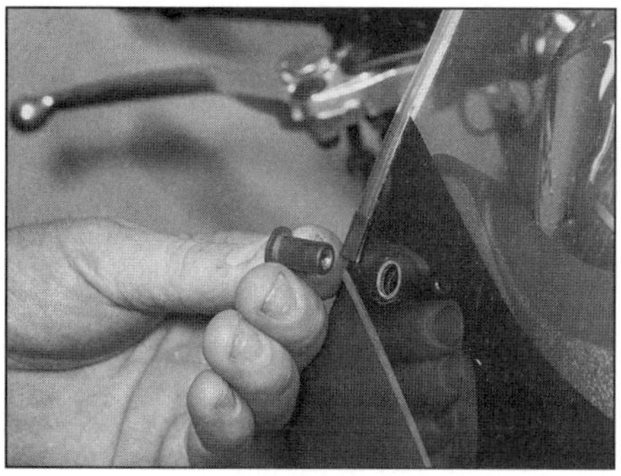

7.2c . . . und ihre Gummihalter.

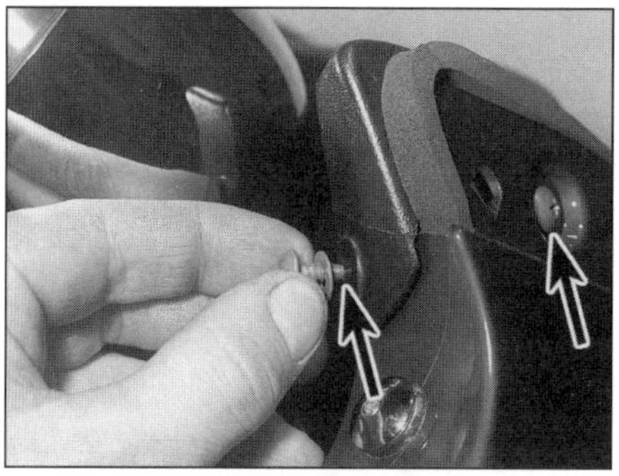

7.3a Entfernen Sie auf jeder Seite die Schrauben . . .

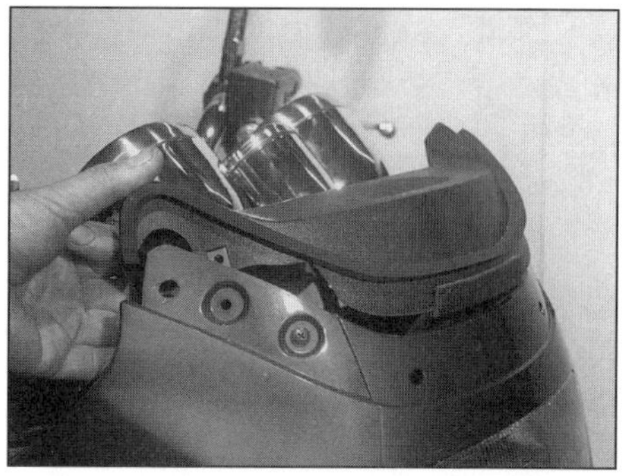

7.3b . . . dann das innere Verkleidungsteil.

6 Kettenschutz
Aus- und Einbau

1 Entfernen Sie die zwei Schrauben, die den Kettenschutz an der Schwinge halten, und nehmen Sie ihn ab (siehe Abb.).
2 Der Einbau entspricht der umgekehrten Reihenfolge des Ausbaus.

7 Verkleidung (GSF 600 S und GSF 1200 S)
Aus- und Einbau

Ausbau

1 Entfernen Sie die vorderen Blinker (siehe Kapitel 8).
2 Lösen Sie die vier Schrauben der Windschutzscheibe und ziehen Sie sie zusammen mit den Gummi-Gewindeeinsätzen heraus Nehmen Sie vorsichtig die Scheibe ab (siehe Abb.).
3 Entfernen Sie die beiden Schrauben auf jeder Seite des inneren Verkleidungsteils und heben Sie diese heraus (siehe Abb.).
4 Entfernen Sie die drei Schrauben, die jedes seitliche Verkleidungsteil halten, nehmen Sie vorsichtig die Verkleidung ab, achten Sie auf die Laschen, die vorne in die Nuten der Frontverkleidung greifen (siehe Abb.). Entfernen Sie dann das andere Seitenteil.
5 Entfernen Sie die beiden Schrauben der Frontverkleidung und ziehen Sie diese nach vorne über die Lampe ab (siehe Abb.).

Einbau

6 Der Einbau entspricht der umgekehrten Reihenfolge des Ausbaus. Gehen Sie sicher, daß alle Befestigungen und ihre Scheiben sowie die Gummidämpfer korrekt montiert sind. Ersetzen Sie alle beschädigten oder gealterten Gummiteile. Verlegen und schließen Sie die Kabel der Blinker korrekt an.
7 Kontrollieren Sie die Funktion der Blinker und die Scheinwerfereinstellung, bevor Sie mit dem Motorrad fahren.

7.4a Entfernen Sie die Schrauben.

7.4b Nehmen Sie das Seitenteil vorsichtig ab, Laschen beachten!

7.5 Das vordere Verkleidungsteil wird mit zwei Schrauben gesichert.

Kapitel 8
Elektrisches System

Inhalt

(in alphabetischer Reihenfolge, die Zahlen beziehen sich auf die Numerierung in den grauen Feldern)

Schwierigkeitsgrade

Leicht. Für Anfänger mit wenig Erfahrung geeignet.	**Relativ leicht.** Für Anfänger mit etwas Erfahrung geeignet.	**Relativ schwierig.** Geeignet für geübte Selbstschrauber.	**Schwer.** Geeignet für Mechaniker mit Erfahrung.	**Sehr schwer.** Geeignet für Experten und Profis.

Technische Daten

Batterie

Kapazität	
GSF 600 Modelle	12 V, 8 Ah
GSF 1200 Modelle	12 V, 10 Ah
Batteriesäuredichte	1,320 bei 20°C

Lichtmaschine

Leistung (max)	405 W bei 5000 U/min
Schleifring-Durchmesser (min)	14,0 mm
Bürstenlänge (min)	4,5 mm

Regler/Gleichrichter

geregelte Spannung	13,5 V bei 5000 U/min

Starter-Motor

Bürstenlänge (min)	9,0 mm

Kraftstoffuhr-Geber (GSF 1200 Modelle)

Widerstand	
Kraftstofftank voll	1 bis 5 Ohm
Kraftstofftank leer	103 bis 117 Ohm

Sicherungen

Hauptsicherung	30 A
Scheinwerfer (Fernlicht)	15 A
Scheinwerfer (Abblendlicht)	15 A
Blinker	15 A
Zündung	10 A
Rücklicht	10 A

Lampen

Scheinwerfer	60/55 W H4 Halogen
Standlicht	4,0 W
Brems/Rücklicht	21/5 W
Blinkerlampe	21 W
Instrumentenbeleuchtung	1,7 W
Blinker-Kontrollampe	
GSF 600 Modelle	3,4 W
GSF 1200 Modelle	3,0 W
Leerlaufkontrollampe	3,0 W
Öldruckkontrollampe	
GSF 600 Modelle	3,4 W
GSF 1200 Modelle	3,0 W
Fernlichtkontrollampe	
GSF 600 Modelle	1,7 W
GSF 1200 Modelle	3,0 W
Kraftstoffkontrollampe (GSF 1200 Modelle)	1,7 W

Anzugs-Drehmomente

Lichtmaschinen-Befestigungsschrauben	25 Nm
Mutter des Lichtmaschinen-Antriebszahnrades	60 Nm

1 Allgemeine Informationen

Alle Modelle sind mit einer 12-Volt-Elektrik ausgerüstet. Die Baugruppe beinhaltet eine Drei-Phasen-Wechselstrom-Lichtmaschine und eine kombinierte Regler/Gleichrichter-Einheit.

Der Regler begrenzt den Ladestrom, um die Anlage nicht zu überlasten, der Gleichrichter wandelt den in der Lichtmaschine produzierten Wechselstrom in Gleichstrom um, den die Verbraucher und die Batterie benötigen. Die Lichtmaschine sitzt über dem Getriebe und wird über ein Zahnrad vom Primärtrieb angetrieben.

Der Starter-Motor sitzt hinter den Zylindern auf dem Motorgehäuse. Die Starteranlage besteht aus dem Startermotor, der Batterie, dem Relais und verschiedenen Kabeln und Schaltern. Wenn sowohl der Not-Aus-Schalter als auch das Zündschloss in RUN bzw. ON-Position stehen, gibt das Starter-Relais Strom an den Startermotor frei, der Stromkreis wird jedoch erst geschlossen, wenn der Leerlauf eingelegt (Leerlaufschalter an) ist, oder der Kupplungshebel gezogen (Kupplungsschalter an), und der Seitenständer eingeklappt ist.

Anmerkung: *Beachten Sie, daß Elektroteile – einmal gekauft – normalerweise nicht mehr vom Händler umgetauscht werden. Um unnötige Kosten zu vermeiden, sollte ganz sicher gegangen werden, das fehlerhafte Teil genau identifiziert zu haben, bevor ein Ersatzteil gekauft wird.*

2 Elektrik
Fehlersuche

Achtung: Um das Risiko von Kurzschlüssen zu verhindern, muß die Zündung stets ausgeschaltet sein.
Trennen Sie zusätzlich das negative Kabel von der Batterie, damit keine Teile durch Arbeiten an der Anlage beschädigt werden. Vergessen Sie nach Abschluß der Arbeiten oder zum Prüfen des Stromkreises nicht, das Kabel wieder anzubringen.

1 Ein typischer Stromkreis besteht aus einem Verbraucher, Schaltern und Relais usw., die den Verbraucher bedienen, sowie Kabeln und Steckern, die den Verbraucher mit der Batterie und dem Rahmen verbinden. Hilfe zum Identifizieren eines Problems geben die Schaltdiagramme am Ende des Kapitels.

2 Bevor Sie einen Stromkreis, der Probleme verursacht, in Angriff nehmen, sollten Sie sich im Schaltdiagramm informieren, aus welchen Bestandteilen der Kreis besteht. Problempunkte können vielfach eingekreist werden, indem man zum Kreis gehörige Bestandteile auf ihre Funktion testet. Wenn mehrere Verbraucher geichzeitig ausfallen, ist es sehr wahrscheinlich, daß eine Sicherung oder ein Erdungskabel defekt ist, da verschiedene Stromkreise oft an derselben Sicherung oder Erdungsverbindung angeschlossen sind.

3 Viele Probleme sind auf Kleinigkeiten, wie lose oder korrodierte Kabelverbindungen oder eine defekte Sicherung, zurückzuführen. Bevor Sie sich auf die Fehlersuche begeben, überprüfen Sie stets den optischen Zustand von Sicherungen, Kabeln und Verbindungen im betroffenen Stromkreis. Sporadische Ausfälle können besonders hartnäckig sein, da beim Testen nicht immer die Fehlersituation hergestellt werden kann. Bei solchen Fehlern sollten Sie alle Verbindungen reinigen, unabhängig davon, ob sie optisch in Ordnung erscheinen. Wackeln Sie an allen Verbindungen, um lose Stellen zu finden, die sporadische Fehler verursachen können.

4 Wenn Sie Testinstrumente einsetzen, arbeiten Sie mit dem Schaltdiagramm, um die notwendigen Verbindungen zum Auffinden des Fehlers herstellen zu können.

5 Zur Grundausstattung einer Fehlersuche gehören eine Batterie, ein externer Stromkreis, ein Durchgangsprüfer, eine

Praxis TiP
Der Abschnitt »Ausrüstung zur Fehlersuche« im Anhang bietet weitere Informationen zur Verwendung dieses Werkzeuges.

31a Lösen Sie zuerst den Negativ- (–) Anschluß (A), ziehen Sie dann die Isolationsabdeckung zurück und lösen Sie den Positiv- (+) Anschluß.

Prüflampe und ein Überbrückungsdraht. Zu genaueren Prüfungen bietet sich ein Multimeter mit Funktionen zum Messen in Ohm, Volt und Ampere an.

3 Batterie
Ausbau, Einbau,
Kontrolle und Wartung

Achtung: Seien Sie extrem vorsichtig, wenn Sie an der Batterie arbeiten. Die Batteriesäure ist stark ätzend, und bei der Ladung entstehen explosive Gase.

Ausbau und Einbau

1 Entfernen Sie die Sitzbank (siehe Kapitel 7). Lösen Sie die Schrauben der Batterieanschlüsse und nehmen Sie die Kabel von den Polen. Entfernen Sie das Masse- (–) Kabel zuerst. Beachten Sie, daß das (+) Kabel eine Isolationsabdeckung hat, die zurückgezogen werden muß (siehe Abb.). Heben Sie die Batterie aus ihrer Halterung (siehe Abb.).

2 Reinigen Sie vor dem Anschließen die Batteriepole und Kabelenden mit einer Drahtbürste oder einem Messer und Schleifpapier.

> **Praxis TiP** ***Korrosion der Batteriepole kann auf ein Minimum reduziert werden, wenn man sie nach dem Anschließen der Kabel mit Polfett einschmiert.***

Schließen Sie zuerst den (+) Pol an und schieben Sie die Isolationsabdeckung darüber (siehe Abb.). Montieren Sie die Sitzbank (siehe Kapitel 7).

Kontrolle und Wartung

3 Die in den beschriebenen Modellen verwendeten Batterien sind wartungsfreie (geschlossene) Ausführungen, deren Säurestand nicht überprüft werden braucht. Jedoch sollten die folgenden Kontrollen durchgeführt werden.

4 Kontrollieren Sie die Batteriepole und Anschlüsse auf Korrosion und Festigkeit. Wenn nötig, lösen Sie die Verbindungen

3.1b Nehmen Sie die Batterie aus dem Motorrad.

(Minus zuerst!) und reinigen Sie die Anschlüsse mit einer Drahtbürste oder einem Messer und Schleifpapier. Verbinden Sie die Anschlüsse wieder (plus zuerst!) und schmieren Sie sie dünn mit Polfett ein, um weitere Korrosion zu vermindern.

5 Das Batteriegehäuse sollte sauber gehalten werden, um zu vermeiden. daß Kriechströme durch den Schmutz fließen und den Akku über längere Zeit entladen. Waschen Sie die Außenseite des Gehäuses mit einer Lösung aus Wasser und Soda. Spülen Sie die Batterie ordentlich ab und trocknen Sie sie.

6 Achten Sie auf Risse im Gehäuse und wechseln Sie die Batterie sofort aus, wenn Sie welche entdecken. Wenn Säure auf den Rahmen oder den Batteriehalter gespritzt ist, muß sie sofort mit Sodalauge neutralisiert werden. Trocknen Sie alles ab und bessern Sie Lackschäden aus.

7 Wenn das Motorrad für längere Zeit nicht benutzt wird, sollten die Batterieanschlüsse gelöst werden, Masse (–) zuerst. Wechseln Sie zu Sektion 4 und laden Sie die Batterie alle vier bis sechs Wochen auf.

8 Der Ladezustand der Batterie kann durch Messen der Spannung zwischen den Polen ermittelt werden. Schließen Sie die Plusklemme des Voltmeters an den Pluspol des Akkus an, ebenso die Minusklemme an den Minuspol. Eine voll geladene Batterie sollte mehr als 12,5 Volt Spannung haben. Wenn die Voltzahl unter 12,0 fällt, muß die Batterie ausgebaut und, wie in Sektion 4 beschrieben, geladen werden.

4 Batterie
Aufladung

Achtung: Seien Sie extrem vorsichtig, wenn Sie an der Batterie arbeiten. Die Batteriesäure ist stark ätzend, und beim Aufladen entstehen explosive Gase.

1 Bauen Sie die Batterie aus (siehe Sektion 3). Verbinden Sie das Ladegerät mit der Batterie, gehen Sie dabei sicher, daß die Anschlüsse nicht verwechselt werden.

2 Suzuki empfiehlt, die Batterien der GSF 600

3.2 Schieben Sie die Isolationsabdeckung über den Plus-Anschluß.

Modelle mit maximal 0,9 Ampere und die der GSF 1200 Modelle mit maximal 1,2 Ampere über jeweils 5 Stunden zu laden. Stärkere Ladung als angegeben kann zu Überhitzungen und Verbiegungen der Bleiplatten führen, was die Batterie wertlos macht. Nur sehr wenige Besitzer haben Zugang zu einem teuren automatischen Ladegerät, normale einfache Ladegeräte sollten nach einem möglicherweise stärkeren Anfangsladestrom auf ein niedriges sicheres Level absinken (siehe Abb.). Achtung: Stoppen Sie sofort die Ladung, wenn die Batterie warm wird – weiteres Laden wird zu Beschädigungen führen. Bei den ZR 550 B1 bis B4-Modellen sollte nach dem Laden der Säurestand kontrolliert und gegebenenfalls korrigiert werden (siehe Kapitel 1). **Anmerkung:** *In Notfällen kann die Batterie mit einer Stromstärke von rund 4,0 Ampere (GSF 600), bzw. 5,0 Ampere (GSF 1200) über eine Stunde geladen werden, jedoch ist dieses nicht empfehlenswert, und die sichere Methode ist immer eine niedrige Ladung.*

3 Wenn die aufgeladene Batterie sich über kurze Zeit wieder entlädt, wird ein innerer Kurzschluß durch physikalische Beschädigung oder starke Sulfatierung vorliegen und eine neue Batterie muß beschafft werden. Eine gesunde Batterie verliert etwa 1% ihrer Ladung pro Tag.

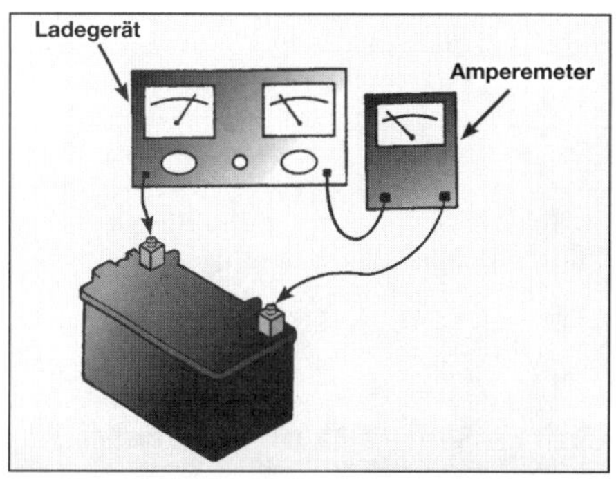

4.2 Wenn das Ladegerät kein eingebautes Amperemeter hat, schließen Sie ein externes Gerät in Reihe an. Schließen Sie das Amperemeter NICHT zwischen die Batteriepole, da es dadurch zerstört wird.

5.1 Die Sicherungs-Box befindet sich unter der Sitzbank.

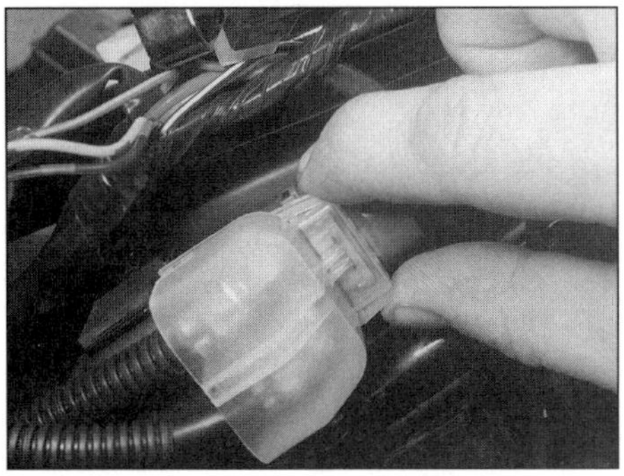

5.2b Entfernen Sie die Starter-Relais-Abdeckung, . . .

4 Installieren Sie die Batterie (s. Sektion 3).

5 Wenn das Motorrad für längere Zeit nicht benutzt wird, sollten die Batterieanschlüsse gelöst werden, Masse (–) zuerst. Laden Sie die Batterie alle vier bis sechs Wochen auf.

5 Sicherungen
Kontrolle und Ersetzen

1 Die Bordelektrik ist mit verschiedenen Sicherung geschützt. Alle Sicherungen, außer der Hauptsicherung, befinden sich unter dem »FUSE«-Deckel unter der Sitzbank. Die Hauptsicherung befindet sich am Starter-Relais, das hinter dem linken Seitendeckel sitzt (siehe Abb. 5.2c).

5.2a Lösen Sie den Deckel, um an die Sicherungen zu gelangen.

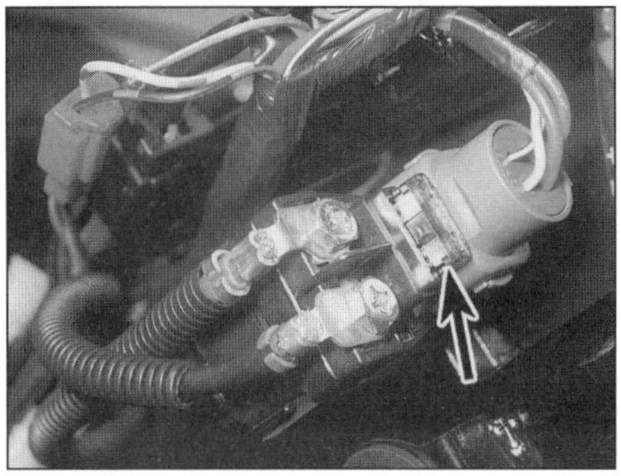

5.2c . . . um Zugang zur Hauptsicherung (Pfeil) zu erhalten.

2 Um Zugang zu den Sicherungen zu erlangen, muß die Sitzbank entfernt (siehe Kapitel 7) und der Sicherungsdeckel gelöst werden (siehe Abb.). Um Zugang zur Hauptsicherung zu erhalten, müssen die Seitendeckel (siehe Kapitel 7) und die Starter-Ralais-Abdeckung entfernt werden (siehe Abb.).

3 Die Sicherungen können ausgebaut und einer Sichtkontrolle unterzogen werden. Wenn sie sich nicht mit den Fingern entfernen lassen, können sie auch vorsichtig mit einer Spitzzange herausgenommen werden (siehe Abb.). Eine durchgebrannte Sicherung ist leicht an der Unterbrechung in der Drahtverbindung der beiden Anschlüsse zu erkennen (siehe Abb.). Die Sicherung ist deutlich mit dem Wert der maximalen Stromstärke markiert und darf nur durch eine gleich starke ersetzt werden. Je eine Ersatzsicherung aller Stärken sitzt in der Sicherungsbox, bzw. am Starter-Relais (siehe Abb.). Wenn die Ersatzsicherung eingesetzt wurde, muß an ihren Platz so bald wie möglich eine neue Ersatzsicherung gesteckt werden.

Achtung: Setzen Sie niemals eine stärkere Sicherung ein und überbrücken Sie die Anschlüsse niemals mit Draht oder Ähnlichem, für wie kurz auch immer. Die elektrische Anlage kann stark beschädigt werden oder in Brand geraten.

4 Wenn die Sicherung durchbrennt, muß der Kabelbaum sorgfältig auf den Grund des Kurzschlusses überprüft werden. Achten Sie auf blanke Leitungen und abgeriebene, geschmolzene oder verbrannte Isolationen. Wenn die Sicherung ersetzt wird, bevor die Ursache gefunden und behoben ist, wird die neue Sicherung sofort ebenfalls durchbrennen.

5 Gelegentlich wird eine Sicherung ohne offensichtlichen Grund durchbrennen oder den Stromkreis unterbrechen. Der Grund hierfür liegt in korrodierten Kontakten der Sicherung oder ihrer Halterung. Entfernen Sie diese Kontaktschwächen mit einer Drahtbürste oder Schleifpapier und sprühen Sie die Anschlüsse mit Kontaktspray ein.

6 Lichtanlage
Kontrolle

1 Die Batterie versorgt den Scheinwerfer, das Rück- und Bremslicht, sowie die Instrumentenbeleuchtung mit Strom. Wenn gar keines der Lichter funktioniert, muß zunächst die Batterieladung überprüft werden. Eine schwache Batterie kann entweder einen eigenen Schaden oder einen Fehler im Ladesystem bedeuten. Wechseln Sie für die Batteriekontrolle zu Sektion 3 und wegen eines Tests des Ladesystems zu den Sektionen 32 und 33. Kontrollieren Sie ebenfalls den Zustand der Sicherungen.

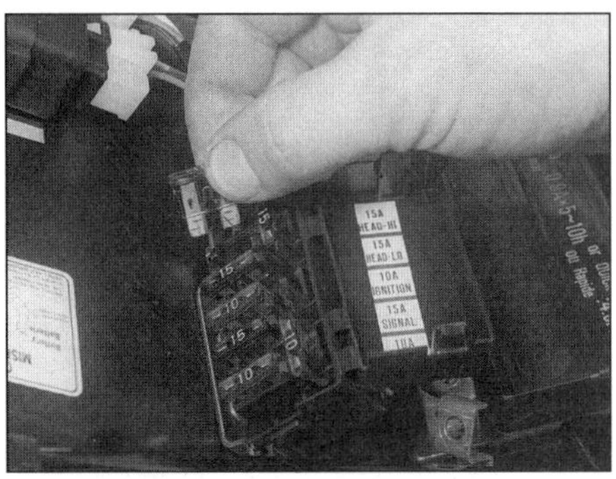

5.3a Die Sicherungen können herausgezogen werden.

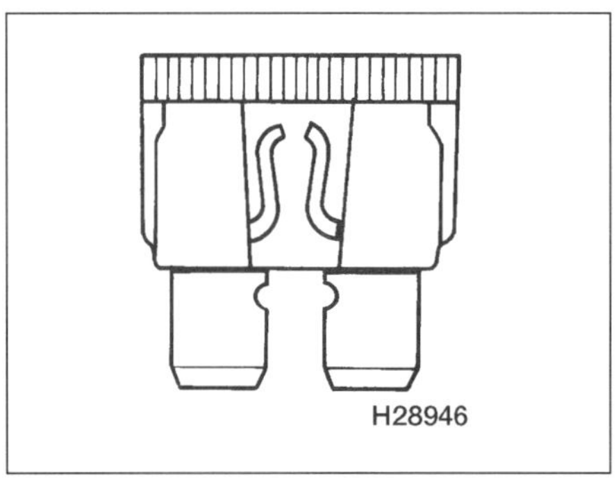

5.3b Eine durchgebrannte Sicherung kann an dem unterbrochenen Metallstreifen erkannt werden.

5.3c Eine Ersatz-Hauptsicherung sitzt unter dem Relais.

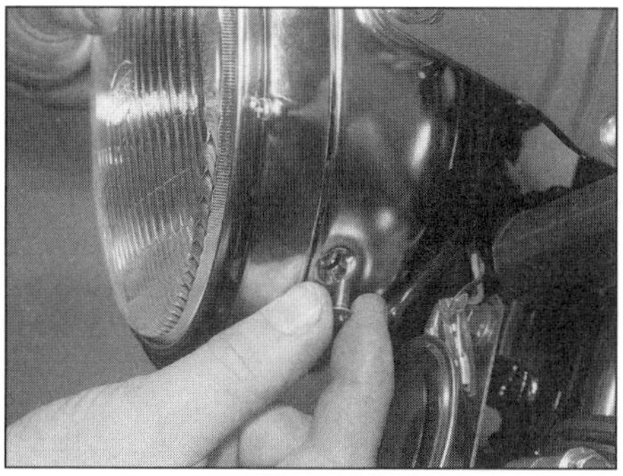

7.1a Der Lampenring ist auf jeder Seite mit einer Schraube gesichert.

7.1b Ziehen Sie den Lampenring von der Schale.

Scheinwerfer

2 Wenn der Scheinwerfer nicht mehr arbeitet, muß zunächst bei angeschalteter Zündung die Sicherung überprüft werden (siehe Sektion 5) und dann die Lampe (siehe Sektion 7). Wenn beides in Ordnung ist, wird die Lampe mit Überbrückungskabel direkt an die Batterie geklemmt, wenn das Licht jetzt geht, liegt der Fehler in den Kabeln oder Schaltern des Bordnetzes. Wechseln Sie zum Test der Schalter zu Sektion 20 und zu den Schaltplänen am Ende des Kapitels.

Rücklicht

3 Wenn das Rücklicht ausfällt, kontrollieren Sie zuerst die Lampen und ihre Fassungen, dann die Sicherung. Kontrollieren Sie dann die Batteriespannung an den Anschlüssen des Rücklichtsteckers. Wenn Spannung anliegt, überprüfen Sie, ob das Rücklicht eine Masseverbindung hat.

4 Wenn keine Spannung festzustellen ist, kontrollieren Sie die Kabel zwischen Rücklicht und Zündschloß, dann das Zündschloß und den Lichtschalter.

Bremslicht

5 Wenn das Bremslicht nicht funktioniert, müssen zuerst die Lampen und ihre Fassungen kontrolliert werden, dann die Sicherungen. Sehen Sie zur Kontrolle der Bremslichtschalter in Sektion 14 nach.

Leerlaufkontrollampe

6 Wenn die Neutral-Lampe nicht leuchtet, obwohl im Getriebe der Leerlauf eingelegt ist, muß die Sicherung und die Lampe kontrolliert werden (siehe Sektion 5 und 17). Wenn alles in Ordnung ist, verfolgen Sie das Kabel vom Ritzeldeckel zurück und trennen es am Stekker hinter dem linken Seitendeckel. Kontrollieren Sie die Batteriespannung am stromführenden Steckerende, falls Spannung anliegt, wechseln Sie zur Kontrolle und zum Wechseln des Leerlaufschalters zu Sektion 22.

7 Wenn keine Spannung anliegt, kontrollieren Sie die Verkabelung zwischen dem Schalter und der Lampe auf Durchgang und schlechte Kontakte.

Öldruckwarnlampe

8 Wenn die Öldruck-Warnlampe bei ausgeschaltetem Motor nicht leuchtet, müssen die Lampe und die Sicherung kontrolliert werden (siehe Sektion 5 und 17). Wenn sie in Ordnung sind, wechseln Sie zur Kontrolle des Öldruckschalters zu Sektion 18.

Instrumentenbeleuchtung

9 Birnenwechsel in Abschnitt 17.

7.2 Lösen Sie den Kabelstecker und entfernen Sie die Gummiabdeckung.

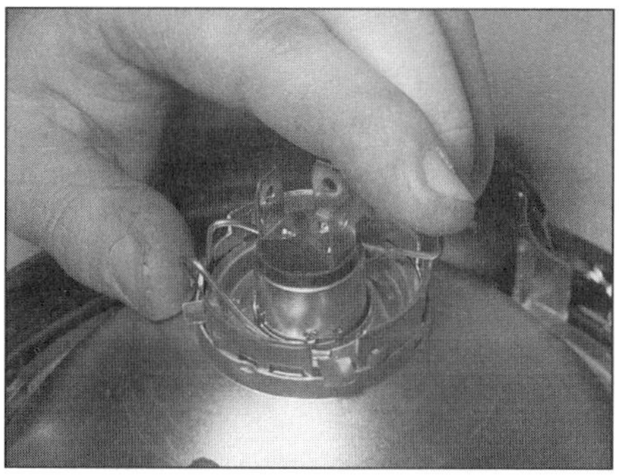

7.3a Lösen Sie den Lampen-Halteclip . . .

7.3b . . . und entfernen Sie die Lampe.

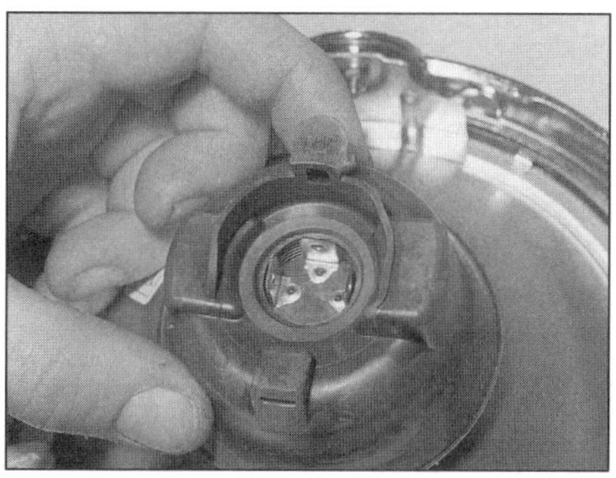

7.5 Setzen Sie die Gummi-Abdeckung mit der TOP-Markierung nach oben ein.

7 Scheinwerferlampe und Standlichtlampe
Ersetzen

Anmerkung: *Der Scheinwerfer ist mit einer Halogenlampe ausgerüstet, dessen Glas nicht angefaßt werden darf, da Flecken das Leben der Lampe verkürzen. Wenn sie doch einmal berührt worden ist, muß sie (im kalten Zustand) sorgfältig mit einem Spiritusgetränktem Lappen abgewischt und vor dem Einbau getrocknet werden.*

Warnung: Lassen Sie die Lampe nach dem Betrieb einige Zeit abkühlen, bevor Sie sie ausbauen!

Scheinwerferlampe

GSF 600 und GSF 1200 ohne Verkleidung

1 Entfernen Sie die beiden Schrauben, die den Lampenring an der Scheinwerferschale halten und ziehen Sie den Ring unter Beachtung der Einbaulage von der Schale (siehe Abb.).

2 Lösen Sie den Kabelstecker und entfernen Sie die Gummikappe (siehe Abb.).

3 Lösen Sie den Lampen-Halteclip, merken Sie sich seine Lage und entfernen Sie die Lampe (siehe Abb.).

4 Setzen Sie die neue Lampe unter Berücksichtigung des oben angeführten **Hinweises** in den Reflektor. Stellen Sie sicher, daß die Laschen der Lampe korrekt in den Kerben des Einsatzes sitzen und sichern Sie sie mit dem Halteclip.

5 Setzen Sie die Gummi-Abdeckung mit der TOP-Markierung nach oben auf die Lampe und schließen Sie den Stecker an (siehe Abb.).

7.7 Ziehen Sie den Stecker ab und entfernen Sie die Gummiabdeckung.

7.8a Entfernen Sie den Lampenhalter aus dem Reflektor...

7.8b . . . und entfernen Sie die Lampe aus dem Halter.

6 Kontrollieren Sie die Funktion des Scheinwerfers, setzen Sie anschließend den Lampenring an die Schale und sichern Sie ihn mit den zwei Schrauben (siehe Abb. 7.1b und a).

GSF 600S und GSF 1200S Modelle mit Verkleidung

7 Trennen Sie die Kabelstecker hinter der Scheinwerfereinheit und entfernen Sie die Gummiabdeckung unter Beachtung der Einbaulage (siehe Abb.).

8 Lösen Sie den Lampen-Halteclip, merken Sie sich seine Lage und entfernen Sie die Lampe (siehe Abb.).

9 Setzen Sie die neue Lampe unter Berücksichtigung des oben angeführten **Hinweises** in den Reflektor. Stellen Sie sicher, daß die Laschen der Lampe korrekt in den Kerben des Einsatzes sitzen und sichern Sie sie mit dem Halteclip.

10 Setzen Sie die Gummi-Abdeckung wie vorgesehen und mit der Lasche nach unten auf die Lampe und schließen Sie den Stecker an (siehe Abb. 7.7).

11 Kontrollieren Sie die Funktion des Scheinwerfers.

Standlicht

GSF 600 und GSF 1200 Modelle ohne Verkleidung

12 Entfernen Sie die beiden Schrauben, die den Lampenring an der Scheinwerferschale halten und ziehen Sie den Ring unter Beachtung der Einbaulage von der Schale (siehe Abb. 7.1a und b).

13 Ziehen Sie die Gummiabdeckung ab, drücken Sie den Lampenhalter ein, drehen Sie ihn gegen den Uhrzeigersinn und nehmen Sie ihn aus dem Reflektor (siehe Abb.). Drücken Sie die Lampe herunter und drehen Sie sie gegen den Uhrzeigersinn, um sie aus dem Halter zu entfernen (siehe Abb.).

14 Setzen Sie eine neue Lampe in den Halter und drücken Sie diesen in den Reflektor.

15 Kontrollieren Sie die Funktion des Standlichtes, setzen Sie anschließend den Lampenring an die Schale und sichern Sie ihn mit den zwei Schrauben (s. Abb. 7.1a, b).

GSF 600S und GSF 1200S Modelle mit Verkleidung

16 Ziehen Sie den Lampenhalter aus seinem Sockel unten im Reflektor (siehe Abb.). Drücken Sie die Lampe herunter und drehen Sie sie gegen den Uhrzeigersinn, um sie aus dem Halter zu entfernen (siehe Abb.).

17 Setzen Sie eine neue Lampe in den Halter und drücken Sie diesen in den Reflektor. Achten Sie darauf, daß die Gummiabdeckung korrekt sitzt.

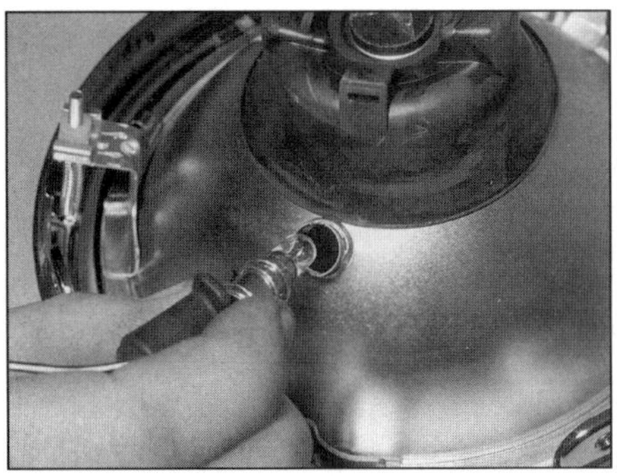

7.13a Entfernen Sie den Standlicht-Lampenhalter aus dem Reflektor . . .

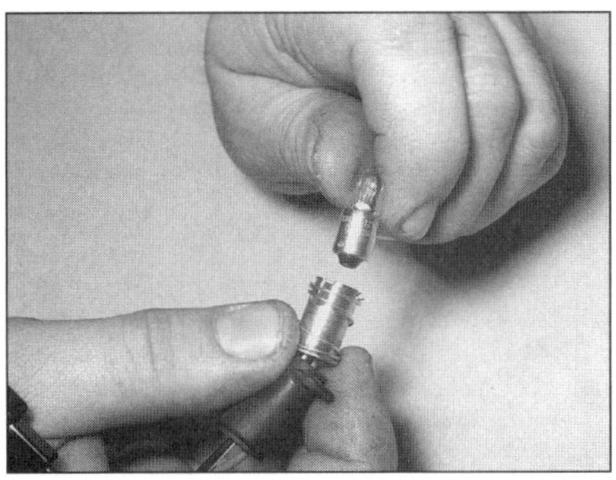

7.13b . . . und nehmen Sie die Lampe aus dem Halter.

Praxis TiP ***Wenn Sie Kabel trennen, beschildern Sie sie vorher, um beim Zusammenbau Verwechslungen zu vermeiden.***

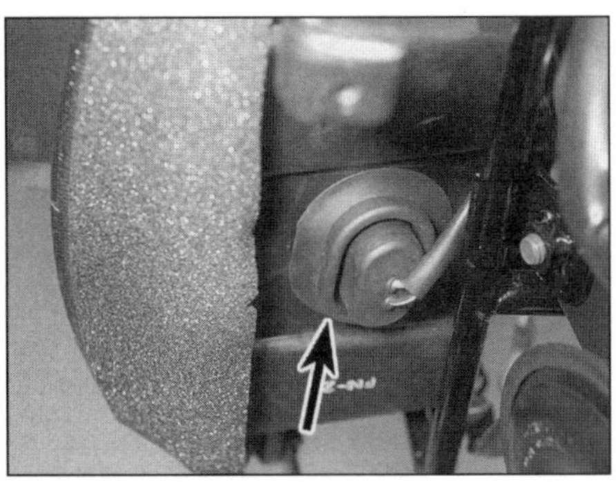

7.16a Die Standlichtlampe sitzt am Boden des Scheinwerfers.

7.16b Die Lampe muß in den Halter gedrückt und gegen den Uhrzeigersinn gedreht werden.

8.2 Trennen Sie die Stecker der Standlichtlampe und des Scheinwerfers (Pfeile).

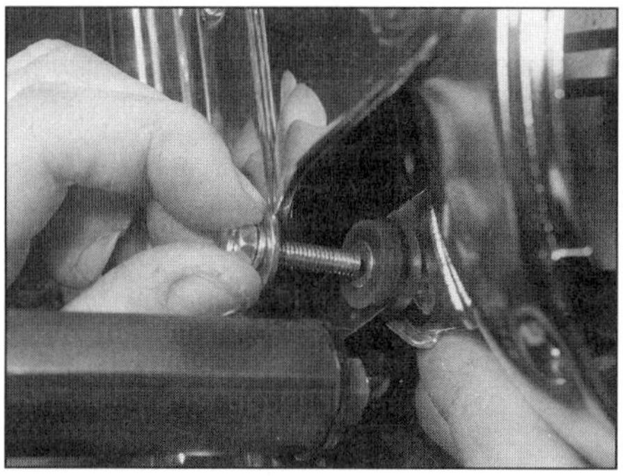

8.3a Entfernen Sie die Führungsschraube.

18 Kontrollieren Sie die Funktion des Standlichtes.

8 Scheinwerfereinheit
Ausbau und Einbau

GSF 600 and GSF 1200 ohne Verkleidung

Ausbau

1 Entfernen Sie die beiden Schrauben, die den Lampenring an der Scheinwerferschale halten und ziehen Sie den Ring unter Beachtung der Einbaulage von der Schale (siehe Abb. 7.1a und b).
2 Lösen Sie den Stecker von der Scheinwerferlampe und am Kabel der Standlichtlampe (siehe Abb.).
3 Um die Lampenschale zu entfernen, muß zunächst die Mutter der Führungsschraube auf der rechten Seite der Lampe gelöst und die Schraube entfernt werden (siehe Abb.). Nachdem alle Kabel in der Schale von möglichen Haltern befreit und außen an den Steckern getrennt worden sind, können die Kabel nach hinten aus der Schale gezogen werden. Lösen Sie die Muttern in der Schale und entfernen Sie die Halteschrauben. Nehmen Sie dann die Lampenschale ab (siehe

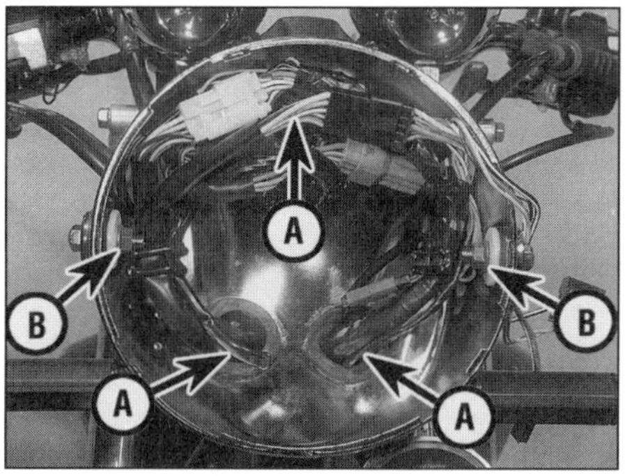

8.3b Führen Sie die Kabel durch die Löcher (A), lösen Sie die Muttern (B) und entfernen Sie die Schrauben.

Abb.). Wenn nötig, lösen Sie die Schrauben des Halters am Stützrahmen und entfernen Sie ihn.

Einbau

4 Der Einbau entspricht der umgekehrten Reihenfolge des Ausbaus. Stellen Sie sicher,daß alle Kabel richtig verbunden und gesichert sind. Kontrollieren Sie die Funktion des Scheinwerfers und des Standlichts. Überprüfen Sie die Leuchtweiteneinstellung (siehe Kapitel 1).

GSF 600S und GSF 1200S mit Verkleidung

Ausbau

5 Entfernen Sie die Verkleidung (s. Kapitel 7).
6 Trennen Sie die Stecker von der Scheinwerferlampe und der Standlichtlampe (siehe Abb.).
7 Lösen Sie die vier Schrauben, die die Scheinwerfereinheit am Verkleidungsrahmen halten und nehmen Sie sie ab (siehe Abb.).

Einbau

8 Der Einbau entspricht der umgekehrten Reihenfolge des Ausbaus. Stellen Sie sicher, daß alle Kabel richtig verbunden und gesichert sind. Kontrollieren Sie die Funktion des Scheinwerfers und des Standlichts. Überprüfen Sie die Leuchtweiteneinstellung (siehe Kapitel 1).

8.6 Trennen Sie die Stecker der Standlichtlampe und des Scheinwerfers (Pfeile).

8.7 Der Scheinwerfer wird mit vier Schrauben gesichert.

9 Rücklichtlampe und Kennzeichenbeleuchtung
Auswechseln

Rücklichtlampe

1 Entfernen Sie die Sitzbank (siehe Kapitel 7).
2 Lösen Sie die beiden Schrauben, die die obere Abdeckung an den Seitendeckeln halten und nehmen Sie den Deckel ab (siehe Abb. 10.2a und b).
3 Drehen Sie den Lampenhalter links herum und ziehen Sie ihn aus dem Rücklicht (siehe Abb.).
4 Drücken Sie die Lampe herunter und

9.3 Drehen Sie den Lampenhalter gegen den Uhrzeigersinn, um ihn aus dem Rücklicht zu lösen.

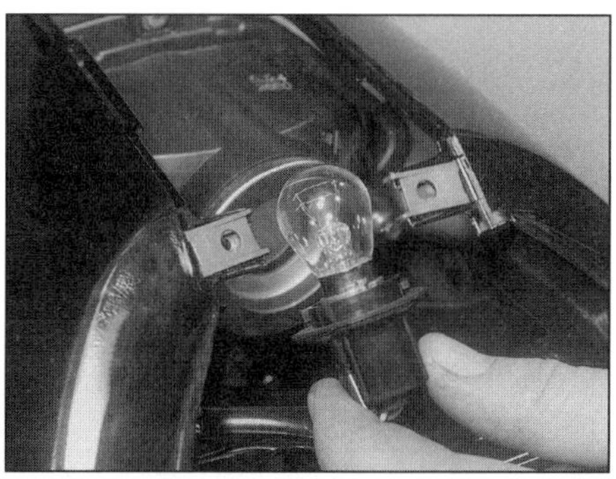

9.4 Die Bajonett-Stifte der Rücklichtlampe sind versetzt, so daß sie nur in einer Position eingesetzt werden kann.

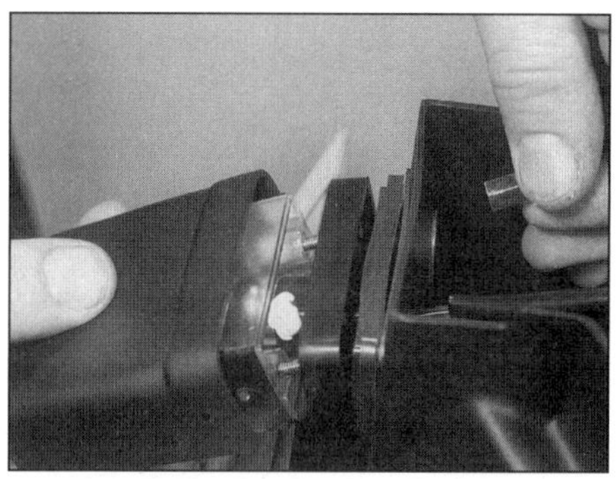

9.8 Die Kennzeichenbeleuchtung wird mit zwei Muttern gehalten.

9.9 Lösen Sie die Lampe durch Eindrücken und Drehen gegen den Uhrzeigersinn.

drehen Sie sie gegen den Uhrzeigersinn, um sie aus dem Halter zu entfernen (siehe Abb.). Überprüfen Sie den Sockel auf Korrosion und reinigen Sie ihn gegebenenfalls. Bringen Sie die Stifte der neuen Lampe in Flucht mit den Schlitzen des Sockels, drücken Sie die Lampe hinein und verdrehen Sie sie im Uhrzeigersinn, bis sie in Position sitzt.

Anmerkung: *Die Stifte der Rücklichtlampe sind höhenversetzt, so daß sie nur in einer Position eingesetzt werden können. Es kann nicht schaden, die Lampe mit einem sauberen Tuch einzusetzen, um Flecken zu vermeiden, die die Lebensdauer verkürzen könnten.*

5 Installieren Sie den Lampenhalter in das Rücklicht, drehen Sie ihn im Uhrzeigersinn fest.

6 Montieren Sie die Sitzbank (siehe Kapitel 7).

Kennzeichenlampe

7 Entfernen Sie die Sitzbank und die Seitendeckel (siehe Kapitel 7).

8 Lösen Sie die beiden Muttern, die die Abdeckung der Kennzeichenbeleuchtung sichern und entfernen Sie den Deckel (siehe Abb.).

9 Drücken Sie die Lampe herunter und drehen Sie sie gegen den Uhrzeigersinn, um sie aus dem Halter zu entfernen (siehe Abb.). Überprüfen Sie den Sockel auf Korrosion und reinigen Sie ihn gegebenenfalls. Bringen Sie die Stifte der neuen Lampe in Flucht mit den Schlitzen des Sockels, drücken Sie die Lampe hinein und verdrehen Sie sie im Uhrzeigersinn,

10.2a Entfernen Sie die beiden Schrauben

10.3 Trennen Sie den Stecker des Rücklichts.

bis sie in Position sitzt. **Anmerkung:** *Die Stifte der Rücklichtlampe sind höhenversetzt, so daß sie nur in einer Position eingesetzt werden können. Es kann nicht schaden, die Lampe mit einem sauberen Tuch einzusetzen, um Flecken zu vermeiden, die die Lebensdauer verkürzen könnten.*

10 Montieren Sie die Abdeckung und ziehen Sie die Muttern fest.

11 Montieren Sie die Seitendeckel und die Sitzbank (siehe Kapitel 7).

10 Rücklichteinheit und Kennzeichenbeleuchtung
Ausbau und Einbau

Rücklichteinheit

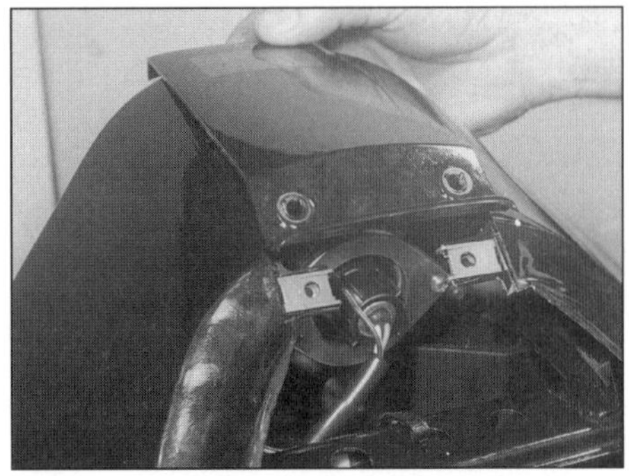

10.2b . . . und heben Sie die obere Abdeckung ab.

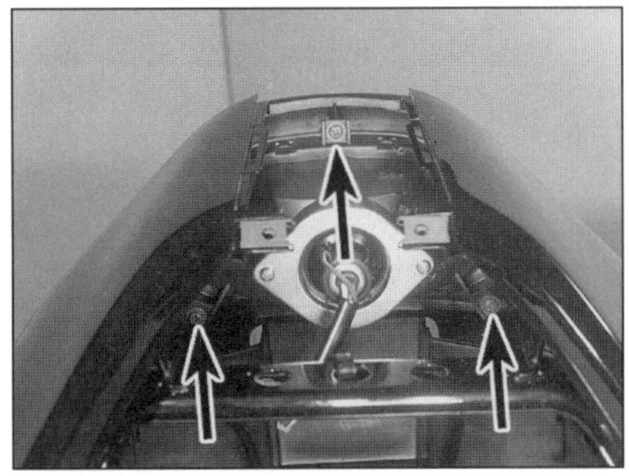

10.4 Die Rücklichtbaugruppe wird von drei Schrauben gehalten.

Ausbau

1 Entfernen Sie die Sitzbank (siehe Kapitel 7).

2 Lösen Sie die beiden Muttern, die die Abdeckung der Kennzeichenbeleuchtung sichern, entfernen Sie den Deckel (siehe Abb.).

3 Verfolgen Sie die Rücklichtkabel vom Lampenhalter zurück und lösen Sie ihre Stecker (siehe Abb.).

4 Lösen Sie die drei Muttern, die das Rücklicht am Rahmen halten und ziehen Sie es vorsichtig ab (siehe Abb.). Wenn nötig, kann der Lampenhalter gegen den Uhrzeigersinn herausgedreht werden.

Einbau

5 Der Einbau entspricht der umgekehrten Reihenfolge des Ausbaus. Kontrollieren Sie die Funktion des Brems- und Rücklichts.

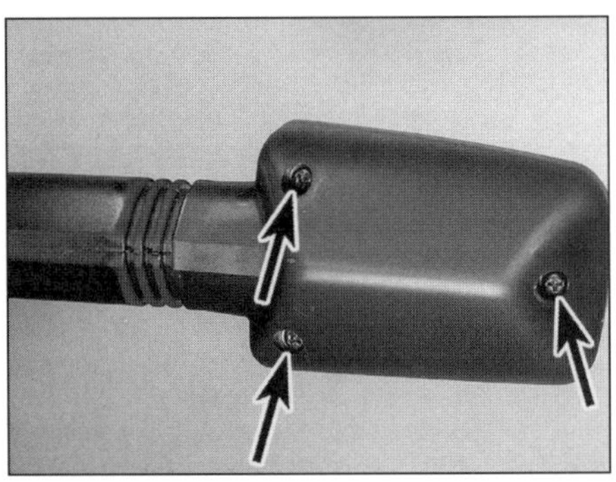

11.1a Das Blinkerglas wird von drei Schrauben gehalten . . .

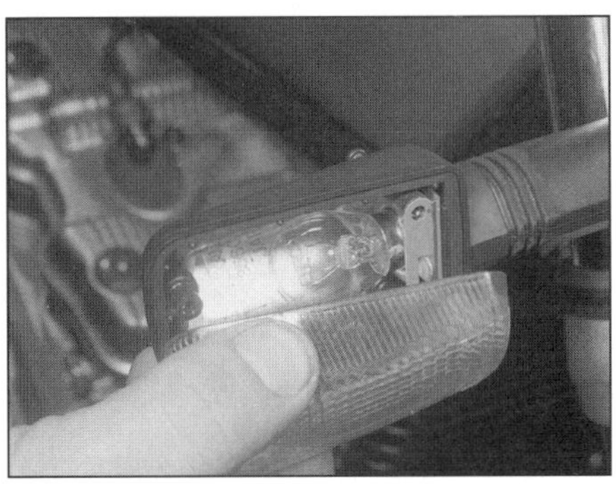

11.1b . . . und nach deren Lösen abgenommen.

11.1c Ersetzen Sie gegebenenfalls die Dichtung.

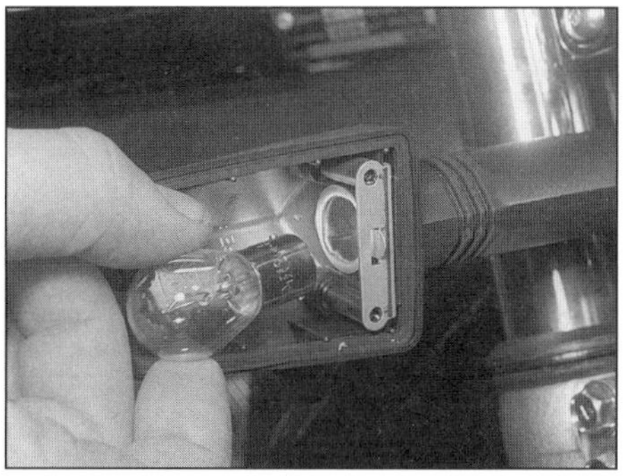

11.2 Die Lampe wird durch Drücken und Drehen gegen den Uhrzeigersinn gelöst.

Kennzeichenbeleuchtung

Ausbau

6 Entfernen Sie die Sitzbank und die Seitendeckel (siehe Kapitel 7).

7 Verfolgen Sie die Kennzeichensbeleuchtungskabel vom Lampenhalter zurück und lösen Sie ihre Stecker (siehe Abb.).

8 Lösen Sie die beiden Muttern, die die Kennzeichenbeleuchtung sichern und entfernen Sie die Baugruppe, achten Sie darauf, den Stecker nicht abzureißen, wenn

> **Praxis TIP** ***Wenn die Lampenfassungen schmutzig oder korrodiert sind, kratzen Sie sie sauber und sprühen Sie sie vor der Montage einer neuen Lampe mit Kontaktspray ein.***

das Kabel durch die Bohrung geführt wird (siehe Abb. 9.8). Wenn nötig, drücken Sie die Lampe in den Halter und drehen Sie sie gegen den Uhrzeigersinn, um sie zu entfernen.

Einbau

9 Der Einbau entspricht der umgekehrten Reihenfolge des Ausbaus. Kontrollieren Sie die Funktion der Kennzeichenbeleuchtung.

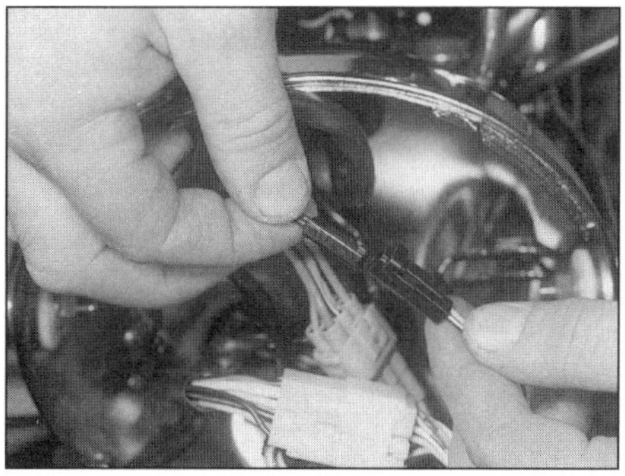

12.2 Die Steckverbinder der beiden vorderen Blinker befinden sich im Lampengehäuse.

11 Blinkerlampen
Ersetzen

1 Entfernen Sie die drei Schrauben, die das Blinkerglas am Gehäuse halten und nehmen Sie das Glas ab, beachten Sie die Einbaurichtung (siehe Abb.). Entfernen Sie die Gummidichtung und ersetzen Sie sie, wenn Beschädigung oder Alterung festzustellen ist (siehe Abb.).

2 Drücken Sie die Lampe herunter und drehen Sie sie gegen den Uhrzeigersinn, um sie aus dem Halter zu entfernen (siehe Abb.). Überprüfen Sie den Sockel auf Korrosion und reinigen Sie ihn gegebenenfalls. Bringen Sie die Stifte der neuen Lampe in Flucht mit den Schlitzen des Sockels, drücken Sie die Lampe hinein und verdrehen Sie sie im Uhrzeigersinn, bis sie in Position sitzt. **Anmerkung:** *Es kann nicht schaden, die Lampe mit einem sauberen Tuch einzusetzen, um Flecken zu vermeiden, die sonst die Lebensdauer verkürzen könnten.*

3 Setzen Sie das Glas gegebenenfalls mit einer neuen Dichtung auf das Blinkergehäuse und setzen Sie die zwei Schrauben ein. Achten Sie darauf, sie nicht zu überdrehen, da das Glas leicht zerbricht.

12.3 Die Mutter sichert den Blinker am Halter.

12 Blinkereinheiten
Ausbau und Einbau

GSF 600 und GSF 1200 ohne Verkleidung, vorne

Ausbau

1 Entfernen Sie die beiden Schrauben, die den Lampenring an der Scheinwerferschale halten und ziehen Sie den Ring unter Beachtung der Einbaulage von der Schale (siehe Abb. 7.1a und b).

2 Verfolgen Sie die Kabel von den Blinkern aus und trennen Sie sie an den Verbindern innerhalb der Lampenschale (siehe Abb.). Ziehen Sie die Kabel durch die Blinker-Befestigungen, merken Sie sich den Verlauf.

12.6a Lösen Sie die Mutter . . .

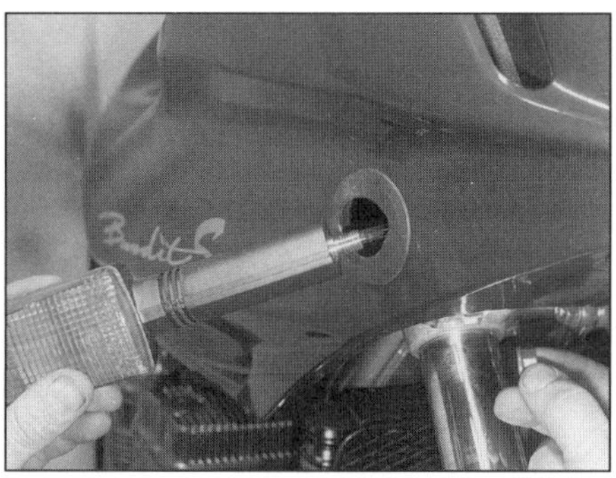

12.6b . . . und entfernen Sie den Blinker.

12.8 Trennen Sie die Blinker-Stecker.

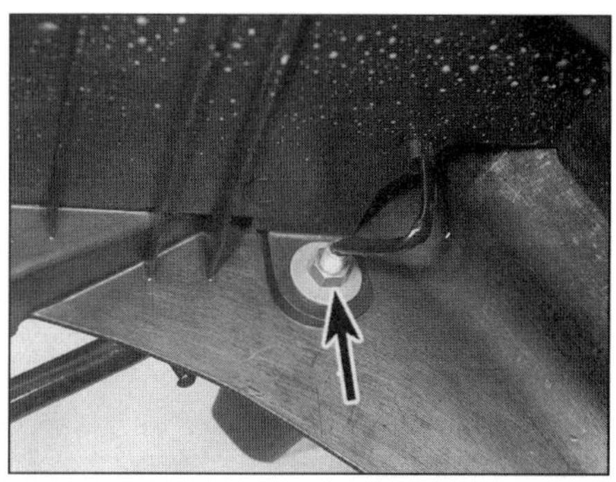

12.9 Die Mutter befindet sich innen am Schutzblech.

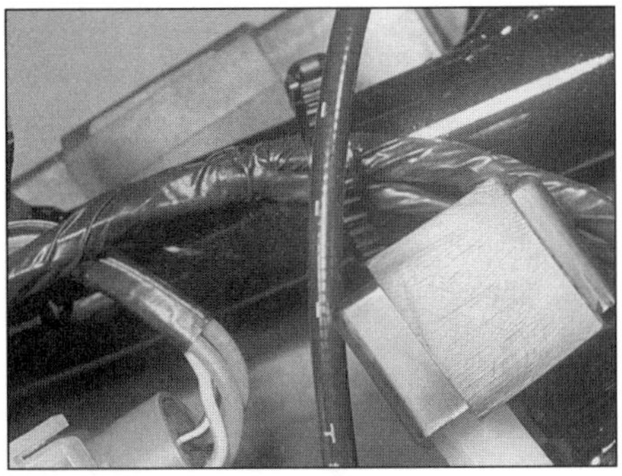

13.3 Trennen Sie den Stecker vom Blinkrelais und kontrollieren Sie das grün/orange Kabel auf Spannung.

3 Lösen Sie die Mutter, die den Blinker am Halterahmen sichert (siehe Abb.) und entfernen Sie vorsichtig den Blinker, achten Sie darauf, nicht den Stecker abzureißen, wenn er durch das Befestigungsloch gezogen wird.

Einbau

4 Der Einbau entspricht der umgekehrten Reihenfolge des Ausbaus. Gehen Sie sicher, daß alle Kabel korrekt verlegt und gesichert sind. Kontrollieren Sie die Funktion.

GSF 600S und GSF 1200S mit Verkleidung, vorne

Ausbau

5 Verfolgen Sie die Kabel von den Blinkern aus und trennen Sie sie an den Verbindern innerhalb der Verkleidung. Ziehen Sie die Kabel durch die Blinker-Befestigungen, merken Sie sich den Verlauf.

6 Lösen Sie die Mutter, die den Blinker am Halterahmen sichert (siehe Abb.) und entfernen Sie vorsichtig den Blinker, achten Sie darauf, nicht den Stecker abzureißen, wenn er durch das Befestigungsloch gezogen wird.

Einbau

7 Der Einbau entspricht der umgekehrten Reihenfolge des Ausbaus. Gehen Sie sicher, daß alle Kabel korrekt verlegt und gesichert sind. Kontrollieren Sie die Funktion der Blinker.

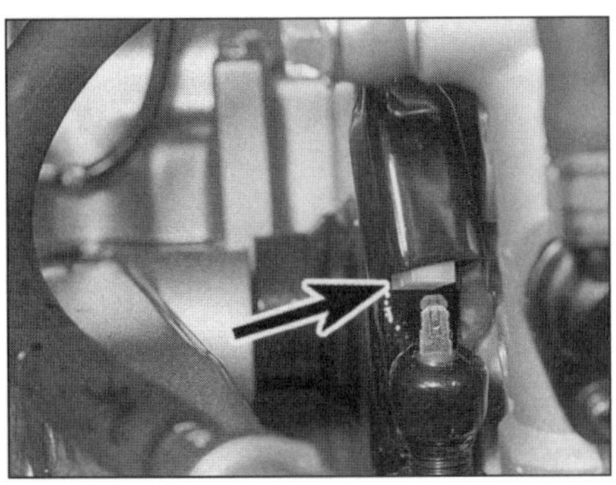

14.8 Stecker des hinteren Bremslichtschalters (Pfeil)

14.5 Ziehen Sie die Stecker des vorderen Bremslichtschalters (A) und entfernen Sie die Schraube des Schalters (B).

Hinten alle Modelle

Ausbau

8 Entfernen Sie die Sitzbank (siehe Kapitel 7). Verfolgen Sie die Kabel von den Blinkern zurück und trennen Sie sie an den Steckern (siehe Abb.). Ziehen Sie die Kabel durch die Blinker-Befestigungen, lösen Sie sie von allen Clips und merken Sie sich ihren Verlauf.

9 Lösen Sie die Mutter, die den Blinker am Schutzblech sichert und entfernen Sie vorsichtig den Blinker, achten Sie darauf, nicht die Stecker abzureißen, wenn sie durch das Befestigungsloch gezogen werden.

Einbau

10 Der Einbau entspricht der umgekehrten Reihenfolge des Ausbaus. Gehen Sie sicher, daß alle Kabel korrekt verlegt und gesichert sind. Kontrollieren Sie die Funktion.

13 Blinker-Stromkreis
Kontrolle

1 Die Batterie versorgt die Blinkanlage mit Strom. Wenn gar keines der Lichter funktioniert, muß zunächst die Batterieladung überprüft werden. Eine schwache Batterie kann entweder einen eigenen Schaden oder einen Fehler im Ladesystem bedeuten. Wechseln Sie wegen der Batteriekontrolle zu Sektion 3 und wegen eines Tests des Ladesystems zu den Sektionen 32 und 33. Kontrollieren Sie ebenfalls den Zustand der Sicherung (siehe Sektion 5) und des Schalters (siehe Sektion 20).

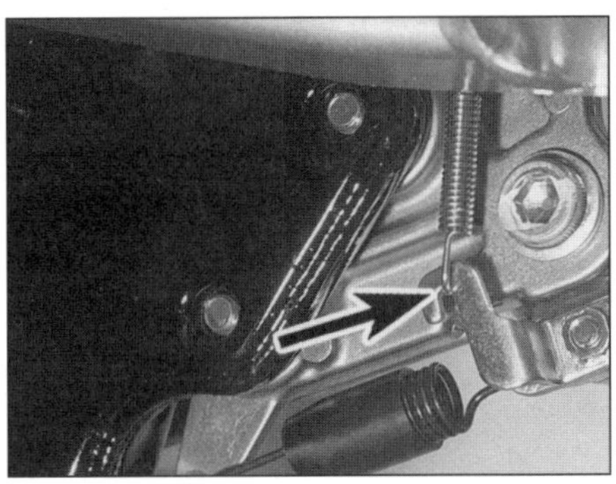

14.9 Hängen Sie die Feder am Pedal aus (Pfeil).

2 Die meisten Blinkerprobleme sind das Resultat einer durchgebrannten Lampe oder korrodierten Fassung, besonders wenn die Anlage auf einer Seite noch funktioniert und auf der anderen nicht. Kontrollieren Sie die Lampen und Fassungen (siehe Sektion 11), gehen Sie sicher, daß die Lampen die richtigen Wattstärken haben.

3 Wenn Lampen und Sockel in Ordnung sind, kontrollieren Sie, ob am grün/orangen Kabel des Blinkrelais Spannung anliegt, wenn die Zündung angeschaltet ist. Das Blinkrelais ist hinter dem linken Seitendeckel befestigt (siehe Abb.). Entfernen Sie die Seitendeckel, um Zugang zu erhalten (siehe Kapitel 7).

4 Wenn am Relais kein Strom ankommt, muß das Kabel zum Zündschloß auf Durchgang überprüft werden.

5 Wenn am Relais Spannung anlag, kontrollieren Sie mit Hilfe des entsprechenden Schaltplans am Ende des Kapitels die Leitungen zwischen Relais, Blinkerschalter und Blinklichtern auf Durchgang. Wenn Kabel und Schalter in Ordnung sind, muß das Blinkrelais ersetzt werden.

14 Bremslichtschalter
Kontrolle und Auswechseln

Stromkreiskontrolle

1 Kontrollieren Sie vor dem Stromkreislauf die Lampen (siehe Sektion 9) und die Sicherung (siehe Sektion 5).

2 Mit Hilfe eines Multimeters oder einer gut geerdeten Testlampe wird die Spannung am braunen Kabel des Steckers des Bremslichtschalters überprüft (siehe Abb. 14.5 oder 14.8). Wenn keine Spannung anliegt, müssen die Kabel zwischen dem Schalter und dem Zündschloß überprüft werden (beachten Sie die Schaltpläne am Ende des Kapitels).

3 Wenn am Bremslichtschalter Spannung anliegt, halten Sie die zweite Klemme der Testlampe an den anderen Anschluß des Schalters und betätigen Sie die Bremse. Der Stecker muß für diesen Test angeschlossen sein. Wenn das Testgerät nichts anzeigt oder nicht leuchtet, muß der Bremslichtschalter ersetzt werden.

4 Wenn das Meßgerät Spannung anzeigt oder die Lampe leuchtet, müssen die Kabel zwischen dem Schalter und dem Bremslicht untersucht werden (beachten Sie die Schaltpläne am Ende des Kapitels).

Schalter ersetzen

Vorderrad-Bremslichtschalter

5 Lösen Sie die Kabelstecker vom Schalter (siehe Abb.).

6 Lösen Sie die einzelne Schraube, die den

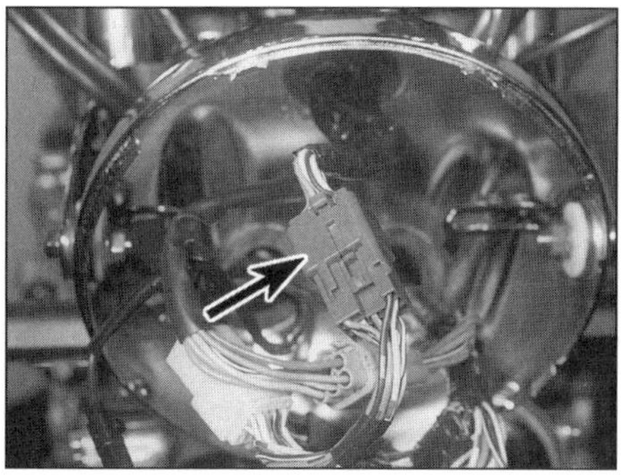

15.1a Hauptstecker des Instrumententrägers (Modelle ohne Verkleidung)

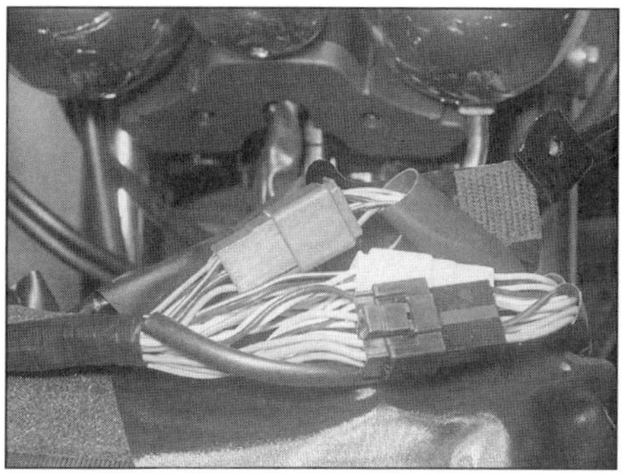

15.1b Bei den verkleideten Modellen sitzen die Stecker innerhalb einer Abdeckung oben auf dem Scheinwerfer.

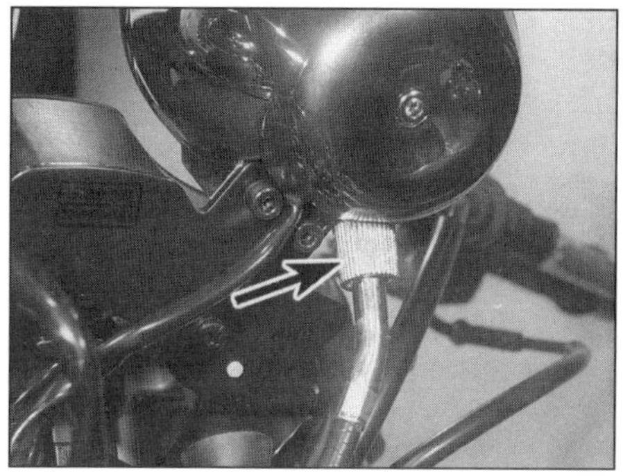

15.2 Lösen Sie die Rändelmuttern, die die Tachowelle am Tachometer sichert.

Schalter am Boden des Hauptbremszylinders hält und nehmen Sie den Schalter ab (siehe Abb. 14.5).

7 Der Einbau entspricht der umgekehrten Reihenfolge des Ausbaus. Der Schalter ist nicht einstellbar.

Hinterrad-Bremslichtschalter

8 Der Schalter ist an der Innenseite des rechten Fußrastenhalters befestigt. Ziehen Sie die Abdeckung oben vom Schalter, verfolgen Sie das Kabel aus dem Schalter und ziehen Sie es am Stecker ab (siehe Abb.).

9 Hängen Sie das untere Ende der Feder vom Bremspedal ab und schrauben Sie den Schalter ab (siehe Abb.).

10 Der Einbau entspricht der umgekehrten Reihenfolge des Ausbaus. Stellen Sie sicher, daß das Bremslicht zu leuchten beginnt, bevor die Bremse wirkt. Wenn eine Einstellung notwendig ist, muß der Schalter gehalten, und an der Einstellmutter gedreht werden, bis das Bremslicht zum richtigen Zeitpunkt leuchtet.

15 Instrumententräger und Tachometer-Welle
Ausbau und Einbau

Instrumententräger

Ausbau

1 Verfolgen Sie die Kabel vom Instrumententräger zurück und lösen Sie den blauen Stecker bei den unverkleideten Modellen oben in der Lampenschale (siehe Abb.). Entfernen Sie die beiden Schrauben, die den Lampenring an der Scheinwerferschale halten und ziehen Sie den Ring unter Beachtung der Einbaulage von der Schale (siehe Abb. 7.1a und b). Lösen Sie alle Kabelhalterungen. Bei den verkleideten Modellen befindet sich der Stecker in einer Abdeckung oben auf dem Scheinwerfer in der Verkleidung (siehe Abb.).

2 Lösen Sie die Rändelmutter der Tachowelle hinten am Tachometer und ziehen Sie die Welle ab (siehe Abb.)

3 Lösen Sie die vier (600er Modelle), bzw. zwei Schrauben (1200er Modelle) des Instrumententrägers an der Unterseite der oberen Gabelbrücke und entfernen Sie die Baugruppe, achten Sie darauf, keine Kabel abzureißen, merken Sie sich ihren Verlauf (siehe Abb.).

Einbau

4 Der Einbau entspricht der umgekehrten Reihenfolge des Ausbaus. Stellen Sie sicher, daß die Tachometerwelle sowie die Kabel richtig verlegt und gesichert sind.

Tachometerwelle

Ausbau

5 Lösen Sie die Rändelmutter der Tachometerwelle hinten am Instrument und ziehen Sie die Welle ab (siehe Abb. 15.2).

6 Entfernen Sie die Rändelmutter (600er Modelle) bzw. die Schraube (1200er Modelle), die das untere Ende der Welle am Antriebsgehäuse links an der Vorderradnabe sichert (siehe Abb.).

7 Ziehen Sie die Welle aus ihren Führungen und nehmen Sie sie aus der Maschine, merken Sie sich den Verlauf.

Einbau

8 Verlegen Sie die Tachowelle korrekt durch ihre Führungen.

9 Verbinden Sie das obere Wellenende mit dem Instrument und drehen Sie die Rändelmutter fest (siehe Abb.).

10 Verbinden Sie das untere Ende der Tachowelle mit dem Antriebsgehäuse und ziehen Sie die Rändelmutter bzw. Schraube an (siehe Abb.).

11 Kontrollieren Sie, daß die Welle nicht die Lenkung behindert.

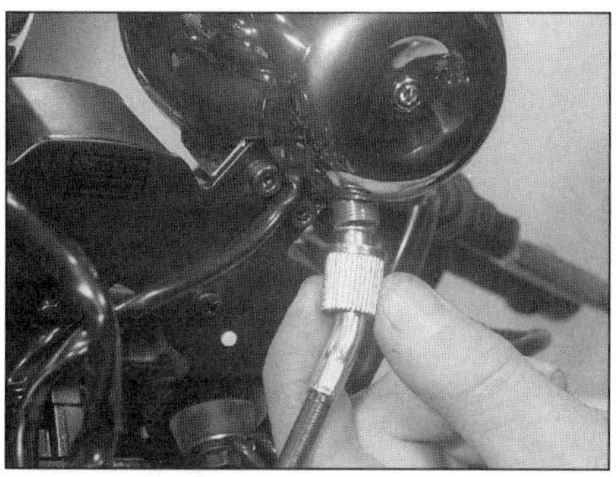

15.9 Der Vierkant der Welle muß korrekt in den Mitnehmer...

15.10 . . . und den Antrieb gesteckt werden.

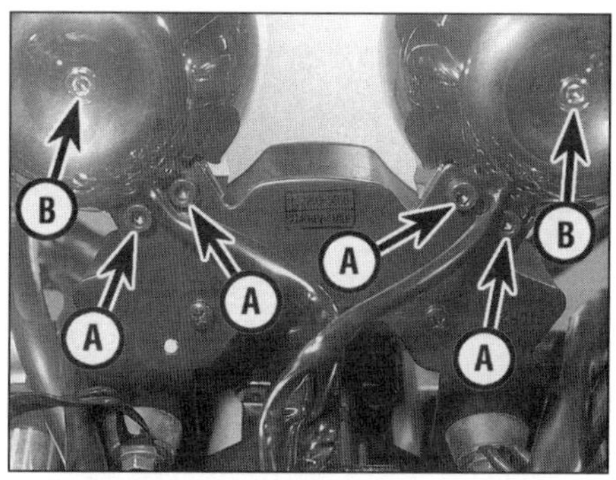

16.3 Entfernen Sie die entsprechenden Instrumenten-Halteschrauben (A), entfernen Sie die Deckelschrauben (B) und ziehen Sie das Instrument heraus.

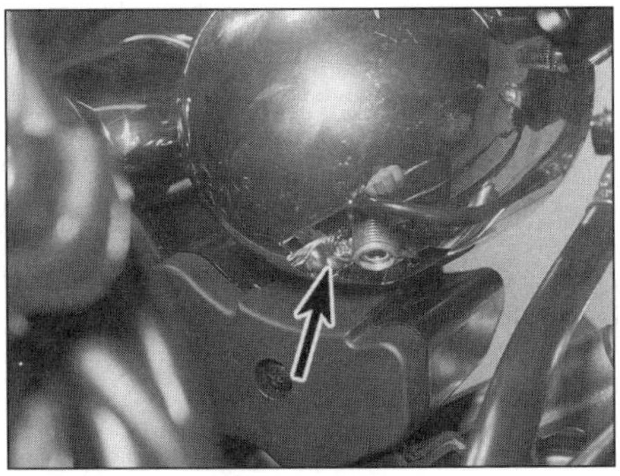

16.4a Entfernen Sie die Schraube, . . .

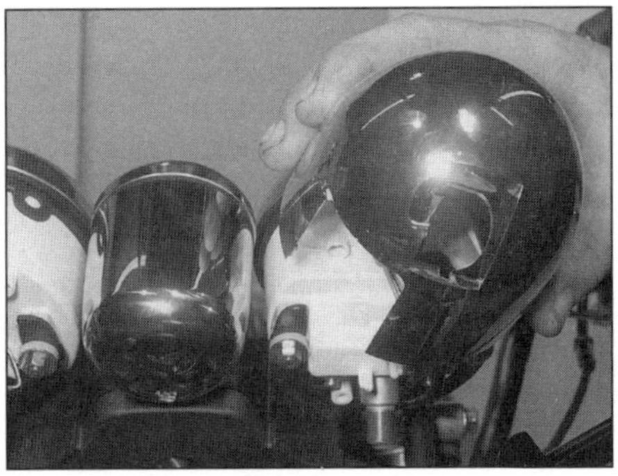

16.4b . . . und entfernen Sie die Instrumenten-Abdeckung.

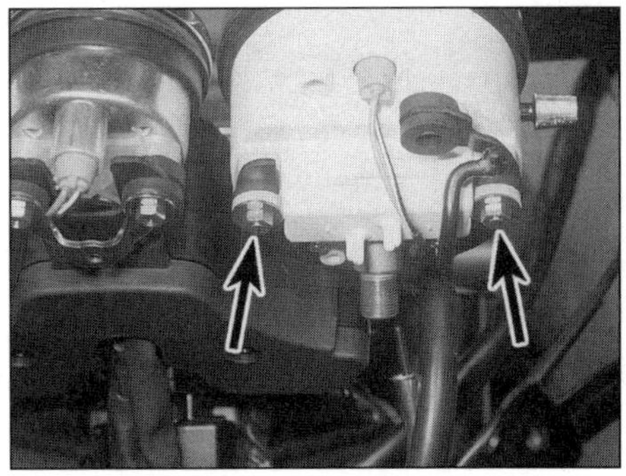

16.4c Der Tachometer wird mit zwei Muttern gehalten.

16 Instrumente
Kontrolle und Ersetzen

Tachometer

Kontrolle

1 Um eine ordnungsgemäße Kontrolle der Geschwindigkeits- und Drehzahlmesser durchführen zu können, werden Spezialinstrumente benötigt. Wenn eine Störung vermutet wird, sollte man das Motorrad zu einem Suzuki-Händler bringen.

Ersetzen

2 Lösen Sie die Rändelmutter der Tachometerwelle hinten am Instrument und ziehen Sie die Welle ab (siehe Abb. 15.2).

3 Lösen Sie bei den 600er-Modellen die beiden Schrauben, die den Tachometer an der Halterung sichern und nehmen Sie den Tacho heraus. Beachten Sie die Löcher in der Halteplatte, die über den Laschen des Halters liegen müssen. Entfernen Sie die einzelne Schraube, die den Behälter sichert und nehmen Sie den Tachometer aus dem Gehäuse, ziehen Sie dann die Lampenhalter heraus.

4 Bei den 1200er Modellen muß die einzelne Schraube entfernt werden, die die Instrumententräger-Rückabdeckung trägt, dann kann die Abdeckung entfernt werden (siehe Abb.). Entfernen Sie die Lampenhalter hinten aus dem Tacho. Lösen Sie die zwei Muttern, die den Tacho am Halter sichern und nehmen Sie ihn ab (siehe Abb.).

5 Installieren Sie das Instrument in umgekehrter Reihenfolge des Ausbaus. Alle Kabel und Wellen müssen korrekt verlegt und gesichert sein.

Drehzahlmesser

Kontrolle

6 Verfolgen Sie das Kabel aus dem Instrumententräger und trennen Sie es am blauen Stecker, der bei Modellen ohne Verkleidung oben in der Lampenschale sitzt (siehe Abb. 15.1a). Entfernen Sie die beiden Schrauben, die den Lampenring an der Scheinwerferschale halten und ziehen Sie den Ring unter Beachtung der Einbaulage von der Schale (siehe Abb. 7.1a und b). Lösen Sie alle Kabelhalterungen. Bei den verkleideten Modellen befindet sich der Stecker in einer Abdeckung oben auf dem Scheinwerfer in der Verkleidung (siehe Abb. 15.1b).

7 Mit einem Multimeter oder Durchgangsprüfer wird zunächst zwischen dem schwarz/-roten und dem schwarz/weißem Kabel auf der Instrumentenseite des Steckers der Durchgang überprüft, anschließend zwischen dem orange/grünen und dem schwarz/weißen Anschluß. In beiden Fällen sollte kein Widerstand feststellbar sein. Falls nicht, kontrollieren Sie zunächst alle Kabel des Drehzahlmesser-Stromkreises auf Fehler. Wenn das Stromnetz in Ordnung ist, wird überprüft, ob auf dem orange/grünen Anschluß der Kabelbaum-Seite Spannung anliegt. Wenn das der Fall ist, wird das schwarz/rote Kabel zwischen dem Stecker und der Zündbox auf Durchgang überprüft (beachten Sie hierzu die Schaltpläne am Ende dieses Kapitels). Wenn die Leitung in Ordnung ist, kann nur noch im Drehzahlmesser ein Fehler vorliegen.

Um eine ordnungsgemäße Kontrolle des Drehzahlmessers durchführen zu können, werden Spezialinstrumente benötigt, die eine Suzuki-Werkstatt haben sollte.

Ersetzen

8 Lösen Sie die bei den 600er-Modellen die beiden Schrauben, die den Drehzahlmesser an der Halterung sichern und nehmen Sie ihn heraus. Beachten Sie die Löcher in der Halteplatte, die über den Laschen des Halters liegen müssen. Entfernen Sie die einzelne Schraube, die den Behälter sichert und nehmen Sie den Drehzahlmesser aus dem Gehäuse, ziehen Sie dann die Lampenhalter heraus. Entfernen Sie die Schrauben, die die drei Drehzahlmesserkabel sichern, merken Sie sich ihre Positionen (siehe Abb.).

9 Bei den 1200er Modellen muß die einzelne Schraube entfernt werden, die die Instrumententräger-Rückabdeckung trägt, dann kann die Abdeckung entfernt werden (siehe Abb. 16.4a und b). Entfernen Sie die Lampenhalter hinten aus dem Instrument, gefolgt von den drei Schrauben, die die Kabel sichern – merken Sie sich die Positionen der Kabel (siehe Abb.). Lösen Sie die zwei Muttern, die den Drehzahlmesser am Halter sichert und nehmen Sie ihn ab.

10 Installieren Sie das Instrument in umgekehrter Reihenfolge des Ausbaus. Alle Kabel müssen korrekt verlegt und gesichert sein.

Kraftstoffuhr (GSF 1200 Modelle)

Check

11 Entfernen Sie die Sitzbank (siehe Kapitel 7). Verfolgen Sie die Kabel des Kraftstoffstand-Gebers unterhalb des Kraftstofftanks und trennen Sie sie am Stecker.

12 Überbrücken Sie mit einem isolierten Draht das schwarz/weiße Kabel mit dem schwarz/gelben Kabel im Kabelbaum-Steckerende. Bei eingeschalteter Zündung soll die Kraftstoffuhr auf »Full« (= voll) stehen.

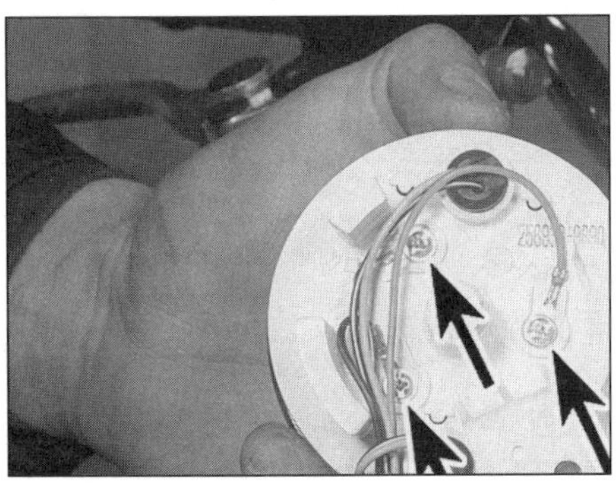

16.8 Trennen Sie die drei Drehzahlmesserkabel.

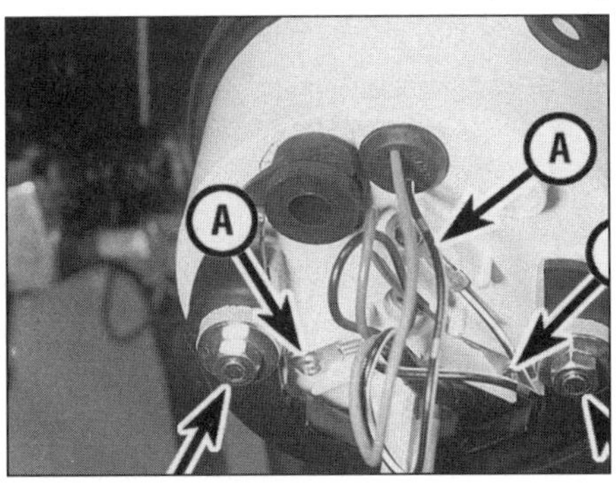

16.9 Trennen Sie die drei Drehzahlmesserkabel (A) und entfernen Sie die zwei Muttern (B).

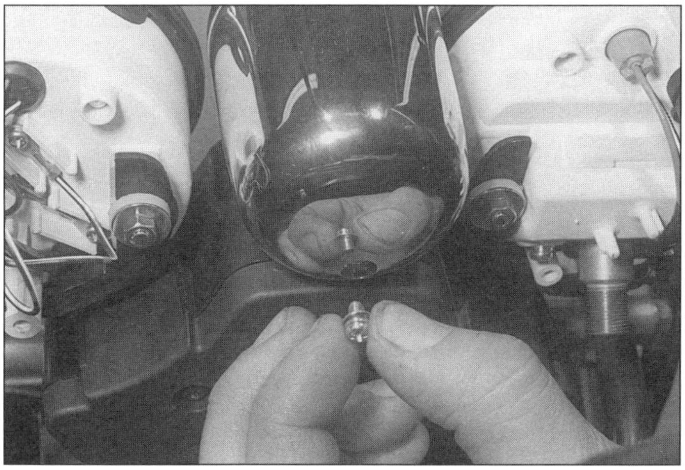

16.14a Entfernen Sie die Schraube der Kraftstoffanzeigen-Abdeckung.

16.14b Die Kraftstoffuhr wird von zwei Muttern gehalten.

Macht sie das nicht, müssen die Kabel zwischen der Uhr und dem Stecker, sowie die Spannung am orange/grünen Kabel hinten an der Kraftstoffuhr kontrolliert werden. Wenn die Kabel in Ordnung sind, ist die Kraftstoffuhr defekt.

13 Wenn die Kraftstoffuhr beim Test korrekt funktioniert, muß der Geber im Tank kontrolliert werden (siehe Sektion 26).

Ersetzen

14 Entfernen Sie die einzelne Schraube der Rückabdeckung und nehmen Sie diese von der Kraftstoffuhr ab (siehe Abb.). Lösen Sie die beiden Muttern, die die Uhr am Halter sichern und ziehen Sie sie ab (siehe Abb.). Ziehen Sie den Lampenhalter aus der Kraftstoffuhr und entfernen Sie die drei Kabelschrauben, notieren Sie für den Einbau die Lage der Kabel.

15 Installieren Sie das Instrument in umgekehrter Reihenfolge des Ausbaus. Alle Kabel müssen korrekt verlegt und gesichert sein.

17 Instrumenten- und Kontroll-Lampen
Ersetzen

Instrumentenlampen

1 Um die Instrumentenbeleuchtung zu ersetzen, muß die entsprechende Uhr aus dem Gehäuse gebaut werden (GSF 600), bzw. die Abdeckung vom Instrument genommen werden (GSF 1200).

2 Ziehen Sie vorsichtig die Lampenhalter aus dem Instrument und die Lampen aus dem Lampenhalter (siehe Abb.). Wenn der Sockel verschmutzt oder korrodiert ist, müssen die Kontakte saubergekratzt und alles mit Kontaktspray eingesprüht werden. Drücken Sie die neue Lampe vorsichtig in den Halter und diesen in das Instrument. Montieren Sie das Instrument oder den Deckel wieder (siehe Sektion 16).

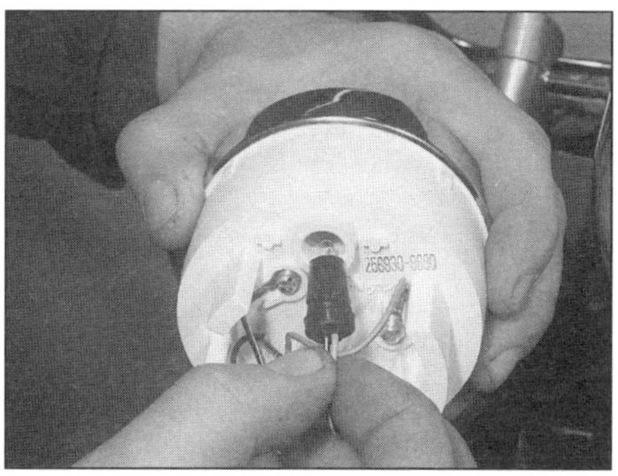

17.2a Entfernen Sie den Lampenhalter aus dem Instrument . . .

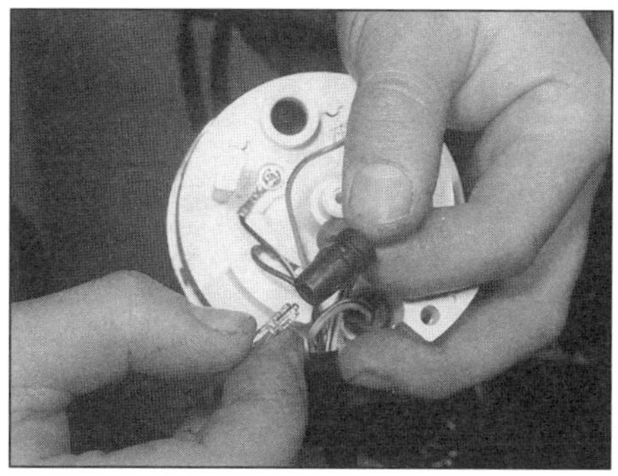

17.2b . . . und ziehen Sie die Lampe aus dem Halter.

17.3a Entfernen Sie die drei Schrauben (A), trennen Sie den Kabelbinder (B) auf . . .

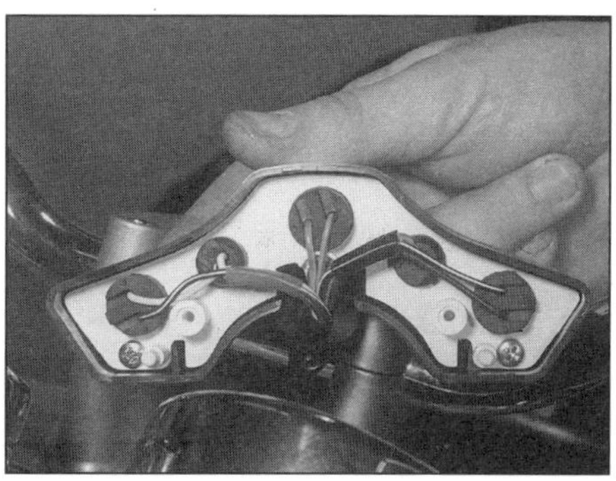

17.3b . . . und heben Sie die Konsole aus dem Träger.

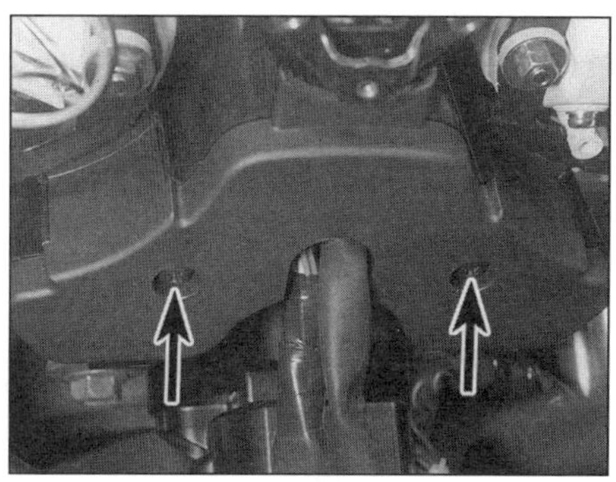

17.4a Lösen Sie die Schrauben und entfernen Sie die Abdeckung.

17.4b Heben Sie die Konsole ab, . . .

17.4c . . . entfernen Sie den Lampenhalter

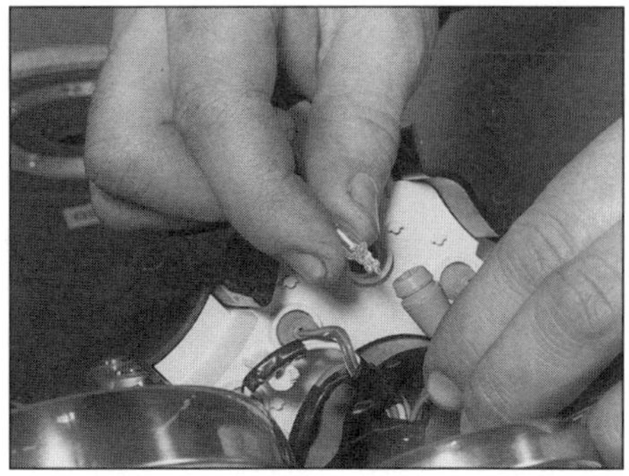

17.4d . . . und ersetzen Sie die Lampe.

Kontroll-Lampen

3 Um die Kontrollampen zu ersetzen, müssen bei den GSF 600-Modellen die zwei Schrauben auf der Rückseite des Instrumententrägers gelöst und der Kabelbinder durchgetrennt werden, dann kann die Kontrollampenkonsole aus dem Instrumentenhalter entfernt werden. Ziehen Sie den relevanten Lampenhalter hinten aus der Konsole, und vorsichtig die Lampen aus dem Lampenhalter. Wenn der Sockel verschmutzt oder korrodiert ist, müssen die Kontakte saubergekratzt und alles mit Kontaktspray eingesprüht werden. Drücken Sie die neue Lampe vorsichtig in den Halter und installieren Sie diesen von hinten in der Kontrollampenkonsole.

4 Um die Kontrollampen zu ersetzen, müssen bei den GSF 1200 Modellen die Schrauben aller Instrumentenabdeckungen gelöst und diese entfernt werden (siehe Abb. 16.4a und b). Lösen Sie die Instrumentenkabel von allen Haltern und entfernen Sie nach dem Lösen der beiden Schrauben die hintere Kontrollampenabdeckung (siehe Abb.). Heben Sie die Kontrollampenabdeckung ab (siehe Abb.). Ziehen Sie den relevanten Lampenhalter hinten aus der Konsole, und vorsichtig die Lampen aus dem Lampenhalter (siehe Abb.). Wenn der Sockel verschmutzt oder korrodiert ist, müssen die Kontakte saubergekratzt und alles mit Kontaktspray eingesprüht werden. Drücken Sie die Lampe vorsichtig in den Halter und installieren Sie diesen von hinten in die Konsole.

18 Öldruckschalter
Kontrolle, Ausbau und Einbau

Kontrolle

1 Die Öldruck-Warnlampe sollte beim Einschalten der Zündung leuchten und spätestens einige Sekunden nach dem Starten des Motors erlöschen. Wenn die Lampe bei laufendem Motor angeht, muß die Maschine sofort gestoppt, und der Öldruck wie in Kapitel 1 beschrieben überprüft werden.

2 Wenn die Öldrucklampe bei eingeschalteter Zündung nicht angeht, muß die Lampe (siehe Sektion 17) und die Sicherung (siehe Sektion 5) kontrolliert werden. Wenn beides in Ordnung ist, muß der Öldruckschalter wie folgt überprüft werden.

3 Der Schalter sitzt rechts im Motorgehäuse unterhalb des Zündungsdeckels und ist nach dessen Entfernung zugänglich (siehe Abb. 18.7). Lösen Sie die Schraube und ziehen Sie den Kabelschuh vom Schalter ab (siehe Abb.). Halten Sie bei eingeschalteter Zündung das Kabel an Masse (Motorgehäuse) und kontrollieren Sie, ob die Öldrucklampe leuchtet. Wenn dieses der Fall ist, muß der Schalter ersetzt werden.

4 Wenn die Lampe immer noch nicht leuchtet, muß bei eingeschalteter Zündung mit einer Testlampe am Kabelschuh die Spannung gemessen werden. Wenn keine festzustellen ist, müssen die Kabel zwischen dem Öldruckschalter, dem Instrumententräger und der Sicherung auf Durchgang überprüft werden (beachten Sie die Schaltpläne am Ende des Kapitels).

5 Wenn die Warnlampe bei laufendem Motor leuchtet und der Öldruck in Ordnung ist, entfernen Sie das Kabel vom Öldruckschalter (siehe Abb. 18.3). Bei abgezogenem Kabel und eingeschalteter Zündung darf das Licht nicht brennen. Wenn doch, hat entweder das Kabel zwischen dem Öldruckschalter und der Kontrollampe irgendwo Masseschluß, oder der Schalter ist defekt und muß ausgetauscht werden.

Ausbau

6 Lassen Sie das Motoröl ab (siehe Kapitel 1).

7 Lösen Sie die fünf Schrauben des Zündungsdeckels an der rechten Motorseite (siehe Abb.). Nehmen Sie den Deckel ab und werfen Sie die Dichtung weg – sie muß auf jeden Fall durch ein Neuteil ersetzt werden. Beachten Sie den Dichtring an der oberen Schraube.

8 Entfernen Sie das Kabel vom Schalter (siehe Abb.).

9 Lösen Sie den Öldruckschalter und schrauben Sie ihn aus der Ölwanne oder dem Gehäuse.

18.3 Kabelanschluß am Öldruckschalter.

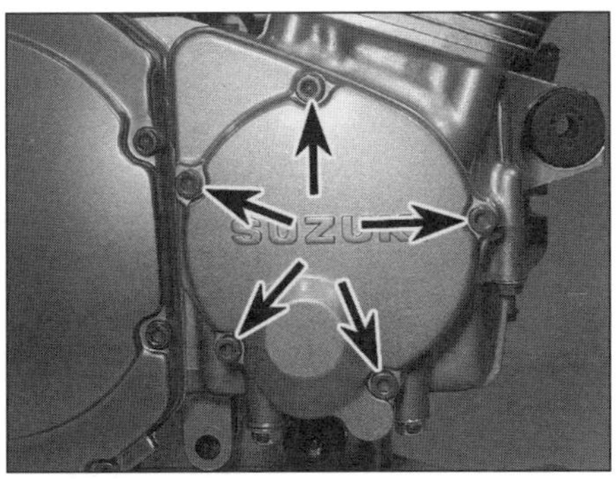

18.7 Der Zündungsdeckel wird mit fünf Schrauben gehalten.

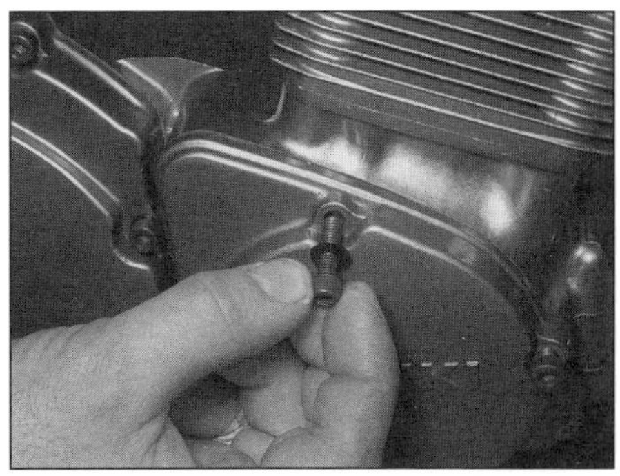

18.11 Die obere Schraube ist mit einem Dichtring ausgerüstet.

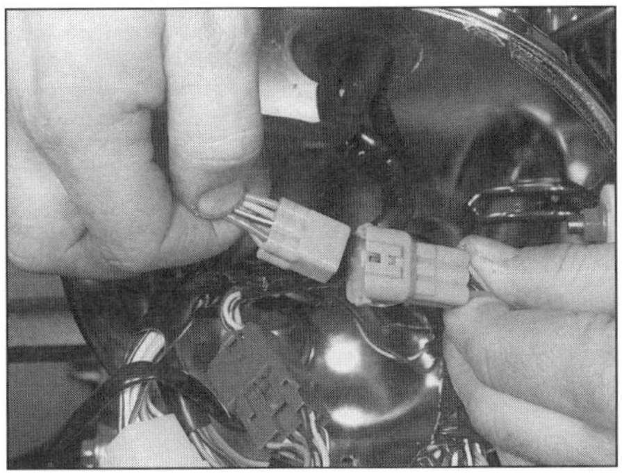

19.1 Zündschloß-Stecker

Einbau

10 Geben Sie ein geeignetes Dichtmittel (z.B. Suzuki Bond 1207 B) auf das Gewinde des Schalters, setzen Sie in das Gehäuse und ziehen Sie ihn mit dem vorgeschriebenen Drehmoment fest.

11 Installieren Sie den Zündgeber-Deckel mit einer neuen Dichtung und ziehen Sie die Schrauben vorschriftsmäßig fest. Vergessen Sie nicht den Dichtring an der oberen Schraube (siehe Abb.).

12 Füllen Sie den Motor mit dem vorgeschriebenen Motoröl bis zum angegebenen Pegel auf (siehe Kapitel 1).

19 Zündschloß (Hauptschalter) Kontrolle, Ausbau und Einbau

Warnung: Um das Risiko eines Kurzschlusses zu vermeiden, sollte vor der Zündschloßkontrolle der Masseanschluß (Minus) von der Batterie getrennt werden.

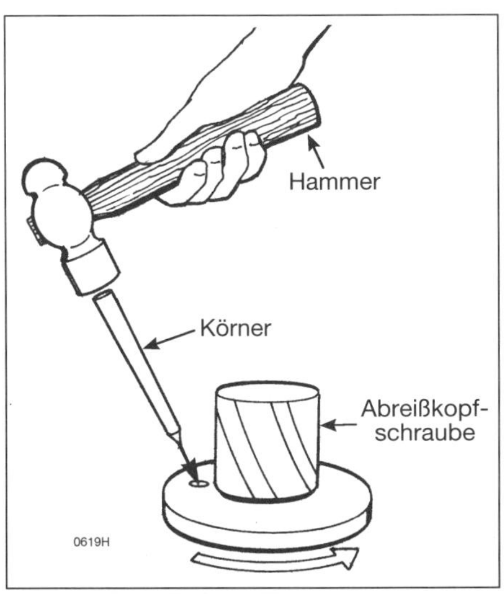

19.10 Die Abreißkopf-Schrauben müssen sorgfältig mit einem Körner und einem Hammer gelöst werden.

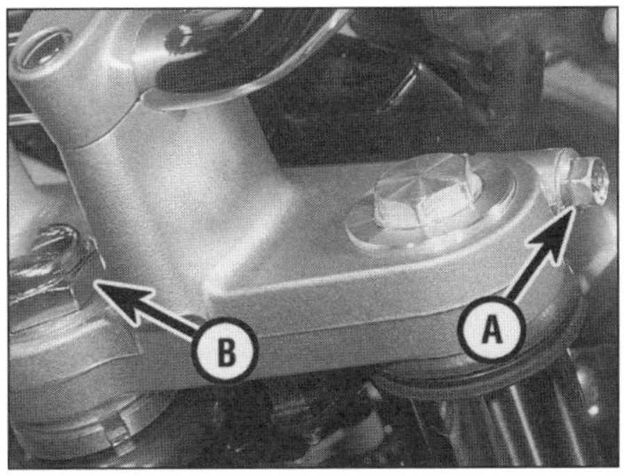

19.9 Lockern Sie die Klemmschrauben (A) und entfernen Sie die Lenkrohrmutter (B).

Kontrolle

1 Verfolgen Sie das Zündschloßkabel vom Boden des Schalters und trennen Sie es bei den Modellen ohne Verkleidung am grünen Stecker in der Lampenschale (siehe Abb.). Entfernen Sie hierzu die beiden Schrauben, die den Lampenring an der Scheinwerferschale halten und ziehen Sie den Ring von der Schale (siehe Abb. 7.1a und b).

2 Mit einem Ohm-Meter oder einem Durchgangsprüfer wird der Durchgang der Anschlußpaare gemessen (beachten Sie die Schaltpläne am Ende des Kapitels). Durchgang sollte je nach Zündschloß-Stellung zwischen den im Schaltplan mit einer dicken Linie verbundenen Anschlüssen bestehen.

3 Wenn der Hauptschalter bei einem dieser Tests versagt, muß er ersetzt werden.

Ausbau

Anmerkung: *Positionieren Sie das Motorrad auf dem Hauptständer oder einer entsprechenden Stütze und entlasten Sie das Vorderrad.*

4 Entfernen Sie bei den S-Modellen die Verkleidung (siehe Kapitel 7).

5 Entfernen Sie bei den anderen Modellen den Scheinwerfer (siehe Sektion 8).

6 Entfernen Sie den Lenker (siehe Kapitel 5).

7 Entfernen Sie den Instrumententräger (siehe Sektion 15).

8 Verfolgen Sie das Zündschloßkabel vom Boden des Schalters und trennen Sie es am Stecker (siehe Schritt 1).

9 Lockern Sie die Klemmschrauben der oberen Gabelbrücke, entfernen Sie die Lenkrohr-Schraube und deren Scheibe. Heben Sie die obere Gabelbrücke ab (siehe Abb.).

10 Lockern Sie zunächst die beiden Sicherungs-Torx-Schrauben, die das Zündschloß an der Unterseite der oberen Gabelbrücke halten, mit einem Körner und Hammer und nehmen Sie nach dem Lösen das Schloß ab (siehe Abb.). Alternativ können die Schraubenköpfe auch ausgebohrt werden. Beim Einbau müssen auf jeden Fall neue Schrauben verwendet werden.

Einbau

11 Montieren Sie das Zündschloß an der oberen Gabelbrücke. Benutzen Sie neue Spezial-Torx-Schrauben. Ziehen Sie sie fest, bis entweder der Schlüssel überrutscht oder der Schraubenkopf abschert.

12 Die Fortsetzung des Einbaus entspricht der umgekehrten Reihenfolge des Ausbaus. Ziehen Sie die Lenkrohr-Schraube und die Gabelbrücken-Klemmschraube mit dem am Anfang von Kapitel 5 angegebenen Drehmoment fest. Gehen Sie sicher, daß alle Kabel korrekt verbunden und gesichert sind.

20 Lenkerschalter Kontrolle

1 Allgemein sind die Schalter zuverlässig und fehlerfrei. Wenn Ärger auftritt, liegt es oft an Schmutz und korrodierten Kontakten, aber auch Verschleiß und Bruch innerer Teile ist eine Möglichkeit, die nicht übersehen werden sollte. Wenn irgendein Zusammenbruch auftritt, muß der entsprechende Schalter samt angeschlossener Kabelbaum-Äste ersetzt werden, da Einzelteile nicht erhältlich sind.

2 Die Schalter können mit einem Ohm-Meter oder einem Durchgangsprüfer auf Durchgang kontrolliert werden. Der Masseanschluß (Minus) muß immer von der Batterie getrennt werden, um das Risiko eines Kurzschlusses zu vermeiden.

3 Verfolgen Sie den Kabelbaum des in Frage kommenden Schalters bis zu den Steckern und trennen Sie diese (Rechter Schalter – schwarzer Stecker, linker Schalter – gelber Stecker). Die Stecker befinden sich bei den Modellen ohne Verkleidung in der Lampenschale. Lösen Sie die beiden Schrauben des Lampenrings und ziehen Sie diesen von der Schale (siehe Abbildungen 7.1a und b). Bei den S-Modellen sitzen die Stecker unter einer Abdeckung, die sich auf dem Scheinwerfer innerhalb der Verkleidung befindet (siehe Abb. 15.1b).

4 Kontrollieren Sie mit dem Ohm-Meter oder der Testlampe zwischen den Anschlüssen des Kabelbaumes bei entsprechender Schalterstellung den Durchgang (d.h. Schalter aus – kein Durchgang, Schalter an – Durchgang) – beachten Sie die Schaltpläne am Ende des Kapitels.

5 Wenn die Durchgangsprüfung ein Problem bestätigt, wechseln Sie zu Sektion 21, entfernen Sie den Schalter und sprühen Sie ihn mit Kontaktspray ein. Falls sie zugänglich sind, können die Kontakte mit einem Messer sauber gekratzt oder feinem Sandpapier aufpoliert werden. Wenn Schalterelemente beschädigt oder zerstört sind, wird dieses bei der Demontage offensichtlich.

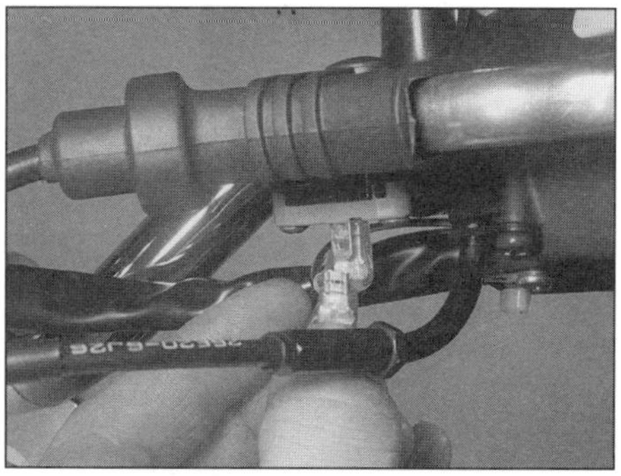

21.6 Trennen Sie die Stecker am Kupplungsschalter.

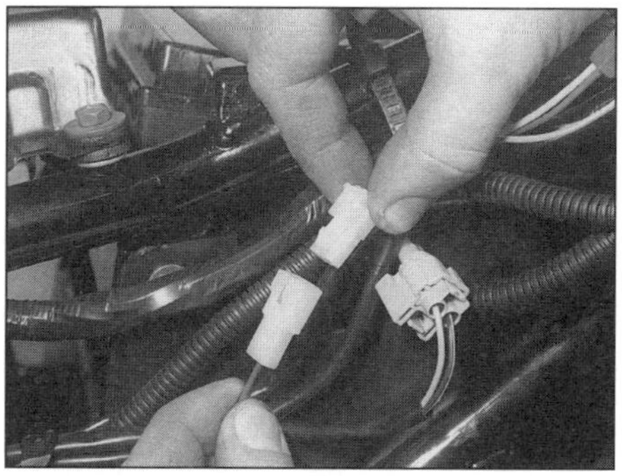

22.2 Trennen Sie den Stecker des Leerlaufschalters.

22.6a Entfernen Sie die Klemmschraube und ziehen den Hebel von der Schaltwelle.

21 Lenkerschalter
Ausbau und Einbau

Rechter Lenkerschalter

Ausbau

1 Wenn der Schalter nicht nur vom Lenker abgenommen, sondern vom Motorrad entfernt werden soll, verfolgen Sie den Kabelbaum des Schalters bis zum schwarzen Stecker, der sich bei den Modellen ohne Verkleidung in der Lampenschale befindet. Lösen Sie die beiden Schrauben des Lampenrings und ziehen Sie diesen von der Schale (siehe Abb. 7.1a und b). Bei den S-Modellen sitzen die Stecker unter einer Abdeckung, die sich auf dem Scheinwerfer innerhalb der Verkleidung befindet (siehe Abb. 15.1b). Befreien Sie die Kabel zurück zum Schalter von allen Klemmen und Kabelbindern, während Sie sich den Verlauf merken.

2 Trennen Sie die beiden Kabel vom Bremslichtschalter (siehe Abb. 14.5).

3 Entfernen Sie den Gasbowdenzug aus dem Gehäuse (siehe Kapitel 3). Diese Prozedur erfordert die Zerlegung des Schalters.

Einbau

4 Der Einbau entspricht der umgekehrten Reihenfolge des Ausbaus. Gehen Sie sicher, daß der Stift der oberen Gehäusehälfte in das Loch im Lenker einrastet. Wenn nötig, wechseln Sie bezüglich des Gasbowdenzug-Einbaus zu Kapitel 3.

Linker Lenkerschalter

Ausbau

5 Wenn der Schalter nicht nur vom Lenker abgenommen, sondern vom Motorrad entfernt werden soll, verfolgen Sie den Kabelbaum des Schalters bis zum gelben Stecker, der sich bei den Modellen ohne Verkleidung in der Lampenschale befindet. Lösen Sie die beiden Schrauben des Lampenrings und ziehen Sie diesen von der Schale (siehe Abb. 7.1a und b). Bei den S-Modellen sitzen die Stecker unter einer Abdeckung, die sich auf dem Scheinwerfer innerhalb der Verkleidung befindet (siehe Abb. 15.1b). Befreien Sie die Kabel zurück zum Schalter von allen Klemmen und Kabelbindern, während Sie sich den Verlauf merken.

6 Trennen Sie die beiden Kabel vom Kupplungsschalter (siehe Abb.).

7 Entfernen Sie den Choke-Bowdenzug (siehe Kapitel 3) – Diese Prozedur erfordert die Zerlegung des Schalters.

Einbau

8 Der Einbau entspricht der umgekehrten Reihenfolge des Ausbaus. Gehen Sie sicher, daß der Stift der oberen Gehäusehälfte in das Loch im Lenker einrastet. Wenn nötig, wechseln Sie bezüglich des Choke-Bowdenzug-Einbaus zu Kapitel 3.

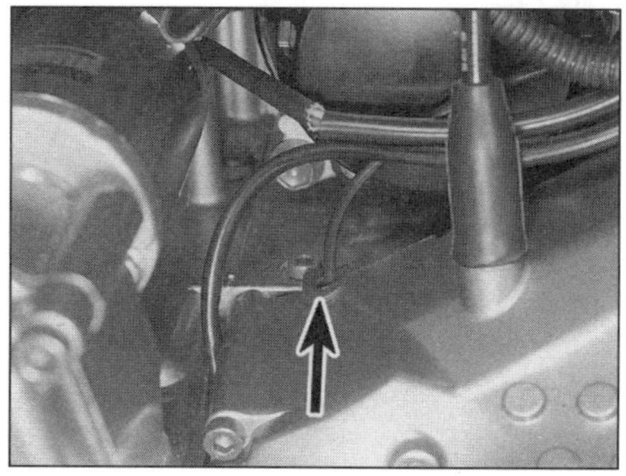

22.6b Nehmen Sie den Gummistopfen des Leerlauf-Kabels aus dem Deckel, nachdem Sie diesen demontiert haben.

22 Leerlaufschalter
Kontrolle, Ausbau und Einbau

Kontrolle

1 Kontrollieren Sie vor dem Stromkreislauf die Lampe (siehe Sektion 17) und die Sicherung (siehe Sektion 5).

2 Der Leerlaufschalter befindet sich links im Motorgehäuse hinter dem Ritzeldeckel. Verfolgen Sie das Schalterkabel aus dem Gummistopfen oben im Ritzeldeckel und trennen Sie es am weißen Stecker hinter dem linken Seitendeckel (siehe Abb.). Stellen Sie sicher, daß das Getriebe sich im Leerlauf befindet.

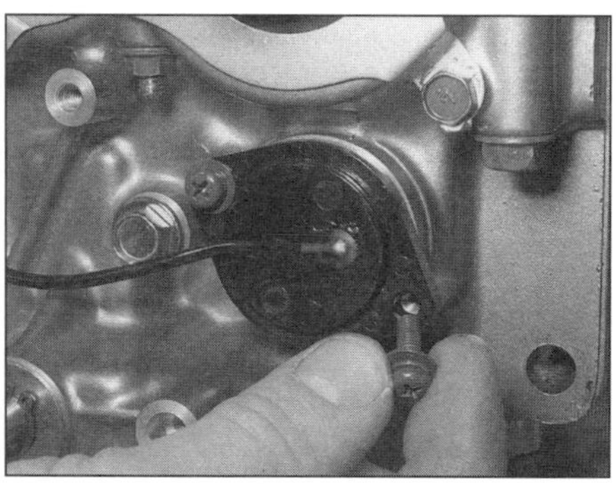

22.8 Der Schalter wird mit zwei Schrauben gesichert.

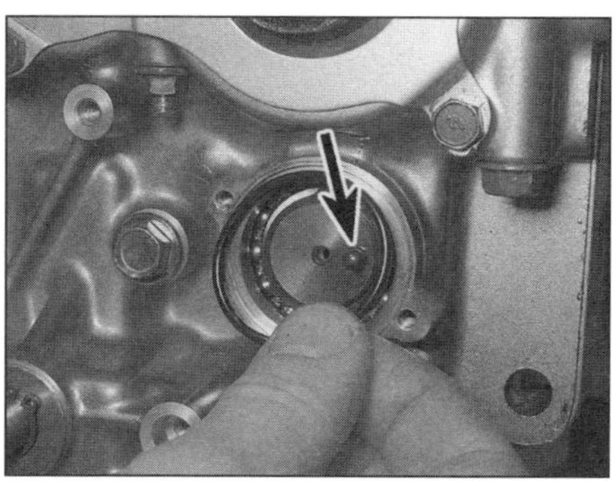

22.9a Setzen Sie die Feder und den Stift ein (Pfeil) und legen Sie einen neuen O-Ring auf.

22.9b Montieren Sie den Schalter.

22.10 Verlegen Sie das Kabel hinter der Lasche des Dichtring-Sicherungsbleches.

3 Bei getrenntem Stecker und eingeschalteter Zündung darf die Leerlauflampe nicht leuchten. Wenn doch, muß das Kabel zwischen dem Stecker und dem Instrumententräger einen Masseschluß haben. Schalten Sie die Zündung aus.

4 Mit einem Ohm-Meter oder Durchgangsprüfer wird zwischen dem Schalter und dem Motorgehäuse der Durchgang geprüft. Wenn das Getriebe im Leerlauf ist, sollte Durchgang vorhanden sein, bei eingelegtem Gang nicht. Wenn der Test ein anderes Ergebnis bringt, ist entweder der Schalter defekt oder der Stift-und-Feder-Mechanismus in der Schaltwalze ist defekt. Entfernen Sie den Schalter (siehe unten) und kontrollieren Sie den Zustand der Feder und des Stiftes, der in seiner Bohrung frei gleiten muß. Wenn Anzeichen von Verschleiß oder Beschädigung sichtbar sind, müssen Feder und Stift ersetzt werden. Kontrollieren Sie vor dem Austausch des Schalters dessen Funktion.

5 Wenn der Durchgangstest ergibt, daß der Leerlaufschalter in Ordnung ist, schalten Sie die Zündung an und prüfen Sie mit einer Testlampe, ob am Stecker Spannung anliegt. Wenn nicht, kontrollieren Sie die Kabel zwischen Schalter, Instrumententräger und der Sicherungsbox (beachten Sie die Schaltpläne am Ende des Kapitels).

Ausbau

6 Lösen Sie die Klemmschraube des Hebels auf der Schaltwelle und ziehen Sie ihn ab, beachten Sie die Markierung auf der Welle (siehe Abb.). Falls keine vorhanden ist, muß eine gemacht werden, mit der beim Einbau die Öffnung des Hebels fluchten muß. Lösen Sie die Deckelschrauben und nehmen Sie den Ritzeldeckel ab (siehe Abb.). Es gibt keinen Grund, den Kupplungszug oder die Hydraulikleitung zu lösen.

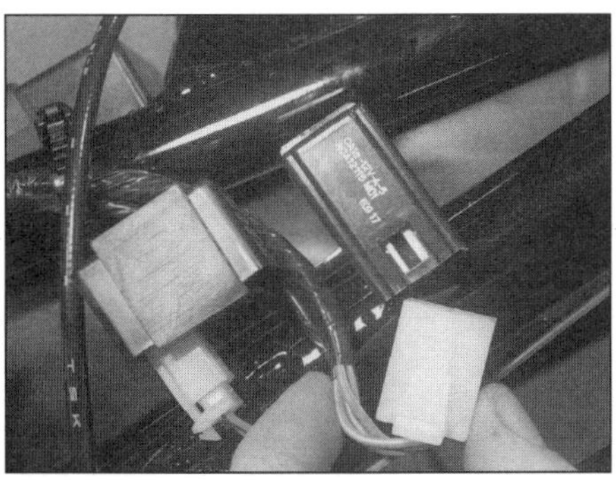

24.2a Trennen Sie den Stecker vom Seitenständer-Relais.

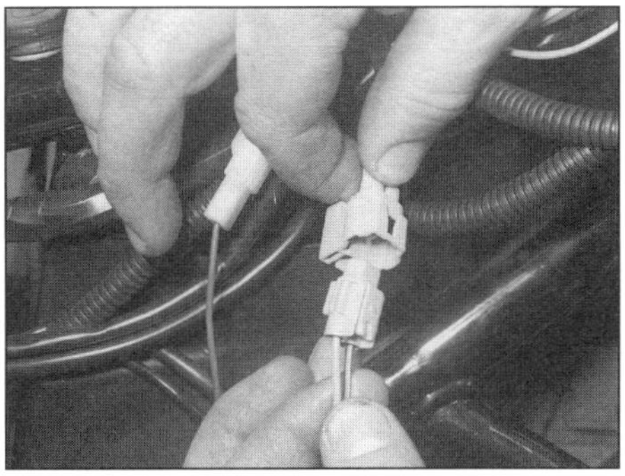

23.2 Trennen Sie den Stecker des Seitenständerschalters.

7 Verfolgen Sie das Schalterkabel aus dem Gummistopfen oben im Ritzeldeckel und trennen Sie es am weißen Stecker hinter dem linken Seitendeckel (siehe Abb.). Befreien Sie das Kabel von allen Haltern und Kabelbindern, merken Sie sich den Verlauf.

8 Lösen Sie die beiden Schrauben, die den Schalter am Motorgehäuse sichern und entfernen Sie ihn vorsichtig zusammen mit der Feder und dem Stift (siehe Abb.). Der O-Ring muß auf jeden Fall durch eine Neuteil erneuert werden.

Einbau

9 Installieren Sie die Feder und den Stift in die Bohrung der Schaltwalze und montieren Sie den Schalter unter Verwendung eines neuen O-Rings, ziehen Sie die Schrauben fest (siehe Abb.).

10 Verlegen Sie das Kabel bis zum Stecker hinter dem linken Seitendeckel hinter der Lasche des Dichtring-Sicherungsbleches und verbinden Sie es mit allen anderen Haltern (siehe Abb.).

11 Kontrollieren Sie die Funktion der Leerlauflampe.

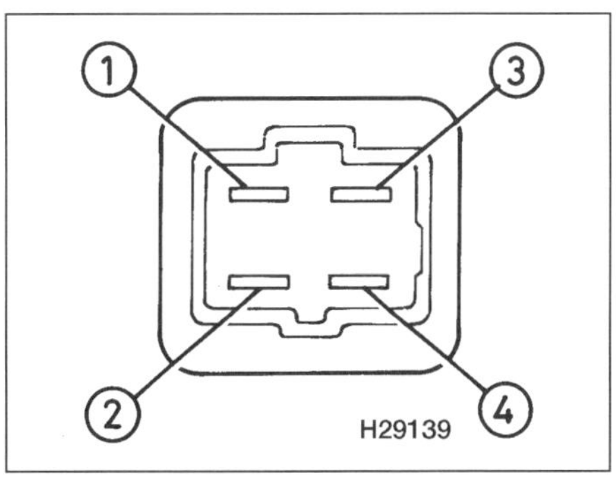

24.2b Anschluß-Identifizierung des Seitenständer-Relais

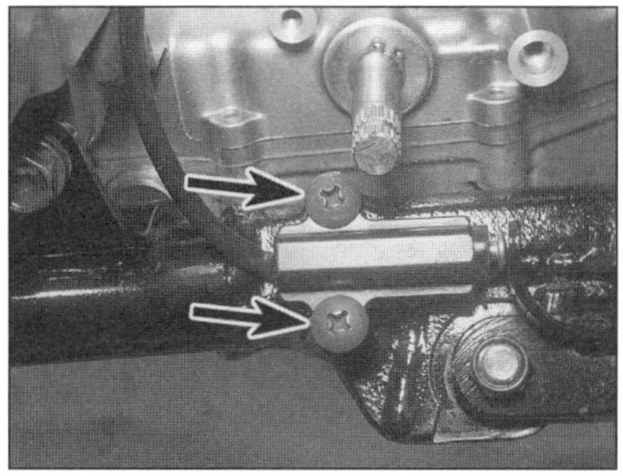

23.8 Der Seitenständerschalter wird von zwei Schrauben gehalten.

12 Montieren Sie den Ritzeldeckel und den Hebel auf die Schaltwelle.

23 Seitenständer-Schalter
Kontrolle und Ersetzen

Kontrolle

1 Der Seitenständerschalter ist direkt hinter dem Ständer am Rahmen befestigt (siehe Abb. 23.8). Der Schalter ist ein Teil des Sicherheits-Stromkreises, der davor schützen soll, daß der Motor bei eingelegtem Gang und ausgeklapptem Seitenständer oder nicht gezogener Kupplung gestartet werden kann. Kontrollieren Sie vor dem Stromkreislauf die Lampe (siehe Sektion 17) und die Sicherung (siehe Sektion 5).

2 Verfolgen Sie die Leitung vom Schalter zurück zum Stecker hinter dem linken Seitendeckel und trennen Sie diesen (siehe Abb.).

3 Kontrollieren Sie mit einem Ohm-Meter oder Durchgangsprüfer die Funktion des Schalters. Verbinden Sie das Prüfgerät mit dem schwarz/weißen und dem grünen Kabel am schalterseitigen Stecker. Bei eingeklapptem Seitenständer sollte Durchgang (kein Widerstand) herrschen, bei ausgeklapptem Seitenständer soll die Verbindung unterbrochen (unendlicher Widerstand) sein.

4 Wenn der Schalter nicht wie beschrieben arbeitet, muß er ausgetauscht werden. Kontrollieren Sie zunächst jedoch, ob die Probleme des Seitenständerschalters von einem durch Straßenschmutz klemmenden Schaltknopf herrühren. Sprühen Sie den Schalter mit einem wasserverdrängenden Kontaktspray ein.

5 Wenn der Schalter in Ordnung ist, kontrollieren Sie das Seitenständer-Relais und die Diode, wie in den entsprechenden Sektionen dieses Kapitels beschrieben. Wenn alle Komponenten in Ordnung sind, müssen die Verbindungskabel überprüft werden (beachten Sie die Schaltpläne am Ende des Kapitels).

Ersetzen

6 Der Seitenständerschalter ist direkt hinter dem Ständer am Rahmen befestigt. Verfolgen Sie das Kabel bis zum Stecker hinter dem linken Seitendeckel und trennen Sie diesen (siehe Abb. 23.2)

7 Verfolgen Sie die Leitung vom Schalter zurück zum Stecker und lösen Sie alle Kabelverbinder zwischen Schalter und Stecker, merken Sie sich den Verlauf der Leitung.

8 Lösen Sie die beiden Schrauben, die den Schalter am Rahmen halten (siehe Abb.).

9 Setzen Sie den neuen Schalter an den Rahmen und ziehen Sie die beiden Schrauben fest.

10 Gehen Sie sicher, daß das Kabel korrekt bis zum Steckverbinder verlegt und mit den Kabelverbindern gesichert ist.

11 Verbinden sie die Kabelstecker und kontrollieren Sie die Funktion des Seitenständerschalters.

24 Seitenständer-Relais
Kontrolle und Ersetzen

Kontrolle

1 Wenn der Schalter und die Kabel in Ordnung sind, kann das Relais defekt sein. Das Relais ist hinter dem linken Seitendeckel befestigt.

2 Trennen Sie den Relaisstecker und entfernen Sie das Relais von seiner Befestigung (siehe Abb.). Verbinden Sie die Plusklemme des Ohm-Meters oder Durchgangsprüfers mit Steckverbinder Nr.1 und die Minusklemme mit Nr.2 am Relais (siehe Abb.). Es sollte kein Durchgang festzustellen sein.

3 An einer 12-Volt-Batterie wird ein isoliertes Überbrückungskabel an den Pluspol angeschlossen und mit Steckverbinder Nr.3 am Relais verbunden, der Minuspol mit Klemme Nr.4, wenn alle Verbindungen angeschlossen sind, muß am Meßgerät Durchgang zwischen den Anschlüssen Nr.1 und Nr.2 festgestellt werden. Wenn eines der gewünschten Meßergebnisse nicht auftritt, muß das Relais ersetzt werden.

4 Wenn das Relais in Ordnung ist, kontrollieren Sie die anderen Komponenten des Starter-Kreislaufs, wie in den entsprechenden Sektionen dieses Kapitels beschrieben. Wenn alle Komponenten in Ordnung sind, müssen die Verbindungskabel überprüft werden (beachten Sie die Schaltpläne am Ende des Kapitels).

Ersetzen

5 Entfernen Sie die Seitendeckel (siehe Kapitel 7).

6 Trennen Sie den Relaisstecker und entfernen Sie das Relais von seiner Befestigung (siehe Abb. 24.2a).

7 Verbinden Sie Stecker mit dem neuen Relais und kontrollieren Sie die Funktion des Seitenständerschalters.

25 Kupplungsschalter
Kontrolle und Ersetzen

Kontrolle

1 Der Kupplungsschalter befindet sich unterhalb des Kupplungshebel-Halters. Der Schalter ist ein Teil des Sicherheits-Schaltkreises, der davor schützen soll, daß der Motor bei eingelegtem Gang, ausgeklapptem Seitenständer und nicht gezogener Kupplung gestartet werden kann.

2 Zur Kontrolle des Schalters müssen die Stecker vom Schalter getrennt werden (siehe Abb.). Verbinden Sie die Klemmen des Ohm-Meters oder Durchgangsprüfers mit den beiden Anschlüssen des Schalters. Bei gezogenem Kupplungshebel muß Durchgang (kein Widerstand), beim Loslassen Unterbrechung (unendlicher Widerstand) festgestellt werden.

3 Wenn der Schalter in Ordnung ist, kontrollieren Sie die anderen Komponenten des Starter-Kreislaufs, wie in den entsprechenden Sektionen dieses Kapitels beschrieben. Wenn alle Komponenten in Ordnung sind, müssen die Verbindungskabel überprüft werden (beachten Sie die Schaltpläne am Ende des Kapitels).

Ersetzen

4 Trennen Sie die Stecker vom Schalter (siehe Abb. 25.2). Entfernen Sie die zwei Schrauben, die den Schalter unter dem Kupplungshebelhalter sichern und nehmen Sie den Schalter ab.

5 Der Einbau entspricht der umgekehrten Reihenfolge des Ausbaus. Der Schalter ist nicht einstellbar. Kontrollieren sie anschließend die korrekte Funktion des Kupplungsschalters.

26 Diode
Kontrolle und Ersetzen

Kontrolle

1 Entfernen Sie die Seitendeckel (siehe Kapitel 7).

2 Die Diode ist ein kleiner Block, der sich an einem direkt am Hauptkabelbaum hängenden Stecker befindet (siehe Abb.). Sie ist ein Teil des Sicherheits-Schaltkreises, der davor schützen soll, daß der Motor bei eingelegtem Gang und ausgeklapptem Seitenständer gestartet werden kann (bei den GSF 1200-Modellen kann mit gezogener Kupplung gestartet werden, siehe Sektion 25). Trennen Sie die Diode vom Kabelbaum.

3 Verbinden Sie die Plusklemme des Ohm-Meters oder Durchgangsprüfers mit einem der äußeren Anschlüsse der Diode und die Minusklemme mit ihrem mittleren Anschluß. Die Diode sollte Durchgang haben. Tauschen Sie jetzt die Plus- und Minusklemmen, es darf kein Durchgang gemessen werden. Wiederholen Sie die Prozedur mit dem anderen äußeren Anschluß der Diode und dem Mittelanschluß. Das Ergebnis sollte dasselbe sein. Wenn andere Ergebnisse gemessen werden, muß die Diode ausgetauscht werden.

4 Wenn die Diode in Ordnung ist, kontrollieren Sie die anderen Komponenten des

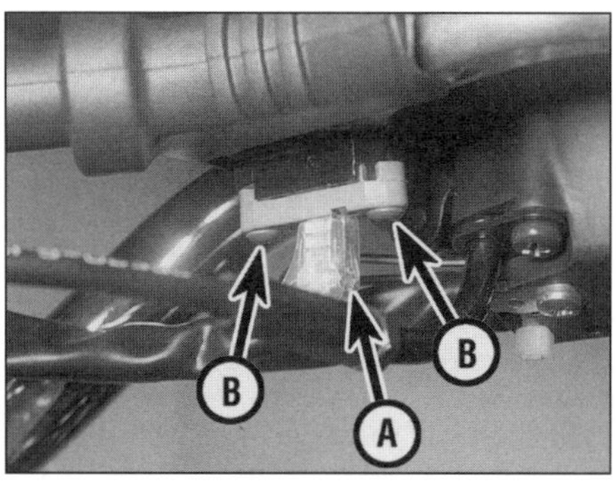

25.2 Stecker des Kupplungsschalters (A) und Befestigungsschrauben (B).

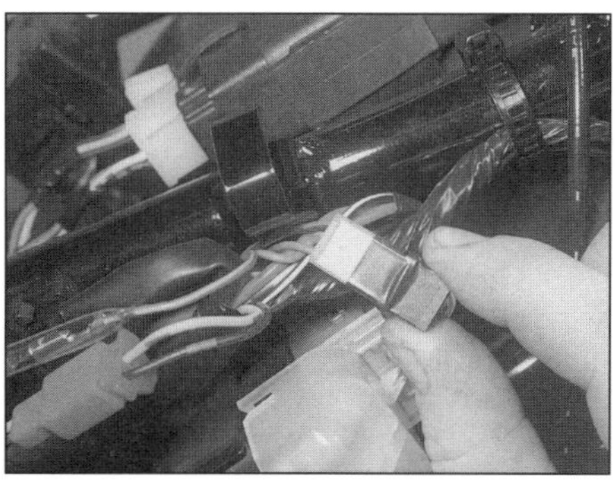

26.2 Die Diode befindet sich am Kabelbaum.

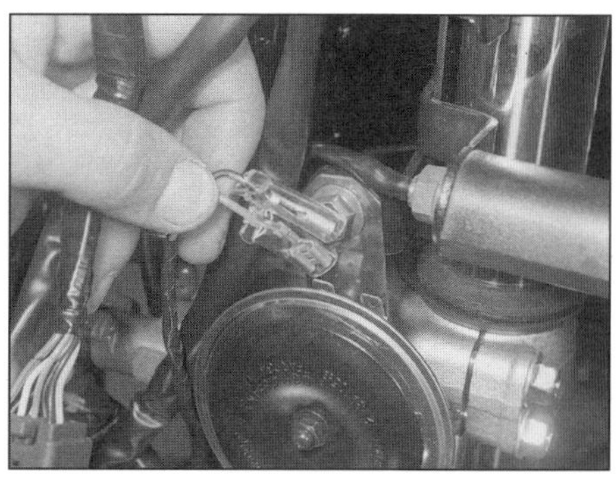

28.2 Trennen Sie die Kabelstecker von der Hupe.

28.5 Jede Hupe wird mit einer einzelnen Schraube gehalten.

Starter-Kreislaufs, wie in den entsprechenden Sektionen dieses Kapitels beschrieben. Wenn alle Komponenten in Ordnung sind, müssen die Verbindungskabel überprüft werden (beachten Sie die Schaltpläne am Ende des Kapitels).

Ersetzen

5 Entfernen Sie die Seitendeckel (siehe Kapitel 7).
6 Die Diode ist ein kleiner Block, der sich an einem direkt am Hauptkabelbaum hängenden Stecker befindet (siehe Abb. 26.2) Trennen Sie die Diode vom Stecker und schließen Sie eine neue an.

27 Kraftstoffuhr-Geber (GSF 1200 Modelle)
Kontrolle und Ersetzen

Warnung: Benzin ist sehr leicht entflammbar, treffen Sie deshalb besondere Vorsichtsmaßnahmen, wenn Sie am Kraftstoffsystem arbeiten. Rauchen Sie nicht und lassen Sie keine offenen Flammen oder Glühbirnen in die Nähe. Arbeiten Sie nicht in Garagen, in denen ein Gasheizgerät läuft. Sollte Benzin auf die Haut geraten, muß die Stelle sofort mit Wasser und Seife abgewaschen werden. Tragen Sie bei Arbeiten an der Kraftstoffanlage immer eine Schutzbrille

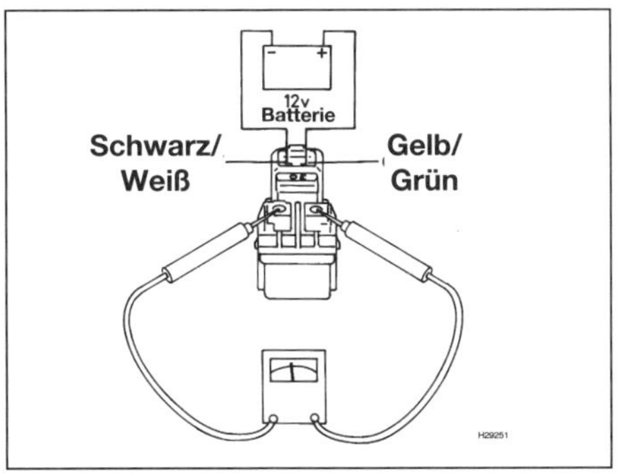

29.4 Testaufbau zur Kontrolle des Starterrelais.

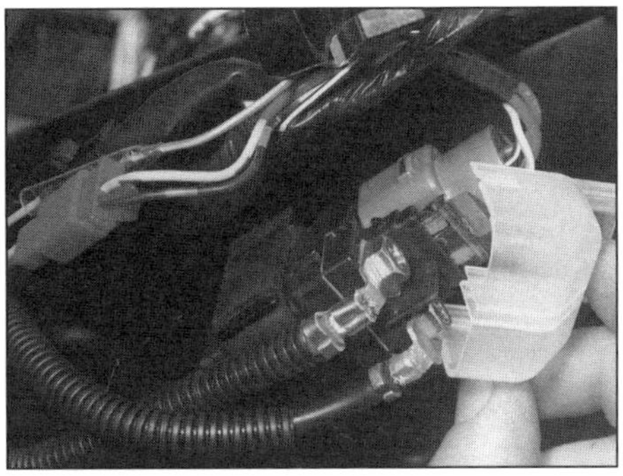

29.2a Das Starterrelais besitzt eine weiße Plastik-Abdeckung.

und stellen Sie einen Feuerlöscher, der für brennende Flüssigkeiten ausgelegt ist, bereit.

Kontrolle

1 Verfolgen Sie die Kabel des Kraftstoffstand-Gebers unterhalb des Kraftstofftanks und trennen Sie sie am Stecker.
2 Die Klemmen eines auf Ohm x 100 gestellten Ohm-Meters werden mit den Kontakten der Geberseite verbunden. Kontrollieren Sie die Widerstände bei leerem und vollem Tank und vergleichen Sie die Ergebnisse mit den technischen Daten am Anfang des Kapitels. Alternativ kann der Geber aus dem Tank demontiert werden (siehe Schritte 4 und 5). Der Schwimmer wird per Hand auf und ab bewegt, und dabei wird der Widerstand gemessen.
3 Wenn die Meßergebnisse sich stark von den technischen Daten unterscheiden, muß der Geber ersetzt werden.

Ersetzen

4 Entleeren und demontieren Sie den Kraftstofftank (siehe Kapitel 3).
5 Lösen Sie die fünf Schrauben, die den Geber an der Unterseite des Tanks halten und ziehen Sie ihn heraus, achten Sie darauf, den Schwimmerhebel nicht zu verbiegen. Die Dichtung muß durch eine neue ersetzt werden.
6 Montieren Sie den Geber entgegen der Ausbauprozedur mit einer neuen Dichtung (siehe Abb.).

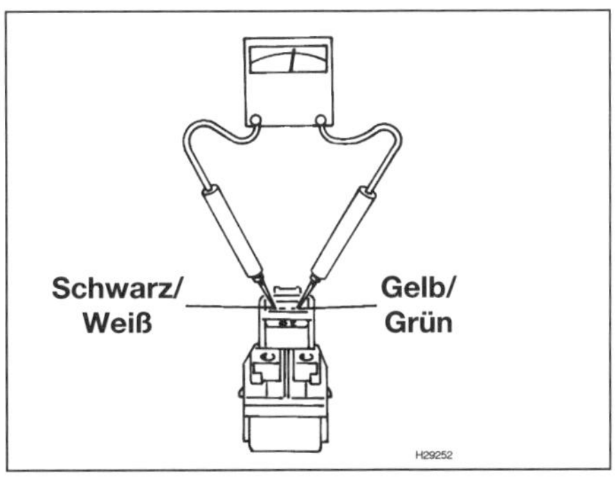

29.5 Widerstandskontrolle des Starterrelais

29.2b Entfernen Sie die Starter-Motor. Anschlüsse (Pfeil).

28 Hupe(n)
Kontrolle und Ersetzen

Kontrolle

1 Die Hupen sind vorne am Rahmen unterhalb des Lenkkopfes befestigt (siehe Abb. 28.5). Je nach Modell ist entweder eine Hupe oder eine Hoch- und eine Tieftonhupe dort angebracht.
2 Ziehen Sie die Kabelstecker von der Hupe (siehe Abb.). Verbinden Sie mit zwei Überbrückungskabeln die Hupe direkt mit der Batterie. Wenn die Hupe funktioniert, kontrollieren sie den Schalter (siehe Sektion 21) und die Kabel zwischen Schalter und Hupe (beachten Sie die Schaltpläne am Ende des Kapitels).
3 Wenn die Hupe nicht funktioniert, muß sie ersetzt werden.

Ersetzen

4 Die Hupe ist vorne am Rahmen unterhalb des Lenkkopfes befestigt.
5 Ziehen Sie die Kabelstecker von der Hupe (siehe Abb. 28.2), lösen Sie die Schrauben, mit denen die Hupe am Halter gehalten wird und nehmen Sie die Hupe ab (siehe Abb.).
6 Bauen Sie die Hupe an und ziehen Sie die Schrauben gut fest. Verbinden Sie die Kabelstecker.

29 Starter-Relais
Kontrolle und Ersetzen

Kontrolle

1 Wenn der Starter-Stromkreislauf fehlerhaft ist, kontrollieren Sie zuerst die Sicherung (siehe Sektion 5).
2 Das Starterrelais befindet sich hinter dem linken Seitendeckel (siehe Abb.). Entfernen Sie die Deckel, um Zugang zum Relais zu erhalten (siehe Kapitel 7). Entfernen Sie die Plastikabdeckung oben am Relais, lösen Sie

29.9a Lösen Sie den Anschlußstecker, das Starterkabel und das Batteriekabel (Pfeile) vom Relais.

29.9b Das Relais sitzt auf Laschen am Rahmen.

die Mutter am Anschluß des Kabels zum Startermotor und entfernen Sie das Kabel (siehe Abb.). Wenn das Kabel sicher keinen Kontakt mehr zum Anschluß hat, kann bei eingeschalteter Zündung, Notschalter auf RUN, eingelegtem Leerlauf und gezogener Kupplung (GSF 1200 Modelle) der Starterknopf gedrückt werden. Aus dem Relais sollte jetzt ein Klicken zu hören sein.

3 Wenn es nicht klickt, schalten Sie die Zündung ab, entfernen Sie das Relais, wie unten beschrieben, und testen Sie es folgendermaßen:

4 Bei demontiertem Relais wird ein auf den Meßbereich Ohm x 1 gestelltes Multimeter zwischen den Startermotor- und Batterie-Schraubanschluß des Relais geklemmt. Der Pluspol einer voll geladene 12-Volt-Batterie wird mit einem Überbrückungskabel an den gelb/grünen Relais-Steckeranschluß geklemmt, der Minuspol an das schwarz/-weiße Kabel (siehe Abb.). Zu diesem Zeitpunkt sollte im Relais ein Klicken zu hören sein und das Multimeter 0 Ohm (vollen Durchgang) anzeigen. Wenn dieses der Fall ist, hat sich das Relais als funktionstüchtig erwiesen. Wenn das Relais bei angelegter Batteriespannung nicht klickt und keinen Durchgang zeigt, muß es ersetzt werden.

5 Um den internen Widerstand des Relais zu messen, muß der Meßbereich des Multimeters Ohm x 1 betragen. Die Klemmen werden an die schwarz/weißen und gelb/grünen Anschlüsse des Relais gelegt (siehe Abb.). Der abgelesene Widerstand muß mit dem in den technischen Daten angegebenen Werten übereinstimmen.

6 Wenn das Relais in Ordnung ist, kontrollieren Sie die Batteriespannung zwischen dem gelb/grünen und dem schwarz/weißen Kabel bei gedrücktem Starterknopf. kontrollieren Sie die anderen Komponenten des Starter-Kreislaufs, wie in den entsprechenden Sektionen dieses Kapitels beschrieben. Wenn alle Komponenten in Ordnung sind, müssen die Verbindungskabel überprüft werden (beachten Sie die Schaltpläne am Ende des Kapitels).

Ersetzen

7 Entfernen Sie die Seitendeckel (siehe Kapitel 7).

8 Trennen Sie die Verbindungen zu den Batteriepolen, Masse (Minus) zuerst.

9 Trennen Sie die Relais-Steckverbindungen, lösen Sie die zwei Muttern, die das Startermotor- und Batteriekabel am Relais sichern und nehmen Sie die Kabel ab (siehe Abb.). Dann wird das Relais samt Gummihalter von den Laschen am Rahmen abgezogen (siehe Abb.).

30.2 Schieben Sie die Gummiabdeckung zurück und entfernen Sie die Muttern des Kabelanschlusses.

30.3 Der Startermotor wird von zwei Schrauben gehalten.

30.6 Setzen Sie immer einen neuen O-Ring in die Nut des Startermotors.

30.7 Schieben Sie den Startermotor in das Motorgehäuse . . .

30.8 . . . und installieren Sie die Schrauben.

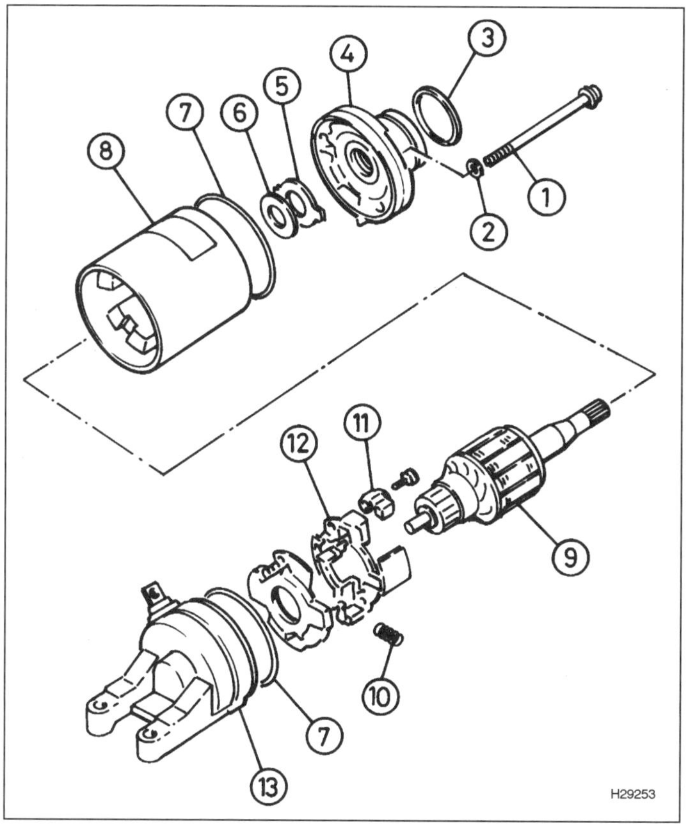

31.3a Startermotor-Komponenten – 600er Modelle

1 lange Schraube
2 O-Ring
3 O-Ring
4 vorderer Deckel
5 Spezial-Scheibe
6 Anlaufscheiben
7 O-Ring
8 Hauptgehäuse
9 Ankerwelle
10 Feder
11 Kohlebürste
12 Bürstenträger
13 hinterer Deckel

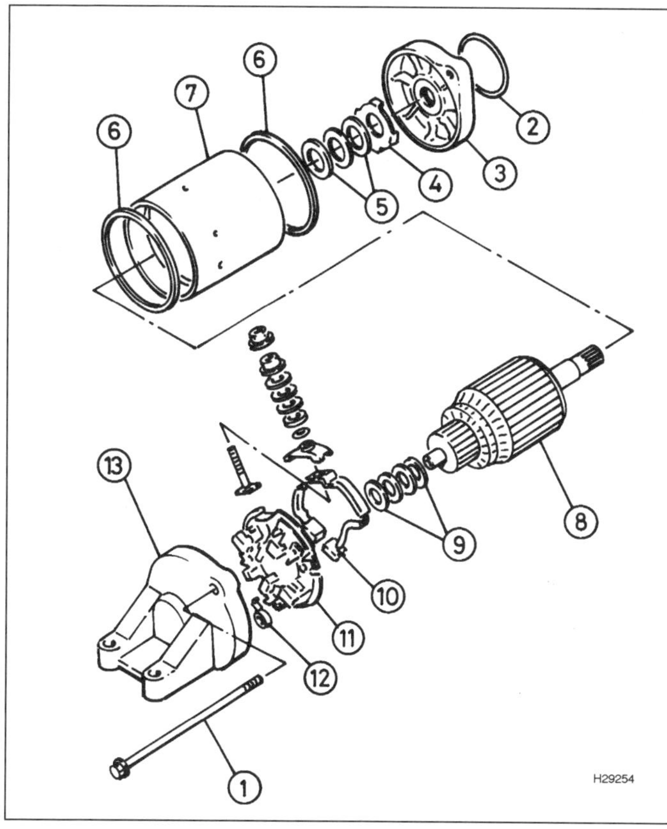

31.3b Startermotor-Komponenten – 1200er Modelle

1 lange Schraube
2 O-Ring
3 vorderer Deckel
4 Spezial-Scheibe
5 Anlaufscheiben
6 O-Ring
7 Hauptgehäuse
8 Ankerwelle
9 Anlaufscheiben
10 Kohlebürsten-Baugruppe
11 Bürstenträger
12 Bürstenfeder
13 hinterer Deckel

10 Der Einbau entspricht der umgekehrten Reihenfolge des Ausbaus. Gehen Sie sicher, daß die Anschlußmuttern richtig angezogen sind. Schließen Sie den Masse- (Minus) Anschluß als letzteren an die Batterie an.

30 Starter-Motor
Ausbau und Einbau

Ausbau

1 Entfernen Sie die Sitzbank (siehe Kapitel 7). Trennen Sie den Masseanschluß von der Batterie.
2 Ziehen Sie die Gummiabdeckung zurück und entfernen Sie die Schraube (600er Modelle), bzw. Mutter (1200er Modelle) des Starterkabel-Anschlusses (siehe Abb.).
3 Lösen Sie die beiden Schrauben, die den Startermotor am Motorgehäuse halten (siehe Abb.).
4 Ziehen Sie den Motor aus dem Gehäuse und entfernen Sie ihn vom Motorrad.
5 Entfernen Sie den O-Ring vom Ende des Startermotors, beim Einbau wird auf jeden Fall ein neuer gebraucht.

Einbau

6 Setzen Sie einen neuen O-Ring auf den Startermotor und gehen Sie sicher, daß er in seiner Nut liegt (siehe Abb.). Geben Sie als Einbauhilfe etwas Motoröl auf den O-Ring. Gehen Sie sicher, daß die Dichtflächen zwischen Starter und Gehäuse sauber sind, um einen guten Masseschluß zu garantieren.
7 Setzen Sie den Motor ins Position und schieben Sie ihn das Motorgehäuse (siehe Abb.). Stellen Sie sicher, daß das Zahnrad des Startermotors in das Untersetzungszahnrad eingreift.
8 Setzen Sie die Halteschrauben ein und ziehen Sie sie fest.
9 Verbinden Sie das Starterkabel mit dem Motor und ziehen Sie die Schraube oder Mutter an. Stellen Sie sicher, daß die Gummiabdeckung korrekt über dem Anschluß sitzt.
10 Verbinden Sie den Masseanschluß mit der Batterie und montieren Sie die Sitzbank.

31.8 Messen Sie die Längen beider Bürsten.

31.9 Kontrollieren Sie die Gleitfläche des Kollektors wie beschrieben.

8

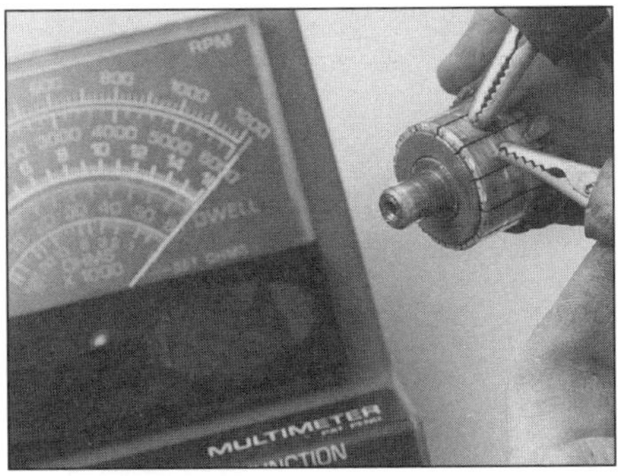

31.10a Zwischen den Kollektor-Lamellen muß Durchgang bestehen.

31.10b Zwischen Kollektor und Wellenzapfen darf kein Durchgang herrschen.

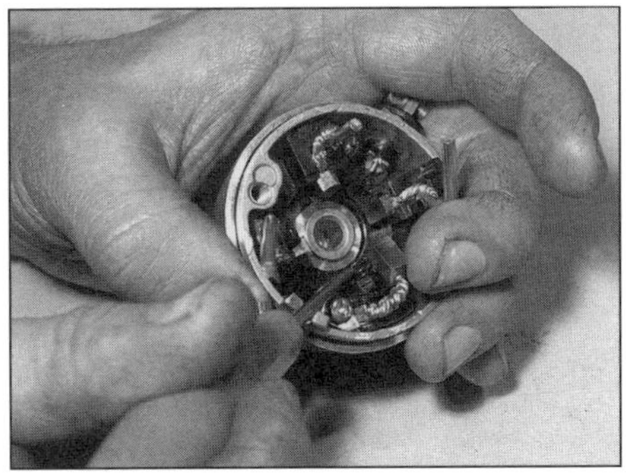
31.14 Setzen Sie die Bürstenfedern ein und schieben Sie die Bürsten in die Führungen.

31 Starter-Motor
Zerlegen, Kontrolle und Zusammenbau

Zerlegen

1 Entfernen Sie den Startermotor (siehe Sektion 30).

2 Beachten Sie die Markierungen an den Übergängen zwischen Hauptgehäuse und dem vorderen und hinteren Deckel, die bei der Montage wieder fluchten sollen. Falls sie schwierig zu erkennen sind, müssen neue angebracht werden.

3 Lösen Sie die beiden langen Schrauben und ziehen Sie sie aus dem Startermotor (siehe Abb.). Entfernen Sie den hinteren Deckel des Motors samt dem O-Ring. Entfernen Sie bei den 600er Modellen die Kohlebürsten-Baugruppe. Entfernen Sie die Anlaufscheibe vom hinteren Ende der Ankerwelle oder aus dem hinteren Deckel.

4 Wickeln Sie Klebeband um die Zähne des Antriebsrades am Ende des Ankerwelle – hierdurch wird der Dichtring geschützt, wenn der vordere Deckel abgenommen wird. Nehmen Sie den vorderen Deckel samt dem O-Ring vom Startermotor. Nehmen Sie alle Scheiben vom vorderen Ende der Starter-Welle und entfernen Sie die Spezialscheibe innen aus dem Deckel, beachten Sie ihre korrekte Einbaulage.

5 Ziehen Sie die Ankerwelle aus dem Hauptgehäuse. Bei den 600er Modellen müssen die Bürstenfedern weit genug angehoben werden, so daß die Bürsten aus ihren Führungen genommen werden können. Bürstenplatten-Baugruppe entfernen.

6 Bei den 1200er Modellen werden sich die Einbaulagen aller Bauteile gemerkt, dann die Kabelanschluß-Mutter entfernt und deren Schraube mit der Bürstenbaugruppe vom Hauptgehäuse genommen.

Kontrolle

7 Die Teile des Startermotors, denen am meisten Aufmerksamkeit geschenkt werden muß, sind die Kohlebürsten. Messen Sie die Länge der Bürsten und vergleichen Sie das Ergebnis mit den Angaben in den technischen Daten (siehe Abb.). Wenn eine der Bürsten unter der Verschleißgrenze liegt, muß die gesamte Baugruppe ersetzt werden. Wenn wenig Verschleiß, keine Ausbrüche und keine anderen Beschädigungen vorliegen, können die Bürsten weiterverwendet werden.

8 Inspizieren Sie die Kollektor-Lamellen der Welle auf Kerbung, Kratzer und Verfärbung (siehe Abb.). Der Kollektor kann vorsichtig mit Schmirgelleinen gereinigt werden, darf aber nicht mit Schleifpapier bearbeitet werden. Wischen Sie alle Rückstände mit einem Spiritus-getränktem Lappen ab. Reinigen Sie die Schlitze zwischen den Lamellen des Kollektors. Messen Sie den Durchmesser des Kollektors und vergleichen Sie das Ergebnis mit den Technischen Daten. Wenn er stärker verschlissen ist, als erlaubt, muß die ganze Ankerwelle ersetzt werden.

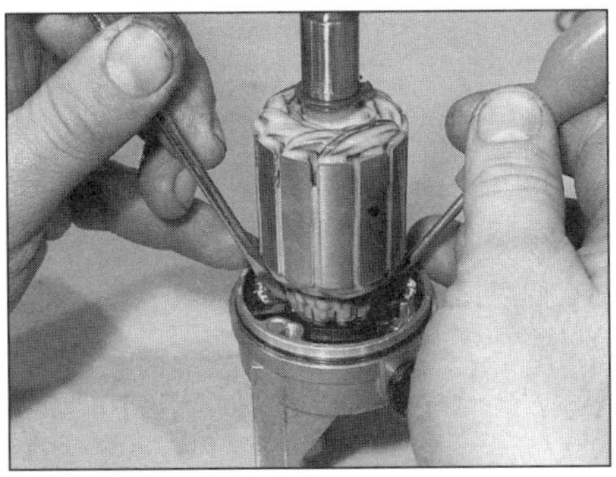
31.15 Drücken Sie die Bürsten zurück, während Sie die Ankerwelle einführen.

31.16 Die Markierungen müssen beim Zusammenbau fluchten.

31.17a Die Laschen der Spezialscheibe müssen mit den Ausschnitten des vorderen Deckels fluchten.

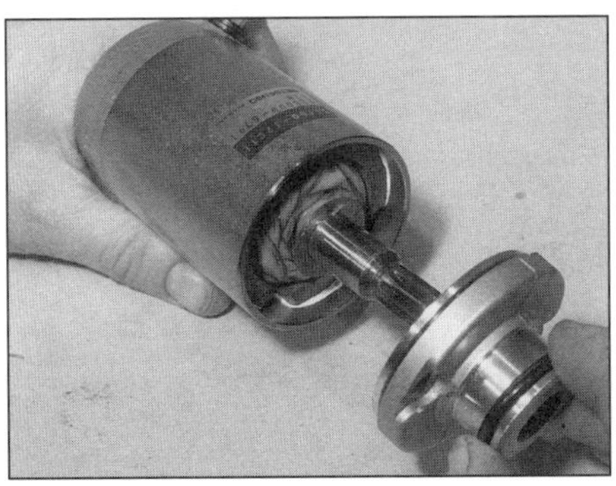
31.17b Schieben Sie den vorderen Deckel über die Ankerwelle.

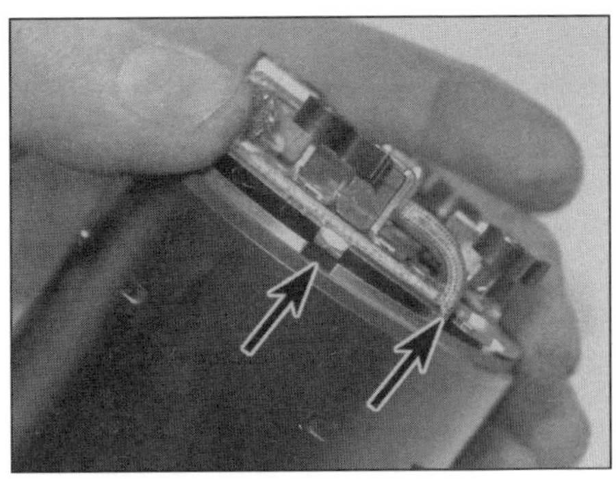
31.21 Bürstenplatten-Lasche und Bürstenkabel-Ausschnitt (Pfeile)

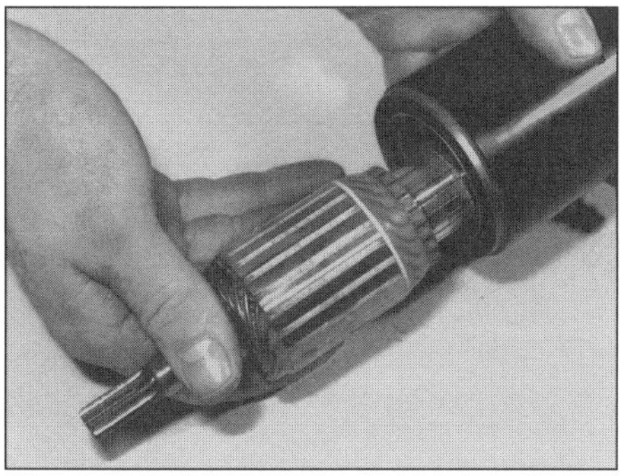

31.22a Schieben Sie die Ankerwelle in das Hauptgehäuse . . .

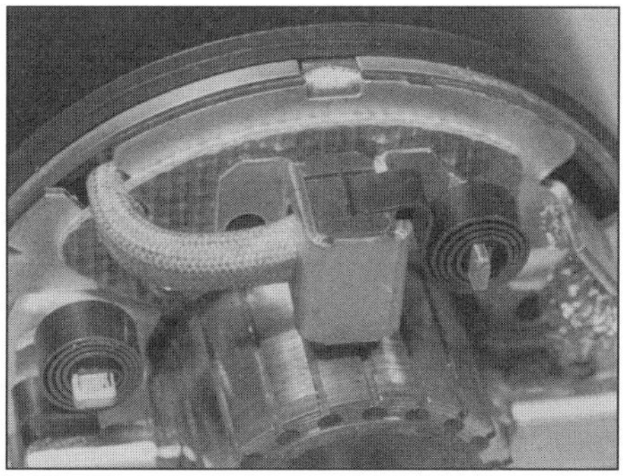

31.22b . . . und klemmen Sie die Bürstenfedern in die Nuten am Ende der Bürstenkohlen.

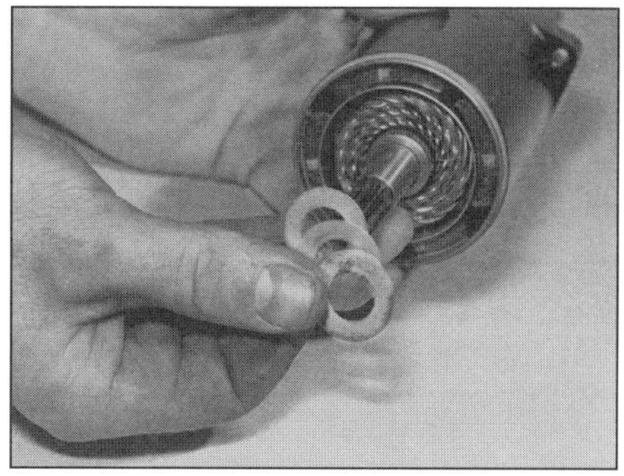

31.23a Legen Sie die Anlaufscheiben vorne auf die Welle . . .

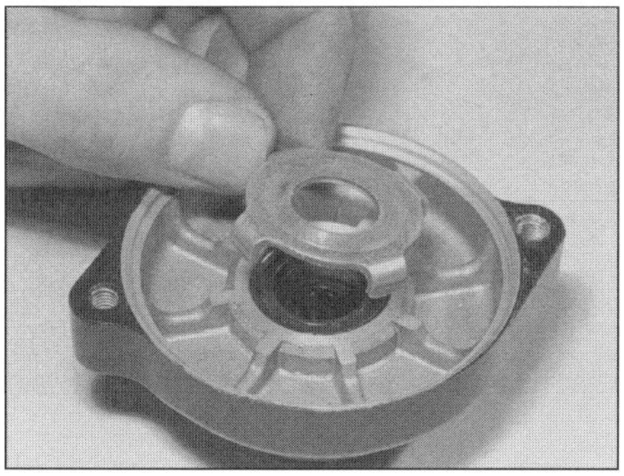

31.23b . . . und die Spezialscheibe in den vorderen Deckel.

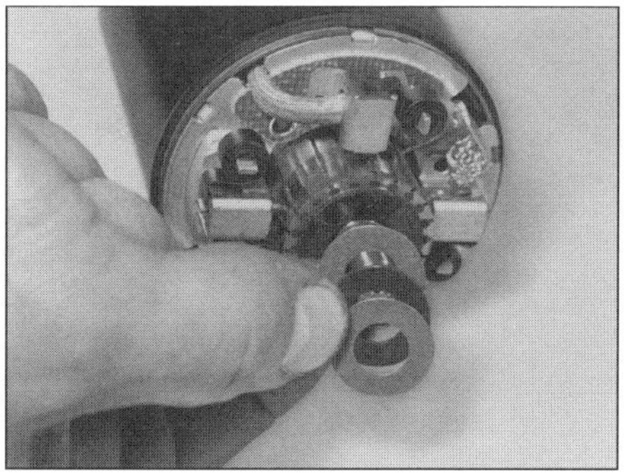

31.24a Legen Sie die Anlaufscheiben auf das hintere Ende der Ankerwelle . . .

31.24b . . . und montieren Sie den Deckel.

9 Mit Hilfe eines Ohm-Meters oder eines Durchgangsprüfers werden zwischen den Kollektor-Lamellen untereinander und zur Welle die Widerstände gemessen (siehe Abb.). Innerhalb des Kollektors muß Durchgang bestehen, zur Welle darf kein Strom fließen. Bei anderen Ergebnissen ist die Ankerwelle defekt.

10 Kontrollieren Sie den Durchgang zwischen jeder Bürste und der Anschlußschraube. Es sollte kein Widerstand vorhanden sein. Zwischen der Anschlußschraube und dem Gehäuse (zusammengebaut) darf kein Durchgang bestehen.

11 Kontrollieren Sie das vordere Ende der Ankerwelle auf Verschleiß, rissige, abgeschliffene und ausgebrochene Zähne. Wenn die Welle beschädigt oder verschlissen ist, muß sie ersetzt werden.

12 Kontrollieren Sie die Starterdeckel auf Anzeichen von Rissen und Verschleiß, begutachten Sie die Magneten im Hauptgehäuse und das Gehäuse selbst auf Risse.

13 Inspizieren Sie die Isolationsscheibe und den Wellendichtring im vorderen Deckel auf sichtbare Beschädigungen, ersetzen Sie defekte Teile. Beachten Sie, daß es nicht möglich ist, den O-Ring des vorderen Deckels einzeln zu bekommen – fragen Sie dazu ihre Suzuki-Werkstatt.

Zusammenbau

600 Modelle

14 Schieben Sie die Federn und Kohlebürsten zurück in ihre Halter auf der Bürstenplatte (siehe Abb.), setzen Sie den O-Ring auf den hinteren Deckel.

15 Setzen Sie die Ankerwelle in den hinteren Deckel, ziehen Sie dabei die Bürsten zurück. Lassen Sie sie dann die Bürsten auf den Kollektor ab. Kontrollieren Sie ihren korrekten Sitz und prüfen Sie, ob sie sich frei unter leichtem Federdruck in ihren Führungen bewegen können.

16 Schieben Sie das Hauptgehäuse über die Welle und lassen Sie es mit den Markierungen des hinteren Deckels fluchten (siehe Abb.).

17 Schmieren Sie Die Lippen des Dichtringes im vorderen Deckel mit Fett ein und legen Sie einen neuen O-Ring auf den Deckel. Schieben Sie die Anlaufscheibe auf die Welle und lassen Sie die Spezialscheibe korrekt mit ihren Laschen in die Ausschnitte des Deckels zum liegen kommen (siehe Abb.). Montieren Sie den Deckel, so daß die Markierungen fluchten (siehe Abb.). Entfernen Sie das Klebeband vom Wellenende.

18 Stellen Sie sicher, daß sich auf jeder langen Schraube ein O-Ring befindet. Geben Sie Schraubensicherungspaste auf die ihre Gewinde und ziehen Sie sie fest.

19 Montieren Sie den Startermotor (siehe Sektion 30).

1200 Modelle

20 Setzen Sie die Bürsten-Baugruppe und den inneren Gummi-Isolator an die Anschlußschraube und schieben Sie diese durch die Bohrung im Hauptgehäuse. Setzen Sie den O-Ring und den äußeren Gummi-Isolator sowie die Scheibe über die Schraube und sichern Sie alles mit der Mutter.

21 Installieren Sie die Bürstenplatten-Baugruppe in das Hauptgehäuse, gehen Sie dabei sicher, daß seine Lasche in die Nut des Gehäuses einrastet (siehe Abb.). Achten Sie

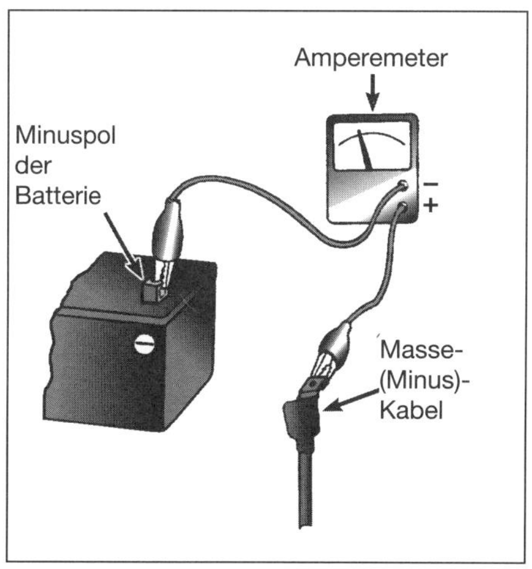

33.3 Kontrolle der Kriechstrom-Stärke.

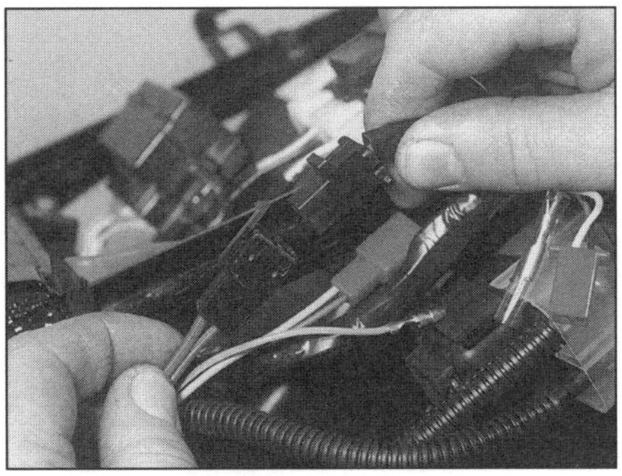

34.1 Trennen Sie den Stecker der Lichtmaschinenleitung.

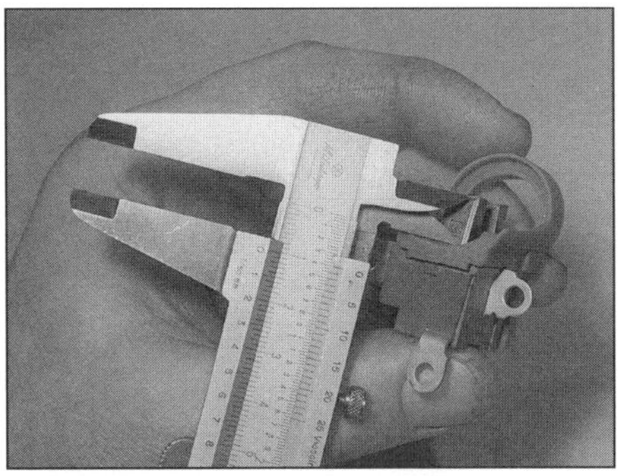

34.4b Messen Sie die Längen der Kohlebürsten und ersetzen Sie sie gegebenenfalls.

darauf, daß die Bürstenkabel durch die Ausschnitte in der Bürstenplatte geführt werden müssen. Setzen Sie noch nicht die Federenden auf die Bürsten, da hierdurch der Einbau der Ankerwelle erleichtert wird.

22 Schieben Sie die Ankerwelle in Position und montieren die Bürstenfedern (s. Abb.).

23 Setzen Sie die Anlaufscheiben entsprechend ihrer vorherigen Einbaulage auf das vordere Ende der Ankerwelle (siehe Abb.). Geben Sie Fett auf die Dichtlippen des Dichtringes im vorderen Deckel und setzen Sie die Spezialscheibe so in den vorderen Deckel. daß ihre Laschen mit den Ausschnitten zwischen den Rippen fluchten (siehe Abb.). Montieren Sie den vorderen Deckel mit seinem O-Ring und entfernen Sie

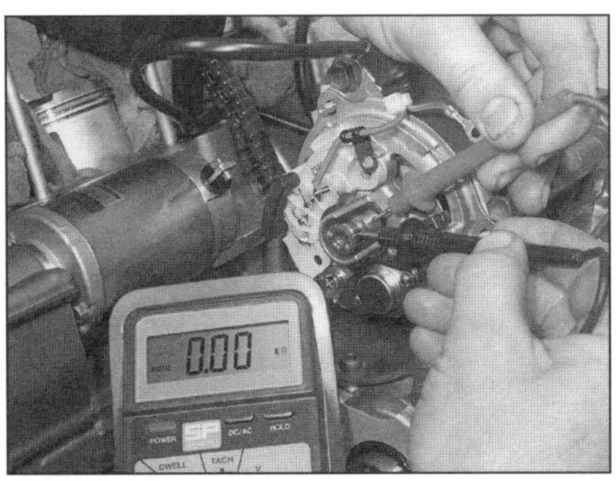

34.5 Überprüfen Sie, ob zwischen den Schleifringen Durchgang besteht.

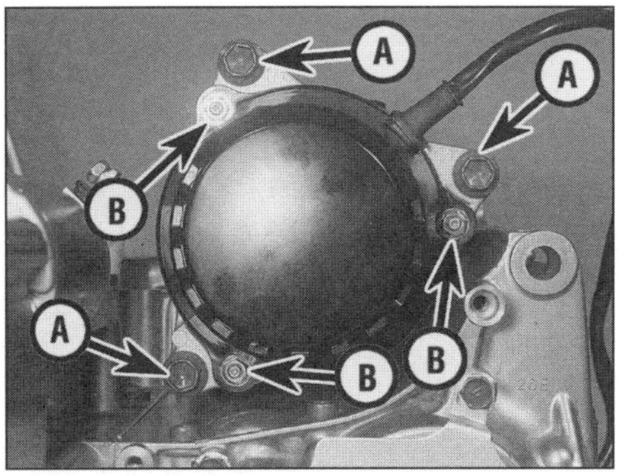

34.2 Lichtmaschinen-Befestigungsschrauben (A) und Deckelmuttern (B).

34.4c Reinigen Sie die Schleifringe und kontrollieren Sie ihren Durchmesser.

das Klebeband vom Wellenende. Lassen Sie den Deckel mit den Markierungen auf dem Gehäuse fluchten.

24 Setzen Sie die Anlaufscheiben entsprechend ihrer vorherigen Einbaulage auf das hintere Ende der Ankerwelle (siehe Abb.). Montieren Sie den hinteren Deckel mit seinem

> **Praxis TiP**
> ***Hinweise auf einen defekten Regler sind Lampen mit drehzahlabhängiger Leuchtstärke, die ständig durchbrennen und eine überhitzende Batterie, deren Säurestand regelmäßig aufgefüllt werden muß.***

34.6a Regler-Halteschrauben (Pfeile).

34.4a Schrauben der Bürstenhalter (Pfeile).

O-Ring und lassen Sie den Deckel mit den Markierungen auf dem Gehäuse fluchten (siehe Abb.). Setzen Sie die langen Schrauben mit Schraubensicherung ein und ziehen Sie sie fest.

25 Installieren sie den Startermotor (siehe Sektion 30).

32 Ladesystem-Test
Allgemeine Informationen und Hinweise

1 Wenn an der Funktion des Ladesystems Zweifel bestehen, sollte zunächst das System als Ganzes kontrolliert werden, danach die einzelnen Komponenten. Anmerkung: Vor dem Beginn der Kontrolle muß sichergestellt werden, daß die Batterie voll geladen ist und alle Verbindungen sauber und fest verbunden sind.

2 Zur Kontrolle der Ladung und der Funktion der Komponenten des Ladesystems wird ein Multimeter (mit Stromspannungs-, Stromstärken- und Leitungswiderstands-Meßmöglichkeiten) benötigt.

3 Folgen Sie bei der Kontrolle sorgfältig den Hinweisen, um falsche Anschlüsse oder Kurzschlüsse zu vermeiden, die zu Schäden an elektrischen Bauteilen führen können.

4 Wenn kein Multimeter vorhanden ist, sollte die Kontrolle des Ladesystems einer Suzuki-Werkstatt überlassen werden.

33 Ladesystem
Test

1 Wenn das Ladesystem fehlerhaft sein könnte, entfernen Sie die Sitzbank und führen Sie folgende Kontrollen durch.

Kriechstrom-Test

Achtung: Verbinden Sie ein Amperemeter immer in Reihe, niemals parallel mit der Batterie, da sonst ein Schaden auftreten kann. Stellen Sie nicht die Zündung an oder drücken Sie niemals den Starterknopf, wenn ein Amperemeter angeschlossen ist – durch den starken

Stromfluß wird entweder die Sicherung des Meßgerätes oder gar das ganze Instrument zerstört.

2 Schalten Sie die Zündung aus und trennen Sie den Minus-Anschluß an der Batterie.

3 Schalten Sie das Multimeter auf den Ampere-Meßbereich und verbinden Sie die Minusklemme mit dem Minuspol der Batterie und die Plusklemme mit dem getrennten Masse-Anschlußkabel (siehe Abb.). Das Gerät sollte mit einem solch hohen Meßbereich angeschlossen werden, wenn nicht bekannt ist, wieviel Strom fließt, andernfalls kann die Sicherung des Gerätes durchbrennen. Der Meßbereich wird dann immer weiter heruntergestellt, bis ein Ergebnis abgelesen werden kann.

4 Bei dieser Verbindung sollte nicht mehr als 0,1 mA Stromstärke abzulesen sein. Wenn das Ergebnis höher ist, liegt irgendwo im elektrischen System ein Kurzschluß vor. Kontrollieren Sie sämtliche Kabel zwischen den verschiedenen Komponenten (beachten Sie die Schaltpläne am Ende des Kapitels).

5 Wenn das Ergebnis niedriger liegt, ist die Kriechstromrate vertretbar und in Ordnung. Trennen Sie das Multimeter und verbinden Sie den Minus-Anschluß mit der Batterie. Kontrollieren Sie die Ausgangsleistung der Lichtmaschine wie unten beschrieben.

Ausgangsleistung-Test – geregelt

6 Starten Sie den Motor und bringen Sie ihn auf Betriebstemperatur, schalten Sie ihn dann wieder ab.

7 Schließen Sie das Multimeter mit dem auf 0 – 20 Volt Gleichstrom (DC) eingestellten Meßbereich an die beiden Pole der Batterie an, plus an plus, minus an minus. Starten Sie den Motor und schalten Sie das Licht ein, die Spannung sollte im Leerlauf knapp unter der Batteriespannung (12 Volt) liegen. Erhöhen Sie langsam die Drehzahl des Motors und merken Sie sich das Ergebnis der angezeigten Spannungsmessung. Es sollten jetzt 13,5 Volt anliegen. Stoppen Sie den Motor und entfernen Sie die Klemmen des Meßgerätes. Wenn die Spannung außerhalb dieses Bereichs ist, kontrollieren Sie die Lichtmaschine und den Regler/Gleichrichter (siehe Sektion 34). Anmerkung: Wenn die Spannung zu niedrig ist, ist es sehr wahrscheinlich, daß die Lichtmaschine einen Schaden hat, wenn die Spannung zu hoch liegt, ist wahrscheinlich der Regler defekt.

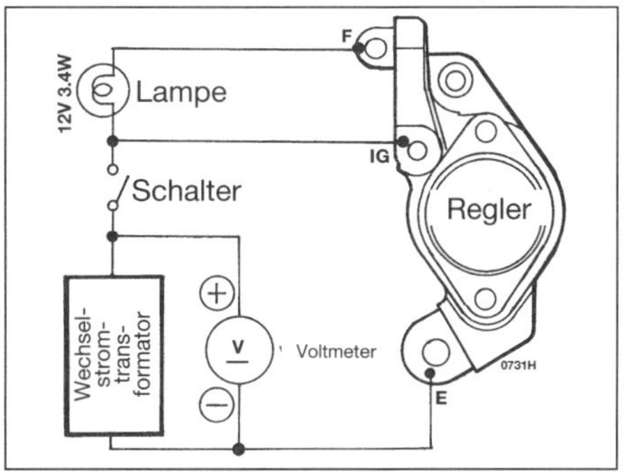

34.6b Identifizieren Sie die Regler-Anschlüsse und schließen Sie den Versuchsaufbau zum Regler-Test folgendermaßen auf.

34 Lichtmaschine/Regler/Gleichrichter
Ausbau, Kontrolle und Einbau

Ausbau

1 Verfolgen Sie den Verlauf der Lichtmaschinenleitung von unten aus dem Lichtmaschinendeckel bis hinter den linken Seitendeckel und trennen Sie den Stecker.

2 Lockern Sie die drei Befestigungsschrauben der Lichtmaschine und nehmen Sie diese ab (siehe Abb.). Der O-Ring muß beim Einbau auf jeden Fall durch ein Neuteil ersetzt werden.

Kontrolle

3 Lösen Sie die drei Muttern des Lichtmaschinendeckels und nehmen Sie diesen ab (siehe Abb. 34.2).

4 Entfernen Sie die drei Schrauben, die den Bürstenhalter an der Regler/Gleichrichter-Einheit sichern und entfernen Sie den Halter, merken Sie sich die Positionen der Kabel (siehe Abb.). Begutachten Sie den Halter auf Anzeichen von Verschleiß und messen Sie die Länge der Kohlebürsten, vergleichen Sie den Wert mit den Angaben in den technischen Daten am Anfang des Kapitels (siehe Abb.). Reinigen Sie den Schleifring mit einem Lösungsmittel-getränktem Lappen (siehe Abb.). Der Durchmesser des Schleifringes kann gemessen und mit den technischen Daten verglichen werden, es ist jedoch schwierig, bei eingebautem Rotor verläßliche Messergebnisse zu erzielen.

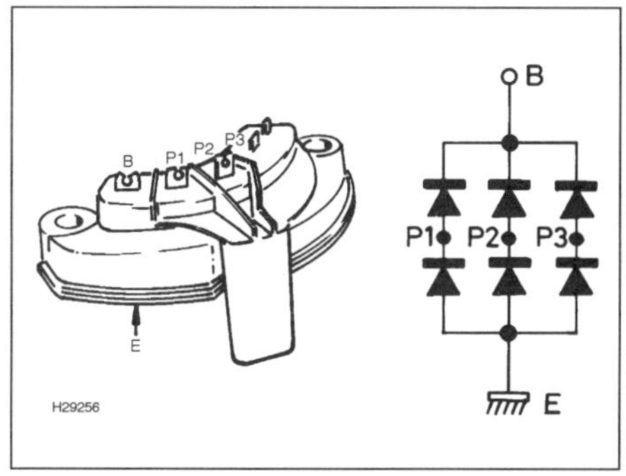

34.7b Gleichrichter-Testverbindungen und Dioden-Aufbau.

5 Überprüfen Sie, ob zwischen den Schleifringen ein elektrischer Widerstand besteht (siehe Abb.). Es sollte keiner feststellbar sein. Wenn kein Durchgang besteht, muß der Rotor ersetzt werden.

6 Entfernen Sie die beiden Schrauben, die den Regler an der Lichtmaschine sichern und nehmen Sie ihn ab (siehe Abb.). Zum Testen des Reglers werden eine variable Wechselstromquelle (Transformator), ein Voltmeter, ein Schalter, eine 3,4 W/12 V-Lampe und Verbindungskabel benötigt. Identifizieren Sie die Anschlüsse am Regler und schließen Sie den Testaufbau wie gezeigt an (siehe Abb.). Schalten Sie die Stromquelle auf 12 Volt und schalten Sie den Schalter an. Die Lampe sollte leuchten. Erhöhen Sie die Spannung auf 14,4 Volt, und die Lampe sollte ausgehen. Leuchtet sie weiter, Regler ersetzen.

7 Zum Testen des Gleichrichters ist es nötig, die Anschlüsse zu entlöten und ihn von der Lichtmaschine zu entfernen (siehe Abb.).

Achtung: Die Gleichrichterleitungen müssen schnell entlötet werden, andernfalls werden durch die Hitze die Regler-Dioden beschädigt.

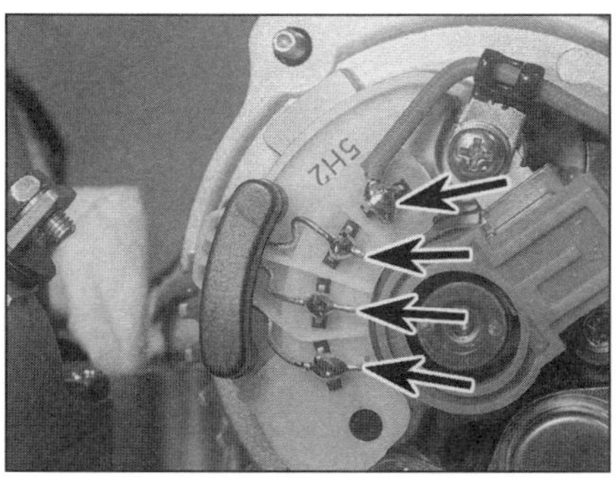

34.7a Lötverbindungen des Gleichrichters (Pfeile).

34.8a Spannen Sie das Antriebszahnrad zwischen Holzblöcken in den Schraubstock.

34.8b Entfernen Sie Mutter und Unterlegscheibe . . .

34.8c . . . und heben Sie das Zahnrad ab.

34.8d Kontrollieren Sie die Gummidämpfer-Segmente.

An den von der Lichtmaschine entfernten Gleichrichter können die sechs Dioden mit einem auf den Meßbereich Ohm x 1 gestellten Multimeters kontrolliert werden (siehe Abb.). Jede Diode wird durch vertauschen der Klemmen in beide Richtungen gemessen. Dabei sollte nur ein eine Richtung Durchgang festzustellen sein. Wenn in beide Richtungen Durchgang oder Widerstand festgestellt wird, ist die Diode defekt. Beim Einbau des Gleichrichters müssen die Anschlüsse zügig angelötet werden, um eine Beschädigung durch Überhitzung zu vermeiden.

8 Klemmen Sie das Lichtmaschinen-Antriebszahnrad in einen mit Holz- oder Alu-Blöcken geschützten Schraubstock (siehe Abb.) – Klemmen Sie auf keinen Fall das dahinter liegende Dämpfergehäuse ein, da es dadurch verformt wird. Entfernen Sie die Mutter und die Scheibe vom Wellenende. Ziehen Sie dann das Antriebszahnrad ab (siehe Abb.). Begutachten Sie die Gummidämpfer auf Beschädigung oder Alterung und ersetzen Sie sie gegebenenfalls (siehe Abb.). Ziehen Sie die Mutter des Antriebszahnrades mit dem in den technischen Daten vorgeschriebenen Drehmoment an.

9 Alle weiteren Tests oder Zerlegungen der Lichtmaschine können nur von einem Elektrik-Spezialisten oder einer Suzuki-Werkstatt durchgeführt werden.

Einbau

10 Legen Sie einen neuen O-Ring auf die Antriebsseite der Lichtmaschine und schmieren Sie ihn mit Öl ein (siehe Abb.). Montieren Sie den Deckel auf der anderen Seite (siehe Abb. 34.2).

11 Installieren Sie die Lichtmaschine an den Motor und ziehen Sie die Befestigungsschrauben mit dem vorgeschriebenen Drehmoment fest (siehe Abb.). Verlegen Sie das Kabel korrekt und verbinden Sie den Stecker (siehe Abb. 34.1).

34.10 Legen Sie einen neuen O-Ring auf . . .

34.11 . . . und installieren Sie die Lichtmaschine.

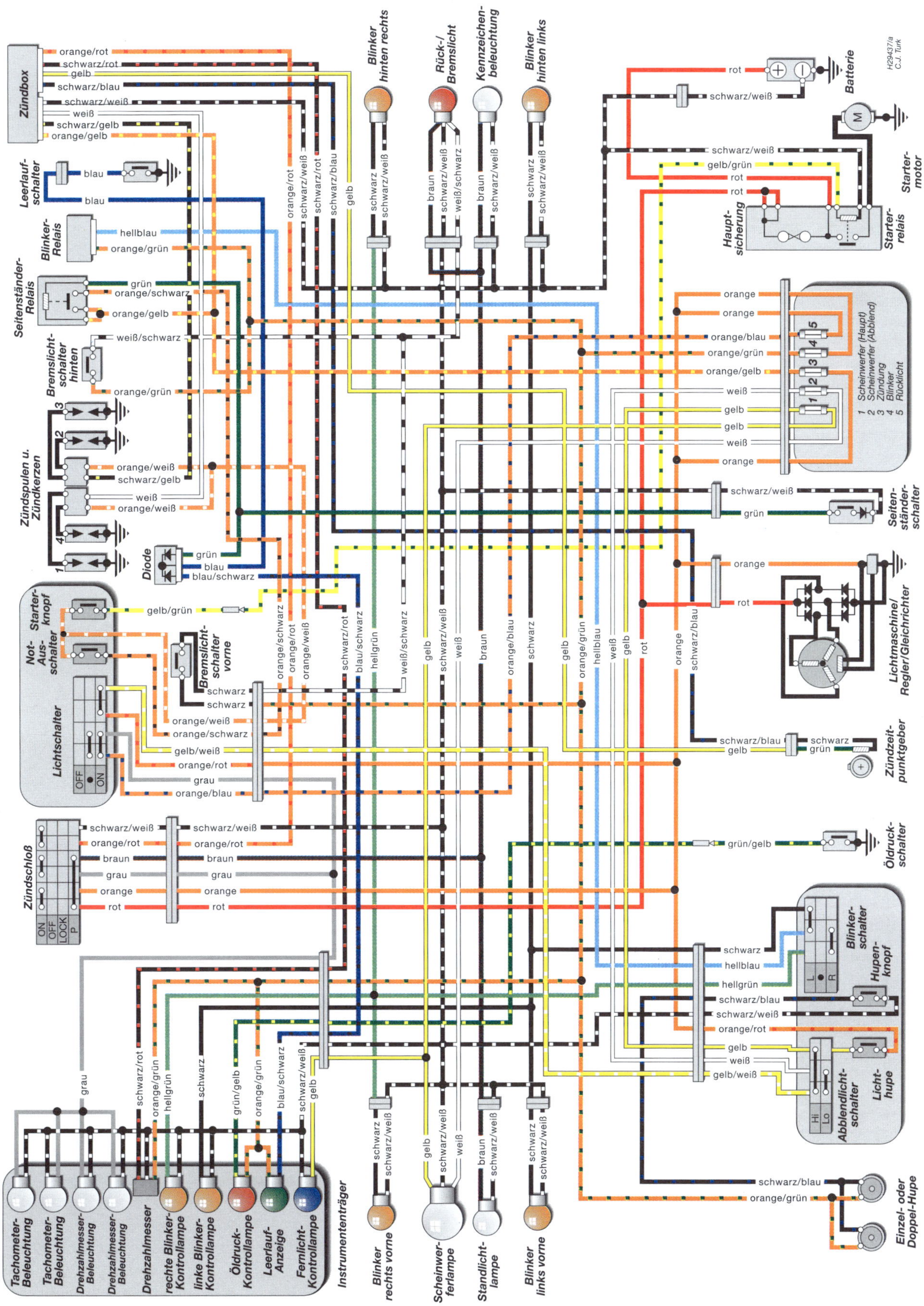

Schaltplan – GSF 600 (Europa-Modell)

8

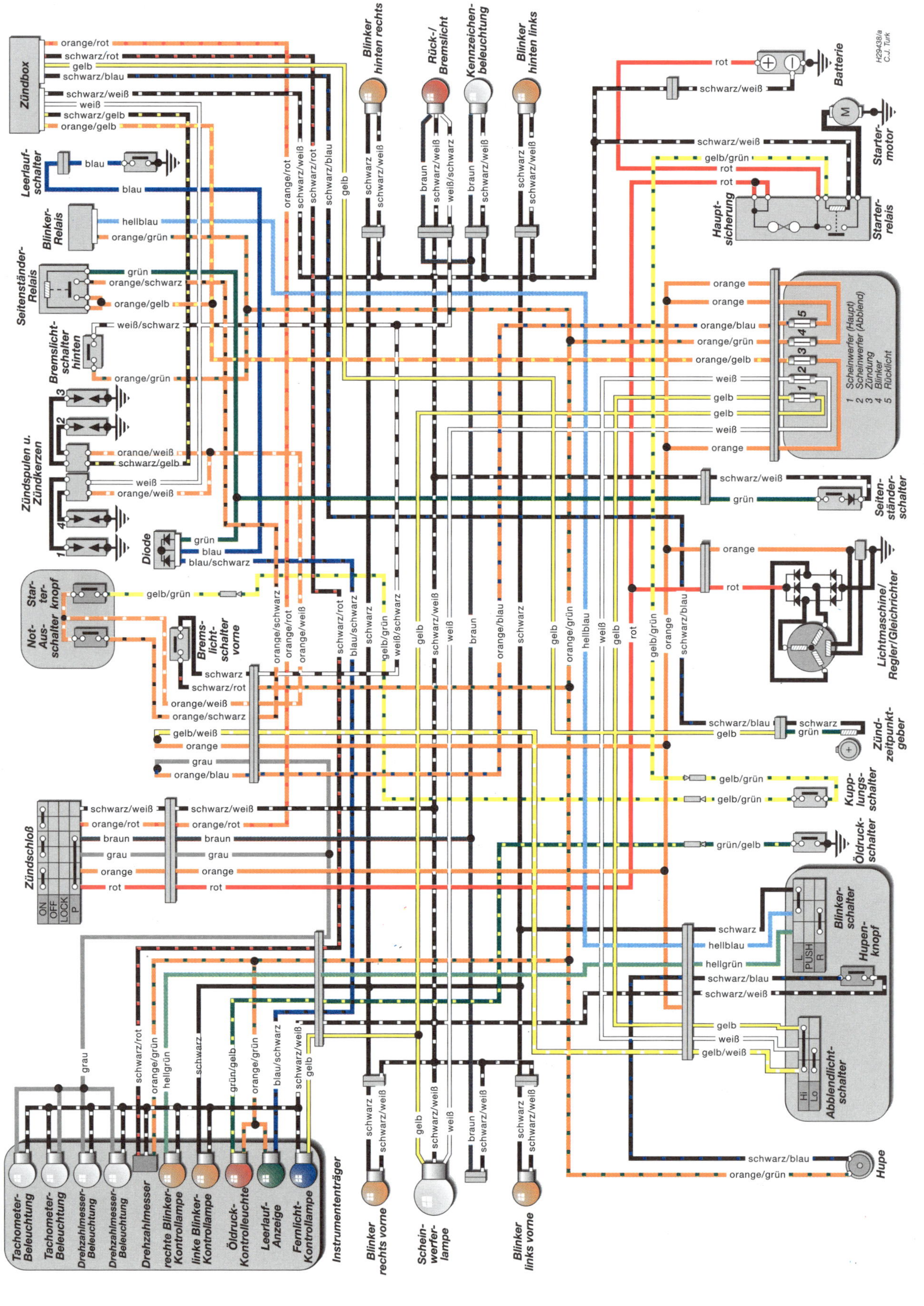

Schaltplan – GSF 600 (US-Modell)

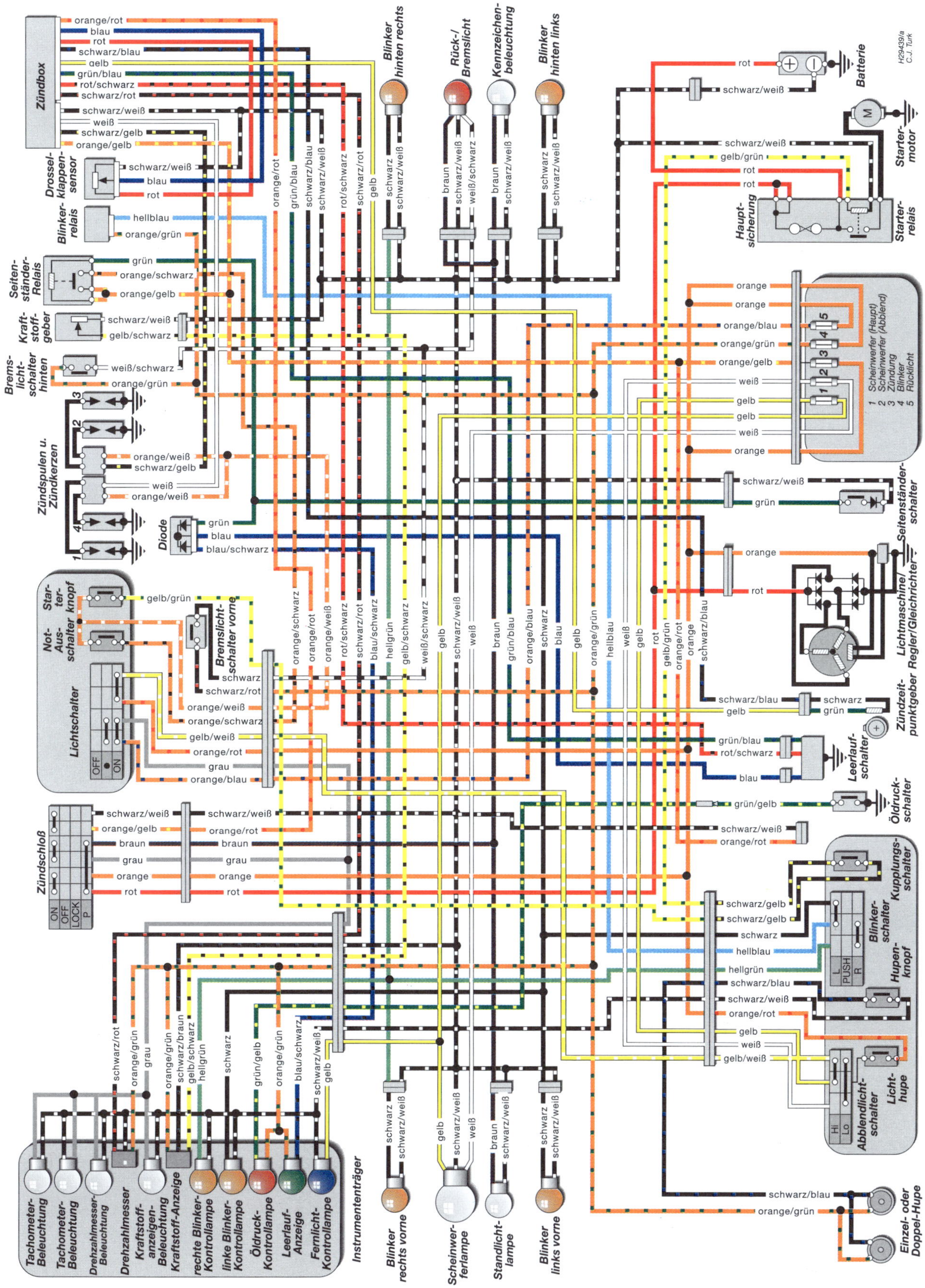

Schaltplan – GSF 1200 (Europa-Modell)

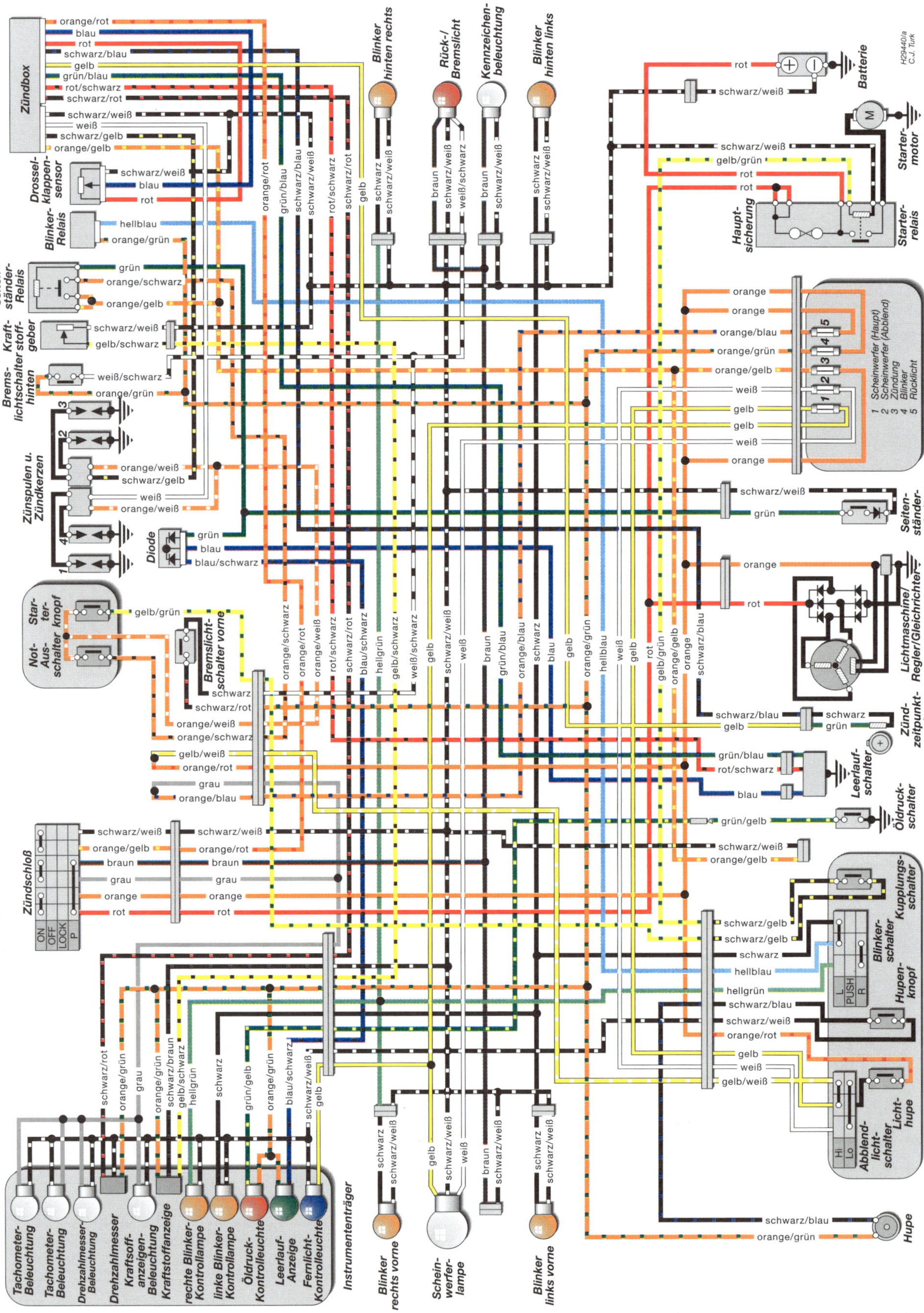

Schaltplan – GSF 1200 (US-Modell)

Anhang

Inhalt

Maße und Gewichte

	600er Modelle	1200er Modelle
Radstand (W)	1430 mm	1435 mm
Gesamtlänge (L)	2085 mm	2095 mm
Gesamtbreite	745 mm	790 mm
Gesamthöhe (H)		
Unverkleidete Modelle	1100 mm	1100 mm
Verkleidete Modelle	1205 mm	1215 mm
Sitzhöhe (S)	805 mm	835 mm
Bodenfreiheit	125 mm	130 mm
Gewicht (trocken)		
Unverkleidete Modelle	196 kg	211 kg
Verkleidete Modelle	202 kg	214 kg

Grundlegende mechanische Verfahren

Es gibt eine Anzahl von Handgriffen und Methoden, die bei Wartungs- und Reparaturarbeiten angewandt werden und auf die in diesem Handbuch Bezug genommen wird. Die Anwendung dieser Verfahren macht die Arbeit des Amateurs effizienter, und er ist eher in der Lage, die gestellten Aufgaben zu erfüllen, so daß die Reparatur gründlich und vollständig durchgeführt werden kann.

Befestigungssysteme

Muttern und Schrauben halten zwei oder mehr Teile zusammen. Beim Umgang mit ihnen müssen einige Dinge beachtet werden. Fast alle von ihnen werden in irgendeiner Art gesichert, das heißt, am selbständigen Aufdrehen gehindert. Dazu können Federscheiben benutzt werden, Kontermuttern, Haltenasen oder flüssige Schraubensicherung. Alle Gewindebolzen sollten gerade, sauber und unbeschädigt sein und die Schraubenköpfe außerdem unbeschädigte Kanten und Ecken besitzen. Gewöhnen Sie sich an, alle auch nur leicht beschädigten Muttern und Schrauben durch neue zu ersetzen.

Verrostete Schrauben und Muttern sollten vor dem Losdrehen mit Kriechöl behandelt werden, damit sie leichter zu lösen sind. Nach dem Aufsprühen lassen Sie das Öl für einige Minuten einwirken, bevor Sie den Schraubenschlüssel ansetzen. Stark verrostete Schrauben müssen mit der Lötlampe erhitzt oder mit Säge oder Trennschleifer abgetrennt werden, oder die Mutter wird mit einem Mutternsprenger entfernt, den es in Werkzeugläden zu kaufen gibt.

Unterlegscheiben sollten immer in ihrer Original-Einbaulage montiert werden. Beschädigte Scheiben grundsätzlich durch neue ersetzen. Verwenden Sie immer eine flache Scheibe zwischen einer Sicherungsscheibe und Leichtmetall, dünnem Metall oder Kunststoff. Sicherungsmuttern, die auf einer Seite einen eingefaßten Nylonring gegen Losdrehen besitzen, sollten höchstens zweimal verwendet werden.

Anzugsreihenfolge

Schrauben, Bolzen und Muttern werden oft mit einem spezifischen Drehmoment festgezogen. (Ein Drehmoment ist in etwa eine Drehkraft.) Zu festes Anziehen kann die Schraube überdehnen oder läßt sie abreißen. Zu leichtes Anziehen bewirkt dagegen, daß sich die Schraube von selbst lösen kann. Jede Schraube besitzt ein eigenes ideales Anzugs-Drehmoment, das vom Gewindedurchmesser und dem Material von Schraube und Mutter bestimmt wird. Die Momente finden Sie in den technischen Daten.

Manche Schrauben oder Bolzen müssen in einer bestimmten Reihenfolge angezogen werden, um einen Verzug des Materials zu vermeiden. Dazu gehören beispielsweise Zylinderkopfschrauben und Gehäuseschrauben. Zunächst sollten sie nur mit der Hand angezogen werden, danach mit dem Schlüssel jeweils eine Umdrehung und schließlich mit dem Drehmomentschlüssel in der vorgeschriebenen Reihenfolge mit stufenweise ansteigendem Drehmoment. Auch das Lösen sollte in der gleichen Weise erfolgen.

Demontage

Mechanische Teile sollten mit Sorgfalt auseinandergebaut werden. Wichtig ist, daß das richtige Werkzeug zur Hand ist. Der Zusammenbau erfolgt in den allermeisten Fällen in genau umgekehrter Reihenfolge, und es ist ratsam, sich daran zu halten. Achten Sie auf Markierungen, wenn Teile in verschiedenen Lagen wieder zusammengebaut werden können. Halten Sie immer ein Blatt Papier bereit, um Einbaulagen und -reihenfolgen zu notieren. Dabei hat sich ein Bleistift eher bewährt als ein Kugelschreiber, da ersterer auch bei Kälte und Nässe schreibt. Es gibt mehrere Möglichkeiten, die Einbaureihenfolge von Teilen zu markieren. Die einfachste ist wohl, sie hintereinander auf ein sauberes Tuch zu legen. Getriebezahnräder können auch auf ein Stück Draht oder Kabel aufgefädelt werden. Bei Schrauben und Bolzen ist auch möglich, sie hintereinander in ein Stück Styropor zu stecken. Manche Oldtimer-Restaurateure schwören gar auf viele Fotos bei der Demontage. Am besten ist jedoch immer die Kombination zwischen genauen Notizen und Skizzen und der Ablage in Behältern, die nach Baugruppen geordnet sind.

Es hat sich außerdem bewährt, Schrauben und Muttern nach der Demontage lose in ihre Löcher bzw. auf ihre Bolzen aufzudrehen, damit später nicht Teile verwechselt werden, z. B. unterschiedlich lange Gehäuseschrauben. Verfallen Sie nicht dem Irrtum, Sie könnten sich schon alles für später merken!

Plastikbecher von Joghurts u. ä. eignen sich für die vorübergehende Aufbewahrung kleiner Teile; außerdem lassen sie sich gut mit Lackfaserschreibern beschriften. Sammeln Sie solche Behälter, sie sind sehr nützlich, wenn Sie Baugruppen mit vielen kleinen Teilen wie z. B. Vergaser demontieren.

Beim Trennen von elektrischen Verbindungen und Kabeln können Sie sich natürlich an die Kabelfarben halten. Noch sicherer ist es aber, Stecker und Kabelenden mit kleinen Fähnchen von z. B. Tesakrepp zu versehen, die Sie mit Codeziffern bzw. -buchstaben beschriften. Das erleichtert später den Zusammenbau ungeheuer.

Dichtungen

Dichtungen aus Papier, Aluminium, Kupfer oder Verbundstoffen werden verwendet, um die Oberflächen zweier Gehäusehälften abzudichten. In manchen Fällen werden sie zusätzlich mit einer Flüssigdichtung versehen. Allerdings wäre es falsch, grundsätzlich Flüssigdichtung zu verwenden. Zum einen kann ein ungleichmäßiger Auftrag eher zu Lecks führen. Zum anderen verhindert Dichtpaste den vielleicht notwendigen Wärmeübergang zwischen den Bauteilen, beispielsweise beim Zylinderkopf. Zum dritten zerreißen Papierdichtungen bei der Demontage, weil die Paste inzwischen ausgehärtet ist. Verwenden Sie Dichtpaste daher nur dort, wo sie vom Hersteller vorgeschrieben ist.

Es hat sich bewährt, Papierdichtungen vor dem Einbau einzufetten. Das erleichtert zum einen die Montage, weil sie mit dem Fett praktisch an einer Gehäusehälfte kleben und dort ausgerichtet werden können. Zum anderen besteht kaum mehr die Gefahr, daß sie bei der erneuten Demontage zerreißen, und sie können wiederverwendet werden.

Gerade bei trocken eingebauten Dichtungen neigen die Gehäusehälften dazu, sehr stark zusammenzuhaften, wenn sie auseinandergenommen werden sollen. Stellen Sie zuerst sicher, daß wirklich alle Schrauben und Halteklammern entfernt wurden. Vermeiden Sie es unter allen Umständen, einen Schraubendreher oder Meißel zwischen die Hälften zu drücken, da sonst die Dichtflächen irreparabel beschädigt werden. Klopfen Sie eher mit einem Plastikhammer an einer Nase oder einem Anguß, um das Gehäuse zu trennen. Sie können auch einen normalen Hammer und als Zwischenlage ein Stück Hartholz verwenden. Schlagen Sie nicht auf Teile, die leicht beschädigt werden könnten.

Kleben nach der Demontage Dichtungsreste an den Dichtflächen – was bei trocken eingebauten Papierdichtungen meist der Fall ist –, so schaben Sie sie sorgfältig ab, bis die Oberfläche wieder glatt und sauber ist. Verwenden Sie dazu ein stumpfes Messer oder einen Spachtel und seien Sie bemüht, keine Narben und Schnitte im Leichtmetall zu hinterlassen. Auch aus einem Stück kupferner Wasserleitung läßt sich durch Zusammendrücken und Anschleifen ein wirkungsvoller Schaber herstellen. Hartnäckige Dichtungsreste können auch mit Benzin oder Öl aufgeweicht werden.

Schläuche abnehmen

Manche Schläuche sitzen sehr fest auf ihren Stutzen. Lösen Sie zunächst die Schlauchklemmen und nehmen sie wenn möglich ganz ab, schieben Sie sie zumindest weit über den Schlauch zurück. Drehen Sie dann den Schlauch mit einer Zange mit glatten Backen auf dem Stutzen etwas hin und her, damit er sich löst. Sprühen Sie etwas Kriechöl auf den Anschluß, wenn Sie mit dem Sprühkopf den Spalt zwischen Schlauch und Stutzen erreichen können.

Läßt sich der Schlauch noch immer nicht abziehen, erwärmen Sie sein hartnäckiges Ende mit einem Heißluftfön, um es geschmeidig zu machen. Hilft auch das nicht, so bleibt Ihnen nichts anderes übrig, als den Schlauch mit einem scharfen Messer am Anschlußende in Längsrichtung aufzuschlitzen, bis er sich abziehen läßt. Dies erfordert dann allerdings einen neuen Schlauch oder zumindest ein Kürzen des alten. Vollständig durchgehärtete Schläuche sollten ohnehin erneuert werden. Das gleiche gilt für beschädigte oder verschlissene Schlauchklemmen.

Werkzeug-Kauf

Zur Wartung und Reparatur ist unbedingt ein Werkzeugsatz nötig. Obwohl die Anschaffung einer geeigneten Grundausrüstung zunächst etwas Geld kostet, macht sie sich schnell bezahlt, da man durch Eigenleistung Werkstattkosten spart. Bei steigenden Erfahrungen und Zutrauen kann zusätzliches Werkzeug beschafft werden, um große Reparaturen und Motorüberholungen durchführen zu können. Viele Spezialwerkzeuge sind teuer und werden nur selten benutzt, hierbei kann sich das Mieten lohnen oder der gemeinsame Kauf mit Freunden oder einem Club.

Eine Regel ist, besser gutes teures Qualitätswerkzeug zu kaufen als billiges, was schnell verschleißt (und dabei Motorrad-Teile beschädigt) und öfter erneuert werden muß – und dadurch die anfänglichen Ersparnisse schnell aufhebt.

⚠ ***Warnung: Um das Risiko zu vermindern, durch das Brechen schlechten Werkzeugs verletzt zu werden oder Bauteile zu beschädigen, muß immer auf stabile Qualität und die Erfüllung von Sicherheitsnormen geachtet werden.***

Die folgende Werkzeugliste entspricht nicht den Wartungs- und Reparaturwerkzeugen des Herstellers und der Werkstätten, sondern stellt eine Empfehlung dar, welche Werkzeuge für einfache Arbeiten benötigt werden. Zusätzlich werden solche Dinge wie eine elektrische Bohrmaschine, eine Eisensäge, Feilen, Hämmer, ein Lötkolben und eine mit einem Schraubstock ausgerüstete Werkbank empfohlen. Obwohl nicht als Werkzeug klassifiziert, ist eine Sammlung von Schrauben, Muttern, Scheiben und Rohrstücken immer sehr nützlich.

Werks-Spezialwerkzeug

In unvermeidlichen Fällen ist die Benutzung von Spezialwerkzeug empfohlen. Wenn die Möglichkeit einer alternativen Verwendung besteht, ist diese beschrieben. Jedoch ist manchmal das Risiko einer Verletzung oder Beschädigung zu groß, so daß Suzuki-Spezialwerkzeug benutzt werden muß. Spezialwerkzeug ist normalerweise nur über den Motorradhandel zu bekommen und ist mit einer Werks-Nummer versehen. Einige der oft benutzten Werkzeuge, wie z.B. Rotorabzieher sind auch über den Zubehör-Handel erhältlich.

Grundausstattung Wartungs- und Reparatur-Werkzeug

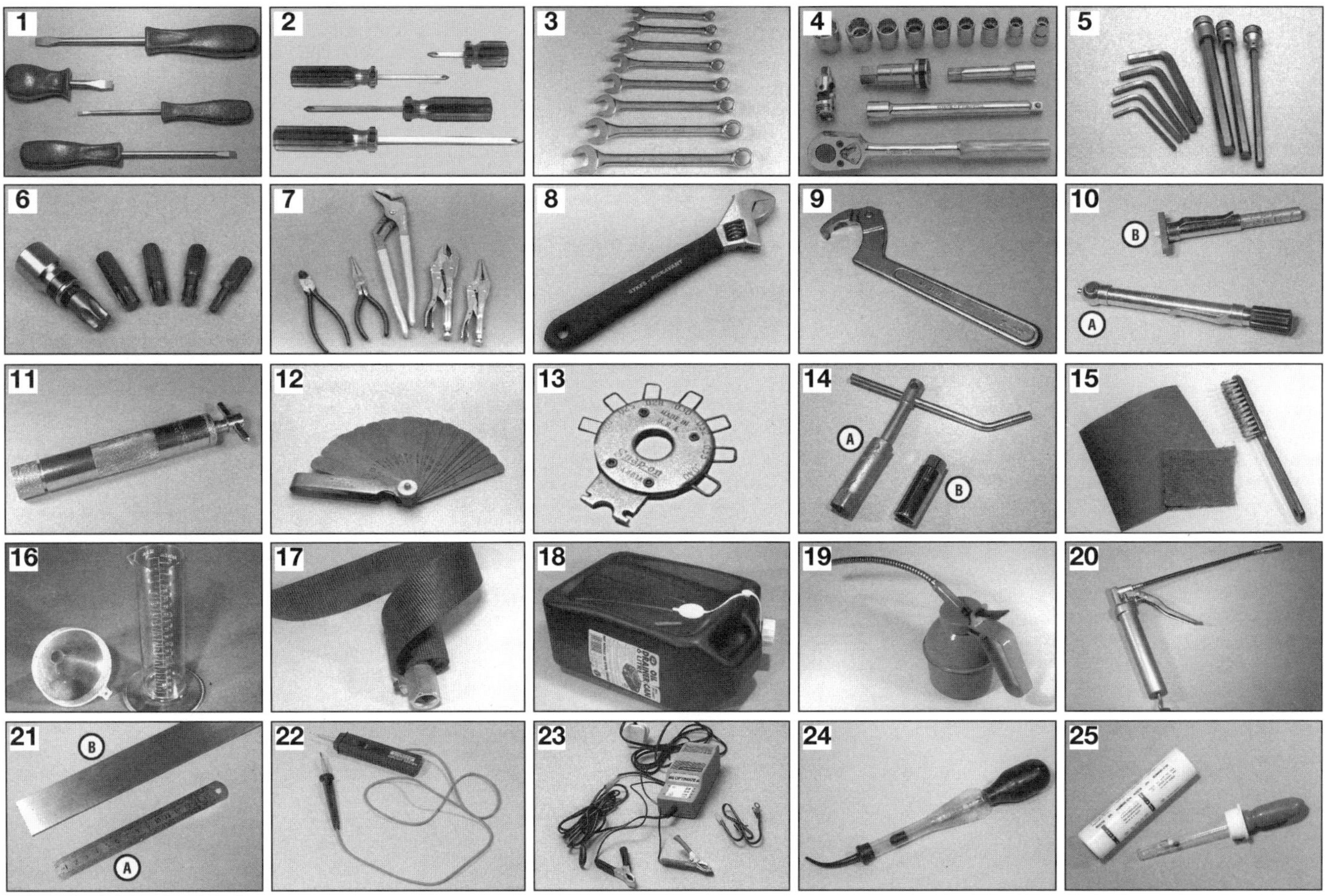

1 *Schlitzschraubendreher-Satz*
2 *Kreuzschraubendreher-Satz*
3 *Gabel/Ringschlüsselsatz*
4 *Steckschlüsselsatz mit 3/8 oder 1/2 Zoll-Antrieb (Knarrenkasten)*
5 *Inbus-Schlüsselsatz oder Steckeinsätze*
6 *Torxschlüsselsatz oder Bits*
7 *Verschiedene Zangen, Gripzangen*
8 *Einstellbarer Rollgabelschlüssel*
9 *Hakenschlüssel (am besten einstellbar)*
10 *Luftdruckprüfgerät (A), Profiltiefenmesser (B)*
11 *Bowdenzug-Öler*
12 *Fühlerlehre*
13 *Meß- und Einstellgerät für Zündkerzen-Elektroden*
14 *Zündkerzenschlüssel (A) oder tiefer Knareneinsatz*
15 *Drahtbürste und Schleifpapier*
16 *Trichter und Meßbecher*
17 *Bandschlüssel*
18 *Öl-Auffangbehälter*
19 *Ölkanne mit Pumpe*
20 *Fettpresse*
21 *Stahl-Lineal und Winkel*
22 *Durchgangsprüfer*
23 *Batterieladegerät*
24 *Hydrometer (zur Bestimmung der Batteriesäuredichte)*
25 *Frostschutztester (für wassergekühlte Motoren)*

Werkzeug für Reparatur und Überholung

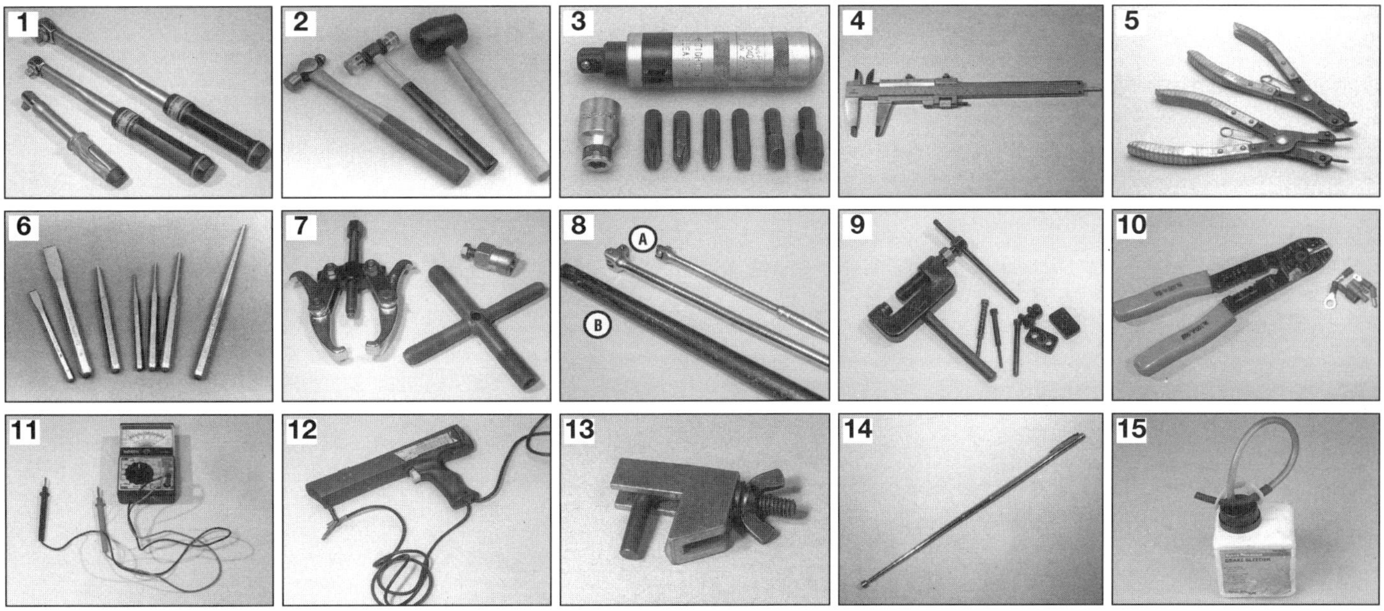

1 Drehmomentschlüssel (kleine und mittlere Ausführung)
2 Stahl-, Plastik- und Gummihammer
3 Schlagschrauber-Satz
4 Schieblehre
5 Seegerringzangen (für innen und außen)
6 Dorne und Meißel
7 verschiedene Abzieher
8 Gelenkgriffe (A) und Rohrverlängerungen (B)
9 Ketten-Trenn- und Montierwerkzeug
10 Abisolierzange
11 Multimeter (für Volt, Ampere, Ohm)
12 Stroboskoplampe (für dynamische Zündungskontrolle)
13 Draht-Zwirbel-Werkzeug
14 Magnetheber (hier als Teleskop-Ausführung)
15 Ein-Personen-Bremsenlüftungssatz

Spezialisten-Werkzeug

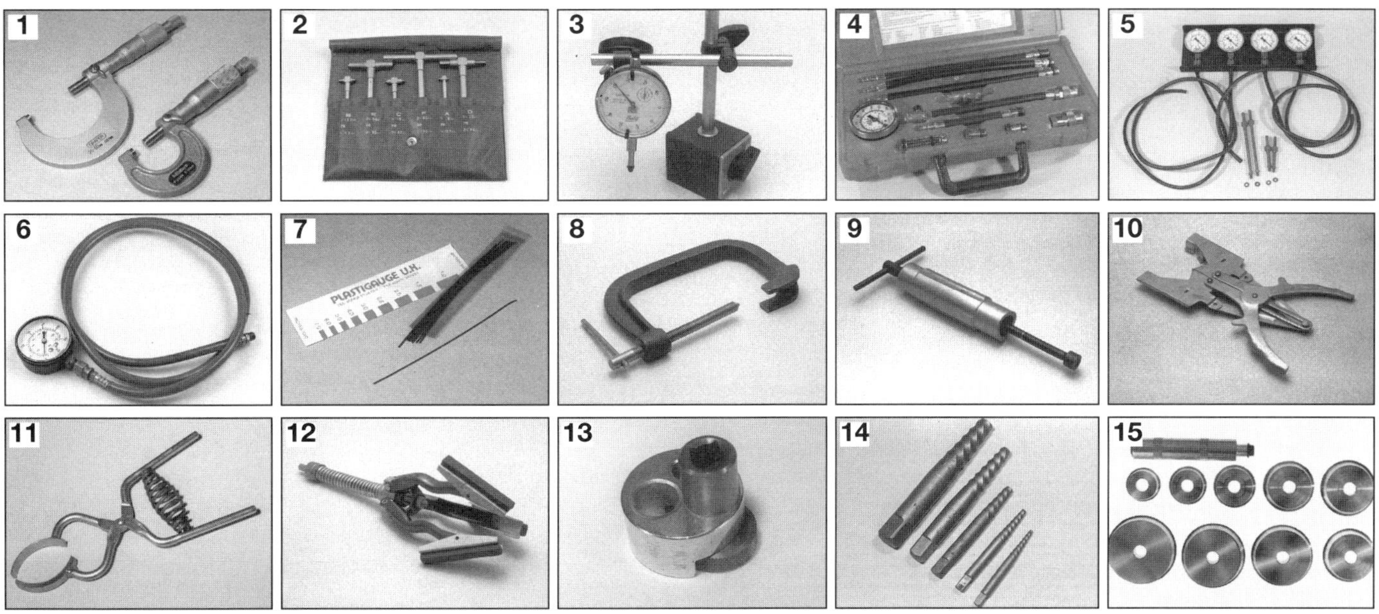

1 Mikrometerschrauben
2 Innenmeßgeräte
3 Meßuhr
4 Zylinderkompressions-Meßgerät
5 Synchronisationsgerät
6 Öldruck-Meßgerät
7 Quetschmeßstreifen für Lagerspielmessung
8 Ventilfederpresse
9 Kolbenbolzenauszieher
10 Kolbenringzange
11 Kolbenringklemme
12 Zylinderhonsteine
13 Bolzenausdreher
14 Linksausdreher-Satz
15 Lagertreiber-Satz

A

1 Werkstatt
Ausrüstung und Einrichtung

Die Hebebühne

● Man kann sich die Arbeit an vielen Bauteilen des Motorrades erheblich erleichtern, wenn die Maschine mit Hilfe einer Hebebühne in eine günstige Arbeitshöhe gebracht wird. Die teuren hydraulischen oder pneumatischen Hebebühnen, wie man sie aus professionellen Werkstätten kennt, sind eine lohnenswerte Anschaffung, wenn man viele Reparaturen und Überholungen zu erledigen hat (siehe Abbildung 1.1).

1.1 Hydraulische Motorrad-Hebebühne

● Wenn das Motorrad angehoben wird, muss darauf geachtet werden, dass es gegen Herunterfallen gesichert wird. Die meisten Bühnen haben dazu eine einstellbare Vorderrad-Klemmung. Beim Einklemmen des Rades darf der Reifen oder die Felge nicht beschädigt werden, den besten Schutz bieten hier zwischengelegte Holzblöcke.
● Sichern Sie das Motorrad mit Spannriemen an der Bühne (siehe Abbildung 1.2). Wenn die Maschine nur einen Seitenständer besitzt und kippgefährdet ist, sollte sie auf einer passenden Stütze positioniert werden.

1.2 Mit z. B. an den Beifahrerfußrasten befestigten Spannriemen wird die Maschine vor dem Umfallen gesichert.

● Passende Stützen sind in unterschiedlichen Formen und Ausführungen im Fachhandel erhältlich. Zumeist wird die Maschine damit an der Hinterrad- oder Schwingen-Achse ange-

1.3 Diese Stütze hebt das Motorrad an der Schwingenachse an.

1.4 Um Beschädigungen zu vermeiden, muss immer ein Stück Holz zwischen Wagenheber und Motor oder Rahmen liegen.

hoben (siehe Abbildung 1.3). Um beide Räder zu entlasten, kann ein Wagenheber unter den Motor positioniert und das Vorderteil angehoben werden (siehe Abbildung 1.4).

Rauch und Feuer

● Beachten Sie genau die Sicherheit zuerst! - Seiten am Anfang des Buches. Gehen Sie sicher, dass ein Feuerlöscher zur Hand ist, der für brennbare Flüssigkeiten geeignet ist – versuchen Sie auf gar keinen Fall brennendes Benzin oder Öl mit Wasser zu löschen!
● Sorgen Sie dafür, dass immer ausreichende Belüftung sichergestellt ist. Wenn keine Abgas-Absauganlage vorhanden ist, darf der Motor nur außerhalb der Werkstatt gestartet werden.
● Wenn Sie mit Kraftstoff hantieren, muss durch gutes Lüften dafür gesorgt werden, dass sich keine zündfähigen Gasgemische bilden können. Das gleiche gilt beim Aufladen von Batterien. Rauchen Sie nicht, und verbieten Sie auch anderen Personen, in der Werkstatt zu rauchen.

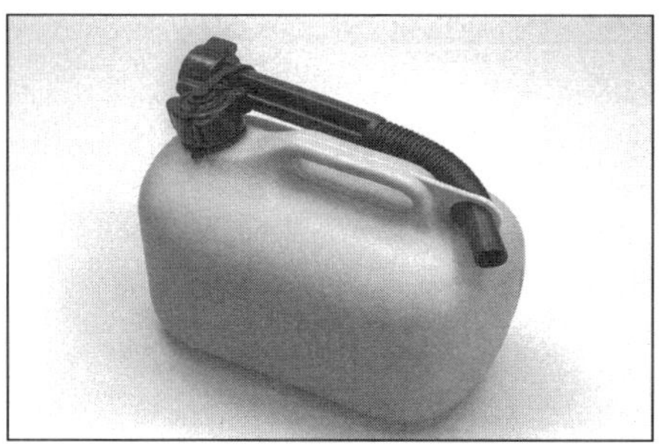

1.5 Benutzen Sie zum Lagern von Kraftstoff nur vorgeschriebene Kanister.

Flüssigkeiten

● Wenn Sie den Tank entleeren müssen, darf der Kraftstoff nur in geeigneten und verschließbaren Behältern und Kanistern gelagert werden (siehe Abbildung 1.5). Lagern Sie Benzin niemals in Gläsern oder Flaschen.
● Benutzen Sie entsprechende Motoren-Entfetter oder schwer entflammbare Lösungsmittel, wie z.B. Paraffin (Kerosin), um Öl, Fett und Schmutz zu entfernen – benutzen Sie niemals Benzin! Tragen Sie bei diesen Arbeiten Gummihandschuhe und benutzen Sie diese Reinigungsmittel nur draußen oder in sehr gut belüfteten Räumen.

Staub-, Augen- und Handschutz

● Schützen Sie Atemwege und Lunge mit Staubmasken vor dem Eindringen von Staubpartikeln. Manche ältere Brems- oder Kupplungsbeläge enthalten krebserregendes Asbest

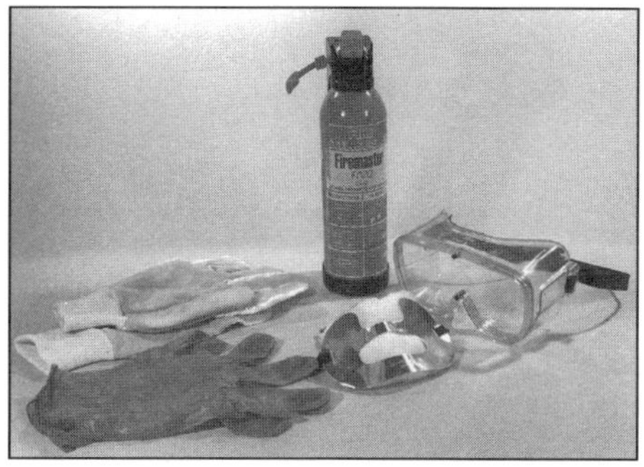

1.6 Ein Feuerlöscher, eine Schutzbrille, Staubmaske und Schutzhandschuhe sollten in der Werkstatt immer zur Hand sein.

– hantieren Sie auf jeden Fall sehr vorsichtig mit solchem Material. Schützen Sie Ihre Augen mit einer Schutzbrille vor Spritzern und Spänen (siehe Abbildung 1.6).
● Schützen Sie Ihre Hände mit Gummihandschuhen vor dem Kontakt mit Lösungsmitteln, Benzin und Öl. Alternativ kann vor Arbeitsbeginn eine spezielle Schutzcreme auf die Hände aufgetragen werden. Wenn Sie mit heißen Teilen oder Flüssigkeiten hantieren, müssen hierfür geeignete Handschuhe getragen werden.

Die Entsorgung alter Flüssigkeiten

● Alte Reinigungs- und Bremsflüssigkeit, Kraftstoff und Öl dürfen nicht ins Erdreich oder Wasserabflüsse gelangen. Füllen Sie die entsprechenden Flüssigkeiten in entsprechende Behälter und bringen Sie sie zu dem Händler, von dem Sie sie erworben haben. Unter Vorlage einer Quittung sind Händler verpflichtet, altes Öl und Bremsflüssigkeit wieder zurückzunehmen. Schütten Sie unterschiedliche Flüssigkeiten nicht zusammen in einen Behälter, da sie nur getrennt wieder aufbereitet werden können. Öliger und fettiger Schmutz kann zusammen mit dem Altöl abgegeben werden, alte Ölfilter können ebenfalls beim Händler entsorgt werden.

2 Befestigungen
Schrauben und Muttern

Typen und Anwendungen

Schrauben

- Köpfe von Maschinenschrauben gibt es in den Ausführungen Sechskant, Torx und Vielzahn – alle in Innen- und Außen-Versionen (siehe Abbildungen 2.1 und 2.2). Vielzahn-Schrauben werden im Motorradbau sehr selten verwendet. Schlitz- und Kreuzschlitz-Köpfe werden nur bei kleinen Schrauben verwendet, die keiner großen Belastung ausgesetzt sind. Längenangaben bei Schrauben werden von unterhalb des Kopfes bis zum Ende gemessen (siehe Abbildung 2.11).

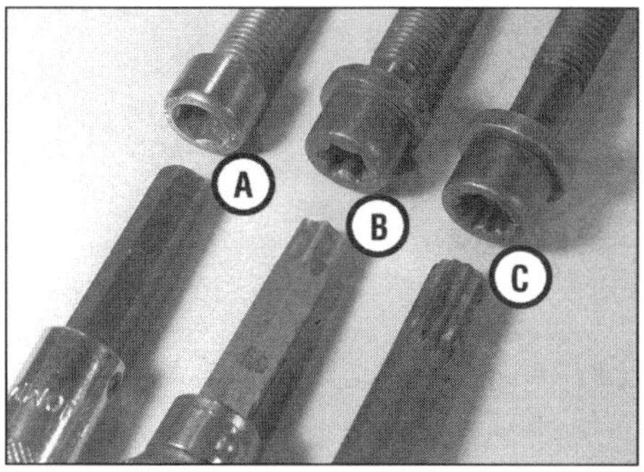

2.1 Innen-Sechskant (»Inbus«) (A), Torx (B) und Vielzahn-Schraubenköpfe (C) mit entsprechenden Werkzeugen

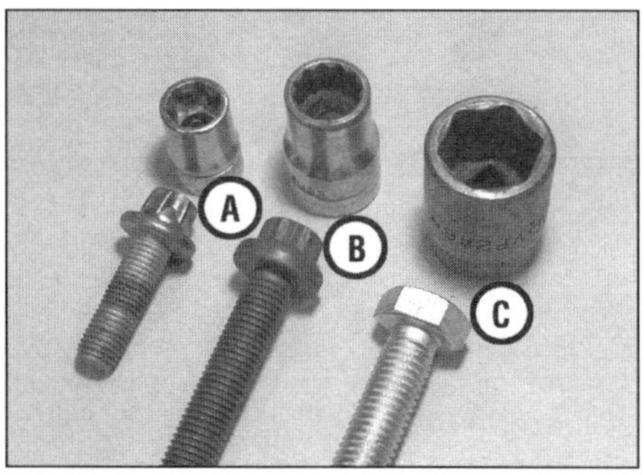

2.2 Außen-Torx (A), Vielzahn (B) und Sechskant-Schrauben (C) mit entsprechenden Steckschlüssel-Einsätzen (»Nüssen«)

- Verschiedene Schrauben haben Zugfestigkeits-Angaben auf ihren Köpfen. Je höher die Zahl, desto stabiler die Schraube. Hochfeste Schrauben tragen eine 10 oder höhere Zahl. Ersetzen Sie eine hochfeste Schraube niemals durch eine minderfeste.

Scheiben (siehe Abbildung 2.3)

- Unterlegscheiben werden zwischen Schraubenkopf und Bauteil gelegt, um Beschädigungen des Teils zu vermeiden und um die Last des Anzugsmoments zu verteilen. Spezielle Unterlegscheiben werden bei verschiedenen Gelegenheiten als Abstandshalter und Einstellscheibe eingesetzt. Kupfer- oder Aluminiumscheiben fungieren als Dichtungsringe, z.B. bei Ablassschrauben.

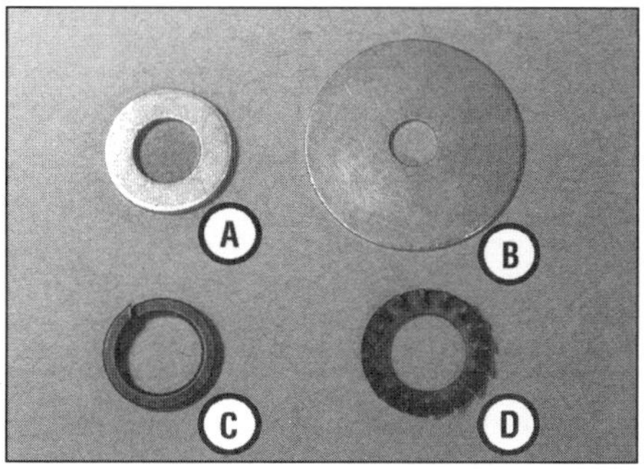

2.3 Unterlegscheibe (A), Kotflügelscheibe (B), Federring (C) und Sicherungsscheibe (D)

- Der offene Federring übt zwischen Schraube und Bauteil axialen Druck aus. Nach einmaligem Gebrauch muss er ersetzt werden. Wenn der Federring zusammen mit einer Unterlegscheibe verwendet wird, muss er zwischen dieser und der Schraube gelegt werden.
- Sternförmige Sicherungsscheiben schneiden sich beim Linksherumdrehen in die Schraube und das Bauteil ein, um das Lösen der Schraube zu verhindern. Sie werden oft bei elektrischen Masseverbindungen am Rahmen verwendet.
- Konus- oder Fächerscheiben üben zwischen Schraube und Bauteil axialen Druck aus. Sie werden mit der flachen Seite auf das Bauteil gelegt, wenn sie abgeflacht sind, sind sie ermüdet und müssen ausgewechselt werden.
- Sicherungsbleche werden unter glatte Wellen-Muttern gelegt, das Blech wird an einer oder mehreren Seiten der Mutter hochgebogen und gegen deren Sechskant gepresst, um ein Lösen zu verhindern. Ist das Blech nach mehrmaligem Gebrauch verschlissen, muss es ersetzt werden.
- Wellenscheiben werden eingesetzt, um Spiel auf Achsen aufzunehmen. Sie üben leichten Federdruck aus und verhindern hin und herschieben von Baugruppen, z.B. Kipphebeln auf ihren Wellen.

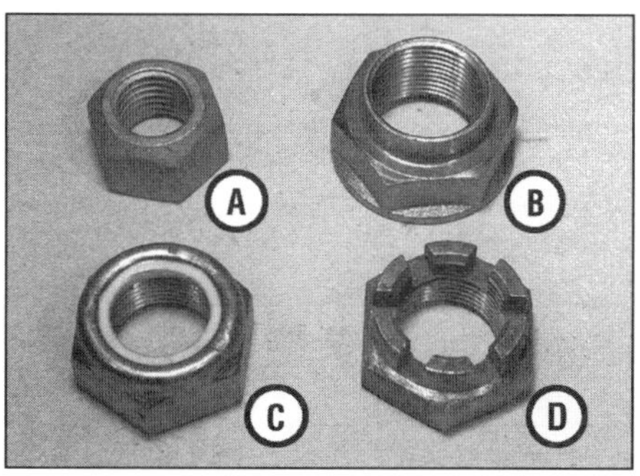

2.4 Sechskantmutter (A), Mutter mit Bund (B), selbstsichernde Mutter mit Nylon-Einsatz (C), Kronenmutter (D)

Muttern und Splinte

- Herkömmliche Muttern sind sechsseitig (siehe Abbildung 2.4). Ihre Größenbezeichnungen richten sich nach dem Gewindedurchmesser und dessen Steigung. Hochfeste Muttern tragen auf einer Seite eine Zahl, die ihre Festigkeit angibt.
- Selbstsichernde Muttern haben entweder Nylon-Einsätze oder zwei Federstreifen, außerdem gibt es Muttern mit Bund, die sich mit einer Verzahnung sichern. Ihr aller Vorzug liegt darin, dass sie nicht durch Vibrationen zu lösen sind. Die Nylon- und Feder-Ausführungen können mehrmals universell eingesetzt werden und müssen erst ersetzt werden, wenn sie leichtgängig oder verschlissen sind. Die Bund-Ausführungen müssen nach jedem Lösen ausgewechselt werden.
- Splinte werden zum Sichern von Kronenmuttern auf Achsen, aber auch gegen das Lösen normaler Sechskantmuttern eingesetzt, besonders an Radachsen und Bremsankern. Normale Splinte müssen wegen der Bruchgefahr nach jedem Gebrauch erneuert werden (siehe Abbildungen 2.5 und 2.6)

2.5 Biegen Sie Einweg-Splinte bei Kronenmuttern wie gezeigt auseinander.

2.6 Biegen Sie Einweg-Splinte bei normalen Muttern wie gezeigt auseinander.

Achtung: *Wenn die Schlitze der Kronenmutter nach dem vorschriftsmäßigen Anziehen nicht mit der Splintbohrung in der Achse fluchten, ziehen Sie sie soweit fester, bis der Splint durchgeführt werden kann. Lockern Sie sie nicht zu diesem Zweck.*

- Federsplinte können mehrmals verwendet werden, solange sie nicht beschädigt sind. Installieren Sie Federsplinte immer mit dem

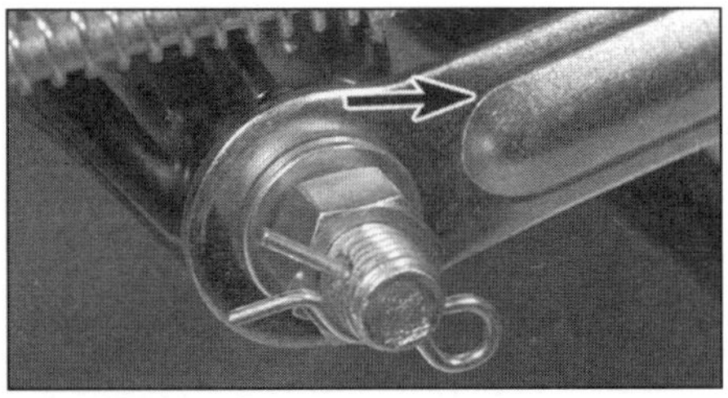

2.7 **Federsplinte werden mit dem geschlossenen Ende in Fahrtrichtung (Pfeil) montiert.**

geschlossenen Ende nach vorne (siehe Abbildung 2.7).

Sicherungsringe (s. Abbildung 2.8)

- Sicherungsringe, die mit »Augen« zum besseren Aus- und Einbau versehen sind, werden auch Seegerringe genannt. Je nach Einsatzzweck auf Wellen oder in Bohrungen, sitzen die Augen innen oder außen. Geschliffene Ringe können beidseitig verwendet werden, bei gestanzten Ringen (mit einer flachen und einer abgerundeten Seite) muss die flachen Seite entstehenden Druck auf die Nut übertragen (siehe Abbildung 2.9).

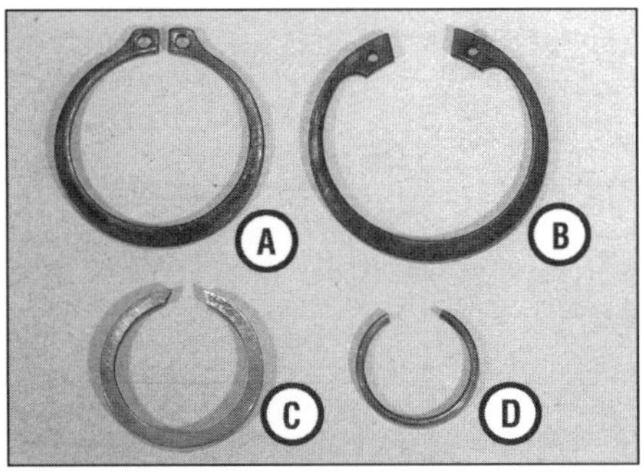

2.8 Wellen-Seegerring (A), Bohrungs-Seegerring (B), geschliffener Sicherungsring (C), Draht-Sicherungsring (D)

- Benutzen Sie immer eine Seegerring-Zange zur Montage und Demontage, spannen Sie damit die Ringe nicht mehr als nötig. Drehen Sie die Ringe nach der Montage in ihrer Nut,

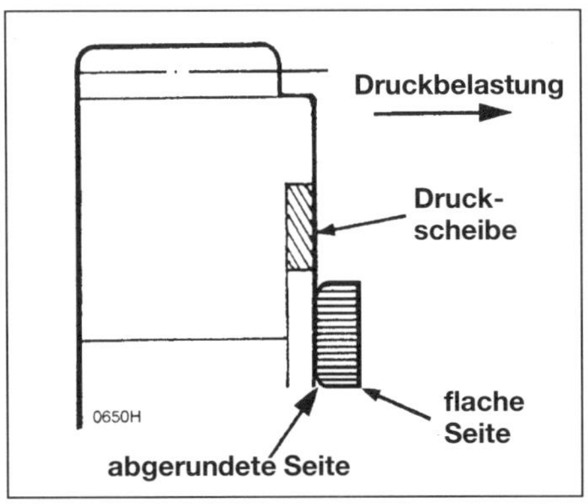

2.9 Korrekte Einbaulage eines gestanzten Sicherungsrings

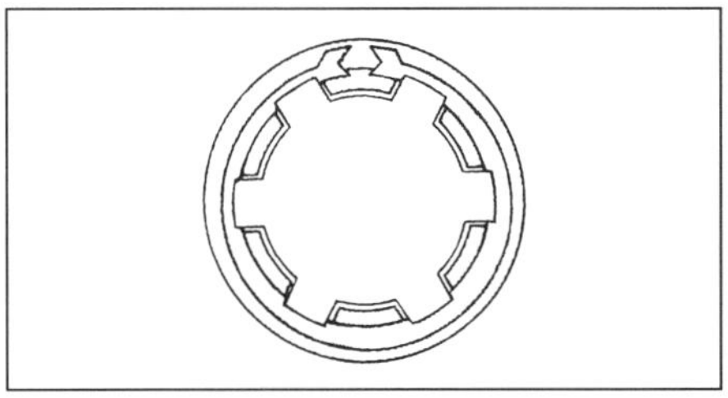

2.10 Die Öffnung des Sicherungsrings muss in einer Nut der Welle liegen.

um sicherzugehen, dass sie richtig sitzen. Wenn ein Sicherungsring auf eine Nutenwelle montiert wurde, muss die Öffnung mit einer Nut fluchten. So wird sichergestellt, dass die Enden gut gehalten werden (siehe Abbildung 2.10).

- Sicherungsringe können durch den Druck von Bauteilen verschleißen und dadurch locker in ihren Nuten sitzen. Da hierdurch die Gefahr des Herausspringens steigt, sollten Sie regelmäßig nach jedem Ausbau ersetzt werden.
- Draht-Sicherungsringe werden normalerweise zur Sicherung des Kolbenbolzens in die Nuten des Kolbens gesetzt. Sie können mit einer Spitzzange oder einem kleinen Schraubendreher ausgebaut werden. Kolbenbolzen-Sicherungsringe dürfen auf keinen Fall mehrmals verwendet werden.

Gewindedurchmesser und Gewindesteigung

- Der Durchmesser eines Gewindes wird außen an der Schraube oder des Bolzens gemessen. Fast alle Motorradhersteller benutzen heute metrische Gewinde nach ISO-Norm, eine M 6-Schraube hat einen Gewindedurchmesser von 6 mm. Diese Bezeichnung gilt auch für die entsprechende Mutter, hier muss der Durchmesser in den »Tälern« des Gewindes gemessen werden.
- Die Gewindesteigung bezeichnet den Abstand zwischen zwei Gewindegängen (siehe Abbildung 2.11). Sie wird in Millimetern angegeben, jedoch nur extra erwähnt, wenn sie von der Norm abweicht, d.h. eine M 8-Schraube nicht 1,25 mm sondern z.B. ein Feingewinde von 1,0 mm hat – sie heißt dann M 8 x 1.0. Mit zunehmendem Gewindedurchmesser wird auch die Steigung größer.

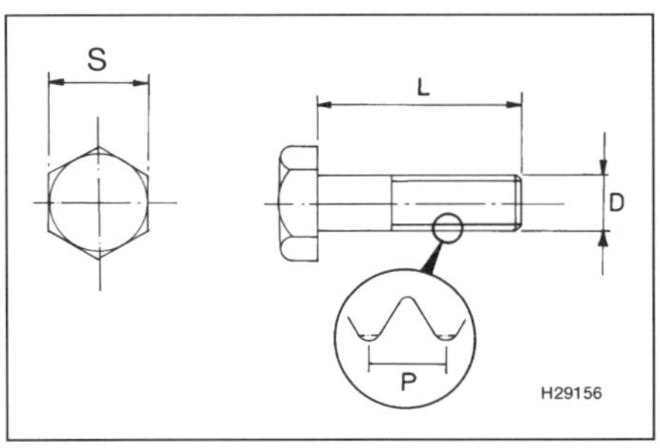

2.11 Schraubenlänge (L), Gewindedurchmesser (D), Gewindesteigung (P), Schlüsselweite (S)

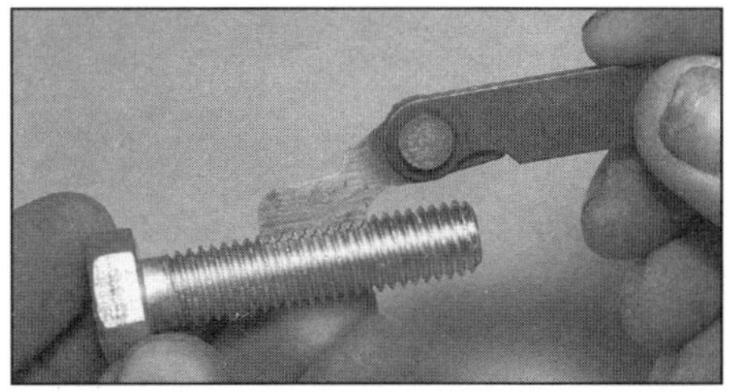

2.12 Mit einer Gewindelehre kann die Steigung bestimmt werden.

- Zu bestimmten Gewinde-Durchmessern, -Steigungen und Festigkeiten gehören entsprechende Schraubenköpfe mit Schlüsselweiten in Millimetern (siehe Abbildung 2.11). Bei Unsicherheit können Gewindesteigungen mit Gewindelehren gemessen werden (siehe Abbildung 2.12).

Schlüsselweite	∅ Gewinde x Steigung
8 mm	M 5 x 0,8 mm
8 mm	M 6 x 1,0 mm
10 mm	M 6 x 1,0 mm
12 mm	M 8 x 1,25 mm
14 mm	M 10 x 1,25 mm
17 mm	M 12 x 1,25 mm

- Die meisten Schrauben und Bolzen haben Rechtsgewinde, d.h. im die Schraube oder Mutter wird im Uhrzeigersinn festgezogen. Linksgewinde finden sich ganz selten an Stellen, wo die Drehrichtung des Bauteils die Verbindung lösen könnte, z.B. bei einigen Ritzelmuttern.

Festsitzende Gewinde

- Durch Feuchtigkeit, Salz und elektro-chemische Korrosion zwischen unterschiedlichen Metallen können im Laufe der Zeit außensitzende Schrauben schwer zu lösen sein. Mit normalen Methoden wird man in diesen Fällen wahrscheinlich den Schraubenkopf zerstören. Wenn man merkt, dass sich eine Schraube oder Mutter nicht wie üblich durch ein Knakken löst und dann leicht ausbauen lässt, sollte sofort die übliche Demontage gestoppt werden, bevor etwas zerstört wird.
- Bereits ein leichter Schlag auf den Schraubenkopf kann Korrosion und Spannungen im Gewinde lösen (siehe Abbildung 2.13).

2.13 Bereits ein leichter Schlag auf den Schraubenkopf löst oft ein korrodiertes Gewinde.

2.14 Ein Schlagschrauber setzt die Wucht des Hammers in eine Drehbewegung um.

- Kriechöl (wie z.B. Caramba) kann als Rostlöser an die Verbindung gesprüht werden und über Nacht einsickern. Wenn man mit Plastilin eine »Wanne« um die Mutter oder Schraube formt, kann die Verbindung sogar geflutet werden.
- Aufgrund der öligen Umgebung haben innerhalb des Motorgehäuses befindliche Schraubverbindungen kaum Korrosionsprobleme. Doch kann auch hier ein Schlagschrauber die Arbeit erleichtern, festsitzende Schrauben zu lösen (siehe Abbildung 2.14).
- Korrosion zwischen Metallen (z.B. Stahl und Aluminium) kann durch Erwärmung gelockert werden. Da sich Aluminium stärker ausdehnt als Stahl, reißt die Verbindung auf und die Bohrung (im Aluminium) erweitert sich. Hitzeempfindliche Teile wie Dichtringe und Gummistopfen müssen zunächst entfernt werde, dann kann man z.B. mit einem Heißluftgebläse der Bereich um die Schraube erwärmen (siehe Abbildung 2.15). Alternativ kann man das Bauteil auf eine elektrische Herdplatte, in einem Backofen, in kochendem Wasser oder mit einem Bügeleisen erwärmen. Benutzen Sie keine offene Flamme! Tragen Sie Handschuhe, um Hautverbrennungen zu vermeiden.
- Als nächste Möglichkeit kann man mit Hammer und Meißel die Schraube losklopfen (siehe Abbildung 2.16). Hierdurch wird die Schraube oder Mutter zerstört, doch viel wichtiger ist, dass man das Bauteil dabei nicht beschädigt.

Achtung: Beachten Sie immer, dass das Gehäuseteil, in dem die Schraube sitzt, viel empfindlicher und teurer ist, als die Schraube selbst. Wenn die Schraube gelockert ist, sollte sie nicht mit Gewalt herausgedreht werden. Um das Gewinde zu schonen, muss die Schraube bei starkem Widerstand vorsichtig ein und aus gedreht werden, bis sie locker ist.

2.15 Erwärmen Sie den Bereich um die Schraubverbindung gleichmäßig.

2.16 Mit einem am Rand angesetzten Meißel wird die Schraube oder Mutter gelockert.

Abgebrochene Schrauben und Stehbolzen

- Wenn das Gewinde zugänglich ist, kann man versuchen, es mit einer selbstsichernden Gripzange zu drehen. Mit einem Stehbolzendreher, der normalerweise bei Zylinderstehbolzen verwendet wird, lassen sich meist bessere Ergebnisse erzielen (siehe Abbildung 2.17). Stehbolzen lassen sich auch mit zwei gegeneinander verkonterten Muttern lösen (siehe Abbildung 2.18).
- Eine bündig am Gehäuse abgerissene Schraube kann, wenn sie nicht allzu fest sitzt, nur mit einem Linksausdreher entfernt werden. Zunächst wird mit dem Körner in der Mitte des Gewindes eine Markierung geschlagen, aus der ein Bohrer nicht mehr abrutschen kann (siehe Abbildung 2.19). Wählen Sie den Bohrer etwa halb bis drei viertel so groß wie der Innendurchmesser der Schraube, und bohren Sie ein dem Linksausdreher entsprechend tiefes Loch. Wählen Sie den größtmöglichen Linksausdreher, aber achten Sie darauf, die Wandung der Schraube oben nicht auseinanderzudrücken, da dadurch das Gewinde im Gehäuse beschädigt und das Herausdrehen erschwert wird.
- Drehen Sie den Linksausdreher links (gegen den Uhrzeigersinn) in die abgebrochene Schraube. Wenn er sich festgefressen hat, wird er automatisch den Gewinderest aus dem Gehäuse herausdrehen (siehe Abbildung 2.20).

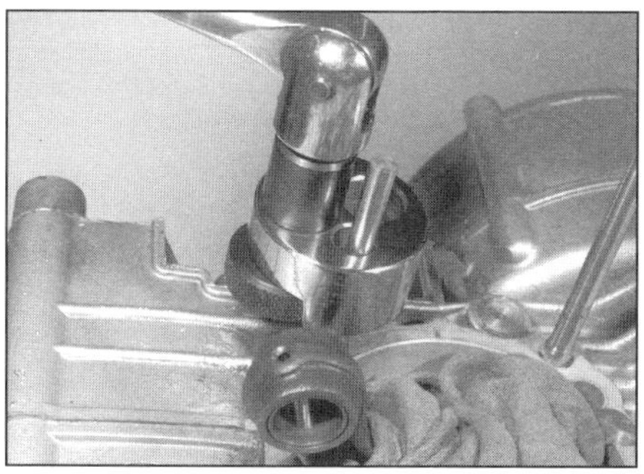

2.17 Mit einem Stehbolzendreher können auch festsitzende Schraubengewinde gelöst werden.

2.18 Nach dem Verdrehen zweier Muttern gegeneinander kann hiermit der Bolzen herausgeschraubt werden.

2.19 Achtung beim Vorbohren: nicht das weichere Gehäusematerial beschädigen.

Warnung: Linksausdreher sind sehr hart und können bei unvorsichtigem Umgang und sehr fest sitzenden Schraubenresten abbrechen. In diesem Fall sollte eine professionelle Werkstatt konsultiert werden.

- Alternativ, oder wenn das Gehäusegewinde zu stark beschädigt ist, kann die Schraube ganz heraus gebohrt werden. Hierbei muss darauf geachtet werden, dass die Bohrung exakt zentriert und gerade sitzt und genau die vorgegebene Tiefe erreicht wird. Dann kann ein Übermaß-Gewinde eingebohrt oder ein Gewinde-Einsatz (z.B. »Heli Coil«) hineinge-

2.20 Drehen Sie den Linksausdreher links herum in das Bohrloch, bis das Gewindestück herausgeschraubt ist.

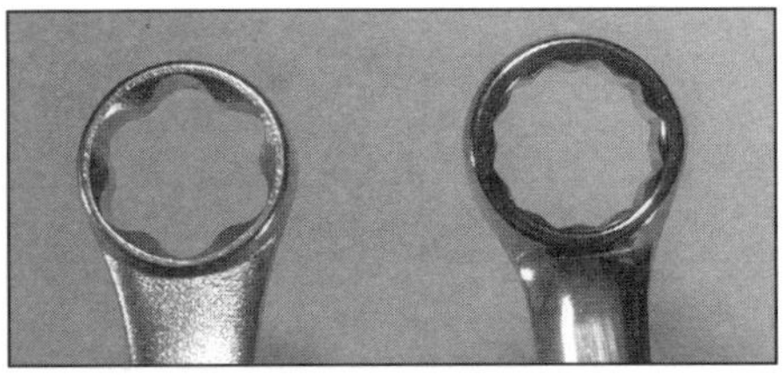

2.21 Besonders bei abgerundeten Köpfen sind Flächendruck-Schlüssel solchen mit Zwölfkant vorzuziehen.

schraubt werden. Bei Zweifel über die eigenen Fähigkeiten und in Anbetracht des Preises für ein neues Gehäuse sollte gegebenenfalls diese Arbeit einer Werkstatt überlassen werden.

● Schrauben und Muttern mit abgerundeten Sechskant-Köpfen sollten sehr vorsichtig mit exakten Ring- oder Steckschlüsseln gelöst werden. Diese sollten besser sechs als zwölf Kanten aufweisen. Als sehr gut haben sich auch Schlüssel erwiesen, die nicht die Kanten sondern die Flächen der Köpfe belasten – sie werden u.a. unter dem Handelsnamen »Metrinch« vertrieben (siehe Abbildung 2.21)

● Schlitz- oder Kreuzschlitzschrauben werden häufig durch falsche Schraubendreher-Größen beschädigt, zudem können die Dreher auch verschlissen (abgerundet) sein. Inbus- und Torx-Schrauben sind dagegen kaum zu zerstören. Wenn Zugang besteht, kann man mit einer Eisensäge einen Schlitz in die Schraube sägen und sie mit einem passenden Schlitzschraubendreher lösen. Alternativ kann die Schraube mit Hammer und Meißel vorsichtig losgeklopft werden. Beschädigte Schrauben dürfen auf keinen Fall wieder eingesetzt und festgezogen werden.

Ein Klecks Ventil-Einschleifpaste auf der Schraube kann für den Schraubendreher das letzte Quentchen Haftung bringen.

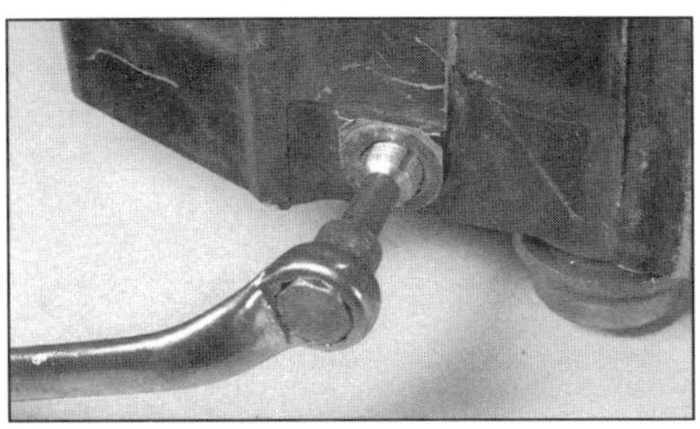

2.22 Zum Reinigen und Reparieren von Innengewinden muss ein passender(!) Gewindebohrer senkrecht(!) eingeschraubt werden.

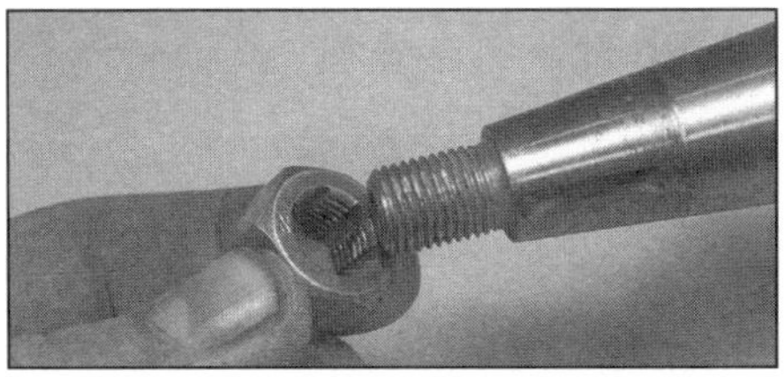

2.23 Zum Nacharbeiten von Außengewinden wird ein Schneideisen aufgedreht.

Gewindereparatur

● Besonders in Aluminium kann ein Gewinde schnell durch zu festes Anziehen, eingearbeiteten Schmutz oder auch Vibrationen lockerer Schrauben schnell zerstört werden. Das Gewinde kann komplett mit der Schraube herausfallen.

● Wenn ein Gewinde nur leicht beschädigt oder mit alter Schraubensicherungspaste verdreckt ist, kann des mit einem passenden Gewindebohrer repariert/gereinigt werden (siehe Abbildungen 2.22 und 2.23). Für Zündkerzengewinde gibt es spezielle Größen. Achten Sie darauf, den Bohrer mit korrektem Durchmesser und vor allem richtiger Steigung zu benutzen, da das Gewinde sonst zerstört wird. Das gleiche gilt für Außengewinde. Hier kann mit einer passenden Gewindefeile oder einem Schneideisen nachgearbeitet werden (siehe Abbildung 2.24).

● Wenn um das beschädigte Innengewinde genügend Material vorhanden ist und eine größere Schraube eingesetzt werden kann, ist es möglich, das Loch passend zu vergrößern und ein größeres Gewinde einzuschneiden. Manchmal, z.B. bei Zündkerzen oder Ablass-

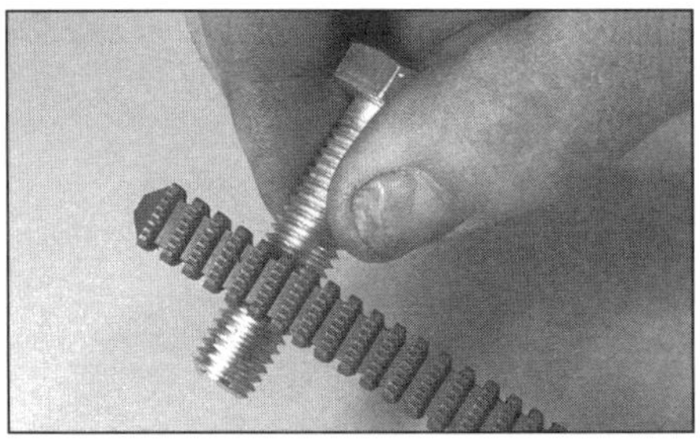

2.24 Mit einer Gewindefeile können Außengewinde nachgebessert werden.

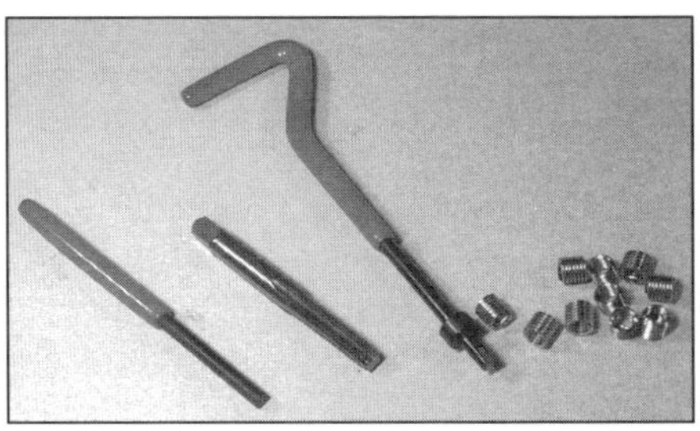

2.25 Dem »Heli Coil« Grund-Kit sind neben Gewindeeinsätzen auch die nötigen Spezialwerkzeuge beigefügt.

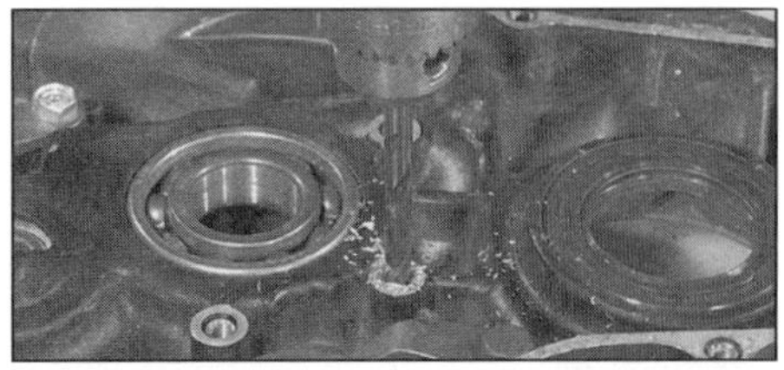

2.26 Bohren Sie zunächst das alte Gewinde auf (Lager und Dichtungen sollten besser abgedeckt sein).

2.27 Drehen Sie sorgfältig den Gewindeschneider hinein, . . .

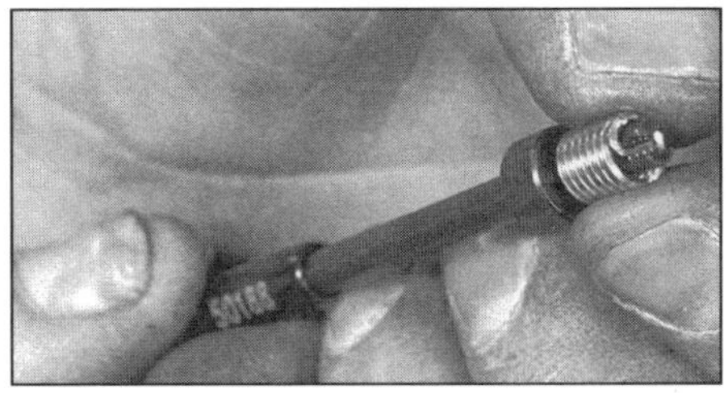

2.28 . . . setzen Sie den Einsatz in das Eindreh-Werkzeug . . .

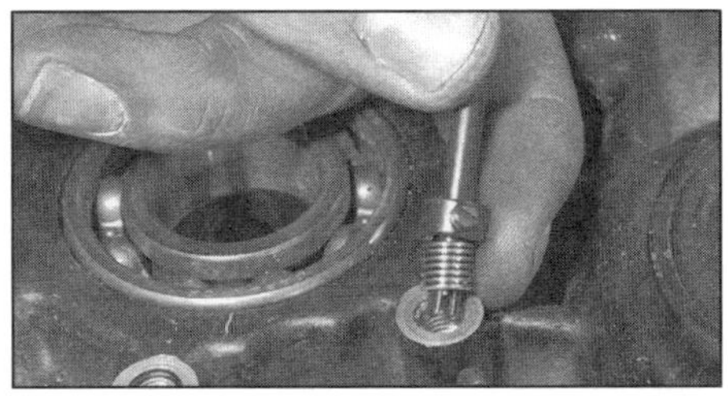

2.29 . . . und schrauben Sie ihn in die Bohrung.

2.30 Brechen Sie zum Schluss die Lasche ab.

schrauben und bei wenig »Fleisch« um das Loch ist dieser Schritt jedoch nicht möglich.

● Man muss dann auf Gewinde-Einsätze zurückgreifen, die in das aufgebohrte defekte Gewinde eingesetzt werden und in die anschließen wieder Originalschrauben oder Zündkerzen eingedreht werden können. Neben vielen anderen Einsätzen heißt das bekannteste Produkt »Heli Coil«, Eine Packung enthält einen Heli-Coil-Gewindebohrer, Einbauwerkzeuge und mehrere Einsätze (siehe Abbildung 2.25). Vergrößern Sie das Loch mit einem passenden Bohrer (siehe Abbildung 2.26), schneiden Sie vorsichtig das Gewinde ein (siehe Abbildung 2.27). Drehen Sie vorsichtig und mit leichtem Druck den Einsatz hinein (siehe Abbildungen 2.28 und 2.29). Wenn er ½ bis ¼ Umdrehung vor dem Grund sitzt, wird das Werkzeug herausgezogen und mit der Stange die Eindreh-Lasche abgebrochen (siehe Abbildung 2.30).

- Es gibt Gewinde-Reparatur-Mittel auf Epoxy-Harz-Basis auf dem Markt, sie sollten jedoch nur bei wenig belasteten Verbindungen eingesetzt werden.

Schraubensicherungspaste

- Schraubensicherungspaste wird an Verbindungen eingesetzt, wo durch Vibrationen Gefahr der Lockerung besteht, oder besonders sicherheitsrelevante Teile verloren gehen können. Außerdem wird sie verwendet, wo andere Schraubensicherungen, wie Bleche oder Splinte nicht eingesetzt werden können.
- Vor dem Auftragen von Sicherungspaste müssen beide Gewinde sorgfältig von alten Resten gereinigt, entfettet und getrocknet werden. Es gibt zwei Arten von Schraubensicherungspasten: Dauerfeste und Lösbare. Normalerweise wird lösbare Schraubensicherung verwendet, nur Zylinder-Stehbolzen werden oft mit dauerhafter Paste eingesetzt. Geben Sie einen oder zwei Tropfen auf die ersten Gewindegänge der einzusetzenden Schraube, setzen Sie sie ein und ziehen Sie sie mit dem vorgeschriebenen Drehmoment fest. Geben Sie nicht zuviel Sicherungspaste auf das Gewinde, da sonst beim Ausbau Alu-Gewinde mit herausgezogen werden kann.
- Es gibt Schrauben und Muttern, die mit einem trockenen Sicherungsmaterial überzogen sind. Diese Verbindungsteile müssen nach jeder Demontage ersetzt werden.
- Um Gewinde vor dem Korrodieren zu schützen, können sie mit Kupferpaste eingesetzt werden. Dieses empfiehlt sich besonders bei stark hitzebelasteten Teilen wie Zündkerzen, Krümmerflanschmuttern und Auspuffschrauben.

3.1 Fühlerlehren werden zum Ermitteln kleiner Spaltmaße benötigt. Ihr Maß ist auf einer Seite eingeätzt.

3 Messwerkzeuge und Messuhren

Fühlerlehren

- Fühlerlehren werden zum Ermitteln kleiner Spaltmaße und Spiele (z.B. Ventilspiel) benutzt (siehe Abbildung 3.1). Wo der Einsatz einer Messuhr unmöglich ist, kann man mit ihnen auch Seitenspiel von Wellen messen.
- Fühlerlehren-Sätze müssen vorsichtig behandelt und dürfen nicht verbogen oder beschädigt werden. In jedes Blatt ist auf einer Seite das entsprechende Maß eingeätzt (Messen Sie das bei besonders billigen Fühlerlehren einmal nach!). Die Blätter sollten gegen Korrosion immer leicht eingeölt sein, damit sie nicht – im wahrsten Sinne – »Aufblühen«.
- Wenn Sie irgendwo Spiel ermitteln wollen, gilt immer der Wert, bei dem das Blatt sich mit leichtem Druck durch die beiden Komponenten ziehen lässt. Es kann passieren, dass man manchmal zwei Fühlerlehren benötigt.

Messschrauben (Mikrometer-Schrauben)

- Mit einer Präzisions-Messschraube lassen sich Messgenauigkeiten von bis zu einem tausendstel Millimeter erzielen. Das empfindliche Gerät sollte immer in seinem Etui und nie lose im Werkzeugkasten aufbewahrt werden, da defekte Geräte falsche Messergebnisse zeigen, die eventuell teure Motorschäden nach sich ziehen können.
- Bügelmessschrauben werden zum Ermitteln von Außendurchmessern eingesetzt, es gibt sie in verschiedenen Messbereichen, normalerweise von 0 bis 25 mm, 25 bis 50 mm, u.s.w., immer in 25 mm-Schritten steigend. Zu großen Bügelmessschrauben gibt es austauschbare Zwischenstücke, um verschiedene Messungen durchführen zu können. Allgemein ist das größte benötigte Maß das des Kolbendurchmessers.
- Kleine Innendurchmesser, können mit Innenmesslehren oder Dreipunkt-Innenmessschraube ermittelt werden. Große Durchmesser, wie Zylinderbohrungen, lassen sich mit Messuhren oder Schnabelmessschrauben ermitteln. Alle diese Geräte sind sehr teuer, und es stellt sich die Frage, ob sich die Anschaffung für den Hobbyschrauber lohnt.

Bügelmessschrauben

Anmerkung: *Hier wird eine konventionelle mechanische Messschraube beschrieben. Einfacher abzulesen, aber auch erheblich teurer sind digitale Geräte.*

- Vor Beginn muss immer die Kalibrierung kontrolliert werden, d.h. das Gerät wird geschlossen (bei 0–25 mm) oder mit den entsprechenden (gereinigten!) Zwischenstücken versehen und auf Null-Maß gestellt (siehe Abbildung 3.2).

3.2 Kontrollieren Sie vor dem Gebrauch, ob die Messschraube auf Null kalibriert ist.

Beachten Sie hierzu die Bedienungsanleitung der Messschraube. Denken Sie immer daran, dass es sich hierbei um ein Präzisions-Messgeräte handelt, das schonend behandelt werden muss.

- Achten Sie darauf, dass das zu messende Teil sauber ist. Drücken Sie den Amboss (1) gegen das Teil und drehen Sie die Trommel (2), bis die Spindel (3) das Teil an der gegenüberliegenden Seite leicht berührt (siehe Abbildung 3.3). Drehen Sie jetzt die Spindel mit der Ratsche (4) ein, bis sie überrutscht, schrauben Sie sie auf gar keinen Fall mit der Trommel fester – hierdurch kann das Instrument zerstört werden.
- Jetzt kann die Spindel mit dem Klemmhebel arretiert und die Bügelmessschraube vom zu messenden Teil genommen werden, dann wird das Ergebnis abgelesen. Zuerst wird die Grundmessung auf dem Schaft abgelesen, dann wird die Feinmessung auf der Trommel hinzugezählt. Anhand der Teilstriche auf dem Schaft werden in unserem Fall die ganzen und halben Millimeter abgelesen. Auf der Trommel sind die hundertstel-Millimeter-Markierungen zu sehen (je nach der Beschriftung auf dem Bügel und Genauigkeit der Messschraube können auch andere Werte abgelesen werden). Jede ganze Umdrehung bedeutet eine Veränderung um einen halben Millimeter. Der Teilstrich, der (direkt von oben betrachtet!) über der Linie liegt, zeigt einen hundertstel Millimeter (0,01 mm) an. Zählen Sie das abgelesene Ergebnis zu der Schaft-Messung hinzu.

In unserem Beispiel wird folgendes Messergebnis abgelesen (siehe Abbildung 3.4):

obere Schaft-Skala	2,00 mm
untere Schaft-Skala	0,50 mm
Trommel-Skala	0,45 mm
Messergebnis	**2,95 mm**

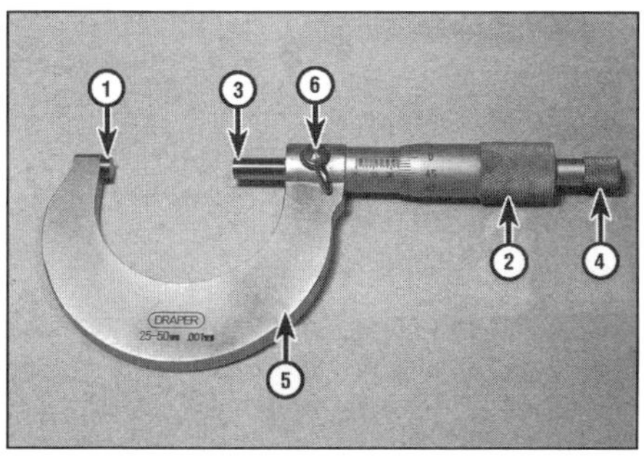

3.3 Bügelmessschrauben-Bauteile
1 Amboss, 2 Trommel, 3 Spindel, 4 Ratsche, 5 Bügel, 6 Feststellhebel

A

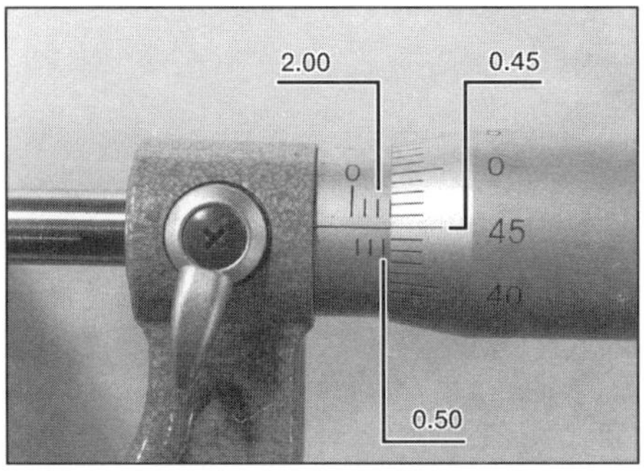

3.4 Das Messergebnis beträgt 2,95 mm.

- Einige Messgeräte heben eine Nonius-Skala auf ihrem Schaft, mit der es ermöglicht wird, auf tausendstel Millimeter genau zu messen. Zählen Sie zu dem oben abgelesenen Ergebnis den Wert hinzu, der mit einem Teilstrich auf der Trommel fluchtet. Anmerkung: Beim Ablesen des Nonius der 0,001 mm-Teilstriche muss genauestens von oben abgelesen werden. Drehen Sie die Messschraube gegebenenfalls zu sich hin.

In unserem Beispiel wird folgendes Messergebnis abgelesen (siehe Abbildungen 3.5 und 3.6):

untere Schaft-Skala (große Striche)	46,000 mm
untere Schaft-Skala (kleine Striche)	0,500 mm
Trommel-Skala	0,490 mm
fluchtende Linie (Nonius)	0,004 mm
Messergebnis	**46,994 mm**

Innenmessgeräte

- Für das Ausmessen von Bohrungen benötigt man Innenmessgeräte. Da Messschrauben sehr teuer sind, kann man auf einen Satz verstellbarer Innenfühler zurückgreifen, die mit einer Bügelmessschraube vermessen werden.
- Mit Teleskop-Messlehren können z.B. Pleuelaugen und Kolbenbolzenbohrungen vermessen werden. Schieben Sie die saubere Lehre ein, spannen Sie sie auseinander, sichern Sie sie und ziehen Sie sie aus der Bohrung (siehe Abbildung 3.7). Messen Sie das Ergebnis mit einer Bügelmessschraube (siehe Abbildung 3.8).
- Sehr kleine Bohrungen, wie Ventilführungen, können mit Bohrungs-Fühlern vermessen werden. Schieben Sie die saubere Lehre ein, spannen Sie sie so weit auseinander, bis sie leicht gleitet, sichern Sie sie und ziehen Sie sie aus der Bohrung (siehe Abbildung 3.9). Messen Sie das Ergebnis mit einer Bügelmessschraube (siehe Abbildung 3.10).

Messschieber

Anmerkung: *Beschrieben werden hier konventionelle Nonius- und Uhren-Messschieber, Digital-Messschieber sind leichter abzulesen, kosten jedoch sehr viel mehr Geld.*

- Ein Messschieber arbeitet nicht so genau wie eine Bügelmessschraube, dafür ist er leichter zu bedienen und vielseitig für Außen-, Innen- und Tiefenmessungen einsetzbar. Für viele Messungen, wie z.B. Kupplungsbeläge oder Ventilfedern reicht er völlig aus.

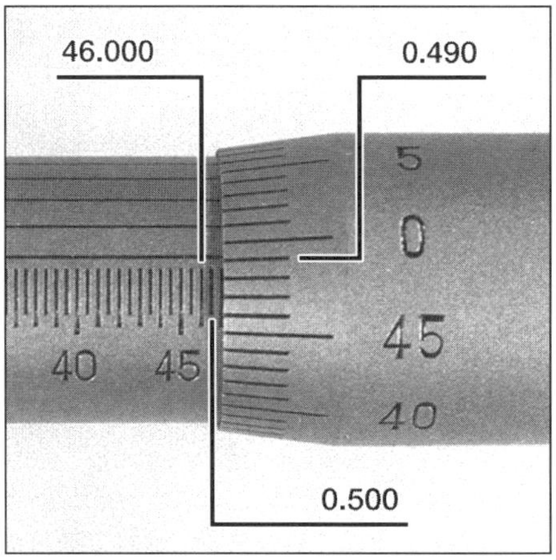

3.5 Auf dem Schaft und der Trommel werden 46,99 mm abgelesen . . .

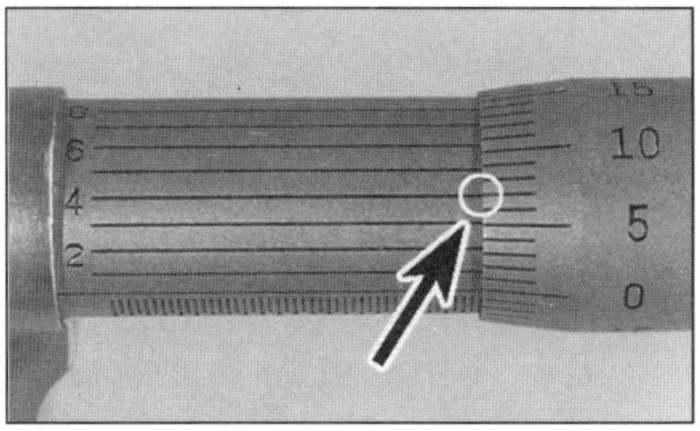

3.6 . . . dazu kommen 0,004 mm aufgrund der fluchtenden Linien.

- Lösen Sie zunächst die Klemmschraube (1) und schieben Sie das Gerät soweit auseinander, dass die Schnäbel (2) über, bzw. die Kreuzspitzen (3) in das zu messender Teil pas-

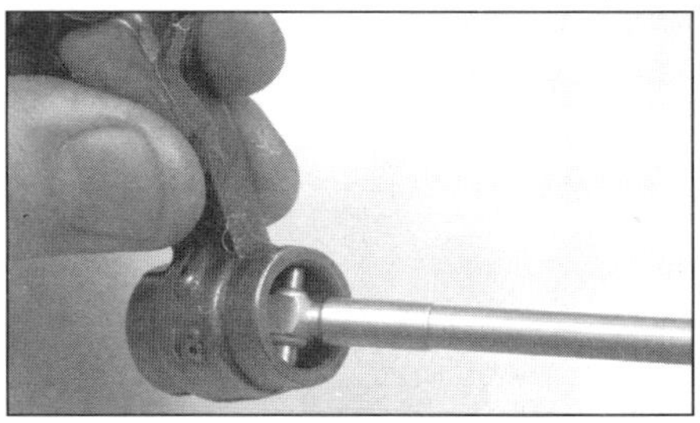

3.7 Spannen Sie die Teleskop-Messlehre in der Bohrung auseinander, arretieren Sie das Gerät . . .

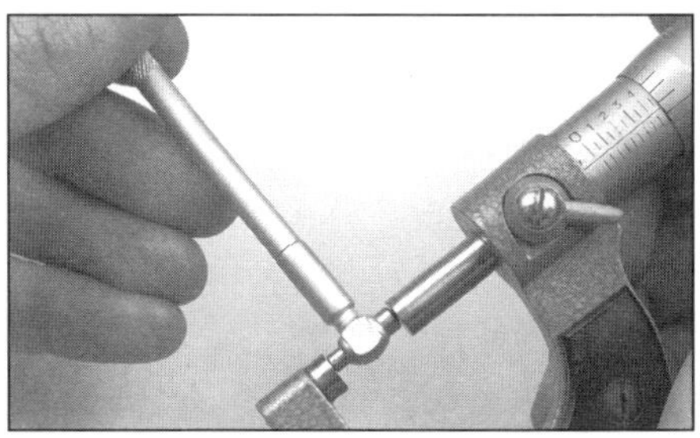

3.8 . . . und messen Sie das Ergebnis mit der Bügelmessschraube.

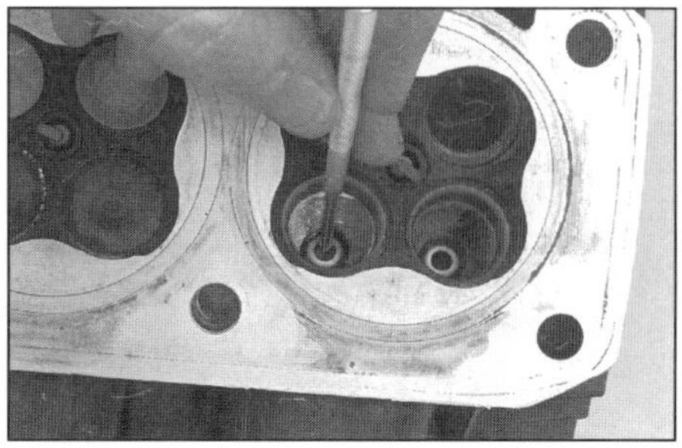

3.9 Spannen Sie den Bohrungs-Fühler in das Loch und sichern Sie ihn in Position, . . .

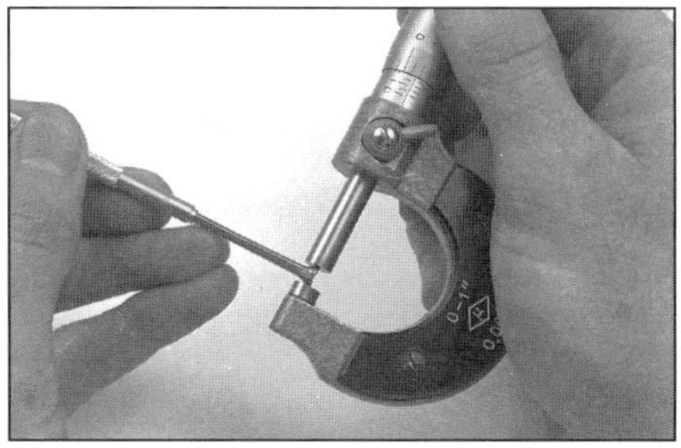

3.10 . . . messen Sie das Gerät mit einer Bügelmessschraube.

sen (siehe Abbildung 3.11). Schieben Sie das Gerät, eventuell mit der Feineinstellung (4), bis auf beiden Seiten leichter Kontakt entsteht, und ziehen Sie die Klemmschraube wieder an. Jetzt werden auf der festen Skala (6) als Grundmessung die ganzen Millimeter abgelesen, die links der Null auf der Schieberskala (5) liegen. Als nächstes wird auf der Schieberskala der Strich identifiziert, der genau mit einem Strich auf der festen Skala fluchtet, jeder Strich steht normalerweise für 0,02 oder sogar 0,01 Millimeter. Addieren Sie den abgelesenen Wert zu der Grundmessung hinzu, und Sie haben das Messergebnis.

In unserem Beispiel wird folgendes Messergebnis abgelesen (siehe Abbildung 3.12):

Grundmessung	55,00 mm
Feinmessung	0,92 mm
Messergebnis	**55,92 mm**

- Einige Messschieber sind zur Feinmessung mit einer Messuhr ausgerüstet. Achten Sie darauf, dass der Messschieber sauber sein muss. Schieben Sie ihn zuerst zusammen und kontrollieren Sie, ob die Messuhr auf Null steht, gegebenenfalls muss am Außenring nachgestellt werden. Lösen Sie zunächst die Klemmschraube (1) und schieben Sie das Gerät soweit auseinander, dass die Schnäbel (2) über, bzw. die Kreuzspitzen (3) in das zu messender Teil passen (siehe Abbildung 3.13). Schieben Sie das Gerät, eventuell mit der Feineinstellung (4), bis auf beiden Seiten leichter Kontakt entsteht, und ziehen Sie die Klemmschraube wieder an. Jetzt werden auf der festen Skala (5) als Grundmessung die ganzen Millimeter abgelesen, die links der Schieberskala (6) erscheinen. Als nächstes wird die Position der Nadel in der Uhr (7) ermittelt,

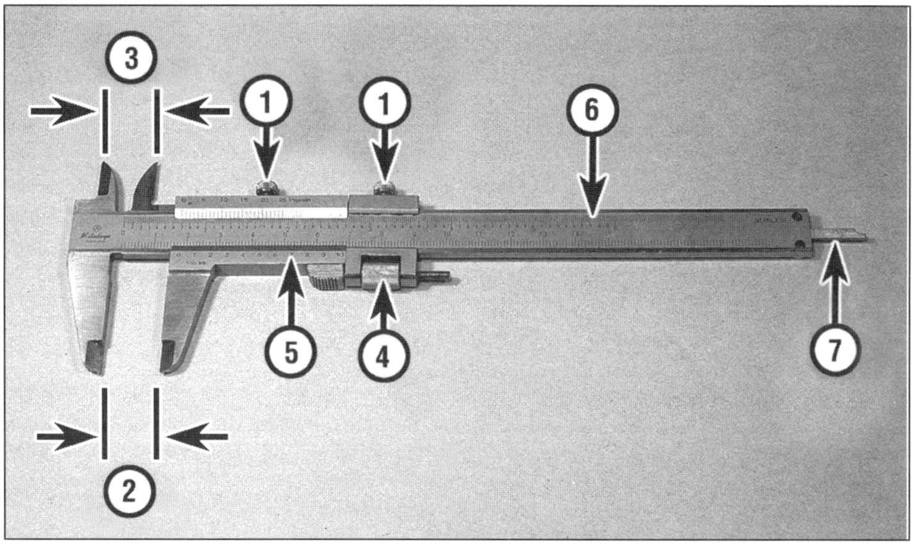

3.11 Bauteile eines Messschiebers (Nonius-Ablesung)

1 Klemmschraube
2 Außenmess-Schnäbel
3 Innenmess-Kreuzspitzen
4 Feineinstellung
5 Schieberskala
6 feste Skala
7 Tiefenmess-Dorn

jeder Teilstrich entspricht hier 0,05 mm. Addieren Sie diesen Wert zu der Grundmessung, um das Messergebnis zu erhalten.

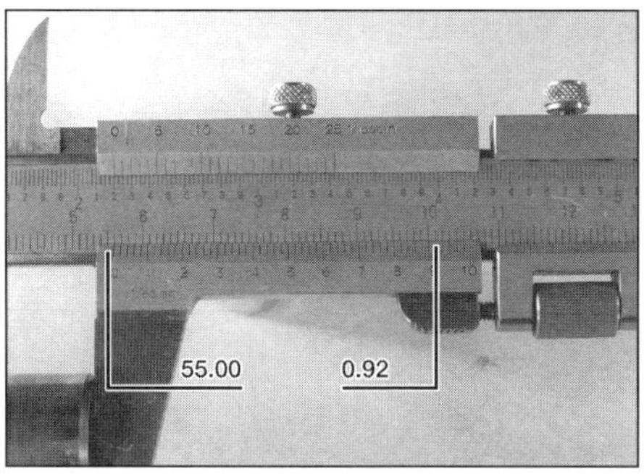

3.12 Das Messergebnis beträgt 55,92 mm.

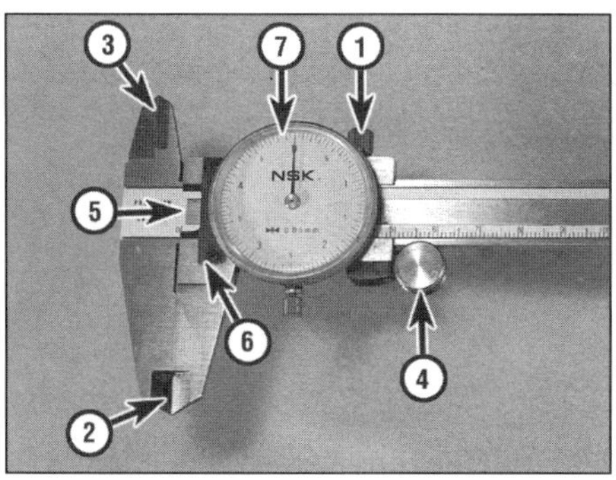

3.13 Bauteile eines Messschiebers (Uhr-Ablesung)

1 Klemmschraube
2 Außenmess-Schnäbel
3 Innenmess-Kreuzspitzen
4 Feineinstellung
5 feste Skala
6 Schieberskala
7 Messuhr

In unserem Beispiel wird folgendes Messergebnis abgelesen (siehe Abbildung 3.14):

Grundmessung	55,00 mm
Feinmessung	0,95 mm
Messergebnis	**55,95 mm**

Plastigauge-Messstreifen

- Plastigauge ist ein Kunststoffstreifen, der zwischen zwei Oberflächen gepresst wird und anhand dessen Quetschungsbreite und einer Skala das Spiel zwischen den Oberflächen ermittelt werden kann.
- Üblicherweise werden mit Plastigauge Spiele in Gleitlagern von Kurbel- und Nockenwellen-Lagern sowie zwischen Hubzapfen und Pleuellagern ermittelt. Im folgenden wird letzteres als Beispiel beschrieben.
- Gehen Sie vorsichtig mit Plastigauge um, damit sich keine verzerrten Messergebnisse zeigen. Schneiden Sie mit einem scharfen Messer einen Streifen davon ab, der etwas kürzer ist als die Breite der Lagerschale ist und legen Sie ihn parallel zur Welle in das Lager oder auf die Welle (siehe Abbildung 3.15). Montieren Sie vorsichtig beide Lagerschalen und setzen Sie das Pleuel zusammen. Ziehen Sie, ohne das Pleuel auf der Kurbelwelle zu drehen, die Schrauben oder Muttern mit dem vorgeschriebenen Drehmoment fest. Dann wird alles vorsichtig wieder gelockert und der Plastigauge-Streifen begutachtet.
- Der Streifen wird mit der an der Packung befindlichen Skala verglichen und das entsprechende Lagerspiel abgelesen (siehe Abbildung 3.16). Entfernen Sie anschließend alle Plastigauge-Reste mit dem Fingernagel.

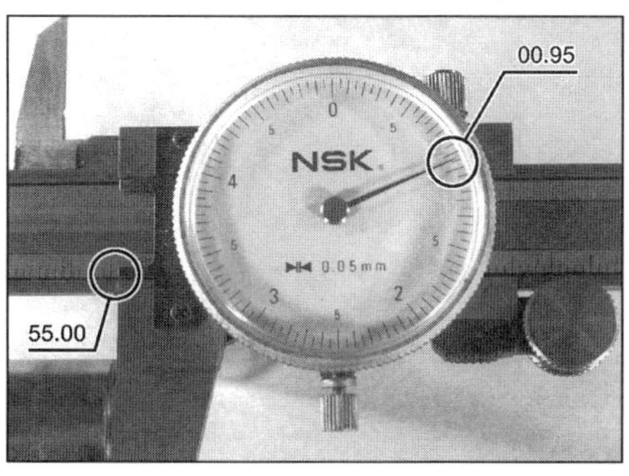

3.14 Das Messergebnis beträgt 55,95 mm.

Achtung: Um ein korrektes Messergebnis zu erhalten, müssen alle vom Motorrad-Hersteller vorgeschriebenen Anzugs-Drehmomente und -Reihenfolgen genauestens eingehalten werden.

Messuhren und Verzugsmessung

- Mit Hilfe einer Messuhr können kleinste Bewegungen ermittelt werden. Typische Einsatzzwecke sind Messungen von Unrundlauf, Seitenspiel oder Kolbenpositionen zur Zündeinstellung bei Zweitaktmotoren. Zu einem Messuhr-Set gehören eine Vielzahl von Tastern, Adaptern und Befestigungsmöglichkeiten.

3.15 Der Plastigauge-Streifen wird längs auf die Lageroberfläche gelegt.

- Im Ruhezustand der Uhr muss die Nadel auf Null stehen, gegebenenfalls muss am Ring nachjustiert werden.
- Prüfen Sie, ob der Messbereich der Uhr für die zu erwartende Bewegung ausreicht. Die meisten Uhren haben neben der großen Feinmessanzeige mit 0,01 oder 0,001 mm-Einteilung einen kleinen Zeiger, der ganze Millimeter misst. Zählen Sie zuerst die ganzen Millimeter

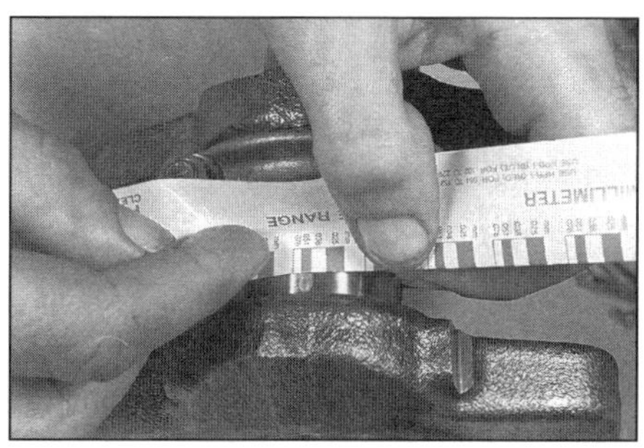

3.16 Messen Sie die Breite der gequetschten Messstreifen.

3.17 Das Messergebnis beträgt 1,48 mm.

und dann die Hundertstel oder Tausendstel dazu.
In unserem Beispiel wird folgendes Messergebnis abgelesen (siehe Abbildung 3.17):

Grundmessung	1,00 mm
Feinmessung	0,48 mm
Messergebnis	**1,48 mm**

- Wenn der Unrundlauf von Wellen ermittelt werden soll, muss die Welle in V-förmigen Ausschnitten von stabilen Blöcken laufen und die Messuhr an einem Stativ rechtwinkelig zur Welle montiert werden. Lassen Sie den Taster in der Wellenmitte aufliegen und drehen Sie langsam die Welle. Beobachten Sie dabei die Anzeige (siehe Abbildung 3.18). Führen Sie ggf. an verschiedenen Stellen der Welle Messungen durch und merken Sie sich den maximalen Schlag. **Anmerkung:** *Das abgelesene Ergebnis stellt den totalen Unrundlauf der Welle dar. Einige Hersteller geben in ihren Technischen Daten den maximalen Wert zu einer Seite an, so dass das Ergebnis halbiert werden muss.*
- Das Seitenspiel (Axialspiel) einer Welle kann nach dem sicheren Befestigen der Messuhr am Gehäuse gemessen werden, der Taster wird dabei auf das Wellenende gesetzt. Dann wird die Welle mit der Hand hin und her gedrückt und anhand der Bewegung des Zeigers das Spiel abgelesen (siehe Abbildung 3.19).
- Zur exakten Zündzeitpunktbestimmung bei mehrzylindrigen Zweitakt-Motoren wird eine Messuhr so plaziert, dass der Taster durch das Zündkerzengewinde auf den Kolben zum liegen kommt. Justieren Sie die Uhr im oberen Totpunkt des Kolbens auf Null und beachten Sie die Betriebsanleitung.

3.18 Messen Sie den Unrundlauf der Welle mit einer Messuhr.

3.19 Hier wird das Axialspiel einer Welle vermessen.

Zylinder-Kompressions-messgerät

- Kompressionsuhren gibt es mit verschiedenen Anschlüssen: Entweder mit einem konusförmigen Gummi, das in die Kerzenbohrung gedrückt werden muss, oder mit passenden Gewinde zum Einschrauben – letztere ist zu empfehlen. Der Messbereich der Uhr sollte bei Benzinmotoren bis 20 bar gehen.
- Nach dem Entfernen der Zündkerzen wird die Kompression bei drehendem, aber nicht laufendem Motor gemessen (siehe Abbildung 3.20). Führen Sie den Kompressionstest so durch, wie es in der *Ausrüstung zur Fehlersuche* beschrieben wird. Das Messgerät wird den Druck solange halten, bis das Ventil per Hand geöffnet wird.

Öldruck-Messgerät

- Um den Öldruck des Motors zu ermitteln, wird ein Öldruck-Messgerät benötigt, die meisten von ihnen sind mit verschiedenen Adaptern ausgerüstet, so dass sie in alle Anschluss-Gewinde geschraubt werden können (siehe Abbildung 3.21). Wenn der vom Hersteller vorgesehene Anschluss an einer externen Öldruckleitung liegt, muss eine spezielle Ersatz-Ölleitung verwendet werden, um Ölmangel an verschiedenen Komponenten auszuschließen.

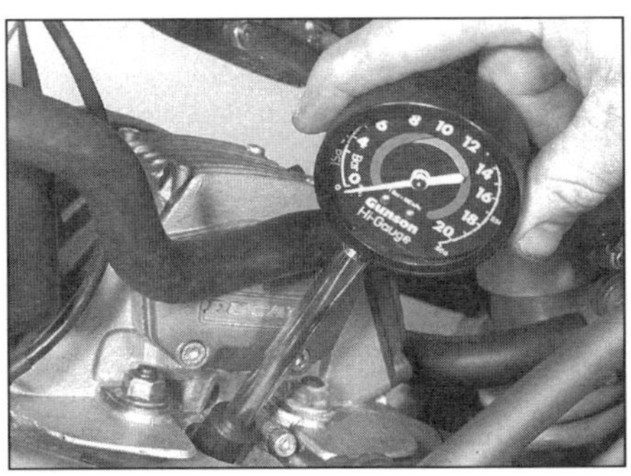

3.20 Ein Kompressionstester mit Gummi-Konus muss kräftig in die Bohrung gedrückt werden.

3.21 Öldruck-Messuhr und Anschluss-Adapter (Pfeil).

- Der Öldruck wird bei mit einer bestimmten Drehzahl laufenden Motor gemessen. Oftmals sind die vorgegebenen Drücke sowohl bei kaltem als auch bei warmem Motor angegeben.

Haarlineale und Verzug

- Zur Kontrolle einer ebenen Dichtfläche auf Verzug muss ein Haarlineal oder ein Präzisions-Stahl-Lineal über die Fläche gelegt und vorhandene Spalte mit einer Fühlerlehre vermessen werden (siehe Abbildung 3.22). Messen Sie diagonal zum Bauteil und zwischen Befestigungs-Bohrungen (siehe Abbildung 3.23).
- Kontrollieren Sie verschiedene Bauteile, wie Kupplungs-Reibscheiben auf einer ebenen Fläche (z.B. einem Spiegel) auf Verzug.

3.22 Mit einem Präzisions-Lineal und einer Fühlerlehre wird der Verzug der Dichtfläche gemessen.

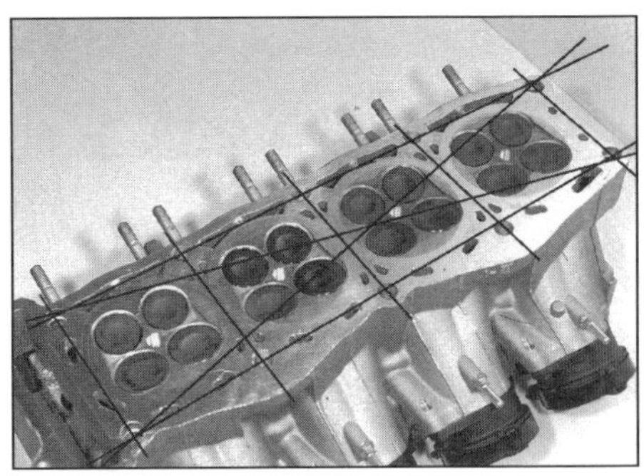

3.23 Kontrollieren Sie in diesen Richtungen den Zylinderkopf und auch die Zylinder auf Verzug.

4 Drehmoment und Hebel

Was ist das Drehmoment?

- Mit Drehmoment ist die Dreh-Kraft gemeint, die auf eine Welle wirkt. Das Drehmoment wird bestimmt durch die Länge des Hebels und die auf dessen Ende wirkende Kraft. Die Maßeinheit 1 Nm (Newton pro Meter) bedeutet eine Kraft von einem Newton (ca. 100 g) auf einen ein Meter langen Hebel, ist der Hebel nur 10 cm lang, muss er schon mit 1000 g belastet werden.
- Die vom Hersteller angegebenen Drehmomente beziehen sich auf die Belastung, die Zugfähigkeit und Größe des Gewindes und das Material, in dem es halten soll.
- Bei einem zu geringen Drehmoment besteht die Gefahr, dass die Verbindung sich im Betrieb löst, zu starkes Drehmoment kann die Verbindungsteile überlasten und beschädigen, so dass sie ab- oder ausreißen können.

Der automatische Drehmoment-Schlüssel

- Kontrollieren Sie die Kalibrierung und Funktionsfähigkeit des Drehmomentschlüssels (der für das verlangte Drehmoment ausgelegt sein muss). Oftmals sind auf dem Drehmomentschlüssel mehrere Maßeinheiten angegeben (Nm, kpm oder lbf/in und lbf/ft), verwechseln Sie die Maßeinheiten nicht!
- Stellen Sie den Schlüssel auf das verlangte Drehmoment ein (siehe Abbildung 4.1). Wenn Ihr Drehmomentschlüssel nicht die angegebene Maßeinheit aufweist, muss anhand von Tabellen umgerechnet werden. Wenn Hersteller eine Empfehlung aussprechen (8 – 10 Nm), sollte die Verbindung mit dem mittlere Wert angezogen werden. Genauso hätte man 9 Nm ± 1 Nm angeben können. Viele Drehmomentschlüssel können nach Einstellen des Wertes arretiert werden, so dass beim Anziehen der Wert nicht verändert werden kann.
- Setzen Sie die Schraube oder Mutter an und ziehen Sie sie leicht fest. Das Gewinde muss sauber und frei von alten Sicherungskomponenten sein. Wenn nicht anders erwähnt, müssen die Gewinde trocken sein – unter bestimmten Umständen sind eingeölte oder mit Schraubensicherung versehene Gewinde nötig, dann sind entsprechende Drehmomente berücksichtigt.
- Ziehen Sie die Verbindung so fest, bis der Drehmomentschlüssel mit einem Klicken automatisch auslöst und damit anzeigt, dass das gewünschte Drehmoment erreicht ist. Kontrollieren Sie ein zweites Mal die Festigkeit der Verbindung. Wenn ein Bauteil mit unterschiedlichen Gewindedurchmessern befestigt werden, müssen immer zuerst die größeren Verbindungen mit den höheren Drehmomenten festgezogen werden.
- Nachdem die Arbeit mit dem Drehmomentschlüssel beendet ist, muss die vorhandene Arretierung gelöst und die Einstellung auf Null gestellt werden – legen Sie den Schlüssel nicht vorgespannt beiseite. Benutzen Sie keinen Drehmomentschlüssel zum Lösen von Verbindungen.

Anziehen mit Winkelmessscheibe

- Manche Hersteller schreiben vor, Schraubverbindungen nach dem Anziehen mit einem vorgegebenen Drehmoment noch um einen bestimmten Winkel nachzuziehen.
- Mit einer Winkelmessscheibe (siehe Abbildung 4.2) oder einem Winkelmesser kann der gewünschte Winkel bestimmt und entsprechend nachgezogen werden (siehe Abbildung 4.3).

4.2 Die aufsetzbare Winkelscheibe wird auf Null arretiert, bevor die Verbindung entsprechend nachgezogen wird.

Lockerungs-Reihenfolge

- Wenn mehrere Schrauben oder Muttern eine Komponente sichern, sollten sie alle gleichmäßig Schritt für Schritt gelöst werden, so dass nicht zum Schluss die gesamte Last auf einer Verbindung liegt und das Bauteil verbiegen oder verziehen kann.
- Wenn vom Hersteller eine Anzugs-Reihenfolge vorgegeben ist, müssen die Verbindungen entgegengesetzt gelöst werden. Ansonsten werden Verbindungen schrittweise von außen nach innen gelockert (siehe Abbildung 4.4).

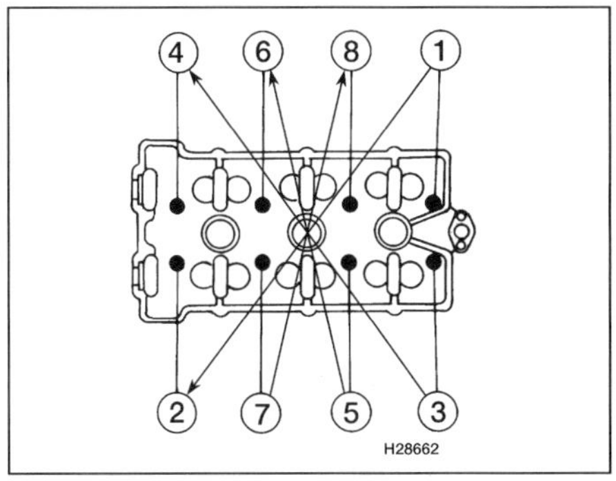

4.4 Beim Lösen von Schraubverbindungen muss von außen nach innen gearbeitet werden.

Anzugs-Reihenfolge

- Wenn mehrere Schrauben oder Muttern eine Komponente sichern, sollten sie alle gleichmäßig Schritt für Schritt angezogen werden, so dass nicht zu Anfang die gesamte Last auf einer Verbindung liegt und Dichtungen zerstört oder das Bauteil verbiegen oder verziehen kann. Besonders wichtig ist ein gleichmäßiges Anziehen bei großflächigen und festen Verbindungen wie Zylinderköpfen oder Motorgehäusen.
- Normalerweise wird vom Hersteller eine Anzugs-Reihenfolge, entweder als Zeichnung oder auch direkt am Bauteil markiert, angege-

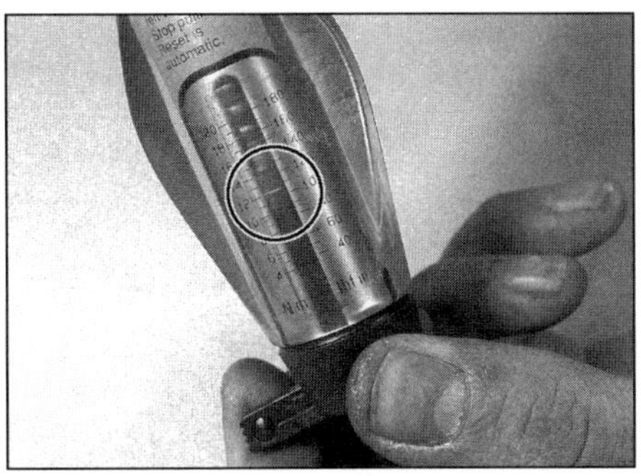

4.1 Stellen Sie den Drehmomentschlüssel auf das gewünschte Anzugsmoment ein, in diesem Fall auf 12 Nm.

4.3 Man kann den Winkel auch per Auge oder Geodreieck bestimmen.

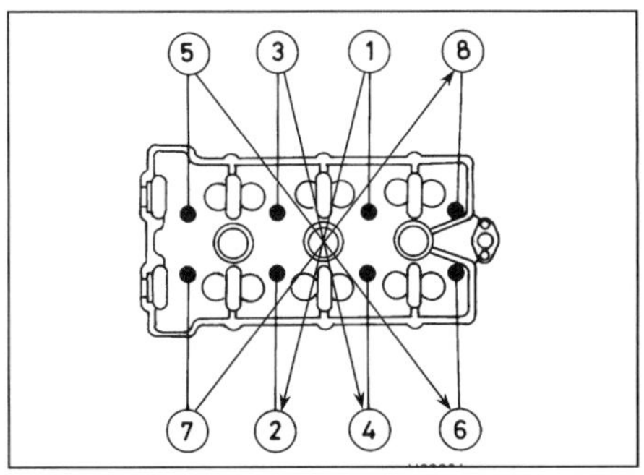

4.5 Typische Anzugsreihenfolge von Schrauben oder Muttern einer großflächigen Verbindung.

ben. Wenn nicht, wird in der Mitte begonnen und schritt- und kreuzweise nach außen gearbeitet (siehe Abbildung 4.5). Beginnen Sie mit handfestem Anziehen aller Verbindungen, setzen Sie dann den Drehmomentschlüssel an und ziehen Sie alles kreuzweise Schritt für Schritt fester, bis alle Anzugsmomente stimmen. Nur so ist gewährleistet, dass die Verbindung hält und nichts beschädigt wird. Wichtige Verbindungen wie Zylinderköpfe haben oftmals zwei oder drei Anzugs-Schritte, bis alles endgültig festgezogen wird.

Der richtige Hebel

- Verwenden Sie Werkzeuge im richtigen Winkel. Ziehen Sie Schlüssel wenn möglich immer zu sich hin, wenn Verbindungen gelöst werden sollen. Wenn das nicht möglich ist, darf das Werkzeug nicht von der Hand umschlungen sein (siehe Abbildung 4.6) – der Schlüssel kann abrutschen oder die Verbindung sich plötzlich lösen, und Ihre Finger an scharfen Kanten gequetscht oder aufgerissen werden.

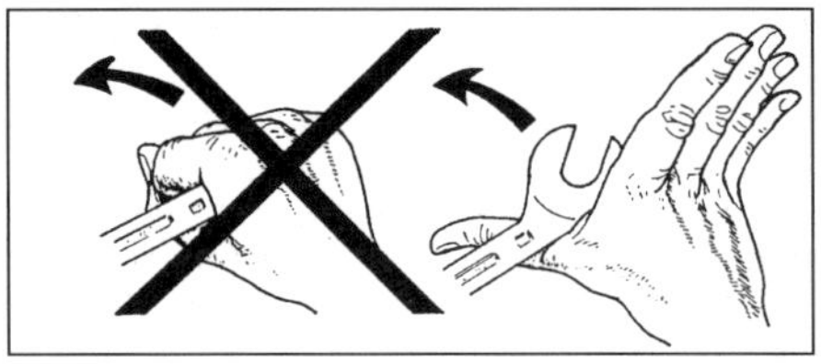

4.6 Wenn Sie den Schlüssel nicht zu sich ziehen können, drücken Sie ihn mit geöffneter Hand.

- Bei sehr festen Verbindungen kann eine Hebelverlängerung durch ein Rohr oder Stange helfen, sie zu lösen. Normalerweise sind Werkzeuge jedoch so ausgelegt, dass mit ihnen alle entsprechenden Verbindungen gelöst werden können. Wie Sie festgegangene Verbindungen lösen können, ist unter Punkt 2 beschrieben. Inbusschrauben und deren Gewinde können sehr leicht zerstört werden, wenn man einen Inbusschlüssel mit einem Rohr verlängert. Beim Anziehen sollten Verlängerungen generell nie benutzt werden, da man sich mit der eingesetzten Kraft leicht verschätzen kann.

5 Lager

Wälzlager – Aus- und Einbau

Treiber und Steckschlüssel-Nüsse

- Bevor man mit dem Ausbau eines Lagers beginnt, muss man sich vergewissern, in welche Richtung es demontiert wird. Einige Gehäuse haben angegossene Nuten oder Halteplatten. Überprüfen Sie Identifikations-Markierungen an den Lagern und messen Sie ggf. ihre Einbau-Tiefe im Gehäuse. Merken Sie sich die Einbaurichtung, wenn das Lager auf einer Seite abgedichtet ist.

5.1 Mit einem Lagertreiber, der nur den äußeren Ring berührt, wird das Lager eingetrieben.

5.2 Auch eine passende Nuss kann hierfür verwendet werden. Verkanten Sie das Lager nicht!

- Wälzlager können mit einem passenden Austreib-Werkzeug oder einer Steckschlüssel-Nuss, deren Durchmesser etwa kleiner als der Außendurchmesser des Lagers ist, aus dem Gehäuse geschlagen werden. Stützen Sie das Gehäuse rund um das Lager mit Holzblöcken ab, um es vor Verzug zu schützen. Nach ein paar Schlägen mit einem schweren Hammer auf den Treiber sollte das Lager aus dem Gehäuse fallen. Wenn der Zugang, z.B. bei Radlagern erschwert ist, muss das Lager mit einem Treibdorn im Kreis herum ausgeschlagen werden, damit es nicht im Sitz verkantet.
- Mit der gleichen Ausrüstung können auch neue Lager eingetrieben werden. Stützen Sie auch hier das Gehäuse mit Holzblöcken ab. Setzen Sie das Lager senkrecht – und bei einseitiger Abdichtung richtig herum, die Beschriftung zeigt normalerweise immer nach außen – in die Bohrung und treiben Sie es ein. Wird hierbei der Käfig, Dichtring oder innerer Lagerring berührt, ist das Lager zerstört (siehe Abbildungen 5.1 und 5.2).
- Kontrollieren Sie, ob der Innenring sich nach der Montage frei drehen lässt.

5.3 Dieser Lagerabzieher ist mit einer Trennvorrichtung versehen, die unter das Lager geklemmt wird.

Abzieher und Zug-Hämmer

- Wenn ein Lager auf eine Welle gepresst ist, kann man es meist nur mit einem Abzieher wieder herunter bekommen (siehe Abbildung 5.3). Gehen Sie sicher, dass die Abzieher-Arme sicher hinter das Lager greifen und nicht abrutschen können. Wenn kein Platz zum Abziehen ist, kann es manchmal nötig sein, das dahinterliegende Zahnrad zusammen mit dem Lager abzuziehen (siehe Abbildung 5.4)

5.4 Wenn hinter dem Lager kein Platz für die Abzieherarme ist, kann z.B. das dahinter liegende Zahnrad mit abgezogen werden.

Achtung: Gehen Sie sicher, dass die Spindel des Abziehers sich immer in der Mitte der Welle befindet und beim Anziehen nicht abrutscht. Achten Sie darauf, dass die Welle nicht beschädigt wird.

- Setzen Sie den Abzieher so an, dass die Spindel sich in der Mitte der Welle abdrückt und nicht abrutscht, wenn das Lager abgezogen wird.
- Wenn das Lager auf die Welle getrieben wird, darf der äußere Ring und der Käfig oder Dichtring nicht berührt werden. Mit Hilfe eines Steckschlüssels oder passendem Rohr, das nur den inneren Lagerring berührt, kann das

5.5 Benutzen Sie zum Auftreiben des Lagers ein Rohr, das etwas größer ist als die Welle und nur den inneren Lagerring berührt.

5.6 Nach dem Einführen wird der Auszieher aufgespreizt, so dass er hinter den Innenring greift.

5.7 Dann kann ein Zughammer aufgeschraubt und durch dessen nach oben geschlagenes Gewicht das Lager ausgetrieben werden.

Lager bis auf seinen Sitz geschlagen werden (siehe Abbildung 5.5).

- Lager, die in Sacklöchern stecken, können nicht ausgeschlagen werden. Hier wird ein Innenauszieher benötigt, der in das Lager gesteckt und dann aufgespreizt wird (siehe Abbildung 5.6). Dieser Auszieher wird zusammen mit dem Lager entweder mit einem Abzieher herausgezogen oder einem Zughammer herausgetrieben (siehe Abbildung 5.7).
- Es kann auch möglich sein, dass das Lager durch sein Eigengewicht aus dem Gehäuse fällt, nachdem dieses, wie unten beschrieben, erhitzt worden ist. Legen Sie das Gehäuse, um die Dichtfläche nicht zu beschädigen, so auf eine nicht zu harte Oberfläche, dass das Lager nach unten herausfallen kann. Tragen Sie beim Erwärmen Handschuhe und klopfen Sie dabei das Gehäuse regelmäßig auf die Oberfläche, um das Lager leichter herausfallen zu lassen (siehe Abbildung 5.8).
- Lager können genauso in Sacklöcher montiert werden, wie es oben beschrieben ist.

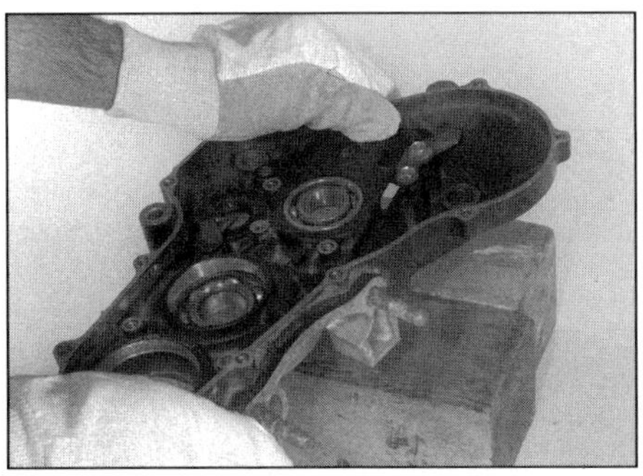

5.8 Schlagen Sie das erwärmte Gehäuse mehrmals auf Holzblöcke, um das Lager herausfallen zu lassen.

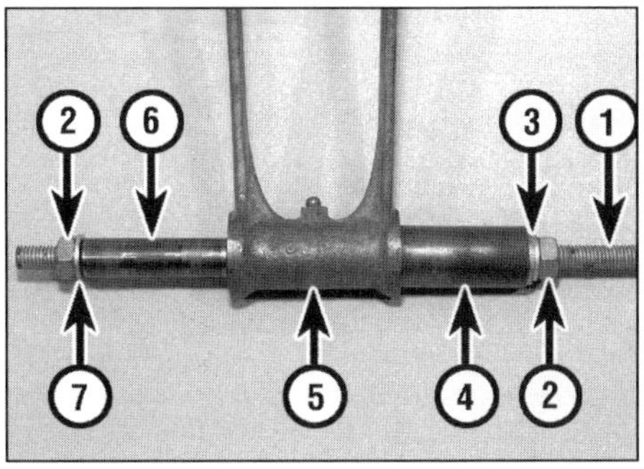

5.9 Hier soll eine Lagerbuchse gewechselt werden

1 lange Schraube oder Gewindestange
2 Muttern
3 Scheiben mit größerem Außendurchmesser als Rohr-Innendurchmesser
4 Rohr mit zur Buchse passendem Durchmesser
5 Hebelarm mit Lagerbuchse
6 Rohr mit etwas kleinerem Durchmesser als Lagerbuchse
7 Scheibe mit etwas kleinerem Außendurchmesser als Lagerbuchse

Einzieh-Vorrichtungen

- Lager oder Buchsen, die z.B. in obere Pleuelaugen oder andere Hebel eingepresst sind, können nicht ohne Beschädigung des Bauteils ausgeschlagen werden. Auch Gummibuchsen lassen sich schlecht durch Schläge aus- und eintreiben. Wenn man Zugang zu einer maschinellen Presse hat, kann man hiermit arbeiten, falls nicht, muss zum Aus- und Einziehen von Buchsen ein Werkzeug angefertigt werden.
- Man benötigt eine lange Schraube mit Mutter (oder eine Gewindestange mit zwei Muttern, ein Stück Rohr, das einen größeren Innendurchmesser als die Buchse hat, ein weiteres Stück Rohr mit einem kleineren Außendurchmesser als die Buchse und eine Reihe verschiedener Scheiben (siehe Abbildungen 5.9 und 5.10). Die Rohre müssen länger sein als die Buchse.
- Das gleiche Werkzeug, ohne Rohre, kann man zum Einziehen der Buchse benutzen (siehe Abbildung 5.11).

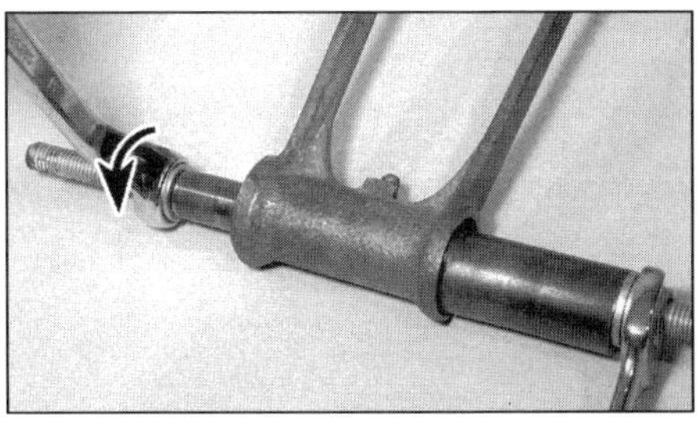

5.10 Hier wird die Lagerbuchse aus dem Hebel gezogen.

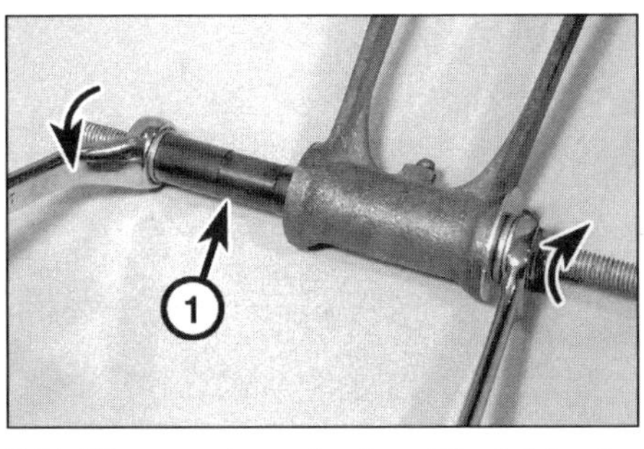

5.11 Die neue Lagerbuchse (1) wird in das Bauteil gezogen.

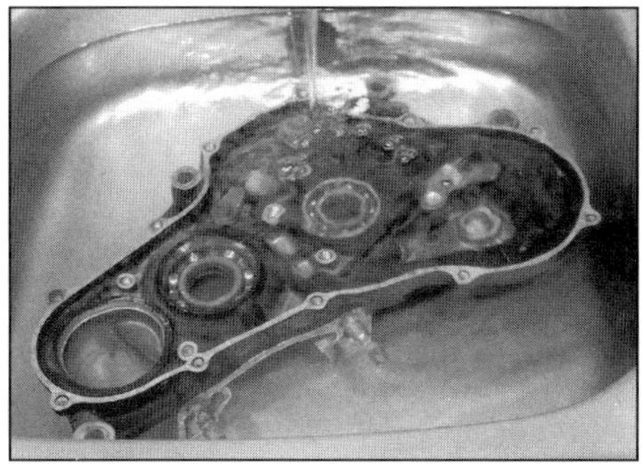

5.12 Wenn das Teil in einen Topf passt, kann es in kochendem Wasser erwärmt werden. Achten Sie danach bei Stahlteilen auf Rostschutz!

Ausdehnung durch Erwärmung

- Wenn der Lager-Außenring fest im Leichtmetallgehäuse steckt, kann dieses erwärmt werden, um das Lager zu lockern. Aluminium dehnt sich bei Erwärmung mehr aus als Stahl, also darf auch das Lager warm werden. Es gibt verschiedene Möglichkeiten der Erwärmung, doch sollte man auf offene Brennerflammen verzichten, da das Material sich verziehen oder sogar schmelzen kann.
- Man kann das Teil in einen auf nicht mehr als 100°C erwärmten Backofen oder kochendem Wasser erwärmen (siehe Abbildung 5.12). Eine gezielte Erhitzung ist mit einem Heißluft-

5.13 Die Umgebung des Lagers kann mit einem Heißluftgebläse erwärmt werden. Schützen Sie Dichtungen vor direkter Hitze!

A

gebläse, wie es zum Abbeizen verwendet wird, oder einem Bügeleisen zu erreichen (siehe Abbildung 5.13).

Warnung: Bei all diesen Methoden müssen zur Vermeidung von Verbrennungen Handschuhe getragen werden.

- Beim Erhitzen des ganzen Gehäuses muss darauf geachtet werden, dass Kunststoffteile, wie Leerlaufschalter, beschädigt werden könnten – bauen Sie sie vorher aus.
- Bauen Sie unverzüglich nach dem Erhitzen das Lager aus. Sie werden merken, dass es sehr leicht auszutreiben ist oder gar alleine herausfallen wird.
- Auch zur Erleichterung des Einbaus neuer Lager kann das Gehäuse erhitzt werden. Die Motorradhersteller haben oft die Gehäuse entsprechend konstruiert und benutzen diese Methode bei der Motor-Montage.
- Zur leichteren Montage kann man Lager auch über Nacht in die Kühltruhe legen, damit sie sich zusammenziehen. Empfohlen wird diese Methode z.B. bei den Lagerschalen, die in den Lenkkopf getrieben werden.

Lager-Typen und Markierungen

- An Motorrädern findet man Gleitlager-Schalen und Wälzlager (Nadellager, Kegellager und Kugellager) in verschiedenen Größen (siehe Abbildungen 5.14 und 5.15) Die Rollen (Kugeln, Kegel oder Nadeln) der Wälzlager sitzen meistens in Käfigen, doch gibt es auch offene Lager.
- Gleitlager werden normalerweise bei Kurbelwellen und Pleuelfüßen verwendet, da sie hohe Druckbelastung aushalten, auch die Fertigung des Kurbeltriebs wird dadurch erheblich erleichtert. Sie benötigen konstanten Öldruck, da sie sonst schnell fressen. Sie sind zumeist aus gesinterter (selbstschmierender) Phosphor-Bronze, um beim Motorstart, wenn erst Öldruck aufgebaut wird, Notlauf-Eigenschaften zu besitzen.

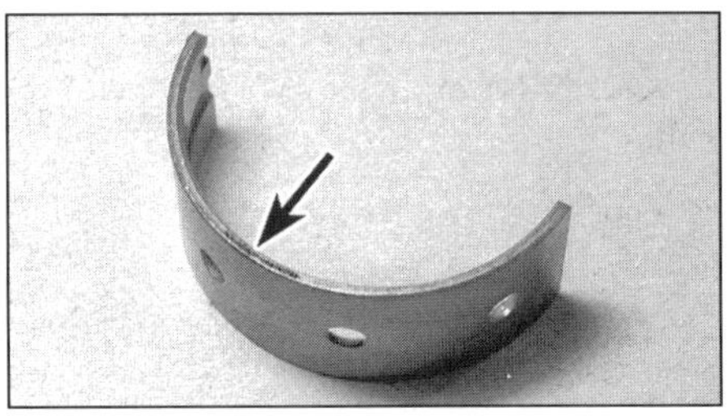

5.14 Gleitlager-Schalen gibt es glatt oder mit Nuten. Normalerweise sind sie mit Farb-Codes markiert.

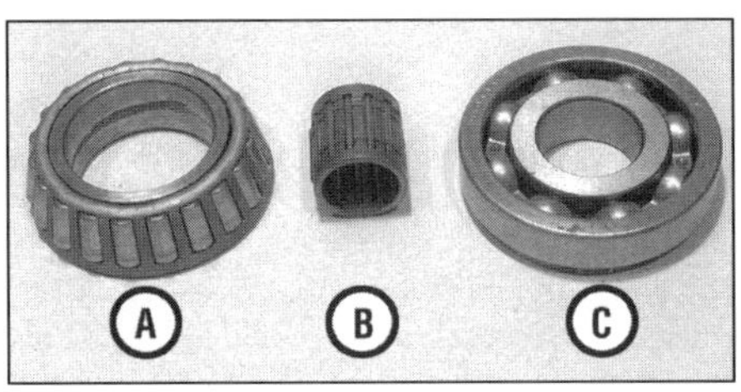

5.15 Kegelrollenlager (A), Nadellager (B) und Kugellager (C), alle mit Käfig.

5.16 Typische Markierung eines Kugellagers

- Wälzlager besitzen einen inneren und einen äußeren Ring, zwischen denen Rollen oder Kugeln laufen. Sie benötigen konstante Schmierung, aber keinen Druck, und halten axiale Belastungen aus. Kugellager sind nur komplett als Bauteil zu montieren, die meisten Nadellager und Kegellager bestehen aus getrennt zu montierenden Innen- und Außenringen. Letztere halten hohe axiale Belastungen aus und werden deshalb oft in Lenkköpfen eingesetzt.
- Wälzlager sind im Gegensatz zu Gleitlagern Normteile, die bei bekannter Markierung (anhand derer das Maß, die Belastbarkeit und der Typ bestimmt werden können) im Fachhandel besorgt werden können (siehe Abbildung 5.16).
- Metallbuchsen bestehen üblicherweise aus Phosphorbronze, in Stoßdämpfer-Augen werden Gummibuchsen verwendet, in billigen Schwingen-Lagerungen fristen Plastikbuchsen ein kurzes Dasein.

Fehlersuche bei Lagern

- Wenn ein Lager-Außenring sich im Lagersitz gedreht hat, ist das Gehäuse beschädigt. Wenn noch nicht allzu viel Material abgetragen ist, kann man das Lager mit Spezialkleber einsetzen.

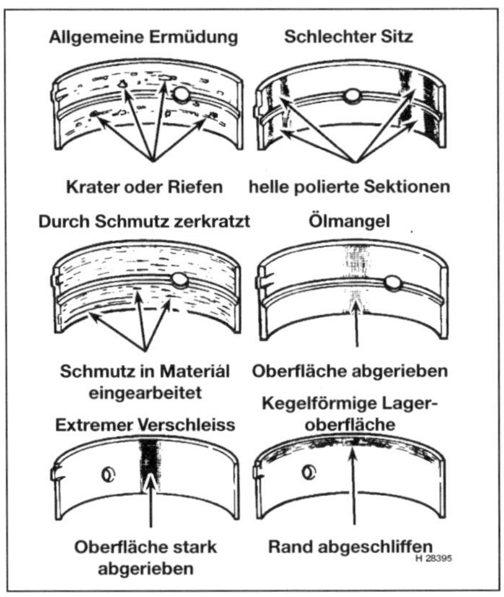

5.17 Typische Lager-Schäden

5.18 Diese Kugeln haben deutliche Abdrücke – das Lager ist defekt.

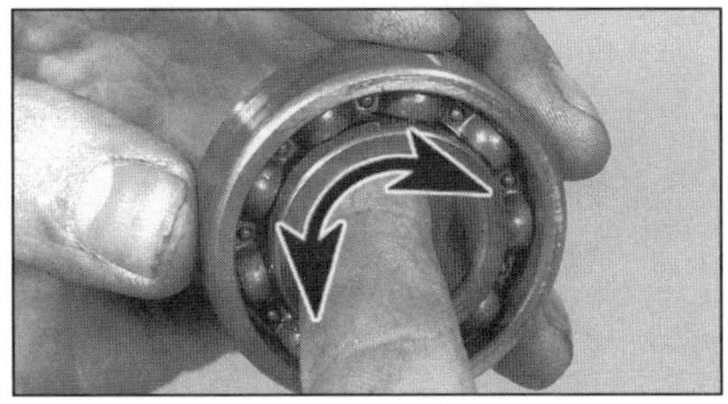

5.19 Halten Sie den äußeren Ring und drehen Sie den inneren Ring dicht am Ohr.

- Gleitlagerschalen können durch Ölmangel, Korrosion oder Fremdteilchen im Öl beschädigt werden (siehe Abbildung 5.17). Kleine Teilchen werden in die Lageroberfläche eingearbeitet, während große Teile die Schale und die Welle zerkratzen. Wird das Motorrad viel auf Kurzstrecken eingesetzt, kann sich der Motor nur ungenügend erwärmen und dadurch entstehendes Kondenswasser sorgt für mangelnde Schmierung und kann das Lager korrodieren lassen.
- Kugel- und Rollenlager können durch Überhitzung (bei Ölmangel) und eindringenden Schmutz zerstört werden, Kegelrollenlager drücken sich bei zu hoher Last ein. Wälzlager unterliegen auch bei vorschriftsmäßiger Benutzung einem gewissen Verschleiß. Wenn ein Wälzlager nicht auf beiden Seiten abgedichtet ist, kann es in Paraffin von alten Fettresten befreit und anschließend getrocknet werden, so dass bei einer Sicht-Inspektion die Kugeln, Käfige und Laufflächen durchgeführt werden kann (siehe Abbildung 5.18).
- Ein Kugellager kann auf Verschleiß kontrolliert werden, wenn man sich seinen Rundlauf genau anhört. Geben Sie dünnes Öl in das Lager und drehen Sie den Innenring dicht am Ohr (siehe Abbildung 5.19). Es sollten keine Laufgeräusche festzustellen sein, wenn es hakt oder rauh läuft, ist es verschlissen.

6.1 Alte Dichtringe werden beim Aushebeln zerstört, weiterverwenden darf man sie nicht.

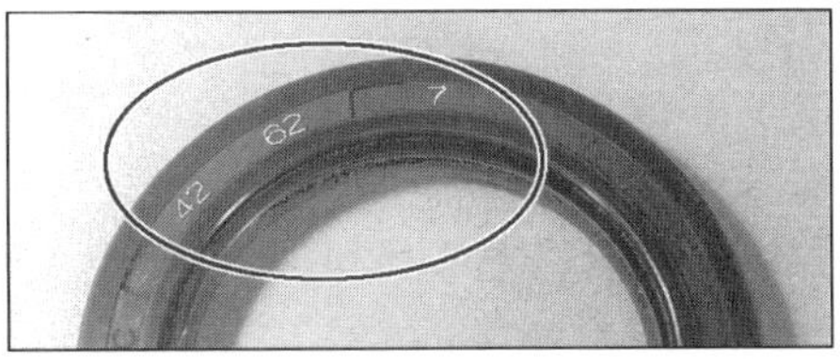

6.2 Diese Dichtring-Markierungen geben die Innengröße, die Außengröße und die Breite an.

6 Öl-Dichtringe

Aus- und Einbau

- Wellen-Dichtringe (auch »Simmerringe« genannt) sollten bei jeder Demontage der entsprechenden Baugruppe erneuert werden, da die Dichtlippen mit der Zeit verschleißen und das Material altert.
- Dichtringe können mit einem großen Schlitzschraubendreher aus ihrem Sitz gehebelt werden (siehe Abbildung 6.1). Achten Sie beim Ausbau darauf, dass der Dichtring nicht durch Seegerringe oder Draht gesichert ist.
- Neue Dichtringe werden normalerweise mit den markierten Seiten nach außen und der Feder-Seite gegen die Flüssigkeit eingebaut. Sonderformen dichten z.B. Kurbelgehäuse von Zweitaktmotoren in beide Richtungen ab.
- Mit einem nur außen am Ring anliegenden Lagertreiber oder Steckschlüssel wird der neue Dichtring senkrecht an seinen Platz getrieben – Schläge auf die Dichtfläche zerstören den Ring.

Dichtring-Typen und Markierungen

- Dichtringe sind normalerweise mit einfachen Dichtlippen ausgerüstet. Doppeldichtungen werden verwendet, wenn beidseitig Flüssigkeit oder Gas gegeneinander abgedichtet werden müssen.
- Dichtringe härten nach langer Zeit aus. Wenn das Motorrad lange gestanden hat, hilft nur ein Auswechseln aller Dichtringe.
- Dichtringe sind meistens Normteile. Doch außer den angegebenen Maßen (siehe Abbildung 6.2) sind sie aus ihrem Einsatzzwecke entsprechenden Material konstruiert.

7 Dichtungen und Dichtmasse

Dichtungs- und Dichtmassen-Typen

- Um das Austreten von Flüssigkeiten und Überdruck zu verhindern, werden Gehäuseteile mit Dichtungen gegeneinander geschraubt. Aluminium- oder Kupfer-Dichtungen findet man häufig an Zylinderköpfen, die meisten Dichtungen sind aus Papier. Wenn die Dichtflächen der Gehäuse nicht beschädigt sind, können die Dichtungen trocken angesetzt werden, mit etwa Fett oder Dichtmasse können sie eventuell für die Montage in Position gehalten werden.
- Mit Silikondichtmasse können kleine Löcher oder Unregelmäßigkeiten ausgeglichen werden. Durch Zusammenziehen der Gehäuseteile wird Silikon zur Seite herausgepresst. Man kann zwar damit Papierdichtungen ersetzen, doch muss zuvor kontrolliert werden, ob die Dicke des Papiers nicht für bestimmte Bauteile wichtig ist. Silikon sollte nicht bei hohen Temperaturen oder Benzin-Berührung eingesetzt werden.
- Dauerelastische, anhärtende oder aushärtende Dichtmasse kann zusammen mit Dichtungen oder direkt zwischen Metall-Dichtflächen eingesetzt werden. Für bestimmte Zwecke werden bestimmte Dichtmassen benötigt: Dauerelastische Dichtmasse kann an fast allen Verbindungen eingesetzt werden, anhärtende Masse an rauhen oder beschädigten Dichtungen, und aushärtende Dichtmasse wird an immer bestehenden Verbindungen oder bei hohen Temperaturen und hohem Druck verwendet. Anmerkung: Kontrollieren Sie zunächst, ob die verwendeten Papierdichtungen mit Dichtmasse imprägniert sind, bevor Sie zusätzliche Dichtmasse auftragen.
- Überprüfen Sie, ob die ausgewählte Dichtmasse den Ansprüchen der Dichtung genügt, d.h. hohe Temperaturen oder Benzin aushält. Einige Anbieter verkaufen Dichtmassen in verschiedenen Farben, so das man für seinen Motor die unscheinbarste aussuchen kann.
- Geben Sie nicht zuviel Dichtmasse auf die Flächen, da sie sich nicht nur nach außen, wo sie abgewischt werden kann, sondern auch nach innen drücken kann, wo abgefallenes Material im Extremfall Ölkanäle verstopfen kann.

7.1 Wenn Hebel-Laschen vorhanden sind, kann hier vorsichtig mit einem Schraubendreher auseinandergehebelt werden.

7.2 Klopfen Sie mit einem weichen Hammer die Dichtungs-Umgebung ab – zerstören Sie keine Kühlrippen.

Viele Bauteile werden mit einer oder zwei Passhülsen zwischen den Dichtflächen zusammengefügt. Wenn eine Passhülse sich nicht entfernen lässt, darf sie nicht mit Zangen gegriffen werden, da sie dabei verbogen und zerstört wird. Legen Sie zur Stabilisierung eine eng sitzende Steckschlüssel-Nuss oder einen passenden Kreuzschlitzschraubendreher hinein, und greifen Sie die Hülse dann mit der Zange.

Öffnen einer Dicht-Verbindung

- Alter, Hitze, Druck und die Verwendung aushärtender Dichtmasse können dafür sorgen, dass zwei zusammenhängende Bauteile alleine mit Fingerkraft kaum wieder auseinander zu

7.3 Dichtungsreste können mit einem Dichtungs-Schaber, . . .

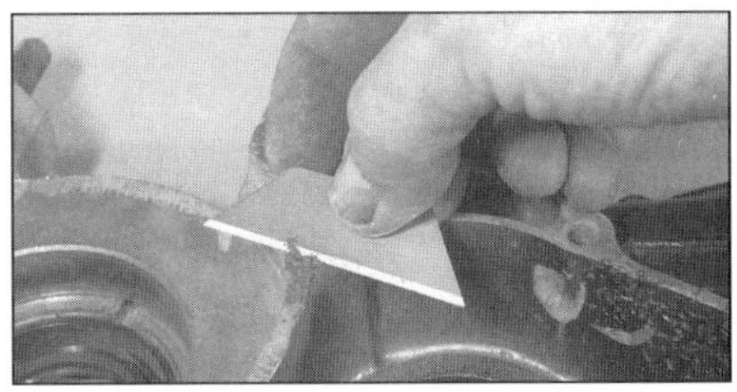

7.4 . . . einer Messerklinge . . .

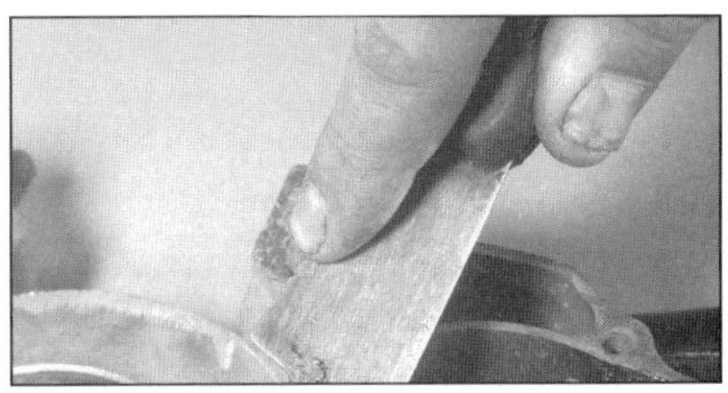

7.5 . . . oder einem Spachtel entfernt werden.

A

7.6 Mit um eine flache Feile gewickeltem feinen Schleifpapier kann die Dichtfläche gereinigt werden.

bekommen sind. doch dürfen keine Hebel benutzt werden, wenn hierfür keine Hebelstellen vorgesehen sind (siehe Abbildung 7.1), da sonst die Dichtflächen beschädigt werden.

- Mit Hilfe eines Gummi- oder Kunststoffhammers (siehe Abbildung 7.2) oder aber eines Stahlhammers mit Holzstück wird in der Nähe der Dichtflächen gegen die Bauteile geklopft. Schlagen Sie nicht gegen filigrane Gussteile wie Kühlrippen, da sie abbrechen können. Zeigt diese Methode Erfolg, können die Gehäusehälften mit einem zwischengeschobenen Holzstück auseinandergedrückt werden.

Achtung: Wenn Die Verbindung sich gar nicht lösen will, kontrollieren Sie, ob wirklich alle Schrauben gelöst sind.

Entfernen alter Dichtungen

- Papierdichtungen lassen sich zumeist relativ rückstandsfrei entfernen. Übriggebliebene Reste müssen vor dem Auflegen einer neuen Dichtung gründlich entfernt werden.
- Kratzen Sie alle Dichtungsreste sorgfältig und vorsichtig ab, hobeln Sie dabei kein Aluminium ab und kerben Sie es nicht ein (siehe Abbildungen 7.3, 7.4 und 7.5). Hartnäckige Rückstände können mit Dichtungsentferner aus der Sprühdose entfernt werden. Zum Schluss der Reinigung können die Dichtflächen mit sehr feinem Schleifpapier oder einem Topfschwamm gereinigt werden.
- Alte Dichtmasse kann je nach Typ abgekratzt oder abgepult werden. Beachten Sie, dass es chemische Dichtungs-Entferner gibt, die die Arbeit erleichtern, doch müssen sie für die vorhandene Dichtungsmasse ausgelegt sein.

8 Ketten

Trennen und Verbinden von Antriebsketten

- Antriebsketten für größere Motorräder sind endlos, d.h. sie haben kein Schloss zum öffnen. Soll die Kette gewechselt werden, muss die alte mit einem Kettentrenner geöffnet, und die neue nach dem Aufziehen ordentlich vernietet werden. Federclip-Schlösser dürfen nur im Notfall verwendet werden. Zum Trennen und Vernieten gibt es neben den gezeigten Werkzeugen eine Vielzahl anderer – lesen Sie vor dem Arbeiten deren Gebrauchsanweisungen.

8.1 Drücken Sie mit dem Kettentrenner den Bolzen durch die Kette, . . .

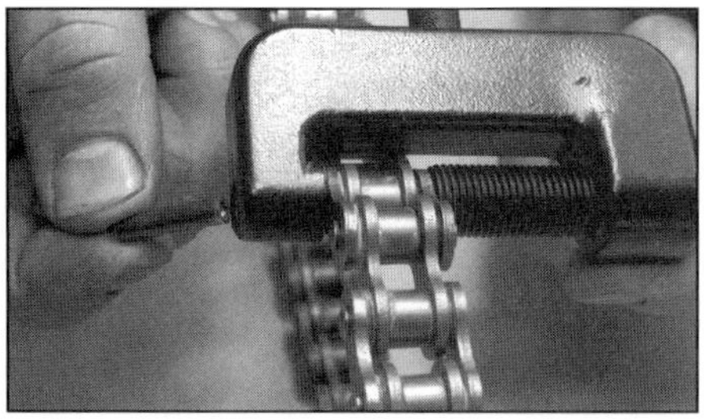

8.2 . . . entfernen Sie den Bolzen, nehmen Sie das Werkzeug ab . . .

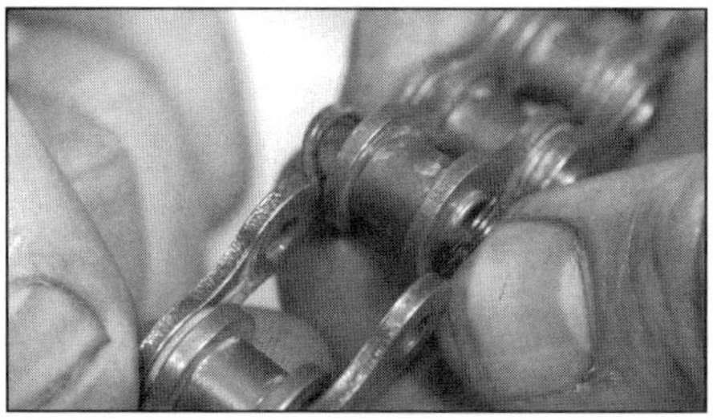

8.3 . . . und öffnen Sie die Kette.

Warnung: Eine Antriebskette ist über lange Zeit und unter widrigen Umständen einer sehr hohen Belastung ausgesetzt. Nur mit einer korrekten Vernietung kann sie die gewünschte Lebensdauer erreichen. Eine abreißende Kette stellt für Mensch und Maschine eine hohe Gefahr dar!

- Drehen Sie die Kette und suchen Sie das Nietschloss. Im Gegensatz zu den anderen Bolzen, die am Rand plattgehauen sind, sind seine Bolzen durch zentrale Schläge aufgespreizt (siehe Abbildung 8.9). Positionieren Sie das Schloss zwischen die Ritzel und setzen Sie an einen Bolzen die Trennvorrichtung an (siehe Abbildung 8.1). Drücken Sie den Bolzen durch die Kette (siehe Abbildung 8.2) Achten Sie bei einer O-Ringkette auf die entsprechenden Dichtungen (siehe Abbildung 8.3). Führen Sie die Prozedur am anderen Bolzen durch.

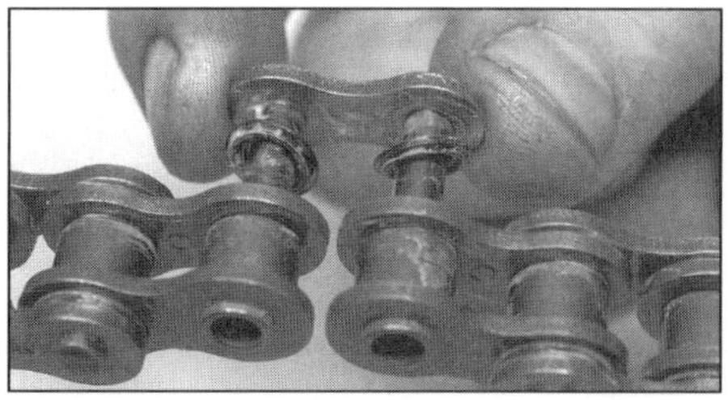

8.4 Drücken Sie das neue mit O-Ringen bestückte Schloss durch die Enden der Kette, . . .

8.5 . . . legen Sie neue O-Ringe über die Bolzen-Enden . . .

8.6 . . . und legen Sie die neue Lasche auf.

Achtung: Bei großen und sehr harten Ketten kann es nötig sein, die Vernietung der Bolzen abzufeilen oder abzuschleifen, bevor sie sich durch die Kette drücken lassen.

- Überprüfen Sie, ob das neue Schloss in der Größe und Stärke der Kette entspricht – verwenden Sie niemals das alte Schloss wieder. Die Größen und Ausführungen der Ketten sind auf den Gliedern eingestanzt (siehe Abbildung 8.10).
- Legen Sie die Enden der Kette über das hintere Kettenrad. Legen Sie bei einer O-Ringkette je einen neuen O-Ring auf die Bolzen des Schlosses und schieben Sie das Schloss durch die beiden Kettenenden (siehe Abbil-

8.7 Mit einer solchen Klemme lässt sich die Lasche leicht in ihre Position schieben.

8.8 **Mit dem Ketten-Verniet-Werkzeug wird pro Arbeitsgang ein Bolzen vollständig vernietet.**

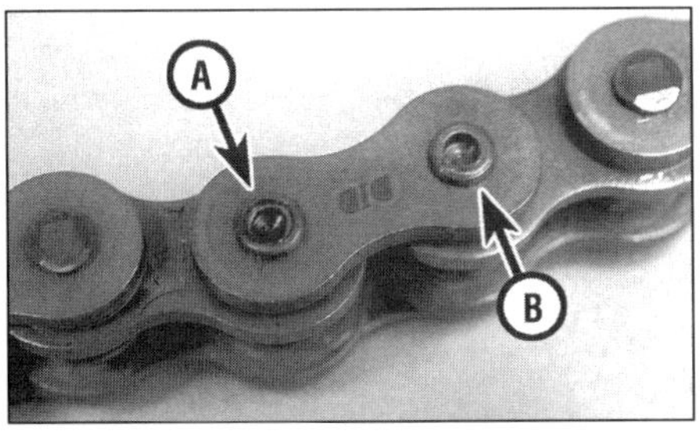

8.9 **Korrekt vernieteter Bolzen (A), Bolzen noch nicht vernietet (B)**

dung 8.4). Legen Sie auf jedes Bolzenende einen neuen O-Ring und über beide die neue Lasche (siehe Abbildungen 8.5 und 8.6).

- Die Lasche lässt sich nicht mit der Hand aufschieben. Benutzen Sie entweder ein spezielles Werkzeug (siehe Abbildung 8.7), eine Zange oder Klemme, mit der Sie die Lasche über die Bolzen drücken können.
- Positionieren Sie das Verniet-Werkzeug der Anleitung entsprechend über dem Bolzen und spreizen Sie ihn durch Einschrauben der Spindel auseinander (siehe Abbildungen 8.8 und 8.9). Wiederholen Sie die Prozedur am anderen Bolzen.

Warnung: Kontrollieren Sie genau die Vernietung der Bolzen und vergewissern Sie sich, dass die Lasche sich nicht lösen kann. Wenn die Bolzen-Enden reißen, muss ein neues Schloss verwendet werden.

Antriebsketten-Größen

- Die Kettengröße wird durch eine dreistellige Zahl angegeben, folgende Buchstaben stehen

8.10 **Typische Kettengröße und Typenmarkierung**

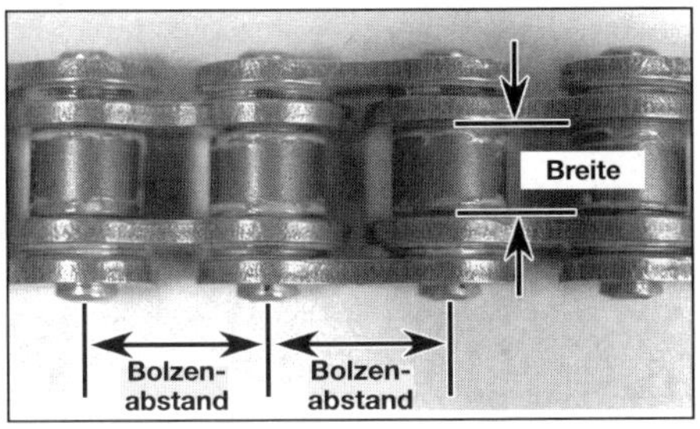

8.11 **Maße zur Bestimmung der Kettengröße**

für den Kettentyp (siehe Abbildung 8.10). Die Typen sagen etwas über die Qualität und Stärke (Dicke der Laschen) aus, und ob es sich um eine O-Ring-Kette handelt.

- Die erste Ziffer gibt den Abstand der Bolzen-Mitten zueinander an (siehe Abbildung 8.11). Die Ziffer wird in einen Bruch über eine acht gesetzt und dieser gibt den Abstand in Zoll an:
Beginnt die Größenangabe mit einer 4 (z.B. 428), haben die Bolzen einen Abstand von 4/8 Zoll = 12,7 mm
Beginnt die Größenangabe mit einer 5 (z.B. 520), haben die Bolzen einen Abstand von 5/8 Zoll = 15,9 mm
Beginnt die Größenangabe mit einer 6 (z.B. 630), haben die Bolzen einen Abstand von 6/8 Zoll = 19,1 mm
- Anhand der zweiten und dritten Ziffer kann die Breite der Rollen bestimmt werden, die ebenfalls in englischen Maßen angegeben ist, z.B. hat eine 525er Kette Rollen mit einer Breite von 5/16 Zoll (7,94 mm) (siehe Abbildung 8.11).

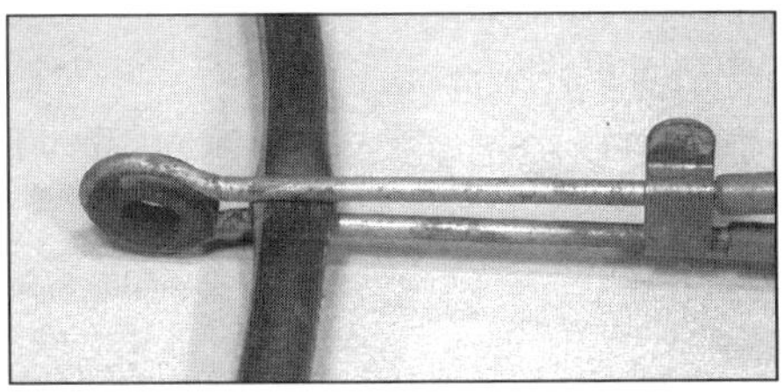

9.1 **Schläuche können mit einer Bremsleitungs-Klemme, . . .**

9.2 **. . . einer Flügelmutter-Klemme, . . .**

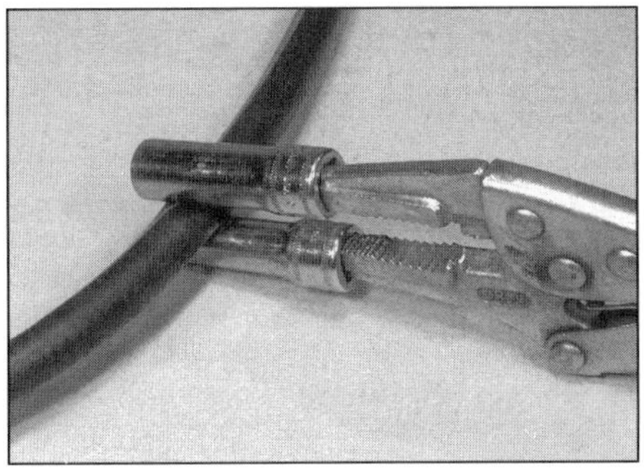

9.3 **. . . auf einer Gripzange steckenden Nüssen . . .**

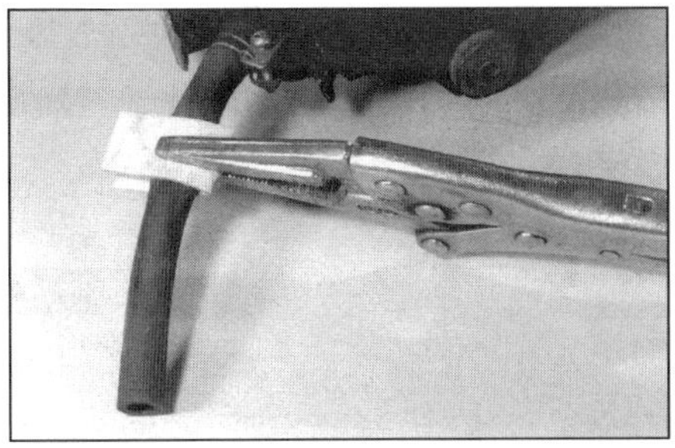

9.4 **. . . oder unterlegter Pappe abgeklemmt werden.**

9 Schläuche

Abklemmen zur Durchfluss-unterbrechung

- Dünne flexible Schläuche können abgeklemmt werden, damit man an bestimmten Bauteilen arbeiten kann. Welche Methode auch immer gewählt wird, das Schlauch-Material darf nicht dauerhaft verbogen oder durch die Klemme beschädigt werden (vgl. Abb. 9.1–9.4).

Lösen und Aufschieben von Schläuchen

- Gehen Sie sicher, dass alle Klemmen und Schellen entfernt sind. Greifen Sie den Schlauch und ziehen Sie ihn drehend vom Stutzen. Wenn der Schlauch im Laufe der Zeit ausgehärtet ist und sich nicht bewegt, schlitzen Sie ihn am Stutzen mit einem scharfen Messer längs auf und ziehen Sie ihn dann ab.
- Widerstehen Sie der Versuchung, zur Erleichterung der Schlauch-Montage die Anschlüsse mit Fett oder Seife einzuschmieren; es hilft zwar, doch kann dann am Stutzen auch Flüssigkeit leichter austreten. Es wird empfohlen, das Schlauchende ggf. in heißem Wasser oder anderen Flüssigkeiten zu erwärmen und damit geschmeidig zu machen.

Sicherheits-Check

Hauptuntersuchung

In Deutschland müssen Motorräder alle zwei Jahre zur Hauptuntersuchung nach § 29 der Straßenverkehrszulassungsordnung (StVZO). Diese Untersuchung wird im Volksmund als »TÜV« bezeichnet; das stammt noch aus der Zeit, als der Technische Überwachungsverein (TÜV bzw. TÜH) das Monopol auf Hauptuntersuchungen besaß. Das ist seit einigen Jahren nicht mehr der Fall. Dekra und auch freie Sachverständige, die einer anerkannten Überwachungsorganisation wie KÜS oder GTÜ angeschlossen sind, dürfen die Hauptuntersuchung durchführen.
Gerade bei freien Sachverständigen hat dies seine Vorteile für den Fahrzeugbesitzer: Eine familiäre Atmosphäre, sehr kurze Wartezeiten und hohe Kompetenz unterscheiden diese kleinen Prüfbüros von den häufig anonymen und bürokratischen Prüfstellen der eingesessenen Organisationen.
TÜV/TÜH (alte Bundesländer) und Dekra (neue Bundesländer) besitzen allerdings nach wie vor das Monopol für die Begutachtung von Änderungen am Fahrzeug, für die keine Gutachten vorliegen – etwa selbstgebaute Auspuffanlagen, Umbauten zum Gespann o. ä.
Bei der Hauptuntersuchung werden Betriebs- und Verkehrssicherheit des Motorrads geprüft. Sachverstand des Prüfers vorausgesetzt – was leider nicht immer der Fall ist –, ist dies ein notwendiger Check im Interesse des Fahrzeugbesitzers. Doch unabhängig von dieser regelmäßigen Untersuchung sollte der Fahrer des Motorrades wissen, wo die sicherheitsrelevanten Baugruppen sitzen und sie selber prüfen können.

Praxis TiP ***Wenn Sie ein gebrauchtes Motorrad kaufen möchten, so ist eine kürzlich durchgeführte Hauptuntersuchung (HU) keinesfalls eine Gewähr für den einwandfreien Zustand des Fahrzeugs. Motor, Getriebe und wesentliche Teile der Elektrik werden bei der HU nicht geprüft, und selbst wichtige Baugruppen wie Bremsen und Rahmen können von einem inkompetenten Prüfer falsch beurteilt worden sein.***

Elektrik

Beleuchtung

Prüfen Sie die Funktion aller Leuchten am Motorrad: Stand-, Abblend-, Fern-, Rück- und Bremslicht, letzteres bei Fuß- und Handbremse. Das gleiche gilt für die Blinker und eventuelle Zusatzleuchten wie Breit- oder Zusatzscheinwerfer, Nebelschlußleuchte oder Warnblinker. Häufig wird die Instrumentenbeleuchtung nicht beachtet (übrigens auch nicht bei der HU), doch auch bei einer Nachtfahrt möchte man doch wissen, wie schnell man fährt.

Scheinwerfereinstellung

Im Gegensatz zu Autos wird bei der HU die Scheinwerfereinstellung bei Motorrädern nicht überprüft. Tun Sie das daher selbst im eigenen Interesse; weder ist es angenehm, andere Verkehrsteilnehmer zu blenden, noch, nachts lediglich das Vorderrad oder die Baumwipfel zu beleuchten.
Stellen Sie in einer Werkstatt, die ein Prüfgerät für PKW besitzt, den Scheinwerfer Ihres Motorrades ein. Achten Sie dabei darauf, daß Sie das Motorrad mit dem üblichen Fahrgewicht belasten (1).

Batterie

Auch der Zustand von Batterie, Sicherungen, Regler und Lichtmaschine ist sicherheitsrelevant. Stellen Sie sich beispielsweise vor, auf der Überholspur der Autobahn geht schlagartig der Motor aus, weil es an Zündfunken fehlt, oder nachts in der gleichen Situation bleibt plötzlich das Licht weg.

1
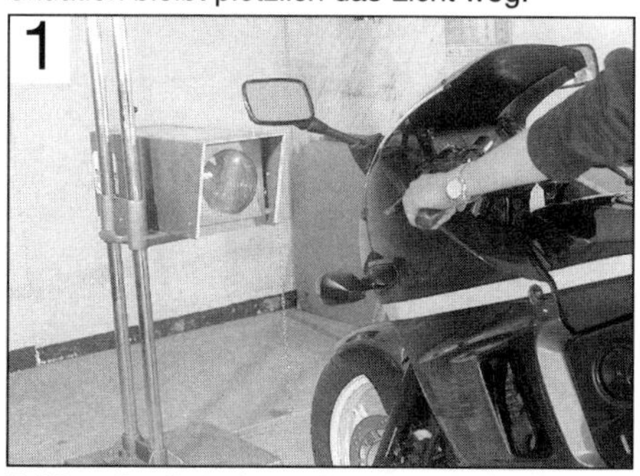

Prüfen der Scheinwerfereinstellung mit einem PKW-Prüfgerät

Auspuff und Antrieb

Auspuff

Auspuff und Schalldämpfer haben zugegebenermaßen wenig mit Sicherheit zu tun. Allerdings kann mit einer nicht genehmigten Änderung die Betriebserlaubnis des Fahrzeugs erlöschen, was bei einem Unfall – der noch nicht einmal selbstverschuldet sein muß – unangenehme Folgen haben kann: Fahren ohne Versicherungsschutz, eventuell Fahren ohne Führerschein (wenn das Motorrad serienmäßig leistungsbegrenzt und die Fahrerlaubnis darauf beschränkt war), Fahren ohne Betriebserlaubnis u.a. Stellen Sie also sicher, daß der angebaute Auspuff entweder serienmäßig oder eingetragen ist, daß die Anlage fest sitzt und keine Löcher oder Durchrostungen vorliegen.

Antrieb

Sehr viel mehr mit Sicherheit hat der Hinterradantrieb zu tun, obwohl er bei der HU nicht geprüft wird. Ist die Kette in ordentlichem Zustand und weist die richtige Spannung auf? Sind Ritzel und Kettenrad nicht übermäßig abgenutzt? Bei Kardanmaschinen: Ist der Hinterradantrieb öldicht? Ist die Mitnehmerverzahnung des Hinterrads in Ordnung? (Für diese Prüfung muß das Hinterrad ausgebaut werden.)

Steuerkopf und Federung

Steuerkopf

Entlasten Sie das Vorderrad, so daß es frei in der Luft steht. Schwenken Sie den Lenker langsam von Anschlag zu Anschlag. Ist der Lenker dabei schwergängig? Sind »Raststellen« zu spüren? Schlägt etwas am Tank an? Das alles darf nicht der Fall sein, andernfalls sind Lenkkopflager und/oder Anschläge neu zu justieren bzw. auszutauschen (2).
Fassen Sie die beiden Enden der Vorderachse mit den Fäusten und versuchen, das Rad nach hinten und vorne zu drücken. Ein loses Lenkkopflager können Sie dabei an einem Klacken hören, wobei das Geräusch auch von einer ausgeschlagenen Telegabel kommen kann. Um sicher zu gehen, lassen Sie bei diesem Test eine zweite Person einen Finger an den Spalt zwischen Lenkkopf und unterer Gabelbrücke legen. Selbst ein kleines Spiel des Lagers läßt sich so feststellen (3).

Vorderradfederung

Bocken Sie das Motorrad ab und halten es mit der Vorderbremse fest. Drücken Sie nun mit dem Lenker die Telegabel zusammen. Sie darf dabei nicht stocken oder klemmen (4).
Prüfen Sie die Enden der Tauchrohre auf Öldichtigkeit. Ölnebel oder gar -tropfen weisen auf undichte Simmerringe hin (5).
Prüfen Sie schließlich den Ölstand in den Telegabelrohren nach Anleitung.

Hinterradfederung

Lassen Sie das Motorrad in abgebocktem Zustand von einer zweiten Person festhalten. Drücken Sie das Heck nach unten. Die Hinterradfederung darf dabei nicht stocken oder klemmen. Das Heck darf nach dem Loslassen auch nicht nachschwingen (6).
Prüfen Sie das oder die hinteren Federbein/e auf Öldichtigkeit. Nur wenige Federbeine sind reparabel. Erkundigen Sie sich danach.
Fassen Sie das Hinterrad an und versuchen Sie, es nach links und rechts zu drücken. Damit kann Spiel im Hinterradlager und im Schwingenlager festgestellt werden (9).
Bei Maschinen mit einem Zentralfederbein können die Lager der Anlenkhebel ausschlagen. Lassen Sie eine zweite Person das Hinterrad des Motorrads anheben und beobachten dabei mit einer Taschenlampe die Lagerstellen, um Spiel festzustellen (7, 8).

Um das Lenkkopflager zu prüfen, darf das Vorderrad nicht aufstehen, auch nicht so!

Prüfen von unzulässigem Spiel in Lenkkopflager und Telegabel

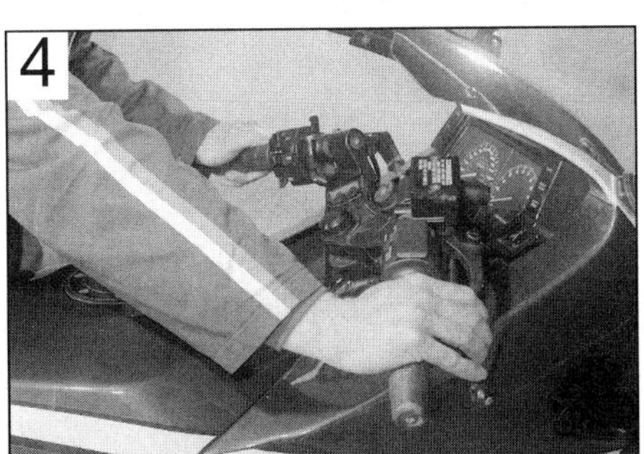

Bei gezogener Handbremse mit dem Lenker die Telegabel zusammendrücken.

Bei undichten Simmerringen tritt Öl am oberen Ende des Tauchrohrs aus.

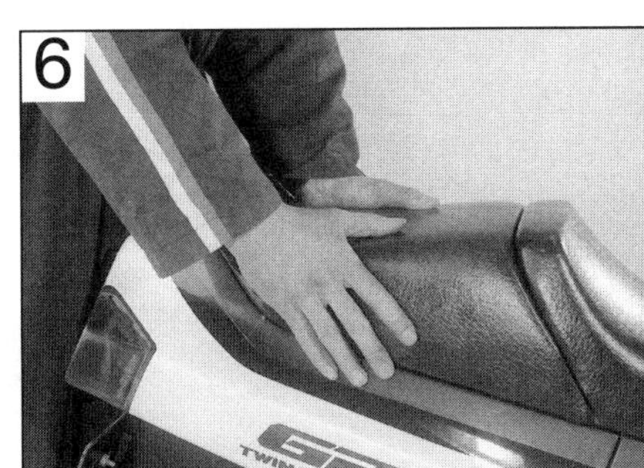

Herunterdrücken des Hecks zum Prüfen der Hinterradfederung

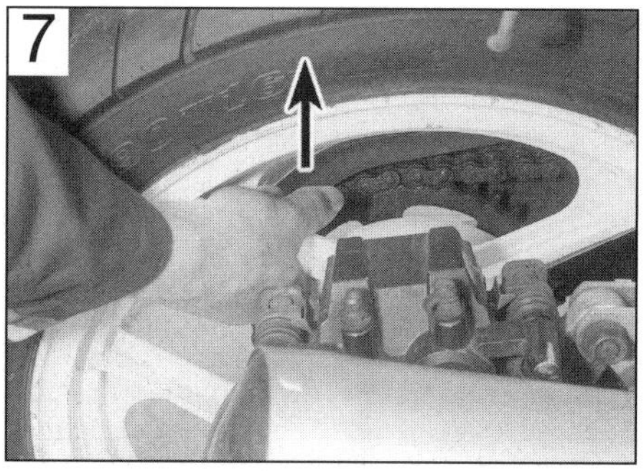

Anheben des Hinterrads, um Spiel ...

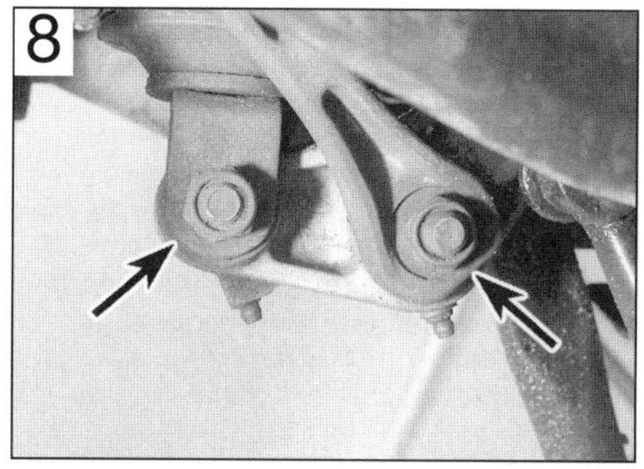

... in den Lagern der Federbein-Anlenkung aufzuspüren.

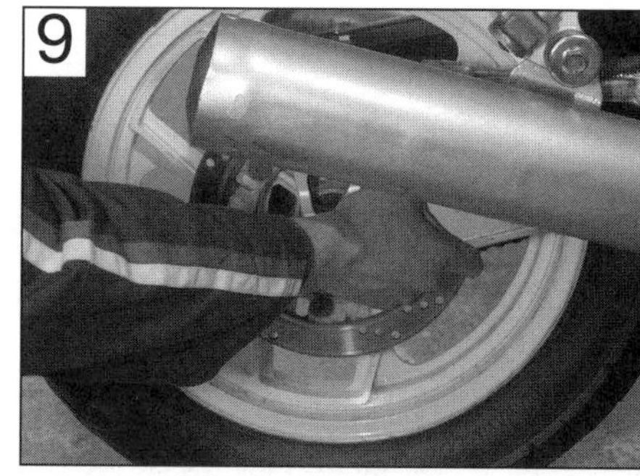

Hinterradschwinge nach links und rechts drücken, um unzulässiges Spiel in den Schwingenlagern festzustellen.

Bremsen, Räder und Reifen

Bremsen

Ziehen Sie bei angehobenem Rad die jeweilige Bremse und lösen Sie sie wieder. Danach muß sich das Rad frei drehen lassen, ohne daß die Bremse klemmt. Leichte Schleifgeräusche dabei sind bei Scheibenbremsen normal.
Unterziehen Sie die Bremsscheibe einer Sichtprüfung. Sie darf im Bremsbereich keine Riefen und Absätze aufweisen, erst recht keine Risse.
Prüfen Sie die Belagstärke der Bremsbacken, wie im Handbuch beschrieben (10).
Betätigen Sie bei Trommelbremsen den Bremshebel bis zum Anschlag und prüfen den Winkel zwischen Bremsnockenhebel und Bremsstange bzw. -seilzug; er muß knapp unter 90° liegen (11).
Prüfen Sie bei hydraulischen Bremsen alle Schläuche und Leitungen bei betätigter Bremse auf Undichtigkeiten. Prüfen Sie den Pegel im Bremsflüssigkeits-Vorratsbehälter.

Räder und Reifen

Prüfen Sie Gußräder auf Beschädigung und Risse, Drahtspeichenräder auf lose, verbogene und gebrochene Speichen. Lassen Sie das angehobene Rad frei drehen und prüfen es und den Reifen auf runden Lauf. Kontrollieren Sie, ob das Rad ausgewuchtet wurde und die Wuchtgewichte noch an ihren Plätzen sitzen.
Fassen Sie das Rad und versuchen Sie, es nach links und rechts zu drücken. Dabei darf kein Spiel der Radlager feststellbar sein (13).
Prüfen Sie den Reifen auf Risse, Beschädigungen und Profiltiefe. In Deutschland muß das Profil an allen Stellen mindestens 1,6 Millimeter tief sein (14).
Stellen Sie sicher, daß Reifen mit den vorgeschriebenen Maßen und Herstellerbindungen montiert sind (siehe Angaben im Fahrzeugschein). Beachten Sie Laufrichtungspfeile an den Reifen-Seitenwänden (15).
Prüfen Sie den Festsitz aller Achsen- und Klemmfaust-Muttern und das Vorhandensein vorgesehener Splinte (16).
Die Radflucht (Spur) können Sie am besten mit einer Spurlatte feststellen (17, siehe Beschreibung vorne im Buch).

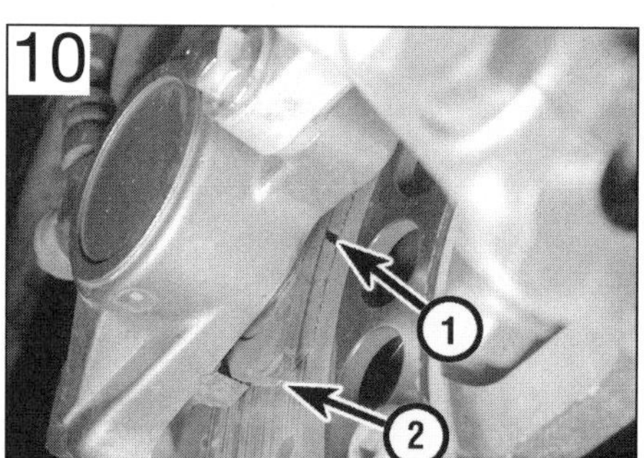

Der Verschleiß von Bremsbelägen kann meist ohne Abnahme der Bremssättel festgestellt werden. Die meisten besitzen Verschleißnuten (1) oder -markierungen (2).

Prüfen Sie an Trommelbremsen bei betätigter Bremse den Winkel zwischen Nockenhebel und Bremsstange bzw. -seilzug. Viele Bremsen besitzen einen Verschleißanzeiger.

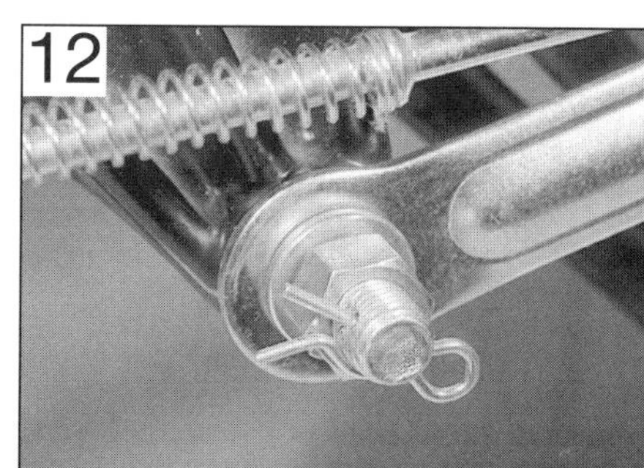

Die Verschraubung des Bremssattelhalters muß wie vorgeschrieben gesichert sein.

13 **Prüfen Sie das Radlagerspiel, indem Sie das Rad nach links und rechts drücken.**

14 **Prüfen der Profiltiefe**

15 **Manche Reifen besitzen einen Laufrichtungspfeil an der Seitenwand.**

16 **Achsenmuttern, die als Kronenmuttern ausgeführt sind, müssen mit einem Splint gesichert werden.**

17 **Prüfen der Radflucht mit Spurstangen**

Allgemeine Checks

Prüfen Sie den Festsitz aller wesentlichen Muttern von Verkleidung, Lenker, Sitzbank, Motor, Rahmen und Schutzblechen. Fußrasten und Haltegriffe dürfen nicht verbogen oder lose sein. An keiner Stelle darf der Rahmen Durchrostungen zeigen.

Stillegen

Es sind einige Dinge zu beachten, bevor man das Motorrad für längere Zeit stillegt, etwa über den Winter. Das Fahrzeug abzustellen, ohne die beschriebenen Arbeiten auszuführen, bringt erhöhten Verschleiß und Schwierigkeiten beim »Ausmotten« mit sich.

1. Waschen und reinigen Sie das Motorrad gründlich. Führen Sie notwendige Reparaturen jetzt durch, da Sie nach dem Winter ja doch keine Lust dazu haben werden...

2. Fahren Sie das Motorrad warm. Legen Sie dazu an einem sonnigen Tag eine Tour von mindestens 20 Kilometer ein. Fahren Sie auf dem Rückweg an einer Tankstelle vorbei, tanken Sie randvoll und erhöhen Sie den Reifendruck um etwa 1 bar über den vorgeschriebenen Wert.

3. Stellen Sie das Motorrad an einem trockenen Platz ab, wo es längere Zeit stehen soll. Bocken Sie es so auf, daß kein Reifen den Boden berührt.

4. Führen Sie Motor-, Getriebe- und eventuell (bei Kardanmaschinen) Hinterradölwechsel durch. Das geht gut, weil der Motor jetzt noch warm ist. Altes Öl enthält aus Verbrennungsrückständen saure Bestandteile, die mit der Zeit Metall angreifen, daher sollte es nicht im Motorrad belassen werden.

Etwas Motoröl in jedes Kerzenloch geben.

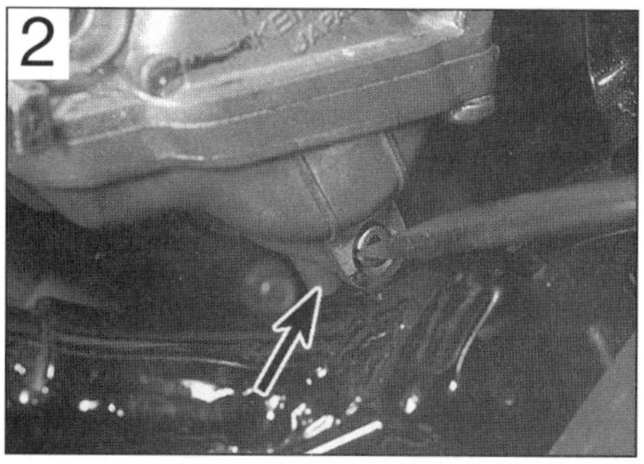

Die meisten Vergaser-Schwimmerkammern besitzen eine Schraube, mit der man das Benzin aus der Kammer ablassen kann.

5. Schmieren Sie die Antriebskette.

6. Verschließen Sie die Auspuffe mit Plastiktüten oder stopfen Sie Lappen hinein, um Kondenswasser und damit Innenrost zu vermeiden (3).

7. Drehen Sie alle Zündkerzen heraus und füllen in jedes Loch etwa 20 ml (1 Eßlöffel) frisches Motoröl. Legen Sie danach den höchsten Gang ein und drehen den Motor ein paar Mal mit dem Hinterrad durch. Das verteilt das Öl an die Zylinderwände und verhindert Rost. Schrauben Sie die Kerzen wieder ein (1).

8. Ölen Sie alle Bowdenzüge mit einer alten Spritze und Nähmaschinenöl (Beschreibung siehe vorne im Buch).

9. Schließen Sie die Benzinhähne und entleeren Sie die Schwimmerkammern aller Vergaser, um Verharzung des Benzins zu vermeiden und um beim späteren Start gleich frisches Benzin aus dem Tank zur Verfügung zu haben (2).

10. Bauen Sie die Batterie aus (4) und stellen sie an einen kühlen, frostfreien, trockenen Ort (z. B. Keller). Laden Sie sie etwa alle vier Wochen mit einem Steckerladegerät (5) einen Tag lang nach (Ladestrom max. 1/10 des Werts der Batterie-Kapazität). Noch besser ist es, die Batterie ins Auto einzubauen (Parallelanschluß zur Autobatterie).

11. Konservieren Sie leicht rostende und Chromstellen des Motorrades mit Sprühöl oder Wachs.

12. Reinigen Sie den Luftfiltereinsatz und bauen ihn wieder ein.

13. Bedecken Sie das Motorrad mit einem alten Laken oder einem anderen Stoff. Plastikfolie ist nicht geeignet, weil sich darunter Kondenswasser bildet und das Fahrzeug rostet.

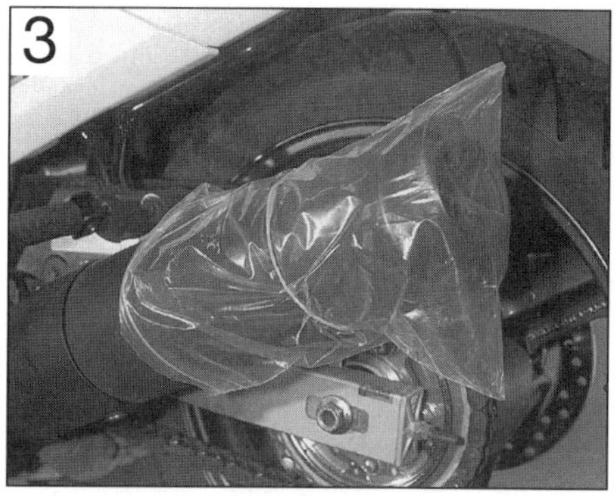

Auspuffenden mit Plastiktüte oder Lappen verschließen.

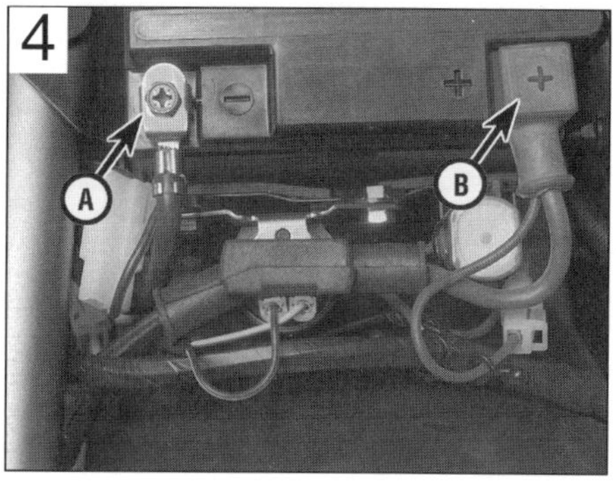

Batterie abklemmen, Minuspol (A) zuerst.

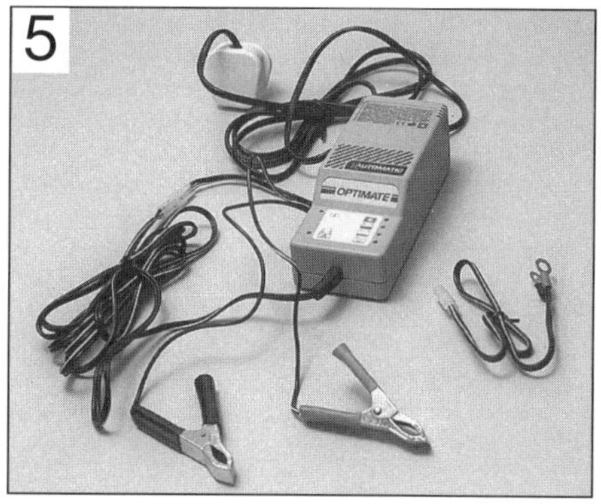

Batterieladegeräte dürfen klein sein, weil sonst der Ladestrom zu hoch wird.

Inbetriebnahme

Haben Sie das Motorrad wie beschrieben gewissenhaft »eingemottet«, so ist der Start in die neue Saison kein Problem.

1. Bauen Sie die geladene Batterie wieder ein (Pluspol zuerst anschließen, Kupferpaste an den Polen nicht vergessen).

2. Wischen Sie überschüssiges Konservierungsöl und -wachs ab.

3. Kontrollieren Sie den Reifen-Luftdruck.

4. Entfernen Sie Plastiktüten bzw. Lappen von den Auspuffen.

5. Stellen Sie die Benzinhähne auf »ON« (bei normalen Hähnen) bzw. auf »PRI« (bei Unterdruck-Benzinhähnen), damit die Schwimmerkammern mit frischem Benzin gefüllt werden.

6. Ziehen Sie die Kupplung und befestigen den Hebel mit einem Gummi am Handgriff. Nach längerer Standzeit können die Lamellen zusammenkleben (6).

7. Starten Sie den Motor und lassen ihn etwa eine Minute laufen. Stellen Sie dabei einen eventuellen Unterdruck-Benzinhahn wieder auf »ON«.

8. Schalten Sie den Motor wieder aus und kontrollieren nach etwa einer Minute den Motorölstand. Bei Motoren mit Trockensumpf-Schmierung kann es nämlich sein, daß durch die lange Standzeit das Öl aus dem Öltank in den Motor gelaufen ist, so daß eine Kontrolle vor dem Laufenlassen ein falsches Ergebnis brächte. Lösen Sie den Kupplungshebel wieder.

9. Prüfen Sie die Funktion beider Bremsen. Vor allem müssen sie nach dem Bremsen die Räder wieder freigeben.

Das Motorrad ist jetzt bereit zur ersten Fahrt. Lassen Sie es langsam angehen, denn auch die Reflexe müssen erst wieder sitzen. Gute Fahrt!

Der Kupplungshebel wird mit einem Gummi am Handgriff festgebunden.

Fehlersuche

(von Hans Hohmann)

In diesem Abschnitt sind die häufigsten Fehler am Motorrad zusammengestellt und ihre Behebung beschrieben. Dennoch kann es vorkommen, daß ausgerechnet die Ursache Ihrer Panne nicht beschrieben ist. Eine umfassende Darstellung der Technik aller Motorräder kann dieses Kapitel nicht leisten. Dazu sind eine Menge spezieller Bücher geschrieben worden.

Eine erfolgreiche Fehlersuche besteht aus etwas Grundwissen zusammen mit systematischer und logischer Vorgehensweise, nicht zu vergessen innerer Ruhe. Daher gibt es keine »mysteriösen Fehler«, sondern nur mangelnde Erfahrung oder mangelnde Systematik.

Beginnen Sie jede Fehlersuche mit der genauen Feststellung der Fehler-Symptome. Überlegen Sie, was es sein könnte; danach, was es noch sein könnte. Beginnen Sie dann mit systematischer Suche, Schritt für Schritt. Die beiden Schemata »Programmierte Fehlersuche« sollen Ihnen dabei helfen. Danach sind Baugruppe für Baugruppe mögliche Fehler erklärt.

Programmierte Fehlersuche:

Motorrad hat keine Leistung mehr

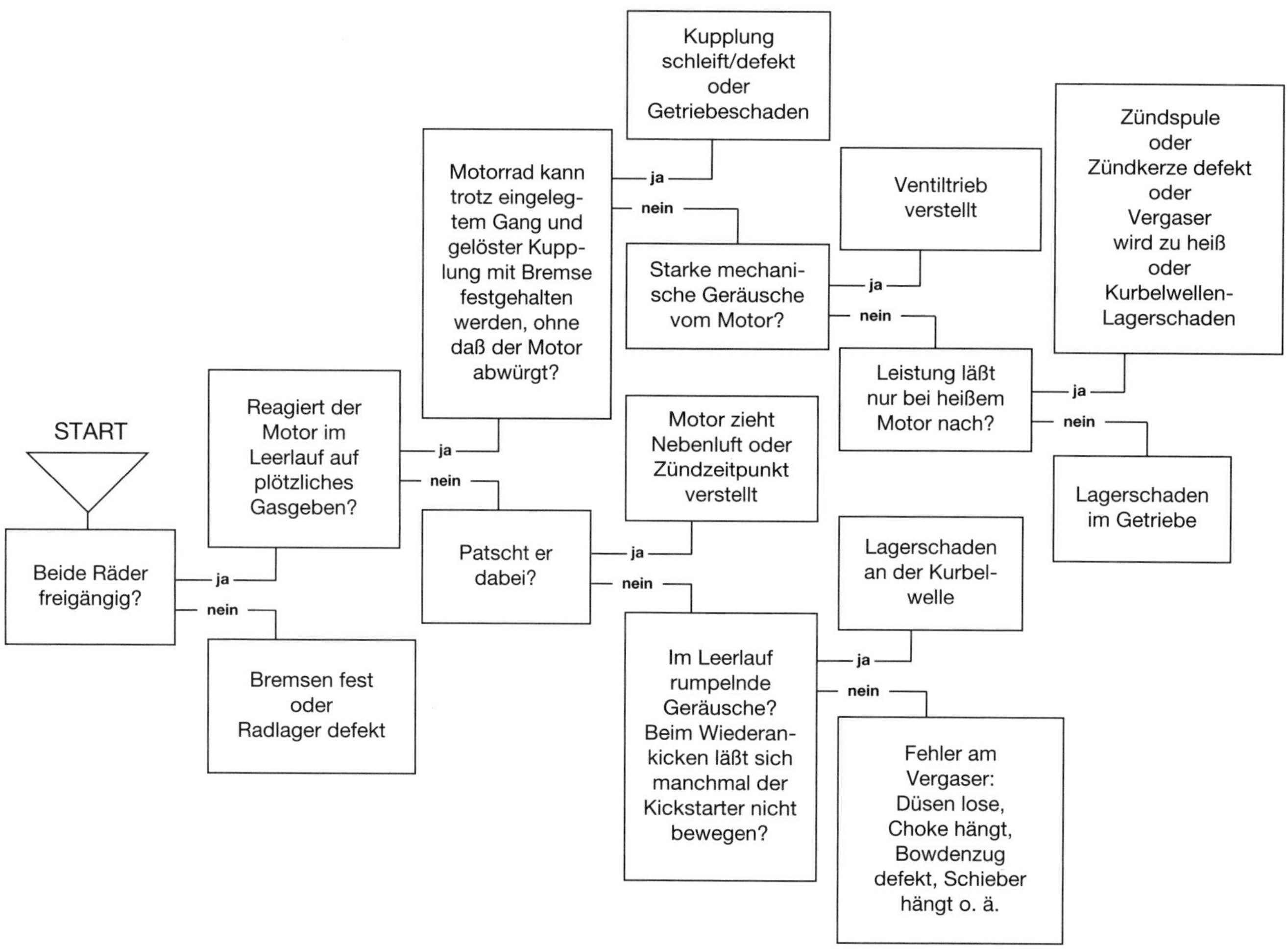

Programmierte Fehlersuche:
Motorrad springt nicht an

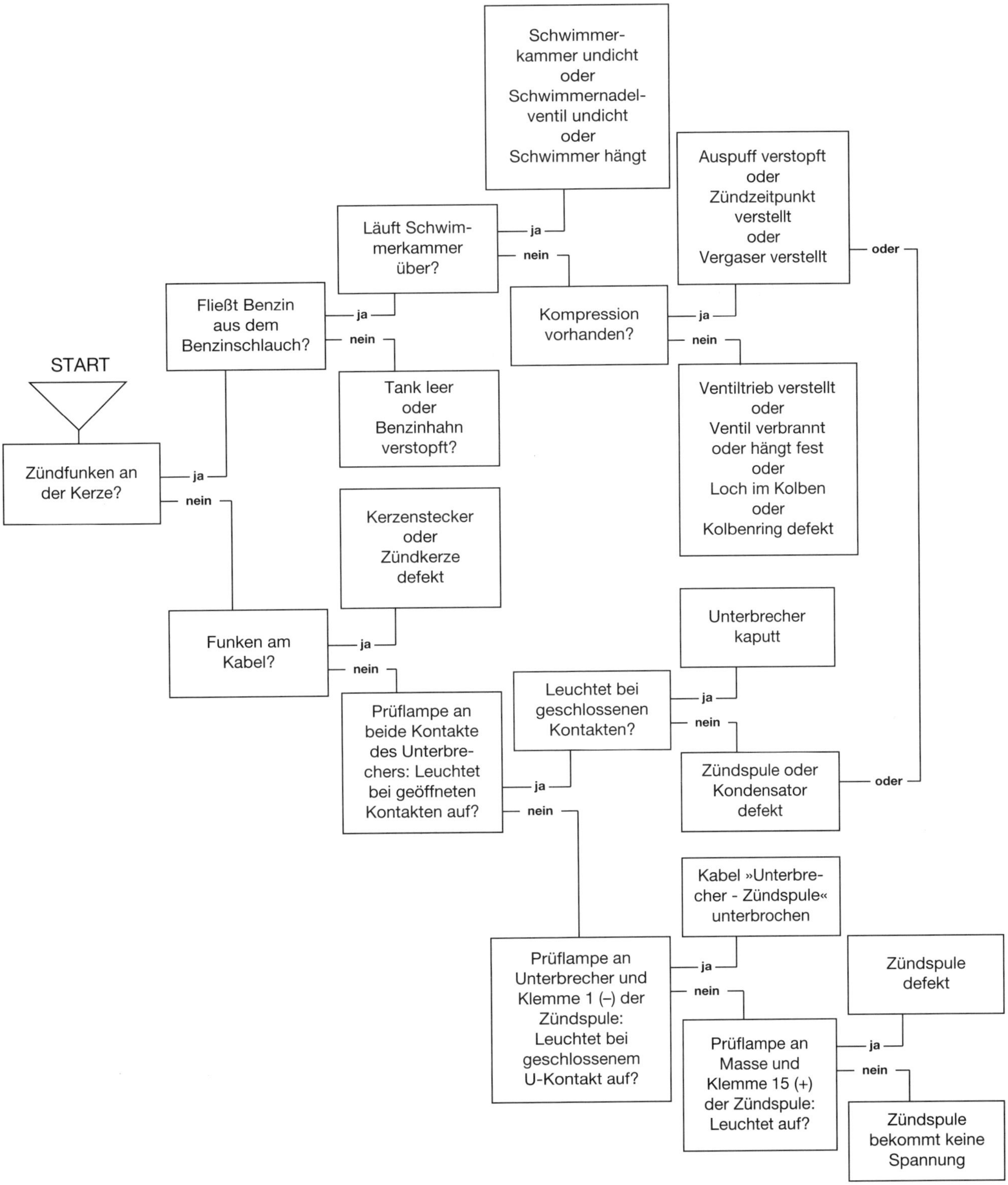

1 Anlasserprobleme

Anlasser dreht sich nicht:

- ☐ Killschalter umgelegt.
- ☐ Sicherung durchgebrannt. Prüfen Sie die Hauptsicherung am Anlasser-Relais.
- ☐ Batterie leer. Prüfung: Zündung einschalten, Fernlicht an und Hupenknopf drücken. Funktioniert alles, so ist die Batterie voll. Wenn nicht, laden bzw. ersetzen.
- ☐ Leerlauf nicht eingelegt.
- ☐ Defekter Leerlauf-, Kupplungshebel- oder Seitenständerschalter. Schalter und Kabel prüfen.
- ☐ Zündschalter defekt. Mit Ohmmeter prüfen.
- ☐ Killschalter oder dessen Kabel defekt. Prüfen Sie beide auf elektrischen Durchgang in der »RUN«-Position.
- ☐ Anlasserknopf defekt. Mit Ohmmeter prüfen.
- ☐ Anlasserrelais defekt. Siehe Beschreibung vorne im Buch.
- ☐ Verkabelung gebrochen oder Kurzschluß. Prüfen Sie den Anlasserstromkreis mit einer Prüflampe durch.
- ☐ Anlasser defekt. Prüfen: Lösen Sie das Plus-Kabel vom Anlasser und schließen daran und an Masse eine Prüflampe an. Zündung einschalten und Anlasserknopf drücken. Leuchtet die Prüflampe auf, so ist der Anlasser defekt.

Anlasser dreht sich, aber Motor nicht:

- ☐ Anlasserfreilauf defekt. Ausbauen und reparieren.

Anlasser will sich drehen, Motor blockiert aber:

- ☐ Motorschaden. Hierfür kann einiges die Ursache sein: Kurbelwellenlager defekt, Kolbenklemmer, Steuerkette übergesprungen, Ventiltrieb defekt u. a.

2 Motor springt nicht an

Kein Benzinfluß zum Vergaser:

- ☐ Kein Benzin im Tank.
- ☐ Benzinhahn steht auf »OFF«.
- ☐ Bei Unterdruck-Benzinhahn: Unterdruck-Schlauch ist defekt oder nicht angeschlossen oder Membran im Hahn ist defekt. Benzinhahn als Notbehelf auf »PRI« stellen.
- ☐ Benzinfilter am Benzinhahn oder am Vergaser verstopft.
- ☐ Bei installierter Benzinpumpe: Pumpe defekt oder bekommt keine Spannung.
- ☐ Tankbelüftung verstopft. Die Belüftung befindet sich oft im Tankdeckel – freiblasen. Manchmal verschließen auch Tankrucksäcke die Belüftung.
- ☐ Benzinleitung verstopft. Das ist sehr unwahrscheinlich, weil ein Filter vorgeschaltet ist. Höchstens kann noch ein Stopfen von einer Reparatur darin stecken.

Kein Benzin im Brennraum:

- ☐ Schwimmerkammer ist leer und Schwimmer klemmt in oberer Stellung. Das kann nach langer Standzeit des Motorrads der Fall sein, wenn das Benzin aus der Schwimmerkammer verdunstet ist und harzige Rückstände zurückgeblieben sind.
- ☐ Düsen des Vergasers verstopft. Freiblasen.
- ☐ Wassertropfen vor der Hauptdüse. Das kann z. B. nach Wäschen oder langer Standzeit (Kondenswasser) vorkommen. Schwimmerkammer entleeren.
- ☐ Benzinpegel in der Schwimmerkammer zu niedrig. Schwimmer verbogen?

Motor »abgesoffen«:

- ☐ Schwimmernadelventil klemmt oder ist defekt. Freiblasen oder ersetzen.
- ☐ Schwimmer klemmt in unterer Stellung.
- ☐ Schwimmer verbogen.
- ☐ Choke-Mechanismus läßt sich nicht ausschalten. Prüfen und reparieren.
- ☐ Verstopfter Lufteinlaß. Der Luftfilter-Einsatz kann sehr dreckig oder naß sein, ein Lappen vor dem Lufteinlaß liegen oder ähnliches.

Kein Zündfunke:

- ☐ Zündschalter nicht an.
- ☐ Killschalter auf »OFF«.
- ☐ Sicherung durchgebrannt.
- ☐ Batterie leer.
- ☐ Anlasser verschlissen. Ein verschlissener Anlasser kann beim Starten so viel Strom ziehen, daß die Batteriespannung für einen genügenden Zündfunken nicht mehr ausreicht.
- ☐ Zündkerzen defekt. Dies kann sogar bei neuen Zündkerzen passieren.
- ☐ Zündkerzenkörper feucht und/oder dreckig. Der Zündfunken wandert dann draußen am Zündkerzen-Isolator gegen Masse. Kerze trocknen und säubern, auch den Stecker von innen.
- ☐ Kerzenstecker defekt. Haarrisse im Stecker lassen, vor allem bei feuchtem Wetter, den Funken im Stecker gegen Masse wandern.
- ☐ Zündkabel brüchig. Auch hier können Kriechfunkenstrecken gegen Masse entstehen.
- ☐ Zündkabel lose. Befestigen.
- ☐ Zündspule defekt. Bei einem Mehrzylindermotor ist es allerdings unwahrscheinlich, daß alle Zündspulen gleichzeitig kaputtgehen; er müßte dann zumindest auf einem oder zwei Zylindern zünden.
- ☐ Verkabelung im Zündstromkreis gebrochen oder Kurzschluß.
- ☐ Zündgeberspulen defekt. Spulen wie vorne beschrieben prüfen, evtl. ersetzen.
- ☐ Zündbox defekt. Prüfen – soweit möglich – und evtl. ersetzen.

Schwacher Zündfunke:

- ☐ Viele der vorgenannten Ursachen können auch einen zu schwachen Zündfunken hervorrufen. Beginnen Sie mit der Prüfung an den Kerzen: Elektrodenabstand korrekt?

Fehlende Kompression:

- ☐ Zündkerze(n) lose. Nachziehen bzw. defektes Gewinde im Zylinderkopf reparieren.
- ☐ Zylinderkopfdichtung defekt.
- ☐ Ventil schließt nicht. Das kann an einer falschen Ventileinstellung liegen, oder an einem verbrannten oder verklemmten Ventil. Die Steuerkette kann auch übergesprungen sein.
- ☐ Verschleiß von Zylinder, Kolben und Kolbenringen.
- ☐ Kolbenringe klemmen im Kolben (Ölkohle) oder sind gebrochen.
- ☐ Loch im Kolben. Das passiert bei einer falschen Zündkerze mit zu niedrigem Wärmewert oder zu heißem Motor, etwa durch abgemagertes Gemisch.

3 Motor geht nach dem Starten wieder aus

Ursachen:

- ☐ Choke defekt oder falsch justiert. Ohne Choke springt ein kalter Motor unter Umständen an, läuft jedoch nicht weiter. Umgekehrt mag ein warmer Motor mit Choke anspringen, dann aber wegen Überfettung wieder ausgehen.
- ☐ Fehlfunktion der Zündung. Siehe »schwacher Zündfunke«.
- ☐ Vergaser falsch eingestellt. Falsche Leerlaufdrehzahl oder schlecht justierte Leerlaufgemisch- bzw. Leerlaufluftschraube kann die Ursache sein.
- ☐ Motor zieht Nebenluft. Prüfen Sie Ansaugstutzen und Zylinderkopfdichtung auf Risse und lose Teile.
- ☐ Benzinzulauf schlecht. Verstopfte Benzinfilter, Nachrüstfilter oder Wasser können den Benzinzulauf verringern, so daß der Motor nach kurzer Zeit wegen Benzinmangels ausgeht.
- ☐ Lufteinlaßquerschnitt stark verringert. Das kann durch einen verstopften Luftfiltereinsatz oder einen vergessenen Lappen geschehen. Das Gemisch überfettet, und der Motor stirbt ab.
- ☐ Tankbelüftung verstopft. Die Belüftung befindet sich oft im Tankdeckel – freiblasen. Manchmal verschließen auch Tankrucksäcke die Belüftung.

4 Schlechter Motorlauf bei Standgas

Schwacher Zündfunke oder Fehlzündungen:

- ☐ Batteriespannung zu schwach. Batterie laden bzw. ersetzen.
- ☐ Defekte Zündkerzen, siehe »kein Zündfunke«.
- ☐ Defekte Kerzenstecker oder Zündkabel.
- ☐ Falscher Wärmewert der Zündkerze. Wird eine Kerze zu heiß, kann es zu Glühzündungen kommen, was oft kapitale Motorschäden nach sich zieht. Achten Sie streng auf den vorgeschriebenen Wärmewert. Siehe auch Zündkerzen-Vergleichstabelle weiter vorne im Buch.
- ☐ Falscher Zündzeitpunkt. Prüfen Sie statischen und dynamischen Zündzeitpunkt und die Verstellung bei höheren Drehzahlen.
- ☐ Defekte Zündspule(n). Ein Zündspulendefekt kann nicht nur in totalem Ausfall bestehen, sondern sich auch in Fehlzündungen bemerkbar machen.
- ☐ Defekte Zündgeberspulen. Prüfen Sie sie wie im Buch beschrieben.
- ☐ Defekte Zündbox. Prüfen durch Messen oder Austausch.

Benzin-Luft-Gemisch falsch:

- ☐ Motor zieht Nebenluft, siehe Punkt 3.
- ☐ Leerlaufgemisch falsch eingestellt. Leerlaufgemisch- bzw. Leerlaufluftschraube justieren.
- ☐ Vergaser nicht synchronisiert. Synchronisation wie vorne im Buch beschrieben.
- ☐ Leerlaufdüse oder Leerlaufsystem des Vergasers verstopft. Freiblasen.
- ☐ Luftfiltereinsatz fehlt oder ist beschädigt. Ersetzen. Achten Sie auch auf den korrekten Sitz des Luftfilterdeckels.
- ☐ Choke defekt oder falsch justiert. Prüfen Sie auch den Choke-Zug auf Leichtgängigkeit und nötiges Spiel.
- ☐ Schwimmerstand zu hoch oder zu niedrig. Einstellen.
- ☐ Benzintank-Belüftung verstopft. Reinigen.
- ☐ Ventilspiel falsch. Ventile neu einstellen (siehe vorne im Buch).

Niedrige Kompression:

- ☐ Siehe unter Punkt 2 »fehlende Kompression«.

5 Schlechte Beschleunigung

Ursachen:

- ☐ Siehe Ursachen unter Punkt 4.
- ☐ Vergaserschieber klemmt.
- ☐ Bremsen klemmen. Prüfen Sie die Freigängigkeit der Räder. Verbogene Radachsen und verzogene Bremsscheiben können die gleiche Wirkung hervorrufen.

6 Schlechter Motorlauf/wenig Leistung bei hoher Geschwindigkeit

Schwacher Zündfunke oder Fehlzündungen:

- ☐ Siehe unter Punkt 4.
- ☐ Bei Motorrädern mit Unterbrecherkontaktzündung kann der Unterbrecherkondensator defekt sein. Prüfen durch Austausch.
- ☐ Isolierung von Zündkerzenstecker oder Zündkabel schlecht. Poröse Stecker und Kabel können bei hoher Drehzahl Kriechströme zur Masse leiten und damit Zündunterbrechungen bzw. Fehlzündungen hervorrufen.

Benzin-Luft-Gemisch falsch:

- ☐ Alle unter Punkt 4 beschriebenen Ursachen sind möglich außer der zweiten (Leerlaufgemisch falsch) und der vierten (Leerlaufsystem verstopft).
- ☐ Hauptdüse des Vergasers hat sich losvibriert oder fehlt ganz.
- ☐ Hauptdüse hat die falsche Größe. Vielleicht hat ein Vorbesitzer eine kleine eingebaut, um vermeintlich Benzin zu sparen. Oder die Hauptdüse ist nach dem Luftdruck im Flachland gewählt, und Sie fahren in den Bergen.
- ☐ Düsennadel und Nadeldüse sind ausgeschlagen. Ersetzen Sie sie als Satz.
- ☐ Belüftungsbohrungen des Vergasers verstopft. Reinigen.
- ☐ Benzinzulauf schlecht. Verstopfte Benzinfilter, Nachrüstfilter oder Wasser können den Benzinzulauf verringern.
- ☐ Tankbelüftung verstopft. Siehe oben.
- ☐ Gummimembran am Vergaserschieber eingerissen (nur bei Gleichdruckvergasern). Erneuern.

Niedrige Kompression:

- ☐ Siehe unter Punkt 2 »fehlende Kompression«.

7 Klopfen und Klingeln

Ursachen:

- ☐ Ölkohleablagerungen im Brennraum. Nach hoher Laufleistung oder bei defekten Kolbenringen oder Ventilschaftdichtungen kann es dazu kommen. Die Kohle beginnt zu glühen und verursacht unkontrollierte Zündungen. Klopfen, Klingeln und kapitale Motorschäden sind die Folge. Zylinderkopf demontieren und Brennraum reinigen.
- ☐ Schlechtes Benzin. Benzin mit zu niedriger Oktanzahl kann zu Klopfen und Klingeln führen. Tanken Sie Superbenzin oder – z. B. im Ausland – erhöhen Sie die Oktanzahl durch Zugabe von Benzol.
- ☐ Wärmewert der Zündkerze falsch. Wird eine Kerze zu heiß, kann es zu Glühzündungen (Klopfen und Klingeln) kommen, was oft kapitale Motorschäden nach sich zieht. Achten Sie streng auf den vorgeschriebenen Wärmewert. Siehe auch Zündkerzen-Vergleichstabelle weiter vorne im Buch.
- ☐ Zu mageres Benzin-Luft-Gemisch. Fehlender Luftfilter(einsatz), Nebenluft, niedriger Schwimmerstand, falsche Nadeldüsenstellung und zu kleine Hauptdüse können das Gemisch mit gefährlichen Folgen abmagern.

8 Überhitzung

Falsche Zündeinstellung:

- ☐ Defekte Zündkerzen, siehe Punkt 2.
- ☐ Zündkerzen mit falschem Wärmewert. Wird eine Kerze zu heiß, kann auch der Motor selbst durch Glühzündungen zu heiß werden, was oft kapitale Motorschäden nach sich zieht. Achten Sie streng auf den vorgeschriebenen Wärmewert. Siehe auch Zündkerzen-Vergleichstabelle weiter vorne im Buch.
- ☐ Falscher Zündzeitpunkt. Einstellen.

Falsches Benzin-Luft-Gemisch:

- ☐ Leerlaufgemisch- bzw. Leerlaufluftschraube verstellt. Neu justieren.
- ☐ Hauptdüse zu klein.
- ☐ Luftfilter beschädigt oder fehlt.
- ☐ Motor zieht Nebenluft. Lassen Sie den Motor im Standgas laufen und sprühen dabei Starthilfe-Spray auf die Stellen an Ansaugstutzen und Zylinderkopfdichtung, wo Sie Nebenluft vermuten. Läuft darauf der Motor mit höherer Drehzahl, so zieht er Nebenluft. Ist die Drehzahl unverändert, so sind die Stellen dicht.
- ☐ Benzinstand im Schwimmergehäuse zu niedrig. Schwimmer nachstellen.
- ☐ Benzintankbelüftung blockiert.

Mangelnde Schmierung:

- ☐ Motorölstand zu niedrig. Prüfen und nachfüllen.
- ☐ Motoröl zu alt. Sehr altes Motoröl verliert seine Schmier- und Kühlwirkung. Wechseln Sie rechtzeitig Öl und Ölfilter.
- ☐ Motoröl von schlechter Qualität oder falscher Viskosität. Wechseln gegen eines der richtigen Sorte.

Ungewöhnliche Ursachen:

- ☐ Rippen des Kühlers sind verdreckt. Sehr stark zugesetzte Kühlrippen beeinträchtigen den Wärmetausch zwischen Fahrtwind und Kühler. Das kann zu Überhitzungen führen.

9 Kupplungsprobleme

Kupplung rutscht durch:

- ☐ Kein Spiel am Kupplungshebel (bei Seilzug-Kupplungen). Einstellen.
- ☐ Kupplungszug schwergängig, weil zu stark geknickt oder Seele aufgefasert. Ersetzen.
- ☐ Ausrückmechanismus verschlissen oder defekt. Reparieren.
- ☐ Flüssigkeitsstand im Ausgleichsbehälter zu hoch (bei hydraulischer Kupplungsbetätigung). Ausgleichen.
- ☐ Reibscheiben stark verschlissen. Erneuern als Paket.
- ☐ Kupplungsfedern gebrochen oder ermüdet. Ausmessen und als Satz erneuern.
- ☐ Kupplungsmitnehmer und/oder -korb verschlissen: Reibscheiben und Lamellen haben sich in die Mitnehmernuten eingearbeitet, so daß sie nicht mehr in den Nuten gleiten können. Mit Schlüsselfeile glätten oder bei starkem Verschleiß Teile ersetzen.
- ☐ Falsches Schmiermittel (bei Naßkupplung). Auch nicht vorgesehene Zusätze wie Molybdändisulfit können die Kupplung zum Durchrutschen bringen. Schmiermittel gegen das vorgeschriebene tauschen. Unter Umständen sind die Reibscheiben der Kupplung durch falsche Zusätze unbrauchbar geworden und müssen ersetzt werden.

Kupplung trennt nicht:

- ☐ Zu viel Spiel am Kupplungshebel (bei Seilzug-Kupplungen). Einstellen.
- ☐ Ausrückmechanismus verschlissen oder defekt. Reparieren.
- ☐ Flüssigkeitsstand im Ausgleichsbehälter zu niedrig (bei hydraulischer Kupplungsbetätigung). Ausgleichen.
- ☐ Luft im Betätigungssystem (bei hydraulischer Kupplungsbetätigung). Entlüften.
- ☐ Kupplungs-Sekundärzylinder defekt (bei hydraulischer Kupplungsbetätigung). Ein beschädigter Kolben kann im Zylinder feststecken und die Kupplung nicht mehr betätigen.
- ☐ Kupplungsfedern unterschiedlich stark. Passiert bei einer oder mehreren gebrochenen Federn.
- ☐ Verbranntes Motoröl steckt zwischen Lamellen und Reibscheiben. Das kann passieren, wenn die Kupplung unter hoher Last lange geschliffen hat. Motoröl wechseln.
- ☐ Fremdkörper sitzen zwischen Reibscheiben und Lamellen. Kupplung auseinandernehmen und reinigen.
- ☐ Motoröl-Viskosität zu hoch. Öl wechseln.
- ☐ Kupplungsmitnehmer und/oder -korb verschlissen: Reibscheiben und Lamellen haben sich in die Mitnehmernuten eingearbeitet, so daß sie nicht mehr in den Nuten gleiten können. Mit Schlüsselfeile glätten oder bei starkem Verschleiß Teile ersetzen.
- ☐ Stahllamellen der Kupplung verzogen und wellig. Das kann bei zu langem Schleifenlassen geschehen.
- ☐ Lose Kupplungsmutter. Dadurch sind Mitnehmer und Kupplungskorb nicht mehr zentriert, was eine mangelhafte Trennung der Kupplung verursachen kann. Symptom: Das Kupplungsspiel am Hebel ändert sich ständig. Reparieren.

10 Schaltprobleme

Schalthebel kehrt nicht in Mittelstellung zurück:

- ☐ Gebrochene oder verschlissene Schaltfeder. Erneuern.
- ☐ Schaltwelle verbogen oder festgefressen. Verbogene Schaltwellen sind oft Folge eines Sturzes auf den Schalthebel. Leichte Beschädigungen können an der ausgebauten Schaltwelle gerichtet werden.

Getriebe läßt sich nicht oder schwer schalten:

- ☐ Kupplung trennt nicht, siehe Punkt 9.
- ☐ Schaltwelle verbogen. Siehe oben.
- ☐ Schaltmechanismus verschlissen oder defekt. Reparieren.
- ☐ Schaltgabeln verbogen oder verschlissen. Reparieren bzw. ersetzen.

Herausspringen eines Ganges:

- ☐ Schaltmechanismus verschlissen oder defekt. Reparieren.
- ☐ Schaltklauen und -fenster der Getrieberäder verschlissen. Die Klauen weisen gegen ein Herausspringen eine Hinterschneidung von etwa 5° auf. Nach langer Laufzeit oder durch Härtefehler können die Klauen verschleißen. Entsprechende Getrieberäder ersetzen.
- ☐ Getrieberäder, -gleitbuchsen und -wellen verschlissen. Erneuern.
- ☐ Schaltwelle verbogen. Siehe oben.

Überspringen eines Ganges:

- ☐ Schaltmechanismus verschlissen oder defekt. Reparieren.

A

11 Ungewöhnliche Motorgeräusche

Klopfen und Klingeln:

- ☐ Siehe Punkt 7.

Kolbenklappern:

- ☐ Kolbenspiel zu groß. Das kann mehrere Ursachen haben: Bei einer Reparatur wurden zu kleine Kolben eingesetzt; Verschleiß nach langer Laufzeit; Schrumpfung der Kolben durch Überhitzung. Kolbenklappern ist ein hohes Klappergeräusch, das bei leichter oder gar keiner Last auftritt, vor allem, wenn gerade Gas gegeben wird. Zylinder aufbohren und Übermaßkolben einsetzen.
- ☐ Pleuel verbogen. Mögliche Ursachen: Motor überdreht; Starten des Motors mit Flüssigkeit im Brennraum (übergelaufener Vergaser); Beschädigung der Kurbelwelle bei einer Reparatur. Bei einem verbogenen Pleuel muß die Kurbelwelle ausgebaut und das Pleuel ersetzt werden.
- ☐ Verschleiß von Kolbenbolzen, Bolzenbohrung im Kolben oder oberem Pleuelauge. Ursache: Mangelnde Schmierung oder hohe Laufleistung. Verschlissene Teile ersetzen.
- ☐ Kolbenringe verschlissen, gebrochen oder festgeklemmt. Erneuern nach gründlicher Prüfung von Kolben und Zylinderbohrung.

Ventilklappern:

- ☐ Ventilspiel zu groß. Einstellen.
- ☐ Ventilfeder ermüdet oder gebrochen. Erneuern.
- ☐ Nockenwelle oder Zylinderkopf verschlissen oder beschädigt. Die Lagerstellen der Nockenwelle sind sehr empfindlich gegen mangelnde Schmierung, die bei zu niedrigem Ölstand vorkommen kann, aber auch bei hohen Drehzahlen bei kaltem Motor.
- ☐ Schlepphebel verschlissen. Starker Verschleiß eines Hebels und schnelle Änderung des Ventilspiels weisen auf einen gebrochenen Schlepphebel bzw. auf einen Verschleiß der Oberflächenhärte hin. Meist ist auch der zugehörige Nocken verschlissen. Teile erneuern.
- ☐ Verschlissener Nockenwellenantrieb. Eine lose oder gelängte Steuerkette, verschlissene Zahnräder u. a. können sehr unangenehme Geräusche machen. Erneuern Sie die Teile, bevor größerer Motorschaden die Folge ist.

Andere Geräusche:

- ☐ Pleuelfußlager verschlissen. Ein deutliches Klopfen aus dem Kurbelgehäuse, das schnell lauter wird. Ursache: Mangelnde Schmierung oder sehr hohe Laufleistung. Bei Verdacht auf diesen Fehler sollte der Motor sofort abgeschaltet werden, um noch stärkeren Schaden zu vermeiden (z. B. Pleuel-Abriß).
- ☐ Kurbelwellen-Hauptlager defekt. Dieser Fehler macht sich durch rumpelnde Geräusche und starke Vibrationen bemerkbar. Die Lagerschalen müssen erneuert und die Kurbelwelle eventuell überdreht werden.
- ☐ Kurbelwelle stark unrund. Eine verbogene oder verschränkte Kurbelwelle kann die Folge von Überdrehzahlen oder Schäden im Zylinderkopf sein. Auch ein plötzlich blockierendes Getriebe oder Hinterrad kann Verursacher sein, ebenso wie ein Schlag auf ein Kurbelwellenende, etwa beim Umfallen der Maschine.
- ☐ Motorhalterungen lose. Alle Schrauben und Muttern festziehen.
- ☐ Zylinderkopfdichtung defekt. Das Geräusch ist ein hohes Pfeifen vom Zylinderkopf, es kann aber auch jedes andere Geräusch sein, daß man mit ausströmendem Gas in Verbindung bringt. Meist ist die Leckstelle auch von einem Ölnebel umgeben. Wenn die Dichtung nach innen defekt ist, kann ein Überdruck im Kurbelgehäuse die Folge sein, wodurch einiges Öl aus der Kurbelgehäuseentlüftung gepreßt wird. Ursache einer defekten Zylinderkopfdichtung kann sein: sehr hohe Laufleistung; Überhitzung; ungleichmäßiges Anziehen der Zylinderkopfschrauben. Dichtung schnellstmöglich ersetzen.
- ☐ Undichter Auspuff.

12 Ungewöhnliche Getriebegeräusche

Kupplungsgeräusche:

- ☐ Zuviel Spiel in einzelnen Komponenten der Kupplung. Vermessen und nötigenfalls erneuern.
- ☐ Zahnrad des Primärantriebs verschlissen oder beschädigt. Erneuern.

Getriebegeräusche:

- ☐ Lager oder Buchsen verschlissen oder beschädigt. Vermessen und erneuern.
- ☐ Getriebezahnräder verschlissen oder beschädigt. Erneuern.
- ☐ Fremdkörper im Getriebe. Das kann Dreck oder Sand sein, aber auch Metallstücke von beschädigten Motorteilen. Öl ablassen und auf Fremdkörper untersuchen, nötigenfalls Getriebe inspizieren.
- ☐ Getriebe-/Motorölstand zu niedrig. Auffüllen.
- ☐ Schaltmechanismus defekt. Reparieren.
- ☐ Ritzel lose. Festziehen, wenn Innenverzahnung und Abtriebswellenprofil noch in Ordnung sind. Sonst ersetzen.
- ☐ Abtriebskette zu lose. Eine lose oder stark verschlissene Kette kann beim Lauf an Gehäuse und Hinterradschwinge schlagen. Kette spannen oder ersetzen.

13 Starker Auspuffrauch

Weißer Rauch:

- ☐ Rein weißer Rauch deutet auf verdampfendes Kondenswasser und hört kurz nach dem Kaltstart auf.

Blauer Rauch durch verbranntes Öl:

- ☐ Kolbenringe verschlissen oder gebrochen. Besonders trifft dies auf den Ölabstreifring zu. Kolben, -ringe und Zylinder vermessen und nötigenfalls erneuern.
- ☐ Zylinder riefig oder verschlissen. Auf nächstes Übermaß aufbohren und Übermaßkolben mit neuen Ringen einsetzen.
- ☐ Ventilschaftdichtungen verschlissen, beschädigt oder verhärtet. Erkenntlich an blauem Rauch, wenn der Gasgriff nach dem Beschleunigen schnell geschlossen wird, etwa beim Gangwechsel. Ersetzen.
- ☐ Ventilführungen verschlissen. Vermessen und ersetzen.
- ☐ Ölstand im Motor zu hoch. Messen und ausgleichen.
- ☐ Zylinderkopfdichtung nach innen defekt. Ersetzen.
- ☐ Defektes Rückschlagventil in der Kurbelgehäuseentlüftung. Ventil ersetzen.

Schwarzer Rauch durch zu fettes Gemisch:

- ☐ Luftfiltereinsatz verstopft oder naß. Erneuern.
- ☐ Hauptdüse zu groß oder lose. Ersetzen bzw. festziehen.
- ☐ Choke-Mechanismus defekt: Choke läßt sich nicht ausschalten. Reparieren.
- ☐ Benzinstand im Schwimmergehäuse zu hoch. Schwimmer nachbiegen.
- ☐ Schwimmernadelventil undicht. Reinigen oder erneuern.

14 Öldrucklampe leuchtet auf

Schmierungsmangel:

- ☐ Ölmangel im Motor. Auffüllen.
- ☐ Öl-Viskosität zu niedrig. Ölwechsel.
- ☐ Ölpumpe defekt. Reparieren.
- ☐ Ölansaugleitung verstopft. Reinigen.
- ☐ Lagerstellen der Nockenwelle verschlissen. Bei zu großen Lagerspalten kann sich kein Öldruck mehr aufbauen, die Lampe leuchtet auf. Nockenwelle und/oder Zylinderkopf ersetzen bzw. reparieren.
- ☐ Kurbelwellenlager verschlissen. Siehe oben. Hier genügt es oft, neue Lagerschalen einzubauen.
- ☐ Rückschlagventil klemmt offen. Dadurch kann sich an den Lagerstellen kein genügender Öldruck aufbauen. Ventil reparieren bzw. erneuern.

Elektrischer Fehler:

- ☐ Öldruckschalter defekt. Durchmessen (siehe vorne) und nötigenfalls erneuern.
- ☐ Verkabelung defekt. Prüfen Sie den Öldruckschaltkreis auf Kurzschlüsse, aufgescheuerte oder geknickte Kabel.

15 Schlechte Fahreigenschaften

Schlechter Geradeauslauf:

- ☐ Lenkkopflager zu straff eingestellt. Das verursacht Pendeln bei niedrigen Geschwindigkeiten. Neu justieren.
- ☐ Lenkkopflager verschlissen oder beschädigt. Nach zu straffem Einstellen oder nach einem Unfall kann dies die Folge sein. Das ist auch der Fall, wenn Strom über die Lenkkopflager fließen muß, etwa Masseleitung der Scheinwerfer. Neue Lager sollten geschmiert werden.
- ☐ Reifenluftdruck zu niedrig. Grundsätzlich gilt: besser zu hoch als zu niedrig.
- ☐ Reifen vorne und/oder hinten verschlissen. Abgefahrene Reifen können sich in Pendeln, instabilem Geradeauslauf und Kippeln bemerkbar machen. – Hinterradschwingenlager verschlissen. Erneuern.
- ☐ Verzogene Hinterradschwinge. Dies wird normalerweise nur nach einem Unfall auftreten. Schwinge richten oder erneuern.
- ☐ Radlager verschlissen oder defekt. Erneuern.
- ☐ Falsche Reifen. Manche Reifentypen oder -kombinationen sind einfach ungeeignet für das Motorrad, auch wenn sie noch reichlich Profil haben.

Motorrad zieht nach links oder rechts:

- ☐ Hinterrad aus der Spur. Ungleichmäßiges Anziehen der Kettenspanner stellt das Hinterrad schräg. Die gleiche Wirkung kann eine verbogene Radachse haben.
- ☐ Räder fluchten nicht. Auch ein verbogener Rahmen, Telegabel oder Hinterradschwinge kann das gleiche Ergebnis haben.
- ☐ Verdrehte Gabelbrücken. Schlaglöcher oder schlechte Wegstrecken können die Gabelbrücken gegeneinander verdrehen. Klemmschrauben der Gabelbrücken, Vorderradachse und Schutzblechhalter lösen, Lenker und Vorderrad gerade stellen und alle Schrauben, von unten beginnend, wieder anziehen.

Lenker vibriert oder schlägt:

- ☐ Reifen abgefahren oder nicht ausgewuchtet.
- ☐ Reifen nicht ordentlich montiert. An den Reifenflanken sind Linien aufvulkanisiert, die bei richtiger Montage überall den gleichen Abstand zum Felgenhorn haben müssen. Wenn nicht, sitzt der Reifen nicht richtig auf der Felgenschulter. Bei Schlauchreifen kann auch der Schlauch eingeklemmt sein.
- ☐ «Bremsplatte«. Nach starken Bremsungen mit blockierendem (Hinter)Rad kann der Reifen am Aufstandspunkt abradiert sein. Er »hoppelt« dann und gehört ausgewechselt.
- ☐ Felgen verzogen oder beschädigt. Prüfen Sie sie auf Rundlauf.
- ☐ Hinterradschwingenlager verschlissen. Erneuern.
- ☐ Radlager defekt. Erneuern.
- ☐ Lenkkopflager zu lose. Neu einstellen bzw. erneuern.
- ☐ Lose Vorderradführung. Lose Schrauben und Muttern an Gabelbrücken, Schutzblech, Gabelstabilisator und Achse können zu Vibrationen im Lenker führen.
- ☐ Motoraufhängung lose. Ziehen Sie alle Muttern und Schrauben nach.

Schlechte Wirkung der Telegabel:

- ☐ Gabelöl-Pegel falsch. Bei zu geringem Ölstand ist mangelnde Dämpfung die Folge, das Rad schlägt nach. Zu viel Öl kann die Gabel steif machen und zu den Dichtringen herausdrücken.
- ☐ Falsches Gabelöl. Im Gegensatz zum Motoröl kommt es beim Gabelöl stark auf die Viskosität an. Wechseln Sie es im Zweifel gegen eines der vorgeschriebenen Sorte.
- ☐ Dämpfermechanik verschlissen. Dies passiert nur bei sehr hoher Laufleistung oder langer Fahrt mit verschlissenen Dichtringen. Die Gabel muß überholt werden.
- ☐ Weiche oder ermüdete Gabelfedern. Die Gabel taucht beim Bremsen extrem stark ein. Gabelfedern ersetzen.
- ☐ Verbogene oder korrodierte Standrohre. Beides kann zum Festklemmen der Gabel führen. Stand- und eventuell Tauchrohre müssen erneuert werden.
- ☐ Verkantete Gabel. Werden beim Festziehen der Vorderradachse die Gabelfäuste zusammengezogen, verkantet die Gabel und kann nicht mehr einfedern. Klemmfäuste lockern und mit gezogener Bremse Gabel ein paar Mal einfedern, damit sie sich wieder ausrichtet. Danach Klemmfäuste wieder anziehen.
- ☐ Defekt im Anti-Dive-Mechanismus, wenn vorhanden.

Telegabel stuckert beim Bremsen:

- ☐ Zu viel Spiel zwischen Stand- und Tauchrohren. Gabel überholen.
- ☐ Lose Lenkkopflager. Neu einstellen.
- ☐ Verzogene Bremsscheibe(n). Erneuern.

Schlechte Wirkung der Hinterradfederung:

- ☐ Federbeindämpfer verschlissen oder undicht. Erneuern.
- ☐ Weiche oder ermüdete Feder. Das Motorrad sinkt bei Beladung zu tief ein und verliert an Bodenfreiheit. Ersetzen durch stärkere bzw. neue Feder.
- ☐ Hinterradschwingenlager festgefressen. Erneuern.
- ☐ Lager der Umlenkhebel festgefressen. Erneuern.
- ☐ Verbogene Dämpferstange des Federbeins. Erneuern.

16 Ungewöhnliche Rahmen- und Federungs-Geräusche

Geräusche von vorne:

- ☐ Gabelöl zu dünn oder zu wenig. **Das kann ein »spritzendes« Geräusch verursachen** und ist meist mit unkorrektem Gabelverhalten verbunden.
- ☐ Gabelfeder gebrochen. Dies macht ein klickendes oder schabendes Geräusch.
- ☐ Lenkkopflagerschalen gebrochen. Klickende Geräusche.
- ☐ Gabelbrücken lose. Festziehen.
- ☐ Zu viel Spiel zwischen Stand- und Tauchrohren. Klapperndes Geräusch.

Geräusch von hinten:

- ☐ Dämpferöl des Federbeins zu wenig. Das kann ein »spritzendes« Geräusch verursachen.
- ☐ Defektes Federbein mit innerer Beschädigung.

17 Bremsprobleme

Bremsen sind schwammig oder zeigen wenig Wirkung:

- ☐ Luft im Bremssystem. Entlüften.
- ☐ Bremsbeläge abgenutzt. Prüfen Sie die Stärke anhand der Verschleißmarken und erneuern Sie sie nötigenfalls.
- ☐ Verölte Beläge. Beläge können bereits verölen, wenn sie mit Fingern auf der Belagfläche angefaßt werden. Verölte Beläge können nicht mehr entfettet werden, sind unbrauchbar und durch neue zu ersetzen.
- ☐ Verglaste Beläge. Schlechtes Belagmaterial kann bei bestimmten Reibpaarungen verglasen, d. h. es bildet sich eine glasharte Schicht darauf, die nicht mehr bremst. Notbehelf: mit grobem Schmirgel oder Feile Glasschicht entfernen. Besser: Beläge ersetzen.
- ☐ Wasser im Bremssystem. Da Bremsflüssigkeit wasseranziehend ist, enthält sie nach einigen Jahren einen relativ großen Wasseranteil. Das kann in Extremsituationen zu Dampfblasenbildung und damit nachlassender Bremsleistung führen. Bremsflüssigkeit erneuern.
- ☐ Manschette im Hauptbremszylinder verschlissen. Symptom: Bei leichtem Zug am Hebel ist zunächst ein Druckpunkt spürbar, doch dann gibt der Hebel nach und wandert langsam Richtung Griff. Hauptbremszylinder überholen.
- ☐ Kolbendichtung im Bremssattel undicht. Ersetzen und Sattel überholen.
- ☐ Hebel bzw. Bremspedal falsch eingestellt. Neu justieren.

Bremsen schleifen:

- ☐ Bremsscheibe(n) verzogen. Erneuern.
- ☐ Korrosion in den Bremssätteln: Kolben, Bohrungen, Bremsklötze. Überholen und reinigen.
- ☐ Kolbendichtung im Bremssattel beschädigt oder zu alt. Der Kolben kann klemmen und nicht mehr in die Ausgangsposition zurückkehren. Dichtung ersetzen.
- ☐ Bremsklotz beschädigt. Bruch oder abgelöster Belag verklemmen die Bremse. Erneuern.
- ☐ Radachse verbogen. Erneuern.
- ☐ Bremspedal/Hebel klemmt. Schmieren und leichtgängig machen.
- ☐ Bremse zu straff eingestellt. Das passiert nur bei gestängebetätigter hinterer Trommelbremse. Das Pedalspiel sollte bei normal beladenem Motorrad eingestellt werden, da sich bei Beladung die Bremse zuzieht.
- ☐ Bremssattelhalter verbogen. Das kann bei einem Unfall passieren. Gußteile austauschen, Schmiedeteile lassen sich wieder richten.
- ☐ Fehler im Anti-Dive-System (wenn vorhanden). Hier kann der zweite Hauptbremszylinder defekt oder die Kolbenstange zu lang sein.

Pulsierender Bremshebel/-pedal:

- ☐ Das Motorrad ist mit einem Antiblockier-System (ABS) ausgerüstet. Pulsieren ist dann normal.
- ☐ Bremsscheibe(n) verzogen. Erneuern.
- ☐ Radachse verbogen. Erneuern.

Scheibenbremsgeräusche:

- ☐ Bremsenquietschen. Mehrere Ursachen möglich: Schwingungsquietschen kann durch Benetzen der *Rück*seite der Bremsklötze mit Kupferpaste beseitigt werden; Reibpaarungsquietschen, liegt an der Art des Bremsbelages, neue Bremsklötze ausprobieren; verschmutzte Beläge durch Verglasung, Dreck, Öl u. ä.
- ☐ Bremsscheibe verzogen. Das kann rhythmische Geräusche wie Quietschen, Schaben oder Klicken verursachen. Bremsscheibe erneuern.
- ☐ Bremsklötze zu klein. Es ist sehr unwahrscheinlich, daß falsche Bremsklötze eingebaut wurden, dennoch würde dies ein Klopfen beim Beginn jedes Bremsens hervorrufen.

Schütteln beim Bremsen:

- ☐ Ausgeschlagene Telegabeln und Lenkkopflager rufen ein Schütteln beim Bremsen hervor. Ursache prüfen und beseitigen.

18 Elektrik-Probleme

Batterie schwach oder leer:

- ☐ Batterie zu alt und sulfatiert. Ersetzen.
- ☐ Batterie wurde lange nicht geladen. Tiefentladung, kurzfristig kann die Batterie zwar noch einmal zum Leben erweckt werden, aber ihre Lebensdauer ist drastisch verkürzt. Daher Batterien bei langer Stillstandszeit des Motorrads regelmäßig nachladen oder, noch besser, im PKW parallel zur PKW-Batterie anschließen.
- ☐ Säurestand zu niedrig. Destilliertes Wasser nachfüllen und Batterie nachladen.
- ☐ Pole korrodiert. Leitungen abnehmen, blank schaben, mit Kupferpaste benetzen und wieder anbauen.
- ☐ Batterie ständig entladen. Entweder liegt ein Kriechstrom vor, der auch bei ausgeschalteter Zündung die Batterie entlädt, oder Regler/Lichtmaschine sind defekt. Prüfen und Reparieren.
- ☐ Ständige Stadtfahrten. Bei häufigen Fahrten mit niedriger Drehzahl kann es sein, daß die Batterie nicht genügend geladen wird.
- ☐ Verkabelung defekt. Suchen Sie im Ladestromkreis systematisch nach gebrochenen oder gequetschten Kabeln.

Batterie überladen:

- ☐ Regler defekt. Eine überladene Batterie erkennt man an starkem Gasen. Regler prüfen und erneuern.

Totaler Ausfall:

- ☐ Sicherung durchgebrannt. Prüfen Sie die Hauptsicherung und die Ursache für ihr Durchbrennen.
- ☐ Batterie leer. Ursache feststellen und beseitigen.
- ☐ Massekabel der Batterie lose. Prüfen Sie die Befestigung am Batteriepol und am Motor bzw. Rahmen.
- ☐ Zündschalter defekt. Durchmessen und evtl. erneuern.
- ☐ Verkabelung gebrochen. Systematisch mit Prüflampe prüfen.

Starker Lampenverschleiß:

- ☐ Vibrationsverschleiß. Bei starken Vibrationen von Motor oder Fahrwerk leben Birnen nicht lange. Versuchen Sie, durch Aufhängung in Gummilagern die Schwingungen fernzuhalten.
- ☐ Wackelkontakt. Durch einen »Wackler« wird die Lampe ständig an- und ausgeschaltet, was ihre Lebensdauer verringert.
- ☐ Überspannung. Durch einen defekten Regler kann Überspannung entstehen, was die Birnen schnell durchbrennen läßt.
- ☐ Falsche Birne. Eine 6-Volt-Birne in einem 12-Volt-Bordnetz lebt nicht lange.

Ausrüstung zur Fehlersuche

Kompressionsprüfung

Niedrige Kompression hat Auspuffqualm, hohen Ölverbrauch, schlechtes Startverhalten und mangelnde Leistung zur Folge. Ein Kompressionstest liefert wichtige Informationen zum Zustand des Motors und kann, regelmäßig durchgeführt, frühzeitig Schadensgefahren anzeigen.

Ein Kompressionstester ist zum Einschrauben in das Zündkerzenloch gedacht, eventuell mit einem Adapter versehen. Einschraub-Tester sind denen mit Gummiadapter vorzuziehen.

Vor dem Test überprüfen Sie bitte das Ventilspiel und justieren es nötigenfalls.

1 Fahren Sie das Motorrad warm bis zur Betriebstemperatur, schalten dann den Motor aus und schrauben die Zündkerzen heraus. Verbrennen Sie sich dabei nicht!

2 Schrauben Sie Adapter und Kompressionstester in das Kerzenloch von Zylinder 1 (siehe Abbildung 1).

3 Stellen Sie bei Motorrädern mit Kickstarter den Killschalter auf »OFF«, drehen den Gasgriff ganz auf und treten dann den Motor einige Male durch, bis die Anzeige des Kompressionstesters nicht weiter steigt.

4 Bei Motorrädern mit elektrischem Anlasser hängt das Vorgehen von der Art der Zündung ab. Schalten Sie den Killschalter auf »OFF«

Einschrauben des Adapters in das Kerzenloch, dann Aufschrauben des Kompressionstesters

und die Zündung an. Drehen Sie den Gasgriff ganz auf und drehen den Motor per Anlasser einige Sekunden durch, bis die Anzeige des Kompressionstesters nicht weiter steigt. Arbeitet der Anlasser nicht bei ausgeschaltetem Killschalter, schalten Sie die Zündung aus und machen bei Punkt 5 weiter.

5 Stecken Sie die Zündkerzen wieder in ihre Stecker und legen sie so auf den Motorblock, daß die Metallkörper der Kerzen Kontakt mit Masse haben (eventuell mit Blumendraht befestigen, siehe Abbildung 2). Das verhindert Beschädigung des Zündsystems, wenn der Motor durchgedreht wird. Plazieren Sie die Kerzen nicht in der Nähe der Kerzenlöcher, damit nicht unabsichtlich austretender Benzindampf entzündet wird.

Schalten Sie Zündung und Killschalter auf »ON«, drehen den Gasgriff ganz auf und drehen den Motor per Anlasser einige Sekunden durch, bis die Anzeige des Kompressionstesters nicht weiter steigt.

Alle Zündkerzen müssen beim Test gegen Masse geerdet sein.

6 Lesen Sie die Anzeige des Testers ab und notieren sie. Wiederholen Sie bei Mehrzylindermotoren den Vorgang bei allen Kerzenlöchern.

7 Vergleichen Sie die Werte mit denen in den technischen Daten. Liegen sie im angegebenen Bereich und sind die Werte der verschiedenen Zylinder nicht sehr unterschiedlich, so ist der Motor in gutem Zustand. Andernfalls müssen Zylinderkopf und evtl. Kolben und Zylinder überholt werden.

8 Niedrige Kompression kann die Folge von zu viel Kolbenspiel, verschlissenen Kolbenringen, defekter Zylinderkopfdichtung oder undichten Ventilen sein.

9 Um zwischen undichten Ventilen und verschlissenen Kolben zu unterscheiden, geben Sie etwas Öl in das Kerzenloch, um kurzfristig die Kolbenringe abzudichten (siehe Abbildung 3). Führen Sie dann erneut den Kompressionstest durch. Erreicht er deutlich höhere Werte, so sind Kolben/Ringe/Zylinder verschlissen. Im anderen Fall prüfen Sie Ventile und Zylinderkopfdichtung.

Verschlissene Kolbenringe können kurzfristig durch etwas Motoröl abgedichtet werden.

10 Weniger häufig ist eine hohe Kompression, die die Werte in den technischen Daten übersteigt. Entweder hat ein Vorbesitzer wegen Leistungssteigerung die Kompression erhöht, oder es hat sich viel Ölkohle im Brennraum abgelagert. In diesem Fall sollte der Zylinderkopf abgenommen und gereinigt werden.

Batterietest

⚠ ***Warnung: Batteriegase sind explosiv (Knallgas). Halten Sie Feuer, offene Flammen und Funken von der Batterie fern, vor allem, wenn sie geladen wird.***

Zur Prüfung brauchen Sie ein Voltmeter. Am besten ist eines mit Digitalanzeige (siehe Abbildung 4), da es auch Zehntel Volt anzeigt. Halten Sie auch eine Stoppuhr bereit.

1 Die Batterie bleibt im Motorrad eingebaut. Sitzbank oder Seitendeckel abnehmen, damit Sie leicht an die Pole herankommen.

2 Meßbereich am Voltmeter auf 20 Volt (Gleichspannung, DC) stellen. Prüfkabel an den Batteriepolen anklemmen. Die Anzeige wird nun je nach Ladezustand des Akkus zwischen 11 und 13,2 Volt betragen. Den abgelesenen Wert notieren.

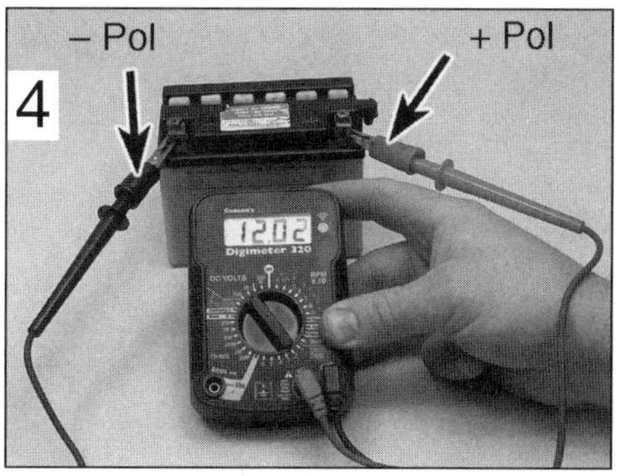

Digitalmultimeter, als Voltmeter geschaltet, beim Messen der Batteriespannung ohne Belastung.

3 Jetzt Zündung und Fernlicht anschalten (Motor bleibt aus!) und sofort das Meßgerät beobachten. Die Spannung wird jetzt sinken, und es gibt drei Möglichkeiten:

- Die Voltzahl fällt um lediglich 0,3 bis 0,4 Volt ab und verändert sich dann kaum noch. Die Batterie ist intakt und geladen.
- Die Spannung sinkt stärker als 0,4 Volt innerhalb von fünf bis zehn Sekunden (Stoppuhr!). Die Batterie ist tiefentladen, kann aber noch gerettet werden.
- Die Spannung bricht sofort nach Einschalten von Zündung und Fernlicht zusammen, sinkt also um mehr als 2 Volt. Mindestens eine Zelle der Batterie ist defekt. Erneuern.

Durchgangsprüfung

»Durchgangsprüfung« meint den Test einer elektrischen Verbindung auf ungehinderten Stromfluß. Sie kann unterbrochene Kabel, korrodierte Stecker u. ä. aufspüren. Durchgang kann mit einem Ohmmeter, Durchgangsprüfer oder einer Prüflampe mit Batterie getestet werden (siehe Abbildungen 6, 7 und 8). Alle diese Instrumente sind mit eigener Stromquelle ausgestattet, daher erfolgt der Test bei ausgeschalteter Zündung. Klemmen Sie grundsätzlich vor jeder Durchgangsprüfung den Minuspol der Batterie ab.

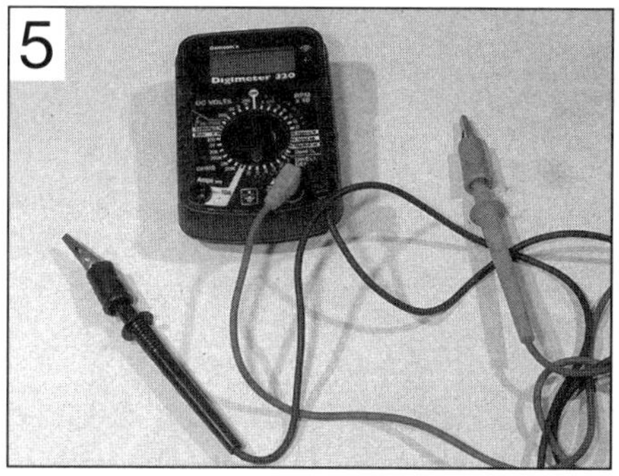

Ein Digitalmultimeter kann für alle elektrischen Tests verwendet werden.

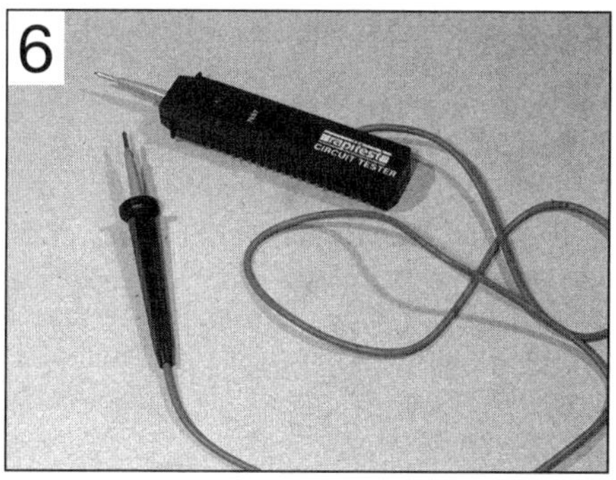

Durchgangsprüfer mit eigener Spannungsquelle

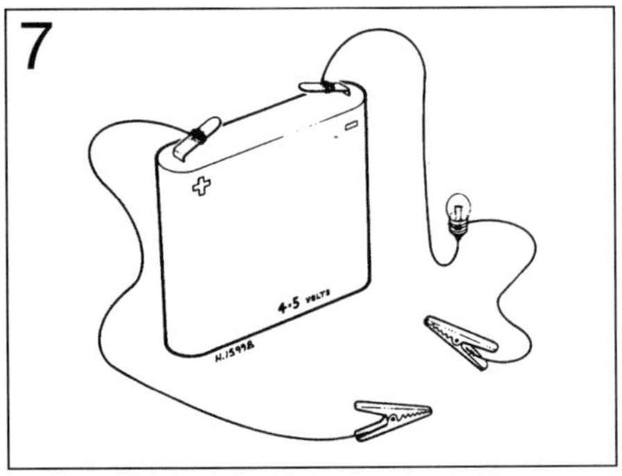

Selbstgebauter Durchgangsprüfer mit Batterie und Glühlampe in Reihenschaltung

Verwenden Sie ein Ohm- oder Multimeter, so schalten Sie den korrekten Widerstandbereich ein und halten die Prüfspitzen aneinander. Die Anzeige muß Null sein. Bei getrennten Prüfspitzen muß das Gerät »unendlich« (bzw. bei manchen Geräten »1«, ohne Kommastelle) anzeigen.
Schalten Sie das Meßgerät nach der Messung aus, um dessen Batterie zu schonen.

Schalter-Test

1 Verfolgen Sie die Kabel eines Schalters zurück bis zu den ersten Steckern. Trennen Sie die Stecker und untersuchen sie auf Zustand und Sauberkeit.

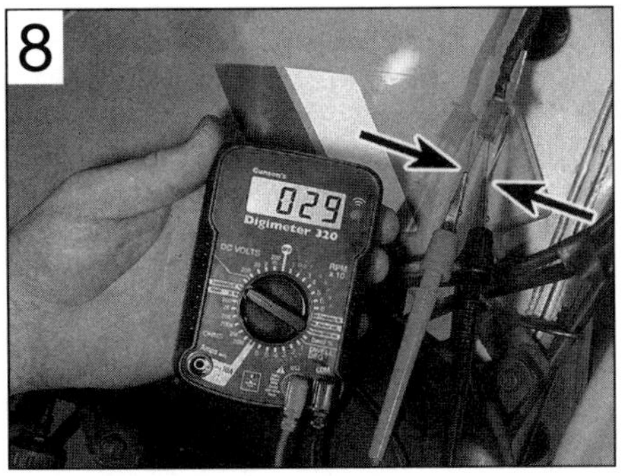

Durchgangsprüfung mit dem Ohmmeter am vorderen Bremsschalter

2 Stellen Sie das Multimeter auf »OHMs x 10« (Widerstand in Ohm x 10) und verbinden die Prüfspitzen mit den Steckern (siehe Abbildung 9). Einfache An/Aus-Schalter besitzen nur zwei Kabel, während Schalter mit mehreren Stellungen, z. B. Zündschalter, entsprechend viele Kabel haben. Prüfen Sie anhand des Schaltbildes die korrekten Verbindungen zwischen den Kabeln bei verschiedenen Schalterstellungen. Durchgang (0 Ohm) sollte bei geschlossenem, kein Durchgang (unendlicher Widerstand) bei geöffnetem Schalter vorhanden sein.

3 Hinweis: Die Polung der Prüfspitzen spielt bei dem Test keine Rolle. Anders ist es bei der Prüfung von Dioden oder anderen Halbleitern.
4 Ein Durchgangsprüfer oder eine Batterie mit Prüflämpchen kann in gleicher Weise benutzt werden (siehe Abbildung 10). Bei Durchgang (Schalter an) muß das Lämpchen leuchten bzw. der Summer arbeiten.

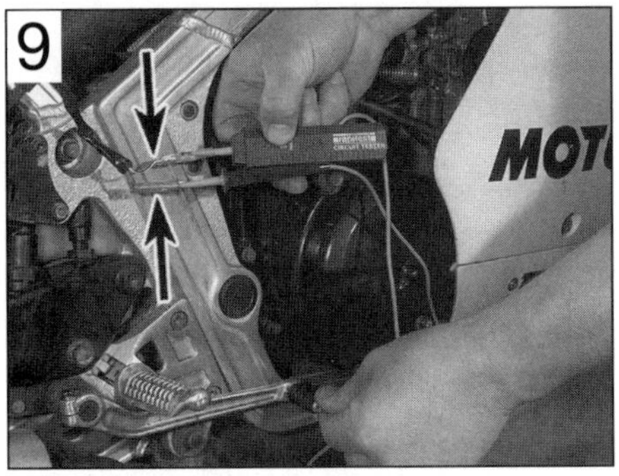

Test mit dem Durchgangsprüfer am hinteren Bremsschalter

Kabeltest

Viele elektrische Defekte werden von durchgescheuerten Kabeln oder losen Steckern verursacht. Auch korrodierte Anschlüsse oder Kabelklemmungen können Ursachen sein.

1 Ein Durchgangstest kann an einem Kabel durchgeführt werden, indem das Kabel an beiden Enden vom Bordnetz getrennt und mit den Prüfspitzen verbunden wird (siehe Abbildung 11).

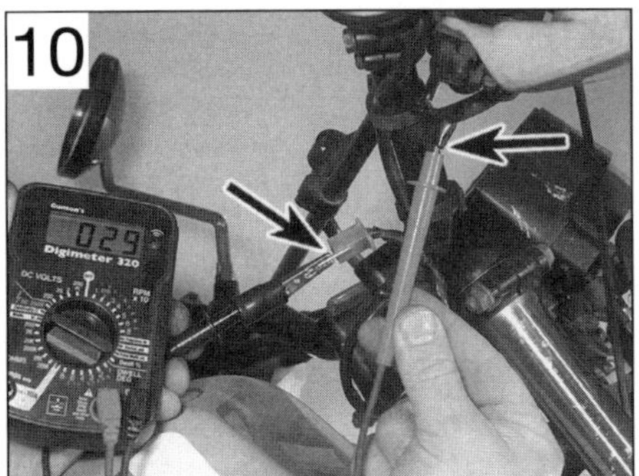

Durchgangsprüfung am vorderen Bremslichtschalter. Eine Prüfspitze durchsticht dabei den Isolationsmantel.

2 Die Prüfung erfolgt wie beim Schalter-Test (siehe oben).

Spannung messen

Oft muß festgestellt werden, ob die Bordspannung ein Bauteil überhaupt erreicht. Das kann mit einem Voltmeter erfolgen, einer Prüflampe oder einem Summer (siehe Abbildungen 12 und 13).

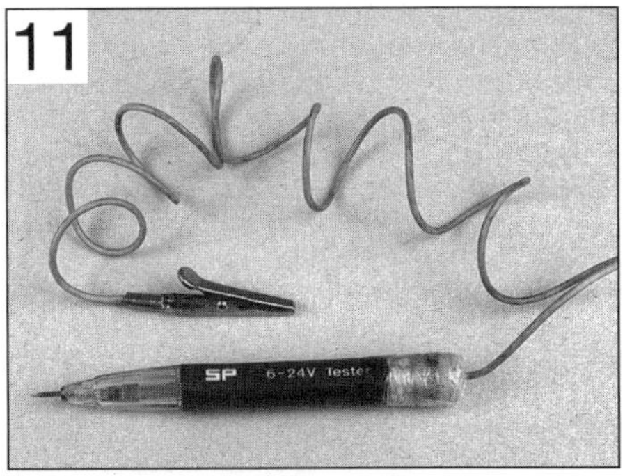

Eine einfache Prüflampe kann gut für Spannungsprüfung benutzt werden.

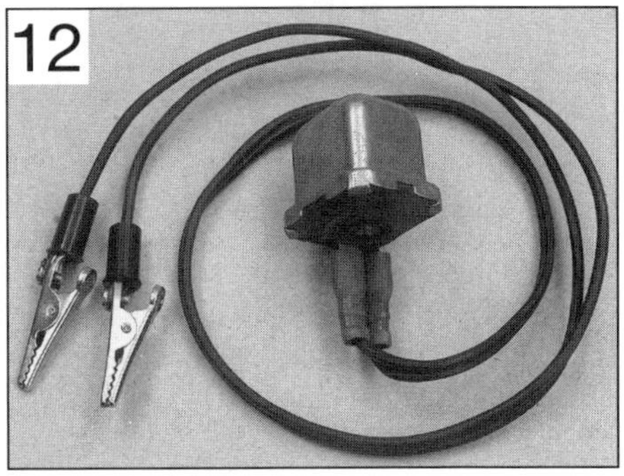

Summer statt Prüflampe

Ein Meßgerät besitzt den Vorteil der genauen Spannungsmessung. Auch hier ist ein Digital-Voltmeter vorzuziehen, da es erstens Spannungswerte hinter dem Komma anzeigen kann und zweitens eine versehentlich falsche Polung der Prüfspitzen nicht durch Defekt des Gerätes, sondern lediglich durch ein Minus vor der Anzeige beantwortet. Bei Analog(Skala)-Geräten achten Sie dagegen peinlich auf die Polung der Prüfspitzen.
Spannung wird immer parallel zur Spannungsquelle gemessen, nie in Reihe.
1 Finden Sie zunächst den betreffenden Schaltkreis anhand des Schaltplans heraus. Sollten auch noch andere Bauteile von diesem Schaltkreis – d.h. von dieser Sicherung – betrieben werden, stellen Sie sicher, daß sie korrekt funktionieren. Trennen Sie sie nötigenfalls vom Schaltkreis, um Meßergebnisse nicht zu verfälschen.
2 Stellen Sie das Multimeter auf Gleichspannung (DC), 20 Volt, und verbinden die schwarze (negative) Prüfspitze mit Masse (Minus), etwa am Rahmen (siehe Abbildung 14). Nun können Sie mit der roten (positiven)

Spitze Spannungstests durchführen, z. B. an Klemme 15 der Zündspule, an einem Stecker oder einer Lampe.

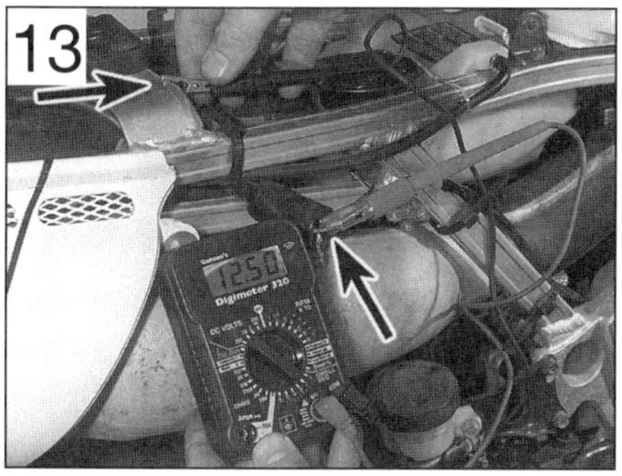

Spannungsprüfung mit dem Voltmeter an den Kabeln des Bremslichts

3 Verfahren Sie ähnlich, wenn Sie eine Prüflampe oder einen Summer benutzen (siehe Abbildung 15). Hier ist die Polung der Anschlüsse egal, lediglich bei einigen Summern ist sie vorgeschrieben. Beachten Sie, daß alte englische Motorräder meist nicht Minus, sondern Plus an Masse haben.

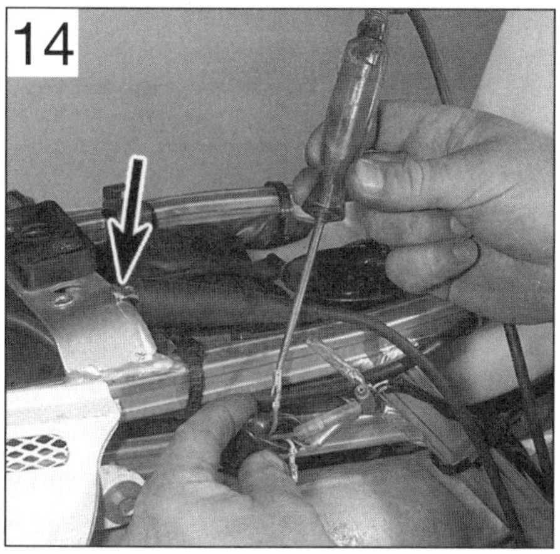

Spannungsprüfung an einem Kabel mit der Prüflampe – Lampe mit Masse verbunden

4 Können Sie keine Spannung feststellen, wo sie sein sollte, so arbeiten Sie sich systematisch den Schaltkreis zurück Richtung Sicherung. Erreichen Sie dabei einen spannungsführenden Punkt, so wissen Sie, daß zwischen diesem und dem Meßpunkt davor die Unterbrechung liegen muß.

Masseverbindung prüfen

Masseanschlüsse sitzen entweder direkt am Rahmen oder Motor (z. B. Leerlaufschalter, Öldruckgeber u. a.) oder laufen über ein Massekabel, das seinerseits am Rahmen befestigt ist.
Ursache schlechter Masseanschlüsse ist oft Korrosion, z. B. bei Birnen.
Bei Totalausfall der Elektrik prüfen Sie das Massekabel von der Batterie (Minuspol) zu Rahmen oder Motor. Lösen Sie nötigenfalls das Kabel, schaben Sie die Enden blank, streichen sie mit Kupferpaste ein und montieren es wieder.

1 Um den Masseanschluß eines Bauteils zu testen, benötigen Sie Meßkabel mit Krokodilklemmen auf beiden Seiten (siehe Abbildung 16). Es ist gut, etwa fünf solcher Kabel in der Länge von je einem Meter in der Werkstatt zur Hand zu haben. Verbinden Sie mit diesem Kabel vorübergehend den Rahmen (Masse) des Motorrads mit dem Minusanschluß des Bauteils und prüfen seine Funktion.

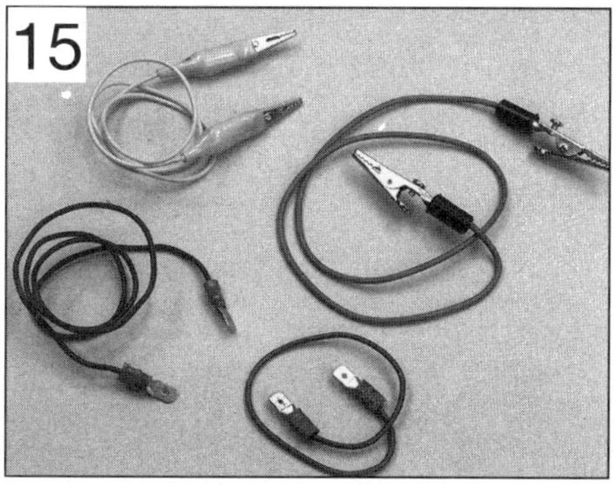

Einige Meßkabel, die als Überbrückung verwendet werden können – oben zwei mit Krokodilklemmen.

2 Funktioniert das Bauteil nun, so ist sein Masseanschluß defekt. Prüfen Sie den Schaltkreis auf Unterbrechungen und korrodierte Anschlüsse.

Kurzschluß finden

Ein Kurzschluß besteht immer dann, wenn der Verbraucher in einem Stromkreis (Birne, Hupe o. ä.) überbrückt wird und der Strom, ohne dessen Widerstand zu passieren, ungehindert nach Masse fließen kann. Üblicherweise brennt dabei die Sicherung des Stromkreises durch.
Oft sind durchgescheuerte Kabel die Ursache, deren Scheuerstelle mit Masse (Rahmen, Motor o. ä.) in Berührung kommt.

1 Bauen Sie alle Verkleidungsteile ab, die den Schaltkreis verdecken.

2 Schalten Sie alle Schalter des Schaltkreises aus und entfernen die Sicherung des Kreises. Verbinden Sie eine Prüflampe mit den beiden Anschlüssen der Sicherung. Sie darf nicht leuchten.

3 Bewegen Sie Schritt für Schritt alle Kabel des Schaltkreises, bis die Lampe aufleuchtet. So können Sie leicht die Stelle des Kurzschlusses feststellen.

Erklärung technischer Begriffe

A

ABE Allgemeine Betriebserlaubnis eines Fahrzeugs.
Asbest Natürliches Mineral in Faserform mit hoher Hitzebeständigkeit. Früher in Bremsbelägen und Dichtungen verwendet, heute wegen Krebsgefahr durch andere Materialien ersetzt.
ABS Antiblockier-System. Elektronisches oder mechanisches System, das das Blockieren von Rädern beim Bremsen verhindern soll.
Abzieher Spezialwerkzeug, das Lager oder Zahnräder von Wellen oder aus Gehäusebohrungen zieht.
Akkumulator Chemischer Stromspeicher, landläufig *Batterie* genannt.
Ampere (sprich: Ampehr) Einheit für Stromstärke. Abkürzung: A.
Amperestunden (Ah) Kapazität eines Akkumulators (Batterie)
Anlaufscheibe Unterlegscheibe zwischen zwei sich gegeneinander bewegenden Teilen auf einer Welle.
Anti-Dive Wörtlich: »Eintauch-Verhinderer«. In die Vorderradbremse integriertes System, das das Eintauchen der Telegabel beim Bremsen verhindern soll.
API American Petroleum Institute. Ein Qualitätsmaß für Viertakt-Motorenöle.
ATF Automatic Transmission Fluid. Dünnflüssiges Öl für Automatik-Getriebe, wird oft auch als Dämpferöl in Telegabeln verwendet.
Aufbohren Größerdrehen einer Bohrung, z. B. des Zylinders. Erfordert Übermaßkolben.
axial In Längsrichtung einer Achse wirkend.

B

bar Einheit für Luftdruck. Faustregel für Motorradreifen: 2,5 bar.
Batteriesäure Schwefelsäure bestimmter Dichte und Reinheit.
Benzin-Luft-Gemisch Das Gemisch aus Benzinnebel und Luft, das Vergaser oder Einspritzanlage erzeugen, und dessen Volumenverhältnis erfahrungsgemäß bei 1:14,7 liegen sollte, um optimal verbrennen zu können.
Blinkrelais Schalter, der unter Spannung automatisch und regelmäßig an- und ausschaltet. Mechanische und elektronische Bauformen.
Bowdenzug (Sprich: Baudenzug.) Flexibler Seilzug zur mechanischen Fernbetätigung. Beispiel: Gaszug, Kupplungszug, Chokezug. Besteht aus Hülle und Seele.
Buchse An beiden Enden offene Hülse, die im Maschinenbau meist als Lager dient.
Büchse An nur einem Ende offene Hülse, die im Maschinenbau als Verstärkung von Sacklöchern oder als Lager dient.

D

Diagonalreifen Reifen, bei dem die Karkassenfäden schräg zur Laufrichtung liegen.
Dichtring Wellendichtring für rotierende (manchmal auch lineare, siehe Telegabel) Bewegung. Auch: Simmerring (geschützte Bezeichnung der Firma Freudenberg).
Dichtung Flächendichtung zwischen Gehäusehälften, Deckeln oder anderen Maschinenbauteilen. Kann aus unterschiedlichen Materialien bestehen, je nach Einsatzzweck.
Diode Elektronisches Ventil. Läßt Strom nur in einer Richtung passieren. Halbleiterbauteil.
dohc (double overhead camshaft). Doppelte obenliegende Nockenwelle. Bauform der Ventilsteuerung.
Drehmoment Maß für die Kraft, mit der etwas (Kurbelwelle, Schraube) gedreht wird. Einheit: Newtonmeter (Nm), Kraft mal Hebelarm.

E

E-Starter Elektrischer Starter, Anlasser.
Einbereichsöl Öl mit nur einer Viskosität, z. B. SAE 50W.
Einspritzsystem Im Gegensatz zum Vergaser, der das Benzin durch Luftströmung passiv vernebeln läßt, spritzt die Einspritzung den Kraftstoff in exakter Menge in den Ansaugstutzen oder direkt in den Brennraum ein. Sehr aufwendig und teuer, aber genau und kraftstoffsparend.
Elektrodenabstand Spalt zwischen den Zündkerzenelektroden, der ab und zu nachgestellt werden muß. Meist 0,6 bis 0,8 mm breit.
Endloskette Antriebskette, deren Enden nicht zerstörungsfrei getrennt werden können.

F

Federkeil (Auch: Scheibenfeder.) Halbmondförmiger Metallkeil, der, in die Nut einer Welle gelegt, das darüber geschobene Bauteil (Zahnrad, Lichtmaschine) formschlüssig mit der Welle verbindet.
Federscheibe Gewellte Unterlegscheibe aus Federstahl, die Mutter bzw. Schraube am Losdrehen hindern soll.
Flüssige Schraubensicherung Flüssigkeit, von der ein paar Tropfen auf ein Gewinde gegeben und dann die Mutter/Schraube eingedreht wird. Die Flüssigkeit erhärtet unter Luftabschluß und sichert damit die Mutter/Schraube. Verbindung ist mit Schraubenschlüssel wieder lösbar.
Frostschutz Zusatz zum Kühlwasser, der den Gefrierpunkt senkt. Auf Alkohol- oder Glykol-Basis.
Fühlerlehre Auch: Ventillehre. Satz mit verschieden dicken Metallplättchen, die zur Bestimmung von kleinen Innenmaßen dienen.

G

Gabelbrücken Dreieckige Metallklemmen ober- und unterhalb des Lenkkopfs zur Aufnahme der Standrohre.
Gleichrichter Elektronisches Halbleiterbauteil (»Diodenplatte«) zum Umformen der von der Lichtmaschine gelieferten Wechselspannung in Gleichspannung.
Gleichstrom Stromfluß ohne Änderung der Polarität.
Gleitlager Lagerschalen aus bronzebeschichtetem Kupfer oder aus Sintermaterial. Funktioniert nur mit Öldruck: Die Welle gleitet auf einem dünnen Ölfilm in der Lagerbohrung ohne Materialberührung. Verwendung als Kurbelwellen- und Nockenwellenlager. Billig, schnell austauschbar und leise, aber empfindlich und mit hohem Reibwiderstand.

H

Halogenlampe Scheinwerferbirne besonderer Bauform, die mit Halogengas gefüllt ist, um den Niederschlag von verdampfendem Metall der Glühwendel an der Glaswand zu verhindern. Bauformen als H1-, H3- und H4-Birnen.

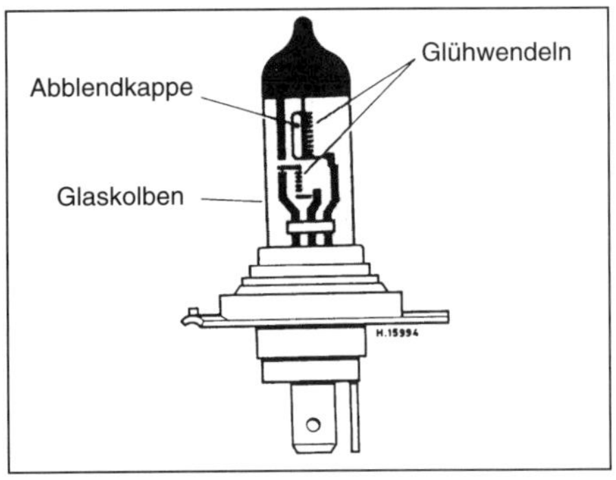

Halogen-Scheinwerferbirne

Hauptlager Lager der Kurbelwelle im Motorgehäuse.
Helicoil Spiralförmiger Gewindeeinsatz zur Reparatur ausgerissener Gewinde, wenn wenig Material vorhanden ist, so daß das Loch nur wenig ausgebohrt werden kann.

Einschrauben eines Helicoil-Gewindeeinsatzes in ein Zündkerzenloch

Hochspannung Spannung im Sekundärstromkreis des Zündsystems zur Produktion des Zündfunkens. Liegt zwischen 15.000 und 35.000 Volt bei sehr geringer Stromstärke. Unangenehm, aber nicht gefährlich.

Honen Überschleifen der Oberfläche eines Zylinders, wobei feine diagonale Riefen entstehen, in denen das Motoröl zur Kolbenschmierung haften kann.

Hydraulik Ein mit Flüssigkeit gefülltes System von Leitungen, um Druck zu übertragen. Üblich an (Scheiben)Bremsen und manchen Kupplungen.

hygroskopisch Wasseranziehend. Trifft auf Bremsflüssigkeit zu.

Hypoidverzahnung Bauform eines Kegeltriebes (siehe Kegelrad), bei der Antriebs- und Abtriebsachse nicht in einer Ebene liegen, so daß die Zähne von Kegel- und Tellerrad in speziellen Kurven (Hypoidkurven) geschliffen werden müssen. Aufwendig und teuer, aber leise und belastbar. Benötigt spezielles Schmieröl (Hypoidöl).

I

IC Integratet circuit, integrierter Schaltkreis. Halbleiterbauteil.

Inbusschlüssel Schlüssel für Innensechskantschrauben.

K

Kabelbaum Durch Schutzschlauch zusammengefaßte Kabel, die entlang einer Strecke im Motorrad verlegt sind, z. B. am Rahmen entlang.

Kardanwelle Welle, die mit einem Kreuz– oder Gleichlaufgelenk ihre Drehrichtung um einige Winkelgrade ändern kann. Wurde bei Motorrädern mit Wellenantrieb mit Einführung der Hinterradfederung nötig.

Katalysator Mit Edelmetall beschichtetes Bauteil im Auspuff, das auf chemisch-katalytischem Weg schädliche Abgasbestandteile (Stickoxide, Kohlenwasserstoffe u. a.) in unschädliche umwandeln soll. Wirkung und Nebenwirkungen sind umstritten.

Kegelrad Zusammen mit dem Tellerrad bildet es ein Getriebe, das Drehbewegungen um 90° umlenkt (siehe Abbildung).

Kegel- und Tellerrad zum Umlenken einer Drehbewegung um 90°

Kegelrollenlager Lager mit Innen- und Außenring, Kegelrollen als Wälzkörper. Hohe axiale und radiale Belastbarkeit. Verwendung als Lenkkopf-, Schwingen- und Radlager. Lagerspiel muß eingestellt werden.

Kickstarter Fußbetätigter Hebel zum Durchdrehen des Motors, um ihn zu starten.

Killschalter Not-Aus-Schalter, bei den meisten Motorrädern am rechten Lenkerende. Funktioniert als Kurzschluß- oder Zündunterbrechungs-Schalter. In Deutschland nicht vorgeschrieben.

km Abkürzung für Kilometer.

km/h Abkürzung für Kilometer pro Stunde. Geschwindigkeitseinheit.

Kolbenbolzen (Hohler) Bolzen als Verbindung zwischen Kolben und Pleuelauge. Darf weder im Pleuelauge noch im Kolben Klemmsitz haben. Oberfläche poliert und gehärtet.

Kompression Verringerung des Volumens und Erhöhung des Drucks im Brennraum durch den aufwärtsgehenden Kolben. Kompression wird als Verhältniszahl genannt, z. B. 1:10 = zehn Volumenteile Benzin-Luft-Gemisch werden auf ein Volumenteil zusammengepreßt.

Kontermutter Mutter, die fest gegen eine andere geschraubt wird, um durch die dadurch hervorgerufene Spannung im Gewinde die zweite am Losdrehen zu hindern.

Kronenmutter Mutter mit zinnenartigen Zacken an einem Ende. Zusammen mit einem Querloch im zugehörigen Gewinde kann die Mutter mit einem Splint gegen Aufdrehen gesichert werden.

Kugellager Lager mit Innen- und Außenring, Kugeln als Wälzkörper. Häufigste Ausführung: Radialrillen-Kugellager. Kann fast nur radiale Kräfte aufnehmen.

L

Lager Mechanische Verbindung zwischen zwei sich gegeneinander bewegenden Maschinenteilen.

Läppen Materialabtrag mit äußerst feinem Schmirgelleinen (Läppleinen). Kurz vor dem Polieren.

LCD Liquid crystal display. Flüssigkristall-Anzeige. Bekannt von Armbanduhren, setzt sie sich langsam auch in Kraftfahrzeug-Instrumenten durch.

LED Light emitting diode. Leuchtdiode. Wird als verschleißfreier und stromsparender Ersatz für Kontrollämpchen verwendet.

Lenkkopfwinkel, auch Steuerkopfwinkel, Winkel zwischen der gedachten Verlängerung des Lenkkopfs (nicht der Telegabel!) und der Horizontalen (siehe Abbildung).

Lichtmaschine Stromgenerator im Kraftfahrzeug. Unterschiedliche Bauarten möglich.

M

Manschette Topfförmiger Gummiring, der in Bremszylindern für Dichtigkeit beim Betätigen sorgt.

Masse Bezeichnung des Minuspols am Kraftfahrzeug, der außer bei alten englischen Fahrzeugen am Rahmen (Masse) liegt.

Mehrbereichsöl Öl mit speziellen Legierungen, die die Schmierfähigkeit bei unterscheidlichen Temperaturen gewährleisten. Diese Eigenschaft wird in Viskositätsgrenzen ausgedrückt, z. B. SAE 20W 50. D. h., daß das Öl bei niedrigen Temperaturen die Viskosität von 20, bei hohen von 50 besitzt.

Mikrometerschraube Meßgerät für Längen, das durch feine Einteilung bis tausendstel Millimeter anzeigt. Verwendet zum Messen von Durchmessern, z. B. Kolben, Kolbenbolzen, Ventilschäfte u. a. (siehe Abbildung).

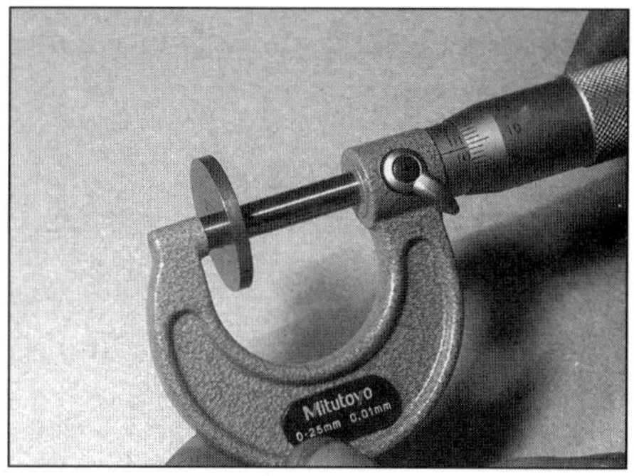

Shims für dohc-Motoren werden mit der Mikrometerschraube gemessen.

Multimeter Elektrisches Meßinstrument, das Spannung, Widerstand, oft auch Stromstärke und Kapazität messen kann.

N

Nachlauf Strecke vom Aufstandspunkt des Vorderrads zur Kreuzung der Verlängerung des Lenkkopfs mit dem Boden (siehe Abbildung). Der Nachlauf bestimmt wesentlich die Handlichkeit (geringer N.) bzw. die Spurstabilität (großer N.).

Nadellager Lager mit nadelähnlichen Wälzkörpern. Kann hohe, aber nur radiale Kräfte aufnehmen. Verwendung als Pleuellager.

Nasse Zylinderlaufbuchsen Bauform eines wassergekühlten Motors, bei dem die Zylinderlaufbuchsen nicht in den Block eingeschrumpft sind, sondern direkt vom Kühlmittel umspült werden (siehe Abbildung).

Nm Newtonmeter. Maßeinheit für Drehmoment (Kraft mal Weg).

Nylstop-Mutter Mutter mit einem Nylonring in einem Ende. Der Ring wird mit auf das Gewinde geschraubt und sichert die Mutter. Solche selbstsichernden Muttern sind höchstens zweimal zu verwenden.

O

O-Ring-Kette Antriebskette, bei der die Rollen gegen die Laschen mit O-Ringen (Gummi-Dichtringen) abgedichtet sind.
ohc (overhead camshaft). Obenliegende Nockenwelle. Bauform der Ventilsteuerung.
Ohm Einheit für elektrischen Widerstand.
Ohmmeter Widerstandsmeßgerät.
ohv (overhead valve). Obenliegende Ventile. Bauform der Gassteuerung beim Viertaktmotor.
Oktanzahl Maß für den Widerstand eines Kraftstoffs gegen Selbstentzündung.
OT Oberer Totpunkt. Höchster Punkt der Kolbenbahn im Zylinder.

P

Pferdestärken (PS) Veraltete Einheit für Leistung. Heute ersetzt durch Watt (W). 1 PS = 0,36 kW.
Plastigauge Dünner Plastikstreifen zum Messen von Gleitlagerspiel.
Pleuel (auch: Pleuelstange) Verbindungsstange zwischen Kolben und Kurbelwelle.
Pleuelauge Obere Bohrung im Pleuel, in der der Kolbenbolzen sitzt.
Pleuelfuß Untere Bohrung im Pleuel, in der der Hubzapfen der Kurbelwelle sitzt.
Primärantrieb Antrieb der Kurbelwelle zum Getriebe.
Primärspannung Spannung im Primärstromkreis des Zündsystems. Bei Batteriezündungen 12 Volt, bei Hochspannungskondensatorzündungen (CDI) etwa 400 Volt bei relativ hoher Stromstärke. CDI-Primärspannung daher gefährlich.
PTFE Polytetrafluorethylen. Markenname: Teflon (Firma Dupont). Extrem gleitfähiger und reaktionsarmer Kunststoff. Kann nur in sehr aufwendigen Verfahren mit Metall verbunden werden.

R

radial Senkrecht zu einer Achse wirkend.
Radialreifen Reifen, bei dem die Karkassenfäden in Laufrichtung liegen.
Radstand Abstand zwischen den Senkrechten durch die Radachsen.
Regler Mechanisches oder elektronisches Bauteil im Kraftfahrzeug, das die von der Lichtmaschine gelieferte Spannung im Netz konstant hält, die Lichtmaschine vor Überlastung schützt und den Ladezustand der Batterie regelt.
Relais (Sprich: Relee.) Elektromagnetischer, fernsteuerbarer Schalter. Wird zur Schaltung von hohen Strömen eingesetzt.
Ruckdämpfer Gummiteile in der Hinterradnabe, die den Ruck plötzlicher Lastwechsel zwischen Kettenrad und Nabe dämpfen (siehe Abbildung). Manchmal werden auch rein metallische Ruckdämpfer konstruiert, z. B. in der Kupplung oder am Getriebeausgang (Knagge).

Gummi-Ruckdämpfer in der Hinterradnabe

S

SAE Society of automotive engineers. Standard für Flüssigkeits-Viskosität.
Schaltgabeln Gabelförmige Metallteile, die beim Schalten die Zahnräder auf den Getriebewellen hin und her schieben.
Schaltklauen Radiale Verbindungszapfen zwischen Getriebezahnrädern. Die Zapfenflanken sind schräg gefräst (hinterschnitten), damit sich der Eingriff unter Last nicht lösen kann.
Schieblehre Meßgerät für Längen, das durch feine Einteilung bis hunderstel Millimeter anzeigt.
Schraubenfeder Spiralförmig gewickelte Feder in Zylinderform. Verwendung als Gabel- und Ventilfeder.
Seegerring Radial federnder Ring, der zur Sicherung eines Bauteils in eine Nut gesetzt wird.
Shim Stahlplättchen spezifischer Stärke, das bei direkt auf die Ventile wirkender Nockenwelle (oft bei dohc-Motoren) als Scheibe dazwischengelegt wird und das Ventilspiel bestimmt.

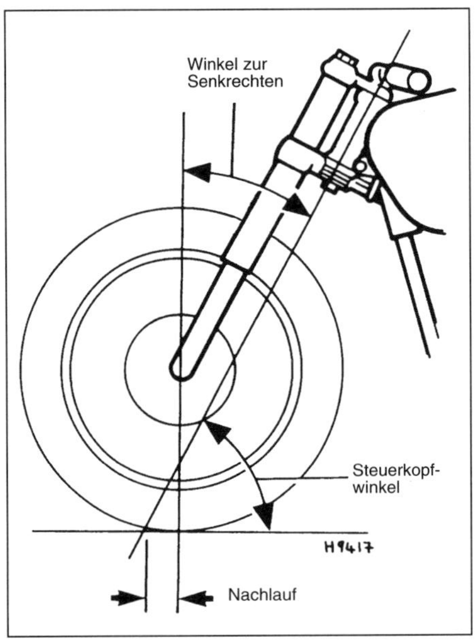

Steuergeometrie

Sicherung Feiner Draht (Schmelzsicherung) oder Automat, der bei zu hohem Strom in einem Stromkreis (z. B. durch Kurzschluß) den Stromkreis unterbricht.
Simmerring Siehe Dichtring.
Spiel Strecke, mit der sich zwei Bauteile voneinander wegbewegen können, ohne auf Widerstand zu stoßen.
Standrohr Teil der Telegabel, der verchromt und poliert ist und in das Tauchrohr eintaucht.
Steuergeometrie Siehe Abbildung.
Steuerkette Antriebsmöglichkeit der Nockenwelle. Billig, aber relativ verschleißanfällig.
Steuerkettenspanner Mechanische Spannvorrichtung, die die Längenausdehnung der Steuerkette ausgleicht.
Stirnräder Antriebsmöglichkeit der Nockenwelle: Zahnradkaskade zwischen Kurbel- und Nockenwelle. Teuer, aber genau und verschleißarm.
sv (side valve). Seitliche Ventile. Bauform der Gassteuerung beim Viertaktmotor (sehr alt).

T

Tauchrohr Teil der Telegabel, in den das Standrohr eintaucht.
Teflon Siehe PTFE.
Telegabel Häufigste Bauart der Vorderradführung und -federung, die aus Stand- und Tauchrohren besteht.
Tellerrad Siehe Kegelrad.
Thyristor Halbleiterbauteil mit hoher elektrischer Belastbarkeit. Verwendung als elektronischer, verschleißfreier Schalter.
Torx Speziell geformtes, sechskantiges Schraubenkopfprofil.
Transistor Halbleiterbauteil, in Zündboxen, Reglern und elektronischen Blinkrelais verbaut.
TWI Tyre waer indicator. Reifenverschleißmarke.

U

U/min Alte Abkürzung für »Umdrehungen pro Minute«, Drehzahl. Heute: 1/min oder min^{-1}
Unterdruckuhren Meßinstrumente, mit denen der Unterdruck in den Ansaugstutzen zwischen Vergaser und Zylinderkopf gemessen werden kann. Erforderlich zum Synchronisieren von Vergasern bei Mehrzylindermotoren.
Unwucht Unterschiedliche Masseverteilung auf dem Umfang eines rotierenden Teils (Rad, Kurbelwelle u. a.). Kann durch Gegengewichte ausgeglichen werden.
Upside-down-Gabel »Umgedrehte« Telegabel, bei der die Standrohre unten und die Tauchrohre oben sind. Modeerscheinung, von der die Hersteller wieder abkommen.
UT Unterer Totpunkt. Unterster Punkt der Kolbenbahn im Zylinder.

V

Ventillehre Siehe auch: Fühlerlehre.
Viskosität Fließfähigkeit von Schmierstoffen. Die Viskosität von SAE 5 ist sehr hoch (dünnflüssiges Öl), SAE 90 ist sehr dickflüssig.
Volt Einheit für elektrische Spannung.

W

Watt Einheit für Leistung (W).
Wechselstrom Ständig und regelmäßig die Polung ändernder Stromfluß.
Welle Runder, sich drehender Stab im Maschinenbau.
Widerstand Elektrische Größe, gemessen in Ohm.
Winkel-Anzugsmoment Drehmoment, ausgedrückt in Winkelgraden (siehe Abbildung).
Winkelgradscheibe Meßscheibe mit einem Winkelkreis von 360°, mit der sich, auf ein Kurbelwellenende montiert, die Kolbenstellung in Winkelgraden der Kurbelwelle angeben läßt.

Winkelscheibe zum Nachziehen von Zylinderkopfschrauben.
Besser: Drehmomentschlüssel

Z

Zahnriemen Flacher Antriebsriemen, dessen Innenseite gezahnt ist und damit in entsprechende Zahnräder eingreifen kann. Verwendung als Nockenwellenantrieb und (seltener) als Hinterradantrieb.
Zündreihenfolge Die Reihenfolge, in der Mehrzylindermotoren ihre einzelnen Zylinder zünden. Wird ab Zylinder Nummer eins gezählt.
Zündzeitpunkt Punkt in der Kolbenbahn kurz vor Ende des Verdichtungstakts, bei dem der Zündfunke das Gemisch entzündet. Wird in »Millimeter vor OT« oder in Winkelgraden der Kurbelwelle gemessen.

Zylinderblock mit nassen Laufbuchsen

Zündkerzen-Vergleichstabelle

Zündkerzen-Wärmewerte

Bosch			
alt	neu	alt	neu
50	12	170	7
60	12 – 11	180	7
70	11	190	6
80	10 – 11	200	6
90	10	210	6
100	9 – 10	220	5
110	9	230	5
120	9	240	4
130	8	250	4
140	8	260	3
150	8	270	3
160	7	280	3

Zündkerzen-Vergleichstabelle

Gewinde	Bosch alt	Bosch neu	Beru alt	Beru neu	Champion	NGK
18 x 1,5	M45T1	M12B	45/18	18-128		AB-2
18x1,5	M95T1	M10A	95/18	18-10A	D16 v D16Y	A-6
18x1,5	M145T1	M8A	145/18	18-8A	D14 v D15Y	A-6
18x1,5	M175T1	M7A	175/18	18-7A	K9 v D10	A-6
18x1,5	M225T1	M5A	225/18	18-5A	UK10	A-7
18x1,5	M240T1	M4AC	240/18	18-4A2	K9 v D9	A-7
18x1,5	M260T1	M4AC	260/18	18-4A1	K7 v K8G	A7
14x1,25	W95T1	W10A	95/14	14-10A		B-4H
14x1,25	W145T1	W8A	145/14	14-8A	H88	B5HS
14x1,25	W145T2	W8C	145/14/3	14-8C	N5 v N6	B5ES
14x1,25	W145T30	W8D	175/14/3	14-8D	N5	BP5ES
14x1,25	W145T35	W8B	145/14A	14-8B	L92Y v L95Y	BP5HS
14x1,25	W175T1	W7A	175/14	14-7A	L85 v H88	B6HS
14x1,25	W175T2	W7C	175/14/3	14-7C	N88	B6ES
14x1,25	W175T30	W7D	175/14/3	14-7D	N9Y	BP6ES
14x1,25	W175T35	W7B	175/14A	14-7B	L87Y	BP6HS
14x1,25	W175T7		D175/14	14-7B	L87Y	BP6HS
14x1,25	W190M11S	W6AS	190/14Z	14Z-6A2		B6HV
14x1,25	W200T27		D200/14/3	14-5D	N6Y	BP7ES
14x1,25	W200T30	W6DC	200/14/3A	14-7D	N9Y	BP6ES
14x1,25	W200T35	W6B	200/14A	14-6B		BP6HS
14x1,25	W215T28		D215/14/3		L6Y	BP6ES
14x1,25	W225T1	W5A	225/14	14-7A	L85 v H88	B7HS
14x1,25	W225T2	W5C	225/14/3	14-7C	N4	B7ES
14x1,25	W225T30	W5D	225/14/3A	14-5D	N6Y	BP7ES
14x1,25	W225T35	W5B	225/14/A	14-5B	UL82Y	BP7HS
14x1,25	W225T7		D225/14	14-7B	L87Y	BP6HS
14x1,25	W230T30	W5D1	230/14/3A	14-5D1	N6Y	BP7ES
14x1,25	W240T1	W4A2	240/14	14-5A	L81	B7HS
14x1,25	W240T2	W4C2	240/14/3	14-4CS1	N3	B7ES
14x1,25	W240T28		D240/14/3	14-5D	N6Y	BP7ES
14x1,25	W260T1	W3AC	260/14	14-4A1	L4G	B8HS
14x1,25	W260T2	W3CC	260/14/3	14-4CS1	N3	B8ES
14x1,25	W260T28		D260/14/3	14-4CS1	N3	B8EV